海岸带资源环境研究生系列教材

海岸带资源开发与评价

李加林 等 编著

科学出版社
北京

内 容 简 介

21 世纪是海洋自然环境保护与资源可持续开发并重的世纪，海岸带资源开发与评价对人类社会可持续发展有着重要指导意义。本书回顾和总结了国内外海岸带资源开发与评价的各种理论与方法，论述了海岸带资源开发与评价问题。主要内容包括海岸带与海岸带资源环境系统、海岸带旅游资源、海岸带湿地资源、海岸带土地资源、海岸带岸线资源、海岸带生态系统服务功能评估、海岸带资源环境承载力评价等。

本书可供地理学、海洋科学、资源与环境科学等相关学科的研究生和高年级本科生使用，也可供相关研究人员、教师及政府相关部门管理人员学习参考。

图书在版编目（CIP）数据

海岸带资源开发与评价 / 李加林等编著. —北京：科学出版社，2020.10

（海岸带资源环境研究生系列教材）

ISBN 978-7-03-065427-4

Ⅰ. ①海… Ⅱ. ①李… Ⅲ. ①海岸带－沿岸资源－资源开发 ②海岸带－沿岸资源－资源评价 Ⅳ. ①P748

中国版本图书馆 CIP 数据核字（2020）第 095198 号

责任编辑：王腾飞 / 责任校对：杨聪敏
责任印制：张 伟 / 封面设计：许 瑞

科 学 出 版 社 出版
北京东黄城根北街 16 号
邮政编码：100717
http://www.sciencep.com

北京九州迅驰传媒文化有限公司 印刷
科学出版社发行 各地新华书店经销
*
2020 年 10 月第 一 版 开本：720 × 1000 1/16
2020 年 10 月第一次印刷 印张：27 1/4
字数：550 000

定价：179.00 元

（如有印装质量问题，我社负责调换）

丛 书 序

海岸带是地球系统中大陆、大气、海洋系统交汇的地带，是物质、能量、信息交换最频繁、最集中的区域。海岸带区域是人类开发利用规模和强度最大的区域，也是当今受人类活动影响最显著的区域。在世界范围内，大约 2/3 的大城市和 60%的人口集中分布于距离海岸线 100 km 以内的海岸带区域。中国沿海地区人口总数占全国的 45%，这里分布着密集的城市群、城市带；美国沿海地区人口总数占全美国的 75%，而且全国 13 个大城市中的 12 个都分布在沿海地区。同时，传统的海洋渔业捕捞和养殖及海洋矿产资源开发利用都主要集中于海岸带区域。海岸带的开发是经济发展的焦点所在，更是海洋经济发展的必然选择。

海岸带是人口与经济活动的密集带和生态环境的脆弱带，资源开发与环境保护的冲突特别尖锐。近几十年来，海岸带的开发利用给沿海地区发展带来了巨大的经济效益，但同时也产生了不容忽视的社会、环境等问题。人类在开发海岸带资源过程中，对自然、社会和经济施加压力，对引起海岸带生态环境变化的驱动机制认识不清，过度的开发利用活动破坏了海岸带生态环境，造成海岸带生态系统自我调节能力和生态服务功能下降。随着海岸带开发利用深入，农牧渔业发展、盐田围垦、城市围海造地、码头工程和海岸建设、港内水产养殖等人类活动都将影响原有海岸带的自然环境条件。其中，沿岸流场或风浪条件发生变化，将会对岸线地形、地貌及沉积特征变化产生影响，岸线功能、空间及景观资源也将发生相应变化，使海岸带地区的生态功能发生不可逆的变化。此外，由于缺乏有效的集海岸带区域为一体的资源开发利用总体规划和合理保护措施，海岸带地区的交通运输、围海造地、临海工业的快速发展以及海岸带的高强度城镇化建设，对海岸带及其生态环境的不利影响也日益凸显。

海岸带的地理位置特殊，深受大陆和海洋各种物质、能量、结构和功能体系的多重影响，对海岸带的研究一直备受各国学术界关注。作为大陆与海洋的过渡地带，它是一个既区别于陆地，又有别于深海大洋的独立环境体系，受人类活动影响密切，同时也是研究水圈、岩石圈、大气圈、生物圈层交互作用的好的切入点。2001 年，国际地圈生物圈计划（International Geosphere-Biosphere Programme，IGBP）、全球环境变化的人文因素计划（International Human Dimension Programme on Global Environmental Change，IHDP）、世界气候研究计划（World Climate Research Programme，WCRP）和国际生物多样性科学研究规划（DIVERSITAS）等共同组织的全球变化开放科学大会，把海岸带的人地相互作用列为重要议题。21 世纪以来，

GIS、RS 和 GPS 等技术被更多地运用到海岸带研究中，和传统技术相比，3S 技术能更快、更准确、更及时地获取海岸带资源环境状况的实时信息，也能更及时地反映海岸带土地利用变化、景观格局变化及海洋污染程度的最新变化等，在海岸带资源环境的实时监测和海洋社会经济研究中发挥着巨大作用。

海岸带资源环境研究是地理学、海洋科学、公共管理学、经济学等学科日益重视的研究领域，也是研究生培养的重要方向。由于各种原因，我国还没有专门应用于海岸带资源环境领域的研究生教材，严重滞后于研究生教育的发展。为全面提高海岸带资源环境领域的研究生培养质量，开发研究生教材是一项重要的基础性工作。因此，宁波大学地理学科特意组织一批在海岸带资源环境领域前沿工作多年、同时具有丰富教学经验的学者撰写了一套“海岸带资源环境研究生系列教材”，包括《海岸带资源开发与评价》《海岸带人地关系调控学》《海岸带自然灾害风险评估》《海岸带遥感智能解译与典型应用》和《海洋微体生物化石分析原理与应用》5 册，可服务于地理学、海洋科学、公共管理学、经济学等学科的涉海专业方向的研究生培养。这套系列教材力求内容具有基础性、科学性、系统性，同时兼顾学科前沿，使学生能成体系获得海岸带资源环境领域的科学知识，并掌握先进的研究方法，进入海岸带资源环境的前沿研究领域。

总之，我非常乐意向广大读者推荐“海岸带资源环境研究生系列教材”。相信该系列教材对从事地理学、海洋科学、公共管理学、经济学等领域研究的研究生、高校教师、专业研究人员和行业管理者都有很好的理论参考和研究方法启迪价值。同时，我期待该系列教材作者们在进一步深入研究中，不断提高和创新，产生更加完善和成熟的海岸带资源环境研究的理论与方法体系。

中国科学院院士

杨树锋

2020 年 2 月 22 日

前　言

海岸带地处陆海两大生态系统交接地带，受两种不同属性的自然营力共同作用，其物质组成、能量特征、生态系统结构和功能体系与海陆系统都有明显不同。海岸带因其独特的资源环境特征及区位优势，成为人类文明的起源地。在社会经济发展水平相当高的今天，海岸带仍然是最适合人类居住生活的理想区域。从世界范围看，海岸带地区是全球人口最密集、社会经济发展水平相对较高的区域。

海岸带地区成为人类文明的起源地并保持社会经济发展长盛不衰的主要原因是海岸带地区能够为人类的生活和社会经济活动长久地提供资源供给与环境条件。海岸带的资源主要包括土地资源、岸线资源、矿产资源、港口航道资源、湿地资源、旅游资源等，这些资源在很大程度上为海岸带区域的可持续发展提供了资源保障。而海岸带区域的开放性，特别是海水的流动性使得海岸带区域具有较强的环境承载力，为海岸带区域持续发展提供了相对充足的环境容量。

随着人类对海岸带开发利用强度不断加强，全球范围内海岸带资源枯竭、环境恶化等问题逐渐出现。围填海活动造成滨海湿地退化，岸线开发造成自然岸线减少，滨海旅游开发造成滨海环境污染，滨海石化工业发展造成近海溢油污染，海岸侵蚀造成陆域国土后退，滨海城镇化造成滨海自然环境人工化，海水养殖造成滨海水体富营养化。所有这些问题，严重地制约了海岸带地区的可持续发展。因此，加强海岸带资源开发与评价研究，对促进海岸带资源的合理开发和利用，保护海岸带环境具有十分重要的意义。

作为地理学的重点研究领域，海岸带资源环境研究正越来越受到学者们的普遍重视。随着学科综合化，海洋科学、环境科学、公共管理学、经济学等学科对海岸带开发利用与管理的重视程度不断提高。因此，在研究生阶段或本科高年级为地理学及相关专业学生开设“海岸带资源开发与评价”课程，对培养合格的从事海岸带开发与管理的人才具有十分重要的意义。

本书内容基于宁波大学李加林教授等多年来海岸带资源的科研成果，并参阅国内外大量文献。本书的研究成果得到国家自然科学基金面上项目“东海区大陆海岸带高强度开发约束下的陆海统筹水平演化及冲突空间协同优化”（41976209）与国家自然科学基金重点项目“基于多源/多时相异质影像集成的滨海湿地演化遥感监测技术与应用研究”（U1609203）的资助。此外，本书的出版得到2020年宁波大学研究生规划教材建设项目资助。

本书由李加林负责提纲拟定，并组织研讨及全书统稿。相关章节的执笔者如下：第 1 章为李加林、田鹏，第 2 章为李加林、周彬、周子靖，第 3 章为李加林、沈永明、孙超、童晨，第 4 章为李加林、刘瑞清、徐谅慧，第 5 章为李加林、曹罗丹、徐谅慧、刘瑞清，第 6 章为李加林、童晨、姜忆湄、叶梦姚，第 7 章为李加林、王丽佳、田鹏。

本书集科学、系统、基础、前沿与实用于一体，知识涉及面广、学科跨度大，是关于海岸带开发与评价的综合性教材，可作为高校地理学、海洋科学、公共管理学、经济学等学科涉海专业方向的研究生教材，也可供高等院校相关专业高年级本科生使用。同时对从事海岸带开发管理、环境治理的相关专业人员及管理人员具有参考价值。

本书在编写过程中参考、引用了大量文献，限于篇幅，未能一一标注，在此向这些文献的作者表示敬意和感谢。由于作者学术水平有限，加之撰写时间较短，书中难免存在疏漏之处，敬请读者谅解和指正。

李加林

2020 年 2 月 22 日

目　录

第 1 章　海岸带与海岸带资源环境系统

1.1　海岸带相关概念

1.1.1　海岸带概念

海岸带是海洋和陆地相互接触和相互作用的地带，是海洋与大陆之间的过渡地带，也是人类生产、生活的重要场所。学术界目前对海岸带尚无统一的界定，不同学科的学者根据研究需要对海岸带有不同的定义。一般而言，海岸带可以分为狭义海岸带和广义海岸带。

1. 狭义海岸带

狭义海岸带是指海岸线向陆海两侧各扩展一定距离的地带，即从波浪所能作用到的深度（波浪基面）向陆延至暴风浪所能达到的地带。一般认为向海延伸至 20 m 等深线（大致相当于中等海浪的 1/2 波长），向陆延伸至 10 km 左右（左玉辉和林桂兰，2008）。海岸线作为海岸带内的一条重要分界线，实际上为平均大潮的高潮痕迹线。在垂直于岸线的海岸横剖面上有下列组成部分。

（1）海岸：紧邻海滨，在海滨一侧，包括海崖、上升阶地、海滨陆侧的低平地带、沙丘或稳定的植被地带。

（2）海滨：也称海滩，从低潮线向上直至地形上显著变化的地方（如海崖、沙丘等），包括后滨和前滨。后滨指由海崖、沙丘向海延伸到前滨的后缘，其上发育有风暴海浪所形成的滩肩，有高度不大的陡坎或陡坡。滩肩向海一侧的边界为海滩坡度突变处，称肩顶或滩肩外缘。前滨指肩顶至低潮线之间的滩地。邻近肩顶的前滨部分，通常坡度较陡，也称滩面。

（3）内滨：自低潮线向海直至破波带的外界。有些内滨存在水下沙坝和水下浅槽。

（4）外滨：破波带向海一侧的底部较平缓地带。但有些学者未划出内滨，而将自低潮线开始的向海延伸部分（包括上面的内滨）统称为外滨。

（5）近岸带：包括海滩和水下泥沙活动的地带，约在水深 10～20 m 的范围内。

2. 广义海岸带

根据国际海岸带陆海相互作用（LOICZ）研究的定义（刘瑞玉和胡敦欣，1997），从全球变化的观点出发，海岸带是陆地和大洋之间相互影响的过渡地带，包括径流或漫流直接入海的流域地区、狭义海岸带和大陆架3个部分。1995年国际地圈生物圈计划（IGBP）认为，海岸带上限是200 m等高线，下限是大陆架的边坡，约200 m等深线。

可见海岸带的定义没有统一的标准，它因海岸类型和研究目的不同而有所差别，但无论使用何种定义，对海岸带的研究都必须包括沿海陆地与近岸海域两个方面。例如，美国海岸带管理法中规定，海岸带指沿海州的近岸水域（包括水中及水下的陆地）和滨海陆地（包括陆上的水域）及彼此强烈影响且靠近海岸线的地带，它包括岛屿、过渡地带或潮间带、盐沼、湿地和海滩，其外界与美国领海的外界相一致，向陆一侧包括所有对近岸水域有直接影响的滨海陆地；中国海岸带和海涂资源综合调查则规定，海岸带的宽度为离岸线向陆延伸10 km，向海延伸到20 m水深处。

实际上，我们可以认为海岸带的定义不是唯一的，可以根据研究目的而定。世界银行指出，"……若为实际的规划编制，海岸带则是一个特殊区域，其边界通常由所需应对的特定问题来界定。"欧洲委员会认为，"海岸带是一个宽度随环境特征和管理需求变化的海陆区域。它很少与现存行政界线或规划单元一致"（王东宇，2005）。本书所涉及的海岸带泛指海岸线两侧人类开发利用活动较多，陆海相互作用、相互影响较强烈的地带，包括滨海陆域、潮上带、潮间带、潮下带以及近岸海域。

1.1.2 海岸带资源与其分类

资源即人类生产和生活所必需的物质和能量的总和，包括自然资源、经济资源和社会资源。资源的种类和数量随着社会经济发展水平的变化而有所变化。资源还可分为可再生资源与不可再生资源，其中不可再生资源是指各类在人类社会发展时期内难以再生的资源。例如，石油、天然气、煤矿、各种金属矿等。对于不可再生资源，其储量随着开发利用的深入而呈绝对减少趋势，并且随着储量减少和开发成本不断提高有可能达到极限；对于可再生资源，其储量是可变的，并且随着科技的不断进步和生产力的提高，其种类、来源以及利用效益会有所增加。例如，人工创造的资源以及原来无法规模化利用的海洋能、太阳能、生物质能等。

海岸带资源是指在一定社会、经济条件下，在海岸带范围内可被人类利用的物质和能量以及与海洋开发有关的海洋空间。在当前的发展水平和科技水平下，海岸带资源系指赋存于海岸带环境中可供人类开发利用的物质和能源，主要包括土地资源、湿地资源、港址资源、岛屿资源等空间资源和淡水资源、海水资源、生物资源、盐业资源、矿产资源、旅游资源、能源资源等实物资源。其中《国际湿地公约》（又称 *The Ramsar Convention*，1975年12月21日正式生效）规定湿地资源包括潮上带盐渍积水洼地、潮间带、低潮时水深不超过 6 m 的浅海以及河口、潟湖、红树林沼泽地、珊瑚礁等，生物资源包括初级生产力（叶绿素 a）、浮游生物、底栖生物、游泳动物、潮间带生物等，旅游资源包括各类地质地貌景观、名胜古迹、宗教文化遗迹、航海军事遗迹等，能源资源包括潮汐能、盐差能、波浪能、温差能、风能等。

1.2　海岸带资源环境系统的形成

资源和环境是两个不可分割的概念（高星，2000），所有的自然资源都来源于地球各个圈层环境，经利用转化后又回归于地球各个圈层环境。相对于人类社会经济系统而言，资源是人类生存发展的基础，环境是人类生存发展的前提。

1.2.1　海岸带资源环境系统

在海岸带地区，存在一些典型的资源环境系统，即自然生境系统，是海岸带生命保障系统的关键部分，具有高生物生产力和高生态服务功能，在维持生物多样性、固碳释氧、净化空气、美化环境、平衡生态、抵御海洋灾害等方面具有重要作用，在海岸带资源开发利用和保护中，必须予以特别关注。

1. 海岸湿地生态系统

海岸湿地生态系统包括泥质海岸生态系统、砂质海岸生态系统、沿岸生态系统，该类生态系统是指水深 6 m 以浅的浅海和潮间带、潮上带盐渍积水洼地与生活在其中的各种动植物共同组成的有机整体。泥质海岸生态系统与砂质海岸生态系统是许多速生经济鱼类的幼仔滋养地和一些珍稀、濒危或保护物种的生存场所，特别是一些饵料丰富、天敌较少的浅水区域；此外，这两种海岸生态系统还能减弱潮流、波浪以及风暴潮对陆地的侵袭，砂质海岸还是人类休闲旅游的重要场所。沿岸生态系统则为固着类海藻和野生动物提供了生长和栖息之地，适合多种经济鱼类和贝类的生产，也是多种珍稀、濒危或保护物种（如海豹、海鸟）觅食和繁殖的地方，此外还保护滨海土地不受波浪、潮汐的侵蚀，同时还具有美学和旅游价值。沿岸还可为港口码头建设提供优良的选址。

2. 河口生态系统

河口生态系统是内陆河流在入海口形成的一种独特的生态系统，河流带来的大量营养元素使这里的浮游植物发育繁盛，大量淤泥和有机碎屑在河口区沉淀，为许多底栖生物提供了良好的栖息地，鱼虾蟹等各种海洋生物阶段性地生活在河口区，将河口区作为它们产卵、索饵、育肥的重要场所；河口还通过潮汐循环输出营养盐和有机物到外部海域，为洄游性动物提供洄游通道。众多的生物种类构成了复杂的食物链网结构，使河口保持了特别高的生物生产力水平并发挥着重要的生态作用（Clark，1996）。同时河口附近还是人类活动频繁的地方，例如，养殖、捕捞、砂矿开采、港口和工业开发、防洪调水、旅游休闲娱乐等。

3. 红树林生态系统

红树林是热带、亚热带海湾、河口泥滩上特有的常绿灌木和小乔木群落，生长于高温、低盐的热带和亚热带低能海岸潮间带低潮线以上，主要分布在谷湾、三角洲潮滩，落潮后暴露于淤泥质海滩上，涨潮时又被海水淹没。全世界约有 55 种红树林树种。在中国，红树林主要分布在海南、广西、广东和福建，浙江温州也有零星分布。淤泥沉积的热带、亚热带海岸和海湾或河流出口处的冲积盐土或含盐沙壤土，适于红树林生境形成与分布。

红树林群落在潮间带大致与海岸线平行，呈带状分布，还可沿注入港湾的河道两岸分布，与盐水影响范围相当。茂盛的红树林带构成的森林生态系统，有“海底森林”之称。红树林中的植物具有复杂的地面根系和地下根系，能够阻挡潮流、消耗波能，使潮流形成滞后效应，促使悬浮泥沙沉积，并固结和稳定滩面淤泥，起到防浪护岸的作用。当红树林带宽度较大时，沿滩坡会发育潮沟系，加速疏通潮汐水流在林区的漫溢和排泄。红树林可吸收排入海洋污水中的氮、磷及一些重金属等威胁海洋生物及人体健康的物质，如红树林中的植物秋茄能将吸收的汞存储在不易被动物取食的部位，避免了汞在环境中的再扩散；红树林中的植物对油污染也有净化能力，如红树林中的植物海榄雌的叶表吸附 0.5 mg/cm^2 油时仍能正常生长，其幼苗甚至在含风化油的土壤里会迅速生长。红树林是世界上最多产、生物种类最多的生态系统之一，为众多鱼类、甲壳动物和鸟类等物种提供繁殖栖息地和觅食生境，还为人类提供木材、食物、药材和其他化工原料，并被认为是二氧化碳的容器，同时兼具旅游景观功能。

4. 珊瑚礁生态系统

珊瑚礁是石珊瑚目动物形成的一种结构，这个结构大到可以影响其周围环境的物理和生态条件。在深海和浅海中均有珊瑚礁存在，它们是成千上万的由碳酸钙组成的珊瑚虫骨骼在数百年至数千年的生长过程中形成的。

由利用二氧化碳和积聚碳酸钙（钙化）的造礁珊瑚和造礁藻类以及栖息于礁中的动植物共同组成的珊瑚礁生态系统，往往纵深达几百米，珊瑚礁具有独特的物理性质，坚固地附着在海底；珊瑚礁坪构成护岸屏障，可有效地抵御强风巨浪的冲击，是天然的防波堤；珊瑚礁蕴藏着丰富的油气资源，珊瑚礁及其潟湖沉积层中还有煤炭、铝土矿、锰矿、磷矿，礁体粗碎屑岩中被发现有铜、铅、锌等多金属层控矿床；珊瑚灰岩可作制作石灰、水泥的原料，千姿百态的珊瑚可做装饰工艺品，不少礁区已开辟为旅游场所。珊瑚礁生态系统是海洋中物种最多的生态系统之一，属高生产力生态系统，珊瑚礁是重要的渔业资源地，约 1/3 的海洋鱼类生活在礁群中，被称为“海洋中的热带雨林”，对全球生物多样性保护具有特别重要的意义；珊瑚礁生态系统可提供多种海洋药物和工艺品，是尚未开发的巨大生物宝库；珊瑚礁生态系统也是海洋中的奇异景观，在热带和亚热带浅海中形成一道多姿多彩的美丽风景线，是珍贵的滨海旅游资源。

5. 海草生态系统

海草（seagrass）是地球上唯一一类可以完全生活在海水中的高等被子植物。海草是一类适应海洋环境的维管植物，在世界各地滨海地带均有分布。全球已知海草的种类有 70 余种，隶属 6 科 13 属；中国现有海草 22 种，隶属 4 科 10 属。我国海草分布区可划分为两个大区：中国南海海草分布区和中国黄渤海海草分布区。中国南海海草分布区包括海南、广西、广东、香港、台湾和福建沿海，中国黄渤海海草分布区包括山东、河北、天津和辽宁沿海。这两个海草分布区分别属于 Short 等（2007）划分的印度洋—太平洋热带海草分布区和北太平洋温带海草分布区。

近 100 年来研究人员将越来越多的注意力集中到海草的研究上。首先，海草已经在渔业生产中得到了广泛利用，海草中含有大量可食用海藻酸、淀粉、甘露醇及钾、钠、氯、镁、锰、铁、钴及大量碘等生物体所需的常量、微量元素，以大叶藻为主要成分的复合肥料已经成为海胆和海参养殖中无法替代的饵料，现今人们更是将海草应用在家畜养殖中，以期提高家畜的抗病能力、生长速度，并提升肉质水平，这样的尝试正逐步展开。其次，海草干草，尤其是大叶藻属和虾海藻属海草干草，具有抗腐蚀和保温耐用的特点，常被加工为编织、隔音及保温材料，在我国北方地区，沿海的渔民常用海草作建造屋顶的材料，能起到极佳的保温和防雨效果。最后，海草生态系统本身也可以成为动物的繁殖、栖息之地，并具有保滩护岸，过滤、净化水质等功能。

6. 海岛生态系统

海岛生态系统是生物栖息地为海岛的一类特殊生态系统。它既不同于一般的陆地生态系统，又不同于以海水为基质的一般海洋生态系统。海岛的地理隔离特点使得它具有物种组成上的特殊性，即物种存活数目与所占据的面积之间具有特定的关系，在无人类干扰下，岛屿内物种总数基本保持稳定。

海岛相对孤立地散布于海上，岛陆之间和岛屿之间的联系困难。海岛植被资源、淡水资源严重短缺，海岛生态系统的土地相对贫瘠，生物多样性程度低，自然灾害频繁，生态系统十分脆弱。同时，有些海岛地理位置特殊，对维护国家海洋权益和领土主权完整具有重要的意义。

1.2.2　海岸带资源环境系统演化的自然营力

海岸带处于地球上岩石圈、大气圈、水圈和生物圈重叠交会的地带，除了地球内营力作用外，不断变化着的波浪、海流、径流、气候、生物过程以及来自陆地、大气及海洋的通量同时使沿海系统具有非常高的自然变率，塑造了复杂的海岸带资源环境系统。首先，构造运动奠定了海岸带的基本轮廓，并形成了隆起带、沉降带等各种迥然不同的构造单元和山地、平原等不同的地貌单元，控制了海岸类型的大格局；冰期和间冰期的更迭导致海平面的升降和海进、海退，距今大约 7000～6000 年前，海平面上升到相当于现代海平面的高度，构成了现代海岸带的基础形态。在此基础上，不同的气候环境以各异的温度、风、降水、冰冻等参与海岸形成过程；入海径流携载泥沙和化学物质参与海岸带的塑造；来自海上的海流、波浪及海平面的短期、中期、长期的升降运动，也在改变着海岸带的形态，并造成海岸线不同规模的淤进或蚀退；珊瑚、红树林和各种海洋贝类等生物也参与了海岸的营造。结果，基岩海岸的侵蚀过程形成了海蚀洞、海蚀崖、海蚀平台、海蚀柱等旅游景观资源；海岸前沿的堆积过程形成了沙砾质海岸、淤泥质海岸和三角洲海岸等海滩资源；生物海岸形成了不同的生态资源。此外，来自海岸带以外的自然灾害，如台风（飓风）、风暴潮、山洪、泥石流以及地震等，往往能使海岸带的资源环境体系在极短的时间内就发生急剧的变化。

1. 构造运动奠定了海岸带的基本轮廓

根据“大陆漂移”假说、“海底扩张”理论、板块构造说等理论，固体地球上层在垂向上可划分为上部的刚性岩石圈和下垫的塑性软流圈，岩石圈在侧向上可划分为若干大小不一的板块，大陆地壳由硅铝层和硅镁层组成，而大洋地壳只由硅镁层组成。岩石圈板块运动的驱动力来自地球内部，最可能是地幔中的物质对流。大洋中脊是地幔物质上升的涌出口，上涌的地幔物质冷凝形成新的洋底，并推动已形成的洋底逐渐向两侧对称扩张，在不同的海区存在两种情况：一种是扩张着的洋底同时把邻接的大陆向两侧推开，随着新洋底的不断生成和向两侧扩展，两侧大陆逐渐远离；另一种是洋底扩展已移动到大洋边缘的海沟处，向下俯冲潜没，重新返回到地幔中去，洋底并不推动相邻大陆向两侧漂开，相反大陆被顶托于洋底的俯冲带上。由于构造运动速度在各个区域不均匀，造成大陆边缘区域的隆起和沉降，在海平面边缘形成曲折的海岸形态。海岸带区域地块的水平运动和铅垂运动构成了海岸带资源环境演变的地质背景。地块拉开沉降区，形成广袤平原，且海岸线比较平直，滩涂宽阔，几乎没有海湾发育；地块挤压隆起区，由于断裂交错分布，形成丘陵隆起与盆地凹陷，海水侵入后，海湾发育，海岸线曲折。

2. 水动力作用不断地改变着海岸的形态

1）潮汐作用

天体运动产生的引潮力使海面产生周期性升降运动。海岸带水域水深较浅，本身产生的潮波不大，但来自大洋的潮波传入陆架浅海区以后，能量在深度方向上迅速集中，波高变高，流速变大，致使海岸带浅海水域出现显著的周期性潮汐潮流现象。在有潮海区或潮差大的强潮海区，潮位的变化幅度会拓宽波浪对海岸的冲蚀范围。即使在无浪的情况下，与潮位相伴而产生的潮流也会对岸滩边缘产生冲蚀作用。

2）波浪作用

波浪作用是塑造海岸地貌最活跃的动力因素，海岸在波浪作用下不断地被侵蚀。波浪冲击海岸时，由于海岸岩层抗侵蚀能力的差异，海岸的后退通常是不均匀的，抗蚀强的岩石以岬角、海蚀柱和沿岸岛屿等形式残留下来；而抗蚀较弱的岩层被切割后，后退形成岬角之间的海湾，结果出现岬角与海湾交替的海岸轮廓。被海浪侵蚀的碎屑物质则由沿岸流携带至波能较弱的地段堆积，塑造出多种堆积海滩，包括沙砾滩和淤泥滩。

3）海流作用

海流作用可分为潮流和非潮流。潮流以湾口或海峡为最强，辽阔的沿岸近海区一般潮流流速也比较大，因此这里是全球潮能消散的主要地带（方国洪等，1986）。当潮流的含沙量低于其挟沙能力时，将对所经过的海底产生冲刷作用；当含沙量超过挟沙能力时，部分泥沙便在所经过的海底发生堆积。受地球偏转力（科里奥利力，Coriolis force）的影响，海中潮流顺转产生旋转流，还会对海岸带河口段引起涨潮流与落潮流，导致河口展宽，发育心滩、心洲和分汊河槽。

4）河流作用

河流作用是指来自陆地的径流作用。河流携带大量的水沙入海，河口盐水楔、泥沙运移、沉积物、生态系统等能量和物质交换的作用过程在控制邻近海岸的资源环境特征上起着重要的作用；流域系统的水文循环过程变化将影响入海通量及其在不同年份和季度的变化，使得河口区底床形态、泥沙堆积类型发生变化。例如，黄河在洪水期间携带大量泥沙倾泻入海，入海口门两侧泥沙不断淤积，流路不断向海延伸；河口又受潮汐顶托，在感潮段淤积拦门沙，抬高河口流路水位，减缓流速，导致泥沙沉积，河床不断淤高，堵塞河口。黄河尾闾的几次改道，均导致入海口海陆的明显变化，呈现此消彼长或不断演化、相互作用的过程。

3. 生物生态过程参与海岸的营造

海岸带的地形地貌、土壤环境、气候环境、水文环境，决定着生物的群落分布。海岸带生物的繁殖和新陈代谢，对海岸有一定的稳定作用或分解破坏作用。例如，生长于潮间带的红树林，其复杂的地面根系和地下根系，使潮流的历时发生滞后效应，促使悬浮泥沙沉积，并固结和稳定滩面淤泥，具有防浪护岸和促进泥沙在红树林潮滩淤积的作用（梁文和黎广钊，2002）。而当红树林带宽度大于200 m时，沿滩坡会发育潮沟系，加速疏通潮汐水流在林区的漫溢和排泄（Wolanski等，1980）。又如，生长于大潮低潮线以下的浅海区造礁石——珊瑚群落，其中的碳酸盐骨骼和各种生物碎屑充填堆积胶结，共同形成具抗浪性能的海底隆起地貌。仅仅是珊瑚礁表面的数毫米薄层的活珊瑚，与具有光合作用能力的单细胞虫黄藻共生，分泌并不断堆积碳酸钙骨骼的速度就可达400～2000 t/（$hm^2 \cdot a$）；珊瑚礁骨架支柱生物块状滨珊瑚和蜂巢珊瑚生长速率大约为1 cm/a，珊瑚礁充填碎屑主要生产者的分枝状珊瑚生长速率大约为10 cm/a，所建造在地球表面的碳酸盐结构厚度可达1300 m（如Enewetak环礁），长度可达2000 km（如澳大利亚的大堡礁），是地球表面的任何其他生物建造难以比拟的。

4. 气候气象不断地塑造着海岸的微地貌

1）气候气象作用

不同的气候环境以各异的温度、风、降水、冰冻等参与塑造海岸过程，光能、热量和水分条件的特性直接决定海岸带各种物质的风化分解过程，不同气候带风化作用的强度和速度以及风化的类型和性质不但直接影响基岩海岸的风化破坏与侵蚀强度，而且影响河流输沙的成分和性质。一般来说，温带海岸物理风化较强，其基岩易形成硅铝残积风化壳，为海岸带提供一定数量的碎屑岩块和沙砾；亚热带和热带海岸高温多雨，化学风化较强，岩石矿物被强烈破坏分解，地面可形成较厚的风化壳；此外，亚热带和热带的高温条件促使了珊瑚礁、红树林和海滩岩的发育，沿海和近海沉积物有机质含量较高。风是由于地球的受热和散热不均匀导致大气压力变化而产生的空气水平流动，同时受地球引力场（上下层空气密度的不同形成气压梯度）、地转偏向力、惯性离心力、摩擦力（不同地形摩擦力不同）等影响，导致风向紊乱。风可直接对海岸产生作用，同时还可以通过风成浪和风应力产生的流，以及风暴潮的作用对海岸带资源环境产生间接影响。降水以地表漫流或径流的形式对海岸带产生作用；海冰，冰封阶段沿岸固定冰对浅滩有短期封闭作用，使波浪动力作用减弱或中断，而消融阶段，波浪、海流伴随冰块掀动滩面泥沙，使浅滩出现冲淤变化。

2）全球变化、海平面上升影响

地球环境自其形成以来，一直处在变化之中，冰期、间冰期气候多次出现（Frakes，1979）；距今 20000～18000 年的末次冰期极盛期的气温比现在要低 12 ℃，当时的海平面曾下降到最低点（高迪，1981）。自 18 世纪工业革命以来，温室气体（CO_2、CH_4、CFCs 等）的大量排放已明显地改变了全球气候，百余年来全球气温上升了 0.5 ℃，全球平均海平面上升 10～20 cm，现在仍保持上升的趋势（Gornitz，1982），其中 1930～1980 年的上升速率为（2.27±0.23）mm/a，且有加速上升的趋势（Barnett，1983）。另据联合国政府间气候变化专门委员会（IPCC）1995 年的气候变化评估报告显示，全球海平面在过去的 100 年里上升了 18 cm；并预测全球海平面将加速上升，到 2050 年上升 20 cm，其不确定范围为 7～39 cm；至 2100 年上升 49 cm，不确定范围为 20～86 cm。海平面变化的驱动因素包括地球构造、气候、水文等，而且不同地质时期里的海平面变化可能是由不同的因素引起的，不同地区因板块升降运动不同，其海平面变化曲线也不相同（杨华庭，1999）。海平面上升会改变海岸带侵蚀基面，盐水入侵增强，使城市排洪、排污受阻，并影响沿海地区红树林和珊瑚礁生态系统的正常生长（范代读和李从先，2005），改变滨海湿地的生境。海平面上升还导致热带气旋频率和强度的增加，风暴潮灾害加剧。

5. 自然灾害使海岸带发生急剧变化

海岸带是全球火山、地震、风暴潮、洪水、海冰、海啸等灾害事件多发和群发的地带。就机理而言，这些突变是自然作用通过规律性的演变和发展，在外部环境具备充分和必要的条件下出现的某种自然过程演变的结果，是地球系统维持能量平衡的必然方式之一。这些突变过程几百万年来就一直存在并重复着，逐渐地改变着海岸带的景观，它在对资源环境系统造成破坏性甚至毁灭性灾难的同时也存在着某种建设性的服务功能。例如，洪水在吞噬人类生命财产的同时给洪泛平原提供了营养成分；滑坡堆积物形成的土壤常常比较肥沃，为人类创造难得的土地资源；火山喷发可以创造新的土地，夏威夷群岛火山群由于火山的多次喷发，富有营养的火山灰与土壤混合，创造了大片沃土，并形成许多美丽的风景区。

1.2.3　海岸带资源环境系统演化的人类营力

1. 技术层面

农业文明以前的整个远古时代，对海岸带资源的利用，主要是人类的祖先以简单的工具从近岸浅海获取鱼类、贝类和海藻等海产品作为食物。那时人口数量少，对海岸带环境的干预无论在程度上还是规模上，都微乎其微，处于自然环境的可自动恢复范围之内。农业文明时代开始后，人类具备了一定的生产能力，不仅在陆地上毁林垦荒、放牧牲畜，还具备在近岸从事渔猎生产、舟楫制造、航行等基本技能，但这时人类更多地还是依赖自然、利用自然，对自然的改造程度仍然很低，虽然在陆地上已造成局部的自然生态破坏（主要是水土流失和土地荒漠化），但对海岸带环境的影响仍然很低。而进入工业文明时代以后，科学技术突飞猛进，人口数量急剧增长，人类对自然资源和环境展开了规模空前的开发利用，海岸带资源环境演变的驱动因素中已经不能忽略人类的作用。例如，高强度渔业捕捞导致的渔业资源急剧减少、高密度水产养殖引起的海水污染和野生生物群落改变、港口航运的溢油污染、海岸海洋工程打破沿岸输沙平衡带来的海岸冲淤变化、海湾围垦导致的海湾淤浅、临海工业发展带来的环境污染等。技术的进步拓展了海岸带资源开发利用的深度和广度，加速了海岸带环境的演变，改变了演变方向。社会生产力越高，改变的程度越高。

1）渔业生产技术提高造成了自然渔业资源的锐减和局部海域的污染

一方面是渔业捕捞。渔场主要分布在营养盐类丰富、阳光充足、浮游生物繁盛、鱼类饵料丰富的海区，主要为大陆架海区（入海河流带来丰富的营养盐类）、温带海域（冬季底层海水上泛，表层养分丰富）、寒暖流交汇处海区（海水发生搅动，表层养分丰富）和上升流海区（底层海水上泛，表层养分丰富）。例如，北海道渔场，由日本暖流与千岛寒流交汇形成；纽芬兰渔场，由墨西哥湾暖流与拉布拉多寒流交汇形成；北海渔场，由北大西洋暖流与东格陵兰寒流交汇形成；秘鲁渔场，由秘鲁沿岸的上升补偿流形成。据统计，全世界海洋渔业捕获量的97%是在只占全球海洋面积7%的大陆架海域捕捞的。从业人员增多及捕捞作业方式越来越多，导致捕捞过度。不合理的捕捞方式，特别是拉网式的捕捞作业方式，渔网深入海底，将大鱼小鱼一同捕捞，直接对渔业资源带来威胁；此外，捕捞作为食物以及作为渔场大鱼饵料的鱼苗，同样给渔业资源带来危害。

另一方面是渔业养殖。鱼、虾、蟹的代谢产物（包括氨氮、尿素、磷酸盐和粪便）和残饵（未摄食完的饵料和饵料投入水中后溶解在水中的营养成分）对环境的污染严重，该污染属于有机污染，能引起水域溶解氧含量下降，化学需氧量物质、氨氮、硫化物以及氮、磷等含量提高。此外，清塘和消毒用的药物对环境也会造成污染，这些药物包括漂白粉、高锰酸钾、除虫菊酯、五氯酚钠、敌百虫、甲醛、生石灰、氰化钠等。防治水产生物病害产生的药物污染，包括各种抗生素类、磺胺类、呋喃类药物和硫酸铜、孔雀石绿等污染。致病菌污染包括养殖池中滋生的有害细菌，如粪大肠杆菌；高密度水产养殖中发病池塘中排放的致病弧菌、霉菌、病毒颗粒和寄生虫等，也会影响海域生态平衡。如果贝类或藻类养殖密度过高，浮游植物或营养盐被大量消耗，引起海域浮游植物数量过少或营养盐含量过低，也会影响土著生物种群的繁衍生息。围塘、网箱等养殖方式，将在一定程度上对潮流起阻碍作用，影响海水的交换速度和自净能力。

（1）对虾养殖的污染。在对虾的养殖过程中，人工合成饵料的投入、残饵的分解、对虾排泄物的产生等，使养殖水中各种营养物质超标。当这些养殖水大量排放到近岸水域后，将造成附近水域营养物质的增高和溶解氧的降低。当受污染的海水又重新注入虾池时，轻则影响对虾生长，重则引起病害发生；当养殖水排放导致附近海域发生赤潮时，浮游植物异常爆发性增殖，造成海水 pH 升高，赤潮生物的内毒素和外毒素以及赤潮生物大量死亡后其尸体在分解过程中造成的水质恶化等，都能导致赤潮发生区域养殖对象全部死亡。

（2）贝类养殖的污染。滤食性贝类通过生物过滤作用摄取食物，但并不能全部利用所过滤的食物，其中大部分以粪和假粪的形式排出。粪和假粪的沉积（生物性沉积）导致有机沉积物的增加，增加了氧的消耗，加速了硫的还原，增强了解氮作用。贝类形成的生物沉积物经矿化和再悬浮后又可使营养盐重新进入水体，增加水体营养盐的浓度，能够引起藻类在春夏季的大量繁殖，极易形成赤潮，进而危害水产养殖。同时，生物性沉积改变了底部沉积物的成分，进而影响底栖生态环境，引起底栖动物种类数量减少，而耐缺氧的多毛类生物反而开始占优势。

（3）鱼类养殖的污染。饲料是鱼类养殖的主要营养来源，但仅有部分被消化吸收，未摄食部分和鱼类排泄物进入水体，沉积到底层，导致底部有机物富集、异养生物耗氧增加。废物沉积速率高的海区，大多生活着厌氧生物。生物和化学作用把部分沉积物还原为无机或有机化合物，如乳酸、氨、沼气、硫化氢和还原性金属络合物。而有毒的氨气（NH_3）和硫化氢（H_2S）能妨碍和损害鱼类的生长和健康。沉积物分解产生的氮、磷等营养物质，能刺激水生植物和藻类的生长，甚至引发赤潮。养殖区沉积物中硫化物含量可比湾外自然沉积物高 10 余倍，夏季下层水体溶氧量最低至 1.36 mg/L。

2）工程设施的建设打破了海滩固有的冲淤平衡

海岸防护工程主要有护岸、海堤、丁坝、离岸堤，还有植物（如大米草）护滩以及人工填沙护滩，用于保护岸滩、城镇、农田等，防止风暴潮引发的泛滥淹没，抵御波浪、潮流的侵袭与冲刷；海港工程为水陆交通枢纽的各种工程设施，包括码头、防波堤、港池、航道及其导航设施等；海底工程和跨海工程用于改善被海域隔开两地的联络，包括交通、电力、通信等，也就是包括疏浚工程和隧道（管道、缆线）工程、跨海大桥工程；围海工程的主要建筑物是海堤和水闸；填海造地包括围海和砂石土充填，主要目的是拓展陆域空间，缓解城市化和工业化进程中土地资源的紧缺问题。这些工程建设给人类带来诸多裨益，同时也对海岸带资源环境造成了诸多影响。

（1）在沿海兴建码头、突堤、丁坝等水工构筑物或疏浚航道时，打破了原有的沿岸输沙平衡或泥沙运动规律，岸线必然相应改变其轮廓以达到新的平衡，在这种情况下，失去泥沙补给的岸段，其外缘海滩将相应后退，导致波浪直接冲击后方海岸造成严重侵蚀。当沿岸有某一盛行波向的净输沙时，这种变化尤为严重。刘家驹和喻国华（1995）对海岸工程泥沙的研究表明，粒径为 0.125 mm 左右的粉砂质海岸的航道回淤强度最大，粒径大于 0.35 mm 的砂质海岸的回淤强度明显小于淤泥质海岸；一般淤泥质海岸不存在骤淤问题，而在粉砂质海岸骤淤问题则不可忽视。

（2）海湾围垦往往破坏海岸湿地，影响海岸带对陆源污染的过滤和自净能力。垦区内，围垦后仅靠闸门进排水，水的交换能力不够，水质、底质不断恶化，很多养殖围塘的富营养化指数严重升高，导致严重的大规模养殖生物病害。垦区外，围垦后堤外产生新的淤积，使港湾面积缩小，可能严重影响经济类鱼、虾、蟹、贝类的天然产卵场、苗种场、索饵场或洄游通道。以厦门的马銮湾围垦为例，马銮湾的红树林曾是珍稀动物小型鲸和白海豚游弋的场所，潮间带沙滩原是珍贵海生节肢动物的产卵地，湿地长有茂密的红树林（黄广宇，1998）。1960 年，为发展盐业和解决交通问题，在湾口修筑了海堤，并设有水闸，定期开通调节水位。围堤以后，海洋水动力大大减弱，陆地径流起主导作用，溪流携带的泥沙在湾内沉积，加上大规模的围垦，水面面积从原来的 17 km^2 减少为现在的 7 km^2 左右。围垦后，夏季，水层 2～4 m 处的溶解氧小于 1 mg/L，属于严重缺氧；铵盐含量增高，硫化氢含量增高；活性磷酸盐的含量比堤外的海水高出 10～20 倍，严重超标，高浓度磷从底层释出并扩展到表层，水质严重恶化。水污染影响着鱼类和其他水生生物的生存，生物种类和数量逐年减少。如马銮湾地区的普通经济鱼类只剩一些小型鲷科和生活在淡咸水交界处的鳍科鱼类。

（3）填海造地，除改变岸线形态和海流运动的水文边界条件，打破原有的泥沙运移平衡外，更重要的是直接占用滨海湿地，使许多重要的经济类鱼、虾、蟹、贝类、水禽鸟类等生息、繁衍场所消失，生物多样性下降。港湾内的围海造地还减少港湾的纳潮量、减弱海水自净能力，使湾内海水水质恶化，提升赤潮发生的频率和强度。同时，岸线、海底形态的改变，影响了自然条件下的潮流场与泥沙运移规律，有些情况下会在局部造成持续的侵蚀或淤积，导致航道缩窄、水深淤浅、通航不畅。江河入海口的围海造地还会壅塞部分河道，影响排洪，导致洪灾。围海造地还会破坏一些珍贵的海岸景观和生态系统，如红树林、珊瑚礁等。

（4）海上疏浚和疏浚物倾抛将引起海底地形、沉积物的变化并对海洋生物产生影响，特别是对疏浚地底栖生物的破坏和倾抛区底栖生物的掩埋；还有倾抛区的污染物扩散、海水浑浊度增加、海水质量下降以及邻近地区沉积速率增加的暂时性影响。根据疏浚物的组成成分以及倾抛区的自然条件，影响程度会有所不同，当疏浚物处于城市生活污水、工业废水的排放海域而含有有害物质或重金属时，则存在污染物转移后二次污染的问题。

3）港口建设改变了海岸海底形态并形成新污染源

港口是水陆运输的转载枢纽。最原始的港口是供船舶停泊的有天然掩护的海湾、水湾、陆连岛等场所，即天然港口。随着商业和航运业的发展，天然港口逐渐不能满足客货运量和船舶吨位不断增长的要求，于是开始兴建具有码头、防波堤和装卸机具设备的人工港口。人工港口往往需要进行港池航道疏浚和填海造地来建设码头后方堆场，还需要进行软土地基加固以防止塌陷、滑坡等工程事故。这些改造既改变了海岸形态、海岸类型和海底状况，又改变了自然状态下的潮流场和冲淤动态。

海湾为海上运输和海上活动的基地，海峡为海上运输的重要通道，在这些区域，船只航行密度高，发生船舶事故的概率也比较高，这些事故对沿岸或近岸海域资源环境造成的影响不可忽视。

此外，船舶在航行、停泊、装卸过程中还会对海洋产生不同程度的污染，主要污染物有：含油污水、生活污水、生活垃圾以及船舶事故性排污溢出的油类及其他有害物质。相关资料统计表明，海洋环境污染中有 35%的污染物来自船舶，以海洋中石油类污染物为例，其中工业排放和城市排放占 37%，船舶操作性排放占 33%，油船海损事故排放占 12%（徐秦和方照琪，2003）。运载有有害物质的船舶在航行过程中因过失或不可抗力原因导致的船舶触礁、碰撞、搁浅、爆炸、起火等海上事故，对海洋环境造成的危害巨大。以溢油事故为例，石油泄漏后的初始状态为漂浮于海面上的油膜，油膜会影响海气物质和热量交换，使海水中溶解氧浓度下降，影响生物的光合作用及其生理生化功能；油膜分散后，起初受控于溶解、分散、吸附和凝聚作用，然后受控于沉积、光氧化、生物化学作用，分散态石油对海洋生物产生直接危害，其毒性与其组分的性质有关，其中芳香烃类化合物的毒性较大，且芳环的数目越多，毒性越大；分散态石油风化后，为漂浮的颗粒态焦油球残余物，其挥发和溶解很慢，对海洋生物产生的影响有所降低，但能破坏海洋的自然景观。

石油的污染程度与海区的自然环境（风、浪、流、潮）和海洋生物分布相关，如果石油污染发生在产卵盛期或处于产卵区和仔鱼的生存区域，将使卵的成活率下降、孵化仔鱼的畸形率和死亡率升高，影响种群资源延续；石油通过鱼鳃呼吸、代谢、体表渗透和生物链传输逐渐富集于生物体内，其症状主要表现为致死性、神经性、对造血功能的损伤和酶活性的抑制；石油在水中乳化的油粒，伴随虾的呼吸破乳后黏附在鳃上形成“黑鳃”，引起虾的病变或致其窒息死亡；海水中的悬浊油被贝类摄食后将在其胃中累积，不能排出体外，导致死亡。

4）滨海旅游资源开发干扰并威胁着资源地的生境

滨海旅游包括海滨观光、海滨休憩、海上体育及各种海上娱乐项目，如沙滩排球、潜水、冲浪、帆板、帆船、游艇等，滨海旅游开发必然对海岸带地表水文特征和土壤植被等自然环境产生影响，例如，旅游地滨海酒店、旅游设施等人工构筑物对自然景观的影响；旅游地不完善的污水处理系统以及化粪池泄漏，特别是高尔夫球场使用的肥料大量流出，引起临近海域水体的富营养化；游船，特别是豪华游船的废污水排放和固体废物倾倒造成的海域水体污染；游船航道疏浚使海岸带泥沙循环失去平衡，引起的海岸侵蚀与崩塌；为防止海岸侵蚀和崩塌而修建的防护海堤对海岸带景观的影响；旅游景点城市化和大众旅游的发展，导致地下水过度抽取引起的海水入侵，威胁地表植物生长等。

5）海砂开采造成不同程度的海岸坍塌、蚀退和生物栖息地破坏

海砂是一种重要的矿产资源，可以作为工业原料。已探明具有工业开采价值的海砂矿物质有 13 种，其中有可用于玻璃工业原料的石英砂，有可用于制造特殊合金、耐火材料、显像管及首饰的锆石，有可作为原子能主要能源的磷钇矿和独居石中的钇，还有可制作贵重金属的砂金和金刚石。作为建筑材料，海砂可广泛用于大型工程项目建设和填海造陆。同时，海砂又是一种重要的海洋生态环境要素，它与海水、岩石、生物以及地形、地貌等要素一起构成了海洋生态系统。海砂资源主要包括分布在近岸的海岸砂和陆架的浅海砂。由于海砂资源具有重要的工业价值和经济价值，而且比较容易开采，近年来，世界海洋砂矿资源开发业发展很快，其产值目前仅次于海底石油和天然气的产值，已成为第二大海洋矿产开采业。虽然海砂开采具有疏通航道的作用，但近岸海砂的开采使海岸的水下天然“防波堤”被破坏，波浪、潮流直接作用于海岸，易引起海岸蚀退、海水入侵；或者破坏滨海沙滩旅游资源，使平坦宽阔的沙滩下蚀、缩窄。河口区采砂还会影响河床稳定，危及堤防的稳固，导致海水上溯和土地盐碱化，影响淡水资源。

6）临海工业的兴起不仅占用滨海湿地，还引入多种化学污染物和放射性污染物

临海地区具有原材料和产品输入输出方便的优势，一些大型工厂及其附属工业往往被吸引到临海地区。临海工业发展需要专用码头，将占用滨海湿地生境；此外，供排水、海上倾废等对沿海生态系统构成严重的威胁。

临海重化工业，由于产业关联度高，能够带动整个经济发展，既是国民经济的支柱产业，又是工业生产中的污染大户。即便是每个项目都达标排放，但由于整个区域环境承载能力的限制以及化学污染物的不易降解，当大型化工园区或项目在沿海聚集时，产生的污染叠加效应依然会造成严重的生态灾难。例如，汞、氟、铬、铅、锌、砷、硒等无机污染物以及有机氯、有机磷和多氯联苯等人工合

成化合物，均属于“永久性”污染物，残效时间长，许多海洋生物对有机氯和有机磷具有很高的富集能力。通过食物链或直接由鱼鳃膜或细胞壁进入体内，并积蓄于脂肪含量较高的如皮脂、鱼卵、内脏和脑中，其富集系数可达数千倍到数万倍，影响生物生理机能，麻痹神经系统，并有致畸危害。

临海核电厂，大量冷却水的抽取和大量热废水的排放，不仅造成热污染，同时使水体的物理、化学、生物过程及生态环境发生明显的变化，而且其化学添加剂（氯化物）也给相邻的海域带来污染。放射性辐射不仅直接影响生物的生理作用过程，而且还影响染色体的基因或者损坏染色体，使之以碎片形式存在或者以非自然状态聚结，导致基因变化并引起形态改变。核电厂向近海排放的低水平液体废物，大部分沉积在离排污口数千米到数十千米距离的沉积物里。海流、波浪和底栖生物还可以将沉积物吸着的核素解吸，重新进入水体中，造成二次污染。

2. 经济层面

1）多元化的海岸带经济活动影响着海岸带资源环境演变的特征

海岸带资源环境的自然属性决定了其自身的多功能性，其开发利用具有多样性、关联性的特点，由此决定了海洋经济的多元化。随着科学技术的进步，海洋渔业、海洋盐业和海洋交通运输业等传统海洋产业获得了长足的发展；新型海洋产业，包括海洋油气业和海洋旅游业等，正在迅速崛起，逐步上升为海洋支柱产业；海水淡化和海水直接利用、海洋能利用和海洋药物等正在21世纪形成具有一定规模的产业。从国外海洋产业结构变化的规律可以看出：海洋第一产业所占的比重不断缩小，海洋第二产业所占的比重逐渐地由小到大，再由大到小；海洋第三产业所占的比重不断扩大，最后变成最庞大的产业。产业结构的重心沿着第一产业、第二产业、第三产业的顺序转移，最后形成海洋第三产业大于第二产业和第一产业，第二产业大于第一产业，这种变化趋势在先进的海洋国家表现尤为明显。按照三类产业划分，海洋第一产业主要包括海洋捕捞业和海水养殖业及正在发展中的海水灌溉农业；海洋第二产业包括海洋盐业、海洋油气业、滨海砂矿业和沿海造船业及正形成产业的深海采矿业和海洋制药业；海洋第三产业包括海洋交通运输业和海洋旅游业及海洋公共服务业。在不同的产业发展阶段和不同的产业结构时期，人类活动作用于海岸带资源环境系统的效应是不同的。第一产业发展阶段和以第一产业为主的阶段，人为带来的资源环境系统变化主要是资源减少、局部污染和生态破坏；第二产业发展阶段和第二产业比重较大的阶段，人为带来的资源环境系统变化是最多方面的，包括海岸与海底地形地貌变化、海域污染和生态破坏、资源锐减等，是最剧烈的；第三产业发展阶段和第三产业比重较大的阶段，人为带来的资源环境系统变化则会呈现与自然较为和谐的发展趋势。但三类产业往往是并存的，只有合理有序的经济活动才能避免资源环境系统的崩溃。

2）追求经济效益的发展模式使海岸带资源环境面临多重威胁

长期以来，海洋经济的发展与海洋环境的保护总是处于分离、脱节的状态，在人类的思想意识上，曾认为没有劳动参与或不能进行市场交易的资源、生态、环境是没有价值的，可以任意取用。例如，海洋资源“谁开发，谁受益”的激励机制，虽然在一定程度上推动了海洋经济的发展，但导致人们单纯追求海洋产值及其增长速度，使海洋经济发展走入歧途，造成海洋资源的无度毁损，海洋环境恶化，动摇和削弱了海洋经济发展的基础。

3）市场经济的发展促使海岸带资源环境显示其经济特性

人类对海岸带资源环境价值的认识可分为两个阶段：①传统资源环境价值认识阶段，认为海岸带资源是天然存在的，没有劳动参与，也不能参与交易，不具有价值；因此出现了海岸带大量不可再生资源的无序和掠夺性开发，浪费、破坏严重。②现代资源环境价值认识阶段，认为一切自然资源都具有可实用性和功能价值，而其外在价值存在地域性的差异（于连生和徐雷，2004；晏智杰，2004；彭本荣等，2004）。目前的财富论、效应价值论、地租论认为，海岸带资源价值主要取决于其有用性、稀缺性以及所有权的存在（欧维新等，2005）。国内外学者从不同角度论述了海岸带资源的使用费和租金等问题。20 世纪 70 年代，联合国经济及社会理事会鉴于海岸带资源对沿岸国家经济社会发展的重要性以及海岸带资源环境的特殊性，提醒各沿岸国家，海岸带资源是一项“宝贵的国家财富”。随着海洋综合管理的需要，产生了海域有偿使用价格确定理论，这是一种比较完整的价格体系与定价原则，强调在海岸带空间范围内，土地价格评估要与海域价格评估协调，海域估价的基本前提是对海域的使用功能进行最合理的划分，确定海域单元的最基本使用方向（王利和苗丰民，1999）。Costanza 等（1997）综合各种方法对海岸带生态系统提供的扰动调节、养分循环、生物生产、物种保护、污染净化、灾害防御、原材料提供、娱乐旅游、审美与文化等功能服务价值进行评估，得出全球海岸带生态系统的年度服务价值为 1 421 600 亿美元，占全球生态系统服务和功能价值（3 300 000 亿美元）的 43.08%。

3. 社会层面

1）资源环境的人为改变与人类对自然的认识水平密切相关

人类对自然的认识，经历了崇拜自然、敬畏自然、征服自然、尊重自然的过程。在原始文明时代，以直接利用自然物为特征的采集和渔猎活动是人们主要的物质生产方式。这种生产方式的成果，主要盲目依赖于自然力，因此，人们对于自然的基本态度是崇拜。在农业文明时代，以利用和强化自然过程为特征的农耕和畜牧活动是农业文明主要的物质生产方式。这种生产方式的成果，主要取决于人力资源与自然资源的相互配合。因而，在农业文明时代，人类对自然的基本态度是敬畏。工业生产（包括工业化的农业生产）是工业文明的主要生产方式，其基本特征是通过使用科学技术来控制、改造和驾驭自然过程，制造出在自然状态下不可能出现的产品。由于工业生产基本上摆脱了对自然力的依赖，因而征服和占有就成了人们对待自然的基本态度。但是，工业文明对自然的征服和控制导致了全球性的资源环境危机，直接威胁着人类文明的延续和发展。尊重自然阶段则是既不对自然顶礼膜拜，也不把自然视为征服对象，而是尊重自然的基本要求并维护自然的完整性与稳定性，维护生态系统的平衡，保护生物多样性；从另一个角度讲，就是不破坏生态系统的基本功能，不大规模地毁灭物种及其栖息地。尊重自然并不意味着无所作为，更不意味着人类不可以利用和改造自然，它只是要求人类在利用和改造自然时要遵循自然的基本规律，在满足人类生存需要的同时，适当关注其他生命的生存和延续。

但是，由于人类认识水平的局限性，人类最先只注意到物资生产系统的存在，没有意识到人口生产系统和环境生产系统的存在。当人口数量增长速度与物资生产增长速度出现了明显的差异，出现了相对的物资匮乏时，人类才开始意识到人口生产系统的存在，才开始研究人口生产与物资生产之间的关系并加以调控；同样，只有在环境污染、生态破坏以及自然资源锐减问题变得十分尖锐的今天，人类才意识到环境生产系统的存在，也才认识到无论是人口生产还是物资生产，都必须与环境生产的能力相适应。

2）沿岸城市化进程使资源环境的改变具有阶段性特征

海岸带地处陆域和海域的交汇地带，其区位优势、资源要素、环境要素是海陆资源的并集，其物质、信息、能量的传输、扩散、辐射是海陆联系的枢纽，因而沿岸地区的城市化速度比内陆要快得多，包括原有城市的扩张和新兴城市的发展兴起，甚至邻近城市连接形成海岸城市带，如“美国西海岸城市带”“日本太平洋城市带”“中国海岸城市带”（徐勇，2000）。由于该类城市带的社会经济活动具有面向世界（海洋腹地）、面向内陆（内陆腹地）的双向辐射作用，海岸经济带迅速崛起。城市化后，在城市建城区人口剧增，其他植被群落和野生动物群落消失，微生物群落被抑制在不危及人类生存、生活的水平，观赏及食用动物与人类及其他生物的生态链锁或网络关系被极度简化，以光合作用为基础的生态系统初级生产和动物次级生产基本消失，取而代之的是以大部分来自系统之外的自然资源、人力资源能源为基础的人类社会生产，物质开放式闭合循环系统过程被割裂，废物产生，污染出现，自稳定的海岸带自然生态系统转变成不稳定的人工生态系统。同时海岸带（近海）资源环境不断地被开发利用，产生了一系列不同于自然作用的演变特征。沿海城市化进程与海岸带资源环境系统的耦合关系可简要概述为海岸带城市化初级阶段、海岸带城市化推进阶段和海岸带城市化高级阶段。

（1）海岸带城市化初级阶段。农业生产和渔业生产比重较大，工业发展和城市发展具有足够的海陆资源和环境容量，这时资源环境系统处于基本可自动调节平衡的状态，并且优越的资源环境禀赋，有利于吸引资金、产业、人口等要素向城市聚集，推动城市化进程。

（2）海岸带城市化推进阶段。工业生产成为经济支撑，工业生产作为发展支撑，具有高的社会生产力，但土地资源、淡水资源、生态资源、环境容量等开始出现紧缺，港口航运业、海洋旅游业与海洋渔业抢占海域空间，环境污染、生态退化问题不断出现，这时资源环境系统原有的平衡状态不断被打破，而恶化的环境使城市失去吸引力，阻碍城市继续发展，这时资源环境系统成为城市发展的瓶颈。

（3）海岸带城市化高级阶段。金融、信息、贸易、科研、高新技术产业成为经济支撑，配备有完善的基础设施、合理的人口密度、完整的港口物流体系，休闲渔业代替生产渔业，生态环境逐渐优化，资源良性循环，这时资源环境系统与城市化相互促进，优良的城市环境吸引经济要素的汇聚，汇聚的经济要素又有利于城市环境的提升。

3）冲突与战争给海岸带资源环境带来浩劫性的损失

导致冲突与战争的原因有很多，如民族、宗教等，但是，最根本的原因还是经济利益的冲突。人们为了掠夺资源而进行战争，战争又大规模地消耗稀缺的资源，破坏人们赖以生存的环境，直至消灭人类的生命。联合国前秘书长安南曾经说过，战争可在几分钟内摧毁有时需要几代人才能取得的成就，除了给人类带来苦难之外，还对环境造成浩劫。海岸带地区资源丰富，为了争夺港口、航道及石油、天然气等资源的主导权，地区冲突在现代社会仍普遍存在，现代战争造成的航道破坏、石油泄漏对环境的影响是灾难性的。

4. 环境层面

1）资源环境本身的自然条件决定了其被开发利用的趋势

自然条件，包括地形、气候、水文、土壤、植被等，决定了人类活动的聚集区。世界上第一批城市全部诞生在自然条件优越的河流中下游平原和沿海地区，如尼罗河谷地、底格里斯河—幼发拉底河流域、美索不达米亚平原、印度河流域、黄河与长江中下游地区。这些地区主要分布在气温适宜、降水适中的中低纬度的近海和平原地带上，地形地势和水资源是城市发展的首要考虑因素。自人类掌握农作物的栽培技术和家畜的驯养技术以后，以狩猎为生的游牧群落转变为专门从事农作物种植和家畜饲养的定居村落，并在自然环境比较适宜的地方聚集，从而奠定了城市起源的基础。随着农业技术的进步，一部分人从农业生产中分离出来，专门从事器物工具的制作，即手工业从农业中分离出来，手工业的出现为城市萌芽起催化的作用。当一批手工业兴起，交易也开始出现，人类从而逐步进入商品社会。商品交易需要交易场所，当交易场所固定在某一地方后，就形成了城市发展的基础。工业革命后，随着对自然资源的大规模开发和工业的迅猛发展，在某些矿产资源储量丰富的地方，又出现了一批新兴城市，如石油工业城市、煤矿工业城市、锡矿工业城市、森林工业城市。同样，具有“渔盐之利，舟楫之便”的濒海平原地带，气候温润宜人，景观资源众多，作为内陆与外界沟通的门户，在以渔猎为生的先民定居的渔村、商贸交流的港口，也诞生了海港城市、滨海旅游城市。海港城市和滨海旅游城市的兴起，开启了海岸带“沧海桑田”的演变历程。

2）生产和生活废弃物的排放导致了资源环境系统的恶化

人类的废弃物排放包括工业生产排污、城市生活排污、城市地表径流、固体废物堆放场的渗出液、农业化肥农药排污、规模化畜禽粪便排污等，污染物成分复杂，如氮、磷、硫、石油、有毒化学物质、酸碱类、有机类、重金属、放射性污染物、病原体污染物。其中，重金属中的汞、镉、铅、铬、铜、锌和有机物中难分解的有机氯化合物、多环芳烃有机化合物、有机氮化物（芳香胺类）和有机重金属化合物等降解速度慢，生物毒性作用大。一般农业化肥农药排污以地表径流或漫流的形式排入，工业排污、城市生活排污、规模化畜禽粪便排污均得到一定程度的处理后再导流排入，但处理尾水不等于清洁水。污染物（特别是有机物）进入海域以后，经过潮流波浪的紊动、扩散，输移颗粒物将逐渐沉降；此外，因为天然水体中含有各种各样的胶体，如硅、铝、铁等的氢氧化物，黏土颗粒和腐殖质等，有些污染物还会被吸附、絮凝而沉落渗入底泥，形成底质污染。近岸海域特别是主要河口海湾、城镇毗邻海域的环境污染大多超过海水的自净能力，污染物主要为 COD、营养盐和石油类，重金属以铜和铅最为突出。污染物中的氮、磷、钾、硫及其化合物等属于植物营养物，在循环交换缓慢的半封闭海域中，例如在围垦的海域内，将导致各种藻类生物的繁殖、生长，并带来一系列的后果：①藻类过度繁殖、生长，造成水中溶解氧降低；②藻类死亡后的分解需消耗大量的氧气，在一定时间内使水体处于严重缺氧状态；③死亡藻类分解后又将氮、磷等物质重新释放进入水体，如此周而复始的循环，使氮、磷等植物营养素长期滞留在封闭或半封闭海域中。当温度升高（春夏季节），尤其温度达到 20～35℃，水体溶解氧下降，将进一步加剧水体中存积生物残体的厌氧分解，从而使氮、磷增加更快，促进藻类大量繁殖，导致赤潮发生。当水体中没有溶解氧时，死亡藻类等有机物受到厌氧细菌的还原作用还会生成甲烷气体，水中存在的硅酸根离子将由硫酸还原菌的作用变成硫化氢，从而引起水体发臭，水质严重恶化。

废水中的有机物被水体中的微生物氧化分解需要消耗水中的溶解氧，从而引起水中溶解氧浓度降低，水质恶化；重金属与有机毒物为海洋生物所摄取，富集在捕食性鱼类体内，产生病变和肿瘤，进而通过食物链影响人类健康。

中国 2005 年陆源入海排污口监测结果显示，84%的入海排污口超标排放污染物，主要超标污染物（或指标）为营养盐、大肠菌群和 BOD 等。排污口邻近的水域水质恶化，生物体内污染物含量普遍超标；有的排污口邻近海域出现无生物区，60%的监测海域无底栖经济贝类；主要河口、海湾和滨海湿地生态系统均处于不健康或亚健康状态；近 70%的海域富营养化严重，无机氮和活性磷酸盐含量均超过Ⅳ类海水水质标准；浙江中部海域、长江口外海域、渤海和杭州湾等区域大面积赤潮频发，有毒赤潮发生次数和面积呈上升趋势；排污口污染物的超标排放已经对海南东海岸、粤西海域、广西北海和北仑河口等健康的珊瑚礁、海草床及红树林生态系统构成严重威胁。

香港地区的维多利亚港，在 20 世纪 70 年代工业起飞时，地区政府未制订有效措施监控工厂排出的污水，导致不少含有毒物质及重金属的废料未经处理便直接排放到海域，沉积在海底的污泥中；充满化学物质的家居清洁用品、漂白水经厕所排入海域，致使海水中的氮元素含量偏高。陈卓敏等（2006）对杭州湾潮滩表层沉积物中多环芳烃的分布及来源研究表明，沉积物中 PAHs 总含量范围为 45.78～849.93 ng/g；PAHs 的空间分布总体呈现为：钱塘江杭州河段＞杭州湾南岸＞杭州湾北岸，PAHs 主要来自沿岸石油化工区化石燃料的泄漏及其不完全燃烧产物的排放。

3）入海流域的人文变迁也显著地影响着河口地区的资源环境系统

流域与海洋的交汇区在河口地带。按照河流动力和海洋动力交互作用的范围，当河流处于枯水期时，海洋潮汐作用距离可沿河上溯数百千米，如南美亚马孙河可自河口上溯 736 km（Gibbs，1976），长江可上溯 624 km 到安徽大通；而河流径流及其携带的泥沙向海扩散和沉积的范围可覆盖河口外及其两侧沿岸内陆架的广大区域。流域的人文变迁，包括河流两岸城镇布局、土地利用变化、森林砍伐、植被破坏、河流治理以及灌溉、发电、航运、筑坝等，都将对河口及其邻近海岸带资源环境系统产生直接和深远的影响，集中体现在入海水沙量减少、污染物入海量增加。河流入海水沙量的减少，直接引起河口三角洲及其邻近海岸的侵蚀；河口海岸侵蚀还会导致邻近陆域地表水和地下水盐度分布改变。流域城市和工业排放的污水以及农业耕作的化肥和农药流失、畜禽养殖排放等入海污染物则直接引起河口及附近海域水质恶化、富营养化，并对具有重要生态功能的河口湿地产生深远影响。这些变化的共同作用导致河口和陆架生态系统的改变，如河口光合作用强度、初级生产力及组成、盐水的分布范围、生物物种的分布和河口附近的渔场分布状况的改变。

由于水库的建设，自 1995 年以来，长江流域年平均输沙量已经减少到 3 亿 t 以下，近 20 年长江口水下三角洲已出现大范围的侵蚀（陈吉余和陈沈良，2002）；南水北调工程还将导致输沙量进一步减少。水沙通量的减少，导致长江三角洲的淤积速度减慢甚至转化为侵蚀，水沙量减少将使海岸带盐水入侵更为剧烈，河道形态很可能会变为非均衡状态而引发水系结构的重新调整。

墨西哥湾海域中，由于密西西比河氮、磷含量的升高，水体溶解态氮、磷浓度比 1950 年增加了一倍；同时，河水磷浓度的升高，促进了淡水硅藻水华的发生，从而减少了密西西比河归向海岸带的输出通量（彭晓彤等，2002；Turner 和 Rabalais，1994）。

根据《2005 年中国海洋环境质量公报》，黄海的鸭绿江口、东海的长江口、珠海的珠江口均受到无机氮、活性磷酸盐的污染，杭州湾海域受到铜和滴滴涕的污染。黄河口、长江口、杭州湾和珠江口生态系统均处于不健康状态，主要表现在富营养化及营养盐失衡、生物群落结构异常、河口产卵场退化等。

1.3　海岸带资源环境开发及存在问题

在漫长的地球历史中，海岸带的发展变化不仅受海洋、陆地、大气等自然环境的综合影响，而且受到人类活动的直接影响。特别是进入工业革命以后，人类对海岸带的干预在强度、广度和速度上已接近或超过了自然变化，人类活动已经成为地表系统仅次于太阳能、地球系统内部能量的“第三驱动力”（李天杰等，2004）。

1.3.1　海岸带资源环境开发利用现状

近一个世纪以来，人类正在对海洋及海岸带进行着大规模的开发和索取，但是与此同时，也自觉或不自觉地破坏了海岸带的资源环境。人类对于海岸带资源环境的破坏，不仅仅是由于海水污染而导致海洋生态环境的破坏，更有诸如大河干流水利工程建设、围填海工程、海岸区采矿、海岸工程、海水养殖等众多人类活动给海岸带的资源环境带来不同程度的负面影响，这也为实现可持续发展战略带来了很大的困难。

世界各国的沿海地区，由于人口聚集、城市扩张、资源开发，均不同程度地出现近岸水域污染、生物多样性减少、渔业资源锐减、自然灾害频繁等危机，显现出对区域乃至全球社会经济可持续发展的不利影响，并且这种资源环境的演变往往呈现系列性的整体效应。例如，环境污染、水体富营养化、赤潮频发往往伴随着生物群落改变、生物量以及生物物种减少；地面沉降与海平面上升，则加剧海水入侵陆地地下淡水层，滨海土地盐渍化，同时导致侵蚀基准面上升，还使注入海洋的河道比例下降，城市排污、排涝困难，海堤和挡潮闸的防潮能力降低，洪水、风暴潮的危害增加；而海岸抬升，则可见有海蚀阶地发育，并伴有众多海蚀陡崖、海蚀柱、海蚀洞穴、海蚀平台等海蚀地貌现象，致使海平面相对下降，导致港池、航道水深不够、港口废弃。

1.3.2 海岸带资源环境开发存在的问题

1. 大河干流建坝蓄水工程建设的资源环境影响

随着人类生产和生活用水需求不断增加，人类在河流中上游地区兴建起大量的截流蓄水或跨流域调水工程，这类工程在截流了部分水量的同时，也使河流的输沙量减少，对海岸带的资源和生态环境也将产生显著或潜在的影响。

1）对水文泥沙的影响

重大水利工程的建设将显著改变河流的径流量和其原有的季节分配，这将直接引起河口水文情势的变化。此外，大河干流重大水利工程的建设导致河流入海泥沙减少，进而影响河口三角洲的演化。河口三角洲海岸岸滩在新的动力泥沙环境下发生新的冲淤演变调整，原先淤长型河口海岸，由于淤长速度减缓，由强淤长型转为弱淤长型，甚至转化成平衡型或侵蚀型。Fanos（1995）对埃及尼罗河修坝前后入海泥沙量进行了研究，发现尼罗河在修建阿斯旺大坝后，入海泥沙量减少 98%；Carriquiry 等（2001）也指出科罗拉多河上修建胡佛大坝等导致入海泥沙断绝；而从国内的研究来看，钱春林（1994）就引滦工程对滦河三角洲的影响展开研究，指出滦河因上中游修建了 3 个大型水库，并引水供应天津、唐山和秦皇岛而导致海岸泥沙补给骤减，河口岸滩蚀退速率大约是工程前的 6 倍。此外，三峡工程的建设，将大量长江径流截流在库区，导致长江口入海泥沙大量减少，河口侵蚀海岸地区的淤积速度放缓，部分地区已出现海岸侵蚀现象。

2）海水入侵

受重大水利工程的拦蓄作用影响，流域中下游和河口的水量明显减少，使得海水入侵时间延长，海水倒灌距离加大，同时也造成了江水中氯化物的浓度升高。目前全世界范围内已有 50 多个国家和地区的几百个地段发生了海水入侵，主要分布于社会经济发达的滨海平原、河口三角洲平原及海岛地区。特别是 20 世纪 80 年代后，我国渤海、黄海沿岸由于大型水利工程建设，出现了不同程度的海水入侵加剧现象。海水的入侵也将引起地下水含水层变咸，滩地土地盐碱化，导致严重的区域性饮用水短缺。三峡水库每年 10 月份蓄水，下泄流量减少，可能会引起海水溯江而上，从而使上海宝山等地的工业用水、生活用水受到影响，长江三角洲沿海部分耕地会发生盐碱化。

3）对河口湿地的影响

建坝蓄水导致河流携带泥沙能力下降，使得部分三角洲从淤积型向侵蚀型转化，海岸线蚀退严重，造成了大量湿地的萎缩。王国平和张玉霞（2002）以向海湿地为研究对象，指出由于向海湿地上游的截流，洪水的消除或洪泛次数的减少限制了河流与其以前形成的洪泛湿地之间的交换，也就限制了河床的摆动和新沼泽地的形成，更进一步减少了维持河边洪泛湿地生态系统所必需的水量，导致湿地逐渐萎缩、破碎，甚至大面积丧失，使本已脆弱的生态平衡遭到严重破坏。

综观以上研究，目前对于大河干流水利工程的建设对海洋资源环境的影响研究，大多以建坝蓄水工程的影响为主，且研究具有较强的针对性，大多是针对某一项具体工程的影响进行预测和评价，而对于多个水利工程所造成的综合累积影响的评价研究较为少见。同时，许多研究侧重于建坝蓄水工程建设对于河流流域水文及生态环境造成的影响，而对于河口及海岸带地区资源环境的影响研究也较为少见。因此，如何综合评价水利工程建设对海岸带资源环境造成的累积影响，将是水利工程建设对海岸带资源环境影响研究领域中迫切需要解决的问题。

2. 围填海工程的资源环境影响

围海是指在海滩或浅海上通过筑围堤或其他手段，以全部或部分闭合的形式围割海域进行海洋开发活动的用海方式，其部分改变了海域的自然属性；填海是指将筑堤围割海域填成土地，并形成有效岸线的用海方式，其从根本上改变了海域的自然属性。围填海包括围海造田、造陆，兴建港口、码头、防波堤、栈桥等，用于工农业的生产和城市建设，能够有效缓解当前经济发展过快同工农业用地不足的矛盾。但是，不恰当的围填海工程将对海岸系统造成扰动，导致新的不平衡，甚至会引发一系列海洋环境灾害，对海洋环境构成不可逆转的影响或损失。

1）对近岸流场的影响

围填海工程的建设，改变了局部海岸的地形及海岸的自然演变过程，导致围垦区附近海域的水动力条件发生骤变，形成新的冲淤变化趋势，进而可能影响工程附近海岸的淤蚀、海底地形、港口航道、海湾纳潮量、河道排洪、台风暴潮增水、污染物运移等。

长期以来，不同的学者运用不同的研究方法针对具体地区围填海工程造成的流场变化进行了不同的研究。从研究方法来看，研究大多基于水力学或泥沙运动力学，通过建立数学模型或相关的物理模型来模拟或者计算工程前后流场的变化情况。此外，也有研究基于 GIS 及 RS 手段，通过动态监测和目视解译等，从对近岸航运影响的角度来侧面反映围填海工程对近岸流场所造成的影响。

从研究内容来看，李加林等（2007）分别从河口、港湾、平直海岸、岛屿 4 个方面综合阐述了不同类型的围垦工程对水沙动力环境的影响。我国学者还对围填海造成的长江口流场的变化展开了大量研究，如曹颖和朱军政（2005）采用二维潮流数学模型模拟南汇东滩促淤围垦工程实施前后流场的变化，探讨围垦工程对邻近水域水动力产生的影响。罗章仁（1997）、郭伟和朱大奎（2005）分别研究了香港维多利亚港和深圳湾围垦工程对港湾纳潮面积、纳潮量、潮流速度等潮汐特征及港湾回淤的影响。此外，Guo 和 Jiao（2007）也指出围填海加大了新增土地的盐渍化风险，加重了海岸侵蚀，使得海岸防灾减灾能力大大下降。

2）对近岸海域生态系统的影响

围填海改变了海洋的物理化学环境，会破坏近岸海域生态系统结构。围填海工程对近岸海域生态系统的影响一般可以分为对近岸浮游生物的影响和对近岸底栖生物群落的影响两方面。对浮游动植物的影响主要集中在工程的施工过程中悬浮物浓度的增加将导致水质的浑浊，水体透明度、光照度、溶解氧等下降，从而抑制了浮游植物的细胞分裂和浮游动物的繁殖。但是，这种影响一般都是暂时性和小区域的，施工结束时影响也随之消失。

相对于围填海工程对浮游生物造成的影响而言，工程对底栖生物的影响更为直接，影响面及造成的危害也更广。围填海工程将永久性地改变海域原有的底质和岸线，将导致底栖生物被挖起致死或被掩埋致死，并且这种影响将得不到恢复，从而破坏海域生态环境。陈才俊（1990）指出，在苏北竹港围垦的 1～2 个月内，沙蚕全部死亡，而生命力较强的蟛蜞也在 7 年内基本死亡。Wu 等（2005）在 1998～2000 年对新加坡 Sungei Punggol 河口海岸围填海区域的大型底栖生物群落影响系统进行调查，指出由于围填海工程的实施，底栖生物的种类和丰度都明显下降。由此可见围填海工程给底栖生物造成了显著的破坏。

3）对滨海湿地的影响

围填海工程对海岸带滨海湿地的影响主要包括两方面，其一为侵占湿地，导致湿地景观环境变化；其二是在一定程度上造成湿地沉积环境的变异。

张华国等（2005）利用遥感数据，对杭州湾围垦淤长情况进行了调查，指出自 1986 年以来，杭州湾地区的累积围垦面积已经达到 124.28 km^2，大规模的围垦侵占了原有的滨海湿地，并且改变了滨海湿地的景观环境。Han 等（2006）以我国南部海岸湿地为研究区域，指出南部的潮滩、红树林等湿地都出现了严重的退化，主要原因之一就是大规模、不合理的填海造地。俞炜炜等（2008）以福建兴化湾为例，评估围填海对滩涂湿地生态服务造成的累积影响，指出 1959～2000 年期间，兴化湾滩涂面积减少了 21.35%，生态服务的年总价值损失达 8.63×10^9 元，损失幅度为 16.35%。

Sato 和 Kanazawa（2004）通过研究日本 Isahaya 湾填海造陆工程对湿地的影响，指出由于工程的实施，湿地动物群的种类和平均密度出现了明显下降。与此同时，底栖动物中的多毛类种类迅速上升为优势种类；在湿地表层，过量的磷、氮等营养盐超标促使某些藻类大量滋生，叶绿素 a 含量大幅升高，形成“赤潮”。潘少明等（2000）通过对香港维多利亚港的 Pb、Zn、Cu 等重金属在沉积柱状样的分析，表明围填海过程中，沉积速率较快的海域，Pb、Zn、Cu 等重金属的污染也较严重。

4）对海洋渔业资源的影响

大规模的围填海工程给海岸环境带来影响的同时，也影响海洋各类资源，间接对相关海洋产业造成影响。例如，随着大连凌水综合整治填海工程和小平岛房地产开发项目的推进，大量海域被占据，鱼类洄游受影响，鱼群的栖息环境和产卵地被破坏，该海域渔业资源不断衰竭（严金龙，2013）。苏纪兰和唐启升（2002）也指出，20 世纪末，由于大量的围海养殖，河流断流，严重破坏了环渤海地区对虾的栖息地，导致了当时中国对虾捕捞业的衰退。不同种类的海洋生物迁徙能力及适应生态环境变化的能力不同，因此，栖息地丧失对于重要海洋生物资源的影响难以进行量化，只有通过对围填海工程附近的生物资源进行长期的动态监测和研究，并结合生物学和生态学实验以及历史数据，才能对围填海工程影响生物资源的过程、程度和机理形成较为准确的认识，这也是今后研究的重点。

3. 滨海旅游的资源环境影响

作为旅游目的地之一，滨海旅游已经越来越受到国内外游客的欢迎，海岸带也成为世界旅游业发展最快的领域之一。由于海岸带环境具有高度的动态特征，因此，任何对海洋或者海岸带的自然环境及生态系统的干涉都可能对其长期稳定产生严重的影响和后果。

1）海水污染

世界各地的滨海旅游在开发和运营过程中，均造成了不同程度的海水污染，这些污染尤以加勒比海、地中海更为明显。Kuji（1991）对滨海地区旅游水体污染进行了研究，指出海水污染的来源主要包括两类：海岸带景区化肥池的泄漏以及陆源污水处理系统排放的污染物，特别是高尔夫球场使用的肥料的泄漏以及沿岸餐馆污水的不合理排放，这些都不同程度地引起了邻近海域水体的富营养化。其次是游船在出游过程中，废污水的无节制排放以及固体废物的倾倒，造成近海海域海水污染。Marsh 和 Staple（1995）通过对加拿大地区滨海旅游的调查研究发现，在一些生态脆弱地区，游船活动已对其环境造成重大威胁。

2）海岸线侵蚀

滨海旅游的开发也加剧了海岸线的侵蚀和后退。例如，观光海堤的修建，短期内影响了海岸带泥沙的季节分配，而从长期来看，则将引起海岸线后退和陆地面积的损失。Baines（1987）通过对 SIDS 地区的调查研究发现，游船航道的修建导致了岸边礁石爆破，附近泥沙填充了航道，破坏了海岸带泥沙的循环平衡，加剧了海岸带的侵蚀。三亚地区由于建设滨海大道等，导致该区域自2002年以来，海岸线以平均每年1～2 m的速度向岸边推移（梁超等，2015）。

3）沙质退化

沙质退化也是滨海旅游所引起的较严重的环境问题之一。在滨海旅游过程中，由于污水、垃圾、船舶油类污染，沙滩的表层颜色从白向灰过渡。同时，过多的游客踩踏及某些交通工具的随意停放，造成了沙滩紧实度增强，极大地降低了潮间带以及海岸带的生物多样性。

国内外学者对滨海旅游对海岸带地区的植被、土壤、大气等自然环境的影响做了大量的定性和定量研究。加拿大Waterloo大学地理系的Wall和Wright（1977）利用旅游环境影响的既成事实法、长期监测法和模拟实验法阐明了旅游对生态环境的影响与环境要素间的相互关系。就目前的研究来看，滨海旅游对海岸带资源环境的影响多集中于个案的研究，研究结论也基本以一定的案例为基础得到。同时，国内的研究多以社会经济统计资料以及环境监测资料为基础数据，还比较缺乏对新技术（如3S技术等）的应用。因此，如何有效利用先进的技术从定性和定量两方面来研究滨海旅游的资源环境影响，并且如何做好综合性的环境评价将是接下来研究工作所要关注的重点。

4. 海水养殖的资源环境影响

海水养殖的生产和发展需要清洁的水域，于是其发展受到海岸带其他人类活动的影响；反过来，某些海水养殖方式的不规范，也对周围海域的生态环境产生了影响。

1）对养殖水体自身环境的影响

（1）营养物质污染。世界各地的网箱鱼类养殖都造成了不同程度的饵料浪费和近海水域污染。20世纪80年代，欧洲在网箱养殖鲑鱼过程中，投入的饲料只有1/5被有效利用，其余部分都以污染物的形式排入了海水中。据了解，1987年，芬兰由于海水养殖，向沿岸排放了952 t的N和14 t的P，占芬兰当年沿岸排放N和P总量的2%和4%。许多研究表明，海水养殖外排水使邻近水域营养物质负载逐年增大，排出的N、P等营养物质成为水体富营养化的污染源。虽然，就目前而言，海水养殖的排污量与其他人类活动向海洋的排污量相比，比重并不大，但是已经有研究表明某些海湾地区高密度的海水养殖与近海赤潮的发生具有一定的相关性，从而将威胁到养殖鱼类、虾类和贝类的安全性。

（2）药物污染。海水养殖中的化学药物主要用于治疗鱼类疾病、清除敌害生物、消毒和抑制污损生物。据了解，1990年挪威在海水养殖上使用的抗生素已经超过了农业上的使用量。海水养殖中的药物有一大部分将会直接进入近海海域海水中，使该区域海洋环境质量短期或者长期退化。例如，珠江口流域曾经因为使用大量硫酸铜来治理虾病，造成了该地区水环境中存在着相当严重的重金属铜污染。同时，一些药物在养殖的生物体内残留和积累也将成为潜在的威胁，进而对整个水体的生态系统乃至人体造成危害。

2）对近海生物的影响

相对于自然生态系统来说，海水养殖这一人工的生态系统比较单一，需要依靠人工的调节来维持其内部的平衡。从可持续发展的角度出发，大量的单物种海水养殖，必然造成浅海或海湾内生物多样性向单一性转化，使得海洋生物“内循环”发生变异，甚至导致物质循环平衡失调，如研究发现桑沟湾中浮游植物的生物量与贝类滤水率成反比关系（付小玲，2007）。

当然，海水养殖对海洋生物生态系统的影响并不都是有害的，海水养殖在一定程度上能够缓解由于过度捕捞造成的鱼类资源下降和自然环境变化。海水养殖还能将人工培育、繁殖的苗种释放到渔业资源衰退的自然水域中，使其自然种群得以恢复。然而，海水养殖对自然种群基因多样性的破坏却远远超过了它的正面效应。海水养殖过程中许多逃逸的鱼类可能会将自身携带的疾病甚至有害基因扩散到野生群体中，给天然基因库带来基因污染的潜在威胁。Sverdrup-Jensen（1997）通过研究发现经过基因改造的大洋鲑逃逸后与野生鲑鱼交配产生变种鱼类，使得缅因湾和芬迪湾的野生鲑鱼面临着灭种的威胁。此外，也有研究表明，逃逸的物种即使不与野生物种交配，也会与之竞争食物和栖息地，导致当地野生物种灭绝。

3）对海岸滩涂、红树林的影响

在养殖对生态环境破坏的众多影响中，养虾业对滩涂、红树林的破坏最为明显。进入 21 世纪以来，全世界约有 1000～1500 hm^2 的沿海低地被改造为养虾池，其中大部分低地都为红树林、盐碱地、沼泽地或农用地，而这些低地曾经对维持生态环境的平衡起着不可比拟的作用。

滩涂湿地和红树林在维持生物多样性上有着重要的生态学价值，是海洋生物栖息、产卵场所，是天然的水产养殖场。但是一系列盲目及缺乏规划的开发措施，破坏了滩涂和红树林的自然栖息环境。例如，大规模的对虾养殖以及不合理的开发破坏了滩涂生态环境，大量的滩涂贝类也遭到了不同程度的破坏。Restrepo 和 Cantera（2013）对 Patía 河口三角洲进行研究，发现海水养殖等一系列人为活动影响并导致当地最大的红树林国家公园受到了毁灭性的打击。同时，红树林面积的大幅缩减导致鱼类捕捞产量减少，并使沿岸污染物积累、土壤酸化。

5. 其他人类活动对海岸带资源环境的影响

除此以外，其他人类活动如海岸采矿、污染物排放等也将对海岸带造成不同程度的影响。我国海岸带有着丰富的砂矿资源，是建筑材料的重要组成部分。合理的开发和利用砂矿资源，能够有效地促进我国社会经济的发展，但是不合理的开采将会破坏海岸的动态平衡，从而引起一系列的海洋灾害。李凡和张秀荣(2000)指出山东省蓬莱市北海岸地区由于某单位的随意采砂，导致浅滩附近水深增加，加剧了海浪侵蚀海岸，导致该岸段的土地、房屋倒塌，造成重大损失。此外，张振克（1995）通过实地考察，发现芒果岛北岸小海湾沿岸砾石堤由于人为的过度采运，使得砾石堤的规模不断缩小，抵抗海浪的能力大大减弱，海蚀崖崩塌频繁发生。

人类生产生活中不同污染物的排放也将会影响海洋的资源环境，甚至对海洋水产品产生影响。首先，大气中二氧化硫、氮氧化物在湿度较大的空气中将形成酸雨，破坏海洋原有的酸碱平衡，而大气中的总悬浮物（TSP）沉降到海面上也将造成海洋生态环境的变化以及鱼类的减产。其次，工农业污水以及生活污水不断排入海洋，使海洋中溶解氧和悬浮的有机物、无机物不断增多，从而造成海水富营养化，引发大面积赤潮。陈玉芹（2002）指出，2001 年中国近海赤潮频发，特别是浙江省 2 次规模较大的赤潮造成渔业损失近 3 亿元人民币。此外，工业部门和生活产生的垃圾等固体废弃物也会对海洋环境造成影响，各类有害物质和重金属随着河流流入海洋，被鱼类吸收而影响海洋环境及水产品的质量。

1.3.3　加强海岸带资源开发与评价研究的必要性

海岸带地区以其独特的地理位置，集中了资源、人口、经济等方面的巨大优势。对全球每一个沿海国家来说，健康的、协调发展的海岸带经济都是其所要追求的目标。海洋开发力度的不断加大对海洋生态环境造成越来越大的压力，部分近岸海域的海洋生态系统出现了严重的问题，海洋开发与保护的矛盾无法回避，资源环境问题成为制约经济发展的“瓶颈”。伴随着经济的发展，如何才能更有效地保护环境，维持人类社会的可持续发展，正成为人类迫切需要面对的问题。

习近平在十九大报告中全面阐述了加快生态文明体制改革、推进绿色发展、建设美丽中国的战略部署。党的十九大报告指出：“建设生态文明是中华民族永续发展的千年大计”“生态文明建设功在当代、利在千秋。我们要牢固树立社会主义生态文明观。”此外，党的十九大把“必须树立和践行绿水青山就是金山银山的理念”写进了报告，报告还明确指出，我们要建设的现代化是人与自然和谐共生的现代化，既要创造更多物质财富和精神财富以满足人民日益增长的美好生活需要，也要提供更多优质生态产品以满足人民日益增长的优美生态环境需要。十九大报告为未来中国推进生态文明建设和绿色发展指明了路线，而海洋生态文明建设是生态文明建设的重要组成部分，加强海岸带资源开发与评价更具有战略性和现实性意义，从而持续提升我国海洋生态文明建设水平。

国家领导人对海洋生态文明建设的高瞻远瞩，充分反映了海洋生态文明建设的重要性，对海岸带资源开发与综合评价研究来说更是一项“基础性、公益性、战略性”的工作，开展海岸带资源环境的开发调查与综合评价在海岸带资源快速消耗的今天已成为一项刻不容缓的任务（杨传霞，2016）。加强海洋生态文明建设，优化海洋产业布局，形成节约、集约利用海洋资源和有效保护海洋环境的发展方式，是实现沿海经济社会可持续发展的一项重大而紧迫的任务。

参 考 文 献

曹颖，朱军政. 2005. 长江口南汇东滩水动力条件变化的数值预测[J]. 水科学进展，16（4）：581-585.

陈才俊. 1990. 围滩造田与淤泥质潮滩的发育[J]. 海洋通报，3：69-74.

陈吉余，陈沈良. 2002. 中国河口海岸面临的挑战[J]. 海洋地质前沿，18（1）：1-5.

陈沈良，陈吉余，谷国传. 2003. 长江口北支的涌潮及其对河口的影响[J]. 华东师范大学学报（自然科学版），（2）：74-80.

陈玉芹. 2002. 赤潮与海洋污染[J]. 唐山师范学院学报，24（2）：11-12，40.

陈卓敏，高效江，宋祖光，等. 2006. 杭州湾潮滩表层沉积物中多环芳烃的分布及来源[J]. 中国环境科学，（2）：233-237.

范代读，李从先. 2005. 中国沿海响应气候变化的复杂性[J]. 气候变化研究进展，3：111-114.

方国洪，郑文振，陈宗镛. 1986. 潮汐和潮流的分析和预报[M]. 北京：海洋出版社.

付小玲. 2007. 海水养殖对生物多样性的影响[J]. 中国渔业经济，1：24-26.

高迪. 1981. 环境变迁[M]. 北京：海洋出版社，48-50.

高星. 2000. 资源环境研究中的几个科学问题[J]. 地球科学进展，3：321-327.

郭伟，朱大奎. 2005. 深圳围海造地对海洋环境影响的分析[J]. 南京大学学报（自然科学版），41（3）：286-296.

黄广宇. 1998. 厦门马銮湾水环境问题治理研究[J]. 集美大学学报（自然科学版），3：54-59.

李凡，张秀荣. 2000. 人类活动对海洋大环境的影响和保护策略[J]. 海洋科学，24（3）：6-8.

李加林，杨晓平，童亿勤. 2007. 潮滩围垦对海岸环境的影响研究进展[J]. 地理科学进展，26（2）：44-46.

李天杰，宁大同，薛纪渝，等. 2004. 环境地学原理[M]. 北京：化学工业出版社.

梁超，黄磊，崔松雪，等. 2015. 近 5 年三亚海岸线变化研究[J]. 海洋开发与管理，32（5）：43-45.

梁文，黎广钊. 2002. 广西红树林海岸现代沉积初探[J]. 广西科学院学报，（3）：131-134.

刘家驹，喻国华. 1995. 海岸工程泥沙的研究和应用[J]. 水利水运科学研究，（3）：221-233.

刘瑞玉，胡敦欣. 1997. 中国的海岸带陆海相互作用（LOICZ）研究[J]. 地学前缘，Z1：198.

罗章仁. 1997. 香港填海造地及其影响分析[J]. 地理学报，（3）：30-37.

欧维新，杨桂山，于兴修. 2005. 海岸带自然资源价值评估的研究现状与趋势[J]. 海洋通报，（2）：79-86.

潘少明，施晓冬，王建业，等. 2000. 围海造地工程对香港维多利亚港现代沉积作用的影响[J]. 沉积学报，18（1）：22-28.

彭本荣，洪华生，陈伟琪. 2004. 海岸带环境资源价值评估——理论方法与案例研究[J]. 厦门大学学报（自然科学版），1：184-189.

彭晓彤，周怀阳，陈光谦，等. 2002. 论天然气水合物与海底地质灾害、气象灾害和生物灾害的关系[J]. 自然灾害学报，4：18-22.

钱春林. 1994. 引滦工程对滦河三角洲的影响[J]. 地理学报，49（2）：158-166.

苏纪兰，唐启升. 2002. 中国海洋生态系统动力学研究[M]. 北京：科学出版社.
王东宇，刘泉，王忠杰，等. 2005. 国际海岸带规划管制研究与山东半岛的实践[J]. 城市规划，12：33-39，103.
王国平，张玉霞. 2002. 水利工程对向海湿地水文与生态的影响[J]. 资源科学，24（3）：34-38.
王利，苗丰民. 1999. 海域有偿使用价格确定的理论研究[J]. 海洋开发与管理，1：21-24.
徐谅慧，李加林，李伟芳，等. 2014. 人类活动对海岸带资源环境的影响研究综述[J]. 南京师范大学学报（自然科学版），37（3）：124-131.
徐秦，方照琪. 2003. 船舶对海洋环境的污染及对策[J]. 中国水运，11：32-33.
徐勇. 2000. 中国海岸城市带的形成与发展规划——兼论其地缘战略与文化意义[J]. 战略与管理，2：16-26.
严金龙. 2013. 填海护岸工程施工期的环境效应问题研究——以大连凌水湾总部经济基地项目为例[J]. 资源节约与环保，4：61-62.
晏智杰. 2004. 自然资源价值刍议[J]. 北京大学学报（哲学社会科学版），6：70-77.
杨传霞. 2016. 我国海岸带资源环境承载力评价初步研究[J]. 海洋开发与管理，33（6）：109-112.
杨华庭. 1999. 中国沿海海平面上升与海岸灾害[J]. 第四纪研究，5：457-465.
于连生，徐雷. 2004. 基于数字显微镜的赤潮生物计数精度检验方法研究[J]. 海洋技术，1：31-34.
俞炜炜，陈彬，张珞平. 2008. 海湾围填海对滩涂湿地生态服务累积影响研究——以福建兴化湾为例[J]. 海洋通报，27（1）：88.
张华国，郭艳霞，黄韦艮，等. 2005. 1986 年以来杭州湾围垦淤长状况卫星遥感调查[J]. 国土资源遥感，2：50-54.
张振克. 1995. 人类活动对烟台附近海岸地貌演变的影响[J]. 海洋科学，19（3）：59-62.
左玉辉，林桂兰. 2008. 海岸带资源环境调控[M]. 北京：科学出版社.
Baines J B K. 1987. Manipulation of islands and men：sand-cay tourism in the South Pacific[C]/ /Britton S，Clark W C. Ambiguous Alternative：Tourism in Small Development Countries. Suva：University of the South Pacific，16-24.
Barnett T P. 1983. Recent changes in sea-level and their possible cause[J]. Climate Changes，（3）：15-38.
Carriquiry J D，Sánchez A，Camacho-Ibar V F. 2001. Sedimentation in the northern Gulf of California after cessation of the Colorado River discharge[J]. Sedimentary Geology，144：37-62.
Clark J R. 1996. Coastal Zone Management Handbook[M]. CRC Marine Science Series，Boca Raton：CRC Press.
Costanza R，d'Arge R，de Groot R，et al. 1997. The value of the world's ecosystem services and natural capital[J]. Nature，387（15）：253-260.
Fanos A M. 1995. The impacts of human activities on the erosion and accretion of the Nile Delta coast[J]. Journal of Coastal Research，11：821-833.
Frakes L A. 1979. Climate Throughout Geologic Time[M]. New York：Elsevier，1-20.
Gibbs R J. 1976. Amazon River sediment transport in the Atlantic Ocean[J]. Geology，4（1）：45-48.
Gornitz V S. 1982. Global sea level trend in the past century[J]. Science，215（4540）：1611-1614.
Guo H，Jiao J J. 2007. Impact of Coastal Land Reclamation on Ground Water Level and the Sea Water Interface[J]. Ground Water，45（3）：362-367.
Han Q Y，Huang X P，Shi P，et al. 2006. Coastal wetland in South China：degradation trends，causes and protection counter measures[J]. Chinese Science Bulletin，51（Supplement 2）：121-128.
Jones P D. 1989. Global Temperature Variations Since 1861-the Influence of the Southern Oscillation and a Look at Recent Trends[C]// Liege International Astrophysical Colloquia.
Kuji T. 1991. The political economy of golf[J]. AMPO Japan-Asia Quarterly Review，22（4）：47-54.
Marsh J，Staple S. 1995. Cruise tourism in the Canadian Arctic and its implication[C]/ /Hull C M，Johnston M E. Polar Tourism：Tourism in the Arctic and Antarctic Regions. Chichester：Wiley，63-72.

Restrepo J D，Cantera J R. 2013. Discharge diversion in the Patía River delta，the Colombian Pacific：Geomorphic and ecological consequences for mangrove ecosystems[J]. Journal of South American Earth Sciences，46（Complete）：183-198.

Sato S，Kanazawa T. 2004. Faunal change of bivalves in Ariake Sea after the construction of the dike for reclamation in Isahaya Bay，Western Kyushu，Japan[J]. Fossils（Tokyo），76：90-99.

Short F T，Carruthers T J，Dennison W C，et al. 2007. Global seagrass distribution and diversity：A bioregional model[J]. Journal of Experimental Marine Biology and Ecology，350（1）：3-20.

Sverdrup-Jensen S. 1997. Fish demand and supply projections[J]. NAGA，the ICLARM Quarterly，20（3-4）：77-78.

Turner R E，Rabalais N N . 1994. Coastal eutrophication near the Mississippi river delta[J]. Nature，368（6472）：619-621.

Wall G，Wright C. 1977. The environmental impact of outdoor recreation [R]. Waterloo Canada：Department of Geography，University of Waterloo：53-58.

Wolanski E，Jones M，Bunt J S. 1980. Hydrodynamics of a tidal creek-mangrove swamp system[J]. Marine and Freshwater Research，31（4）：431-450.

Wu J，Fu C，Fan L，et al. 2005. Changes in free-living nematode community structure in relation to progressive land reclamation at an intertidal marsh[J]. Applied Soil Ecology，29（1）：47-58.

第 2 章　海岸带旅游资源

2.1　海岸带旅游资源的概念及特征

海岸带旅游是旅游经济的重要领域。海岸带处于世界最大的两大系统——海洋生态系统和陆地生态系统的交界边缘，兼有海洋和陆地环境特点，具有独特地理优势。海岸带旅游以阳光、海水、沙滩等优美的自然风光和丰富的生物多样性、宜人的滨海环境、各种海上运动以及海洋食品和优越的海陆交通条件，吸引着大量游客，加之全世界大约 40%的人口居住在海岸和近海地区，海岸带旅游业正成为旅游经济的重要领域（程胜龙，2009）。

2.1.1　海岸带旅游资源的概念

旅游资源系指自然界和人类社会能对旅游者产生吸引力，可以被旅游部门开发利用，并可产生经济效益、社会效益和环境效益的各种事物和因素。旅游资源大多数权利归国家所有，少部分归为个人，但存在固定的经济主体和法律主体，作为主要责任承担者，旅游资源为其主体产生收益。海岸带旅游资源是指一切可供人类欣赏、休闲、娱乐的，能为社会带来经济价值的海岸带资源性资产。海岸带旅游资源具体是指在滨海地带对旅游者具有吸引力，能激发旅游者的旅游动机，具备一定旅游功能和旅游开发利用价值，并能产生经济效益、社会效益和环境效益的事物和因素，是发展海岸带旅游的基础，以著名的“3S”（阳光、沙滩、大海）景观以及海蚀地貌、珊瑚礁、红树林、岛屿景观等优美的风景吸引旅客（许靖，2012）。

海洋与海岸带旅游已成为世界旅游业发展最快的领域之一。19 世纪后半叶，随着蒸汽机在铁路和航运交通中的广泛应用，西欧一些工业革命发源地国开始在滨海地区为产业阶层修建度假地，同时专门服务上流社会的豪华邮轮也得到迅速发展。近几十年来，随着旅游交通技术和娱乐技术的进步，海洋与海岸带旅游活动的空间和形式发生了显著变化，现代海洋与海岸带旅游产业体系已基本形成，主要包括海洋与海岸带旅游开发（旅游接待设施、餐饮业、食品业、第二住宅等）、旅游基础设施（零售业、港口、交通等旅游活动支持系统）以及基于海洋与海岸带的各种旅游、休闲和娱乐活动（不同形式的潜水、游泳、冲浪以及基于远洋的深海垂钓和游船旅游等活动）。根据联合国世界旅游组织统计，海岸地区旅游接待量占到世界旅游总接待量的一半。以海岸带旅游著称的地中海地区，其旅游收入占到世界旅游总收入的 1/3。

我国海岸带地区人口稠密、经济发达，沿海地区也是我国对外开放最早的地区，海岸带旅游业得到了较快发展。1949年之前，大连、青岛、秦皇岛等海滨城市就已经建造了一些度假别墅，尽管带有鲜明的殖民主义特点，但仍可看作是我国现代海岸带旅游业的最初萌芽。1949～1980年，我国的旅游业主要是为外事接待工作服务，海岸带旅游业并没有得到多大发展。20世纪80年代以来，随着改革开放的深入，海岸带旅游业也真正进入蓬勃发展时期，主要沿海城市的国际旅游外汇收入和接待来华旅游人数显著增加，成为全国旅游业的重要组成部分。

2.1.2 海岸带旅游资源分类系统

20世纪50年代以来，随着全球旅游活动的蓬勃发展，旅游资源的范围在不断扩展，国外学者对旅游资源分类的研究也在不断深入，但目前世界各国尚没有统一的分类标准与方法。在我国，最重要的分类方法是两分法，根据旅游资源的性质和成因，将旅游资源分为自然旅游资源和人文旅游资源两类；其次，在自然和人文旅游资源的基础上增加一类，如服务性旅游资源、社会旅游资源等。

束晨阳（1995）从风景学角度出发，建立我国滨海风景旅游资源的分类体系，共分为10个大类，39个中类，90个小类；程胜龙等（2010）参照国家标准，将滨海旅游资源分为滨海生态类、滨海人文类、滨海水体和沙滩类，共3个大类、12个亚类、124个基本型；张广海（2013）将滨海旅游资源属性作为分类的主要标准，并考虑旅游资源的成因、特点、形式和年代等特征，建立了适用于我国的滨海旅游资源分类系统，并对我国主要滨海旅游资源单体进行整理。

李姗（2016）依据海岸带旅游资源的分布和自身属性，按照旅游资源主要以海岸带属性为主的原则，相应地增设和删减在分类国标中的一些资源分类科目，将海洋自然旅游资源分为8个主类、30个亚类和119个基本类型。

2.1.3 海岸带旅游资源的特征

由于海岸带旅游资源存在于特殊的空间范围内，所以除具备一般旅游资源多样性、地域性、吸引力的定向性、不可移动性等共有属性外，还具有某些特别属性，即海岸带旅游资源的海洋性、综合性、可再生性与脆弱性（程胜龙，2009）。

1. *海岸带旅游资源的海洋性*

海岸带旅游资源大多集中于海岸带及近海岸的海洋区域，国内相关研究也大多以海岸带为基础，所以具有鲜明的海洋性特色，其自然旅游资源和人文旅游资源都会受到海洋的影响。在自然旅游资源方面，有海岸带水体景观、海洋性气候、海岸地貌、耐盐植被等类型；在人文旅游资源方面有出海捕鱼、祭海、渔民号子等独具海岸带特色的生产、生活方式与民俗风情。海洋性要求海岸带旅游资源的分类与评价应突出海洋特色，着重分析海滩、海水、气候等对旅游者具有吸引力的海岸带旅游资源。

2. 海岸带旅游资源的综合性

首先，海岸带旅游资源的空间范围既包括海洋部分，也包括陆地部分，具有海、陆双向属性，由多种旅游资源要素组成；其次，海岸带旅游资源不仅包含海岸带旅游资源本体，还包括环境状况、经济发展水平、交通条件等要素。因此，应具备整体眼光，在海岸带旅游资源分类中不能将旅游资源单体“碎片化”，导致无法对旅游资源进行评价。在海岸带旅游资源评价中，也不能将评价因子分解得过于细致，导致无法突出海岸带旅游资源的特色。

3. 海岸带旅游资源的可再生性与脆弱性

清新的空气、优良的水质、干净的沙滩以及独特的海岸带生物景观是吸引旅游者的主要因素，也是海岸带生态系统的主要组成部分，大多属于可再生自然资源。但是，一旦受到严重的污染和破坏，就失去了再生能力，所以也具有脆弱性的特征。可再生性与脆弱性要求我们对海岸带旅游资源进行科学的分类与评价，帮助其合理开发。

2.1.4 我国海岸带旅游资源特征

我国海岸线北起中朝边界的鸭绿江口，南到中越边界的北仑河口，大陆岸线长达 18 000 km，岛屿岸线 14 000 km，沿海岛屿 6500 多个；海岸线漫长，海域面积广阔，人类开发历史久远，形成了我国海岸带极其丰富的旅游资源。据统计，目前我国海岸带内共有旅游景点 1500 多处，其中，海岸带沙滩 100 多处；此外，还有国务院公布的 16 座历史文化名城、130 处全国重点文物保护单位、25 处国家重点风景名胜区以及 16 处国家海洋自然保护区（刘国强，2012）。

1. 自然旅游资源类型齐全、数量丰富

我国海岸线类型复杂，自然风貌殊异，大体可分为三种类型，即基岩海岸、平原海岸和生物海岸。

基岩海岸集中分布于杭州湾以南的浙、闽、粤、桂等省份沿岸以及北方的山东半岛、辽东半岛等地，岸线曲折、海湾与岬角相间分布，其间常见一些细软洁净的沙滩，海中往往错落有致地点缀着大大小小的岛屿，岩礁景观富有层次感。由于地质构造和岩性的差异以及长期的海洋动力作用，岬角不断地受到侵蚀，形成了诸如海蚀崖、海蚀穴、海蚀拱桥、海蚀柱和海蚀平台等一系列海蚀地貌，构成了重要的风景地貌旅游资源。

平原海岸在河流、海流及波浪等动力因素作用下由泥沙堆积而成，一般可分为三种类型，其一是砂质海岸，具有砂质匀细平软、地势平坦、海水清澈、沿岸风浪较小等特点，为开展以海水浴为主的海上文体旅游活动提供了有利条件，形成冬季避寒、夏季避暑的海岸带旅游活动中心；其二是泥质海岸，是被潮水周期性淹没由淤泥或砂泥组成的广阔而平坦的沿海平原，主要分布于江苏北部、辽河口流域；其三是三角洲平原海岸，主要是河口三角洲前缘。

生物海岸主要以红树林海岸和珊瑚礁海岸最为发育。红树林海岸主要分布在从福建福鼎以南直到海南岛的一些岸段，以海南岛的铺前港和清澜港一带较为典型，素有海岸绿色屏障之称，茂密苍翠，红树林最高可达10m，常形成宽数百米、绵延数千米的绿色长城。另外，红树林还具有支柱根、板状根、呼吸根、木胎生等生态特性，可使游人产生新奇感。珊瑚礁海岸也很迷人，有洁白柔软的细沙、温和明媚的阳光、高大浓绿的椰树、碧波万顷的海水、色彩缤纷的热带鱼群和色艳姿奇的珊瑚礁，极具吸引力。它的分布北界为澎湖列岛，分布最广的是海南岛、雷州半岛和南海诸岛，在南海北部沿岸的香港沿岸、北部湾中的涠洲岛、斜阳岛等地也都有珊瑚礁发育。

2. 人文旅游资源历史悠久、品位较高

我国沿海地区开发历史悠久，具有浓厚历史、文化、民族风情和宗教色彩。在我国漫长而广阔的沿海地区，广泛分布有丰富的海洋文化遗存，是海岸带旅游资源的重要组成部分。

早在石器时代，我国沿海已有大量的人类活动，从辽东半岛小长山岛贝丘至台湾台北圆山贝丘，以及两广贝丘遗址等地，都含有大量的海洋渔业文化内容，具有考古价值。

在“兴渔盐之利，行舟楫之便”的时代，造船航海业也源远流长，如春秋战国时代，我国已经开辟了北起渤海、南至两广的近海航线；秦始皇时，相传徐福东渡日本，在以山东半岛为主，南到江苏、浙江、福建、广东沿海，北到河北、辽宁沿海的一些地方都留下了许多遗迹，如江苏赣榆的徐福村、山东即墨县的徐福岛、河北秦皇岛的千童村、浙江慈溪的徐福庙等；至明初郑和七下西洋，我国古代航海事业达到顶峰，为我国与南洋、西洋各国之间的文化交流做出了巨大的贡献，并且在沿海各地留下了许多遗迹，沿岸有不少以郑和别名“三宝”命名的地方，如三宝城、三宝山、三宝庙、三宝港等。

随着航海事业的发展，海难发生频率大为增加，侧面促进了航海“保护神”的产生，各地纷纷修建大量用于祭海封神的庙宇，如我国古代四大海神庙中唯一留存至今的隋唐遗迹——广东南海神庙。我国最为著名的航海“保护神”是天后妈祖，各地为表达对妈祖的信仰，建造了大量的妈祖庙（也称天后宫），传承和举办纷繁的祭祀礼仪。现存较著名的妈祖庙有台湾的鹿港天后宫、台南大天后宫、山东烟台天后宫、澳门妈祖阁等。渤海海峡庙岛列岛上的天妃庙为我国北方最大的妈祖庙。

同时，我国沿海地区由于其地理位置的特殊性，还成为宗教的发展场所，“四大佛教名山”之一的普陀山位于舟山群岛，“道教全真天下第二丛林”崂山太清宫位于青岛。厦门南普陀寺、汕头开元寺等地每年都吸引大批信徒前往朝拜。

万里海疆同时也是抵御外敌入侵的前沿阵地，在我国历史上近海曾发生一系列海战，在沿海地区留下了丰富的史迹，如明朝中叶的戚继光抗倭战争留下的福建龙海海澄镇晏海楼、惠安县崇武城、福州于山戚公祠等。

3. 海岸带气候条件优越，南北互补

处于陆地和海洋相邻区的海滨城市是海、陆、气三相物质相互作用的过渡地带，具有特殊的海洋气候。我国绵延 18 000 km 的大陆海岸线和 14 000 km 的岛屿岸线分布在 4°N～50°N，呈南北纵向布列态势跨越热带、亚热带和温带三大气候区域。处于不同气候带中的各个海岸带地区的最佳旅游气候存在着时间上的差异，使我国的海岸带旅游地区一年四季都可供游人选择。

根据海岸带城市旅游气候适宜月份的统计分析，可将我国海岸带旅游城市按最佳旅游季节进行分类。从区域分布上看，处于热带的海口—北海—湛江—三亚海岸带地区，一年有长达半年以上的时间适宜旅游，尤其是 12 月份至来年 3 月份，此时全国大部分地区还处于冬季干冷的气候环境之中，而这里已具有最佳的旅游气候，阳光明媚、气候宜人，是我国最有条件建成避寒度假胜地的地区。处于亚热带的上海—厦门海岸带地区，由于受热带气旋及寒潮影响，最佳旅游季节集中在春秋两季，即 3～5 月、10～11 月。这些地区，冬不能避寒、夏不能避暑，但由于这一区域的社会经济比较繁荣、发达，旅游度假区的建设也已达到相当高的水平，倒是可以弥补气候方面的缺憾。而地处温带的北部海岸带地区具有典型的温带海洋气候特征，冬季较寒冷，而夏季则具有凉爽宜人的气候，尤其是处于渤海、黄海之滨的大连、秦皇岛、烟台、青岛等地，早已成为我国著名的避暑、疗养胜地。

2.2 海岸带旅游资源评价

2.2.1 海岸带旅游资源单体评价

旅游资源是构成旅游业发展的基础，我国旅游资源非常丰富，具有广阔的开发前景，在旅游研究、区域开发、资源保护等各方面得到广泛的应用，越来越受重视。

旅游界对旅游资源的含义、价值、应用等许多理论和实际问题进行了多方面的研究，本书参考国家标准《旅游资源分类、调查与评价》（GB/T 18972—2003），将旅游资源分为“主类”“亚类”“基本类型”3 个层次，进行海岸带旅游资源单体评价。

1. *海岸带旅游资源分类*

本书依据旅游资源的性状，即现存状况、形态、特性、特征，把海岸带旅游资源分为 8 个主类，26 个亚类，110 个基本类型，如表 2-1 所示。

表 2-1　海岸带旅游资源分类表

主类	亚类	基本类型
A：地文景观	AA：综合自然旅游地	AAA：滩地型旅游地，AAB：奇异自然现象，AAC：自然标志地，AAD：垂直自然地带
	AB：沉积与构造	ABA：断层景观，ABB：褶曲景观，ABC：节理景观，ABD：地层剖面，ABE：钙华与泉华，ABF：矿点矿脉与矿石积聚地，ABG：生物化石点
	AC：地质地貌过程形迹	ACA：沙丘地，ACB：岸滩
	AD：自然变动遗迹	ADA：重力堆积体，ADB：泥石流堆积，ADC：地震遗迹，ADD：陷落地
	AE：岛礁	AEA：岛区，AEB：岩礁
B：水域风光	BA：河段	BAA：观光游憩河段，BAB：暗河河段，BAC：古河道段落
	BB：天然湖泊与池沼	BBA：观光游憩湖区，BBB：沼泽与湿地，BBC：潭池
	BC：瀑布	BCA：悬瀑，BCB：跌水
	BD：泉	BDA：冷泉，BDB：地热与温泉
	BE：河口与海面	BEA：观光游憩海域，BEB：涌潮现象，BEC：击浪现象
C：生物景观	CA：野生动物栖息地	CAA：水生动物栖息地，CAB：陆地动物栖息地，CAC：鸟类栖息地，CAD：蝶类栖息地
D：天象与气候景观	DA：光现象	DAA：日月星辰观察地，DAB：光环现象观察地，DAC：海市蜃楼现象多发地
	DB：天气与气候现象	DBA：云雾多发区，DBB：避暑气候地，DBC：避寒气候地，DBD：极端与特殊气候显示地，DBE：物候景观
E：遗址遗迹	EA：史前人类活动场所	EAA：人类活动遗址，EAB：文化层，EAC：文物散落地，EAD：原始聚落
	EB：社会经济文化活动遗址遗迹	EBA：历史事件发生地，EBB：军事遗址与古战场，EBC：废弃寺庙，EBD：废弃生产地，EBE：交通遗迹，EBF：废墟与聚落遗迹

续表

主类	亚类	基本类型
F：建筑与设施	FA：综合人文旅游地	FAA：教学科研实验场所，FAB：康体游乐休闲度假地，FAC：宗教与祭祀活动场所，FAD：园林游憩区域，FAE：文化活动场所，FAF：建设工程与生产地，FAG：社会与商贸活动场所，FAH：动物与植物展示地，FAI：军事观光地，FAJ：边境口岸，FAK：景物观赏点
	FB：单体活动场馆	FBA：聚会接待厅堂（室），FBB：祭拜场馆，FBC：展示演示场馆
	FC：景观建筑与附属型建筑	FCA：佛塔，FCB：塔形建筑物，FCC：楼阁，FCD：石窟，FCE：长城段落，FCF：城（堡），FCG：摩崖字画，FCH：碑碣（林），FCI：广场，FCJ：人工洞穴，FCK：建筑小品
	FD：居住地与社区	FDA：传统与乡土建筑，FDB：特色店铺，FDC：特色市场
	FE：交通建筑	FEA：桥，FEB：车站，FEC：港口渡口与码头
	FF：水工建筑	FFA：堤坝段落，FFB：提水设施
G：旅游商品	GA：地方旅游商品	GAA：菜品饮食，GAB：农林畜产品与制品，GAC：水产品与制品，GAD：中草药材及制品，GAE：传统手工产品与工艺品，GAF：日用工业品，GAG：其他物品
H：人文活动	HA：人事记录	HAA：人物，HAB：事件
	HB：艺术	HBA：文艺团体，HBB：文学艺术作品
	HC：民间习俗	HCA：地方风俗与民间礼仪，HCB：民间节庆，HCC：民间演艺，HCD：民间健身活动与赛事，HCE：宗教活动，HCF：庙会与民间集会，HCG：饮食习俗，HCH：特色服饰
	HD：现代节庆	HDA：旅游节，HDB：文化节，HDC：商贸农事节，HDD：体育节

2. *海岸带旅游资源单体评价*

按照以上标准的海岸带旅游资源分类体系对旅游资源单体进行评价，本书采用旅游资源普查国家标准中的评价方法，依据“旅游资源共有因子综合评价系统”赋分，设“评价项目”和“评价因子”两个档次，评价项目为“资源要素价值”“资源影响力”“附加值”。其中，“资源要素价值”项目包括“观赏游憩使用价值”“历史文化科学艺术价值”“珍稀奇特程度”“规模、丰度与概率”“完整性”5 项评价因子。“资源影响力”项目包括“知名度和影响力”“适游期或使用范围”2 项评价因子。“附加值”项目包括“环境保护与环境安全”这一评价因子。

评价项目和评价因子用量值表示。资源要素价值和资源影响力总分值为 100 分，“资源要素价值”为 85 分，其中，“观赏游憩使用价值”30 分、“历史文化科学艺术价值”25 分、“珍稀奇特程度”15 分、“规模、丰度与概率”10 分、

“完整性”5分。“资源影响力”为15分，其中，“知名度和影响力”10分、“适游期或使用范围”5分。“附加值”中“环境保护与环境安全”分正分和负分。每一评价因子分为4个档次，其因子分值相应分为4档。旅游资源评价赋分标准见表2-2。

表2-2　海岸带旅游资源评价赋分标准

评价项目	评价因子	评价依据	赋值
资源要素价值（85分）	观赏游憩使用价值（30分）	全部或其中一项具有极高的观赏价值、游憩价值、使用价值	22～30
		全部或其中一项具有很高的观赏价值、游憩价值、使用价值	13～21
		全部或其中一项具有较高的观赏价值、游憩价值、使用价值	6～12
		全部或其中一项具有一般观赏价值、游憩价值、使用价值	1～5
	历史文化科学艺术价值（25分）	同时或其中一项具有世界意义的历史价值、文化价值、科学价值、艺术价值	20～25
		同时或其中一项具有全国意义的历史价值、文化价值、科学价值、艺术价值	13～19
		同时或其中一项具有省级意义的历史价值、文化价值、科学价值、艺术价值	6～12
		同时或其中一项具有地区意义的历史价值、文化价值、科学价值、艺术价值	1～5
	珍稀奇特程度（15分）	有大量珍稀物种，或景观异常奇特，或此类现象在其他地区罕见	13～15
		有较多珍稀物种，或景观奇特，或此类现象在其他地区很少见	9～12
		有少量珍稀物种，或景观突出，或此类现象在其他地区少见	4～8
		有个别珍稀物种，或景观比较突出，或此类现象在其他地区较少见	1～3
	规模、丰度与概率（10分）	独立型旅游资源单体规模、体量巨大，集合型旅游资源单体结构完美、疏密度优良级，自然景象和人文活动周期性发生或频率极高	8～10
		独立型旅游资源单体规模、体量较大，集合型旅游资源单体结构很和谐、疏密度良好，自然景象和人文活动周期性发生或频率很高	5～7
		独立型旅游资源单体规模、体量中等，集合型旅游资源单体结构和谐、疏密度较好，自然景象和人文活动周期性发生或频率较高	3～4
		独立型旅游资源单体规模、体量较小，集合型旅游资源单体结构较和谐、疏密度一般，自然景象和人文活动周期性发生或频率较小	1～2
	完整性（5分）	形态与结构保持完整	4～5
		形态与结构有少量变化，但不明显	3
		形态与结构有明显变化	2
		形态与结构有重大变化	1
资源影响力（15分）	知名度和影响力（10分）	在世界范围内知名，或构成世界承认的名牌	8～10
		在全国范围内知名，或构成全国性的名牌	5～7

续表

评价项目	评价因子	评价依据	赋值
资源影响力（15）	知名度和影响力（10 分）	在本省范围内知名，或构成省内的名牌	3～4
		在本地区范围内知名，或构成本地区名牌	1～2
	适游期或使用范围（5 分）	适宜游览的日期每年超过 300 天，或适宜于所有游客使用和参与	4～5
		适宜游览的日期每年超过 250 天，或适宜于 80%左右游客使用和参与	3
		适宜游览的日期每年超过 150 天，或适宜于 60%左右游客使用和参与	2
		适宜游览的日期每年超过 100 天，或适宜于 40%左右游客使用和参与	1
附加值	环境保护与环境安全	已受到严重污染，或存在严重安全隐患	−5
		已受到中度污染，或存在明显安全隐患	−4
		已受到轻度污染，或存在一定安全隐患	−3
		已有工程保护措施，环境安全得到保证	3

3. 计分与等级划分

根据海岸带旅游资源评价赋分标准，对各种海岸带旅游资源单体进行评价，得出该单体旅游资源的综合评价赋分值。在综合评价赋分基础上，将旅游资源单体按得分高低分为五级。从高级到低级分为：五级旅游资源，得分值≥90 分；四级旅游资源，75≤得分值<90；三级旅游资源，60≤得分值<75；二级旅游资源，45≤得分值<60；一级旅游资源，30≤得分值<45。此外还有未获等级旅游资源，得分值<30 分。

五级旅游资源又称特品级旅游资源，包括五级在内以及四级、三级旅游资源被通称为优良级旅游资源，二级、一级旅游资源被通称为普通级旅游资源。

2.2.2　海岸带旅游资源综合评价体系

根据旅游资源的特征，结合旅游资源本身具有的开发价值，构建滨海生态类旅游资源、滨海水体和沙滩类旅游资源、滨海人文类旅游资源评价体系，如表 2-3 所示（程胜龙，2009）。其中滨海生态类旅游资源主要评价因子有：环境威胁与影响、资源禀赋与价值、环境保护与开发和区位与市场条件；滨海水体和沙滩类旅游资源主要评价因子有：沙滩质量、水体质量、资源价值、气候与植被、区位与市场条件、环境保护与开发和知名度；滨海人文类旅游资源主要评价因子有：形态与艺术特色、单体特质、规模与环境、资源价值、区位与市场条件、环境保护与开发、知名度和关联事物。

表 2-3　海岸带旅游资源分类评价体系

滨海生态类旅游资源

评价因子	一级指标	二级指标
C1 环境威胁与影响	D1 自然因素	台风暴潮
		水动力
		水土流失
	D2 人文因素	环境污染
		外来种引入
		围海养殖
		城市开发
C2 资源禀赋与价值	D3 资源整体状况	生物多样性
		资源完整性
		资源规模
	D4 资源特点	珍稀度
		奇特性
		组合特征
		集聚度
	D5 资源价值	生态保存价值
		观赏游憩价值
		科研科普价值
C3 环境保护与开发	D6 保护现状	
	D7 保护措施	
	D8 开发情况	
C4 区位与市场条件	D9 可进入性强弱	
	D10 市场远近	

滨海水体和沙滩类旅游资源

评价因子	评价指标
C1 沙滩质量	沙子颗粒度
	沙子洁净度
	颜色和纯度
C2 水体质量	人为污染物
	波高与流速
	水体洁净度
	水色与透明度
C3 资源价值	观赏游憩价值
	文化历史价值
	科普教育价值
C4 气候与植被	气候舒适度
	紫外线指数
	灾害天气记录
	植被观赏性
C5 区位与市场条件	可进入性强弱
	市场远近
C6 环境保护与开发	保护措施
	开发情况
C7 知名度	

滨海人文类旅游资源

评价因子	评价指标
C1 形态与艺术特色	形态形象醒目程度
	奇异华美程度
	装饰艺术特色
C2 单体特质	历史文化内涵
	形成时代久远性
C3 规模与环境	资源规模
	类型组合
	聚集度
	周边环境
C4 资源价值	观赏游憩价值
	文化历史价值
	科普教育价值
C5 区位与市场条件	可进入性强弱
	市场远近
C6 环境保护与开发	保存现状
	保护措施
	开发情况
C7 知名度	
C8 关联事物	

2.3　海岸带旅游生态健康评价

生态健康评价是宏观生态学研究的热点领域之一，是指对生态系统完整性以及对各种风险下维持其健康的可持续能力的识别与研究判断，其过程主要涉及评价指标体系构建、评价因子的标准化方法、指标权重计算和评价指标综合等方面。海岸带是大陆与海洋的连接地带，海岸带丰富的资源与有利的环境条件逐步使沿海地区发展成为人口稠密、经济发达、人类活动影响不断增强的区域。受全球气候变化影响，加之人类对海岸带不合理的开发，海岸带生态健康存在着诸多问题，对海岸带生态健康进行符合实际的评价，有利于有效利用海岸带资源，合理开发海岸带。海岸带旅游生态健康事关海岸带旅游资源的可持续利用及海岸带地区的可持续发展，进行海岸带旅游生态健康评价可把握海岸带旅游生态健康状况，并为海岸带生态旅游资源的保护提供决策参考。

2.3.1　旅游生态健康与旅游生态健康评价

生态健康是指生态系统内部秩序和组织的整体状况，系统正常的能量流动和物质循环没有受到损伤，关键生态成分保留下来，系统对自然干扰的长期效应具有抵抗力和恢复力，系统能够维持自身的组织结构长期稳定，具有自我调控能力，并且能够提供合乎自然和人类需求的生态服务（袁兴中等，2001）。

旅游生态健康是指旅游地生态系统是稳定的、有活力的以及可持续的，能够维持其组织结构稳定，可以生产旅游产品和服务，并满足旅游地持续发展的需求，在受到包括人类旅游活动在内的干扰后能够在一段时间内自动恢复。旅游生态健康具有如下特征：①具有合理的生物物种时空配置和适度的生物多样性；②拥有完备的地貌景观、和谐的水体通道、完整的生物栖息地、舒适的气候条件、良好的土壤环境以及预防污染的生态工程等；③在自身演化过程中，对自然灾害和人类不合理的旅游活动干扰具有较强的抵抗力和恢复力，并远离生态系统危机综合症状；④自我维持性，在缺乏外部投入的情况下，能够维持旅游地生态系统自身的良性运转；⑤良好的关联性，在旅游管理实践和生态系统演化与发展过程中，不会对周边生态系统产生负面影响；⑥保持良好的旅游服务功能，在维护和促进旅游地人群健康、旅行社发展、旅游经济增长和传统文化保护等各种功能之间起到相互协调作用（周彬等，2015b）。

旅游生态健康评价是生态健康评价理论在旅游领域的具体应用。随着生态健康学理论在森林、海洋和农田生态系统等领域的成功应用，旅游生态健康研究也取得新进展。Rapport 等（1998a；1998b）对景区健康概念、评价指标进行了广泛探讨，曹宇等（2005）、仝川等（2003）、黄俊芳等（2008）从理论和实践两方面对风景区健康与管理问题进行了研究。目前旅游生态健康研究仍然属于探索阶段，有必要进行深入的基础理论研究，建立旅游生态健康评价体系，并且拓展其应用领域。目前，在旅游生态健康评价中使用最多的方法是基于 PSR 模型的旅游生态健康评价，PSR 模型能够清晰地反映人类活动与自然因素对旅游地生态系统施加压力后导致的生态健康变化状况，以及旅游地生态系统状态的调节与恢复机制和人类对生态系统变化做出的响应。PSR 模型不但可以相对客观地表达“压力”“状态”“响应”之间的相互关系，还能科学地描述生态系统的内部机理和变化过程。在旅游目的地，生态健康的“压力”来自人类旅游活动和当地的社会经济活动，“状态”指旅游地生态系统在当前压力之下表现出的健康状态，“响应”是指为了维护旅游生态系统健康而采取的对策与措施。

2.3.2　海岸带旅游生态健康评价指标体系

1. 指标选取原则

旅游生态健康评价指标体系的构建涉及生态学、旅游学、地理学、环境科学等众多学科。空间尺度格局与旅游地生态系统的组织结构、抗干扰能力、恢复力、稳定性和生态服务功能有着密切的关系。因此，在评价旅游生态健康时，如何对空间尺度进行选择和把握至关重要。本章结合海岸带自然—经济—社会复合生态系统特征，遵循综合性、动态性、可比性和可获得性原则，选择学界常用的活力、组织结构、恢复力、生态服务功能、社区人群健康和教育水平作为要素层，构建海岸带旅游生态健康评价指标体系（周彬等，2015b）。

活力表示旅游地生态系统的生产功能，主要表现为旅游经济的物质生产能力，包括旅游经济及其依托的资源和能源两方面。其中，旅游经济采用海岛旅游总收入、海岛旅游总人数、海岛旅游外汇收入、海岛旅游收入增长率、海岛旅游总人数增长率来衡量；资源和能源评价采用人均水资源量、人均耕地面积、单位 GDP 能耗降低率 3 个指标。

旅游地生态系统组织结构主要包括经济、社会和自然结构 3 个层次。经济结构的健康与否，是判断旅游地经济发达程度的重要指标。采用海岛旅游收入占 GDP 比重、海洋经济比重、财政收入占 GDP 比重 3 个指标衡量。旅游地生态系统的核心是游客，其规模和结构决定目的地的性质。故而采用游客密度和游客接待量与人口数量比来衡量其社会结构是否合理。绿化覆盖面积、海岛生物多样性指数、海岛生境破碎度则从自然结构方面反映海岸带旅游生态系统的健康状况。

生态系统恢复力可用自我调节能力体现，而旅游地生态系统的自我调节能力主要依靠人工管理措施，体现在利用人工设施完成自然生态系统的分解功能、循环利用部分物质以及改变旅游地的物质循环单向性等。因此，采用环境废弃物处理率（生活垃圾无害化处理率、城镇生活污水处理率）、物质循环利用率（“三废”综合利用产品产值、海岛工业固体废弃物利用率）和环境保护投资指数（环保投入占 GDP 比重）衡量。

对生态服务功能而言，旅游地生态系统除了具备生态系统的一般服务功能，还应该是开展旅游活动的载体，所以旅游地生态环境状况和旅游产业发育程度直接影响旅游地生态系统服务功能的优劣。因而采用旅行社个数、星级饭店数、旅客运输量、旅客周转量反映旅游服务功能，用 SO_2 排放总量、海岛环境噪声平均等效声级及近海Ⅰ、Ⅱ类海水比例 3 个指标评价生态环境状况。

健康的生态系统对于促进生态系统的良性循环，维护人类健康和发展极为重要。对于旅游地生态系统来说，社区人群健康水平和教育水平同样值得关注。在充分考虑数据可获得性的前提下，前者用医疗卫生机构数、医疗机构床位数来衡量，后者用教育经费占 GDP 比重和在校大学生人数等指标评价。

2. 评价权重计算

在评价研究中，层次分析法是计算指标权重最常用的方法之一。该方法识别问题的层次性较强，但在征询专家时，部分评价信息容易丢失；此外，构造的决策矩阵难以排除人为因素带来的偏差。有学者用熵权法确定评价因子的客观权重，此方法虽然利用了指标的客观信息，但是由于不同方案中同一属性指标间的波动小，该指标权重就小；反之，指标权重大。为克服这些不足，本书采用最小二乘法确定评价指标权重。即先由层次分析法确定评价指标的主观权重；根据标准化后的决策矩阵，使用熵权法计算评价因子的客观权重；最后由最小二乘法计算指标的综合权重（周彬等，2015b）。

1）主观权重的确定

按照指标体系将同一层中各因子重要性进行两两比较，构造决策矩阵 $\boldsymbol{A}$，$\boldsymbol{A}=(a_{ij})_{m\times n}$；采用五级标度法对元素 a_{ij} 进行赋值，计算每个元素的偏好优序数 S_j 和评价指标主观权重 w_j：

$$S_j=\sum_{k=1}^{m}a_{jk} \tag{2.1}$$

$$w_j=\frac{S_j}{\sum_{k=1}^{m}S_k} \tag{2.2}$$

2）客观权重的确定

对标准化的决策矩阵 $\boldsymbol{B}$，$\boldsymbol{B}=(x'_{ij})_{m\times n}$，取 $a_{ij}=\dfrac{x_{ij}}{\sum_{i=1}^{m}x'_{ij}}$，计算矩阵 $\boldsymbol{B}$ 第 j 个指标 x_j 的输出熵 E_j 为

$$E_j=-K\sum_{i=1}^{m}a'_{ij}\ln a'_{ij} \tag{2.3}$$

其中，$K=\dfrac{1}{\ln m}$。

评价指标客观权重 μ_j 的计算公式为

$$\mu_j=\frac{1-E_j}{\sum_{j=1}^{m}(1-E_j)}\quad (j=1,2,\cdots,m) \tag{2.4}$$

3）综合权重的确定

利用最小二乘法确定各评价因子的综合权重：

$$\begin{cases}\min H(\omega)=\sum_{i=1}^{m}\sum_{j=1}^{m}\{[(w_j-\omega_j)\boldsymbol{B}_{ij}]^2+[(\mu_j-\omega_j)\boldsymbol{B}_{ij}]^2\}\\ \text{s.t.}\sum_{j=1}^{m}\omega_j=1,\quad 0\leqslant\omega_j\leqslant 1\quad (j=1,2,\cdots,m)\end{cases} \tag{2.5}$$

其中，w_j、μ_j 和 ω_j 分别为旅游生态健康评价指标的主观权重、客观权重和综合权重；$\boldsymbol{B}_{ij}$ 为标准化后的决策矩阵。

2.3.3　舟山群岛旅游生态健康动态评价

1. 舟山群岛概况

舟山群岛地处中国东部沿海海岸线中部，长江口以南、杭州湾外缘的浙北海域，位于 121°30′E～123°25′E、29°32′N～31°04′N 之间。舟山群岛是中国最大的群岛，由 1390 个大小岛屿组成，占中国海岛总数量的 20%；其陆域面积 1455 km^2，海洋面积 20 800 km^2。舟山群岛是中国首个以“海洋经济”为主题的国家级经济新区，同时也是原国家旅游局确定的海洋旅游综合改革试验区、国家旅游综合改革试点城市。2000～2012 年，舟山群岛游客接待量和旅游总收入分别增长了 15.4% 和 25.2%，2012 年旅游总收入达到 266.8 亿元，相当于舟山全市 GDP 总量的 31.3%。然而，舟山群岛海洋旅游业在快速发展的过程中，部分海岸自然景观遭严重破坏，

海岛生物多样性锐减，近海海域水体富营养化等问题使其旅游生态健康面临严峻挑战。

2. 数据来源与处理

舟山群岛旅游生态健康评价指标体系中的原始数据主要来源于《舟山统计年鉴（2001—2013 年）》《舟山市国民经济和社会发展统计公报（2000—2012 年）》《舟山市海洋环境公报（2000—2012 年）》《浙江省环境状况公报（2001—2012 年）》和《中国城市统计年鉴（2001—2012 年）》，对于缺失的个别年份数据采用滑动平均和趋势预测的方法获取。鉴于构建的评价指标体系存在量纲上的差异，采用极差法对其进行标准化处理，计算公式为

对于正健康趋向性指标：

$$x'_{ij} = (x_{ij} - \min x_{ij}) / (\max x_{ij} - \min x_{ij}) \tag{2.6}$$

对于负健康趋向性指标：

$$x'_{ij} = (\max x_{ij} - x_{ij}) / (\max x_{ij} - \min x_{ij}) \tag{2.7}$$

其中，x'_{ij}、x_{ij}、$\min x_{ij}$和$\max x_{ij}$分别表示第 i 年份第 j 指标的标准值、原始值、最小值和最大值。

3. 综合评价模型

由于旅游地生态系统的复杂性和层次性，每一个指标只能够从某个方面反映生态系统健康状况，为了全面反映旅游生态健康状况，还须对评价指标进行综合。采用线性加权平均法，即多目标线性加权函数模型对舟山群岛旅游生态健康评价指标进行综合，其函数表达式为

$$A = \sum_{i=1}^{m} x_i \omega_i \tag{2.8}$$

其中，A 为旅游生态健康指数，即旅游生态健康综合评价结果；x_i 和 ω_i 分别为评价指标标准化后的数值和评价指标权重。

4. 障碍度模型

引入因子贡献度（M_j）、指标偏离度（P_j）和障碍度（B_j）3 个指标，计算舟山群岛旅游生态健康障碍度，并确定障碍因子的主次关系及其影响程度。

$$B_j = \frac{M_j \times P_j}{\sum_{i=1}^{n} M_j \times P_j} \times 100\% \tag{2.9}$$

其中，B_j 为评价指标障碍度；M_j 和 P_j 为因子贡献度和指标偏离度，计算方法如下：

$$M_j = r_j \times \omega_j$$
$$P_j = 1 - x_j' \tag{2.10}$$

其中，r_j 为第 j 个向量的因子权重；ω_j 为第 j 个单项要素权重；x_j' 为评价指标的标准值。

5. 模拟模型

基于舟山群岛旅游生态健康评价结果，采用灰色数列预测中的 GM（1，1）模型，模拟 2013～2015 年舟山群岛旅游生态健康状况，计算模型为

$$A_t = \left(A_0 - \frac{u}{a}\right)\mathrm{e}^{-at} + \frac{u}{a} \tag{2.11}$$

其中，A_t 为旅游生态健康的预测值；A_0 表示初始年份的旅游生态健康评价值；u 和 a 为模拟模型参数；t 表示时间序列。

6. 评价指标体系构建

根据海岸带旅游生态健康评价指标体系，构建舟山群岛旅游生态健康评价指标体系与指标权重，如表 2-4 所示。

表 2-4　舟山群岛旅游生态健康评价指标体系与指标权重

要素	类别	指标	指标性质	指标权重
活力	旅游经济	x_1 海岛旅游总收入/万元	+	0.0456
		x_2 海岛旅游总人数/万人	+	0.0324
		x_3 海岛旅游外汇收入/万美元	+	0.0336
		x_4 海岛旅游收入增长率/%	+	0.0351
		x_5 海岛旅游总人数增长率/%	+	0.0261
	资源与能源	x_6 人均水资源量/（m^3/人）	+	0.0229
		x_7 人均耕地面积/（亩/人）	+	0.0274
		x_8 单位 GDP 能耗降低率/%	+	0.0227
组织结构	经济结构	x_9 海岛旅游收入占 GDP 比重/%	+	0.0303
		x_{10} 海洋经济比重/%	+	0.0193
		x_{11} 财政收入占 GDP 比重/%	+	0.0326
	社会结构	x_{12} 游客密度/（人/ km^2）	+	0.0397
		x_{13} 游客接待量与人口数量比/%	+	0.035
	自然结构	x_{14} 绿化覆盖面积/hm^2	+	0.0247
		x_{15} 海岛生物多样性指数	+	0.0288
		x_{16} 海岛生境破碎度	–	0.0393

续表

要素	类别	指标	指标性质	指标权重
恢复力	环境废弃物处理率	x_{17} 生活垃圾无害化处理率/%	+	0.0328
		x_{18} 城镇生活污水处理率/%	+	0.0421
	物质循环利用率	x_{19} “三废”综合利用产品产值/万元	+	0.0352
		x_{20} 海岛工业固体废弃物利用率/%	+	0.021
	环境保护投资指数	x_{21} 环保投入占 GDP 比重/%	+	0.0546
生态服务功能	旅游服务功能	x_{22} 旅行社个数/个	+	0.0246
		x_{23} 星级饭店数/个	+	0.0234
		x_{24} 旅客运输量/万人次	+	0.0373
		x_{25} 旅客周转量/万人次	+	0.0304
	生态环境状况	x_{26} SO_2 排放总量/t	−	0.0277
		x_{27} 海岛环境噪声平均等效声级/dB	−	0.0233
		x_{28} 近海Ⅰ、Ⅱ类海水比例/%	+	0.0242
社区人群健康和教育水平	社区人群健康水平	x_{29} 医疗卫生机构数/个	+	0.0325
		x_{30} 医疗机构床位数/个	+	0.0342
	社区教育水平	x_{31} 教育经费占 GDP 比重/%	+	0.033
		x_{32} 在校大学生人数/人	+	0.0282

7. 旅游生态健康评价分析

1）旅游生态健康指数

依据上述评价方法、模型和数据，计算了 2000～2012 年舟山群岛旅游生态健康综合指数和活力、组织结构、恢复力、生态服务功能、社区人群健康和教育水平 5 个要素层的健康指数（表 2-5），并绘制其动态变化图（图 2-1）。

（1）活力要素分析。2000～2012 年，舟山群岛旅游生态健康的活力要素健康指数整体呈波动式上升，其数值由 0.341 上升至 0.717，最小值和最大值分别为 0.214 和 0.717。2001～2003 年为活力要素健康指数的下降阶段，2003 年因受“非典”和“干旱天气”的影响，旅游总收入和旅游总人数增幅下滑，旅游外汇收入、旅游收入和旅游总人数增长率下降，人均水资源量也由 2002 年的 605.59 m^3/人降至 2003 年的 174.01 m^3/人，导致活力要素健康指数降至 0.214。2004～2012 年，舟山群岛活力要素健康指数以 33.77%的增长率由 0.536 缓慢增长至 0.717，但在 2005 年和 2007 年因旅游收入增长率、旅游总人数增长率和单位 GDP 能耗降低率同比下降使其小幅下降。

表 2-5 2000～2012 年舟山群岛旅游生态健康动态评价综合结果

年份	2000	2001	2002	2003	2004	2005	2006	2007	2008	2009	2010	2011	2012
综合指数	0.231	0.264	0.281	0.249	0.375	0.367	0.437	0.494	0.512	0.612	0.644	0.715	0.790
活力	0.341	0.402	0.367	0.214	0.536	0.469	0.559	0.469	0.483	0.490	0.559	0.569	0.717
组织结构	0.281	0.343	0.361	0.356	0.423	0.399	0.358	0.441	0.467	0.530	0.615	0.665	0.690
恢复力	0.129	0.062	0.070	0.166	0.158	0.265	0.453	0.707	0.698	0.909	0.930	0.895	0.888
生态服务功能	0.255	0.211	0.301	0.230	0.421	0.384	0.433	0.442	0.502	0.705	0.624	0.778	0.801
社区人群健康和教育水平	0.034	0.216	0.238	0.254	0.221	0.229	0.340	0.413	0.399	0.434	0.476	0.736	0.966

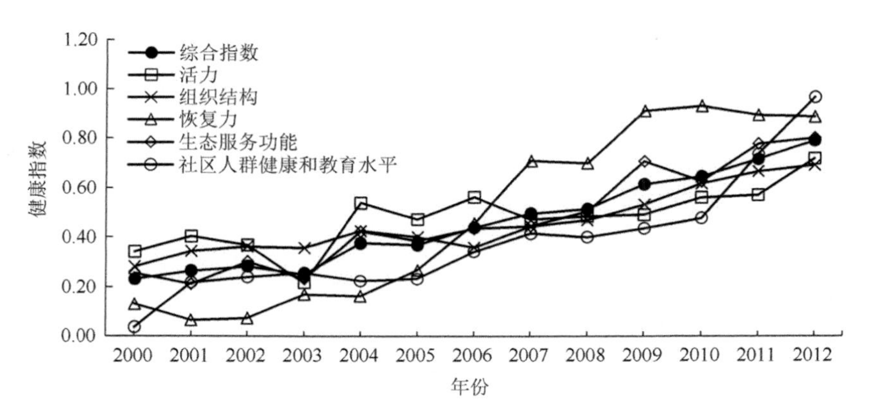

图 2-1 2000～2012 年舟山群岛旅游生态健康指数动态变化

（2）组织结构要素分析。2000～2012 年，舟山群岛旅游生态健康的组织结构要素健康指数总体呈上升趋势，其数值由 0.281 增加至 0.690。但是，组织结构健康指数在 2003 年以及 2004～2006 年出现了小幅下降。究其原因，这是由于海洋经济占 GDP 比重以及绿化覆盖率的下降导致其健康指数分别于 2003 年和 2006 年下降至 0.356 和 0.358。2006～2012 年，组织结构要素健康指数以年均 11.55% 的速度由 0.358 增加至最大值 0.690。

（3）恢复力要素分析。2000～2012 年，舟山群岛恢复力健康指数由 0.129 波动增加至 0.888。2000～2001 年，恢复力要素健康指数下降至研究时段最低值 0.062，这是由于“三废”综合利用产品产值、工业固体废弃物利用率和环保投资占 GDP 比重下降所致；2001～2003 年，恢复力要素健康指数缓慢上升至 0.166；2004 年，工业废弃物利用率和环保投资占 GDP 比重下降导致其健康指数降至 0.158。随着政府部门对生活垃圾、城镇生活污水和工业“三废”治理力度的加大，恢复力要素健康指数逐渐上升至 2007 年的 0.707，于 2010 年又上升至最大值 0.930，后因环保投入占 GDP 比重的下降，其又持续降至 2012 年的 0.888。

（4）生态服务功能要素分析。生态服务功能要素健康指数由 2000 年的 0.255 波动增加至 2012 年的 0.801。但由于海岛环境噪声平均等效声级和近海Ⅰ、Ⅱ类海水比例下降，生态服务功能要素健康指数于 2001 年下降至 0.211，后因舟山海洋渔业和环境保护部门对海洋生态环境和城市生态环境治理力度加大，以及海洋旅游产业的快速发展，舟山群岛旅游服务功能和生态环境质量得到持续改善，其生态服务功能健康指数也增加至 2009 年的 0.705；2010 年舟山宾馆饭店业由于资产重组，星级宾馆数量减少，同时旅客运输量下降和海水污染加剧导致其生态服务功能健康指数降至 0.624；至 2012 年，舟山群岛生态服务功能健康指数增加至 0.801。

（5）社区人群健康和教育水平要素分析。2000～2012 年，舟山群岛社区人群健康和教育水平要素健康指数亦呈波动式上升，其数值从最小值 0.034 上升至最大值 0.966。2000～2003 年，该要素健康指数增至 0.254 后，又降至 2005 年的 0.229；2007 年升至 0.413 后又逐年下降至 2008 年的 0.399，这是因为教育经费占 GDP 比重下降所致；2009～2012 年，随着舟山市财政状况的改善，政府对教育和医疗卫生事业逐渐增加投入，社区人群健康和教育水平要素健康指数逐年增加，至最大值 0.966。

受活力、组织结构、恢复力、生态服务功能、社区人群健康和教育水平 5 个要素的综合影响，舟山群岛旅游生态健康综合指数总体呈上升趋势，其数值由 2000 年的 0.231 增加至 2012 年的 0.790，年均增速为 20.17%。2003 年舟山群岛活力要素和生态服务功能要素健康指数出现了下降，舟山群岛旅游生态健康指数降至 0.249。2003～2012 年，尽管 5 个要素健康指数在某些年份出现小幅下降，但是由于这些要素在该时段总体呈现增加，从而消除了因小幅下降带来的负面影响，使舟山群岛旅游生态健康指数增加至 2012 年的最大值 0.790。

2）障碍因素分析

（1）要素层障碍因素分析。根据障碍度模型，计算 2000～2012 年舟山群岛旅游生态健康要素层的障碍度（表 2-6、图 2-2），由计算结果可知：每个要素层对舟山群岛旅游生态健康的障碍程度均不相同。活力要素障碍度在经过 2000～2002 年的相对平缓期后，2004 年后呈波动上升趋势，由 18.26%上升至 2012 年的 33.12%，对舟山群岛旅游生态健康的阻碍作用逐渐增大。组织结构要素障碍度除在 2012 年增至 36.82%外，其余年份对舟山旅游生态健康的阻碍度保持在 21%～31%，总体呈增加趋势。恢复力要素障碍度总体呈下降趋势，2000～2005 年为 20%～25%；至 2010 年，下滑至最小值 3.63%，至 2012 年上升至 9.87%。生态服务功能要素障碍度除在 2009 年和 2011 年降至 14.54%和 14.90%，其余年份则保持相对平缓，说明其对舟山群岛旅游生态健康障碍年度变化作用不大。社区人群健康和教育水平要素障碍度由 2000 年的 16.06%波动增加至 2010 年的 18.78%，在 2012 年骤降至 1.99%，说明其障碍作用呈减小趋势。

表 2-6　2000～2012 年舟山群岛旅游生态健康要素层障碍度　（单位：%）

年份	2000	2001	2002	2003	2004	2005	2006	2007	2008	2009	2010	2011	2012
活力	21.06	19.96	21.65	25.71	18.26	20.62	19.26	25.78	26.03	32.31	30.46	37.15	33.12
组织结构	23.35	22.29	22.2	21.41	23.06	23.68	28.46	27.58	27.25	30.21	26.97	29.29	36.82
恢复力	21.03	23.67	24.03	20.61	25.02	21.55	18.05	10.73	11.48	4.32	3.63	6.82	9.87
生态服务功能	18.51	20.47	18.56	19.57	17.72	18.58	19.24	21.06	19.51	14.54	20.17	14.90	18.19
社区人群健康和教育水平	16.06	13.61	13.56	12.69	15.94	15.56	14.99	14.84	15.74	18.62	18.78	11.83	1.99

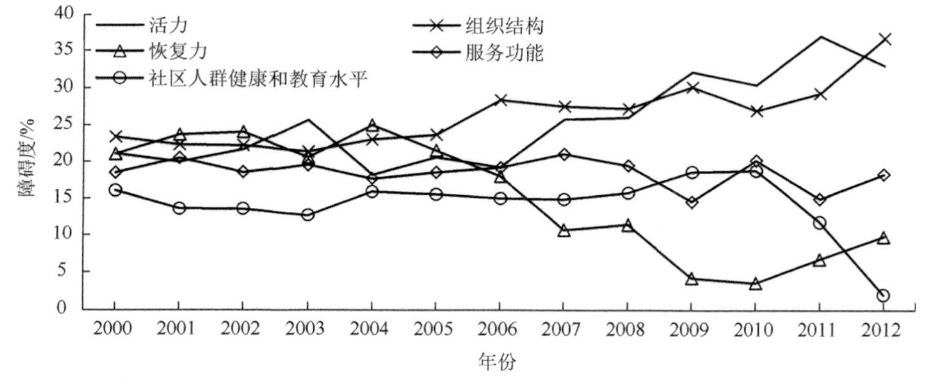

图 2-2　2000～2012 年舟山群岛旅游生态健康要素层障碍度动态变化

（2）指标层障碍因子分析。依据计算得出的评价因子障碍度，选取前 5 项因子作为每个年份影响舟山群岛旅游生态健康的障碍因子。经过对主要障碍因子出现次数和频率的计算发现（表 2-7，表 2-8）：2000～2012 年，旅游总收入、环保投入占 GDP 比重、城镇生活污水处理率和海岛生境破碎度 4 个因子出现次数大于 6 次，出现频率超过 50%，故将其视为舟山群岛旅游生态健康的主要障碍因子。

表 2-7　2000～2012 年舟山群岛旅游生态健康指标层主要障碍因子障碍度　（单位：%）

年份	指标排序									
	1		2		3		4		5	
	障碍因素	障碍度	障碍因素	障碍度	障碍因素	障碍度	障碍因素	障碍度	障碍因素	障碍度
2000	x_{21}	6.42	x_1	5.93	x_{18}	5.47	x_{12}	5.16	x_{24}	4.83
2001	x_{21}	7.03	x_1	6.02	x_{18}	5.55	x_{12}	5.18	x_{24}	5.01

续表

年份	指标排序									
	1		2		3		4		5	
	障碍因素	障碍度	障碍因素	障碍度	障碍因素	障碍度	障碍因素	障碍度	障碍因素	障碍度
2002	x_{21}	7.34	x_1	6.01	x_{18}	5.56	x_{12}	5.11	x_{24}	5.01
2003	x_{21}	7.05	x_1	5.75	x_{18}	5.18	x_{12}	4.97	x_{24}	4.86
2004	x_{21}	8.74	x_1	6.45	x_{18}	5.99	x_{24}	5.62	x_{19}	5.57
2005	x_{21}	8.03	x_{18}	6.07	x_1	6.06	x_{31}	5.21	x_{24}	4.97
2006	x_{18}	6.65	x_{21}	6.63	x_1	5.81	x_{16}	4.99	x_{12}	4.94
2007	x_{16}	6.03	x_1	5.85	x_{31}	5.09	x_{26}	5.03	x_{12}	4.98
2008	x_{16}	7.12	x_{31}	5.83	x_{29}	5.16	x_{15}	4.97	x_4	4.87
2009	x_{16}	9.5	x_{31}	6.46	x_{29}	6.31	x_{15}	6.03	x_4	5.9
2010	x_{16}	10.71	x_{31}	8.28	x_7	7.14	x_{15}	6.84	x_8	6.37
2011	x_{16}	13.59	x_{15}	9.33	x_7	8.93	x_4	8.14	x_{31}	6.64
2012	x_{16}	18.73	x_{15}	13.73	x_7	13.06	x_4	12.34	x_{21}	8.17

表 2-8　2000～2012 年舟山群岛旅游生态健康主要障碍因子出现频率

指标	出现次数	出现频率/%
x_1 旅游总收入	8	61.54
x_{21} 环保投入占 GDP 比重	8	61.54
x_{18} 城镇生活污水处理率	7	53.85
x_{16} 海岛生境破碎度	7	53.85
x_{24} 旅客运输量	6	46.15
x_{12} 游客密度	6	46.15
x_{31} 教育经费占 GDP 比重	6	46.15

3）旅游生态健康指数模拟

以舟山群岛旅游生态健康评价结果为基础，采用 GM(1，1)模型模拟了 2013～2015 年舟山群岛旅游生态健康系统及其要素层的健康指数（图 2-3）。从结果可以看出：2013～2015 年，舟山群岛旅游生态健康综合指数呈上升趋势，其模拟值分别为 0.873、0.965 和 1.065。五大要素健康指数亦呈上升趋势。其中，社区人群健康和教育水平要素健康指数上升速度最快，以 20.62%的幅度增至 2015 年的 1.696；其次为恢复力要素，其 2015 年健康指数模拟值为 1.429；而活力和组织结构要素健康指数增速较慢，2015 年的模拟值分别为 0.922 和 0.896。生态服务功能健康指数上升幅度为 14.36%，处于中间水平，其 2015 年模拟值为 1.198。

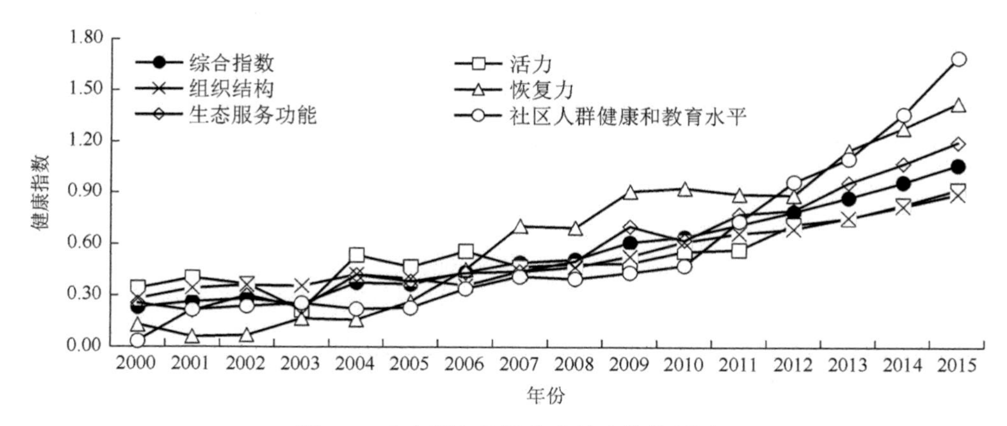

图 2-3　舟山群岛旅游生态健康趋势预测

8. 旅游生态健康评价结果

（1）从旅游生态健康的定义和特征出发，构建了舟山群岛旅游生态健康评价指标体系，对舟山群岛 2000～2012 年旅游生态健康进行了时间序列的动态评价，结果显示：舟山群岛旅游生态健康综合指数除在 2003 年和 2005 年出现下降外，以年均 20.17%的增速从 2000 年的 0.231 上升至 2012 年的 0.790。

（2）从障碍度计算结果来看：活力和组织结构要素对舟山群岛旅游生态健康的障碍作用总体呈增强趋势，而恢复力、社区人群健康和教育水平要素的阻碍作用总体减弱，生态服务功能要素阻碍作用则大体保持不变；旅游总收入、环保投入占 GDP 比重、城镇生活污水处理率和海岛生境破碎度为舟山群岛旅游生态健康的主要障碍因子。

（3）利用 GM（1，1）模型模拟了 2013～2015 年舟山群岛旅游生态健康指数。模拟结果显示：2013～2015 年，舟山群岛旅游生态健康综合指数呈上升趋势，其模拟的结果为 0.873、0.965 和 1.065；五大要素层生态健康指数也呈上升趋势，其中社区人群健康和教育水平、恢复力要素健康指数上升较快，活力和组织结构要素健康指数上升速度相对较慢，生态服务功能健康指数上升速度居中。

2.3.4　舟山群岛旅游生态健康与旅游经济协调发展评价

海岛是发展海岸带经济和开拓海洋空间的重要依托，是保护海岸带生态环境与维护生态系统健康的重要平台。随着海洋资源开发力度的持续加大，作为海洋经济重要组成部分的海岛旅游发展迅速，很多海岛成了世界著名的旅游目的地。然而海岛是一个相对独立的地理单元，其生态系统具有复杂性、脆弱性和易受外界干扰等特点，旅游经济的快速发展给海岛带来了诸如海域污染、红树林和珊瑚礁破坏、生物资源过度开发、淡水资源短缺、生物栖息地破坏等一系列生态环境问题，极易导致游客游憩质量下降，旅游地本身相对自然、独特和真实的优势也将逐渐丧失，极易对海岛目的地生态系统健康和旅游业可持续发展造成负面影响。因而，如何科学评价海岛目的地系统健康与旅游经济之间的协调发展状态，促进两者之间的良性发展就成了一个亟待解决的问题（周彬等，2015a）。

生态健康评价是宏观生态学研究的热点领域之一，是指对生态系统完整性以及对各种风险下维持其健康的可持续能力的识别与研究判断，其过程主要涉及评价指标体系构建、评价因子的标准化方法、指标权重计算和评价指标综合等方面。在评价指标体系构建方面，学者们提出了很多方案，如“系统结构—生态功能—资源功能—社会环境”方案、“活力—组织结构—恢复力—服务功能”方案、“生态系统组织—活力—恢复力”方案、“压力—状态—响应”方案、“系统结构—生产功能—抗逆功能”方案、“自然要素特征—景观特征—人类扰动”方案、“自然—经济—社会子系统”方案、“承载力—支持力—吸引力—延续力—发展力”方案等；从使用的研究方法来看，主要有能值分析法、投影寻踪法、GIS 和 RS 技术、集对分析与可变模糊集法、熵权法、灰色系统方法、概率神经网络法、物元可拓模型法、因子分析法、费用—分析法、距离指数—协调指数评价法、突变级数法以及生物物理方法；这些研究涵盖的生态系统包括湖泊、湿地、河流、森林、草原、海洋、流域、土地、农业等；从涉及的地域单元来看，主要有省域、城市、自然保护区和特殊的地貌单元。从国内外相关研究文献可以发现：采用系统分析方法对海岛旅游目的地生态健康与旅游经济的协调发展评价研究尚处起步阶段；与此同时，从区域角度研究生态环境与旅游经济的辩证关系正在成为旅游生态学研究的前沿问题，但其研究侧重对生态环境与旅游经济单要素之间的定量分析。

因此，本书在界定生态健康与旅游经济协调发展概念的基础上，构建两者协调发展的评价指标体系，运用改进的 TOPSIS 法计算各个备选方案的得分，即静态协调度，在此基础上计算研究时段的动态协调度，使用障碍度模型识别影响海岛目的地生态健康和旅游经济协调发展的障碍因子，并采用 logistic 模型模拟 2013～2015 年舟山群岛生态健康和旅游经济协调发展趋势，以期客观表现其在不同时段的协调发展运行轨迹，并为舟山群岛生态健康和旅游经济协调发展提供决策参考。

1. 生态健康与旅游经济协调发展的界定

协调发展是为了实现系统总体演进的目标，各子系统之间相互配合、相互协作、相互促进，形成的一种良性循环的态势，具体表现为子系统间数量规模相互适应、发展速度相互配合、数量比例关系合理、工作进度相互促进，从而形成统一的力量，切实保证实现系统的总体目标。生态健康是指生态系统内部秩序和组织的整体状况，系统正常的能量流动和物质循环没有受到损伤、关键生态成分保留下来、系统对自然干扰的长期效应具有抵抗力和恢复力，系统能够维持自身组织结构的长期稳定，具有自我调控能力，并且能够提供合乎自然和人类需求的生态服务。旅游经济系统可视为在旅游目的地范围内，由旅游经济活动及其所结成的旅游经济关系、旅游经济部门和组织、旅游经济资源、旅游经济财富等要素组成的有机系统。

旅游地生态健康与旅游经济存在互动机制。一方面，健康的生态系统对旅游经济发展起到承载作用，并一定程度上束缚旅游经济的发展速度、质量和规模；在生态系统健康阈值范围内开展旅游活动，可以促进旅游经济的持续发展，反之，则会造成旅游经济衰退。另一方面，旅游经济系统能够为旅游地生态系统和谐运行与维护提供物质保障和技术支撑，通过完善产业结构、创新产业技术和提升产业效率等途径，拓展对旅游地生态健康影响的宽度和深度，并通过自适应和自组织，推动旅游地生态系统向更高层次演化。因而，生态健康与旅游经济协调发展可视为 2 个系统间或系统组成要素间在发展演化过程中彼此和谐一致、良性循环以及相得益彰的理想状态，即在旅游地生态健康的可持续性不断增强、旅游经济数量和质量逐渐提升的前提下，两者能够实现整体性、综合性和内在性的聚合发展，并通过与外部环境的物质循环、能量交换和信息传输，不断地向更高级、更有序的方向演化。

2. 评价指标体系构建

在分析舟山群岛生态健康和旅游经济发展演变过程的基础上，借鉴生态系统健康和旅游经济评价相关研究，遵循系统性、科学性、动态性和代表性原则，构建了目的地生态健康与旅游经济协调发展评价指标体系（表 2-9）。对于生态系统健康子系统，采用了经济合作与发展组织（OECD）提出的“驱动力（D）—压力（P）—状态（S）—影响（I）—响应（R）”概念模型构建评价指标体系；对于旅游经济子系统，本书从旅游经济规模、旅游接待能力和旅游经济潜力 3 个方面选取了 13 个因子作为评价指标。本书所需数据来自《中国城市统计年鉴（2001—2012 年）》《浙江统计年鉴（2001—2012 年）》《舟山统计年鉴（2001—2012 年）》《舟山市国民经济和社会发展统计公报（2000—2012 年）》《舟山市海洋环境公报（2000—2012 年）》，缺失的个别数据通过趋势外推和滑动平均的方法计算得出。

表 2-9　海岸带目的地生态系统健康和旅游经济协调发展评价指标体系

生态系统健康	驱动力	A_1GDP 增长率/%，A_2 人口自然增长率/%，A_3 海洋经济占 GDP 比重/%，A_4 城镇化率/%，A_5 建成区面积/ km^2
	压力	A_6 人口密度/（人/ km^2），A_7 海洋捕捞量/t，A_8 人均道路面积/m^2，A_9 人均住宅面积/m^2，A_{10} 工业废水排放总量/t，A_{11} 工业 SO_2 排放量/t
	状态	A_{12} 建城区绿化覆盖率/%，A_{13} 城市交通噪声/dB，A_{14} 人均淡水资源量/m^3，A_{15} 人均耕地面积/hm^2，A_{16} 单位 GDP 能耗降低率/%，A_{17} 空气质量优良率/%

续表

生态系统健康	影响	A_{18} 海岛生物多样性指数，A_{19} 人均绿化覆盖面积/hm^2，A_{20} 海岛生境破碎度，A_{21} 近海Ⅰ、Ⅱ类海水水质标准海域面积比例/%，A_{22} 自然灾害受灾人口/人，A_{23} 社会固定资产投资增速/%
	响应	A_{24} 工业固体废弃物达标处理率/%，A_{25} 工业废水达标排放率/%，A_{26} 水环境功能区水质达标率/%，A_{27} 生活垃圾无害化处理率/%，A_{28} 环保投入占 GDP 比重/%，A_{29} 近海海域环境功能区达标率/%
旅游经济	旅游经济规模	B_1 海岛旅游总收入/万元，B_2 海岛国际旅游收入/万美元，B_3 海岛旅游收入占 GDP 比重/%，B_4 人均旅游收入/元
	旅游接待能力	B_5 海岛旅游客运数量/万人次，B_6 海岛旅游周转量/万人次，B_7 星级宾馆数量/个，B_8 旅行社数量/个，B_9 公路网密度/（km/ km^2）
	旅游经济潜力	B_{10} 海岛旅游总人数/万人次，B_{11} 海岛旅游总人数增长率/%，B_{12} 境外游客接待量/万人次，B_{13} 海岛旅游收入增长率/%

3. 静态协调度的计算

本书引入多属性决策理念，将目的地生态健康与旅游经济的协调发展评价看作是对两者各因素之间协调程度的测量，视其为一个多属性决策问题。把舟山群岛 2000～2012 年的生态健康与旅游经济协调发展状态看作是发展决策中的多个备选方案，故而采用改进的 TOPSIS 法计算舟山群岛生态健康与旅游经济的静态协调度。TOPSIS 法最为关键的两个步骤是获取评价指标权重和确定距离计算方法，本书从两个方面对 TOPSIS 法进行改进。传统的 TOPSIS 法主要使用层次分析法和 Delphi 法确定指标权重，但是计算过程和结果受专家的专业背景和认知能力影响较大。因而，本书采用层次分析法和熵值法相结合，计算评价指标的综合权重。传统的 TOPSIS 法是以理想解与负理想解的距离为基础，判断方案贴近理想解的程度，该方法的不足是与理想解欧几里得距离近的方案可能与负理想解的距离也近，按欧几里得距离对方案进行排序的结果有时并不能完全反映出各方案的优劣性。本书使用虚拟最劣解改进传统的距离计算方法。

（1）构建规范化决策矩阵 $\boldsymbol{A}$ 。$\boldsymbol{A}=(a_{ij})_{m\times n}$ ，其中，a_{ij} 为评价指标的标准化值；m 为评价对象数；n 为评价指标数。

（2）构建加权规范化决策矩阵 $\boldsymbol{B}$。$\boldsymbol{B}=(b_{ij})_{m\times n}$ ，其中，$b_{ij}=a_{ij}\times\lambda_j(i=1,\cdots,m;j=1,\cdots,n)$ ，λ_j 为评价指标的综合权重。计算 λ_j ，先由层析分析法确定评价指标的主观权重 $\lambda_{1j}=(\lambda_{11},\lambda_{12},\cdots,\lambda_{1j})^{\mathrm{T}}(j=1,\cdots,n)$ ，而后使用熵值法计算评价指标的客观权重 $\lambda_{2j}=(\lambda_{21},\lambda_{22},\cdots,\lambda_{2j})^{\mathrm{T}}$ ，再根据最小相对信息熵原理计算综合权重 $\lambda_j=\lambda_{1j}-(\lambda_1,\lambda_2,\cdots,\lambda_j)^{\mathrm{T}}$; $\min F=\sum_{j=1}^{n}\lambda_j(\ln\lambda_j-\ln\lambda_{1j})+\sum_{j=1}^{n}\lambda_j(\ln\lambda_j-\ln\lambda_{2j})$ ， s.t. $\sum_{j=1}^{n}\lambda_j=1$ ， $\lambda_j>0$ $(j=1,\cdots,n)$ 。

（3）确定理想解 z^+、负理想解 z^- 和虚拟最劣解 z^*，其公式为

$$z^+ = (\max a_{ij}, j \in \boldsymbol{J}; \min a_{ij}, j \in \boldsymbol{J}^* \quad i = 1, \cdots, m) = (z_1^+, z_2^+, \cdots, z_n^+)$$

$$z^- = (\min a_{ij}, j \in \boldsymbol{J}; \max a_{ij}, j \in \boldsymbol{J}^* \quad i = 1, \cdots, m) = (z_1^-, z_2^-, \cdots, z_n^-) \tag{2.12}$$

$$z^* = 2z_j^- - z_j^+, \quad j = 1, \cdots, n$$

其中，$\boldsymbol{J}$ 和 $\boldsymbol{J}^*$ 分别代表正向和负向指标集。

（4）计算距离，每个方案理想解 z^+ 和虚拟最劣解 z^* 的距离为 D^+ 和 D^*：

$$D^+ = \sqrt{\sum_{j=1}^{m} (v_{ij} - z_j^+)^2}$$

$$D^* = \sqrt{\sum_{j=1}^{m} (v_{ij} - z_j^*)^2} \tag{2.13}$$

计算每个方案对理想解的相对接近度指数 C_i：

$$C_i = \frac{D^*}{D^* + D^+} \tag{2.14}$$

C_i 的计算结果即为目的地生态健康与旅游经济的静态协调度，其值越大表明两者之间的静态协调发展程度越高。

4. 动态协调度模型

将目的地生态健康和旅游经济视为一个动态系统，为了进一步客观表征两者之间的耦合机理，客观分析其协调关系，本书采用动态协调度模型来描述两者之间协调发展变化，其公式如下：

$$C_{\mathrm{d}}(t) = \frac{1}{T} \sum_{i=0}^{T-1} C_{\mathrm{s}}(t-i), 0 < C_{\mathrm{d}}(t) < 1 \tag{2.15}$$

其中，$C_{\mathrm{d}}(t)$ 表示动态协调度；$C_{\mathrm{s}}(t-T+1)$，$C_{\mathrm{s}}(t-T+2)$，…，$C_{\mathrm{s}}(t-1)$，$C_{\mathrm{s}}(t)$为舟山群岛生态健康与旅游经济在 $t-(T-i)$时段中每个时刻的静态协调度。设 $t_2 > t_1$（任意两个不同时刻），若 $C_{\mathrm{d}}(t_2) \geqslant C_{\mathrm{d}}(t_1)$，则说明生态健康和旅游经济处在动态协调发展的阶段。

5. 障碍度模型

为了采取针对性措施提升舟山群岛生态健康与旅游经济的协调发展程度，有必要对影响两者协调发展的障碍因子进行分析，本书采用障碍度模型对其进行诊断和分析：

$$E_{ij} = (1 - a_{ij}) \times \lambda_{ij} \times 100\% / \sum_{i=1}^{m} \left(\sum_{j=1}^{n} (1 - a_{ij}) \times \lambda_{ij} \right) \tag{2.16}$$

其中，E_{ij} 表示单项指标对海岛目的地生态系统健康和旅游经济协调发展的障碍度；a_{ij} 和 λ_{ij} 分别表示评价指标的标准化值和权重。

6. 协调度模拟模型

本书采用 logistic 模型对目的地生态健康与旅游经济的协调度进行模拟，其公式为

$$F=\frac{1}{1+e^{-z}} \tag{2.17}$$

其中，F 为协调度的模拟值；$z=b_0+b_1x_1+b_2x_2+\cdots+b_px_p$（$p$ 为自变量的数量），$b_0,b_1,b_2,\cdots,b_p$ 为 logistic 回归系数。

7. 评价标准的确定

截至目前，关于目的地生态健康与旅游经济发展协调性发展水平尚无统一划分标准。结合舟山群岛的实际情况，将其生态健康与旅游经济的协调发展水平划分为 3 个大类和 10 个亚类（表 2-10）。

表 2-10　舟山群岛生态系统健康与旅游经济协调发展水平分类体系及判别标准

协调发展水平分类	协调发展亚类	协调度
失调类型	极度失调衰退型	$0.00\leqslant x<0.10$
	严重失调衰退型	$0.10\leqslant x<0.20$
	中度失调衰退型	$0.20\leqslant x<0.30$
	轻度失调衰退型	$0.30\leqslant x<0.40$
过渡类型	濒临失调衰退型	$0.40\leqslant x<0.50$
	勉强协调发展型	$0.50\leqslant x<0.60$
协调发展类型	初级协调发展型	$0.60\leqslant x<0.70$
	中级协调发展型	$0.70\leqslant x<0.80$
	良好协调发展型	$0.80\leqslant x<0.90$
	优质协调发展型	$0.90\leqslant x<1.00$

8. 生态健康与旅游经济协调发展评价结果与分析

1）协调度分析

（1）静态协调度及分析。利用改进的 TOPSIS 法计算得出 2000～2012 年舟山群岛生态健康与旅游经济协调发展的静态协调度（表 2-11）。由表 2-11 可知，舟山群岛生态健康与旅游经济的静态协调度总体呈上升趋势，其数值由 2000 年的

0.6453 波动增加至 2012 年的 0.7301，增幅为 0.0848。从静态协调度排序来看：2012 年最大，其 C_i 值为 0.7301，2000 年的静态协调度最小，其 C_i 值为 0.6453。尽管 2000～2012 年舟山群岛生态健康与旅游经济的静态协调状态总体呈改善趋势，但是协调发展的改善程度呈现出显著差异。由静态协调度变化系数来看，2007～2008 年、2005～2006 年和 2000～2001 年 3 个时期的变化系数较大，分别为 0.019、0.0242、0.022；尤其是 2007～2008 年，舟山群岛生态健康与旅游经济静态协调发展状况最好。然而 2001～2002 年、2002～2003 年、2003～2004 年、2009～2010 年和 2010～2011 年这 5 个时期的变化系数为负，说明一些时间段内，舟山群岛生态健康与旅游经济有往不协调方向发展的趋势。

表 2-11　舟山群岛 2000～2012 年生态健康与旅游经济协调发展静态协调度

年份	2000	2001	2002	2003	2004	2005	2006
C_i	0.6453	0.6673	0.6582	0.6575	0.6528	0.6684	0.6926
变化系数	—	0.022	−0.0091	−0.0007	−0.0047	0.0156	0.0242
年份	2007	2008	2009	2010	2011	2012	
C_i	0.6959	0.7149	0.7281	0.7198	0.7153	0.7301	
变化系数	0.0033	0.019	0.0132	−0.0083	−0.0045	0.0148	

注：C_i，理想解的相对接近度指数，即海岛目的地生态系统健康和旅游经济的静态协调度

（2）协调状态分析。依据协调发展等级划分标准和静态协调度计算结果，对 2000～2012 年舟山群岛生态健康与旅游经济协调状态进行判别，结果发现：2000～2007 年，为初级协调发展类型，其静态协调度为 0.6453～0.6959；2008～2012 年，为中级协调发展类型，其静态协调度 0.7149～0.7301。舟山群岛生态健康与旅游经济发展协调状态由“初级协调发展型”向“中级协调发展型”演化，说明舟山群岛生态健康与旅游经济之间存在着正向关系，随着生态健康状况的改善，两者之间的协调状态呈现出向“良好协调发展型”演进的发展趋势。在研究时段，舟山群岛生态健康与旅游经济发展有着一致性的同步推进规律，即生态健康状况随着旅游经济的持续发展不断改善；生态健康的改善，同时推动旅游经济发展数量和质量动态协调度的提升。基于静态协调度计算结果和动态协调度模型，计算得出了 2000～2012 年舟山群岛生态健康与旅游经济协调发展的动态协调度 C_d 值（表 2-12）。由表 2-12 可知：舟山群岛生态健康与旅游经济的动态协调度从 2000～2012 年总体呈逐渐增长趋势，其数值由 0.6453 增至 0.6874，增幅 0.0421。但在 2004 年，由于前面连续 3 年静态协调度下降的原因，动态协调度由 2003 年的 0.6571 小幅下降至 0.6562，降幅为 0.0009。2004～2012 年，随着舟山群岛生态健康与旅游经济持续改善，动态协调度逐年增加至最大值 0.6874。但总的

来看，2000～2012 年舟山群岛生态健康与旅游经济处于协调发展的轨迹。

表 2-12 舟山群岛 2000～2012 年生态健康与旅游经济动态协调度

T	1	2	3	4	5	6	7
T'	2000	2001	2002	2003	2004	2005	2006
C_d	0.6453	0.6563	0.6569	0.6571	0.6562	0.6583	0.6632
T	8	9	10	11	12	13	
T'	2007	2008	2009	2010	2011	2012	
C_d	0.666	0.6714	0.6771	0.681	0.6838	0.6874	

注：T，年份排序；T'，年份；C_d，舟山群岛生态系统健康与旅游经济协调发展的动态协调度

2）障碍因子分析

依据障碍度模型计算出了 2000～2012 年每个评价指标的障碍度，按照障碍度数值大小选择前 6 项作为主要障碍因子（表 2-13），并对其出现次数和出现频率进行统计（表 2-14）。由计算结果可以看出：海洋经济占 GDP 比重、近海海域环境功能区达标率、环保投入占 GDP 比重、公路网密度、城镇化率 5 个因子出现频率大于 6 次，出现频率超过 50%，将其视为影响 2000～2012 年舟山群岛生态健康与旅游经济协调发展的主要障碍因子。

表 2-13 2000～2012 年舟山群岛生态健康与旅游经济协调发展的主要障碍因子障碍度

年份	指标排序											
	1		2		3		4		5		6	
	障碍因素	障碍度/%	障碍因素	障碍度/%	障碍因素	障碍度/%	障碍因素	障碍度/%	障碍因素	障碍度/%	障碍因素	障碍度/%
2000	A_{29}	5.92	A_{28}	5.79	B_1	5.28	B_9	4.91	B_4	4.8	B_5	4.62
2001	A_{28}	6.59	A_{29}	6.31	B_1	5.57	B_9	5.46	B_4	5.07	B_5	4.98
2002	A_{28}	6.24	A_{29}	5.71	B_1	5.04	B_9	5.02	B_4	4.59	B_5	4.51
2003	A_{28}	6.44	A_{29}	5.64	B_1	5.18	B_9	5.08	B_5	4.81	B_4	4.71
2004	A_{28}	6.69	A_3	6.54	A_{29}	5.35	B_9	5.35	B_1	4.87	B_5	4.56
2005	A_{28}	6.41	B_9	5.34	A_3	5.15	A_{29}	5	B_1	4.78	B_4	4.36
2006	A_3	6.37	A_{29}	6.29	B_9	5.67	A_{28}	5.33	A_4	5.05	A_1	4.87
2007	A_3	6.2	A_{12}	4.96	A_{29}	4.95	A_4	4.82	A_{20}	4.74	A_{19}	3.95
2008	A_3	7.74	A_{12}	6.54	A_{20}	6.29	A_4	5.83	A_9	5.08	A_{15}	4.27
2009	A_3	8.76	A_{12}	7.83	A_{20}	7.35	A_4	6.66	A_9	5.75	A_{18}	5.24
2010	A_3	8.6	A_{12}	7.29	A_{20}	7.27	A_4	6.65	A_9	5.57	A_{15}	5.31
2011	A_3	8.55	A_{20}	7.19	A_{12}	6.92	A_4	6.75	A_9	5.78	A_{18}	5.54
2012	A_3	10	A_{20}	8.5	A_4	8.25	A_{12}	7.26	A_{18}	7	A_9	6.75

表 2-14　2000～2012 年舟山群岛生态健康与旅游经济协调发展的主要障碍因子出现频率

指标	A_3	A_{29}	A_{28}	B_9	A_4	B_1	A_{12}	A_{20}	B_4	B_5	A_9
出现次数/次	9	8	7	7	7	6	6	6	5	5	5
出现频率/%	69.23	62.54	53.85	53.85	53.85	46.15	46.15	46.15	38.46	38.46	38.46

3）模拟结果分析

以 2000～2012 年舟山群岛动态生态健康与旅游经济协调发展评价结果为基础，采用 logistic 模型，对 2013～2015 年静态协调度和动态协调度进行了模拟（图 2-4）。由图 2-4 可知：2013～2015 年舟山群岛生态系统健康与旅游经济的静态协调度和动态协调度均呈上升趋势，其静态协调度为 0.8335、0.8442 和 0.8543，动态协调度为 0.6885、0.6916 和 0.6947，说明两者向更协调的方向发展。

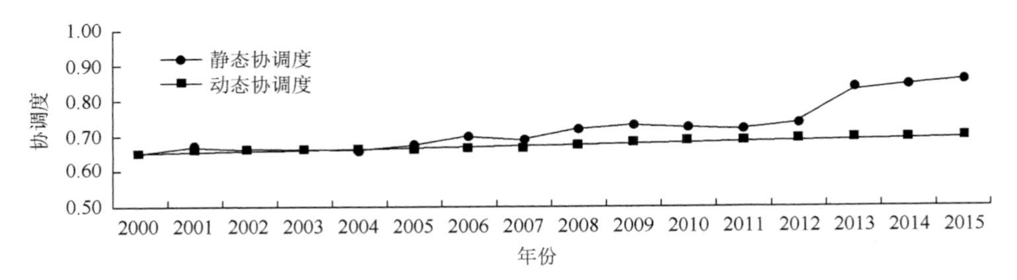

图 2-4　舟山群岛生态健康与旅游经济的静态协调度和动态协调度

9. 生态健康与旅游经济协调发展评价结论

（1）2000～2012 年，舟山群岛生态健康与旅游经济的静态协调度由 2000 年的 0.6453 增加至 2012 年的 0.7301，动态协调度由 0.6453 增加至 2012 年的 0.6874，增加幅度分别为 0.0848 和 0.0421，说明其整体往更高等级协调发展状态演进；2000～2007 年为初级协调发展状态，2008～2012 年为中级协调发展状态。在研究时段内，舟山群岛旅游经济规模、旅游接待能力和旅游经济潜力的各项指标均呈快速增长态势，旅游经济总量也在持续增加；与此同时，舟山市政府部门通过进一步完善和落实环保政策、加大环保投资力度和更新环保技术等反馈机制，使生态健康状态、影响和响应中的部分因子状况改善，令舟山群岛生态健康与旅游经济朝向良性协调、共同提升的方向转变。但是，在旅游经济总量日益增加和海岛社会经济快速发展的背景下，舟山群岛生态健康的驱动力和压力因素作用进一步凸显，其旅游经济的发展仍在一定程度上受生态环境的束缚，两者仍未达到最优的协调发展型。

（2）海洋经济占 GDP 比重、近海海域环境功能区达标率、环保投入占 GDP

比重、公路网密度、城镇化率是影响舟山群岛生态健康与旅游经济协调发展的主要障碍因子。未来需要通过提升海洋经济和城镇化发展质量、增加环境保护投入、优化交通空间布局、减少陆源排污量、实施海洋和海岛生态修复等途径，提升舟山群岛生态健康与旅游经济协调发展程度。

（3）本书以 2000～2012 年舟山群岛生态健康与旅游经济协调发展评价结果为基础，使用 logistic 模型对 2013～2015 年两者协调状况进行了模拟。结果显示：2013～2015 年，舟山群岛生态系统健康和旅游经济静态协调度的模拟值为 0.8335、0.8442 和 0.8543，动态协调度的模拟值为 0.6885、0.6916 和 0.6947，说明其继续向更高级的协调发展状态演进。

2.4 海岸带文化景观资源分类系统及其评价方法

海洋及海岸带区域作为人类活动最为频繁的区域之一，一直是人们生产、生活的重要场所，区域人文社会环境的差异使得不同地区形成的海岸带文化景观资源具有较大的差异。此外，海洋及海岸带作为内外联系的重要区域，在此基础上形成的海岸带文化景观资源也必将受外来文化形态的影响。这些因素都决定了海岸带文化景观资源研究的复杂性。对海岸带文化景观资源进行科学合理的分类是海岸带文化景观资源研究中的一项重要基础性工作。对海岸带文化景观资源本质属性的研究，探讨其结构和功能等方面存在的共性和差异性，进行海岸带文化景观资源分类研究，研究不同级别海岸带文化景观资源的从属关系和相互联系，建立海岸带文化景观资源分类系统，从不同层面加深对海岸带文化景观资源各构成要素的认识，从而促进海岸带文化景观理论研究水平的提升，这些都具有重要意义。

对海岸带文化景观资源的科学分类，一般应该从整合性、独立性及实效性来着手。所谓整合性，就是从不同角度将海岸带文化景观资源的基本架构分解为若干大类，这些大类整合在一起则能够保持海岸带文化景观资源基本构架的整体性与完整性。所谓独立性，就是所划分的海岸带文化景观资源大类互相之间应该是独立的，不会出现相互包容或重叠的情况。所谓实效性，就是海岸带文化景观资源分类原则及所建立的海岸带文化景观资源分类系统有利于我们更加清楚地认识海岸带文化景观的内容与特性、海岸带文化景观的结构和功能，从而能更加有效地指导海岸带文化景观资源的开发、利用与保护。本书在借鉴旅游资源分类方法的基础上，探讨海岸带文化景观资源的分类原则，并从海岸带文化景观资源自身的特点出发，建立符合地域特色的海岸带文化景观资源分类体系，并对其结构与功能特征进行分析，可以使众多复杂的海岸带文化景观资源条理化、系统化，为进一步对海岸带文化景观资源系统的评价和开发利用等提供科学基础。

2.4.1　海岸带文化景观资源的分类依据与原则

海岸带文化景观资源是按人文地理分布区域进行划分的一类文化资源类型。特定的海洋环境或海岸带区域在与人类的相互作用过程中形成了独特的海岸带文化景观资源，而不同区域之间由于海洋环境与人文社会过程的差异，在两者相互作用下形成的海岸带文化景观资源也表现出一定的差异性。在这个过程中，人文社会要素对海岸带文化景观资源的形成和发展有着重要影响。当然，海洋自然环境或海洋自然资源是海岸带文化景观资源形成的基础条件。因此，可以认为海岸带文化景观资源是一种与海洋地域文化传统不可分割的遗产类型，在不同的沿海区域有着不同的构成特点。另外，随着社会经济的发展和人民生活水平的提高，海岸带文化景观资源越来越被人们作为一种重要的文化旅游资源，被保护、开发和利用。因此，旅游资源分类方法对于海岸带文化景观资源分类具有重要的借鉴意义。基于此，本书借鉴旅游资源分类研究最新成果，结合文化资源本身的分类方法，基于海岸带历史文化的时空特征，对海岸带文化景观资源分类系统展开研究。

海岸带文化景观资源是由多种不同级别、不同特征类型的资源要素构成的复杂的资源系统，要对其进行科学、合理的类型划分，必须有一定的依据作为支撑。海岸带文化景观资源作为文化资源的一种重要类型，具备文化资源所具备的一切特征。总结文化资源和文化旅游资源系统特征，结合海岸带文化景观资源自身所具有的自然和人文特质，确立划分海岸带文化景观资源类型的依据与原则。

1. 海岸带文化景观资源分类依据

1）海岸带文化景观资源的形成与演化机制

海岸带文化景观资源作为一个复杂的物质和精神财富体系，是在多种机制长期共同作用下形成的，这里面包括了自然、政治、历史、技术、经济、心理等。海岸带文化景观资源的内涵决定了它在时间和空间上有着不同的形成与发展形式，因此，不同时期、不同区域条件下的海岸带文化景观资源类型的演变方式、发展方向都存在一定程度的差异。在对海岸带文化景观资源进行类型划分的时候，必须对各海岸带文化景观资源的形成与演化机制进行深入分析，并针对这些差异进行类型划分。

2）海岸带文化景观资源的属性

海岸带文化景观资源属性是指海岸带文化景观资源的特点、存在形式和状态等，海岸带文化景观资源属性的差异是对海岸带文化景观资源进行类型划分的一个重要原则。各海岸带文化景观资源性质及内部结构存在差异，造成不同海岸带文化景观资源的存在形式不一。根据存在形式的差异，可将海岸带文化景观资源分为有形的与无形的两种类型，而无形的存在形态又可以表现为具有文化价值的人类活动形态和历史文化的无形载体等形式。此外，不同海岸带文化景观资源自然基底本质属性的差异及人类改造自然能力水平的不断提高，也造成历代人对其认识程度、改造方式存在较大的差异，从而导致了海岸带文化景观资源类型的不断演化。

3）海岸带文化景观资源的功能

海岸带文化景观资源的功能是多样的，包括经济功能、社会功能、文化功能、美学欣赏功能等方面，不同的海岸带文化景观资源其功能侧重不一。这就使得海岸带文化景观资源的功能成为划分海岸带文化景观资源类型的重要依据。人类对于旅游资源的利用方式不一是海岸带文化景观资源功能多样性的重要因素。如沿海滩涂在人类活动影响下可形成不同的海岸带文化景观资源，滩涂用作养殖，形成了渔业旅游资源；滩涂用作农垦开发则形成农业旅游资源；沿海聚落既是人们生活起居的场所，具有居住功能；同时，它又是沿海聚落建筑文化的赋存载体，具有历史文化传承功能。当然，需要强调的是，海岸带文化景观资源所具有的功能会随着时代的变化而改变，有些功能可能会消失，形成另外一些新的功能。如镇海口海防历史遗址，它们集中分布在甬江入海口距南、北两岸不足 2 km^2 的范围内。镇海口海防历史遗址内容齐全，自成体系，是我国目前保存较为完好的海防遗址。镇海口的威远、安远和平远等炮台曾在我国东南沿海人民抗击外辱的过程中发挥着重要作用。这些炮台和古城墙等海防遗址，都是中国人民热爱祖国、不畏强暴、抗御外辱、自强不息的历史见证。但是，今天的镇海口海防遗址只留下残垣断壁，而这些海岸带文化景观资源往往在文化体验、旅游参观等方面具有很好的价值。因此，对于镇海口海防遗址，应从历史文化遗产保护与开发角度，充分发挥其在文化体验、旅游参观及历史考古等方面的新功能。

此外，海岸带文化景观资源的分类还应充分考虑开发利用状况与条件、科技水平、文化景观资源质量等。

2. 海岸带文化景观资源分类原则

1）相对一致性与差异性原则

文化景观资源由不同自然和人文要素组成，差异性是文化景观分类的基础。但在一定空间尺度上，组成文化景观资源的要素如果相对一致，则其内部的组成和结构可能也相对一致。文化景观资源分类将具有显著差异性的部分确定为不同的文化景观资源或文化景观资源单元，而将相对一致的部分确定为相同的文化景观资源或文化景观资源单元。海洋的地理环境复杂多样，沿海地区的人文环境也千差万别，海岸带文化景观资源数量众多，就算是同一区域间的海岸带文化景观资源也存在较大差异。然而，它们在成因、属性、功能等方面存在着一定的规律，在一定范围内总能找到若干相似程度较大而差异程度较小的资源类型，可合并成同一类型的海岸带文化景观资源，以示同其他类型的区别。因此，划分出的同一级、同一类型海岸带文化景观资源之间必定具有共同属性，而不同类型之间则具有一定的差异。

相对一致性原则包括海岸带文化景观资源成因的共同性、特征的类似性、功能的通用性、形态的共通性和发展方向的一致性等多重含义。在划分海岸带文化景观资源类型时，相同类型的资源内部，相似性最大而差异性最小；而在不同类型的海岸带文化景观资源类型间进行比较时，则差异性最大而相似性最小。反映在海岸带文化景观资源等级系统中，一个高一级的单位往往包含若干个性质与结构相似的低级单位，它们可以合并成高一级单位；而同一等级的若干个单位之间又存在一定的差异，它们因为这些差异而被划分开来。这种相对一致性和差异性通常被视为类型划分的根据。可以说，任何资源类型都具有一致性，但不同等级或同一等级的不同资源，其一致性的程度和特点是不相同的。也就是说，同一类型海岸带文化景观资源的一致性是相对的。同时，低级区域单位是由等级较高的区域单位分化出来的，因此，越是低级的海岸带文化景观资源类型，其差异性越小，一致性越强。

2）综合性和主导因素原则

海岸带文化景观资源是在涉海人群的文化行为与海洋自然环境长期相互作用下形成的，系统的各组成要素和亚系统在一定的结构下密切联系，完成系统的总体功能，使整个海岸带文化景观资源系统具有较强的自我调节能力和稳定性。因此，在海岸带文化景观资源分类时，必须贯彻综合性原则，综合分析海岸带文化景观资源在结构形式和功能特性上的相互关系，目的是要保证所划分的类型单位具有共同性。组成海岸带文化景观资源的各要素在海岸带文化景观资源系统中所起的作用不同，因此在海岸带文化景观资源分类时，应在综合分析的基础上，进一步探讨制约海岸带文化景观资源形成、特征、功能、属性和利用方式的主导因素，作为海岸带文化景观资源类型划分的主要依据。

在运用综合性和主导因素原则对海岸带文化景观资源类型进行划分时，还应充分考虑分类结果对开发利用带来的影响，以求得更多综合效益。这些效益包括社会、经济与生态 3 方面的效益，而不只是考虑经济效益。在某种程度上，海岸带文化景观资源带来的社会效益和生态效益远高于其经济效益。在进行海岸带文化景观资源分类时，要发挥资源潜力，考虑投资综合效益，从客观实际出发，在对其进行大量调查的基础上，运用地理学、生态学、林学、历史学、经济学、环境科学、美学、建筑学等相关理论和原理，对海岸带文化景观资源的形成、属性、功能等内容进行分析研究，找出其中的主导因素，给予正确的科学解释，做出科学客观的分类。

3）层次性原则

海岸带文化景观资源类型复杂多样，其结构与功能是多层次、多形式、多方面的，具有非常明显的层次或等级特性。因此，在对海岸带文化景观资源进行分类时，要注重对资源本身的成因、特性、功能、形态等因素的评价，综合衡量、判定其层级差异，全面完整地进行系统分类，准确地反映海岸带文化景观资源的整体价值。

因此，对海岸带文化景观资源的分类应该有一个与其综合属性相对应的具有多个层级的分类系统。分类时应逐级进行，次一级类型的内容对应于上一级类型的内容，所划分出的类型相互之间独立而不重叠。同时，海岸带文化景观资源类型的划分是对各资源类型进行进一步保护与开发利用的基础，因此，海岸带文化景观资源类型层次的划分还要充分考虑后续的实际需要，不能因分类过于繁杂而给后续研究工作带来不便；也不能因分类过于简单，难以全面反映各类海岸带文化景观资源之间的本质性差异。

4）有利保护的原则

在进行海岸带文化景观资源分类时，既要考虑海岸带文化景观资源属性的评价，也应考虑对应的海岸带文化景观资源保护。文化景观资源分类应力求为海岸带文化景观资源的合理开发、有效保护，有机统一地提供科学依据，使海洋文化资源得以合理、持续利用，海洋环境走向良性循环，达到海岸带文化景观资源的可持续发展。

海岸带文化景观资源分类的最终目的是保护和合理开发利用文化景观资源，并对其实施宏观调控和综合管理。只有把开发利用和治理保护有机结合起来，坚持可持续发展的战略，才能发挥海岸带文化景观资源的整体效益和最佳效益。因此，在划分海岸带文化景观资源类型时必须统筹兼顾海岸带文化景观资源保护工作的需要。一些文化背景和生存环境相对脆弱，尚不具备开发利用条件和开发利用条件不成熟的海岸带文化景观资源类型，则应注重其保护类型的划分，这样做是为了给未来的开发利用留有空间，为提高经济效益奠定基础。因此，合理划分海岸带文化景观资源类型，有利于对各种海岸带文化景观资源的开发利用活动实行宏观调控，从而有利于划定各种治理保护区，进行受损文化资源的治理、保护和恢复，为在认识不足、区域功能判定不准的条件下，避免主观因素导致失误，同时也为未来社会发展留下选择机会，使海岸带文化景观资源类型的划分与海岸带文化景观资源的开发利用与治理保护同地区社会经济的现状和发展条件融为一体，并逐步成为人们社会生活的有机组成部分。

2.4.2 海岸带文化景观资源的分类系统及其特征

1. 海岸带文化景观资源分类系统

海洋带文化景观资源是相对于海岸带自然景观资源而言的资源类型，具有明显的空间性和区域性，其构成要素既有社会经济要素，又有人工化的自然要素，可从不同角度进行类型划分。根据相对一致性与差异性原则、综合性和主导因素原则、层次性原则和有利保护原则，参考国内学者的旅游资源分类成果（李加林等，2010；郭来喜等，2000），构建由海岸带文化景观资源类、海岸带文化景观资源亚类及海岸带文化景观资源型构成的三级分类系统（表 2-15）。

表 2-15　海岸带文化景观资源分类系统

资源类	资源亚类	资源型
海岸带物质文化景观资源	海岸带文物遗迹景观资源	贝丘文化遗址、海洋文化线路、古港口、海防遗迹、水下文物、海堤（海塘）
	海岸带聚落文化景观资源	古人类活动遗址、历史文化名城、沿海渔村、古集镇、海岸带文化特色街巷、海岸带民居建筑
	海岸带历史场所资源	海洋历史纪念馆、展览馆、宗教建筑、民间信仰场所、寺庙、祠堂、祭祀活动场所
	现代海岸带文化景观资源	海岸带度假地、海洋主题公园、海岸带文化活动场所、海岛休闲游乐场所、海岸带美食、海岸带旅游产品
	海岸带关联性文化景观资源	山海文化资源、天象气候资源、海岸、海岛、海湾
	海岸带设施景观资源	现代港口码头、海上大型工程设施、海岸带交通设施、海岸带生产地
海岸带非物质文化景观资源	海岸带人事记录景观资源	海岸带历史名人、海岸带历史事件
	海岸带民俗文化景观资源	海洋民间服饰、涉海饮食习惯、涉海信俗、礼仪习俗、庙会节庆
	海岸带艺术文化景观资源	海洋文学艺术、海洋传统舞蹈、海洋传统音乐、海洋传统曲艺、海洋传统技艺、海洋工艺美术
	海岸带节庆活动景观资源	旅游节庆活动、文化节庆活动、商贸节庆活动、体育赛事活动
	海岸带语言文化景观资源	海洋民俗语言、海洋民间文学、海洋民间故事、涉海地名资源、语汇资源

资源类是海岸带文化景观资源分类的最高结构层次，该层次将海岸带文化景观资源分为海岸带物质文化景观资源和海岸带非物质文化景观资源两大类。海岸带物质文化景观资源是以有形实物形式存在的海岸带文化景观资源，而海岸带非物质文化景观资源是以口头或其他无形形式存在的海岸带文化景观资源。

资源亚类是海岸带文化景观资源中属性、功能相似的资源的联合。该层次将海岸带文化景观资源分为11类，其中物质文化景观资源6类，非物质文化景观资源5类。值得注意的是，随着海岸带非物质文化景观资源的价值越来越被重视，从挖掘与保护海岸带非物质文化景观资源的角度考虑，将非物质文化景观资源亚类数量增加到 5 类具有重要的现实意义。在海岸带语言文化景观资源分类中，除了大家熟知的“海洋民俗语言”以外，同时将“海洋民间文学”“海洋民间故事”“涉海地名资源”“语汇资源”加入到此亚类中。本分类体系中将与海岸带宗教、民俗、旅游等多种活动形式相关联的海岸带关联性文化景观资源增加到海岸带物质文化景观资源的范畴之中，有利于关联性文化景观资源文化内涵的体现。此外，随着“文化线路”成为世界遗产保护领域中的重要新动向，分类体系中还将“海洋文化线路”纳入海岸带文物遗迹景观资源，作为海岸带物质文化景观资源的重要组成部分。

资源型是海岸带文化资源形成与演化、形态、特点等要素相同的资源的联合，是海岸带文化资源分类的基本单位。该层次将整个海岸带文化景观资源系统分为56个基本类型，其中物质文化资源34类，非物质文化资源为22类。在“现代海岸带文化景观资源”中，除了“海岸带度假地”“海洋主题公园”“海岸带文化活动场所”“海岛休闲游乐场所”以外，加入了“海岸带美食”和“海岸带旅游产品”2 个类型，这与当今社会，人们对海岸带美食和具有地域特色的其他海岸带旅游产品的青睐，使其逐渐成为各地海岸带文化旅游的主打旅游商品资源的趋势相符合。

2. *海岸带文化景观资源分类系统的特点*

1）展现海岸带文化的未来发展趋势

海岸带文化产业在带来丰厚经济效益的同时，也成为保护当地重要海岸带文化遗址，开展海岸带节庆及其他海岸带文化活动的积极力量，因此越来越受地方政府重视。随着海岸带文化产业的迅速发展，对与之发展密切相关的海岸带文化景观资源的基础资料和相关数据的需求变得越来越迫切，同时，如何对这些资料和数据进行评估、排序、储存和运用，也是文化产业发展过程中需要解决的迫切任务。海岸带文化景观资源具有极强的时代性、明显的地域性、显著的功能性和特有的稀缺性。在实际的海岸带文化景观资源开发利用过程中，往往由于不能深刻认识海岸带文化景观资源的真正价值，造成一定程度的盲目性和随意性，导致一些海岸带文化景观资源开发决策的失误，影响海岸带文化景观作为资源的有效益的发挥。因此，本分类系统充分借鉴文化资源与旅游资源分类的特点，考虑海岸带文化景观资源的特殊性，依据海岸带文化现存状况、形态、特性、功能等方面进行类型划分，并将历史的、现在的及未来的海岸带文化景观资源归入海岸带文化景观资源范畴。采用多学科、多指标综合的分类方法，全面地展示海岸带文化景观资源所包含的文化内涵，有利于相关决策者全方位认识、评价海岸带文化景观资源，找出海岸带文化景观资源的特色所在，展现海岸带文化景观的发展方向和趋势。

2）强调海岸带非物质文化景观资源的重要地位

海岸带非物质文化景观资源是沿海地区居民长期适应海岸带生存环境、利用海岸带资源过程中所形成的一种无形的文化资源。海岸带非物质文化景观资源反映了沿海居民的集体生活，是长期得以流传的人类文化活动成果，具有不容忽视的文化价值。非物质文化资源中蕴含了所属民族的文化基因、精神特质，这些在长期的生产劳动、生活实践中积淀而成的民族精神，是世代相传、沉积下来的民族思想精髓、文化理念，是包括了民族的价值观念、心理结构、气质情感等在内的群体意识、群体精神，是民族的灵魂、民族文化的本质和核心。在全球化大潮的冲击下，地域文化的特色渐趋衰微，而随着海岸带文化景观全球化趋势的加快，海岸带非物质文化景观资源的保护与传承遭遇空前危机。因此，认识海岸带非物质文化景观资源在历史传承中的文化价值，对保护海岸带文化景观多样性、保护海岸带非物质文化景观资源具有重大意义。相比国内外对于资源或旅游资源的类型划分，本体系更加突出了海岸带非物质文化景观资源的重要地位，将海岸带非物质文化景观资源与物质文化景观资源放在同一个资源类中，并归纳了 5 个资源亚类以及 22 个资源型，较全面地构建了海岸带非物质文化景观资源体系。

3）体现海岸带历史文化景观资源的价值

海岸带历史文化景观资源是在古代和近代历史时期形成的，对历史上不同时代生产力发展状况、科学技术发展程度、人类创造能力和认识水平的原生态保存和反映，是地区海岸带文化的根基，也是海岸带精神文明的传承载体。我国拥有悠久的海岸带文明史，承载数千年的海岸带历史文化遗产。现代海岸带文化的延续与发展，必须以历史文化为依托，在历史的基础上，衍生出新的文化，因此，如何加强海岸带历史文化遗产的保护工作成为当前海岸带文化建设的重要任务。要使海岸带历史文化遗产保护工作更为有效进行，关键是要让社会各界更好地体味与认同它的价值，了解这些海岸带历史文化景观资源所蕴藏着的巨大财富。海岸带文化景观资源的分类系统中，海岸带历史文化景观资源的内容占了很大一部分，“海岸带文物遗迹景观资源”“海岸带聚落文化景观资源”“海岸带历史场所景观资源”等物质文化景观资源亚类以及“海岸带人事记录景观资源”“海岸带民俗文化景观资源”等非物质文化景观资源亚类都囊括了海岸带历史文化景观资源的内容，这对于加深人们对海岸带历史文化景观资源的认识，提高保护海岸带历史文化景观资源的自觉性，具有积极的意义。

4）确立关联性海岸带文化景观资源的文化属性

在国内海岸带文化与海岸带文化景观资源的研究过程中，人们更多地将注意力集中在那些人类通过一定技能创造和改造的物质和非物质文化景观资源上，而对于那些客观存在，具有自然因素，与宗教、艺术或文化相联系的自然资源文化内容缺乏足够重视与论述。在文化景观资源与旅游资源的分类中，更多地强调这些资源的自然属性，将其归为自然资源类型中。随着人类涉海范围的日益广泛，人类与一些具有特殊意义、特殊功能的自然资源联系更为密切。在一些自然环境下，人类活动营造出大量具有文化性质的有形和无形遗产，那些自然环境已被深深地打上了人类活动的烙印，从文化角度对这些自然资源进行调查、研究，乃至教育、传承，也是刻不容缓的重要课题。因此，分类体系从人类与自然环境的互动结构出发，将那些与涉海活动有关的，具有强烈的宗教、艺术联系的自然环境划分为“海岸带关联性文化景观资源”，确立其文化属性。与自然资源强调环境生态功能不同，“海岸带关联性文化景观资源”更多地强调其文化属性和功能。

2.4.3 海岸带文化景观资源的系统结构

海岸带文化景观资源的系统结构极为复杂，与海岸带自然资源相比，其资源构成表现为既有极为浓厚的与海岸带有关的自然地理基础，又被深深地打上人类活动的烙印。自然地理条件是海岸带文化景观资源形成的基础，而人文质料对海岸带文化景观资源的形成起主导作用。由于构成海岸带文化景观资源的人文质料类别繁多，根据各类人文质料有无实际的外观形态，可将其分为具象质料和非具象质料（董新，1993）。因此，海岸带文化景观资源的系统结构包括自然地理基底、具象质料和非具象质料三大组成部分。

1. 海岸带文化景观资源的自然地理基底

一般而言，海岸带文化景观资源存在于沿海地区，占据一定的地理空间，海岸带自然地理环境是其形成并不断发展的基础。离开海岸带的自然地理环境，海岸带文化景观资源便无立足之地，成为无本之木。

海岸带自然地理基底对海岸带文化景观资源的意义主要包括 3 个方面。①海岸带自然地理基底是海岸带文化景观资源形成的空间载体，是沿海人民利用和改造自然的平台载体，为海岸带文化景观资源具象质料的建立提供立地条件。②海岸带自然地理基底本身所具有的独特组合构成了奇特而优美的海岸带自然景观资源，这种自然景观资源往往是吸引各种文化活动在该区域进行，并形成海岸带文化景观资源的前提条件。③由于地理地带性规律的存在，海岸带自然地理基底本身也具有明显的地带性分布规律。由于海岸带文化景观资源是建立在海岸带及海岸带自然地理基底之上的，所以，有些海岸带文化景观资源也表现出一定的地带性，比如民居的建筑形式与海岸带地区的地形、降水、常年风向等自然地理条件有着紧密的联系。

构成海岸带文化景观资源的自然地理基底包括海岸带及海岸带地区的地质、地貌、气候、水文、土壤和生物等多个因素及其相互作用所形成的自然地理综合体，不同因素对海岸带文化景观资源的形成具有不同意义，其作用形式和影响强度也各不相同。地质、地貌条件往往是构成海岸带景观旅游资源的重要因素。地质、地貌条件直接影响人类在该区域的活动能力和活动强度，其独特性也是形成海岸带文化景观资源的主要原因之一。如 20 世纪 90 年代，现代化国际深水良港宁波北仑港的开发，就是得益于其独特的深水岸线条件，满足了国际贸易和船舶大型化快速发展的需要。当然，在特定条件下，气候、水文、土壤和生物等因素也可能成为影响海岸带文化景观资源形成的重要因素。

2. *海岸带文化景观资源的具象质料*

具象质料是指具有色彩和形态，可被人们视觉感官感觉到的有形人文因素，即身之所历、目之所视、具体存在的人文现象（董新，1993）。对于海岸带文化景观资源而言，其具象质料包括在海岸带区域形成的、与海岸带有关的、各种视觉感官能感觉到的有形人文因素。如海岸、海岛的独特渔村建筑，海岸带历史名人、名著，沿海居民的独特服饰等。由于划分标准存在差异，海岸带文化景观资源的具象质料有多种不同的分类方法。如根据具象质料的活动程度，可将其划分为活跃性质料和相对稳定性质料。活跃性质料如具地方特色的渔船及远洋船舶等海岸带交通工具等。相对稳定性质料主要是指海岸带历史文物古迹及其他具有固定位置的建筑物、构筑物。具象质料的主要特点是构成海岸带文化景观资源的外表形态。也就是说，具象质料是景观资源中能被人所直接感知的人文现象。海岸带文化景观资源具象质料的不同组合方式，形成了不同的海岸带文化景观资源外貌。建筑是海岸带文化景观资源中最显而易见的具象质料，它突出于各种文化景观资源的具象质料之上，是整个海岸带文化景观资源的核心。建筑物的结构与外观可体现文化景观资源中各类要素之间的相互关系。

1）人事记录

海岸带文化景观资源的人事记录是指有史以来在海洋或海岸带区域发生的与开发、利用各种海岸带资源、抵御外来侵略等有关的各类重要历史名人、历史事件及历史文化名著。海岸带历史名人主要指为开发海洋资源、保卫海疆做出重要贡献的海岸带文化名人和海岸带军事名人。海岸带历史事件主要指海岸带开发过程中的重要事件及抵御外来侵略、保护海疆过程中发生的战役等历史事件。海岸带历史文化名著则是指海岸带开发和抵御外来侵略过程中形成的各种文化著作。

2）空间形态

空间形态超越了海岸带文化景观资源的单个具象质料，是由海岸、山体、水体、植被等自然要素或建筑物、构筑物等人工要素所围合或限定的物质空间，具有材料、形状、质感和色彩等性状。它强调该空间范围内各种具象质料之间的文化联系。因此，它是海岸带文化景观资源自然地理基底与具象质料和非具象质料的有机融合。空间形态包括点状、面状和线状。

3）建筑结构

海岸带文化景观资源的建筑结构是指历史上遗留下来的与海岸带有关的建筑物、构筑物或其他遗址，它反映了该地域的建筑文化、社会职能及与特殊的历史事件和人物的相关性，是文化景观资源的重要载体。聚落、街巷、建筑群、山体、水系等人工和自然要素构成的整体格局和秩序，不仅反映海岸带文化景观资源空间布局的思想，更反映了一定地理、历史条件下人们的心理、行为与自然环境融合的痕迹。如河姆渡遗址的“干栏式建筑”反映了先民们对河口潮滩环境的适应。

4）人居环境

人居环境是人类集聚或居住的生存环境。海岸带人居环境则是指与乡村、集镇、城市等所有沿海人类居住形式相关的自然环境与人文环境、物质环境与精神环境、历史环境与现实环境、政治环境与经济环境等的有机结合，是维持居住、工作、卫生、交通、通信、生态环境、文化娱乐等人类活动而构造的生存环境。海岸、海岛人居环境是与沿海人民的生存活动密切相关的空间，既是沿海人民与海岸带共处的生存基地，也是沿海人民开发利用和保护海岸带的后方基地。

5）物质产品

海岸带文化景观资源中的物质产品是指来源于海岸带或与沿海人民的生产、生活有密切联系的能被人们使用和消费，并能满足人们某种需求的有形物体，主要包括海岸带食品与工艺工业品两大类。海岸带食品是指源于海岸带并经不同程度加工的能供人类食用的各种物质产品。根据加工程度可划分为天然采集海岸带食品、初加工海岸带食品和深加工海岸带食品。工艺工业品主要是源于海岸带或与沿海人民生产生活有密切联系的各种工业产品及工艺品，主要包括海岸带材质手工产品与工艺品、海岸带原料日用工业品及其他产品。工艺工业品既具有实用价值又具有审美价值，它们在内容上都侧重表现人的主观情感、主观世界，表现人的品格、精神、情感等，在形式上它们都占据着一定的空间。

3. 海岸带文化景观资源的非具象质料

海岸带文化景观资源的非具象质料是指那些无形的，不能被人们直接感觉和认识的，但对海岸带文化景观资源的形成和发展产生重大作用的人文因素（董新，1993）。这类质料在海岸带文化景观资源中虽然未能直接显现出来，但其对海岸带文化景观资源的形成和内涵却具有不可忽视的作用。海岸带文化景观资源的非具象质料包括沿海地区人民所特有的行为方式、民俗艺术、工艺技术、生活理念、精神文化等内容。

1）行为方式

海岸带文化景观资源中的行为方式是滨海人群在开发利用海岸带、与海洋做斗争的生产与生活中形成的在语言、礼仪、动作等方面的程序化、规范化、模式化的活动，可被认为是海岸带地域心理文化的直接显示和书面文化的表现形态，也是人际交往关系的具体体现，因此，它构成了海岸带文化景观资源非具象质料的重要内涵。是沿海人民长期积淀而成的社会心理、思维方式和风俗习惯的外在表现。

2）民俗艺术

海岸带文化景观资源中的民俗艺术是沿海人民在社会生产实践和日常生活中逐渐形成的与海岸带地域特征有关的独特文化意蕴和价值符号体系。海岸带民俗艺术是沿海地区人民祖辈创造、后辈承袭，并不断发展的。随着时空的变化，民俗艺术的存在形式和方式也在不断变换。海岸带区域形成的民俗艺术，其产生、传承与变异都与海岸带密切相关，海岸带民俗艺术涉及沿海人民的生活、海岸带渔业生产、海上贸易交通及有关海岸带的口头文学、心意民俗等诸多领域，它是构成海岸带文化的基础。当然，古老的民间传承还是海岸带文化最早和最基层的形态（周星，2000）。海岸带文化景观资源的民俗艺术包括饮食、建筑、服饰、节庆、游艺、宗教等多方面的民间习俗和文化。

3）工艺技术

海岸带文化景观资源的工艺技术是指具象质料中的海岸带物质产品或工艺品所具有的非具象质料，是工业企业利用生产工具，通过生产线对各种源于海岸带的原材料、半成品进行顺序的、连续的加工或处理使之成为产品的工艺流程及其所包括的科学技术。根据其形成的时间特征，可以划分为传统工艺、现代科技两部分。如宁波的著名海特产“咸鳓鱼”“脱脂黄鱼”的加工过程，既包括了腌制等传统工艺，也融入了脱脂、真空包装等现代科技。

4）生活理念

海岸带文化景观资源的生活理念是指海岸带人民在衣、食、住、行、劳动工作、休息娱乐、社会交往、待人接物等方面形成的相对一致的观点、看法和信念。生活理念是一个历史范畴，与沿海人民的生活习惯息息相关，在某一历史阶段，生活理念是沿海人民社会化过程中形成的对生活的普遍看法。随着社会经济的发展变化，沿海人民的生活理念也发生相应变化，使其生活方式改变。古时，沿海人民世代以捕鱼为生，其在衣、食、住、行等方面形成的生活理念可能都与渔业有关。但是，随着现代旅游业的发展，利用沿海地区特有自然景观和人文景观资源发展旅游，创造不同于传统渔业的经济效益，沿海人民的生活理念也发生了巨大变化。

5）精神文化

海岸带精神文化是沿海人民在认识和利用海洋过程中逐渐形成的集心理、观念、习俗、信仰、规范等于一体的思想意识、风貌和特征的综合。海岸带独特的环境特征锻造着沿海人民的精神品格，海岸带精神文化也就成为沿海地区社会经济发展的原动力，与沿海地区的发展兴衰息息相关。海岸带精神文化背后的力量之源在于不懈追求和不屈意志。历史上，海岸带精神文化使荷兰由一个时常面对海潮威胁的国度在 17 世纪成为世界中心和“海上马车夫”，使被大海包围的岛国英国称雄世界 200 余年。“宁波帮”遍布天下，其成功之道也源于宁波人顽强开拓、冒险创新的海岸带精神文化。海岸带的流动性，使得海岸带精神文化也具有开放与创造的特质。

可以说，与具象质料所包含的具体实质性事物不同，非具象质料是海岸带文化景观资源中的无形之气（董新，1993）。对海岸带文化景观资源的具象质料进行探讨的目的在于景观资源之外观，即“景”。而对非具象质料的研究则能深入景观资源内部，探究“景”中之“意”和“景”中之“情”，并与具体景物交相呼应，使文化景观资源的研究“虚实相生”“情景交融”（董新，1993）。因此，我们可以认为以实物形态显示出来的人文景物只是海岸带文化景观资源的外壳，其所具有的非具象质料才是实质内容，只有将两者结合，才构成真正的海岸带文化景观资源的真实内涵。此外，海岸带文化景观资源的具象质料与非具象质料之间相互作用还形成用一般语言难以表达的海岸带文化景观资源的氛围，只有身临其境，才能体会这种氛围。如宁波象山的“中国开渔节”以“人与海岸带和谐相处”为主题，提出“善待海岸带就是善待人类自己”的口号，“开渔节”时祭海活动和千帆齐发的渔业文化场景，只有身临其境，才能体会到。

2.4.4　海岸带文化景观资源评价

景观资源是一种能为当前人类和未来人类造福的客观存在物。随着自然环境被不断破坏，景观资源已经不再是取之不尽、用之不竭的资源，人类开始把它放到与其他资源同等重要的战略地位。景观资源评价是其可持续利用和保护的前提（王保忠等，2006）。景观作为一种资源，不仅具有美学价值，还具有经济价值，即景观资源的可利用性和经济性（韩勇和房小燕，2008）。景观资源评价，是景观资源保护性开发所必需的基础工作。景观资源评价的目的就是识别与评价能够满足人类心理需求的景观资源，防止景观资源被破坏，从而满足人类社会的可持续发展需要。

在海岸带文化景观资源形成基础、系统分类的基础上，进行景观资源评价对于海岸带文化景观资源的保护与开发具有重要的科学意义。景观资源评价有利于进一步摸清海岸带文化景观资源的家底，了解海岸带文化景观资源的品相，为海岸带文化景观资源的开发与保护提供基础数据。只有通过科学合理的景观资源评价，才能正确认清海岸带文化景观资源的价值内涵，才能在开发与保护过程中统筹兼顾。此外，海岸带文化景观资源评价有利于对不同类型的景观资源进行横向比较，获取海岸带文化景观资源的综合性排序及不同类型资源相对量化的差异。理清哪些资源应该优先开发，哪些资源现时还不能开发，哪些资源应重点保护，为海岸带文化景观资源的保护性开发提供科学依据。

1. 海岸带文化景观资源评价的内容

要进行景观资源评价，首先要识别景观资源。景观资源识别主要是识别具有保护和开发意义的景观资源（韩勇和房小燕，2008）。对于海岸带文化景观资源而言，具有保护和开发意义的景观资源主要是指：①具有美学意义和观赏价值的海岸带文化景观资源，这些景观资源有可能成为旅游资源，或虽构不成一种旅游资源，但对当地人民的审美活动有贡献，也因此具有经济或文化意义，如海岸带聚落文化景观资源等。②具有标志性意义的海岸带文化景观资源，这些景观资源或与某种海岸带历史事件相联系，或与一些海岸带历史名人活动相关联，或是沿海地区或沿海民族民俗所敬重的事物，如海岸带民俗文化景观资源、海岸带宗教信仰场所景观资源等。③具有科学意义的海岸带文化景观资源，如海防遗址、历史沉船遗址景观资源等。④具有教育意义的海岸带文化景观资源，如海岸带文化线路景观资源、海岸带军事文化景观资源等。

由于海岸带文化景观资源类型的复杂性和多样性，不同的景观资源具有不同的审美价值、文化价值、科学价值以及潜在的经济价值。因此，对于海岸带文化景观资源的识别应当从海岸带文化景观资源的分类以及各自的特征出发，进行辨别。海岸带文化景观资源是一个复杂的景观资源系统，在对其价值进行评价的过程中考虑的因素很多，而且不同的景观资源类型还具有不同的个性化测量标准。从海岸带文化景观资源自身的特点与影响要素综合考虑，海岸带文化景观资源评价应包含 5 个方面的内容。

1）海岸带文化景观资源的资源品相

海岸带文化景观资源不同于一般自然资源、经济资源或者任何可具象的其他资源的关键就是资源的内生性。外生的资源具有可以界定的清晰轮廓，比如矿产资源、水资源、森林资源等，这些资源的自然生成和产业化发展均具有鲜明的轨迹，而且可以毫无障碍地被度量。也就是说，自然资源、经济资源等外生性资源的评价和分析具有清晰的指标和可以量化考察的前提，而内生性的文化资源则具有更为强烈的主观意志，从而带来评价的困难。

海岸带文化景观资源的品相要素浓缩了资源的特征和基本属性。一般我们认为海岸带文化景观资源的品相应包括文化特色、保存状态、知名度、独特性、稀缺性及分布范围。

2）海岸带文化景观资源的功能

海岸带文化景观资源的功能包括 4 个方面。

（1）海岸带文化景观资源的文化功能。这是海岸带文化景观资源最为显著的功能。文化一旦成为资源的核心和本质，就表明了这种资源的社会性和人类活动赋予了资源深厚的价值取向。这是文化景观资源区别于其他资源的本质。

（2）海岸带文化景观资源的传承功能。主要考虑文化景观资源形成的历史久远性、文化资源的稀缺性、文化资源生成年代的社会经济发展水平以及文化资源的比较优势和可替代性，还包括文化资源的复制和传承能力。

（3）海岸带文化景观资源的消费功能。文化资源传承的一个重要的内在动力，就是其具有消费性。文化具有显著的社会功能，公众的文化消费导向就具有一定的社会性。这也是海岸带文化景观资源区别于其他资源的又一个重要标志。文化消费不同于一般的物质消费，我们难以直接地把文化消费的功能同衣、食、住、行联系起来。文化消费具有物质消费不可替代的功能取向，包括信仰、人生观、价值观、社会观、习俗、家族、风尚等。

（4）海岸带文化景观资源的保护等级。联合国教科文组织等国际组织和国内相关机构，经常对相关海岸带文化景观资源的保护做出等级评价。比如人类文化遗产的评级、国家级保护文物等。这些评定的依据主要考虑景观资源生成、传承与现状，充分考虑了这些资源的未来发展，从人类文化传播的角度，理性给出了景观资源的保护等级。这种评价结论虽然是定性的，但却是有价值的。

3）海岸带文化景观资源的效用

大多数的海岸带文化景观资源虽然还算不上是海岸带文化产品或海岸带文化产业的成果，但是文化资源的效用无疑是海岸带文化景观资源得以流传和发展的重要因素。我们考虑的海岸带文化景观资源效用主要包括其社会效用、经济效用、民间风俗礼仪、公众道德、资源消费人群以及资源市场规模等方面。值得考虑的是，海岸带文化资源的效用不同于经济资源或者其他直接用于人们生活和生存方面的资源，它具有强烈的可替代性和地域差异。这是丰富多彩的沿海岸带文化景观资源差异形成的关键因素。

4）海岸带文化景观资源的发展预期

海岸带文化景观资源作为海岸带文化产业发展的核心要素，产业化的发展是其重中之重。这种发展主要是由海岸带文化景观资源属地的经济发展水平、交通运输便利程度、生活服务能力、商务服务能力等因素决定的，或者说取决于资源的发展环境。因此，对于海岸带文化景观资源而言，我们不主张在经济发展中立即把文化资源兑现，而应该从长远的角度把海岸带文化景观资源的可持续利用放在首位。

5）海岸带文化景观资源的传承能力

海岸带文化景观资源是沿海人民在长期与海洋抗争过程中形成并保存下来的灿烂辉煌、丰富多彩的物质文化遗产和非物质文化遗产。其蕴含的沿海民族特有的思维方式、心理活动、审美观念，凝聚着沿海人民深层的文化基因，展现了沿海人民充沛的文化创造能力。海岸带文化景观资源，特别是非物质文化景观资源，历经一代代沿海人民的继承和创新，形成了当今复杂多样的海岸带文化景观资源。这说明海岸带文化景观资源具有一定的传承能力。当然，现代社会经济的发展和生活方式的变化在一定程度上导致某些海岸带文化景观资源生存土壤的破坏，使某些海岸带文化景观资源面临消亡。

2. 海岸带文化景观资源评价的方法

文化景观资源评价演进大致经历了“（经验）单因子定性评价”和“（数学模型）多因子定量评价”2 个阶段。定性评价是常用的、传统的评价方法，它是在占有丰富经验和知识的基础上，由专家做出评价，评价的结果往往偏向于专家决策需求；定量评价则是用数学方法建立评价模型（王励涵，2008）。

目前，国外旅游资源评价方法主要有 3 类（王保忠等，2006）。一是定性描述法，即使用旅游资源要素（线、形、色、质）、符号美学和形式美学原则来描述分析旅游资源质量。二是物理元素知觉法，先分辨旅游资源的关键因素，再进行数理统计分析和定量化研究。三是心理学方法，它基于主观判定，以刺激—反应理论为基础，用概念化理论与实验心理学方法进行理论模型构建和心理统计分析。第 3 种方法的科学性较强，又符合人的本能需求和审美心理。国内旅游资源评价方法在借鉴国外先进经验基础上，目前常用的方法主要有定性评价法、层次分析法、模糊数学评价法、Delphi 法、综合价值评分法等。各种定量评价方法都试图使资源评价结果更加客观和准确，但在实际评价过程中，人为主观因素的影响还是难以避免。因此，如何减少人为因素对评价结果的影响是一个值得深入研究的问题（杨定海等，2004）。实际工作中，如何对上述方法进行综合应用，在指标提取、方法选择和模型建立方面做深入细致的研究，对于提高评价结果与实际的相符程度，以得到相对客观、准确的评价结果，具有显著的意义。为了提高浙江海岸带文化景观资源评价结果的精度，使得评价结果少受评价者主观偏好和审美情趣的影响，本书参考国内外学者对于文化资源和旅游资源评价经验的基础，结合本书的目的与要求，采取调查分析法、民意测验法、层次分析法和模糊综合评判法进行浙江海岸带文化景观资源评价。

调查分析法是通过评价景观资源区域内所有与风景有关的要素，来确定风景价值（冯纪中和刘滨谊，1991）。如美国国土管理局在风景旅游资源评价中，提出以地貌、植被、水体、色彩、邻近风景、奇特性、文化景观资源 7 个风景要素作为评价指标，在踏勘的基础上，对每个要素逐一分级评分，然后将总分相加，根据总分划分风景等级。调查分析法的主要优点是能进行大范围风景旅游资源的评价，且可对不同风景类型进行比较；其主要缺点是对每个要素的评分标准必须做详细规定。也就是说，这个方法只能说是半定量的分析方法，首先要素及其得分的确定是人为的；其次，每个要素指标的权重也是人为规定的。但它仍然是目前较为常用的研究方法。本书在进行浙江海岸带文化景观资源评价时，运用该方法对浙江省主要海岸带文化景观资源进行抽样调查，分析文化景观资源构成的相关要素对资源价值的贡献，用于初步确定文化景观资源评价指标。

民意测验法是一种实验心理学方法，它是以人们对风景旅游资源的欣赏程度为前提，与风景旅游资源的优劣程度相联系，通过向旅游资源欣赏的主体进行问卷调查、提问等对相关信息进行统计、分析，作为评价风景旅游资源质量的标准（俞孔坚，1986）。这种方法，旨在通过总结被调查人的心理感知，来评价风景旅游资源的质量。其最大的优点就是承认并利用了“风景旅游资源的优雅程度是主客观两者结合的产物”这一特点，把大多数人的意志作为评价的客观标准。这种方法的主要缺点有 2 个，一是提问选词要严谨，同时尽量通俗化，但又要具有公认的标准含义，用专业术语的地方尽量多加说明；二是主观性强，受到评价主体和旅游资源感受主体二者共同影响。本书在进行浙江文化景观资源评价时，将调查分析法初步确定的景观资源评价指标及其相关内容制作成问卷调查或提问，通过对相关民众的民意测验，验证各评价指标及其相关内容的正确性。

层次分析法（analytic hierarchy process，AHP）是美国运筹学家 T. L. Saaty 教授于 20 世纪 70 年代初期提出的一种分析方法。AHP 法是一种简便、灵活而又实用的多准则决策方法，可以对定性问题进行定量分析。它的特点是把复杂问题中的各种因素通过划分为相互联系的有序层次，使之条理化，根据对一定客观现实的主观判断结构（主要是两两比较）把专家意见和分析者的客观判断结果直接而有效地结合起来，将一层次元素两两比较的重要性进行定量描述。而后，利用数学方法的计算结果反映每一层次元素的相对重要性次序的权值。最后，通过所有层次之间的总排序，计算所有元素的相对权重并进行排序。该方法是一种将复杂评价系统思维过程模型化、数量化的过程（赵焕臣，1986），运用 AHP 法进行决策或评价分析，可使评价的思维过程条理化、数量化。该方法所需的定量化数据较少，但对问题本质、问题涉及因素及其内在关系的分析比较透彻、清楚。该方法自 1982 年被介绍到我国以来，以其具有定性与定量相结合处理各种决策因素的特点，以及其系统、灵活、简洁的优点，迅速地在我国社会经济各个领域内得到广泛重视和应用，如能源系统分析、城市规划、经济管理、科研评价等。由于海岸带文化景观资源的多功能性，使得评价过程中常带有显著的不确定性或模糊性，一般的评价方法主观性较强，不能对各类型景观资源的价值有全面、完整的认识和评判。而 AHP 法能对非定量事物做出定量分析，对人们的主观判断做出客观描述，因而本节在浙江海岸带文化景观资源评价中选择 AHP 法对各种定性与定量指标进行结合处理，消除主观判断和评价决策属性的不确定性。

模糊综合评判法就是应用模糊变换原理和最大隶属度原则综合考虑被评事物或其属性的相关因素，进而对某事物进行等级或类别评价（耿春仁等，1988）。该方法的基本原理是将评价对象视为由多种因素组成的模糊集合（评价指标集），通过建立评价指标集到评语集的模糊映射，分别求出各指标对各级评语的隶属度，构成评判矩阵（或称模糊矩阵），然后根据各指标在系统中的权重分配，通过模糊矩阵合成，得到评价的定量解值。模糊综合评判法一方面可以顾及对象的层次性，使评价标准、影响因素的模糊性得以体现；另一方面在评价中又可以充分发挥人的经验，使评价结果更客观，更符合实际情况。模糊综合评判法根据模糊隶属度理论将定性评价转化为定量评价，顾及了评价界限的模糊性，较好地处理了多因素、系统模糊性以及评价的主观判断问题，实现了定性与定量的有机结合。模糊综合评判法既可用于单个景观资源的综合评价，也适用于对多个景观资源的优劣排序，可便捷地将公众或专家含糊的感官信息转化成具体的设计要求。海岸带文化景观资源是一个多因素耦合的复杂系统，各景观资源构成或影响因素之间的关系错综复杂，具有极大的不确定性和随机性。本书运用模糊综合法对系统中多个相互影响的因素进行综合评价，从而达到有效评价的目的。

3. 海岸带文化景观资源综合评价模型指标体系的建立

1）评价指标体系建立的原则

（1）借鉴性原则。国内外对海岸带文化景观资源评价的专门研究不多，而在旅游资源价值评价方面却具有非常多的研究积累，并在理论基础和技术手段等方面，形成了经验评价、单因子评价与综合因子定量评价等多种类型。海岸带文化景观资源作为一种特殊的旅游资源，也可作为旅游资源开发，因此，浙江海岸带文化景观资源评价指标体系的构建借鉴了国内外学者有关景观资源评价和旅游资源价值评估方面的研究成果。

（2）科学性原则。所确定的指标体系要能充分反映浙江海岸带文化景观资源价值形成的主导因子和内在机制，不仅要符合文化景观资源系统理论的要求，而且要能够反映浙江海岸带文化景观资源的内涵和目标的实现程度。指标的选取及体系设计应简明科学，指标之间既不能互相重叠，也不能因过少、过简，导致信息遗漏。

（3）全面性原则。指标体系应该全面反映浙江海岸带文化景观资源评价内容的各方面。选择的指标要尽可能地覆盖评价的内容，如果有所遗漏，评价就会出现偏差。指标体系强调对景观资源的整体评估，各方面指标能成为一个系统化的完整体系。此外，选择的指标要具有代表性，指标的选取及体系设计应能反映不同种类景观资源具有的代表性因子。由于海岸带文化景观资源的独特性，指标体系必须包括其他旅游资源评价没有的特征指标，以免影响评价结果。

（4）主导性原则。海岸带文化景观资源评价是个复杂的系统工程，涉及自然、经济、文化、艺术、社会等不同层面的繁多指标。利用单一因子根本不可能对海岸带文化景观资源做出科学评价，但若概全既不可能，又不现实。因此，在构建指标体系时，应尽量考虑不同层面的指标，以避免评价结果的片面性；与此同时，也不能面面俱到、不分主次。指标的选取要强调典型性和代表性，选取能直接反映景观资源主要特征的主导性指标，对影响较小的因素可以予以简化或省略，同时对采用的指标也应设置不同的权重，以突出重点，指标体系的结构也应尽量简明。

（5）可行性原则。海岸带文化景观资源评价指标含义要明确，概念要清晰，要易于被理解和掌握，所确定的影响因子应易于收集、比较和分析，在指标体系评价中具有可操作性。指标的选取既不能太过繁杂，缺乏实用性，也不能一味追求简单方便而忽略海岸带文化景观资源的核心价值和因子。指标要具有可比性，要在相同的维度上体现差异，能够给以评判。

（6）指导性原则。海岸带文化景观资源的评价目的在于对其的开发与保护，因此，主体指标体系中指标的设立要有利于生产及管理部门掌握，使理论与实践得到良好的结合；要有利于海岸带文化景观资源的开发与管理者识别及利用，评价结果要能直接为景观资源的开发利用服务，具有明显的指导意义。

2）指标体系的层次结构设计

评价指标的选取和评价体系的建立，是对景观资源进行综合评价的前提和基础。指标体系是否合理，直接影响景观资源评价结果的科学性、可靠性和准确性。因此，海岸带文化景观资源评价的首要任务就是根据评价对象的性质、评价目标等，建立能够全面、准确反映评价对象的指标体系。

海岸带文化景观资源是一种特殊的文化旅游资源，它吸引人的特点有 2 个：一是位于生态环境优美的沿海地区，二是旅游资源本身富有的特殊文化内涵。基于这两点，海岸带文化景观资源评价指标的选取不仅要体现景观资源本身的价值，还要照顾景观资源周围环境，不能以牺牲环境效益为代价换取经济效益。

本书确定海岸带文化景观资源评价指标体系的方法和程序具有综合性的特点。在确定进行评价的指标体系前，也就是确定评价的主导因素前，先选择典型海岸带文化景观资源，运用调查分析法和民意测验法评价影响因素，在此基础上建立评价指标体系。建立浙江海岸带文化景观资源评价指标体系的思路是，从景观资源的构成因素分析出发，理清各种因素的相互关系，深入分析影响景观资源质量的因素，再反过来具体推导评价海岸带文化景观资源质量的指标体系。指标体系的设计，以正确反映景观资源品相、功能、效用、发展预期和传承能力等评价内容，服务于海岸带文化景观资源的保护性开发为目的。

本指标体系根据可持续发展的一般要求和景观资源系统运行的基本模式，对海岸带文化景观资源的结构及其各组成因子进行分析，实现海岸带文化景观资源保护性开发和可持续发展的综合目标，建立与景观资源系统结构及各组成因子间的相关关系。

根据指标体系建立的原则，结合海岸带文化景观资源现状及经济和社会发展水平，参考国内外景观评价和旅游资源价值评估已有成果，通过专家咨询，综合建立海岸带文化景观评价指标体系。海岸带文化景观资源评价指标体系是由目标层、准则层、因子层构成的递进层次结构。其中目标层由准则层加以反映，准则层由具体因子加以反映。因此，目标层也是准则层和因子层的概括（图 2-5）。

（1）目标层。本评价指标体系的目标层反映了海岸带文化景观资源价值的综合指标，用海岸带文化景观资源价值综合指数 A 表示。它由景观资源自身价值 B1、景观资源开发潜力 B2、景观资源开发条件 B3 和景观资源保护状况 B4 构成。海岸带文化景观资源评价需要选择描述性指标和评估性指标，使其在时间尺度上反映变化趋势，在空间尺度上反映结构特征，在数量上反映影响程度。用公式表示为

$$A=\{B1,B2,B3,B4\} \tag{2.18}$$

（2）准则层 B 和因子层 C。①景观资源自身价值 B1 是衡量景观资源保护性开发意义的最主要因素。对于海岸带文化景观资源评价而言，最主要的目的就是让这些特殊的文化景观资源为世人所知，使其在保护中得到开发。景观资源自身价值由观赏游憩价值 C1、历史文化价值 C2、艺术美学价值 C3、科学研究价值 C4、文化教育价值 C5、地域文化价值 C6 组成。用公式表示为

$$B1=\{C1,C2,C3,C4,C5,C6\} \tag{2.19}$$

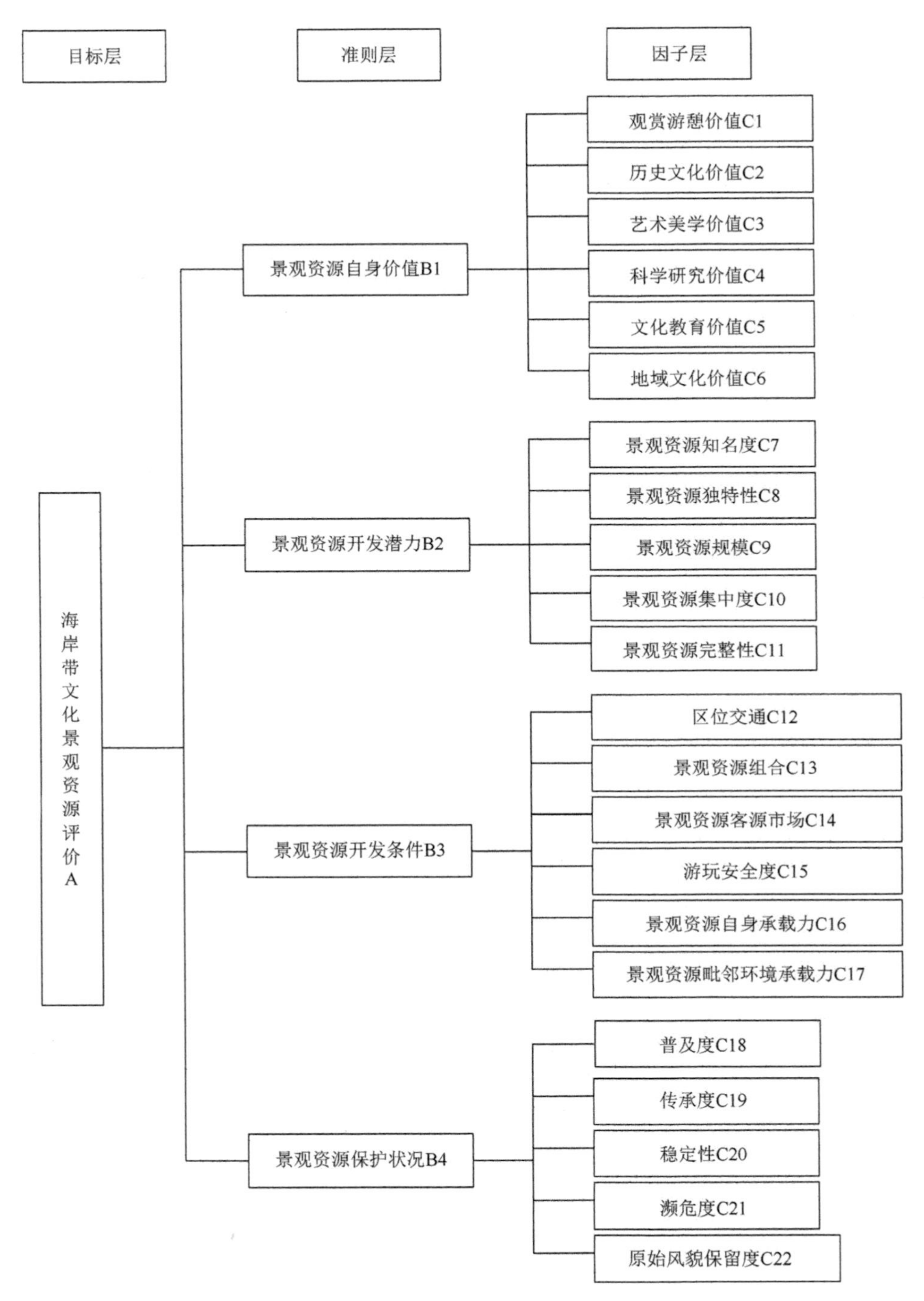

图 2-5　海岸带文化景观资源评价指标模型

②景观资源开发潜力 B2 是指景观资源本身具有却还没被外界发现的某种能力。对于海岸文化景观资源而言，其开发潜力由景观资源知名度 C7、景观资源独特性 C8、景观资源规模 C9、景观资源集中度 C10、景观资源完整性 C11 来说明。用公式表示为

$$B2 = \{C7,C8,C9,C10,C11\} \tag{2.20}$$

③景观资源开发条件 B3。景观资源的保护性开发，必须要有良好的开发条件。海岸带文化景观资源开发条件 B3 主要由区位交通 C12、景观资源组合 C13、景观资源客源市场 C14、游玩安全度 C15、景观资源自身承载力 C16 和景观资源毗邻环境承载力 C17 组成。用公式表示为

$$B3 = \{C12,C13,C14,C15,C16,C17\} \tag{2.21}$$

④景观资源保护状况 B4。景观资源在开发利用取得经济效益的同时，更应该做好保护工作。所以在对海岸带文化景观资源的评价中，需要有对景观资源保护状况的评价指标。景观资源保护状况 B4 由景观资源的普及度 C18、传承度 C19、稳定性 C20、濒危度 C21、原始风貌保留度 C22 构成。用公式表示为

$$B4 = \{C18,C19,C20,C21,C22\} \tag{2.22}$$

3）指标权重的确定

指标权重是指某被测对象各考察指标在整体中价值的高低和相对重要的程度以及所占比例大小的量化值。按统计学原理，将某事物所含各指标权重之和视为“1”（即 100%），而其中每个指标的权重则用小数表示，称为“权重系数”。在指标模型的基础上，运用 AHP 法确定目标层、准则层和因子层中各因子的权重。权重确定的大致步骤为：首先，运用 1～9 标度法构造判断矩阵，得出各指标两两相对的重要性；然后，利用和积法求取指标权重（陈颖和黄承，2007），具体实施过程如图 2-6 所示。

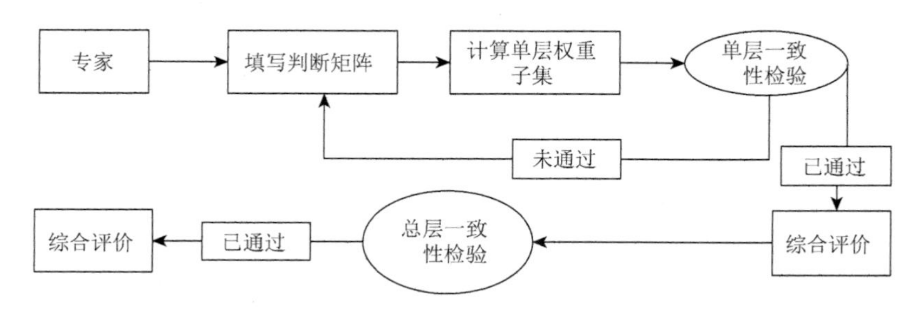

图 2-6　计算权重的实施过程

（1）指标权重计算步骤。

①构造判断矩阵。做任何系统分析都要有一定的信息，而层次分析法的信息主要是人们对每一层次各因素相对重要性的判断，这些判断通过引入合适的标度进行定量化，形成判断矩阵。判断矩阵表示上一层次的某一因素与本层次有关因素之间的相对重要性的比较。例如，在B层因素中的Bk因素与下一层次中的C1，C2，…，Cn有联系，于是就可构造出它的判断矩阵，其一般形式如表2-16所示。

表2-16 判断矩阵

Bk	C1	C2	…	Cn
C1	C11	C12	…	C1n
C2	C21	C22	…	C2n
…	…	…	…	…
Cn	Cn1	Cn2	…	Cnn

判断矩阵中各元素表示在对上层因素Bk有联系的因素中，第i因素与第j因素相比较后对Bk因素相对的重要程度。为了使判断定量化，一般都引用Saaty提出的1～9标度方法（表2-17）。

表2-17 判断级别、级别含义及标度

级别	标度	含义
相等	1	两两因素比较具有相同的重要性
较强	3	两两因素比较，一个比另一个稍微重要
强	5	两两因素比较，一个比另一个明显重要
很强	7	两两因素比较，一个比另一个强烈重要
绝对强	9	两两因素比较，一个比另一个极端重要
中间级	2，4，6，8	上面两判断的中间值
倒数	因素i与j比较为a_{ij}；因素j与i比较为$a_{ji}=1/a_{ij}$	

②排序及一致性检验。根据某层次的某些因素对上一层某因素的判断矩阵，计算判断矩阵的最大特征值及特征向量，即可计算出某层次因素相对于上一层中某一因素的相对重要性数值，这种排序计算称为层次单排序。判断矩阵的最大特征值及其对应的特征向量可用方根法求出，计算步骤如下。

计算判断矩阵$\boldsymbol{A}$每一行元素的乘积M_i：

$$M_i = \prod_{i=1}^{n} a_{ij} \quad (i = 1, 2, \cdots, n) \tag{2.23}$$

计算 M_i 的平方根 W_i：

$$W_i = \sqrt{M_i} \quad (i = 1, 2, \cdots, n) \tag{2.24}$$

对向量 $\boldsymbol{W} = (W_1, W_2, \cdots, W_n)^{\mathrm{T}}$ 标准化，即

$$W_i \approx \frac{\boldsymbol{W}}{\sum_{i=1}^{n} W_i} \tag{2.25}$$

则 $\boldsymbol{W} = (W_1, W_2, \cdots, W_n)^{\mathrm{T}}$ 即为所求的特征向量。

计算判断矩阵的最大特征根 $\lambda_{\max}$：

$$\lambda_{\max} = \sum_{i=1}^{n} \frac{(AW)_i}{nW_i} \tag{2.26}$$

其中，$(AW)_i$ 表示向量 $\boldsymbol{AW}$ 的 i 个元素。

在 AHP 法中，用判断矩阵最大特征根以外其余特征根的负平均值，作为衡量判断矩阵偏离一致性的指标，即 $\mathrm{CI} = (\lambda_{\max} - n)/(n-1)$。式（2.26）中 $\lambda_{\max}$ 为所对应判断矩阵的最大特征根，n 为参与两两对比的因素个数。

由于随机因素的影响，引进平均随机一致性指标 RI。对于 $n = 1 \sim 9$ 阶的判断矩阵的 RI 值，其数值如表 2-18 所示。

表 2-18　$n = 1 \sim 9$ 阶判断矩阵的 RI 值

阶数 n	1	2	3	4	5	6	7	8	9
RI	0	0	0.58	0.90	1.12	1.24	1.32	1.41	1.45

判断矩阵的一致性指标 CI 与同阶平均随机一致性指标 RI 之间的比值为随机一致性比率，记作 CR。CR = CI/RI。一般地，当 CR＜0.1 时，认为判断矩阵具有满意的一致性，否则必须重新进行各因素的相对重要性对比，产生新的判断矩阵，直至达到满意的一致性为止。表 2-18 中，对于 1、2 阶判断矩阵，RI 只是形式上的，因为 1、2 阶判断矩阵总具有完全一致性。

③层次总排序。计算同一层次所有的因素对于最高层（总目标）以相对重要性的排序权重值，称为层次总排序。这一过程是由最高层次到最低层次进行的，若上一层次 A 包含 n 个因素 A1，A2，…，An，其层次总排序权值分别为 a_1，a_2，…，a_n；下一层次 B 包含 m 个因素 B1，B2，…，Bm，它们对于因素 Aj 的层次单排序权值分别为 b_{1j}，b_{2j}，…，b_{mj}（当 Bk 与 Aj 无联系时，$b_{kj} = 0$），此时 B 层次总排序权值如表 2-19 所示。

表 2-19　层次总排序的一般形式

层次 B ＼ 层次 A	A1	A2	…	An	B 层次总排序权值
	a_1	a_2	…	a_n	
B1	b_{11}	b_{12}	…	b_{1n}	$\sum_{j=1}^{n} a_j b_{1j}$
B2	b_{21}	b_{22}	…	b_{2n}	$\sum_{j=1}^{n} a_j b_{2j}$
…	…	…	…	…	…
Bm	b_{m1}	b_{m2}	…	b_{mn}	$\sum_{j=1}^{n} a_j b_{mj}$

这一步骤也是由高到低逐层进行的。如果 B 层某些因素对于 Aj 单排序的一致性指标 CI_j 相时应的平均随机一致性指标为 RI_j，则 B 层次总排序随机一致性比率为

$$\mathrm{CR}=\frac{\sum_{j=1}^{n} a_j \mathrm{CI}_j}{\sum_{j=1}^{n} a_j \mathrm{RI}_j} \tag{2.27}$$

其中，当 CR＜0.10 时，层次总排序结果有满意的一致性，否则需要重新调整判断矩阵的元素取值。

（2）指标权重计算结果。

通过以上步骤，计算得出海岸带文化景观资源的评价指标权重值（表 2-20）。在准则层中，景观资源自身价值的权重较大，占 40%，在诸多评价因素中占据主导地位，它集中体现了海岸带文化景观资源的品相、景观资源效用、景观资源功能等内容。而其他 3 个准则层因子权重值均占 20%，其中，海岸带文化景观资源的开发潜力主要体现了景观资源的发展预期，海岸带文化景观资源的开发条件主要体现了景观资源的经济开发功能，而海岸带景观资源的保护状况则充分体现了景观资源的传承能力。

值得注意的是，景观资源评价权重的确定结果与以往文化景观资源和旅游资源的评价过程存在一定不同，主要体现在两个方面。首先，景观资源保护状况的权重增大，可见随着社会经济发展，海岸带文化景观资源的保护工作成为海岸带文化景观资源研究中的重要内容；其次，权重分布也体现了本书对海岸带文化景观资源脆弱性的关注和对保护重要性的强调。

相比之下，景观资源开发条件是一个可变性较强的条件，良好的开发条件可以使海岸带文化景观资源的开发利用获得较大的效益。但随着沿海科技的发展和

表 2-20　海岸带文化景观资源评价指标权重值

目标层	权重/%	准则层	权重/%	因子层	权重/%
海岸带文化景观综合评价指数	100	景观资源自身价值	40	观赏游憩价值	5.5
				历史文化价值	8.5
				艺术美学价值	7.5
				科学研究价值	5.5
				文化教育价值	5.5
				地域文化价值	7.5
		景观资源开发潜力	20	景观资源知名度	4
				景观资源独特性	4.5
				景观资源规模	4
				景观资源集中度	3.5
				景观资源完整性	4
		景观资源开发条件	20	区位交通	4.5
				景观资源组合	3
				景观资源客源市场	3.5
				游玩安全度	3.5
				景观资源自身承载力	3
				景观资源毗邻环境承载力	2.5
		景观资源保护状况	20	普及度	3
				传承度	3
				稳定性	5
				濒危度	5
				原始风貌保留度	4

交通网络的改善，景观资源开发条件的可控性日益增强，相比其他评价指标，景观资源开发条件对景观资源开发与保护利用的作用也呈现减小的趋势，因此权重值也相对较小。

（3）海岸带文化景观资源模糊综合评价。

①模糊综合评价步骤。

a. 模糊评价模型的建立。根据各级影响因素的判断矩阵，建立模型。设海岸带文化景观资源影响因素集为 $\boldsymbol{W}$，将影响因素按属性的类型划分为 4 个子集，即 $W1$，$W2$，$W3$，$W4$：

$$W1 = (W11, W12, W13, W14, W15, W16)$$

$$W2 = (W21, W22, W23, W24, W25)$$

$$W3 = (W31, W32, W33, W34, W35, W36)$$

$$W4 = (W41, W42, W43, W44, W45)$$

其中，Wi 表示第 i 个方面影响因素子集；Wij 表示第 i 个子集第 j 个影响因素。

评价集合 $\boldsymbol{V}$={优秀（10～8 分），良好（8～6 分），中等（6～4），差（4～2 分），极差（2～0 分）}，共 5 个评价计分等级。

b. 评价矩阵的确定。由于文化景观资源具有不可度量的特征，要完成海岸带文化景观资源的模糊综合评价，首先要对海岸带文化景观资源的每一评价因子进行模糊评分，给出每个因素相对于不同评判等级的隶属度，分值按照因素权重确定，评分标准如表 2-21 所示，给出评判矩阵；然后建立从指标集到评语集 $\boldsymbol{D}$ 的模糊映射，确立第 k 层的评判矩阵 $\boldsymbol{R}_k = [r_{ij}(k)]_{m \times n}$。

表 2-21　海岸带文化景观资源评价模糊评分标准

评价指标	记分等级				
	10～8 分	8～6 分	6～4 分	4～2 分	2～0 分
观赏游憩价值	非常高	很高	较高	一般	较低
历史文化价值	非常高	很高	较高	一般	较低
艺术美学价值	非常高	很高	较高	一般	较低
科学研究价值	非常高	很高	较高	一般	较低
文化教育价值	非常高	很高	较高	一般	较低
地域文化价值	非常高	很高	较高	一般	较低
景观资源知名度	世界知名	全国知名	省内知名	地区知名	市县知名
景观资源独特性	非常独特	很独特	较独特	一般	较差
景观资源规模	非常大	很大	较大	一般	较小
景观资源集中度	非常集中	很集中	较集中	一般	较差
景观资源完整性	非常完整	很完整	较完整	一般	不完整
区位交通	很好	好	较好	较差	很差
景观资源组合	极好	很好	好	一般	较差
景观资源客源市场	非常大	很大	较大	一般	很小
游玩安全度	非常安全	很安全	较安全	一般	危险

续表

评价指标	记分等级				
	10～8 分	8～6 分	6～4 分	4～2 分	2～0 分
景观资源自身承载力	非常大	很大	较大	一般	较小
景观资源毗邻环境承载力	非常大	很大	较大	一般	较小
普及度	很好	好	一般	较差	非常差
传承度	很好	好	一般	较差	非常差
稳定性	极稳定	较稳定	稳定	一般	不稳定
濒危度	很低	较低	一般	较高	很高
原始风貌保留度	很高	较高	一般	较低	很低

c. 模糊综合得分的计算。模糊得分与其权重相乘即为综合得分，数学模型如下式：

$$A_{ij} = S_{ij} \cdot W_{ij}$$
$$A_j = \sum_{i=1}^{n} A_{ij} \tag{2.30}$$

其中，A 表示海岸带文化景观资源评价综合得分；S 表示某个评价因素的模糊得分值；W 表示某个评价因子的权重值；i 表示第 i 项评价因素；j 表示第 j 个海岸带文化景观资源。

②评价实例分析

本章以浙江省宁波市镇海口海防遗址为例，详细说明用模糊层次分析法计算海岸带文化景观资源最后得分的过程。得分结果以 10 分制记分，分为 5 个标准，得分在“10～8 分”为优秀，得分在“8～6 分”为良好，得分在“6～4 分”为中等，得分在“4～2 分”为差，得分在“2～0 分”为极差（表 2-22）。

表 2-22　海岸带文化景观资源价值等级划分

得分	10～8 分	8～6 分	6～4 分	4～2 分	2～0 分
等级	优秀	良好	中等	差	极差

按照前文所介绍的算法，计算得出镇海口海防遗址得分 8.20，属于优秀的海岸带文化景观资源（表 2-23）。按照同样的算法，可对海岸带文化景观资源或景观资源群进行模糊评分，依照评分标准，得出需要评估的景观资源的综合得分。

表 2-23　镇海口海防遗址得分表

景观资源类型	代号	权重/%	代号	权重/%	模糊得分	综合得分	小计	总分
镇海口海防遗址	B1	40	C1 C2 C3 C4 C5 C6	5.5 8.5 7.5 5.5 5.5 7.5	8 10 9 9 9 9	0.44 0.85 0.675 0.495 0.495 0.675	3.63	8.20
	B2	20	C7 C8 C9 C10 C11	4 4.5 4 3.5 4	6 8 8 8 7	0.24 0.36 0.32 0.28 0.28	1.48	
	B3	20	C12 C13 C14 C15 C16 C17	4.5 3 3.5 3.5 3 2.5	7 8 9 8 8 8	0.315 0.24 0.315 0.28 0.24 0.2	1.59	
	B4	20	C18 C19 C20 C21 C22	3 3 5 5 4	6 8 8 8 7	0.18 0.24 0.40 0.40 0.28	1.50	

4. 海岸带文化景观资源评价结果分析

1）评价数据的获取

在浙江所有的地级以上城市中，沿海城市包括杭州、嘉兴、宁波、舟山、台州、温州 6 个，因此，海岸带文化景观资源也主要集中在这 6 个地区。为了尽可能地对浙江全省的海岸带文化景观资源做出全面、系统的评价，我们对浙江海岸带文化景观资源做了大量的资料收集和现场调查工作，评价的景观资源单体主要来源于浙江省旅游资源普查报告、浙江省各级非物质文化遗产名录项目和现场调查所获取的海岸带文化景观资源（表 2-24）。

表 2-24　评价景观资源来源情况

景观资源来源	景观资源普查		非物质文化遗产名录	现场调查、专家推荐	合计
	五级单体	四级单体			
数量/个	45	73	51	38	207

由于旅游资源普查对包括部分海岸带文化景观资源在内的浙江省旅游资源有一个较为细致的摸底，因此，我们通过浙江省旅游资源普查所获取的旅游资源单体分析，选取其中的海岸带文化景观资源作为此次评价的主要对象。需要说明的

是，由于浙江涉及海岸带文化景观的数量非常大，我们仅对其中属于四级和五级单体的浙江海岸带文化景观资源进行评价和讨论。

旅游资源普查的单体虽然包含了大部分浙江海岸带物质文化景观资源内容，但对于海岸带非物质文化景观资源的内容涉及并不多，类似舟山锣鼓、妈祖信俗等在内的很多有名的海岸带文化景观资源都未在旅游资源单体体系范围内。因此，我们收集了各批国家级、省级、市级和沿海各县（市、区）级非物质文化遗产名录，遴选其中的海岸带文化景观资源作为补充。

在旅游资源普查单体表和非物质文化遗产名录的资源收集和选取的基础上，我们还把调查过程中发现的优质海岸带文化景观资源，如宁波国际港口文化节、台州海岸带世界、杭州湾跨海大桥等近几年兴盛的海岸带文化景观资源纳入评价对象中。

2）总体评价结果

通过浙江海岸带文化景观资源评价指标体系及评价模型，对所选取的 207 个海岸带文化景观资源进行评价，结果如表 2-25 所示。

表 2-25　浙江海岸带文化景观资源评价得分总表

文化景观资源类型	景观资源名称	准则层得分				总得分
		景观资源自身价值	景观资源开发潜力	景观资源开发条件	景观资源保护状况	
海岸带文物遗迹景观资源	鸦片战争主战场遗址	3.47	1.65	1.68	1.58	8.38
	镇海口海防遗址	3.63	1.48	1.59	1.48	8.18
	它山堰	3.47	1.55	1.63	1.51	8.16
	临海火山遗迹群	3.42	1.59	1.58	1.52	8.11
	“海上丝绸之路”起航地	3.43	1.7	1.51	1.42	8.06
	浙东海塘	3.21	1.69	1.62	1.5	8.02
	台州府古城墙	3.12	1.62	1.7	1.53	7.97
	浙西海塘	3.23	1.63	1.63	1.47	7.96
	永昌堡	3.42	1.57	1.47	1.47	7.93
	天妃宫古炮台	2.78	1.39	1.31	1.5	6.98
	后海塘	3.01	1.25	1.26	1.41	6.93
	蒲壮所城	2.96	1.36	1.06	1.43	6.81
	威远城	2.68	1.32	1.35	1.42	6.77
	安远炮台	2.56	1.39	1.21	1.49	6.65
	杭嘉湖盐官排涝枢纽	2.66	1.36	1.21	1.42	6.65
	南湾古炮台	2.84	1.29	0.22	1.43	5.78

续表

文化景观资源类型	景观资源名称	准则层得分				总得分
		景观资源自身价值	景观资源开发潜力	景观资源开发条件	景观资源保护状况	
海岸带聚落文化景观资源	河姆渡遗址	3.82	1.58	1.63	1.66	8.69
	良渚文化层	3.69	1.59	1.5	1.61	8.39
	马岙古文化遗址	3.59	1.66	1.55	1.42	8.22
	上林湖越窑遗址群	3.3	1.65	1.61	1.55	8.11
	马家浜文化遗址	3.21	1.73	1.7	1.47	8.11
	定海古城街	3.72	1.56	1.62	1.17	8.07
	石塘渔村	3.06	1.64	1.67	1.52	7.89
	跨湖桥遗址	3.11	1.71	1.52	1.52	7.86
	东沙古镇	3.06	1.67	1.69	1.39	7.81
	盐官古镇	3.07	1.59	1.6	1.4	7.66
	桃渚军事古城	3.22	1.65	1.29	1.47	7.63
	鱼鳞石塘	3.1	1.62	1.38	1.33	7.43
	章安古镇	3.01	1.09	1.18	1.49	6.77
海岸带历史场所景观资源	海洋文化系列博物馆	3.31	1.72	1.48	1.66	8.17
	普济禅寺	3.13	1.72	1.65	1.62	8.12
	法雨寺	3.32	1.67	1.56	1.56	8.11
	观音道场	3.17	1.59	1.62	1.69	8.07
	宁波老外滩	3.53	1.39	1.4	1.62	7.94
	南海观音铜像	3.12	1.51	1.53	1.56	7.72
	东沙妈祖宫	3.06	1.59	1.55	1.51	7.71
	庆安会馆	3.26	1.42	1.36	1.47	7.51
	杨府殿	2.66	1.61	1.88	1.36	7.51
	徐福纪念馆	3.22	1.36	1.44	1.47	7.49
	良渚文化博物馆	3.01	1.29	1.51	1.52	7.33
	阿育王寺	3.2	1.26	1.3	1.41	7.17
	杭州海关旧址	2.79	1.49	1.4	1.48	7.16
	镇潮庙	3.03	1.33	1.21	1.41	6.98
	不肯去观音院	2.69	1.06	0.9	1.52	6.17
	海神庙	2.57	1.07	0.96	1.17	5.77

续表

文化景观资源类型	景观资源名称	准则层得分				总得分
		景观资源自身价值	景观资源开发潜力	景观资源开发条件	景观资源保护状况	
现代海岸带文化景观资源	舟山名海鲜	3.22	1.69	1.72	1.69	8.32
	宁波三江口景观资源带	3.47	1.52	1.58	1.56	8.13
	朱家尖十里金沙	3.11	1.56	1.68	1.67	8.02
	渔寮沙滩	3.37	1.51	1.52	1.61	8.01
	宁波象山海鲜	3.26	1.54	1.58	1.42	7.8
	千年曙光碑	3.01	1.69	1.7	1.36	7.76
	温州小海鲜	2.71	1.72	1.74	1.59	7.76
	松兰山沙滩群	2.79	1.54	1.73	1.59	7.65
	舟山渔家乐	2.97	1.52	1.52	1.42	7.43
	台州海洋世界	2.47	1.69	1.64	1.62	7.42
	沈家门夜排档	3.07	1.33	1.32	1.4	7.12
	三门青蟹	3.02	1.32	1.26	1.52	7.12
	舟山国际水产城	2.96	1.36	1.31	1.41	7.04
	岱山国际旅游文化度假村	2.66	1.23	1.18	1.47	6.54
	檀头姊妹滩	2.56	1.16	1.21	1.55	6.48
	长涂海上乐园世界	2.61	1.15	1.15	1.52	6.43
	南麂大沙岙沙滩	2.69	1.06	1.14	1.52	6.41
	五峙山列岛鸟类栖息地	2.41	1.06	1.21	1.55	6.23
	炎亭沙滩	2.55	0.95	0.86	1.31	5.67
海岸带关联性文化景观资源	普陀山	3.48	1.79	1.67	1.71	8.65
	朱家尖岛	3.17	1.71	1.74	1.51	8.13
	花岙海上石林	3.42	1.65	1.5	1.55	8.12
	桃花岛	3.62	1.62	1.3	1.52	8.06
	鹿栏晴沙	3.26	1.73	1.68	1.39	8.06
	南麂列岛	3.29	1.64	1.6	1.49	8.02
	嵊泗列岛	3.12	1.7	1.75	1.42	7.99
	贝藻王国	3.15	1.59	1.77	1.41	7.92
	大鹿岛	3.12	1.69	1.7	1.39	7.9
	东极列岛	3.21	1.69	1.55	1.41	7.86

续表

文化景观资源类型	景观资源名称	准则层得分				总得分
		景观资源自身价值	景观资源开发潜力	景观资源开发条件	景观资源保护状况	
海岸带关联性文化景观资源	海山增辉	3.18	1.52	1.64	1.43	7.77
	江山岛	3.23	1.62	1.52	1.34	7.71
	普陀山象形石	2.98	1.55	1.59	1.51	7.63
	渔山列岛	3.12	1.32	1.85	1.33	7.62
	大陈岛	3.31	1.57	1.4	1.26	7.54
	普陀山千步金沙	2.86	1.62	1.64	1.42	7.54
	东海蓬莱	3.02	1.32	1.45	1.42	7.21
	观音山	3.02	1.51	1.4	1.28	7.21
	基湖海滨	2.69	1.52	1.66	1.27	7.14
	灵昆岛	2.74	1.6	1.39	1.39	7.12
	洞头列岛	3.21	1.21	1.19	1.37	6.98
	大门岛	3.05	1.32	1.13	1.36	6.86
	铜盘岛	2.68	1.29	1.45	1.36	6.78
	小洋山岩群	2.77	1.32	1.39	1.3	6.78
	乐清湾	3.02	1.22	1.11	1.31	6.66
	猴子拜观音	2.65	1.08	1.37	1.46	6.56
	秀山岛	2.98	1.65	0.5	1.32	6.45
	东崖绝壁海滨	2.49	1.36	1.18	1.33	6.36
	蛇蟠岛	3.06	1.08	0.75	1.32	6.21
	梵音洞	2.68	1.06	1.16	1.31	6.21
	西湾梵音洞	2.65	0.82	1.19	1.32	5.98
	枸杞岛	2.87	0.67	0.89	1.35	5.78
	下马鞍（鸟岛）	2.48	0.98	0.99	1.29	5.74
	白塔山群岛	2.29	1.07	0.9	1.43	5.69
	普陀山摩崖石刻	2.49	0.69	1.03	1.44	5.65
海岸带设景观游资源	杭州湾跨海大桥	3.8	1.49	1.4	1.8	8.49
	花鸟灯塔	3.28	1.71	1.73	1.66	8.38
	北仑港	3.32	1.6	1.56	1.77	8.25
	舟山渔场	3.77	1.62	1.61	1.21	8.21
	舟山大陆连岛工程	3.52	1.61	1.39	1.69	8.21

续表

文化景观资源类型	景观资源名称	准则层得分				总得分
		景观资源自身价值	景观资源开发潜力	景观资源开发条件	景观资源保护状况	
海岸带设景观游资源	沈家门十里渔港	3.14	1.74	1.65	1.59	8.12
	万亩盐田	3.27	1.72	1.43	1.57	7.99
	舟山港口	3.29	1.62	1.72	1.23	7.86
	乍浦港	3.22	1.73	1.56	1.21	7.72
	钱塘江大桥	3.41	1.2	1.47	1.6	7.68
	枸杞“海上牧场”	3.16	1.41	1.47	1.52	7.56
	庵东盐场	3.27	1.32	1.38	1.56	7.53
	嵊泗中心渔港	3.14	1.53	1.38	1.47	7.52
	白节山灯塔	2.79	1.32	1.19	1.57	6.87
	石浦渔港	3.1	0.9	1.07	1.39	6.46
	长涂军港	3.01	1.21	0.78	1.32	6.32
	马迹山矿砂中转港	3.07	0.66	0.84	1.32	5.89
海岸带人事记录景观资源	徐福东渡	3.55	1.59	1.55	1.52	8.21
	鸦片战争定海保卫战	3.47	1.65	1.64	1.41	8.17
	鉴真东渡	3.41	1.61	1.44	1.52	7.98
	戚继光	3.09	1.56	1.65	1.56	7.86
	宁波商帮	3.01	1.52	1.62	1.57	7.72
	葛云飞	3.23	1.21	1.38	1.52	7.34
	陈府爷	2.59	1.41	1.69	1.43	7.12
	杨府爷	2.77	1.35	1.54	1.36	7.02
海岸带带民俗文化景观资源	石浦一富岗如意信俗	3.52	1.76	1.59	1.47	8.34
	钱江观潮	3.42	1.71	1.54	1.65	8.32
	观音香会	3.33	1.65	1.58	1.55	8.11
	普陀山佛茶茶道	3.12	1.76	1.59	1.62	8.09
	乐清龙档	3.47	1.69	1.61	1.32	8.09
	开洋谢洋节	3.33	1.77	1.54	1.39	8.03
	妈祖信俗	3.4	1.76	1.6	1.27	8.03
	送大暑船	3.4	1.78	1.58	1.26	8.02
	东海龙王信俗	3.14	1.73	1.72	1.39	7.98

续表

文化景观资源类型	景观资源名称	准则层得分				总得分
		景观资源自身价值	景观资源开发潜力	景观资源开发条件	景观资源保护状况	
海岸带民俗文化景观资源	海游六兽	3.41	1.73	1.43	1.32	7.89
	东岙普度节	3.14	1.65	1.75	1.31	7.85
	祭海	3.05	1.68	1.72	1.4	7.85
	舟山海钓	2.98	1.56	1.75	1.53	7.82
	潮魂	3.42	1.56	1.48	1.23	7.69
	赛龙鳌灯会	3.1	1.7	1.62	1.26	7.68
	船饰习俗	3.15	1.67	1.57	1.26	7.65
	象山“三月三”	3.02	1.7	1.51	1.42	7.65
	洞头渔灯	3.08	1.71	1.53	1.33	7.65
	海洋捕捞习俗	3.21	1.52	1.4	1.32	7.45
	渔民服饰	3.16	1.59	1.43	1.26	7.44
	坎门灯塔鱼灯	3.1	1.65	1.32	1.36	7.43
	石浦妈祖祭典	3.12	1.6	1.22	1.38	7.32
	石桥王氏大花灯	2.59	1.59	1.4	1.34	6.92
海岸带艺术文化景观资源	舟山锣鼓	3.79	1.83	1.51	1.46	8.59
	海盐滚灯	3.62	1.76	1.62	1.47	8.47
	翁洲走书	3.69	1.86	1.55	1.19	8.29
	乐清细纹刻纸	3.65	1.56	1.63	1.42	8.26
	渔民号子	3.68	1.82	1.6	1.16	8.26
	传统木船制造技艺	3.39	1.69	1.62	1.51	8.21
	海洋号子	3.57	1.79	1.51	1.32	8.19
	舟山渔歌	3.52	1.73	1.68	1.18	8.11
	宁波走书	3.55	1.73	1.63	1.18	8.09
	跳蚤舞	3.42	1.67	1.55	1.43	8.07
	澥浦船鼓	3.39	1.73	1.7	1.21	8.03
	宁海狮舞	3.41	1.65	1.64	1.32	8.02
	普陀船模	3.42	1.69	1.46	1.43	8
	象山晒盐技艺	3.42	1.65	1.57	1.36	8
	贝雕	3.22	1.65	1.59	1.54	8
	传统海洋鱼类加工技艺	3.36	1.36	1.67	1.58	7.97
	临城剪纸	3.29	1.69	1.51	1.48	7.97

续表

文化景观资源类型	景观资源名称	准则层得分				总得分
		景观资源自身价值	景观资源开发潜力	景观资源开发条件	景观资源保护状况	
海岸带带艺术文化景观资源	舟山船拳	3.29	1.62	1.69	1.36	7.96
	渔鼓	3.41	1.69	1.6	1.23	7.93
	单档布袋戏	3.13	1.68	1.7	1.48	7.99
	造趺	3.17	1.76	1.67	1.27	7.87
	大奏鼓	3.18	1.69	1.65	1.34	7.86
	舟山渔民画	3.25	1.73	1.59	1.29	7.86
	温州参龙	3.04	1.59	1.76	1.34	7.73
	坎门鳌龙鱼灯舞	3.01	1.76	1.62	1.32	7.71
	贝壳舞	2.89	1.69	1.71	1.28	7.57
	鱼灯舞	3.1	1.58	1.56	1.32	7.56
	苍南吹打	2.98	1.62	1.54	1.23	7.37
	洞头龙头龙尾	2.92	1.65	1.26	1.38	7.21
	渔网编结工艺技术	2.99	1.42	1.39	1.34	7.14
	石浦鱼灯	2.79	1.59	1.46	1.28	7.12
	渔民传统竞技	2.71	1.56	1.32	1.42	7.01
	平阳吹打	2.87	1.58	1.16	1.28	6.89
	玉环渔民号子	2.97	1.32	1.06	1.19	6.54
	传统儿童游戏	2.66	1.13	1.03	1.31	6.13
海岸带节庆活动景观资源	象山开渔节	3.49	1.5	1.55	1.65	8.19
	中国国际钱塘江（海宁）观潮节	3.23	1.68	1.7	1.52	8.13
	国际沙雕节	3.23	1.65	1.45	1.56	7.89
	中国海洋文化节	3.01	1.73	1.78	1.37	7.89
	普陀山观音文化节	3.02	1.58	1.56	1.48	7.64
	海上丝绸之路文化节	2.77	1.71	1.65	1.36	7.49
	外滩文化艺术节	2.98	1.56	1.42	1.38	7.34
	渔民画艺术节	2.98	1.42	1.33	1.48	7.21
	中国舟山海鲜美食节	3	1.12	1.41	1.57	7.1
	象山国际海钓节	2.62	1.53	1.41	1.42	6.98
	宁波国际港口文化节	2.83	1.23	1.33	1.47	6.86

续表

文化景观资源类型	景观资源名称	准则层得分				总得分
		景观资源自身价值	景观资源开发潜力	景观资源开发条件	景观资源保护状况	
海岸带节庆活动景观资源	贻贝文化节	2.49	1.56	1.28	1.45	6.78
	中国青蟹节	2.69	1.36	1.39	1.34	6.78
	徐霞客开游节	2.64	0.98	0.86	1.39	5.87
	国际民间民俗大会	2.12	1.03	1	1.34	5.49
海岸带语言文化景观资源	观音传说	3.42	1.67	1.65	1.59	8.33
	戚继光抗倭传说	3.23	1.71	1.67	1.42	8.03
	龙的传说	3.01	1.69	1.6	1.49	7.79
	舟山渔业谚语	3	1.71	1.69	1.25	7.65
	钱塘江传说	2.31	1.52	1.61	1.43	6.87
	海洋鱼类故事	2.56	1.12	1.32	1.31	6.31
	路桥气象谚语	2.84	1.01	0.84	1.21	5.9
	鱼类起源故事	2.67	0.72	0.75	1.29	5.43

从评价得分总体情况来看，参与评价的浙江海岸带文化景观资源型单体的总体质量较高，各单体平均得分达到了 7.41，景观资源型单体全部位于优秀、良好和中等 3 个区间(表 2-26)。其中良好等级为 131 个，占 63.90%，优秀等级占 29.76%，而中等较少，仅为 6.34%。

表 2-26　景观资源单体评价结果分布等级情况表

等级	优秀	良好	中等
景观资源数量	61	131	13
占总量比/%	29.76	63.90	6.34

在所有海岸带文化景观资源型单体得分中，河姆渡遗址的总得分最高(8.69)。可见，河姆渡遗址作为浙江海岸带文化的发祥地，是浙江海岸带文明的历史名片，河姆渡文化时期的人工栽培稻技术、干栏式建筑等文化景观资源均是闻名中外的考古发现，具有极其重要的文化价值。另外，近年来，当地政府对河姆渡遗址采取了很多有效的保护与利用措施，成为国内开发新石器时代文化遗址的优秀案例。

在河姆渡遗址之后，排名较高的海岸带文化景观资源类型依次为：普陀山(8.65)、舟山锣鼓（8.59)、杭州湾跨海大桥（8.49)、海盐滚灯（8.47)。普陀山是我国四大佛教名山之一，其内涵不仅涵盖了优美的自然风光、浓重的佛教文化气息，历史上诸多文人墨客还留下了笔迹，衍生出大量典故传说、人事记录、传统民俗等海岸带文化景观资源内容，是独具特色的海岸带关联性文化景观资源。舟山锣鼓与海盐滚灯是浙江海岸带非物质文化景观资源的代表，舟山锣鼓是舟山渔民在长期生产方式、生活习俗下孕育的独特民间艺术，而海盐滚灯则体现了海盐先民在与海患长期抗争的过程中所形成的特有的尚武精神。另外，近年来，地方政府对这两个非物质文化景观资源在传承与保护方面做了很多工作，知名度不断上升，分别被列入我国第一批非物质文化遗产名录和第一批文化遗产扩展名录。杭州湾跨海大桥作为近年来新生的海岸带文化景观资源，能够获得高分的原因不外乎两点：其一它是举世瞩目的建筑成就，作为跨海大桥，该工程规模、难度之大，堪称世界桥梁史上的一项奇迹。其二它的开通所带来的社会经济效益，作为连通杭州湾两岸的快速交通通道，其意义在于推动整个长江三角洲地区的合作与交流，提高浙江沿海对外开放水平，增强浙江沿海综合实力和国际竞争力。

具体到各准则层的得分情况（表 2-27），景观资源自身价值的评价得分最高，占该层总分的 77.48%，可见，评价专家对于此次参评景观资源的自身价值给予了很高的评价，这也反映了浙江海岸带文化景观资源的整体品质较高，这与浙江海岸带文化历史悠久、沉淀深厚的发展特点分不开。

景观资源开发潜力的评价得分也较高，达到该层总分的 75.30%，可见评价专家对浙江海岸带文化景观资源的开发前景比较看好。近年来，随着各级政府对于浙江海岸带文化景观资源的重视程度不断加深，海岸带文化产业发展不断升温。另外，海岸带经济的发展、沿海交通网络体系的不断完善、沿海民众对于海岸带文化景观资源的保护意识加强等也是浙江海岸带文化景观资源开发条件得到改善的重要原因。

相比之下，保护状况准则层的得分就相对较低，这与海岸带文化景观资源所处的发展背景是密切相关的。近年来，虽然各地都投入很多资金，采取了很多措施对海岸带文化景观资源进行了保护和监测，但随着社会经济的发展，海岸带文化景观资源的保护不得不面临物质和文化的现代化更新的挑战。因此，它们的传承与保护工作必须引起更大重视。

表 2-27　准则层平均得分情况表

准则层	景观资源自身价值	开发潜力	开发条件	保护状况	总分
评价得分	3.10	1.51	1.45	1.42	7.48
比例/%	77.48	75.30	72.69	71.00	74.80

3）分类评价结果

将浙江海岸带文化景观资源评价结果按文化景观资源类型、评价得分、等级分布进行组合（表 2-28），可以看出，在各种类型的海岸带文化景观资源类型总得分中，最高的是海岸带聚落文化景观资源（7.90），其次分别为海岸带民俗文化景观资源（7.80）、海岸带人事记录景观资源（7.68）；总得分最低的 3 个景观资源类型分别为海岸带节庆活动景观资源（7.18）、海岸带关联性文化景观资源（7.14）和海岸带语言文化景观资源（7.04）。

表 2-28　各文化景观资源类型评价得分、等级分布情况

文化景观资源类型		评价得分					等级分布		
		景观资源自身价值	景观资源开发潜力	景观资源开发条件	景观资源保护状况	总得分	优秀比例/%	良好比例/%	中等比例/%
海岸带物质文化景观资源	海岸带文物遗迹景观资源	3.12	1.50	1.38	1.46	7.46	56.25	37.50	6.25
	海岸带聚落文化景观资源	3.30	1.60	1.53	1.46	7.90	46.15	53.85	0.00
	海岸带历史场所景观资源	3.07	1.44	1.42	1.50	7.43	25.00	68.75	6.25
	现代海岸带文化景观资源	2.89	1.40	1.42	1.51	7.23	21.05	73.68	5.26
	海岸带关联性文化景观资源	2.98	1.39	1.37	1.39	7.14	17.65	70.59	11.76
	海岸带设施景观资源	3.27	1.43	1.39	1.48	7.57	35.29	58.82	5.88
	平均	3.08	1.44	1.41	1.46	7.39	30.43	62.61	6.96
海岸带非物质文化景观资源	海岸带人事记录景观资源	3.14	1.49	1.56	1.49	7.68	25.00	75.00	0.00
	海岸带民俗文化景观资源	3.20	1.67	1.54	1.38	7.80	34.78	65.22	0.00
	海岸带艺术文化景观资源	3.23	1.64	1.54	1.33	7.75	40.54	59.46	0.00
	海岸带节庆活动景观资源	2.87	1.45	1.41	1.45	7.18	13.33	73.33	13.33
	海岸带语言文化景观资源	2.91	1.39	1.39	1.35	7.04	25.00	50.00	25.00
	平均	3.07	1.53	1.49	1.40	7.49	23.73	64.60	7.67

从等级分布情况来看，海岸带文物遗迹景观资源的优秀比例最高，达到 56.25%，海岸带节庆活动景观资源的优秀比例最低，仅为 13.33%。节庆活动作为

正在蓬勃发展的海岸带文化景观资源，虽然发展较快，但也存在着文化内涵挖掘不足、各节庆活动内容雷同、活动形式相对单一等缺陷，需要在以后的发展过程中得到进一步完善。

就物质和非物质文化景观资源而言，它们的等级分布情况相差无几，但在评价得分方面则差异较大。海岸带非物质文化景观资源类的平均总得分（7.49）高于物质文化景观资源类（7.39）。其中海岸带非物质文化景观资源类在景观资源自身价值、景观资源开发潜力和景观资源开发条件 3 项准则层得分中占据优势。可见当今社会，提倡发展文化软实力，提升地区综合实力，非物质文化景观资源类的价值受到更大重视。海岸带非物质文化景观资源类涵盖了沿海地区的文化形态、价值观念、社会制度等内容，是地区发展文化产业，提升文化层次，进而带动社会景观资源全面发展的纽带，是浙江海岸带文化景观资源保护性开发战略的重点。

相比之下，海岸带非物质文化景观资源类的景观资源保护状况得分则较低，此次评价的 89 个海岸带非物质文化景观资源单体景观资源保护状况准则层的评价得分仅为 1.33，低于评价得分的平均水平。一些有名的海岸带非物质文化景观资源如翁洲走书、舟山渔歌、宁波走书、玉环渔民号子等的得分甚至低于 1.2，这些海岸带文化景观资源都随着社会经济的发展和人们生产生活方式的转变而出现了“断层”，甚至面临绝迹。这些被列为非物质文化遗产名录的文化景观资源尚且如此，那么，那些成千上万的浙江沿海各地的海岸带非物质文化景观资源的生存状况就更令人担忧。因此，要想从真正意义上发展海岸带文化产业，提升海岸带文化内涵，海岸带非物质文化景观资源的保护和挖掘工作是当务之急。

从 4 个准则层的得分来看，不同景观资源也呈现出不同的特点。在景观资源自身价值得分方面，海岸带聚落文化景观资源得分最高（3.30），参与评价的 13 个景观资源单体得分也均在 3.0 以上。这些景观资源中既包含了像河姆渡遗址、良渚文化层这样的新石器遗址，也有定海古城街、东沙古镇这样的保持着原始风貌的沿海古聚落，具有很高的历史教育、地域文化、科学研究等价值，还可以开发成为品质较高的景观资源，因此其自身价值应受到重视。得分最低的是海岸带节庆活动景观资源，仅为 2.87 分，这与海岸带节庆活动景观资源，特别是现代节庆景观资源形成时间短，自身价值没有得到充分挖掘相关。但在这些节庆活动景观资源中，“象山开渔节”“中国国际钱塘江（海宁）观潮节”“国际沙雕节”等节庆活动价值较高，它们举办次数多，名气大，活动内容丰富，受到了各地游客的青睐，每当节庆时节都会给当地带来巨大的经济效益，成为浙江海岸带节庆活动景观资源开发的典型案例。

景观资源开发潜力和景观资源开发条件两项准则层的得分情况表现出类似的特征。比较之下，海岸带民俗文化景观资源和海岸带艺术文化景观资源得分较高。浙江海岸带民俗景观资源文化内涵丰富，参与评价的这些民俗文化景观资源很多都被列入各级非物质文化遗产名录之中，研究地方民情风俗对研究历史、了解民风、改造社会，乃至联络海外同胞寻根认祖，都有重要意义。而海岸带艺术文化景观资源凝结沿海劳动人民的智慧，渗透着人民的思想感情，表达了劳动人民朴素、鲜明的审美观念，是发展文化产业的关键。随着各地旅游业的发展，海岸带民俗和艺术文化景观资源日益成为重要的景观资源，成为浙江海岸带旅游业新的“增长极”。

在海岸带文化景观资源保护状况准则层得分中，整体上呈现出物质文化景观资源类高于非物质文化景观资源类，近现代时期文化景观资源高于古代文化景观资源的特征。这与非物质文化景观资源和古代文化景观资源经历年代相对久远，保护难度较大有直接关系。在所有的景观资源当中，现代海岸带文化景观资源的保护状况最好。而海岸带艺术文化景观资源和语言文化景观资源的保护状况则较差，这是由于浙江沿海的艺术形式以传统民间艺术为主，受传统艺术的影响较深，缺少创新猎奇的观念，且民间艺人的艺术修养主要来自民间艺术实践，缺乏理论基础，不善于高度概括、总结艺术实践。近年来，艺人老化现象严重，在市场经济浪潮冲击下，一批年轻的艺人弃艺经商，造成了后继乏人，导致海岸带民间艺术活动处于低潮，保护形势较为严峻。而海岸带语言文化景观资源的危机则主要源于渔业生产工具不断革新，机械化作业方式的推广，捕捞手段和捕捞场地已发生巨大变化，使得许多曾为人们广为流传的民间故事、民间歌谣和民间谚语濒临失传。

从评价结果中可以看出，浙江海岸带文化景观资源的保护与利用矛盾较为突出。一方面，海岸带文化景观资源的整体价值较高，开发潜力大，开发条件也日渐成熟。而另一方面，海岸带文化景观资源的整体保护状况不容乐观，社会经济现代化进程的冲击给文化景观资源的保护工作带来很大难度。这在海岸带非物质文化景观资源的保护工作中表现得特别明显，评价结果表明，保护状况是制约很多文化景观资源进一步开发利用的关键因素。如何正确处理保护和开发利用的关系将成为海岸带文化景观资源发展过程中的重点和难点，因此，我们提倡海岸带文化景观资源在保护基础上进行开发。在 2.5 节中，我们将对浙江海岸带文化景观资源的保护性开发进行专门论述。

2.5　海岸带文化景观资源保护性开发模式

随着沿海地区社会经济的发展，海岸带文化景观资源的保护经常被认为是与整体社会发展趋势格格不入或不相协调。产生这种观点的主要错误在于将海岸带文化景观资源保护与社会经济发展对立起来的，没有认识到海岸带文化景观资源保护与沿海社会经济发展之间的协调性，忽略了保护中所蕴含的发展含义。张松

（2001）指出，保护的基本目的不是要留住时光，而是敏锐地调适各种变化力量；保护是从历史资产和未来改造者的角度对当代的一种理解。真正的保护不在于重拾过去的风貌，而是要保留现存的事物，并指出未来可能的变化方向。这为我们指出了海岸带历史文化遗产保护的真正目的。

海岸带文化景观资源是沿海地区人民在开发利用海岸带资源的漫长历史过程中形成并遗留下来的重要文化遗产。海岸带文化景观资源往往具有非常高的历史、艺术、科学价值，是人类历史上遗留下来的重要的物质和精神财富，是广大人民群众智慧的结晶。海岸带文化景观资源离不开沿海人民的文化活动，否则海岸带文化景观资源就失去了存在的意义。保护海岸带文化景观资源是对外宣传沿海民族历史文化、对内进行爱国主义教育的重要方式与手段。随着文化景观资源概念的提出及文化景观资源被列入联合国教科文组织和世界遗产委员会世界遗产类型，保护海岸带文化景观资源成为各国共同关注的议题。

然而，在旅游经济利益驱动下，世界各地都沉浸于开发海岸带文化景观资源的热潮中。很多地方不顾海岸带文化景观资源本身遭受的破坏，盲目地开发，给海岸带文化景观资源的保护带来了很大的困难。因此，如何看待海岸带文化景观资源开发与保护的关系便成了人们研究的热点及当前需解决的问题。显然，一味为了保护海岸带文化景观资源而不进行开发利用是不可取的。因为不开发利用，就不会引起人们的关注，人们也就不会意识到海岸带文化景观资源的价值。

海岸带文化景观资源并非如一般人所想的在人类海岸带文明的进程中取之不尽、用之不竭。与海岸带自然景观资源一样，海岸带文化景观资源同样会因为人们的不合理开发利用而被消耗殆尽。脆弱性是海岸带文化景观资源的显著特征，海岸带文化景观资源一旦消失就不可能再生。因此，只有合理开发利用才能使其活力保持久盛不衰。海岸带文化景观资源保护与开发是否可以实现双赢，取决于“度”，这就要求我们在“开发”和“保护”的关系中找到平衡点，避害趋利，将两者融为一体。开发和保护是一个过程的两个侧面，开发是为了更好的保护，保护是为了永续利用，目标都是为了充分实现海岸带文化景观资源的价值。

2.5.1　海岸带文化景观资源开发利用现状

面对全国沿海地区的新一轮海岸带开发热潮，浙江省委省政府积极应对，高度重视海岸带经济工作，将大力发展海岸带经济提到了前所未有的高度。浙江省认识到海岸带文化景观资源的保护与开发对浙江海岸带社会经济建设的重要意义，把海岸带文化景观资源的保护与开发作为浙江海岸带发展战略的一个重要组成部分。目前，浙江省对海岸带文化景观资源的大规模调查研究工作主要是“908专项”（我国近海海洋综合调查与评价）中的“浙江省沿海地区海洋文化资源调查”和原浙江省文化厅（现浙江省文化和旅游厅）发起的“浙江省非物质文化遗产名录”项目申报工作。此外，浙江省内各高校和科研院所在海岸带文化景观资源的开发与利用方面也做了许多工作。

按照国家海洋局有关“908 专项”的要求，浙江省编制了《浙江省 908 专项总体实施方案》，“浙江省沿海地区海洋文化资源调查”是其中的子项目。此前，全国其他沿海省市区均未全面开展调查海洋文化资源的工作，没有相关经验可借鉴。浙江省在沿海地区开展海洋文化资源调查是一项具有开创性意义的工作，对于掌握浙江全省海洋文化资源的基本情况、了解海洋文化的建设特色、开发海洋文化资源具有基础性的重要意义。2009 年 10 月 30 日，由浙江海洋学院和浙江省海洋文化研究会共同编写的“908 专项”《浙江省沿海地区海洋文化资源调查报告》通过浙江省海洋与渔业局、浙江省“908 专项”办公室专家组的评审。

浙江十分重视海岸带非物质文化景观资源的保护工作。截至 2019 年 7 月，浙江省文化和旅游厅已完成五批浙江省非物质文化遗产名录项目申报工作，省政府同意省文化和旅游厅报送的第五批浙江省非物质文化遗产代表性项目名录（98 项）。在第五批 98 个浙江省非物质文化遗产名录项目中，涉海类非物质文化遗产占据了一定地位，涵盖了民间文学、传统音乐、舞蹈、民俗等多个非物质文化景观资源领域，分布在浙江沿海的嘉兴、宁波、舟山、台州、温州等地区。

目前，浙江省在海岸带文化景观资源开发与保护方面取得的成就主要有 4 点。

第一，注重海岸带文化理论及开发研究工作。浙江省有多所高校建有专门的海洋文化研究机构。如设在宁波大学的浙江省海洋文化与经济研究中心为 2006 年 4 月公布的浙江省首批哲学社会科学重点研究基地之一。该基地以宁波大学的应用经济学、历史学、海洋科学、地理科学等学科为基础，以浙江海外经济文化交流、当代浙江海洋经济与管理、浙东文化与区域社会变迁为主要研究方向，研究浙江海岸带经济领域的学术前沿问题和一些重大理论、现实问题。2016 年以该基地为基础，成立了浙江省新型重点专业智库——宁波大学东海研究院，下设海洋经济、海洋环境、海洋治理三个研究所。浙江海洋大学海洋文化研究所于 1999 年成立，致力于海洋文化理论、舟山海洋文化和海洋名人文化等方面的研究。这两个研究机构的专家与学者，在相关研究中对浙江海岸带文化景观资源开展了大量研究，为海岸带文化景观资源的保护和开发利用提供了大量的基础材料，直接促进了海岸带文化景观资源的保护。另外，浙江还积极利用省内外机构、团体、媒体和专家学者为浙江海岸带文化景观资源的保护与开发搭建平台、宣传造势、建言献策。如每年的海洋文化节都邀请国内外专家学者来舟山参加学术研讨和对策性论坛（张开诚和张国玲，2009）。浙江对海岸带文化的研究支持使得浙江海洋文化景观资源保护和开发利用得到了强化，为海岸带文化景观资源的保护性开发提供了大量科学依据。

第二，海岸带文化资源普查工作深入细致，别具特色。海岸带文化景观资源保护与开发的前提是资源的普查。因此，资源普查是海岸带文化景观资源保护的一项基础性工作。由于浙江海岸带文化景观资源具有点多、面广的特点，资源普查工作也是海岸带文化景观资源保护的难点所在。此外，伴随海洋现代化进程的加速，浙江海岸带文化生态发生巨大变化，许多海岸带物质文化景观资源的生存环境遭到严重破坏，加上海岸带文化景观资源保护经费有限，无形中增加了海岸带文化景观资源保护的难度。针对这种情况，浙江省在海岸带文化资源普查环节上强调“自上而下”和“自下而上”相结合的普查方式。在 2009 年浙江沿海地区海岸带文化资源调查进行过程中，省委省政府要求各级政府和相关主管部门对海岸带文化资源普查充分关注，大力依靠文旅部门和浙江海洋大学的专业人员深入基层，全面开展对海岸带文化资源项目的普查，将此作为普查工作的主体力量。与此同时，浙江省将普查工作推向社会，依靠群众采取“自下而上”的方式开展对海岸带文化景观资源的普查，各级文化部门在当地招募大量志愿者普查员，普查员多为离退休干部、大学生和民间文化爱好者，主管部门对他们加以适当培训，鼓励他们调查身边的海岸带文化资源，在文化资源的调查中扮演重要角色。对于一些年代久远、资料欠缺的海岸带文化资源，浙江各地采取了灵活的普查方式，强调“先保护、后立项”的方针，先将文化资源加以妥善保存、登记记录，资料收集齐后再正式立项，确保这些文化资源得以完整保存。

第三，积极开展海岸带文化景观资源保护的宣传工作。在海岸带文化景观资源保护工作中，浙江省强调立足当前、着眼长远，立足本省实际，抓紧建立浙江省海岸带文化资源资料库、数据库和网络服务平台，有效使用档案材料，充分运用现代科技手段进行保存和宣传，使大量具有丰富历史价值和人文价值的文化景观资源在短时间内得到完整保存。2003 年，浙江省第一个“国家级”海洋博物馆——岱山县海洋系列博物馆在舟山市开始建设。目前，已建成中国海洋渔业博物馆、中国盐业博物馆、中国台风博物馆、中国灯塔博物馆、中国岛礁博物馆及中国海防博物馆，形成海洋系列博物馆。而徐福博物馆、渔村博物馆、海洋生命博物馆和海鲜博物馆也都在推进之中，十大博物馆全部完成之后，岱山将成为“中国海洋系列博物馆之乡”，并可能成为我国“博物馆最多的县”。舟山的系列海洋博物馆从挖掘、抢救海岸带文化景观资源、弘扬海岸带文化出发，以实物图片、仿真模拟、参与体验等手段，形象生动地向广大群众宣传各类海洋物质和非物质文化景观资源的内容，形成了独特的海洋主题博物馆文化。2004 年 10 月，中国第一个以海洋文化为主题的公益网站——中国海洋文化在线（www.cseac.com）在舟山市定海区建成，该网站将海洋文化作为第一品牌，以鲜明的定位、专业到位的服务，成为广大人民群众了解海岸带文化景观资源信息的重要渠道。2005 年，第一届中国海洋文化节在舟山创办，海洋文化节旨在弘扬海洋文化，保护海洋生态，实现人与海洋和谐发展的同时，进一步加快发展海岸带旅游。这种群众性海洋文化活动已成为挖掘海岸带文化、展示海岸带文化、宣传海岸带文化的平台。另外，舟山市政府还在网上开设海岸带非物质文化遗产展播厅，将舟山锣鼓、渔民开洋和谢洋节、舟山渔民画、舟山渔民号子、观音传说、绳结等非物质文化景观资源制作成宣传片向广大民众进行展示，起到了良好的宣传效果。

第四，重视开发利用环节，将海岸带文化景观资源的保护和开发与浙江省的文化产业发展相统一。海岸带文化景观资源既要保护，还要开发和利用，因为真正意义上的保护绝非仅仅是将文化景观资源加以普查整理，存入博物馆使其与世隔绝。保护的真谛在于将一些海岸带文化景观资源所包含的人文价值和历史价值挖掘出来，从而为地区社会经济发展服务（许定国和吴永，2008）。因此，可以认为对海岸带文化景观资源的开发和利用也是一种保护，而且是一种更高层次的保护。近年来，浙江省从地区海岸带文化景观资源的基础条件与优势出发，大力挖掘海岸带文化内涵，将其与旅游文化相结合，形成了主题各异、形象不同、互为补充的文化产业链。

2.5.2 海岸带文化景观资源开发利用中存在的问题

1. 海岸带文化景观资源保护方面存在的问题

目前，经过海岸带文化资源调查、登记、理论研究等一系列准备工作，浙江海岸带文化景观资源的保护工作已进入实践阶段。而实践过程中仍有不少问题尚待解决。

第一，保护责任主体不够明确，条块分割依然突出。由于以各级行政区为单位的相对独立的利益关系客观存在，浙江省各地方之间在海岸带文化景观资源的保护上往往都倾向各自为政、“井水不犯河水”。由于许多海岸带物质文化景观资源的分布并不完全与行政区划相对应，而海岸带非物质文化景观资源的分布范围更没有明确边界，这种以行政区界限为壁垒、分割经营的做法，已经成为浙江海岸带文化景观资源保护工作再上新台阶的重大障碍。没有相关部门的协力配合，海岸带文化景观资源的保护前景必然受严重影响，因此，从管理体制上突破部门分割已经成为促进海岸带文化景观资源保护工作顺利进行的当务之急。

第二，缺乏系统的保护规划研究。海岸带文化景观资源保护与开发利用规划是进行实质性保护操作的前提和基础。浙江省各级政府几年前已经着手海岸带文化景观资源的保护、开发、利用、规划的相关工作，但是这些工作绝大部分是将海岸带文化景观资源当成旅游资源进行研究，虽然也提及保护工作，但更多的保护内容只是作为旅游开发研究中的“装饰品”，这直接导致保护措施的形式化和片面化，全面、系统、有效的保护无从谈起。浙江海岸带文化景观资源种类繁多，各类物质文化景观资源与非物质文化景观资源都有各自需要解决的问题，如果没有深入的保护规划研究来“对症下药”，海岸带文化景观资源的保护问题永远无法得到彻底的解决。

第三，保护工作缺乏法律、法规指导。海岸带文化景观资源的保护与开发涉及许多复杂的问题，比如，海岸带文化景观资源管理单位责任的确定、保护人的权利与义务等一系列问题，都需要有相关的法律、法规来规范。只有海岸带文化景观资源的保护工作走向规范化和法治化，才能保证今后的保护与开发不会因为责任不明、主管部门互相推诿而走入无人监管的窘境，防止管理者以个人意志为标准，随意更改传统习惯，使群众不满，导致矛盾不断出现。虽然浙江省已完成沿海地区海岸带文化资源调查，基本摸清浙江全省海岸带文化景观资源的家底，但是没有制定海岸带文化景观资源保护的法律、法规，使得海岸带文化景观资源的保护工作难以取得实质性进展。因此，当务之急是尽快制定浙江省海岸带文化景观资源保护的相关法律、法规，为景观资源保护提供法律依据。

第四，保护方式较为单一，可持续性较差。海岸带文化景观资源是包含了沿海不同地区、不同群体独特的生产生活方式、民间风俗习惯、文化艺术特色等“活态”文化，它与特定的社会环境和文化氛围紧密相连，具有社会、文化、经济、教育、科研等多方面价值。并且海岸带文化景观资源的形态、内涵、功能总处在不断发展、演变之中，静态的保存方式无法体现文化内涵。特别是对于海岸带非物质文化景观资源的保护工作来说，这种方式不仅不利于非物质文化景观资源的传承，还会直接导致其无声无息地消亡。海岸带文化景观资源的保护是开发的前提与基础，扭曲本质的开发必定会造成破坏，最终致使开发失败。但是，采用怎样的方式进行开发，开发措施如何配合保护工作，在什么样的情况下进行创新、保持其活力等关键问题都需要挨个解决。随着浙江省海岸带文化景观资源开发的深入，这样的问题将越来越突出。

2. 海岸带文化景观资源开发方面存在的问题

旅游开发是当前浙江海岸带文化景观资源开发利用最主要的方式，也是海岸带文化景观资源保护最重要的形式和经费来源。改革开放以后，经过不断挖掘、整理和开发，浙江省的海岸带文化景观开发工作得到长足发展，一大批以海岸带文化为主题的景观、景点建成或修复开放。但是，从整体而言，浙江沿海地区的海岸带文化景观资源开发小、散、差的局面并没有得到根本改变。目前，浙江海岸带文化景观资源的开发还存在一些问题。

第一，在浙江海岸带文化景观资源开发的认识上存在误区。首先，各地都较重视海岸带自然景观资源的开发，忽视类型多样、内涵广泛的海岸带文化景观资源的开发利用，使许多海岸带旅游产品缺乏应有的文化内涵，丧失了产品的个性和特色。其次，把海岸带文化景观资源的旅游开发等同于旅游景区、景点开发，忽视了文化景观资源所在地旅游功能的培育，使得旅游景区、景点变成一个个相互离散、缺乏市场依托的孤岛。再次，把海岸带文化景观资源局限于狭隘的范畴，没有树立环境就是资源的观念，结果往往只注重海岸带文化景观资源景区、景点的自身开发建设，忽视海岸带文化景观资源周边环境的保护和改善，导致旅游产品的品质下降。最后，把海岸带文化景观资源开发当成了挖掘旅游文化内涵的“赶时髦”手段，缺乏对文化内涵真正的挖掘和提升。

第二，海岸带文化景观资源的开发布局不够合理。由于浙江沿海地区海岸带文化景观资源丰富，点多、面广，因此，目前普遍存在有海岸带文化景观资源的地区都在搞海岸带文化景观资源的旅游开发，导致盲目开发、无序开发。这种只顾景点数量，不顾景点质量，“村村点火，户户冒烟”的开发布局现象，往往只是景点重复建设，景点之间恶性竞争和互相损害，最终导致开发工作的失败和景观资源的破坏。而真正以城市为中心、以交通为纽带来调整和优化海岸带文化景观资源旅游开发的空间布局远未形成。

第三，海岸带文化景观产品品质差，缺乏真正的文化内涵。与其他沿海省市相比，浙江省海岸带文化景观旅游产品中可供游客参与的娱乐项目少，体育、探险等相关项目缺乏，大多的项目只是走马观花式的游览，缺乏高消费旅游项目，难以留住客人。浙江海岸带文化景观资源非常丰富，其文化内涵需在旅游开发中充分挖掘。但从目前浙江省沿海旅游区的总体情况看，其文化导向和文化主题定位不鲜明，无论是自然景观还是文化景观，旅游硬件设施，还是软件服务，都没能很好地与海岸带文化相贴近，做到游海览海、说海讲海、吃海玩海、用海爱海、海字当头，充分挖掘海岸带文化旅游的内涵，并将它体现在旅游开发项目中，让游客真正体验海岸带文化景观的文化内涵。此外，有些地方在进行海岸带文化资源旅游开发过程中，往往刻意模仿、移植其他地区的开发模式，忽视与旅游开发地本身的协调性，破坏了整体效果。

第四，海岸带文化景观旅游产品缺乏树立大品牌的战略意识，宣传力度不足（胡卫伟，2008）。有关部门在旅游产品开发和发展过程中，品牌意识较淡薄，品牌管理专业化程度不高，使品牌缺乏足够的知名度和竞争力。如舟山“桃花岛金庸武侠文化节”、嵊泗“贻贝文化节”、“国际海钓节”等影响力相对较小的节庆旅游品牌正在建设过程中，但还缺乏知名度；以海岛休闲为主的旅游房产、海岸带科普游、海上运动、荒岛探险等诸多项目的品质和影响力也需要进一步提升。另外，在品牌宣传力度上也明显不足，缺乏资金投入，缺乏系统性和连续性的宣传，营销工作力度不够，使产品知名度和美誉度不高，在一定程度上影响地区大品牌形象的确立。

第五，海岸带文化景观旅游开发模式尚待完善。在海岸带文化景观旅游开发方面，浙江省各地进行了各种有益探索，形成了各具特色的旅游开发模式，其中比较有代表性的是舟山的“定海模式”“岱山模式”和宁波的“象山模式”等。但这些开发模式都存在不足，需要在实践中加以改革与完善。它们面临的问题事实上也是浙江全省各地共同面临的问题，主要包括：如何提高海岸带文化景观资源所在地居民旅游开发的积极性；如何正确处理政府职能部门与开发商之间的关系；在民营资本在旅游资源开发中逐渐占主导地位的形势下，政府职能部门如何保护开发商的投资热情，引导开发项目规模和档次的提高；一个地区多数旅游资源和旅游产品由民营企业独家垄断开发与经营的做法是否合适，在此情况下政府职能部门应该如何有效发挥宏观调控作用等。

第六，海岸带文化景观资源保护与开发的矛盾不少。海岸带文化景观资源保护与开发的矛盾是世界各国普遍存在的问题。首先，由于对海岸带文化景观的内涵缺乏深刻理解或者保护景观资源的意识不强，许多未开发的海岸带文化景观资源未能得到及时有效保护，造成人为破坏。其次，由于忽视海岸带文化景观资源的旅游开发规划或不尊重规划，缺乏对资源开发生态后效的科学预见，造成海岸带文化景观资源的开发性破坏或破坏性开发。最后，片面理解资源保护的内涵、把资源开发与资源保护置于对立地位，使许多属于重点文物保护单位的优质海岸带文化景观资源得不到及时有效的开发利用，使得资源保护因缺乏足够资金来源而变成一句空话。可以说，上述三个方面的矛盾在浙江省沿海各地还不同程度地存在，必须采取有效措施加以解决。

3. 海岸带文化景观资源生存环境存在的问题

海岸带文化景观资源的系统结构包括自然地理基底、具象质料和非具象质料三大组成部分。城市化和非农化进程使得沿海地区的自然地理基底发生了很大的变化，社会经济的发展使得与海岸带有关的各种感官能感觉到的有形人文因素和不能被人们直接感觉和认识的、但对海岸带文化景观资源的形成和发展产生重大作用的行为方式、民俗艺术、工艺科技、生活理念、精神文化等内容发生了重大变化，这造成海岸带文化景观资源的生存环境面临着重大的考验。

首先，浙江沿海地区生态环境变化速度不断加快，海岸带文化景观资源面临生存考验。海岸带文化景观资源的生态环境是文化景观资源赖以生存与发展的基础，离开生态环境，海岸带文化景观资源的保护与开发也无从谈起。这个生态环境既包括沿海地区的自然地理基底，也包括政治的、经济的、文化的各种历史条件，还包括人的思想、价值观和需求等。随着沿海大开发的不断加速，沿海地区土地覆盖格局发生着翻天覆地的变化。出于沿海资源利用、城市建设和农村建设的需要，许多处于自然演变状态的海岸带文化景观资源被彻底摧毁，或因“适应社会需要”而被改变。如浙江省沿海种类繁多的地方方言，由于普通话的普及和外来务工人员的大量涌入而逐渐被舍弃，使得许多民间戏曲、故事、歌谣等也丧失了生存的土壤，导致大量海岸带民俗语言景观资源丧失。

其次，海岸带文化景观资源所在地居民对海岸带文化景观资源的价值缺乏足够认识，保护意识淡薄。本书对宁波市象山县不同年龄层次的 300 名沿海居民进行了“你对象山海洋文化旅游资源特质了解情况”的调查，回收了 264 份有效问卷，统计结果显示，平均 80.4%的成年当地居民、86.3%的中学生居民对当地海洋文化旅游资源的特质没有较完整的认识；在回答“象山最典型的海洋文化景观资源有哪些”时，成人的正确率只有 38.8%，中学生也仅 46.9%。思想认识的落后是文化景观资源保护意识淡薄的根源，日常的行为就会对海洋文化景观资源的保护产生极为不利的影响。

再次，海岸带文化景观资源研究人才匮乏，面临后继无人的困境。现在，浙江不少沿海学校已经将海岸带文化景观资源的教学纳入校本课程，但单靠学校的力量还不够，尤其是被纳入校本课程的海岸带文化景观资源只占少部分，还有很多丰富多彩的文化内容没有提及，也难以纳入课程。长期以来，广大青少年由于缺乏认识，对这些濒临消失的海岸带文化景观资源不够重视。另外，随着学业压力增大，不少学生会放弃对传统的钻研；还有的学生升学后，新学校没有设立相关的文化景观资源教育课程，无法得到更进一步的学习和练习，出现学习断层，前面的努力也只能付诸东流。我们通过随机的方式对 15 所浙江省高校开设的通识课程进行调查，结果表明，许多高等院校没有开设有关海岸带文化景观资源的通识课程，只有浙江海洋大学和宁波大学开设了相关课程。通识教育的缺乏，导致了大学生海岸带文化素养的缺失，不利于培养专门从事海岸带文化景观资源研究的人员，将造成海岸带文化景观资源研究后继无人。

最后，海岸带民俗文化景观资源传承方式单一且保密，致使后继无人。许多民间绝艺曾经是不传之秘，只限于家族内口传身授，有时自家人也不愿意学习，结果大量浙江省的海岸带文化景观资源面临后继乏人的尴尬局面。据悉，浙江省海洋民间艺人普遍老龄，很多掌握稀有品种民间艺术的艺人已步入耄耋之年。看着自己毕生经营、苦心孤诣的艺术即将面临失传，他们也只能扼腕叹息。舟山渔歌曾经广泛流传，但自 20 世纪 70 年代以来，鱼类资源衰退，捕捞工具不断改进，会唱舟山渔歌的年轻歌手已经不多，这项民间艺术濒临失传。调查发现，当今熟稔“渔工号子”的渔民已经不足十分之一。相关部门已经意识这个问题，在海岸带民俗文化景观资源的保护过程中，最重要的就是要特别保护那些在继承和发扬历史文化传统方面发挥重要作用的优秀传承人，而这些传承人的生活方式、思想、价值观在快速变革的时代也在不停发展变化。他们有对于新生活的追求，有改善生活条件的理想。因此，如何在这些传承人思维和生活方式改变的今天，让他们有保护这些民俗文化景观资源的积极性，成为民俗文化景观资源保护过程中需要解决的问题。

2.5.3　海岸带文化景观资源保护性开发原则及形式

1. 海岸带文化景观资源保护性开发原则

（1）可持续发展原则。可持续发展是发展与环境保护之间保持平衡协调的一种新思想和指导行动的新模式。所谓“可持续发展”，就是要“努力寻求一条人口、经济、社会、环境和资源相互协调的，既能满足当代人的需求而又不对满足后代人需求的能力构成危害的（可持续发展的）道路”。海岸带文化景观资源的保护性开发首先就要体现可持续发展原则，即对海岸带文化景观资源的开发利用不仅是为了满足当代人的发展需求，还不能对下一代人的发展需求造成破坏；当代人之间也要做到代内公平，一部分人的发展需求不应当损害另一部分人的利益，从而维护资源分配与利用的公平。对海岸带文化景观资源的利用不能超越资源本身与环境的承受能力，要注意保护海岸带文化景观资源赖以存在的自然地理基底和相应的具象质料，以保证旅游开发的持续性；为实现海岸带文化景观资源的保护，需要用可持续发展的思想指导保护与利用，使海岸带文化景观资源在保护和利用的二元平衡中实现可持续性。可持续发展原则并非将保护和利用对立，而是将二者结合起来，对海岸带文化景观资源的合理利用就是最积极的保护，也就是说保护不排斥利用。坚持可持续发展原则还必须使当代人明确自己在海岸带文化景观资源保护性开发中的责任和义务，为子孙后代的发展留下余地。

（2）“一票否决”原则。海岸带文化景观资源的实际开发利用，可以根据社会经济发展的实际情况和客观要求进行具体调整，但是有一点必须明确，即无论进行何种开发，无论带来多大的经济、社会和政治效益，只要这种开发利用对海岸带文化景观资源本身价值等特质可能产生负面影响和破坏，造成景观文化价值损失，不利于海岸带文化景观资源的保护，就必须马上停止开发利用。也就是说，在海岸带文化景观资源保护性开发中必须执行这种“一票否决”制。

（3）以人为本原则。人在海岸带文化景观资源的保护中始终处于核心位置，这不仅表现为海岸带文化景观资源所在地的居民是文化景观资源的直接创造者和传承者，更表现为海岸带文化景观资源保护的终极目标是参与营造一种适宜沿海人民生存和发展的人文环境。保护是为了沿海人民有更好的发展和更为丰富的精神世界。许多海岸带物质文化景观资源作为沿海人民日常生活中经常涉及的场所和生产工具，历代居民在日常生产、生活中均自觉和不自觉地采取了适宜的保护措施，使得对景观资源的利用更为有效。因此，对海岸带物质文化景观资源的保护性开发必须要考虑当地居民的需求和意见，尊重他们的选择。而对于海岸带非物质文化景观资源，则要充分考虑景观资源本身的传习和演化特征，使得其保护性开发活动基于该文化族群的自觉、内在意愿而进行，并使其得到当地居民的支持和参与。

（4）多样性原则。海岸带文化景观资源具有很强的地域性特点，每一处文化景观资源都和它的历史、地域区位有很直接的关系，在保护性开发中要尊重当地文化的特性和地区的特点，尤其在总体思路、规划和保护设计中，要体现海岸带文化特色和地区风貌，对海岸带文化景观资源进行原汁原味的开发。因此，海岸带文化景观资源保护性开发强调资源开发利用方式的多样性、参与人员的多样性、技术方法的多样性、利用途径和收益的多样性。海岸带文化景观资源的开发利用方式除文化景观资源原物的简单展示外，更需注意利用文字图片介绍、数字视频演示、历史情景再现、传统工艺仿制、历史风情体验等多种形式进行表达。海岸带文化景观资源的保护性开发工作是一个复杂且涉及面很广的工作，不仅需要专业的开发单位，更需要地理、考古、历史、文学专业人才，以确保保护性开发的实施和科学性的要求。海岸带文化景观资源保护性开发涉及多学科内容，是个系统工程，因此，应该采取多种技术方法分析和参与，利用多学科理论知识进行开发活动。此外，海岸带文化景观资源的保护性开发不能只有旅游、观光、餐饮等收益形式，随着海岸带文化对地区社会经济发展的影响力不断扩大，海岸带文化开发的利用和收益应更多涉及地区文化特色及对地区发展的经济贡献、社会贡献、文化贡献等多方面内容。

（5）突出重点，分期实施的原则。浙江省海岸带文化景观资源分布点多、面广，各种景观资源的品相参差不齐，各种景观资源分布区域的自然和社会经济特征也千差万别，因此，海岸带文化景观资源的保护性开发所面临的问题和矛盾十分复杂，任务繁重。受资金、技术等限制，海岸带文化景观资源的保护性开发不可能面面俱到地展开，而应该根据海岸带文化景观资源本身的价值、资源的生存状态、开发的前期基础条件、国家和地区的财力和投资力度等实际情况，制定浙江省海岸带文化景观资源保护性开发规划，合理规划海岸带文化旅游本体、重点保护区、保护区内的重点区域、保护区内的其他区域，然后根据轻重缓急，按先后顺序分区、分期逐步实施保护性的开发工作。

2. 海岸带物质文化景观资源保护性开发形式

海岸带文化景观资源的保护性开发的实施形式很多，有动态保护、静态保护、文化线路保护等。但最重要的是要根据本地的实际情况开展工作，走出有地方特色的海岸带文化景观资源保护的新路子。结合国内外有关文化景观资源与文化遗产的保护研究，我们认为立法保护、项目保护、传承保护、节会保护和基地保护是浙江海岸带文化景观资源保护性开发的主要实施形式。

（1）立法保护。由于海岸带文化景观资源绝大多数都分布在民间、乡村地区，其生存不能脱离它产生的具体环境，不能脱离它脚下的土地。而受沿海地区城市化与非农化影响，浙江许多海岸带物质文化景观资源由于丧失了其存在的自然地理基底而失去了生存的环境。另外，随着经济发展进程的加快和现代生活方式的转变，许多依靠口传、亲授方式传承的浙江海岸带非物质文化景观资源面临“社会存在基础”日渐狭窄、传统技艺濒临消亡的困境。因此，对于海岸带文化景观资源而言，一方面要继承和发展，另一方面又面临城市化的解构和冲击。在城市化、商业化日益加剧的时代，要保持其乡土气息的醇厚，保持原生态的本质是个非常棘手的问题。海岸带文化景观资源的丰富性、独特性和多样性，决定了其保护方式是多样的，但最根本的保护是立法保护。立法保护是海岸带文化景观资源保护的本源，只有通过立法，才能从各层面对宝贵的海岸带文化遗产进行切实保护。各级地方政府应积极制订保护法规和政策，进一步明确海岸带文化景观资源的保护对象、范围，明确文化景观资源的权属，明确政府行政部门的职责，从而使文化景观资源保护工作法治化、规范化、制度化。

（2）项目保护。项目保护是实现海岸带文化景观资源具体保护的有效手段。截至 2019 年，浙江省文旅厅已公布拟推荐申报第五批国家级非物质文化遗产代表性项目名单 30 项，决定命名杭州市余杭区径山镇等 50 个单位为第五批浙江省非物质文化遗产旅游景区，对于浙江省海岸带文化景观资源中的非物质文化景观资源来说，借助浙江省非物质文化遗产项目申报的机会，寻求立项保护，不失为一种有效的保护手段。而对于浙江海岸带物质文化景观资源而言，可通过国家级、省级、市级和县级等文物保护单位的申报，获得立项保护。当然，要更好地实现浙江海岸带文化景观资源保护，还需要政府相关部门联合组建“浙江省海岸带文化景观资源保护名录项目领导小组”，专门指导“浙江省海岸带文化景观资源名录项目申报”的工作，并拨专款进行保护。

（3）传承保护。海岸带文化景观资源依赖特定人群和特定环境而存在，保护文化景观资源不仅要保护其文化形态，更要注重以人为载体的知识和技能传承，即进行传承保护。特别是对海岸带非物质文化景观资源的保护与传承，最理想的境界是“活态”传承。抓好人的传承和培养工作，就是抓住海岸带文化景观资源保护的源头。因此，要尊重海岸带文化景观资源的传承规律，以科学的方式加以保护，并充分发挥其在当代社会发展中的功能和作用。首先，科学、全面、系统地抢救和保护现存海岸带文化景观资源，坚持正确原则，基于海岸带文化景观资源的不可再生性和脆弱性，把抢救和保护放在第一位。其次，针对海岸带文化景观资源，特别是非物质文化景观资源的活态流变性特点，要尽可能以生产性保护的积极方式去保护。最后，要坚持创造整体性社会保护环境，从保护方式和形成立体保护生态两个方面去活态地保护海岸带文化景观资源。积极探索如何将海岸带文化景观资源保护融入经济社会发展的长效机制，使海岸带文化景观资源成为人类的文化家园，为推动经济社会的全面协调可持续发展发挥重要作用。

（4）节会保护。为进一步增进民众对海岸带文化景观资源的认识，提高民众保护海岸带文化景观资源的积极性，展示海岸带文化景观资源保护的成果，节会保护逐渐成为备受青睐的一种保护形式。节会是以传统或现代节日为契机，由民间组织或政府主办的各种节日庆祝活动的总称。海岸带文化景观资源的节会保护按照办会主体的性质，可分为民间自发组织的“自发节会”和政府文化部门主办的“主办节会”。传统的节会一般为“自发节会”，而现代的节会则以“主办节会”为主。浙江海岸带文化景观资源的节会保护应充分利用两种形式进行保护。可以举办具有独特魅力的海岸带民间传统节会，表演丰富多彩的海岸带民俗风情、传统歌舞，使海岸带文化景观资源在活动中得以传承和展示，让海岸带文化景观资源在民族传统节会中“复活”。代表性的传统节会有桃花岛的“桃花会”，虾峙的“祭海”，展茅的“请龙降雨”“赛龙鳌灯会”“二月半会”，勾山的“三月半会”等。还可以通过举办现代节会，保护和传承某种海岸带文化景观资源，实现人与海岸带的和谐发展。现代节会也带来了庞大物流、信息流、客流和资金流，为地区经济发展注入新动力。目前，浙江省的现代节会很多，如舟山的“中国海岸带文化节”“国际沙雕节”，宁波的“中国国际港口文化节”“中国开渔”等。“中国海岸带文化节”由中国海岸带学会、中国海岸带报社、浙江海岸带学院共同主办，由岱山县人民政府承办，按照学术研究和文化娱乐两大主线，面向长三角的专家、学者、大学生和普通游客，挖掘海岸带文化，打造新品牌。文化节的主要活动包括“中国海岸带文化节”开幕式、海岸带主题系列学术研讨会、海岸带文化主题文体比赛娱乐活动及“中国海岸带文化节”闭幕式等板块。节会保护不仅可以宣传海岸带文化景观资源保护，提高社会公众的保护意识，通过节会活动，还可以取得明显的经济效益。

（5）基地保护。在某些海岸带文化景观资源分布相对集中，海岸带文化景观资源保护价值较高的区域，可采取基地保护的形式。基地保护形式首先要摸清境内海岸带文化景观资源的种类、数量和分布情况，然后编制相应的海岸带文化景观资源保护基地建设规划，确定海岸带文化景观资源保护的目标和具体要求。对于基地内的海岸带文化景观资源，要尽量保持其原真性，基地内的各种开发活动要遵循海岸带文化景观资源保护基地的建设规划，不能与之相冲突。对于浙江沿海地区而言，就是积极培育具有地方特色的海岸带文化景观资源保护基地，将文化景观资源通过原生态的形式再现，在展示海岸带物质文化景观资源意象的同时，让人们感受原汁原味的民俗风情，将民族民间的绝活、绝艺等非物质文化景观资源在基地保护中复活。

2.5.4 海岸带文化景观资源保护性开发的常用模式

海岸带文化景观资源保护性开发模式主要是指在景观资源所在地独特的文化景观资源基础上，充分发掘其文化内涵，将各类文化景观资源通过“点—轴（线）”的方式有机结合，构建有利于保护海岸带文化景观资源的开发模式。

根据景观生态学景观开发与保护的相关理论，提出海岸带文化景观资源的“点—轴（线）”保护性开发模式，构建海岸带文化景观资源保护性开发的“串珠”结构，这里所说的“点”，就是一定地域范围内的各类海岸带文化景观资源节点，“轴（线）”就是连接各景观资源节点的线，主要以交通线为主。“点—轴（线）”结构中的景观资源节点大都是海岸带文化景观资源所在地，特色显著，可采用本地文化集聚开发模式，深入挖掘海岸带文化内涵，将其分门别类，在一定地域范围内实施集聚开发，形成对海岸带文化景观资源的多角度、全方位透视。通常情况下，不同地区的海岸带文化景观资源的空间分布是不均匀的，有的地区景观资源分布较为集中、特色明显，有些地区分布较为分散、特色微弱。前者如宁波镇海口附近以海防遗址为主构成的海岸带文物遗迹景观资源群，后者如宁波北仑沿海其他地区的海防遗址。因此，在海岸带文化景观资源保护性开发中，可优先考虑具有代表性的海岸带文化景观资源所在区作为重点地区，作为景观资源节点，进行集聚开发；而优势相对薄弱的海岸带文化景观资源分布地区只能间断分布于连接两个景观资源节点的廊道上，成为廊道景观资源，其开发利用只能处于一个较低层次，从而构成海岸带文化景观资源保护性开发的“串珠”结构。

海岸带文化景观资源的保护性开发模式具体可以理解为，在某一特定时间段内，海岸带文化景观资源保护性开发的时机相对成熟，在综合考虑本地文化景观资源优势和所处环境（包括自然环境和人文环境）的基础上所采取的相对优化的具体开发形式，即依据海岸带文化景观资源所在地的实际情况设计的合乎本地特色的开发具体形式。考量浙江海岸带文化景观资源的实际情况，本书总结出 5 种保护性开发模式。

1. 海洋文化专题博物馆

兴建海洋文化景观资源的展示馆或荟萃园，具体的表现形式为专题博物馆，以某一专门内容为征集、收藏、展示的对象，集中向人们展示浙江某种或某类海洋文化景观资源。专题博物馆的内容是多方面的，开发形式多种多样。在海岸带文化景观资源保护性开发模式中，利用现代科技手段，将有形物质文化景观资源整理、挖掘，向参观者展示真实的面貌和形态；另外，还可以将无形的非物质文化景观资源转化为有形的形式，尽可能将那些残存的活动内容全景式地记录下来，尽可能多地搜集有关物质遗存，归类存档，为后人留下可记忆的资料，为当代人提供观览、研习的场所，同时最大限度地维系和原文化生态环境的联系。

近几年，浙江省从挖掘、拯救、弘扬海洋历史文化出发，将海岸带文化与旅游文化有效结合，建成了多个海洋文化主题系列博物馆，既有像岱山县海洋文化系列博物馆、普陀虚拟海洋馆一样的综合性海洋文化馆，也有像马岙博物馆、镇海口海防历史纪念馆这样以某种类型的海洋文化景观资源为主题的海洋专题博物馆，形成了主题各异、形象不同、互为补充的文化旅游链。其中，民办博物馆不可忽视。就舟山市而言，1998 年 7 月，民办博物馆——“岱山海曙综艺珍藏馆”开业，至 2019 年，全市共有各类民办博物馆（包括国有民办）11 家，占全市博物馆总数的 29.7%。这些民办博物馆在弘扬海洋文化、丰富海岛群众精神文化生活、推动当地海洋经济发展、推进舟山海洋文化名城建设等方面发挥了积极作用。

岱山县海洋文化系列博物馆是较为成功的专题博物馆开发模式。岱山县海洋系列博物馆的建设起步于 2003 年，目前，已建成中国海洋渔业博物馆、中国盐业博物馆、中国台风博物馆、中国灯塔博物馆、中国岛礁博物馆及中国海防博物馆，形成海洋系列博物馆。岱山海洋系列博物馆是对海岸带文化景观资源的拯救与延伸，填补了中国博物馆事业的一系列空白，对岱山经济发展起到十分重要的作用。海洋系列博物馆已成为扩大岱山影响的一张名片，博物馆本身也已成为海岸带旅游的一大景点和科普教育基地，博物馆通过扩充文物、丰富馆藏品，拓展了岱山的“文化疆域”。系列博物馆的成功经验主要体现在运用错位竞争的发展思路，进行海岸带文化景观资源开发。岱山虽有大量的海岸带文化景观资源，但其资源品相与舟山群岛的其他地区相比并无多少优势。岱山沙滩、海水不比嵊泗、朱家尖、桃花岛，佛教文化不比普陀山，渔港不比沈家门。博物馆作为海洋文化景观资源的展示载体，以海洋文化为核心，做海岸带文化景观资源的保护性开发，把海洋文化同旅游结合起来，“抢”品牌、做精品，实现夹缝中生存，较好地避免了与周边地区的雷同。不同博物馆之间主题各异，又相互关联、相互补充，提升了海岸带文化旅游资源开发的品质。

2. 海洋文化节庆型开发模式

节庆是指某地区以其特有的资源，包括历史文化和宗教艺术、传统竞技、风俗习惯、地理位置、名胜古迹等为主题，在固定地点或区域周期性举办，主要目的在于加强外界对于该旅游地的认同，融旅游、文化、经贸活动于一体的综合性节日庆典活动。这些活动通过内容丰富、开放性和参与性强的活动项目，吸引大量游客，从而拉动旅游业的消费和投资，使纯粹的节庆演变成节庆旅游。它是以某种具有鲜明主题的公众性庆典活动为契机，开发出来的一种现代新型旅游产品，是以节庆形式对区域特色进行策划和包装，使其产生定向吸引并为旅游业所利用，从而产生社会、经济、文化等综合效益的一种专项旅游开发形式（连建功和黄翔，2007）。

海洋文化节庆型开发模式是指根据海洋文化景观资源所在地特有的旅游资源内容与文化内涵，确定节庆活动主题，然后根据主题开展一系列的节庆活动，通过宣传促销、活动场景设计、节目策划、开闭幕式活动设计、专项文化活动、商贸活动等项目的策划设计等，达到宣传和保护海岸带文化景观资源，提升海岸带文化景观资源所在地形象，进行招商引资，促进当地社会经济发展的目的。海洋文化节庆型开发模式的核心，是挖掘具有地方特色的深层次的海洋文化内涵。

浙江海岸带文化景观资源丰富，类型多样，目前已形成数量众多的海洋文化节庆。如文化艺术类的“中国海洋文化节”“海上丝绸之路文化节”“渔民画艺术节”“外滩文化艺术节”等，民俗风情类的“沈家门国际民间民俗大会”“中国嵊泗贻贝文化节”“中国青蟹节”，体育休闲类的“象山国际海钓节”等，综合类的“中国开渔节”“中国（宁海）徐霞客开游节”“普陀山观音文化节”等。

以舟山为例，当地将原本散落于民间的物质材料和民俗文化艺术加工提炼，进行集中展示，举办了“国际沙雕节”“海鲜美食文化节”“普陀山观音文化节”“海洋文化节”“桃花岛金庸武侠文化节”“沈家门国际民间民俗大会”“中国嵊泗贻贝文化节”等体现舟山海岸带文化特色的系列节庆活动，促进了舟山海岸带文化景观资源保护性开发模式的多样化发展。舟山海洋文化系列节庆活动一方面与海洋特色紧密联系，具有强烈地域性；另一方面又广泛吸收外部文化营养，体现海洋文化的开放特征。具体地说，舟山海洋文化系列节庆活动具有文化与经济的互动性、明显的地域性、内容的多元性、广泛的群众性和活动的开放性等特征。

舟山海洋文化系列节庆活动成功的运作经验主要有三个方面。第一，高起点打造节庆活动。正确定位，提高节庆文化的起点。海洋文化是舟山地方文化发展的重要标志。舟山立足舟山独特的海洋文化、民族民间文化、佛教文化，充分挖掘节庆海洋文化内涵，按照“高起点、高标准、大手笔”的要求，精心设计打造节庆文化品牌。第二，注重区域海洋文化内涵和艺术形式的体现。在各大节庆活动的设计与组织策划过程中，十分注重舟山海洋文化背景的体现，展示舟山浓郁的海岛特色和浓厚文化底蕴。第三，不断挖掘传统节庆文化的内涵。舟山市十分重视传承传统节庆文化建设，不断丰富和发展传统节庆文化的内涵，找准切入点，挖掘艺术亮点，整合各种文化资源，形成特色鲜明、区域鲜明的传统节庆文化风格。

3. 宗教旅游开发模式

海岸带文化景观资源的宗教旅游开发模式是以涉及宗教文化的宗教建筑、民间信仰场所、寺庙、祠堂、祭祀活动场所等海岸带历史场所景观和涉海信俗、礼仪习俗、庙会节庆等海岸带民俗文化景观资源为核心内容，结合山海文化、天象气候等其他海岸带文化景观资源，形成具有一定吸引力的生态旅游区，实现海岸带文化景观资源的保护与开发良性互动的模式。浙江沿海地区宗教盛行，宗教文化内涵深厚，既包括土生土长的宗教——道教，也包括外来宗教——佛教、基督教，还包括海岸带文化特有的民间信仰——妈祖文化。丰富的宗教文化吸引着海内外信徒、专家学者和普通游客慕名而来，为宗教旅游的发展提供坚实基础。同时，宗教文化也是浙江海洋文化的重要组成部分，宗教文化的发展与传承往往与海洋有着不解之缘，例如沿海地区的宗教文化往往以山海文化景观资源等作为活动场所，以海洋文化线路作为自己的传播途径，以当地民俗文化作为自己发展的重要依托。依托得天独厚的宗教资源，浙江沿海地区现已建成一批海岸带文化景观资源的宗教旅游开发模式。这种模式不仅拓展了海岸带的文化内容，也使得许多以前不为人知的海岸带文化景观资源得到了更好的保护与开发，直接带动了海岸带文化产业和旅游业的发展。特别是浙江普陀山海岸带文化景观资源的宗教旅游开发模式，已闻名世界。

普陀山是我国四大佛教名山之一，同时也是著名的海岛风景旅游胜地。普陀山的旅游景点，如闻名中外的三大寺、多宝塔、磐陀石、佛顶山、紫竹林、梵音洞、露天观音铜像等，均与佛教信仰息息相关，它们或为宗教活动中的场所，或是佛教经义的象征，或为观音身世的具化石，环环相扣、点线结合、景景相连。美丽的自然风景和浓郁的佛都气氛完美结合，给普陀山蒙上一层神秘色彩，成为吸引游人的魅力小岛。

普陀山海洋文化景观资源的宗教旅游开发模式的成功经验主要有 4 个方面。第一，正确认识佛教与旅游。佛教与中国传统的“儒”“道”学说结合，成为影响了中国人千百年的一种思潮，是祖先创造和遗留下来的一笔文化遗产。佛教文化中的精华可以转化为旅游产品，为旅游业发展、经济建设和文化建设服务，并为佛教文化本身的发展注入新的活力。对于佛教与旅游的正确认识，使得普陀山的佛教文化旅游资源得到了修复和改善，佛教文化得到了进一步的挖掘和弘扬，佛教文化旅游显现出欣欣向荣的景象。目前，普陀山年游客接待量是佛教四大名山中其他三大名山的总和。第二，精心设计佛教旅游产品，营造浓郁的宗教旅游氛围。坚持高起点、广视野，灵活利用现有佛教人文资源，开发佛教观光旅游、佛教朝拜旅游、佛教生活习俗旅游、佛教修学旅游、佛教休养和疗养旅游、佛教娱乐旅游等佛教旅游产品。第三，加强市场营销工作，扩大影响力。日本、韩国与东南亚诸国及我国港澳台地区信奉佛教的人很多，这些国家和地区是很大的客源市场。普陀山十分重视市场营销，广泛宣传普陀山的佛教旅游产品。如普陀山的“观音文化节”，既展示“海天佛国”普陀山的新形象，提高文化旅游品位；又调节旅游淡旺季，扩大普陀山知名度和影响力。第四，注重佛教文化旅游资源的保护和可持续发展。普陀山的宗教建筑，从选址、布局到结构都十分讲究，巧妙利用地形地貌，与周围环境保持和谐。普陀山在佛教文化旅游开发时，十分注意宗教文化古迹的保护，项目设置做到了与主题和谐一致。此外，为保证旅游不超过环境容量，引导、调节、分流一部游人去洛迦山、朱家尖等地，保证了普陀山佛教旅游的可持续发展。

4. 保护修复型模式

保护修复型模式是指对于一些历史价值高、生存环境差、内涵没有得到充分挖掘的海岸带文化景观资源进行科学保护与修复，在宏观上建立保护区、统一规划布局，微观上采取工程修缮等方式对海岸带文化景观资源进行合理保护，并通过对其文化价值、历史价值、社会价值的充分挖掘，达到保护性开发的目的。在浙江省的漫长海岸线上，散布着众多历史遗留的生产地遗址和古代战争遗留的军事遗址等。目前，只有一些具有重大科考价值且分布较为密集的景观资源得到保护和开发，而一些相对分散、单体规模小的景观资源则未得到保护和开发利用。由于人类的破坏以及大自然的自然演化，浙江省的大量海岸带文物遗迹景观资源和海岸带聚落文化景观资源受到损坏，有的已经面目全非，只剩下残垣断壁。对于这类景观资源，可采用保护修复型模式，重点挖掘历史上此地发生重大活动的详细资料，尽量在不破坏原有景观资源面貌的前提下，对景观资源进行修复，重现当时的历史场景。可利用现代的手段进行修复，由过去单纯的修建博物馆形式进行保护向古遗址建筑翻新改造，利用复古性的新建形式扩大资源保护影响。河姆渡遗址的开发就是海岸带文化景观资源保护修复型模式的一个很好例证。

河姆渡遗址是浙江省余姚市 1973 年发现的一处新石器时代古人类遗址。河姆渡遗址的保护与开发取得的成功经验主要有 3 个方面。第一，河姆渡遗址的保护利用起步较早。1986 年就制定了“河姆渡遗址保护、建设总体规划”，搬迁了遗址及渡口南岸的村民住宅以及乡办拉丝厂、机电站、排涝站、采石场等，解决了遗址保护问题。第二，建设遗址博物馆。1990 年初，河姆渡遗址开始建设遗址博物馆，博物馆由文物陈列馆和遗址现场展示区两部分组成，做到遗址保护与开发利用的紧密结合。第三，建设河姆渡文化原始生态区，生态区占地 4000 亩，与现在的遗址博物馆连成一片，功能、内容与河姆渡文化紧密相关，是博物馆功能的延伸。原始生态园区模拟、恢复河姆渡先民生活时期的生态环境，通过游客在其内游玩，参与采集、渔猎等活动，亲身体验先民古朴而野趣的原始生活。河姆渡遗址的这种保护修复型模式既实现了对海岸带文物遗迹景观资源的保护，又通过旅游开发拓宽了遗址保护的资金来源渠道。

5. *旅游景观资源生态保护区模式*

旅游景观资源生态保护区是在景观生态学视野下提出的对旅游资源进行设计和管理的概念，它不同于一般意义上的自然保护区（郑达贤，1997），旅游景观资源生态保护区是一种有限保护和控制的区域，不一定完全排除人为的有限利用。旅游景观资源生态保护区的建设和维护通过该区域的特定环境生态功能去维护整个区域的人与自然的协调关系，因而对保护区特定的环境生态功能的维护和强化是保护区管理和建设工作的中心（郑达贤，1997）。因此，旅游景观资源生态保护区所实施管理和保护的对象可以是自然生态系统，也可以是人工生态系统。

海岸带文化景观资源生态保护区允许在不破坏原有景观资源生态平衡的前提下进行必要的经济、社会活动。如沿海渔村、古集镇、海岸带文化特色街巷、海岸带民居建筑等海岸带聚落文化景观资源，其本身就是人类生活的空间，允许人类继续生活其中就是对景观资源的一种保护。海岸带文化景观资源生态保护区的开发模式既适用于物质文化景观资源，也适用于非物质文化景观资源，因此，在特定区域建设海岸带文化景观资源生态保护区对浙江海岸带文化景观资源进行保护是一种较好的模式。浙江象山的“国家级海洋渔文化生态保护实验区”建设就是海岸带文化景观资源生态保护区建设的一个很好的实践。象山广阔的海域面积和临海而居的生存环境，决定了当地人以渔为生的生存方式。在长期“耕海牧渔”的生产实践中，象山不仅存留了大量珍贵的物质文化遗迹，而且积累了大量丰富多彩、形式多样的非物质文化遗产。2010 年 6 月，原文化部（现文化和旅游部）正式批准象山县设立“国家级海洋渔文化生态保护实验区”，成为继闽南、徽州、热贡、阿坝州等之后，第 7 个国家级文化生态保护实验区。

象山以建设海洋渔文化生态保护区的形式进行海岸带文化景观资源保护性开发的成功经验主要体现在 4 个方面。第一，探索对象山海洋渔文化的整体性保护。成立由县长任组长、13 个相关部门和单位负责人为成员的“浙江象山海洋渔文化生态保护区申报工作领导小组”，编制了《象山海洋渔文化生态保护区规划纲要（草案）》，为创建象山海洋渔文化生态保护区提供了蓝图。第二，多措并举保护海岸带文化景观资源。通过普查，摸清当地海岸带文化景观资源特别是海洋渔文化景观资源家底，完善象山海洋渔文化名录，全面收集与海洋渔文化相关的文献、音像及实物资料等，为文化生态区建设工作和学术研究提供依据；建立海洋渔文化数据库，对各类资料进行全面、真实、系统的记录和归档；以点带面建成一批海洋渔文化景观资源保护场所，陈列海洋渔文化相关实物资料，展示和传播象山海洋渔文化，为民众认识、了解海洋渔文化的价值创造良好氛围。第三，开展形式多样的海洋渔文化理论研究。象山十分重视海洋渔文化研究工作，于 2004 年 5 月成立了渔文化研究会，并创办全国第一家渔文化杂志，举办了全国首次渔文化研讨会，搜集整理并出版了《象山妈祖文化述略》《象山民间故事》《中国渔文化论文集》等，为研究海洋渔文化打下坚实的理论基础。象山与浙江大学非物质文化遗产研究中心合作成立“浙江大学非物质文化遗产研究中心象山研究基地”，有针对性地对海洋渔文化进行专题调研和理论探讨，扩大象山海洋渔文化在国内外的影响力。第四，以保护为主，合理开发利用海洋渔文化。在做好抢救与保护的前提下，对海洋文化景观资源进行合理开发，转化为经济资源，充分利用其经济价值，以推进海洋文化景观资源的保护。积极探索船模制作、根雕、贝雕等传统工艺及石浦十六碗等特色饮食文化的生产性保护，将其转化为经济资源和经济效益，改善海洋渔文化传承人的生活状态，激发海洋渔文化传承的内在活力。同时，以保护带动发展，以发展促进保护，实现海洋渔文化保护与经济开发的良性互动。

参 考 文 献

曹宇，欧阳华，肖笃宁. 2005. 额济纳天然绿洲景观健康评价[J]. 应用生态学报，6：1117-1121.

陈君. 2000. 我国滨海旅游资源及其功能分区研究[J]. 海洋开发与管理，3：41-47.

陈颖，黄承. 2007. AHP 与模糊评价法在高速公路人文景观评价中的应用[J]. 环境保护科学，33（3）：71-75.

程胜龙. 2009. 海岸带旅游可持续发展研究[D]. 兰州：兰州大学.

程胜龙，尚丽娜，张颖，等. 2010. 两层次定量评价法在滨海旅游资源评价中的应用——以广西滨海为例[J]. 热带地理，30（5）：570-575.

董新. 1993. 论人文旅游景观构成及景观特征[J]. 人文地理，8（1）：65-69.

冯纪中，刘滨谊. 1991. 理性化-风景资源普查方法研究[J]. 建筑学报，（5）：38-43.

耿春仁，赵以强，邓志忠. 1988. 模糊集论与管理决策[M]. 北京：电子工业出版社.

郭来喜，吴必虎，刘峰，等. 2000. 中国旅游资源分类系统与类型评价[J]. 地理学报，55（3）：294-301.

韩勇，房小燕. 2008. 景观资源评价[J]. 青岛理工大学学报，29（6）：12-15.

胡卫伟. 2008. 海洋旅游产品结构优化对策探略——以舟山群岛为例[J]. 商场现代化，（24）：230-232.

黄俊芳，王让会，林毅，等. 2008. 北屯绿洲生态系统耗散特性分析[J]. 中国沙漠，（3）：491-497.

李加林，杨晓平，童亿勤，等. 2010. 江苏海岸带景观及其生态旅游的开发[J]. 海洋学研究，28（1）：80-87.

李姗. 2016. 滨海旅游资源分类与评价研究[D]. 曲阜：曲阜师范大学.

连建功，黄翔. 2007. 湖北省节庆旅游开发研究[J]. 资源开发与市场，1：90-92.

刘国强. 2012. 滨海旅游业的发展潜力评价[J]. 经济导刊，Z1：82-83.

束晨阳. 1995. 中国海滨景观——风景旅游资源的探索[J]. 中国园林，11（2）：15-23.

仝川，吴雅琼，龚建周. 2003. 内蒙古和林格尔农牧交错区景观特征与景观管理[J]. 水土保持学报，2：114-117.

王保忠，王保明，何平. 2006. 景观资源美学评价的理论与方法[J]. 应用生态学报，9：1733-1739.

王励涵. 2008. AHP 主导的潭獐峡风景名胜区景观资源评价[D]. 重庆：西南大学.

许定国，吴永. 2008. 浙江非物质文化遗产保护的成功经验对陕西的启示[J]. 新西部，1：207-208.
许靖. 2012. 浙江省海岸带旅游资源 CSS 评价[D]. 杭州：浙江师范大学.
杨定海，彭重华，罗丽华. 2004. 岳麓山风景名胜区景观资源综合评价研究[J]. 福建林业科技，1：17-20.
俞孔坚. 1986. 自然风景景观评价方法[J]. 中国园林，3：38-40.
袁兴中，刘红，陆健健. 2001. 生态系统健康评价：概念构架与指标选择[J]. 应用生态学报，12（4）：627-629.
张广海. 2013. 我国滨海旅游资源开发与管理[M]. 北京：海洋出版社.
张开诚，张国玲. 2009. 广东海洋文化产业[M]. 北京：海洋出版社.
张松. 2001. 历史城市保护学导论[M]. 上海：上海科学技术出版社.
赵焕臣. 1986. 层次分析法——一种简易的新决策方法[M]. 北京：科学出版社.
郑达贤. 1997. 论景观生态保护区[J]. 地理科学，17（1）：70-75.
周彬，赵宽，钟林生，等. 2015a. 舟山群岛生态系统健康与旅游经济协调发展评价[J]. 生态学报，35（10）：3437-3446.
周彬，钟林生，陈田，等. 2015b. 舟山群岛旅游生态健康动态评价[J]. 地理研究，34（2）：306-318.
周星. 2000. 海洋民俗与中国的海洋民俗研究[M] //海洋文化研究（第二卷）. 北京：海洋出版社.
Rapport D J，Costanza R，McMichael A J. 1998a. Assessing ecosystem health[J]. Trends in Ecology & Evolution，13（10）：397-402.
Rapport D J，Gaudet C，Karr J R，et al. 1998b. Evaluating landscape health：integrating societal goals and biophysical process[J]. Journal of Environmental Management，53（1）：1-15.
Saaty T L，Gholamnezhad H. 1982. High-level nuclear waste management：analysis of options[J]. Environment and Planning B-Planning & Design，9（2）：181-196.

第 3 章　海岸带湿地资源

3.1　海岸带湿地资源概念及特征

3.1.1　海岸带湿地资源的概念及分类

1. *海岸带湿地的定义*

湿地广泛分布于世界各地，拥有众多野生动植物资源，与海洋、森林并称为地球三大生态系统，有“地球之肾”的美誉。其中，滨海湿地是海洋生态系统和陆地生态系统之间的过渡地带，由连续的沿海区域、潮间带区域以及包括河网、河口、盐沼、沙滩等在内的水生态系统组成（Cicin 和 Knecht，1998）。近几十年来，在全球变暖、海平面上升、社会经济发展以及人口增长等诸多因素的共同影响下，滨海湿地遭到不同程度的破坏，滨海湿地数量和质量急剧下降，生态系统退化，生物多样性减少，生态服务功能降低，带来了许多生态环境问题，如何有效监测和保护滨海湿地资源，成为亟待解决的问题（刘艳艳等，2011）。

由于海岸带没有明确的边界和定义，绝大多数研究将海岸带湿地归属或等同于湿地中的滨海湿地范畴，因此本章将海岸带湿地与滨海湿地视作同一概念的不同表达。对于滨海湿地的定义，国内外学者都有一些比较重要的论述，但目前还没有比较全面的科学定义。《关于特别是作为水禽栖息地的国际重要湿地公约》(简称《湿地公约》）对滨海湿地的定义是下限为海平面以下 6 m 处（习惯上常把下限定在大型海藻的生长区外缘），上限为大潮线之上与内河流域相连的淡水或半咸水湖沼以及海水上溯未能抵达的入海河的河段区域。《湿地公约》的定义应用最为广泛，也被各缔约国较为普遍接受，中国官方对于滨海湿地的理解也源自此。《中华人民共和国海洋环境保护法》明确规定，滨海湿地是指低潮时水深不足 6 m 的水域及其沿岸浸湿地带，包括水深不超过 6 m 的永久性水域，潮间带（或洪泛地带）和沿海低地等（关道明，2012）。陆健健（1996）以《湿地公约》及美国、加拿大等国的湿地定义为基础，结合我国的实际情况将滨海湿地定义为陆缘为 60%以上湿生植物的植被区、水缘为海平面以下 6 m 的近海区域，包括江河流域中自然的、人工的、咸水的或淡水的所有富水区域（枯水期水深超过 2 m 的水域除外），不论区域内的水是流动的还是静止的、间歇的还是永久的。此定义基本涵盖了潮间带的主要地带及与之关系密切的相邻区域（张晓龙等，2005）。

2. 海岸带湿地的分类

对于海岸带湿地的分类也多种多样，不同的国家和地区有不同的分类体系。《湿地公约》的分类系统是国际上应用较广的湿地分类系统，该分类系统将海洋/海岸湿地分为永久性浅海水域、海草床、珊瑚礁、岩石性海岸、沙滩砾石与卵石滩、河口水域、滩涂、盐沼、潮间带森林湿地、咸水或碱水潟湖、海岸淡水湖和海滨岩溶洞穴水系，共 12 种类型。Dennis 等（2005）建立了美国 Great Lake 滨海湿地的水文分类系统，该系统首先根据湿地的水分来源、水文连通性等特征将湿地分为湖泊湿地、河流湿地和有屏障保护湿地 3 个湿地系统，然后再根据湿地的动植物特征及岸线过程等分为若干的湿地类型。朱叶飞和蔡则健（2007）将江苏省海岸带湿地分为近海及海岸带湿地、河流湿地、鱼塘水库和河口湿地 4 类。其中，近海及海岸湿地分为浅海水域、中潮带淤泥海滩、中潮带砂石海滩、中潮带盐水沼泽、高潮带砂石海滩、高潮带淤泥海滩、高潮带沼泽、低潮带淤泥海滩、低潮带砂石海滩、河口水域和晒盐场 11 个类型。陈渠（2007）将福建省湿地分为近海和海岸湿地、内陆湿地和人工湿地三大类。近海和海岸湿地按照淹水程度分为潮下带湿地与潮间带湿地，潮下带湿地分为浅海水域和河口水域，潮间带湿地又分为岩石性海岸、潮间沙石海滩、潮间淤泥海滩、红树林沼泽、潮间盐沼、珊瑚礁等类型。涂志刚等（2014）将海南岛的滨海湿地分为自然湿地和人工湿地两大类，13 种类型，其中自然湿地包括岩石性海岸、砂质海岸、粉砂淤泥质海岸、滨岸沼泽、海岸潟湖、河口水域、三角洲湿地、红树林沼泽和珊瑚礁；人工湿地包括养殖池塘、水库、稻田和盐田。牟晓杰等（2015）参考《湿地公约》和中国湿地调查的分类系统，提出中国滨海湿地的综合分类系统。根据成因的自然属性将中国滨海湿地分为自然滨海湿地和人工滨海湿地两大类。其中，自然滨海湿地以受潮汐的影响程度为主导指标，分为潮上带、潮间带和潮下带 3 个亚类。再按照滨海湿地的地貌、物质组成和植被特征划分为海岸性淡水湖、海岸性淡水沼泽、岩石性海岸、砂石海滩、泥质海滩、盐水沼泽、盐化草甸、河口三角洲—沙洲沙岛、红树林沼泽、海岸性咸水湖、河口水域、浅海水域、海草层、珊瑚礁 14 个湿地类型。人工滨海湿地则分为盐田、稻田、养殖池塘、库塘、沟渠和污水处理池 6 个湿地类型。总体上，大多数分类系统都将滨海湿地分为自然湿地和人工湿地两大类，再根据具体的区域特征进行更加细致的分类，其中牟晓杰等（2015）提出的中国滨海湿地综合分类系统较好地结合了中国地理区域实际，又较为全面地反映了中国滨海湿地类型，是目前较为完善的分类系统。

3.1.2 海岸带湿地资源的生态价值

海岸带湿地不仅具有丰富的生物多样性和极高的生产力，而且发挥着重要功能，如净化环境、调节气候、调蓄洪水、促淤造陆、涵养水源、保护生物多样性及为人类提供自然资源、土地资源、旅游资源等（李荣冠等，2015；Delgado 和 Marin，2013），既具有间接的经济价值又具有环境及生态价值（徐东霞和章光新，2007）。在总结现有研究的基础上，本书将海岸带湿地资源的生态价值归纳为资源供给价值、环境净化价值、海岸与物种保护价值。

1. 资源供给价值

海岸带湿地蕴藏着各种丰富的自然资源，与人类生活和国民经济建设息息相关。海岸带湿地的资源供给主要有以下 3 种：①海岸带湿地动物资源。滨海湿地每年可为沿海地区提供大量的水产品，其中有浅海区的鱼、虾、贝、藻等，溯河洄游型的银鱼、凤尾鱼等，降河洄游型的河鳗、河蟹等。②海岸带湿地植物资源。海岸带湿地可以提供作为建材和造纸原料的芦苇，用作饲料的海草，作为粮食的水稻以及药材等多种植物类型。③海岸带湿地能源矿产资源。湿地中有各种矿砂、盐田及其他金属和非金属矿资源，还有丰富的石油、天然气、潮汐能、风能等能源，湿地的泥炭也可作为能源进行利用。

2. 环境净化价值

环境净化功能是所有湿地的共同特征。湿地是地球上具有多种功能的生态系统，可以沉淀、排除、吸收和降解有毒物质，被誉为“地球之肾”。湿地的过滤作用是指湿地独特的吸附、降解和排除水中污染物、悬浮物和营养物的功能，使潜在的污染物转化为资源。这一过程主要包括复杂界面的过滤过程和生存于其间的多样性生物群落与其环境间的相互作用过程。该过程既有物理的作用，也有化学和生物的作用。物理作用主要是湿地的过滤、沉积和吸附作用；化学作用主要是吸附于湿地孔隙中的有机微生物提供酸性环境，转化和降解水中的重金属；生物作用包括微生物作用和植物作用，前者是指湿地土壤和存活在土壤中的微生物（如细菌）对污染物的降解作用，后者是指大型植物（如芦苇、碱蓬以及藻类）在生长过程中从污水中汲取营养物质的作用，从而使污水净化，生物作用是湿地环境净化功能的主要方式。

海岸带湿地固碳能力也较为显著。海岸带湿地中的盐沼湿地、红树林和海草床等海岸带高等植物以及浮游植物、藻类和贝类生物等，在自身生长和微生物的共同作用下，将大气中的 CO_2 吸收、转化并长期保存到海岸带底泥中，使海岸带湿地成为巨大的碳库，为应对全球气候变化做出巨大贡献（唐剑武等，2018）。同时，海岸带湿地植被在吸收 CO_2 的同时，释放大量 O_2，并通过蒸腾作用，改善、调节沿海地区的气候条件。

3. 海岸与物种保护价值

海岸带地区是风、沙、水、旱、潮等自然灾害多发区，尤其是台风，可造成严重灾害。

海岸带湿地可抵御波浪和海潮的冲击、防止风浪对海岸的侵蚀（鞠美庭等，2009)。湿地可通过植物根系及堆积的植物体来稳固基底、削弱海浪和水流的冲力，通过沉降沉积物、提高滩地高度来防止自然力的破坏，保护海岸线，控制侵蚀。例如，红树林作为沿海防护林的第一道屏障，在防灾减灾中具有不可替代的作用。红树林根系发达、扎根于滩涂上、盘根错节形成一道严密栅栏，通过消浪、缓流和促淤来实现防浪、护岸作用。我国引进的大米草和互花米草，当初也是为保滩、促淤，增加沿海滩涂面积，减少海水冲蚀。

海岸带湿地还具有防止盐水入侵的功能。沿海地区入海的淡水减少时，海水会沿着江河向上扩展，严重时会影响人民的生活。沼泽、河流、小溪等湿地向外流出的淡水限制了海水的回灌，湿地植被也有助于防止潮水流入河流。

湿地生物多样性是所有湿地生物种类、种内遗传变异及其生存环境的总称，包括所有不同种类的动物、植物和微生物及其所拥有的基因，以及其与环境所组成的生态系统。栖息地功能是指生态系统为野生动物提供栖息、繁衍、迁徙、越冬场所的功能。湿地的特殊生境为各种涉禽、游禽提供了丰富的食物来源和营巢避敌的良好条件，成为珍稀野生生物的天然生境。湿地栖息着种类繁多的野生动植物，如水生植物、湿生植物、湿地鸟类、鱼类、水生哺乳类动物、两栖类动物以及大量无脊椎动物等。湿地还是重要的遗传基因库，对维持野生物种种群的存续、筛选，甚至对改良物种均具有重要意义。如江苏盐城国家级珍禽自然保护区就是为了保护以丹顶鹤为主的野生动植物建立的保护区，区内有植物 450 种，鸟类 402 种，两栖爬行类 26 种，鱼类 284 种，哺乳类 31 种。每年来此越冬的丹顶鹤达到千余只，占世界野生种群的 50%左右。

3.1.3　海岸带湿地资源开发利用现状及存在问题

我国是亚洲湿地面积最大的国家，居世界第四位。第二次全国湿地资源调查结果显示，我国现有 100 hm^2 以上的各类湿地总面积为 3848 万 hm^2（不包括香港、澳门和台湾数据）。自然湿地面积 3620 万 hm^2，占全国湿地面积的 94.07%。《中国海洋统计年鉴》显示，我国 2015 年近海和海岸湿地面积为 579.6 万 hm^2，相比之前减少了 14.4 万 hm^2。1949 年以来，我国滨海湿地损失更大，丧失约 219 万 hm^2，相当于滨海湿地总面积的约 40%。与中国的情况类似，1920～1980 年，菲律宾的红树林损失了 30 万 hm^2；1950～1985 年，荷兰损失了 55%的湿地；加拿大 65%的大西洋潮汐和盐沼湿地、80%的太平洋海岸河口湿地、70%的圣劳伦斯河海岸线沼泽湿地和超过 71%的草原泥沼被开发用于农田、城市和工业发展，港口建设和水电设施建设（崔丽娟，2008）。

人类活动对于海岸带地区不同资源的开发利用主要包括土地利用、围填海工程、滨海旅游、海水养殖、海岸采矿、污染物排放等。然而随着海岸带经济快速发展，海岸带人口压力也逐渐增大，人类向海洋过分掠夺生物资源、开发利用空间资源的活动不断加剧，资源短缺、生态环境恶化等矛盾日益突出。主要表现在海岸带水体污染，海洋渔业捕捞过度，滩涂、湿地开垦过度，旅游沙滩侵蚀等多方面。

1. 海岸带湿地资源开发利用现状

（1）资源利用。我国海岸带湿地资源分布广，开发历史悠久，利用类型多，特别是潮间带和浅海水域土地资源利用在广度和深度上有了全面发展。1949 年以来，全国累计围垦滩涂 100 多万 hm^2，主要用于扩大盐田、耕地以及建设用地。其他不同程度的土地资源利用包括采沙矿、建电站等。浅海水域开发利用以海洋渔业捕捞、海水晒盐、海上交通三大传统产业为主（吕彩霞，1997）。近年来，三大海域的沿海地区海洋矿业、石油、天然气等产业产量增长较大，2015 年，沿海地区海洋矿业产量达到了 4821.3 万 t，原油产量 5416.35 万 t，天然气产量 1472400 万 m^3。

（2）水产业。1986 年，中国海水养殖面积为 32.52 万 hm^2，2015 年增长至 231.78 万 hm^2，年平均增长率达 7.0%。1986 年，中国海水养殖产量为 85.76 万 t，海洋捕捞量为 389.61 万 t；到 2015 年，海水养殖产量达 1875.63 万 t，海洋捕捞量达 1314.78 万 t；海洋水产品从 1986 年的约 475.37 万 t 增加到 2015 年的约 3190.41 万 t，年平均增长率达 6.8%。根据渔业统计，中国海水养殖产品主要有 5 类，分别为贝类、藻类、鱼类、虾蟹类及其他类（海参、海胆等海珍品），其中，2015 年，贝类的养殖面积为 152.66 万 hm^2。

（3）海水资源利用。海水利用主要是海水制盐、提取盐化工产品、海水淡化和海水直接利用。海水制盐业发展最早，已有 4000 多年历史。1992 年，中国盐田总面积为 416 347.46 hm^2，海盐产量为 1978.60 万 t，居世界首位；到 2015 年，盐田总面积为 349 510.00 hm^2，海盐产量却增加至 3138.90 万 t。海水淡化、盐化工业等也正不断发展，取得了巨大的社会效益和经济效益，2015 年，沿海地区海洋化工产品产量达到 179.49 万 t。

（4）港口建设。我国的港口建设也取得巨大成绩。2015 年，沿海规模以上港口生产用码头 39 个，码头总长度 735 027 m，泊位总数 5132 个，其中万吨级 1723 个。沿海港口的建设促进了我国对外联系和国内经济发展。

（5）旅游业。海岸带湿地旅游业开发较晚，但其旅游观光价值越来越受人们重视，发展也较快。已开发的旅游资源有各种类型的海洋景观、岛屿景观、奇特景观（如涌潮）、生态景观、海底景观及人文景观。我国海岸带湿地旅游资源开发仍处于初级阶段，发展潜力很大，2015 年，滨海旅游业较 2014 年增加值为 10 880.6 亿元。

（6）保护区建设。沿海区域海洋类型自然保护区主要分布在环渤海经济区、长江三角洲经济区、海峡西岸经济区、珠江三角洲经济区、环北部湾经济区 5 大区域，截至 2015 年，保护区总面积 2501.82 万 hm^2，数量 183 个，其中国家级保护区 43 个，地方级保护区 140 个。保护区类型中海洋和海岸生态系统 59 个，占保护区总数的 32%，另外，海洋自然历史遗迹 25 个，海洋生物多样性 59 个，其他 40 个。

2. *海岸带湿地资源利用中的问题*

随着沿海开发利用活动的不断增加，海洋生态环境问题日益突出，一些海区自然环境出现退化，海洋生物多样性受到严重威胁。

（1）海岸带水体污染。海岸带地区作为经济发达的地区，聚集了大量的工农业企业，但是在聚集过程中，城市基础设施建设未能跟上社会经济发展水平，导致大量生态环境问题出现。局部海域，大量的陆源工农业废水、城市生活垃圾以及旅游污水直接或间接无节制排放，引起了海岸带地区环境质量下降、景观破坏、生物多样性锐减、赤潮等现象频发。此外，石油污染和有机污染也是威胁海岸带环境的重要问题。这些污染已严重威胁了海洋渔业的发展，使得养殖水产或天然海域鱼群受到毒害，甚至死亡，生物多样性下降，甚至使得许多河口、海湾地区的养殖场荒废。

（2）海洋渔业捕捞过度及沿海养殖污染。围垦造成的养殖过度和密度过大，以及人类对海洋鱼类的过度捕捞都会导致沿海地区海域原有的鱼类资源结构遭到破坏，种群数目及数量减少、原有生态系统遭到破坏，使其生态功能发生变化。由于渔业捕捞强度加大与船只数量和大小的迅速增长，中国海域的主要经济鱼类资源已出现衰退现象。如 2002 年，东海地区过度捕捞造成了“四大渔产”中的大黄鱼和曼氏无针乌贼资源严重衰竭（凌建忠等，2006）。过度捕捞使我国东海舟山一带几乎形不成鱼汛。近年来，中国沿海地区海水养殖业发展迅速，为丰富我国沿海居民的餐桌，发展沿海渔民的经济，发挥了巨大效益。但同时也给养殖区的海洋生态环境带来了显著影响。养殖过度造成有机物污染和高营养化，甲藻的大量繁殖，形成“赤潮”，造成大量海洋生物死亡，生物群落结构发生改变，造成养殖区域生物多样性下降。

（3）滩涂湿地围垦过度。随着海洋产业的迅猛发展，浅海滩涂已经成了海洋开发行业聚集的重要场所，并且随着开发利用，产生了巨大的社会效益。海岸滩涂开发利用中，最突出的是填海造陆和围海造地，改变了海岸线的自然形态，使得原本曲折多变的海岸线变得平直而单调，人工海岸线的比重不断上升，而自然海岸线比重不断下降，导致一些小海湾消失。此外，筑堤、围垦也导致自然环境恶化，如产生港口航道淤积、生态环境破坏、区域盐碱化等问题。海岸湿地大面积围垦和弯中取直，使沿海地区失去了大面积的水产生物天然栖息地、产卵场、索饵场，引起物种种群和数量减少，给围垦区附近广大水域的海洋生物资源造成长期影响。红树林、珊瑚礁生态系统的破坏，使防浪护堤的天然屏障遭到破坏，直接给沿海居民带来财产和生命损失的风险。许多地方的围垦，事先没有经过科学论证，后出现水源不足、含盐量高等一系列问题，使围垦之后的土地根本无法利用，不仅造成围垦过程人力、物力的浪费，还造成生态环境的严重破坏，甚至无法恢复。

（4）旅游沙滩侵蚀。由于部分单位或个人为牟取私利，私自开发沙滩、大兴土木、挖取砂石，人为地破坏了海滩景观。此外，旅游高峰期，海滩游客过于密集，大范围、高强度的践踏沙滩，使得沙粒下滑，而波浪又不足以携沙上覆，使沙滩短期内无法恢复到原先状态。因此，造成海滩变窄，物质粗化。如浙江舟山的南沙海滩就面临着夏季人口密度过大，海滩侵蚀过度的问题（李加林等，2017）。

3.2　不同淤蚀特征海岸带湿地景观格局及其演化特征——以江苏盐城海岸湿地为例

海岸带湿地位于海陆交错地带，不仅生产力高、多样性丰富，是最具价值的湿地生态系统之一（李杨帆等，2005），也是生态环境较为脆弱的地带（牛文元，1989）。江苏海岸作为典型的淤泥质海岸，在古长江与古黄河携带泥沙的共同堆积作用下，拥有丰富的滩涂资源，拥有世界罕见的大面积辐射沙脊群（任美锷等，1985；张忍顺等，1992）。根据江苏近海海洋综合调查与评价专项调查资料，江苏的沿海滩涂总面积 500 167 hm^2，约占全国滩涂总面积的 1/4，居全国首位。近几十年来，在人类活动干扰下，该区域面临围垦、污染、资源过度利用和生物入侵等一系列问题，导致大量原生态湿地消失，景观结构与格局变化剧烈，系统功能退化严重（刘瑀等，2008）。而湿地景观格局变化将对大气化学性质及过程、气候变化、区域水文变化、生物多样性等产生累计环境效应（刘红玉等，2003）。因此，对该区景观格局变化进行深入细致的研究显得尤为必要。有学者对盐城海岸湿地景观方面做了大量研究。欧维新等（2004a）利用 RS、

GIS 对引起盐城海岸带景观格局变化的驱动力进行了探讨；刘永学等（2001）利用 RS 对海岸盐沼植被演替进行了分析；李加林等（2003）对淤泥质海岸湿地景观格局进行研究，并对景观生态建设方面提出建议；张曼胤（2008）研究了滨海湿地景观变化对丹顶鹤生境的影响。已有的研究大多是对湿地景观时空演变特征及其驱动力（左平等，2012；张明娟等，2013）或景观演变预测（张怀清等，2009）方面的研究，也有从景观变化与生态环境（欧维新等，2004b）、生态系统功能（孙贤斌和刘红玉，2010）关系角度对景观格局进行探讨。另外，对沉积环境（闫文文等，2001）、土地利用变化（孙贤斌等，2010）、外来物种（刘春悦等，2009）和人为干扰（张华兵等，2012）等单个驱动力因子对景观格局的影响方面的研究也逐渐增多。然而，以海岸动力为视角，研究不同侵蚀淤积条件下，海岸湿地景观格局变化特征方面的相对较少。因此，本节以江苏盐城国家级珍禽自然保护区（扁担河口—新港闸）为研究区，基于 Landsat TM/ETM 影像数据，利用 RS 和 GIS，探讨近 20 年来江苏盐城不同沉积岸段，湿地景观格局的变化及各岸段内部之间景观结构和格局变化的特点，旨在探索盐城滨海不同沉积岸段湿地景观时空演变特征及主导因素，为开发和保护海岸湿地资源提供科学依据。

3.2.1　研究区概况

江苏盐城海岸湿地位于中国海岸带的中部，分属响水、滨海、射阳、大丰和东台 5 个县（市），位于 32°34′N～34°28′N，119°27′E～121°16′E。该区处于亚热带向暖温带的过渡地带，季风气候特点显著，历年年平均气温介于 13.7～14.8℃，年降水量为 900～1100 mm，雨量丰沛，南部多于北部（张华兵等，2012）。河流水系密布，自西向东注入黄海。根据国内外对海岸带的定义，结合目前对盐城海岸湿地的现状以及研究区内各类型区的分布状况，本节研究区的界定如下：分别以新港闸和扁担河口为南北界线，以保护区西边为西界。由于 2000 和 2010 年的影像潮位较高，而 1992 年明显较低，为保证本节的研究区范围一致，本节将 1992 年 TM 影像上能最大程度覆盖陆地区域的边界为东界，并稍微向海扩大。尽管影像潮位有所区别，但由于盐城保护区沿海滩涂最外沿植被为互花米草，2000 年以后成片分布，且植株高大浓密，潮位对其在影像上显示的影响不大，因此，1992、2002 和 2010 年这 3 年的影像数据对本节的研究是可行的。

江苏近 50 年来海岸湿地景观变化趋势主要表现为：灌河口与射阳河口段为冲蚀后退区域，射阳河口与斗龙港口段为淤积过渡区域，斗龙港口与弶港段为淤积淤长区域（王艳红等，2003）。据此，将本节研究区分为侵蚀区、过渡区和淤积区。

3.2.2　数据处理和分析方法

1. 数据处理

考虑该地区外来物种互花米草的扩展情况，以及不同时期人类围垦强度，选取 1992、2000、2010 年 Landsat 数据作为本节的研究数据（表 3-1），在 ENVI 中，将 TM5、TM4 和 TM3 波段进行 RGB 标准假彩色合成，对同年份两幅影像进行合并，并以 2010 年遥感图像为基准，对 1992 和 2000 年遥感影像进行几何校正，采用二次多项式校正函数，均方根误差最大为 0.2902，最后对校正后的图像进行二次线性拉伸增强处理。根据盐城海岸湿地植被分布的层次性，结合海岸湿地土地开发利用特点，将本节研究区景观类型划分为自然景观和人工景观两大类，其中自然景观包括光滩、芦苇、碱蓬、茅草、互花米草和河流，人工景观包括农田、盐田、道路和水产养殖塘。2012 年 9 月初完成野外调查和实地验证，解译精度为 92%。利用 ENVI，选择最大似然法进行监督分类，并制作景观类型变化图（图 3-1）。为保证 3 个年份的分区范围一致，以 2010 年侵蚀区、过渡区和淤积区为底图，利用掩模对 1992 年和 2000 年的景观分类图进行裁剪，再在 ArcGIS 中对该 3 年裁剪后图像进行重分类，并保存为栅格格式。

表 3-1　影像数据基本信息

年份	行列号	成像时间	分辨率/m	数据类型	含云量/%
1992	119/36	1992-05-22	30	TM	0
	119/37	1992-06-07	30	TM	0
2000	119/36	2000-06-05	30	ETM +	0
	119/37	2000-06-05	30	ETM +	0
2010	119/36	2010-01-24	30	ETM +	1
	119/37	2010-01-24	30	ETM +	3

2. 海岸湿地景观格局分析方法

定量表征景观格局的指数较多，由于部分景观指数相关性较高，因而同时采用多种指数（尤其是同一种景观类型的指数）并不增加“新”的信息（Hargis 等，1998）。本节在斑块水平上，选取斑块面积（CA）、斑块数量（NP）和斑块所占景观面积比（PLAND），分析各分区内部的景观类型结构变化；从景观类型水平上，选取斑块密度（PD）、形状指数（LSI）和斑块结合度指数（COHESION），

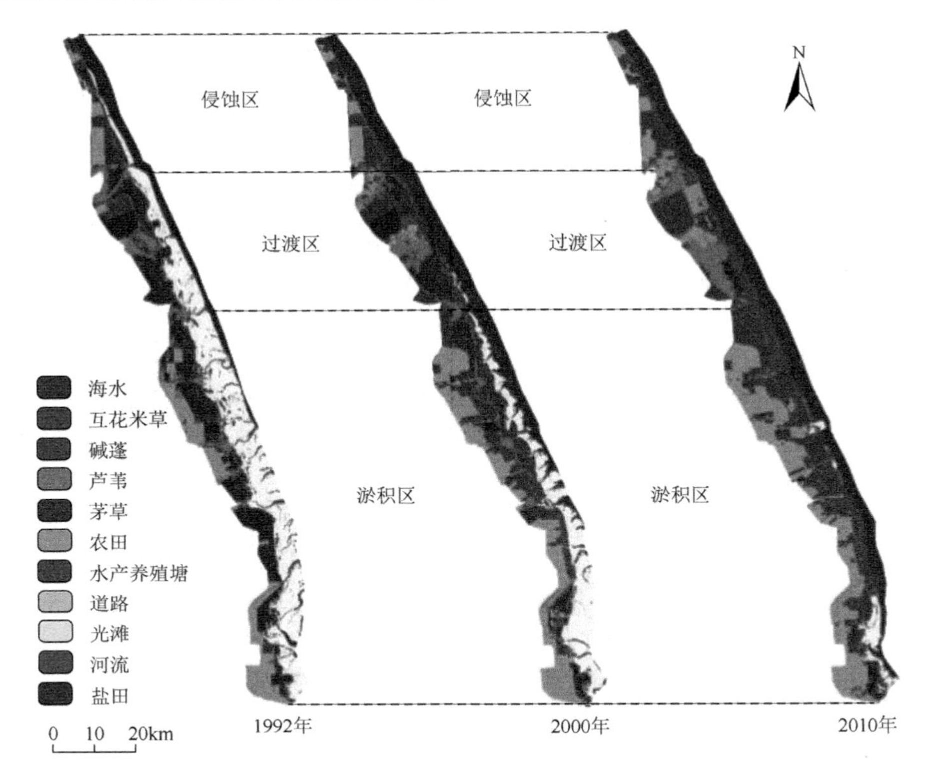

图 3-1　1992、2000 和 2010 年侵蚀区、过渡区和淤积区景观类型变化示意图

分析各分区内部景观类型格局变化；从景观水平上，选取斑块密度（PD）、形状指数（LSI）、最大斑块指数（LPI），蔓延性指数（CONTAG）和 Shannon 多样性指数（SHDI），分析全区及各分区景观格局变化。各指数计算方法及含义见表 3-2。上述景观格局指数的计算与获取均在 FRAGSTATS 中完成。对本节研究区内主要斑块类型的景观指数进行分析，自然景观选取芦苇、碱蓬、茅草和互花米草，人工景观选取农田、盐田和水产养殖塘。

表 3-2　景观指数计算方法

景观指数指标	计算公式	生态含义
斑块面积 CA	$CA=\sum_{i=1}^{n}a_i$ CA 为某一类斑块类型中所有斑块的面积之和（hm^2），a_i 为第 i 类景观的面积（hm^2），CA＞0	其值的大小表明该类型斑块在所有类型斑块的优势程度，CA 越大，面积越大，优势程度越高，反之越小
斑块数量 NP	$NP=n_i$ NP 为区域内总（或某一类）景观斑块的个数（个），n_i 为景观中第 i 类型斑块的个数（个）	描述景观的异质性和破碎度，NP 值越大，破碎度越高，反之则越低

续表

景观指数指标	计算公式	生态含义
斑块密度 PD	$\mathrm{PD}=\frac{\mathrm{NP}}{A}$ NP为区域内（或某一类）景观斑块的个数（个），A为区域内所有（或某一类）景观面积（hm^2），PD≥0	表征景观破碎化程度的指标，斑块密度越大，景观破碎化程度越高，反之则越低
斑块所占景观面积比 PLAND	$\mathrm{PLAND}=\frac{\sum_{i=1}^{n}a_i}{A}$ a_i为区域内景观斑块i的面积（hm^2），A为景观面积（hm^2）	它计算某一斑块类型占整个景观面积的相对比例，是帮助确定景观中优势景观元素的依据之一。其值趋于0时，说明景观中此斑块类型变得十分稀少，其值等于100时，说明整个景观只由一类斑块组成
最大斑块指数 LPI	$\mathrm{LPI}=100\frac{\max(a_1,\cdots,a_i)}{A}$ a_i为i类景观的面积（hm^2），A为景观总面积（hm^2）	表征了某一类型的最大斑块在整个景观中所占的比例
蔓延性指数 CONTAG	$\mathrm{CONTAG}=100\left\{1+\frac{\sum_{i=1}^{m}\sum_{j=1}^{m}\left[P_i\left(\frac{g_{ij}}{\sum_{j=1}^{m}g_{ij}}\right)\right]\left[\ln P_i\left(\frac{g_{ij}}{\sum_{j=1}^{m}g_{ij}}\right)\right]}{2\ln m}\right\}$ P_i为区域内i类型斑块所占的面积比重（%），g_{ij}为i类型斑块和j类型斑块毗邻的个数，m为区域内斑块类型个数	表征景观内斑块类型的团聚程度或延展趋势。CONTAG较大，表明景观中的优势斑块类型形成了良好的连接，反之，则表明景观是具有多种要素的散布格局，景观破碎化程度较高
形状指数 LSI	$\mathrm{LSI}=\frac{0.25E}{\sqrt{A}}$ E为斑块边界总长度（km），A为景观总面积（hm^2），LSI≥0	反映斑块形状的复杂程度，当景观类型中所有斑块均为正方形时，LSI＝1；当景观斑块形状越不规则或越偏离正方形时，LSI值增大
斑块结合度指数COHESION	$\mathrm{COHESION}=\left(\frac{\sum_{i=1}^{m}\sum_{j=1}^{n}q_{ij}}{\sum_{i=1}^{m}\sum_{j=1}^{n}q_{ij}\sqrt{a_{ij}}}\right)\times\left(1-\frac{1}{B}\right)^{-1}\times100$ q_{ij}为斑块ij用像元表面积测算的周长（km），a_{ij}为ij用像元测算的面积（hm^2），B为景观的像元个数	反映某一类斑块的物理连通性，当斑块类型分布变得聚集，其值增加
Shannon多样性指数 SHDI	$\mathrm{SHDI}=-\sum_{i=1}^{m}P_i\times\ln P_i$ m为斑块类型总数，P_i为第i类斑块类型所占景观总面积的比例（%），SHDI≥0	表征景观类型的多少以及各类型所占总景观面积比例的变化，同时能够体现不同景观类型的异质性，对景观中各类型非均衡分布状况较为敏感，强调稀有的景观类型对总体信息的贡献度

3.2.3　侵蚀岸段湿地景观格局及演化特征

根据图3-1可知，侵蚀区自然景观有芦苇、碱蓬、茅草、互花米草、光滩和河流，人工景观包括水产养殖塘、农田、盐田和道路。该区目前的景观结构以人工景观为主，优势斑块为水产养殖塘和农田，2010 年，斑块面积分别为 9402 hm^2 和 4941 hm^2（表 3-3）。景观类型变化方面，自然景观中茅草和碱蓬的斑块面积、斑块数量和面积比例大幅减少，2 个时段茅草斑块面积分别减少了 1244 hm^2 和 911 hm^2，斑块数量共减少了 103 个；碱蓬 2 个时段斑块面积分别减少了 1526 hm^2 和 874 hm^2，斑块个数由 48 个减至 28 个；芦苇的斑块面积和斑块数量减少幅度较小，面积比例先减少后增加。茅草、碱蓬以及芦苇的变化与人类围垦活动密切相关。互花米草斑块面积先增加后减少，主要由于前一时段为互花米草加速和快速扩张期，后一时段由于受侵蚀作用，滩涂面积减小，限制了互花米草等植被的扩张，在海岸后退过程中面积减少。人工景观中，水产养殖塘变化最为显著，2 个时段面积分别增加了 2634 hm^2 和 2398 hm^2，而斑块数量由 50 个减至 25 个；农田斑块的面积和数量呈上升趋势，但幅度不大。说明该区围垦的土地大部分转为水产养殖塘。通过转移矩阵，结合景观变化图分析，侵蚀区景观类型转移方向为茅草、碱蓬和互花米草→水产养殖塘，茅草→芦苇和农田。1992～2010 年，自然景观中茅草（*Aeluropus littoralis*）、芦苇（*Pragmites communis*）、碱蓬（*Suaeda* spp.）和互花米草（*Spartina* spp.）的斑块密度指数下降（表 3-4），破碎化程度减少，原因是围垦使自然植被面积大幅减少。人工景观中农田斑块密度指数总体呈上升趋势，破碎化程度增加；而水产养殖塘呈下降趋势，但数值仍较高，一方面由于相邻小斑块相互合并为大斑块，另外围垦使得斑块面积增加，引起破碎化程度减少，却又保持较高水平。受围垦的影响，自然景观中茅草、芦苇和碱蓬的形状指数不断下降，说明人为活动导致其斑块愈加规整，而互花米草形状指数不断增大，主要因为其位于陆地最外围，受人类活动影响小。农田和水产养殖塘作为人工景观，是人类活动的产物，形状指数变化不大。结合度指数方面，总体上自然景观低于人工景观，说明人工景观的斑块结合度高，连通性较好；互花米草结合度指数前一时段增大，主要由于自然扩散，使临近小斑块连为整体，连通性增强；后一时段减小，是受侵蚀作用迫使海岸后退，互花米草斑块被迫分裂。

表 3-3　侵蚀区景观类型结构指标变化

指标	年份	景观类型					
		茅草	芦苇	碱蓬	互花米草	农田	水产养殖塘
CA/hm^2	1992	2339	508	2593	417	4590	4370
	2000	1095	264	1067	805	4575	7004
	2010	184	318	193	213	4941	9402
NP/个	1992	111	18	48	13	7	50
	2000	21	12	14	8	10	26
	2010	8	4	28	10	12	25

续表

指标	年份	景观类型					
		茅草	芦苇	碱蓬	互花米草	农田	水产养殖塘
PLAND/%	1992	8.3	2.1	9.3	1.5	16.5	15.7
	2000	3.9	0.9	3.8	2.9	16.4	25.1
	2010	0.7	1.1	0.7	0.8	17.7	33.7

表 3-4　侵蚀岸段景观类型格局指标变化

指标	年份	景观类型					
		茅草	芦苇	碱蓬	互花米草	农田	水产养殖塘
PD	1992	0.34	0.06	0.17	0.05	0.02	0.18
	2000	0.08	0.04	0.05	0.05	0.04	0.09
	2010	0.03	0.01	0.01	0.04	0.03	0.09
LSI	1992	9.85	6.11	9.49	6.64	2.56	5.82
	2000	5.94	5.83	6.55	6.87	3.22	5.84
	2010	4.40	3.94	6.48	8.90	3.91	5.83
COHESION	1992	97.25	95.60	98.31	96.44	99.30	98.74
	2000	97.97	94.78	97.86	98.43	99.23	98.92
	2010	95.63	97.83	95.08	96.37	99.16	99.51

3.2.4　淤蚀过渡岸段湿地景观格局及演化特征

过渡区自然景观与侵蚀区一样，而人工景观比侵蚀区多一类盐田，目前人工景观面积大于自然景观，但是两者的差异明显小于侵蚀区。2010 年，景观类型中的优势斑块为水产养殖塘，其次为芦苇和农田，斑块面积分别为 15 976 hm^2、9474 hm^2 和 7060 hm^2（表 3-5）。

表 3-5　过渡岸段景观类型结构指标变化

指标	年份	景观类型						
		茅草	芦苇	碱蓬	互花米草	农田	水产养殖塘	盐田
CA/hm^2	1992	9029	5495	9528	299	634	2971	4134
	2000	3089	6419	8343	3452	2880	9932	3872
	2010	0	9474	3036	4531	7060	15 976	0
NP/个	1992	147	75	81	13	3	19	1

续表

指标	年份	景观类型						
		茅草	芦苇	碱蓬	互花米草	农田	水产养殖塘	盐田
NP/个	2000	49	33	51	14	16	31	1
	2010	0	33	11	22	28	46	0
PLAND/%	1992	16.1	9.8	17.0	0.5	1.1	5.3	7.4
	2000	5.5	11.4	14.9	6.1	5.1	17.7	6.9
	2010	0	16.9	5.4	8.1	12.6	28.5	0

景观类型变化情况，自然景观中茅草和碱蓬斑块面积、斑块个数以及面积比例都不断减少。1992～2010 年，茅草由 9029 hm^2 先减少到 3089 hm^2，最终完全消失，斑块数量减少了 147 个。碱蓬的斑块面积 2 个时段分别减少了 12.4%和 63.6%，共约 6492 hm^2，斑块数量减少了 70 个。这 2 种植被减少原因，因地域而异，保护区核心区以北主要由于围垦影响，而核心区部分主要由于植被自然演替。芦苇斑块面积和面积比例不断增多，增长了约 3980 hm^2，该区北部芦苇面积增长由于自然演替，而南部核心区内芦苇面积增长，一方面是由于自然演替，另一方面为促进保护区建设，人为加快恢复芦苇生长区。在保护区核心区，互花米草保持着自然扩张，面积增加了 4232 hm^2。人工景观中，农田和水产养殖塘面积大幅增加，分别增至 7060 hm^2 和 15 976 hm^2。射阳盐场因收益低，在 2008～2009 年，被水产公司收购，全部转变为水产养殖，达 3872 hm^2。结合转移矩阵分析，过渡区景观类型转移植被自然演替特征明显，主要沿茅草→芦苇→碱蓬→互花米草→光滩方向，另外茅草、碱蓬、芦苇→互花米草、水产养殖塘→农田，盐田→水产养殖塘也是 2 个重要的转移方向。除互花米草外，该区其他自然景观的斑块密度指数大幅下降（表 3-6），破碎化程度减少，原因为该区保护区核心区约占 1/2 的面积，核心区内部植被在自然演替过程中，斑块由分散逐渐聚集，并呈带状连片分布，而核心区以北，围垦条件下自然植被消失殆尽；互花米草密度指数略有上升，说明破碎化程度有所增大，主要由于核心区北部围垦作用使得大斑块被迫分割成小斑块，斑块面积减少，斑块数量增加，北部破碎化的增大带动整体水平的增加。该区人工景观密度指数不断增大，破碎化程度不断增加。这是由于围垦作用和开发建设道路廊道，使人工景观斑块数量增加，大斑块出现破碎，小斑块涌现，导致其破碎化程度不断加深。形状指数方面，芦苇受保护区人为恢复影响，形状指数下降，斑块形状变得简单规则；碱蓬在前一时段自然扩张，形状指数上升，后一时段核心区北部碱蓬遭受围垦，形状指数下降，使得边界形状变得简单规则；互花米草由于处于陆地最外围，指数变化不大。受 1996～2000 年大面积围

垦影响，农田和水产养殖塘的形状指数增大，在 2000 年后围垦中与自然景观形状指数接近，保持较低水平。芦苇和互花米草在保护区影响下自然扩散，使得斑块面积不断增大，小斑块合并成大斑块，斑块结合度增强；其他类型斑块结合度大都保持较高水平，说明各斑块内部连通性较好。

表 3-6 过渡区景观类型格局指标变化

指标	年份	景观类型						
		茅草	芦苇	碱蓬	互花米草	农田	水产养殖塘	盐田
PD	1992	0.26	0.13	0.14	0.02	0.01	0.04	0
	2000	0.09	0.06	0.09	0.02	0.03	0.06	0
	2010	0	0.06	0.02	0.04	0.05	0.08	0
LSI	1992	10.94	11.17	6.87	6.55	2.00	3.22	1.33
	2000	10.70	9.99	7.96	6.89	6.27	7.31	1.40
	2010	0	6.39	6.00	6.74	6.06	7.73	0
COHESION	1992	98.88	98.49	99.51	95.61	98.45	98.86	99.66
	2000	98.37	99.04	99.33	98.77	98.68	98.98	99.64
	2010	0	99.45	99.50	99.40	99.31	99.39	0

3.2.5 淤积岸段湿地景观格局及演化特征

淤积区景观类别与过液区完全一致，2010 年景观类型以人工景观为主，水产养殖塘和农田为该区的优势斑块，两者面积分别为 45 891 hm^2 和 41 381 hm^2，自然景观以互花米草为主，面积为 9195 hm^2（表 3-7）。景观类型变化中，自然景观中茅草、碱蓬和芦苇的面积大幅减少，2 个时段分别共减少了 19 651 hm^2、12 407 hm^2 和 3432 hm^2，前一时段自然景观以茅草面积大量减少为主，后一时段则为碱蓬。互花米草面积 2 个时段都在增加，但前一时段猛增，为 7899 hm^2，后一时段较为平缓，主要因为 1992～2000 年为互花米草的加速增长期，2000 年以后增长速度趋于平稳（张忍顺等，2005）；由于互花米草适应力极强，向内陆侵占其他原生植被生存地，加之围垦活动不断向海推进，使得原有盐沼植被陷入“两边夹”的处境。1995 年的“海上苏东”跨世纪海洋经济发展工程、“开发沿海滩涂，建设海上盐城”战略以及 21 世纪提出的“滩涂资源开发由匡围为主向综合利用转变”等（江苏省 GEF 湿地项目办公室，2008），在这些外部环境影响下，高强度围垦使得水产养殖塘和农田面积迅速增长；盐田在第二时段全部转为水产养殖塘。利用转移矩阵结合景观变化图进行分析，淤积区景观要素转移方向为：前一时段，茅草和碱蓬→水产养殖塘和农田，光滩→碱蓬和互花米草；后一时段，碱蓬、芦苇和互花米草→水产养殖塘和农田，光滩→互花米草。

表 3-7　淤积区景观类型结构指标变化

指标	年份	景观类型						
		茅草	芦苇	碱蓬	互花米草	农田	水产养殖塘	盐田
CA/hm^2	1992	21 157	3596	15 294	742	21 423	4293	948
	2000	2731	2513	16 158	8641	31 027	19 808	734
	2010	1506	164	2887	9195	41 381	45 891	0
NP/个	1992	213	53	256	31	167	41	10
	2000	151	44	153	47	53	82	64
	2010	95	75	115	116	103	107	0
PLAND/%	1992	15.4	2.6	11.1	0.5	15.6	3.1	0.7
	2000	2.0	1.8	11.7	6.3	22.6	14.4	0.5
	2010	1.1	0.1	2.1	6.7	30.1	33.4	0

斑块类型景观指数变化中（表 3-8），茅草斑块密度指数先升后降，这与围垦强度有关，前一时段部分被围垦，减少程度上，斑块面积大于斑块数量，因此斑块破碎化程度增加；后一时段中、北部茅草被围垦得所剩无几，此时减少程度上斑块数量大于斑块面积，破碎化程度减少。碱蓬密度指数不断下降，前一时段，由于自然扩张，外围零星分散的小斑块不断扩大、聚集，最终呈南北带状分布，密度指数下降，破碎化程度减少；而后一时段，由于围垦，使斑块面积和数量都大幅减少，从而引起斑块密度指数进一步降低。互花米草和芦苇斑块密度指数呈上升趋势都是由于围垦破坏原有斑块，导致斑块面积减少而斑块数量增多，引起斑块破碎化。农田密度指数先降后升，水产养殖塘一直上升，这些变化都是由围垦的斑块面积与数量变化引起的。其余各类景观形状指数变化状况大致与斑块密度指数一致，原因为斑块破碎化程度增加，斑块的形状往往更不规则，如茅草和水产养殖塘；另外，植被的自然扩散下，斑块形状比较自然，也不规则，如互花米草。斑块结合度指数变化比较明显，除互花米草外，其他自然景观不断下降，人工景观除了盐田均上升或维持较高水平。主要原因为自然景观斑块面积不断减少，大斑块破碎成小斑块甚至消失，斑块之间的连通性下降；而人工景观受人类影响较大，斑块之间连通性不断上升；而互花米草由于处于最外围，未对其完全围垦，因此斑块之间连通性仍较好。

表 3-8　淤积区景观类型格局指标变化

指标	年份	景观类型						
		茅草	芦苇	碱蓬	互花米草	农田	水产养殖塘	盐田
PD	1992	0.09	0.04	0.19	0.02	0.12	0.03	0.10
	2000	0.11	0.03	0.11	0.03	0.04	0.06	0.10
	2010	0.07	0.05	0.08	0.08	0.07	0.09	0
LSI	1992	5.33	12.65	18.86	7.71	16.58	6.74	1.27
	2000	16.22	11.81	15.71	9.73	6.96	9.05	3.59
	2010	11.33	7.15	12.15	13.51	9.02	14.25	0
COHESION	1992	99.43	97.67	99.02	95.19	99.15	97.83	98.97
	2000	98.14	97.58	98.83	99.06	99.47	99.19	98.63
	2010	95.82	92.87	97.83	98.77	99.62	99.23	0

3.2.6　不同岸段湿地景观变化对比分析

景观面积变化方面，侵蚀区、过渡区和淤积区景观变化都呈现自然景观向人工景观转变的趋势（表 3-9）。1992～2010 年，全区自然景观共发生转移面积 110 351 hm^2。从具体转移面积来看，淤积区＞过渡区＞侵蚀区，分别为 79 834 hm^2、23 276 hm^2 和 7241 hm^2，这主要与分区的范围有关。从转移幅度来看，侵蚀区＞淤积区＞过渡区，分别为 85.8%、78.2%和 57.0%，主要原因为国家级自然保护区核心区在过渡区范围内，因此人类开发活动相对较少。利用转移矩阵，并结合景观分类图进行分析，全区景观类型转移方向主要为：茅草、碱蓬和芦苇→水产养殖塘和农田，盐田、互花米草→水产养殖塘，光滩→互花米草和碱蓬。对全区及各分区 1992～2010 年景观异质性特征进行比较（表 3-10）：景观破碎度方面，全区、侵蚀区和过渡区斑块密度呈减小趋势，蔓延性指数呈增大趋势，两者说明破碎化程度减少。核心区是由于内部自然景观保持原始状态自然演替，植被平行于海岸，呈带状连续成片；而侵蚀区随着自然景观转为人工景观，优势斑块面积进一步增加，原先破碎的零星斑块消失，破碎化程度自然降低。淤积区斑块密度先增大后减小，蔓延性指数先减小后增大，说明该区破碎化程度先增加后减小。该区主要受围垦强度影响，前一时段，围垦区域在潮上带，区内植被只是部分被围垦，从而使自然植被斑块面积减少，斑块数量增多，破碎化程度增加，后一时段围垦区域为高潮带和中潮带，除互花米草外，大部分地区其他植被受围垦影响最大斑块面积增大，并具有良好连接性，使破碎化程度减少。景观多样性及最大斑块方面，侵蚀区由于人工景观面积占绝对优势，且这种优势继续增大，各斑块之间的比例严重失衡，使得多样性指数不断下降，最大斑块指数增大，景观异质性减弱。过渡区、淤积区以及全区的多样性均先增加后减少，前一时段，自然景观中各类型植被不同程度扩张，从而多样性指数略有上升，最大斑块指数下降，景观异质性增强；而后一时段，围垦强度增大，人工景观与自然景观出现此增彼减的现象，多样性指数下降，最大斑块指数上升，景观异质性减弱。另外，盐田的消失也是导致景观多样性和异质性减弱的重要原因。

表 3-9　侵蚀区、过渡区、淤积区及全区景观面积　（单位：hm^2）

区域	自然景观			人工景观		
	1992 年	2000 年	2010 年	1992 年	2000 年	2010 年
侵蚀区	8444	3555	1203	9634	12 275	14 923
过渡区	40 863	22 831	17 587	8269	17 330	23 840
淤积区	102 153	67 048	22 319	28 130	54 300	90 616
全区	151 460	93 434	41 109	46 033	83 904	129 380

表 3-10　侵蚀区、过渡区、淤积区及全区景观格局指标变化

区域	年份	PD	LPI	CONTAG	SHDI
侵蚀区	1992	1.05	16.72	55.54	1.88
	2000	0.50	28.42	63.47	1.55
	2010	0.50	26.18	69.28	1.31
过渡区	1992	0.66	34.74	57.34	1.84
	2000	0.49	43.22	54.45	1.98
	2010	0.33	42.51	59.77	1.74
淤积区	1992	0.62	15.73	61.09	1.64
	2000	0.82	10.73	56.14	1.89
	2010	0.70	18.60	61.68	1.62
全区	1992	0.74	9.81	55.99	1.94
	2000	0.71	18.67	53.14	2.09
	2010	0.68	23.52	61.29	1.72

互花米草的种植与扩散是引起该区景观格局变化的主要原因之一。1992～2010 年，江苏盐城海岸湿地互花米草总面积由 1458 hm^2 上升至 13 939 hm^2（不含围垦占用），互花米草面积扩张了 8.56 倍。不同岸段互花米草变化差异明显：互花米草分布与扩散主要集中于淤积区与过渡区，分别增长了 8453 和 4232 hm^2；而侵蚀区受侵蚀作用影响，互花米草出现先正后负的增长趋势，两个时段分别变

化了 388 hm^2 和 592 hm^2。同时互花米草的空间格局也由河口地带的分散斑块状演变为连续带状分布，斑块重心逐渐向东南方向移动（刘春悦等，2009）。互花米草的分布、扩散及其格局变化对不同岸段景观格局影响不一：侵蚀区，尽管互花米草在侵蚀作用下不断减少，但是其自身的消浪护岸作用一定程度上减缓了海岸侵蚀速率，保护了自然湿地面积；过渡区北部与侵蚀区影响相似，而中部及南部互花米草的扩张效果明显，结合图 3-1 可以发现，其斑块形状不仅南北向拉长，东西向也变宽，说明其扩张方向不仅向沿海，也向内陆，正是由于这种扩张方式，与之邻近的碱蓬和芦苇等原生植被被大量吞并，但由于保护区核心区的高强度保护，这些原生植被仍占有相当大的面积比重，自然植被演替序列也较为良好；而淤积区在优越的淤积环境以及互花米草较好的促淤效果相互推动下，互花米草扩张最为明显（李加林和张忍顺，2003），即使受大面积围垦，仍有 9195 hm^2，已成为该区的优势种群。互花米草扩张，不断侵占碱蓬和茅草滩，加之围垦前沿不断向海推进，该区以碱蓬和茅草为主的原生植被不断收缩，某些地段甚至缺失，改变了原有的植被演替序列，对该区景观格局产生重大冲击。景观格局的变化又会对湿地生态系统产生影响，如岸外淤积加强，影响渔船通行及闸下排涝，导致沿海互花米草内部的贝类等生物产量低下，严重影响依赖茅草滩和碱蓬生境繁殖的水鸟的生存，对生态系统的生物量及多样性产生威胁等（李加林等，2005）。滩涂围垦开发则是引起该区景观格局变化的另一主要因素。江苏沿海滩涂围垦强度不断加大，且在不同空间和时间上具有不同特征。若以人工景观的增长面积作为围垦强度指标，1992～2010 年，该区总体围垦强度为 83 347 hm^2 滩涂。从空间强度看，不同岸段围垦强度差异明显，即淤积区＞过渡区＞侵蚀区，分别为 62 486 hm^2、15 571 hm^2 和 5289 hm^2；从时间强度看，2000～2010 年＞1992～2000 年，分别为 45 476 和 37 871 hm^2。江苏人多地少的矛盾日益突出，因此对盐城海岸湿地进行了高强度围垦，且集中于大丰、东台、射阳以及响水（张长宽等，2011），围垦地区主要由潮上带转向高潮带和中潮带，且大致以 2000 年为界。江苏沿海高强度的围垦开发，造成多数海岸高潮滩涂缺失，尽管互花米草具有良好的促淤效果，但与人类对滩涂的开发速度相比，其促淤速度甚微，即便在淤积最快的弶港附近，向海淤长 1 km 所需的时间也在 6 年左右（王艳红等，2006）。在经济发展对土地需求的巨大压力下，江苏沿海围垦速率远快于滩涂的自然淤长速率，且起围高程在逐年降低，以启东为例，20 世纪 70 年代围垦的起围高程一般在吴淞基面 4 m 左右，20 世纪 90 年代下降到 3.7 m 左右，2004 年围成的大唐吕四港电厂围区的起围高程更是降低到了 3 m 以下（王艳红等，2006）。保护海岸滩涂湿地资源和土地需求之间的矛盾日渐突出，目前无法做到严禁围垦滩涂，且对围垦效益和生态环境破坏方面也无确切的定量分析与评价。因此，只有结合不同岸段侵蚀淤积条件，以滩涂资源总量平衡为前提，调整各区域围垦强度，并加强研究促淤工程，加快促淤速度，才能满足沿海经济发展的需要。

江苏盐城海岸湿地景观格局变化与不同沉积岸段类型关系密切，理论上由于过渡区海岸带比较稳定，景观格局变化程度应该最小。然而本节研究发现，侵蚀区景观变化程度最小，过渡区次之，淤积区最大。原因可能为侵蚀区受侵蚀作用限制，海岸带狭窄并不断遭受侵蚀，这限制了互花米草的扩散效果与围垦强度，景观格局变化程度最小；过渡区的海岸带较为宽广，互花米草扩散效果明显，除保护区核心区外的其他区域围垦强度有所增加，因此景观格局变化程度略有增大；淤积区受淤积作用和互花米草促淤作用双重影响，拥有大面积滩涂资源且不断增加，使得该区围垦强度不断增大，景观格局变化最为剧烈。

3.3　不同围垦特征的海岸带湿地景观格局演化分析——以江苏盐城海岸湿地为例

海岸带湿地是全球生物生产量最高的生态系统之一，具有极高的资源开发价值和环境调节功能（王爱军和高抒，2005）。海岸滩涂是江苏海岸最重要的自然资源之一，也是海岸带湿地的重要组成部分（王艳红等，2006）。江苏沿海地区拥有丰富的滩涂资源，总面积 500 167 hm^2，约占全国滩涂总面积的 1/4（张长宽等，2011）。滩涂围垦是人类利用盐沼湿地资源最主要、最广泛的方式（陈君等，2011）。目前国内外在围垦方面取得较多研究成果，主要集中于围垦现状（沈永明等，2006）与湿地资源的开发利用（陈君等，2011；Yan 等，2013）、围垦强度与速率（王艳红等，2006）及围垦对生态环境影响（沈永明等，2006；毛志刚等，2010）等。然而伴随围垦，原有湿地景观结构和格局发生翻天覆地的变化，进而影响整个生态环境，因此加强围垦对湿地景观格局变化影响的研究十分重要。景观格局是指景观组成单元的类型、数目以及空间分布与配置（邬建国，2000）。对某一区域景观格局的研究能揭示该区域生态状况和空间变异特征（David，2005）。国际上对景观格局的研究主要集中于景观格局边缘效应（Parker 和 Meretsky，2004）、景观异质性（Fahrig 等，2011）及其对物质能量流动影响（Okanga 等，2013）。对江苏盐城海滨地区景观格局方面的研究已有许多，如景观格局演变（王艳芳和沈永明，2012）、驱动力因子探讨（左平等，2012）、生态功能评价（李玉凤等，2010），近几年景观变化与生态过程相结合（张华兵等，2013）的研究逐渐增多。而围垦作为引起该地区景观格局变化的主要因素，研究围垦对景观格局变化影响方面的案例较少。因此，本节利用 RS 和 GIS，对 1973～2013 年盐城海岸地区景观格局进行分析，旨在了解围垦对景观格局产生的具体影响，并为今后该地区或其他类似地区海岸带管理和资源开发提供指导。

3.3.1 研究区概况

本节主要选取盐城海岸湿地代表性的已围区和未围区，其范围界定如下：分别以川东港和新洋港为南北界，以保护区西边为西界。由于 1973 年和 2013 年海岸滩涂位置发生明显变化，为保证本节的研究范围一致，本节将 2013 年 TM 影像上能最大程度覆盖陆地区域的边界为东界。为探讨围垦对景观格局变化的影响，本节研究将新洋港—斗龙港段的保护区核心区作为未围区（图 3-2），为保证与已围区在尺度范围上的可比性，将剩下的部分分为 3 个小区，具体分区如下：Ⅰ区为新洋港—斗龙港段；Ⅱ区为斗龙港—四卯酉河段；Ⅲ区为四卯酉河—王港段；Ⅳ区为王港—川东港段。

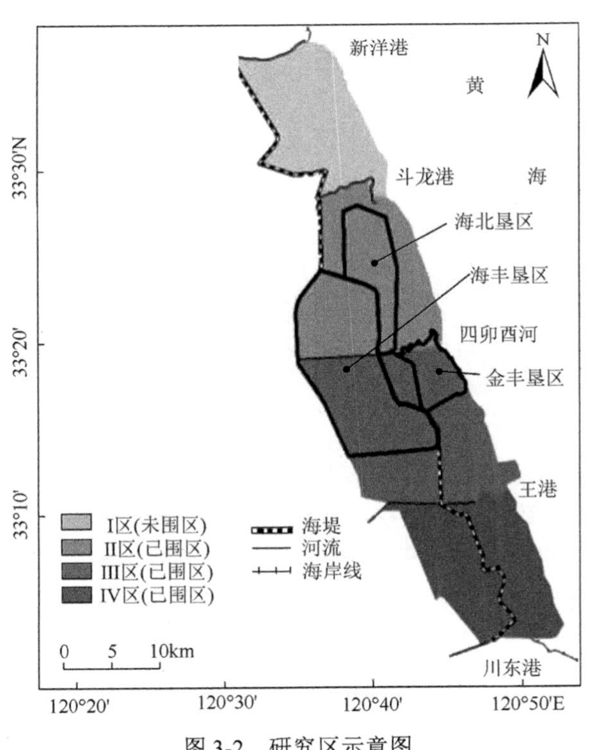

图 3-2　研究区示意图

3.3.2 数据处理和分析方法

1. 数据处理

为探索本节研究区域初始状态到目前的景观变化，选取 TM1（1973 年）、TM4

（1979 年）、TM5（1984、1992、1995、1998 年）、TM7（2000、2003、2005、2008、2010 年）和 TM8（2013 年）的 Landsat 影像作为基础数据，以 2013 年影像为基准，利用 ENVI 对其他年份影像进行几何校正，对校正后的影像进行二次线性拉伸处理，均方根误差最大为 0.2875，再根据本节研究区和具体垦区范围对影像进行裁剪。通过野外样区调查与遥感影像对照，采用最大似然法，监督分类和目视解译相结合的方法，确定各种植被类型和土地利用的解译标志。2013 年 10 月初完成野外调查和实地验证，2013 年的解译精度为 92%，其他年份解译精度验证参考历史文献（左平等，2012；李玉凤等，2010）及其他历史资料，精度范围为 82%～88%，平均精度约为 86%，满足本节研究的需要。根据盐城海岸湿地植被分布的层次性，结合海滨地区土地开发利用特点，将研究区景观类型划分为自然景观和人工景观，其中自然景观包括光滩、芦苇、碱蓬、茅草、互花米草、河流或潮沟，人工景观包括农田、水产养殖塘、盐田、建筑用地和道路。

2. *分析方法*

本节研究围垦对景观格局的影响主要从围垦对区域景观格局的影响、围垦对垦区内部景观格局的影响和不同垦区在围垦前、围垦期间及围垦后景观格局变化差异 3 个方面进行研究。区域景观格局变化分析中，将本节研究区分为南北跨度相当的 4 个分区：未围区（Ⅰ区，下同）和已围区（Ⅱ、Ⅲ、Ⅳ区，下同），对比未围区与已围区之间景观变化差异，分析其中的原因；垦区内部景观格局变化分析中，对海丰垦区、海北垦区和金丰垦区围垦过程中景观变化状况及原因进行分析；不同垦区景观格局变化对比分析中，对各垦区围垦前、围垦期间以及围垦后这 3 个阶段景观格局变化情况进行对比分析，并探索其中的差异与原因。最后根据以上结果，结合本节研究区围垦现状及围垦特征方面信息，探索和讨论围垦与景观格局变化之间的联系。本节从类型水平上选取斑块面积（CA）分析围垦对各研究范围景观结构的影响；从景观水平选取斑块数量（NP）和斑块密度（PD）来描述景观破碎度变化；从景观水平选取面积加权平均斑块分维指数（FRAC_AM）和 Shannon 多样性指数（SHDI）描述景观形状与多样性变化。景观格局指数的计算与获取均在 FRAGSTATS 中完成。

3.3.3　围垦现状及其特征

江苏沿海滩涂资源丰富，围垦历史悠久，匡围经验丰富。1949 年以来，主要经历了 4 次较大规模的滩涂围垦开发活动（Peng 等，2013），累计匡围滩涂 203 个垦区，匡围滩涂总面积 268 667 hm^2（张长宽等，2011）。本节中，1973～2013 年，研究区内共围垦了 60 281 hm^2，5 个时间段分别围垦了 2491 hm^2、24 018 hm^2、5381 hm^2、23 414 hm^2 和 7467 hm^2。从不同时段的垦区空间布局（图 3-3）来看，

1995 年以前，围垦活动主要为高滩匡围，垦区范围边界平行于海岸线；1995 年以后，主要集中于高、中潮带。从不同时段垦区空间形状来看，围垦区由块状向条带状转变，并平行于海岸线向海推进，且离海岸线越近条带特征越明显。这从侧面反映了随着围垦强度加大，围垦难度也在上升。早期围垦过程中，起围点较高，潮滩发育稳定，潮沟较少，围垦难度小，垦区面积较大且较规整；而后期围垦中，起围高程下降，滩面发育不稳定，潮沟也较多，围垦难度加大，垦区面积较小且分布破碎。从不同时段围垦强度来看，1973 年以来，年平均围垦面积总体上呈减少趋势，分时间段看，各阶段围垦面积也表现出升降交替的特征（图 3-4），在 1973～1984 年和 1995～2005 年 2 个时段内年平均围垦面积较大，分别为 2183.4 hm^2/a 和 2341.4 hm^2/a（表 3-11）。前者受 20 世纪 70 年代中后期至 80 年代初期“解决

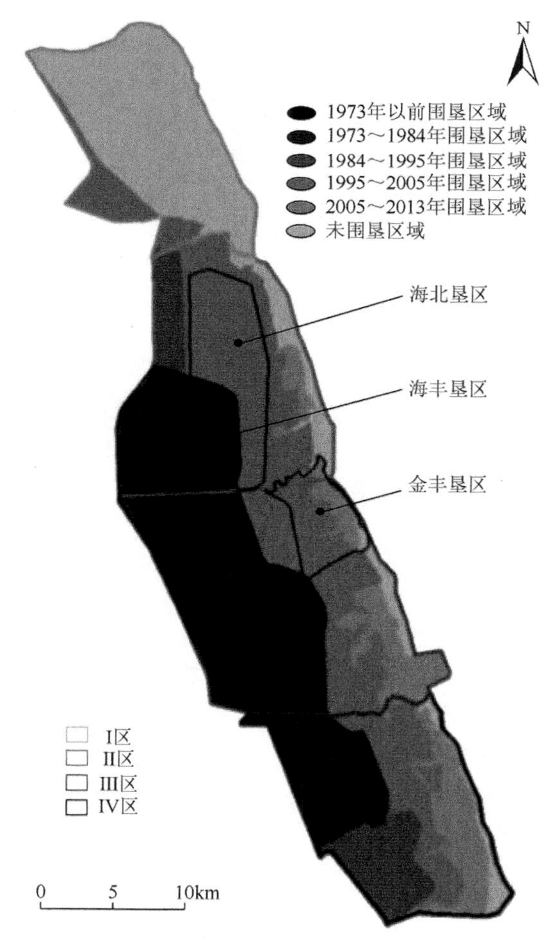

图 3-3　1973～2013 年江苏盐城海滨地区不同时段围垦范围

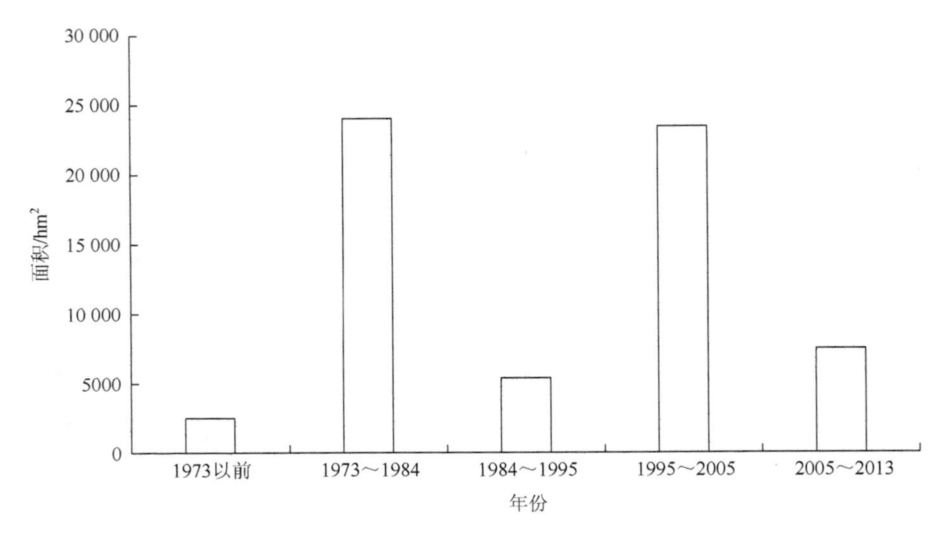

图 3-4　1973～2013 年江苏盐城海滨地区不同时段围垦面积

表 3-11　1973～2013 年江苏盐城海滨地区不同时段围垦速率

时期	围垦速率/(hm^2/a)	时期	围垦速率/(hm^2/a)
1973～1984 年	2183.4	1995～2005 年	2341.4
1984～1995 年	489.2	2005～2013 年	933.4

人多地少的矛盾，以增加耕地为目的，单一经营粮棉”计划影响，后者受“九五”期间建设“海上苏东”的百万亩滩涂，加速围垦开发计划影响；而 1984～1995 年和 2005～2013 年两个时段较小，仅有 489.2 hm^2/a 和 933.4 hm^2/a（表 3-11），这主要受前两阶段已开发大面积滩涂的限制。

3.3.4　围垦对区域景观格局影响

1973～2013 年，景观变化情况见图 3-5。研究区景观结构变化选取 CA 指数表示，不同景观类型 CA 值的大小能够反映出其间物种、能量和养分等信息流的差异（邬建国，2000）。从表 3-12 中可以看出：未围区由于基本未受围垦活动影响，景观类型一直以自然景观为主导，且面积较为稳定，维持在 12 000 hm^2 以上；而已围区随着围垦强度不断加大，自然景观面积不断减少，1973～2013 年，Ⅱ、Ⅲ、Ⅳ区共减少了 57 502.5 hm^2，在此过程中自然景观的主导地位逐渐丧失，大致在 2000 年以后，景观类型以人工景观为主导。这主要由于随着围垦活动不断进行，海滨地区茅草、碱蓬、芦苇和互花米草等自然景观不断被侵占，取而代之的是农田、水产养殖塘、盐田和建筑用地等人工景观。

表 3-12　1973～2013 年未围区和已围区景观类型结构变化　（单位：hm^2）

围垦类型	年份	光滩	河流或潮沟	互花米草	芦苇	碱蓬	茅草	水产养殖塘	道路	农田	建筑用地	盐田	自然景观
未围区	1973 年	7577.9	270.5	0	205.3	5506.7	2066.8	0	0	0	0	0	15 627.2
	1984 年	7339.3	278.3	0	1612.8	4602.2	1795.3	0	0	0	0	0	15 627.9
	1995 年	4462.6	167.6	418.7	5113.9	5033.4	0	335.0	96.4	0	0	0	15 196.2
	2000 年	1168.0	363.5	2131.5	3585.2	5897.1	0	2374.5	107.8	0	0	0	13 145.3
	2005 年	712.0	187.4	3048.8	5124.2	3534.1	0	2891.9	128.8	0	0	0	12 606.5
	2010 年	312.7	155.6	3671.5	5958.1	2932.7	0	2473.4	123	0	0	0	13 030.6
	2013 年	539.0	137.2	4202.8	6383.4	1945.5	0	2268.8	151	0	0	0	13 207.9
已围区	1973 年	28 033.4	1457.4	0	146.5	20274.0	14 691.2	0	0	0	0	0	64 602.5
	1984 年	22 933.9	1813.7	0	2834.6	19944.0	11 875.1	839.1	717.2	2871	0	775.1	59 401.3
	1995 年	19 966.6	1572.2	1046.6	4763.7	9972.9	2770.0	9320.1	980.7	13 314.3	96.6	799.7	40 092.0
	2000 年	10 660.3	1972.1	6597.5	2319.6	9122.9	0	16 568.7	1334.3	15 184.6	121.5	721.2	31 172.4
	2005 年	6049.5	1672.5	5504.4	275.7	500.8	0	26 929.7	1826.6	20 173.2	964.6	707.1	14 002.9
	2010 年	2545.7	1352.6	4355.6	329.9	0	0	31 040.4	2051.2	19 352.6	3575.5	0	8583.8
	2013 年	955.0	1584.4	4560.6	0	0	0	29 328.6	2176.5	19 925.3	6072.7	0	7100.0

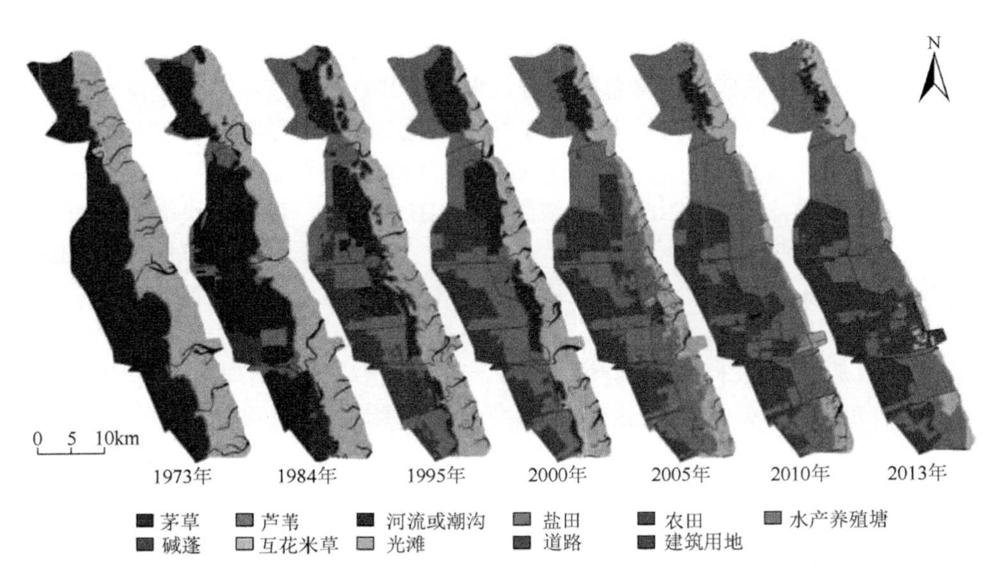

图 3-5　1973～2013 年江苏盐城海滨地区的景观格局变化

FRAC_AM 在一定程度上也反映了人类活动对景观格局的影响。一般来说，受人类活动干扰小的自然景观的分维数值高，而受人类活动影响大的人工景观的分维数值低（邬建国，2000）。如图 3-6 所示，未围区形状分维指数呈上升趋势，1973～2013 年由 1.10 上升到 1.15，说明该区自然植被由于未受人类围垦活动影响，在原始状态下保持自然演替，其斑块形状较为自然。而已围区形状分维指数变化略显复杂：总体来看呈下降趋势，1973～2013 年，Ⅱ、Ⅲ、Ⅳ区分别下降了 0.026、0.028 和 0.026，这是由于随着围垦强度不断加大，斑块形状较为复杂的自然斑块逐渐消失，取而代之的是斑块形状较为规则的人工景观；具体来看，形状分维指数在前期又有一段上升过程（图 3-6），这可能由于前期围垦活动时间跨度长，围垦区内潮滩湿地与外部海域全部或部分隔绝，垦区水域盐度逐渐降低，土壤表层不再有波浪或潮汐带来的泥沙沉积，土壤因地下水位下降而不断脱盐（李加林等，2007）。生境条件的变化，促进原有植被在相对较短周期内演替与扩张，导致斑块形状复杂程度上升。

NP 反映景观的空间格局，用于描述整个景观的异质性。PD 与 NP 呈正相关关系，两者的结合能够明确地反映景观空间结构的复杂性，与景观破碎化程度成正比（邬建国，2000）。从图 3-6 可以看出：未围区斑块数量和斑块密度都保持较低水平，除了 1995 年略有上升外，分别基本维持在 30 和 0.2 左右，1995 年上升是由于互花米草正处于扩散期，说明在未受围垦活动影响下，景观破碎度维持较低水平；已围区斑块数量和斑块密度总体上呈上升趋势，1973～2013 年，Ⅱ、Ⅲ、Ⅳ区这两个指标分别上升了 56 和 0.23，34 和 0.23，19 和 0.18。而整个过程又先升后降，主要由于随着围垦强度不断加大，自然植被斑块由整体连贯状态被分割成零星破碎状态，破碎化程度总体上升，但随着茅草、碱蓬和芦苇等自然植被围垦殆尽，破碎的小斑块也将被人工景观替代，因此破碎化程度又稍有下降。

景观多样性指数值的大小反映景观的多少和各景观要素所占比例的变化。SHDI = 0 表明整个景观仅由一个斑块组成；SHDI 增大，说明斑块类型增加或各斑块类型在景观中呈均衡化趋势分布（邬建国，2000）。未围区多样性指数不断上升（图 3-6），到 2000 年达 1.50，之后维持较高水平。这主要由于新增植被——互花米草的面积不断增加，2000 年，完成加速扩散过程，大面积成片分布。已围区多样性指数都呈现先升后降的趋势，且Ⅱ、Ⅲ、Ⅳ区峰值均出现在 2000 年，分别为 1.82、1.85 和 1.79。这主要由于 2000 年以前，围垦区域主要为潮上带，围垦导致茅草、碱蓬为代表的占主导地位的自然景观斑块面积不断下降，而农田、水产养殖塘等新增人工景观斑块面积相应上升，导致景观多样性指数上升；2000 年以后，围垦活动转向中、高潮带，导致茅草、碱蓬和互花米草等自然景观斑块面积减少甚至消失，而农田和水产养殖塘等人工景观斑块面积主导地位逐渐加大，因此多样性指数下降。

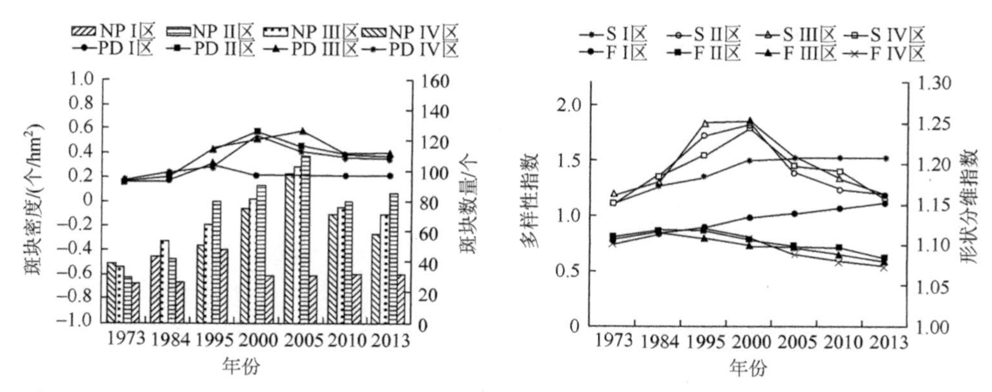

图 3-6　1973～2013 年未围区和已围区景观破碎度、面积加权平均斑块分维数和多样性变化

3.3.5　围垦对垦区内景观格局影响

海丰垦区景观结构初期以茅草和碱蓬为主（图 3-7），围垦使得这两类斑块类型逐渐转为农田和水产养殖塘，反映了该垦区利用方式主要为种植业和养殖业。另外围垦初期芦苇面积有所上升，可能由于围垦加快土壤脱盐而有利于芦苇生长与扩散（高宇和赵斌，2006），而围垦后期由于港口建设以及政策影响，建筑用地和农田面积略有增加。由于该区人工景观面积不断增加，斑块形状分维指数总体上呈下降趋势（图 3-7），由 1973 年的 1.11 下降到 2013 年的 1.05，斑块形状变得简单、规则。垦区内破碎化程度呈现先升后降再升（图 3-7），1973～1984 年，斑块密度上升到 0.53，这是由于围垦前自然植被扩散过程中出现一些新增小斑块，景观破碎度上升；1984～2000 年，又上升到 0.65，主要由于围垦使原有植被大斑块破碎，斑块个数有所上升；随着围垦结束，破碎的自然植被斑块完全被人工景观取代，斑块密度下降到 0.35，景观破碎度下降；而随着新一轮沿海发展计划进行，斑块密度又上升到 0.56，景观破碎度上升。

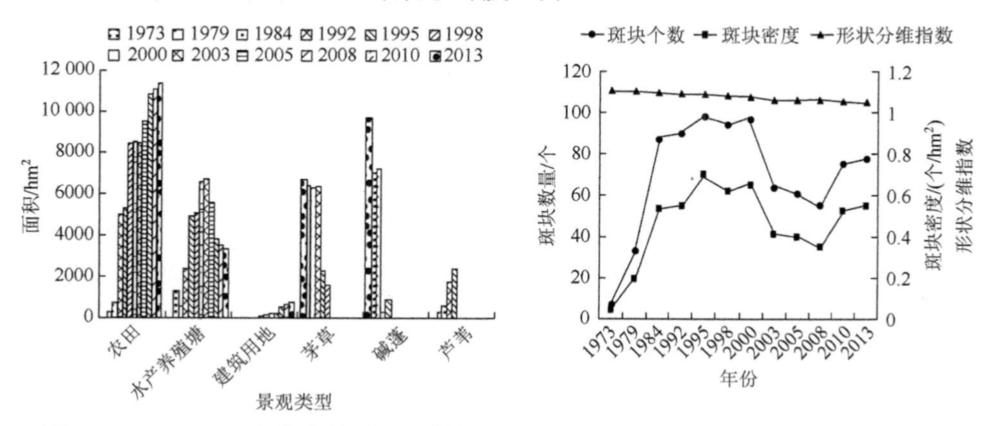

图 3-7　1973～2013 年海丰垦区景观结构、景观破碎度和面积加权平均斑块分维数变化

海北垦区围垦初期景观类型以碱蓬和光滩为主（图 3-8），围垦活动使得这两种斑块类型转为水产养殖塘和农田，而在围垦后期大面积水产养殖塘又转为农田，这反映该垦区利用方式以种植业为主。形状分维指数除了前 3 个年份略有上升外，总体呈下降趋势（图 3-8），由 1998 年 1.13 下降到 2013 年 1.04。这主要由于前期未受围垦影响，碱蓬处于自然扩展状态，斑块形状较为复杂；而之后，在围垦影响下，斑块形状日趋规则。景观破碎度方面，斑块密度指数由 1992 年 0.48 先降到 1998 年 0.38（图 3-8），先降是由于围垦前，碱蓬斑块扩张过程中，零星的小斑块被合并，斑块个数得以减少；后来受围垦活动影响，碱蓬斑块出现破碎，斑块个数增多，破碎度上升，到 2005 年上升至 0.54；而围垦后期破碎的碱蓬斑块完全消失，斑块个数得以下降，到 2013 年，又降为 0.44。

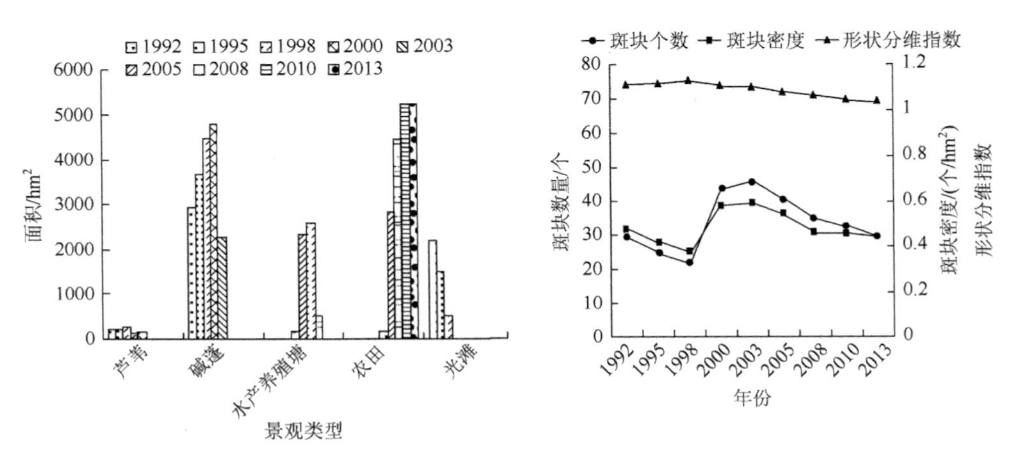

图 3-8　1992～2013 年海北垦区景观结构、景观破碎度和面积加权平均斑块分维数变化

金丰垦区围垦前主要以光滩为主（图 3-9），到 2003 年，互花米草和碱蓬占较大一部分面积，受围垦影响，2005 年以后，垦区以水产养殖塘斑块为主导，且主导地位不断加强，说明该垦区利用方式为水产养殖。形状分维指数方面，由 1995 年的 1.04 先升至 2005 年的 1.19，主要由于围垦前，自然植被在原始状态下扩张，斑块形状趋于复杂，而之后受围垦影响，整体斑块形状日益简单、规则，到 2013 年又降至 1.08（图 3-9）。景观破碎度方面，1995～2003 年，垦区由光滩状态逐渐到有碱蓬和互花米草等斑块类型分布，斑块个数和斑块密度均略有上升，分别上升了 7 和 0.52；2003～2008 年，受围垦活动影响，斑块个数和斑块密度指数迅速上升，分别上升了 13 和 0.8，破碎化程度加速上升；围垦后期，垦区逐渐以水产养殖塘斑块为主导，斑块个数和斑块密度下降，分别下降了 10 和 0.5，破碎化程度减缓。

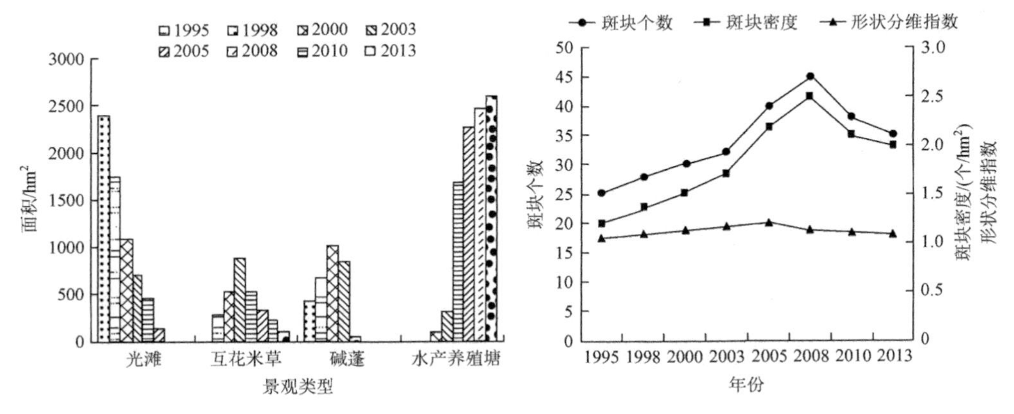

图 3-9　1995～2013 年金丰垦区景观结构、景观破碎度和面积加权平均斑块分维数变化

3.3.6　垦区之间景观格局变化对比

尽管不同垦区建立时间不一致，景观变化在同一时间没有可比性，而各个垦区具有相同围垦阶段（即围垦前、围垦期间和围垦后），表 3-13 是根据不同垦区的围垦阶段对影像数据的年份进行划分。

表 3-13　1973～2013 年海丰、海北和金丰垦区围垦阶段与利用方式

垦区名称	围垦前（年份）	围垦期间（年份）	围垦后（年份）	利用方式
海丰垦区	1973	1979，1984，1992，1995，1998，2000	2003，2005，2008，2010，2013	种植业，养殖业
海北垦区	1992，1995，1998	2000，2003，2005	2008，2010，2013	种植业
金丰垦区	1995，1998，2000，2003	2005，2008	2010，2013	养殖业

结合图 3-7～图 3-9 数据，围垦前，景观面积方面，3 个垦区都以自然景观为主导，且海北和金丰垦区由于植被扩散或演替，植被面积逐渐增加，分别增加了 1565 hm^2 和 1290 hm^2；海丰垦区由于相对处于内陆，垦区内早已被植被覆盖，围垦使植被面积减少了 2645 hm^2。斑块形状方面，海北和金丰垦区形状分维指数呈下降趋势，均趋于复杂、自然；海丰垦区基本不变，原因与面积变化相同。景观破碎度方面，海丰垦区斑块密度有所上升，约为 0.15，原因可能由于该垦区相对处于内陆，淤积较早，其内部某些地区在植被生长过程中土壤环境得以改良，更加适合邻近其他植被生长，受到入侵，如部分茅草被芦苇取代（高宇和赵斌，2006），导致斑块个数增多，斑块破碎度上升；海北垦区破碎度不断下降，斑块密度指数下降了 0.1，原因为垦区内部植被主要为碱蓬，向海先锋植被斑块多呈破碎、分离状态，随着碱蓬不断向海扩散，这些小斑块相互合并成大斑块，导致斑块个数变

少，斑块破碎度下降；而金丰垦区由于离海较近，植被生长较晚，垦区内植被主要为碱蓬和互花米草，在这两种植被刚扩散时，植被斑块处于零星、分散状态，导致斑块密度增加了 0.52，斑块破碎度出现上升。

围垦期间，3 个垦区的景观面积、斑块形状以及景观破碎度变化趋势一致。景观面积方面，3个垦区自然景观面积分别减少了5691 hm^2、4781 hm^{2}和2022 hm^2，而人工景观逐渐占主导地位。正是由于人工景观面积不断增多，斑块形状分维指数不断下降，3 个垦区分别下降了 0.02、0.05 和 0.03，斑块形状由之前的复杂状态转为简单、规则。景观破碎度也均呈现先升后降的趋势，先升是由于围垦初期开发强度不断增大，自然斑块不断破碎，另外出现农田和水产养殖塘等新斑块类型，导致斑块数量增多，景观破碎度上升；围垦后期，受可围垦面积限制，围垦强度下降，另外大多破碎的自然斑块陆续被规整的人工斑块取代，斑块个数逐渐下降，景观破碎度下降。

围垦后，海丰和海北垦区景观面积均维持围垦末期状态，即人工景观占主导，面积基本不变；而金丰垦区人工景观面积不断增加，增长约为 361 hm^2，这是由于垦区建立后，垦区周边近海的地区围垦活动仍在继续。3 个垦区的斑块形状与围垦期间变化一致，即趋于简单、规则，这是由于围垦后景观格局基本定型，只有部分人工景观调整。景观破碎度方面，海北和金丰垦区均维持围垦末期状态，景观破碎度呈下降趋势，原因与斑块形状相似；而海丰垦区破碎度先降后升，下降的原因与前者一致，之后上升是受港口建设的影响，建筑用地等斑块个数增多，导致景观破碎度有所上升。

1973～2013 年，江苏盐城海滨地区围垦特征以划分的时间段为间隔，围垦区域平行于海岸线呈条带状向海推进，且条带逐渐变窄；围垦难度逐渐加大，总体上围垦强度呈减小趋势，过程上围垦面积呈升降交替状态；围垦后，垦区利用方式差异，主要以种植业和养殖业为主。这种围垦特征对区域和垦区景观格局变化有 3 个方面的影响。

（1）区域景观格局变化方面。1973～2013 年，已围垦区域自然植被面积共减少了 30 551 hm^2，斑块形状分维指数均降到 1.08 左右，整体形状趋于简单规则，破碎化程度分别上升了 0.23、0.23 和 0.18，多样性均先升后降，升幅约 0.8，降幅约 0.5；而未围垦区域自然景观面积减少了 2419.3 hm^2，斑块形状分维指数由 1.10 上升到 1.15，整体形状日益复杂自然，景观破碎度保持较低水平，为 0.17～0.21，而景观多样性指数上升了 0.41。

（2）垦区内部景观格局变化方面。海北、海丰、金丰垦区自然景观不断向人工景观转移，围垦期间分别转移了 5691 hm^2、4781 hm^2 和 2022 hm^2；海北和金丰垦区斑块形状不断趋于简单规则，形状分维指数分别下降 0.09 和 0.06，而海丰垦区形状分维指数上升了 0.15；景观破碎度方面，海丰、海北、金丰 3 个垦区分别呈“升—降—升”、“降—升—降”和“升—降”趋势。

（3）各垦区景观格局变化比较方面。围垦前，各垦区景观面积和斑块形状变化差异不大，而受地理位置距海的远近影响，景观破碎度变化差异明显，海丰垦区上升了0.15，海北垦区下降了0.1，而金丰垦区上升了0.52；围垦期间，3个垦区景观格局变化较一致；围垦后，各垦区景观格局变化也基本维持围垦末期状态，除部分受新一轮人类活动有所调整。

3.4　不同人类活动干扰下的海岸带湿地植被时空演化特征

盐沼是分布在海岸带的受海洋潮汐周期性或间歇性影响，覆盖有耐盐草本植物的咸水或淡咸水淤泥质滩涂（Silvestri和Marani，2004；王卿等，2012）。盐沼具有促淤护岸、废污净化、营养循环、食物供给等多种生态价值，被广泛认为是海岸带上最有价值、最具活力的生态系统之一（Costanza等，1997）。然而，近百年来大范围的人类活动加快和改变了盐沼的分布和组成，导致其生态价值日趋下降（Gedan等，2009）。因此，如何有效获取盐沼的分布、演替、恢复等方面信息，并深入分析其对人类活动的响应越来越受国内外学者们的关注（Baily和Pearson，2007；王爱军和高抒，2005；许艳和濮励杰，2014；钦佩，2006；Xie等，2011；Li等，2010）。

江苏省海涂资源丰富，面积居全国首位，辽阔的海涂上盐沼植被密布（Zhang等，2004）。为解决突出的人地资源矛盾，在1949年后江苏开展了多次大规模的滩涂围垦活动，导致盐沼分布发生了巨大变化（陆丽云，2002）。及时准确掌握盐沼分布的时空演变，深入分析其与滩涂围垦的关系，有助于充分评估海涂资源的开发利用状况，促进兼顾经济与生态效益的江苏海涂开发机制形成。然而，目前对江苏海岸盐沼的研究多集中在外来盐沼（互花米草、大米草等）的分布、扩张、促淤等方面（Li等，2010；Zhang等，2004），较少涉及盐沼整体分布格局的演变，也很少探讨盐沼对滩涂围垦的响应。因此，本节以盐沼分布密集且围垦活动频发的江苏中部沿海为研究区，通过Landsat遥感影像结合NDVI和局部OTSU方法提取1987～2013年间的7个时期的盐沼，目视解译数字化各时期垦区。在此基础上，运用多种GIS方法分析盐沼分布格局的时空演变，讨论滩涂围垦对盐沼的影响，以期为江苏滩涂资源开发和环境保护提供决策支持。

3.4.1　研究区概况

江苏中部沿海（32°05′N～33°50′N，120°25′E～121°40′E），北起射阳河口，南至东灶港口，近海区域发育形成了南黄海辐射沙脊群。江苏中部沿海地处暖温带至亚热带之间，属海洋性季风气候，季节变化显著，海岸类型为淤长型粉砂淤泥质海岸，海涂平坦而宽阔，宽度一般 4～8 km，最宽处可达 25 km。江苏中部沿海海涂上分布着种类众多的盐沼植被，按类型可划分为原生盐沼（茅草、芦苇、盐蒿等）和外来盐沼（大米草和互花米草等）（陈才俊，1994）。

3.4.2　数据处理和分析方法

1. 数据处理

（1）遥感影像数据。本节收集了 1987、1991、1995、2000、2004、2009 和 2013 年 7 个时期共 14 景 Landsat 影像（表 3-14），空间分辨率为 30 m。影像数据来源于 USGS 网站（http://earthexplorer.usgs.gov/）。为提高盐沼提取精度，本节所用影像除一景成像于秋季外，其余均成像于植被生长旺盛的夏季（6～8 月），且每景影像的云覆盖量均在 10%以下。

（2）江苏 1∶50000 地形图数据。用于多时相遥感影像空间配准。

（3）野外调查数据与文献资料。与遥感影像的目视解译相结合，用于江苏沿海部分盐沼类型的甄别与定性描述。

表 3-14　研究所用影像信息

卫星	传感器	行带号	成像日期	卫星	传感器	行带号	成像日期
Landsat5	TM	118/38	1987/6/3	Landsat5	TM	119/37	2000/7/31
Landsat5	TM	119/37	1987/6/10	Landsat5	TM	118/38	2004/7/19
Landsat5	TM	118/38	1991/7/23	Landsat5	TM	119/37	2004/7/26
Landsat5	TM	119/37	1991/7/23	Landsat5	TM	119/37	2009/6/6
Landsat5	TM	118/38	1995/8/12	Landsat5	TM	118/38	2009/7/17
Landsat5	TM	119/37	1995/8/30	Landsat8	OLI	118/38	2013/8/29
Landsat5	TM	118/38	2000/7/8	Landsat8	OLI	119/37	2013/10/23

2. 分析方法

研究首先将遥感影像与地形图配准，并利用 1987 年的海堤线进行掩模，通过计算 NDVI 并结合局部 OTSU 阈值分割提取盐沼分布。同时，由于垦区形状规整，在影像上易于识别，故垦区的分布通过多期影像叠加数字化方法得到。在此基础上，本节综合运用叠合分析、横断线分析以及回归分析等方法分析江苏中部沿海盐沼分布格局演变以及滩涂围垦对盐沼的影响（图 3-10）。

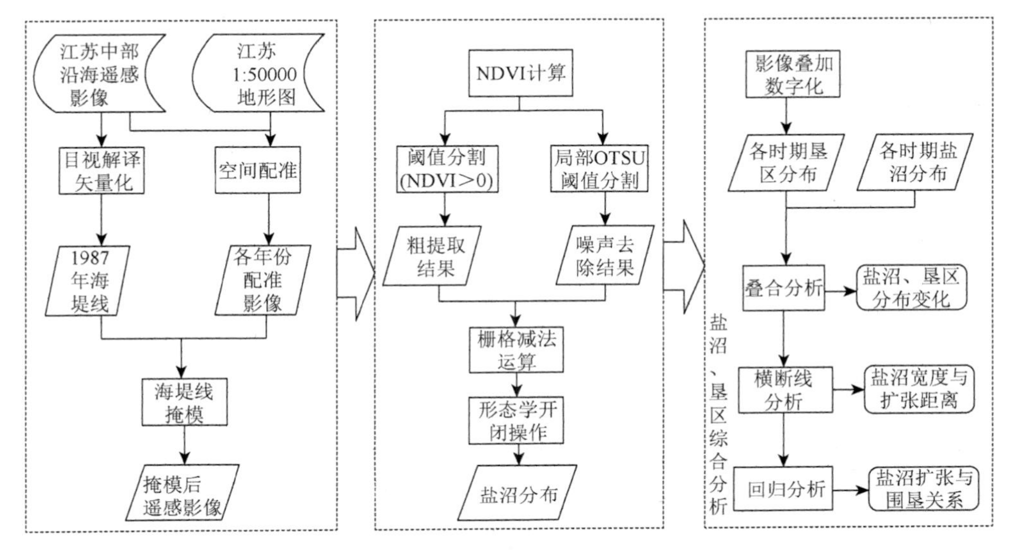

图 3-10　研究技术流程

1）盐沼提取

江苏海岸带上有盐沼、光滩、水体以及垦区农田、林场、养殖场等多种地物，如何大范围快速精确提取盐沼（尤其是在盐沼与垦区农田、林场的混合区域），是研究面临的难点之一。本节通过 NDVI 的粗提取和局部 OTSU 的噪声去除两步解决上述难题。

（1）NDVI 的粗提取。归一化植被指数（normalized difference vegetation index，NDVI）是区分植被与非植被（光滩、水体、垦区养殖场）的灵敏指针（Holben 和 Fraser，1984），其计算公式为

$$\mathrm{NDVI}=\frac{\mathrm{Band4}-\mathrm{Band3}}{\mathrm{Band4}+\mathrm{Band3}} \tag{3.1}$$

其中，Band3 和 Band4 分别是 Landsat TM/OLI 影像的红光和近红外波段。粗提取利用 NDVI＞0，提取海岸带的植被部分。

（2）局部 OTSU 的噪声去除。粗提取结果是盐沼和垦区林场、农田等的噪声混合物，需要进一步将噪声去除。最大类间方差法（OTSU），是一种自适应阈值确定方法，它把图像按灰度级划分成目标与背景 2 个部分，通过遍历所有灰度级，获取目标与背景的类间方差 g 最大时的阈值 t 作为理想的分割阈值：

$$\begin{aligned}&\omega_0=\frac{N_0}{N_0+N_1},\omega_1=\frac{N_1}{N_0+N_1}\\&\mu=\omega_0\mu_0+\omega_1\mu_1\\&g=\omega_0(\mu_0-\mu)^2+\omega_1(\mu_1-\mu)^2\end{aligned} \tag{3.2}$$

其中，ω_0 为目标像素所占比例；ω_1 为背景像素所占比例；N_0 为目标像素个数；N_1 为背景像素个数；μ_0 为目标平均灰度；μ_1 为背景平均灰度。本节在 NDVI 图像上采用一种局部 OTSU 分割方法，针对盐沼与农田、林场混合的局部区域中 NDVI＞0 的局部像元，用 OTSU 方法进行阈值分割提取噪声，然后通过栅格减法运算在粗提取结果中将噪声去除，最后利用形态学开闭操作进一步剔除碎斑、填充孔洞来完善盐沼分布提取结果。与常规 OTSU 方法相比，本节采用的局部 OTSU 方法对提取结果有了很大改善，对于盐沼与噪声值较为接近的图像改善效果更加明显（图 3-11）。

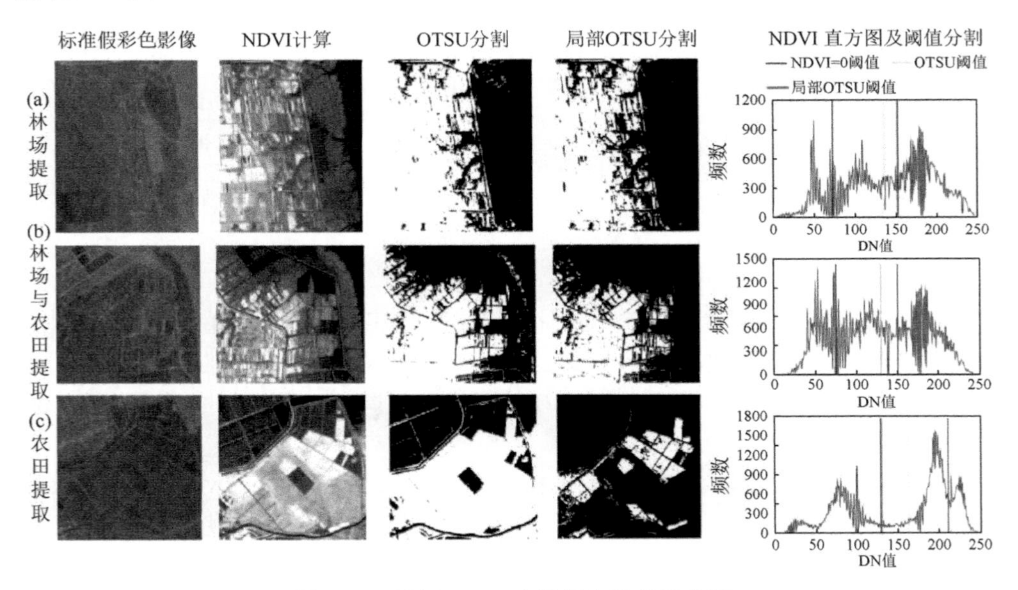

图 3-11　局部 OTSU 方法提取噪声示意图

2）横断线分析

横断线分析多用于长时期大范围的海岸线变迁研究，可定量计算海岸线的变化量（Esteves 等，2006；Thieler 和 Danforth，1994）。江苏海岸线延长而平直，盐沼多平行于海岸线分布，且本节研究期内盐沼垂直于海岸方向扩张明显，这使得横断线分析适用于江苏盐沼宽度与扩张变化的定量计算。本节以江苏中部沿海相邻的河口（港口）连线作为基准线（部分基准线稍向陆地一侧平移以确保各时期盐沼均位于基准线的右侧），然后以 100 m 为间距生成垂直于基准线的横断线［图 3-12（a）］。

对于横断线 i，计算它落入某一时期盐沼内的长度 w_i，作为在该时期横断线上盐沼的宽度［图 3-12（b）］。本节综合考虑不同宽度盐沼护岸促淤效果的差异以及江苏中部沿海盐沼宽度变化特点，将盐沼宽度划分为 0 m、0～200 m、200～

500 m、500～1000 m、1000～2000 m 及 2000 m 以上 6 个等级，通过统计每个等级横断线的数目来描述盐沼对海岸的覆盖状况。

对于某一横断线 i，计算它到两个时期盐沼的最外沿交点连线的距离 d_i，作为两时期内在该横断线上盐沼扩张距离[图 3-12（b）]。本节用江苏中部沿海河口（港口）将海岸分段，并以海岸段作为盐沼扩张的统计单元，两时期内岸段 a 上盐沼的平均扩张距离 d_a 为

$$d_a = \frac{\sum_{i=1}^{n_a} d_i}{n_a} \tag{3.3}$$

其中，n_a 为岸段 a 上横断线的总数。

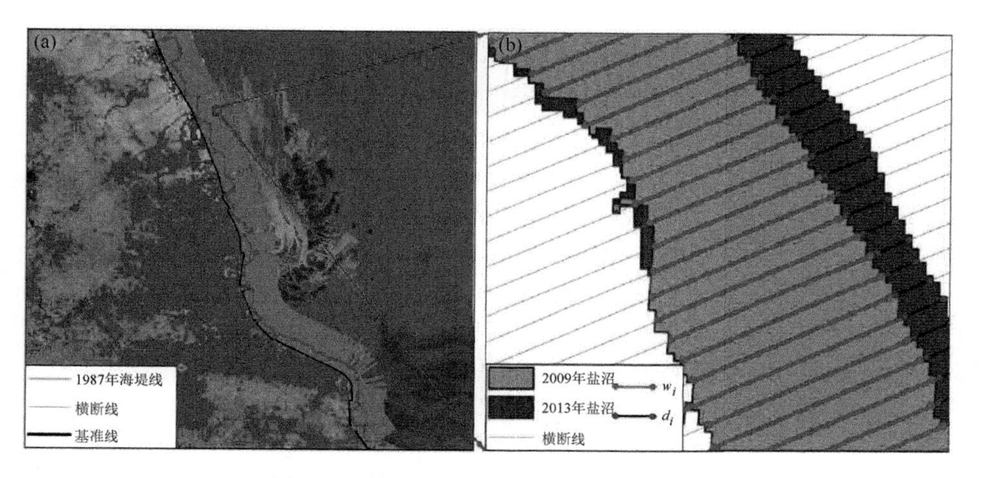

图 3-12　横断线法计算盐沼扩张距离示意

3.4.3　盐沼面积、宽度及分布变化

1. 盐沼面积与宽度变化

江苏中部沿海盐沼面积变化如图 3-13（a）所示。近 25 年来，江苏中部沿海盐沼面积经历了先增后减的过程。1987 年盐沼面积为 324.40 km²，1995 年达到面积的最大值 391.11 km²，随后面积不断减少，至 2013 年为 291.04 km²，期间盐沼面积约减少 10%。同时，在不同的海岸段上盐沼面积变化迥异：1987 年前，弶港以北（除新洋河口至斗龙港口）、新洋河口至斗龙港口和弶港以南盐沼面积所占比例分别为 69.4%、17.0%、13.6%。之后，弶港以北（除新洋河口至斗龙港口）的盐沼面积经历先少量增长后急剧下降的过程；新洋河口至斗龙港口因设立丹顶鹤自然保护区，盐沼持续增长；弶港以南盐沼面积在波动中少量增加。至 2013 年，三者面积所占比例变化为 38.0%、41.9%、20.1%。

江苏中部沿海堤外盐沼宽度变化如图 3-13（b）所示。近 25 年来，江苏中部沿海堤外盐沼宽度表现出明显的下降趋势。在 2000 年前盐沼宽度逾 2000 m 的海岸居多，占全部海岸的 30%左右；到 2000～2005 年，盐沼宽度在 2000 m 以上的海岸锐减，宽度在 1000～2000 m 盐沼的海岸较多；2010 年以后，堤外无盐沼的海岸所占比例不断上升，而覆盖有宽度 1000 m 以上盐沼的海岸越来越少，至 2013 年，江苏中部沿海近一半的海岸堤外盐沼宽度不足 200 m。此外，堤外无盐沼的海岸所占比例也能折射出江苏中部沿海的盐沼覆盖度。从这个角度来看，江苏中部沿海在 2000 年盐沼对海岸线的覆盖度最高，达到 89.6%，之后覆盖度不断下降，至 2013 年盐沼对海岸线的覆盖度降为 68.0%。

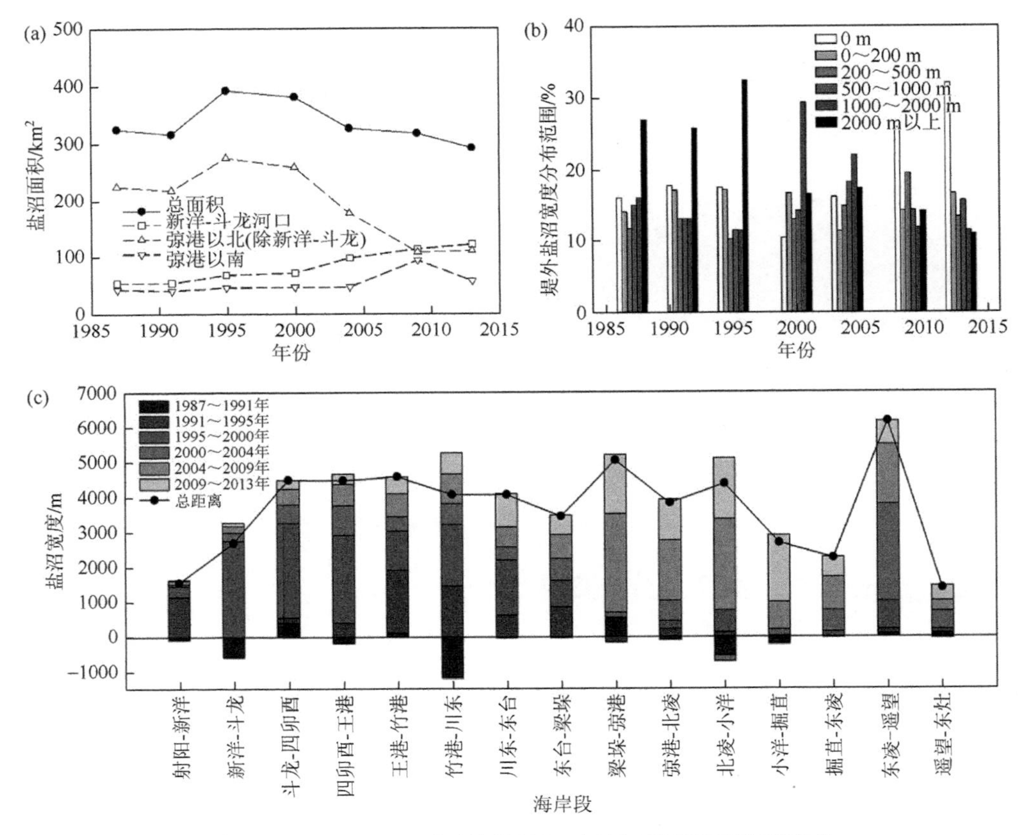

图 3-13　1987～2013 年盐沼面积、宽度以及其扩张距离变化

2. 盐沼分布变化

图 3-14 反映了各时期盐沼空间分布，与图 3-13 结合分析后发现，近 25 年来江苏中部沿海盐沼分布演变具有 2 个特点。

（1）盐沼分布由弶港北岸多、弶港南岸少的格局逐渐转变为新洋至斗龙港口岸段多、其余海岸少的格局。在 2000 年以前，江苏中部沿海的 85%以上的盐沼分布在弶港以北海岸，该海岸盐沼主要以大范围的片块状分布于河口附近，其中又以新洋河口、川东河口至弶港口的盐沼更为密集；而弶港以南海岸的盐沼稀少，盐沼呈现出零星点簇状、条带状分布，且多分布在北凌河口和遥望港口附近。经过演变，新洋河口至斗龙河口成为江苏中部沿海盐沼分布最集中的区域，形成了覆盖海堤宽度可达 4～8 km 的大块盐沼，而其余海岸盐沼相对分布较少。弶港以北其余海岸的大部分盐沼衰减演化为堤外狭长条状盐沼带；除东凌港口至遥望港口在 2009 年后盐沼大范围消失，弶港以南其余岸段盐沼多由点簇状、条带状逐步扩张连接成片，掘苴口东南岸新生出一片较为密集的盐沼带。

（2）盐沼向海一侧扩张迅速，弶港以北海岸的盐沼向海一侧移动尤为明显。江苏中部沿海多数海岸的盐沼向海一侧的扩张距离都超过了 3000 m[图 3-13(c)]，其中以东凌至遥望港口海岸的盐沼向海扩张最为快速（扩张距离超过了 6000 m）。此外，由于盐沼增长扩张时期差异（图 3-14），同一海岸的盐沼在不同时期内，扩张速度差异十分明显，弶港以北的盐沼在 20 世纪 90 年代的扩张速度明显快于 2000 年后的扩张速度，弶港以南的盐沼则在 2000 年后迎来了快速扩张的高峰期。

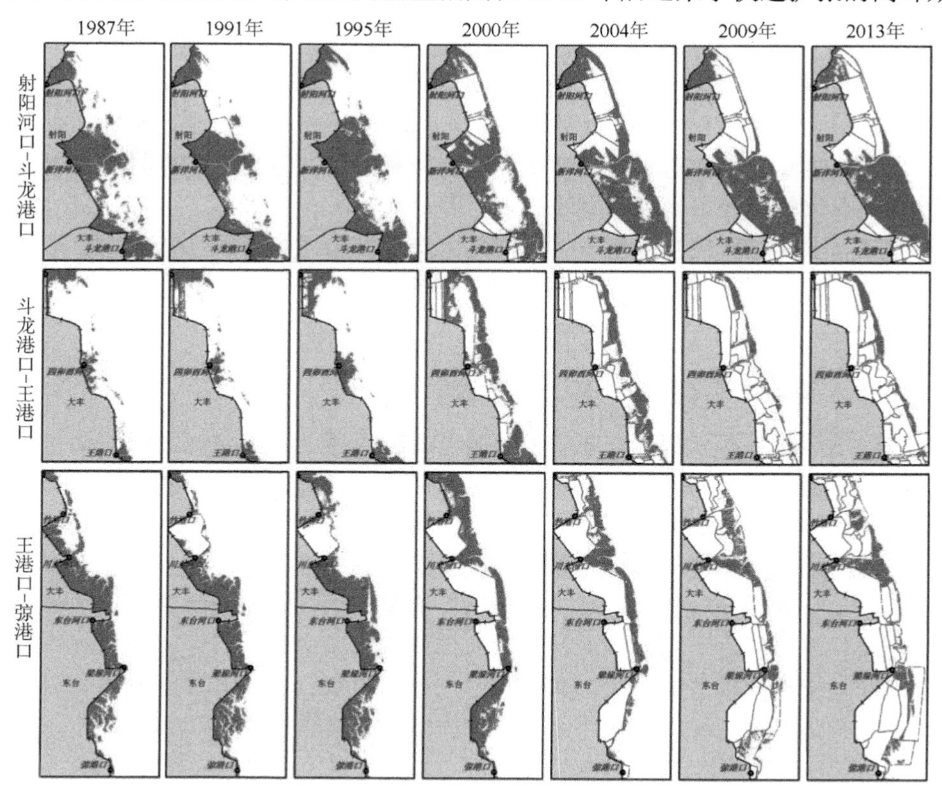

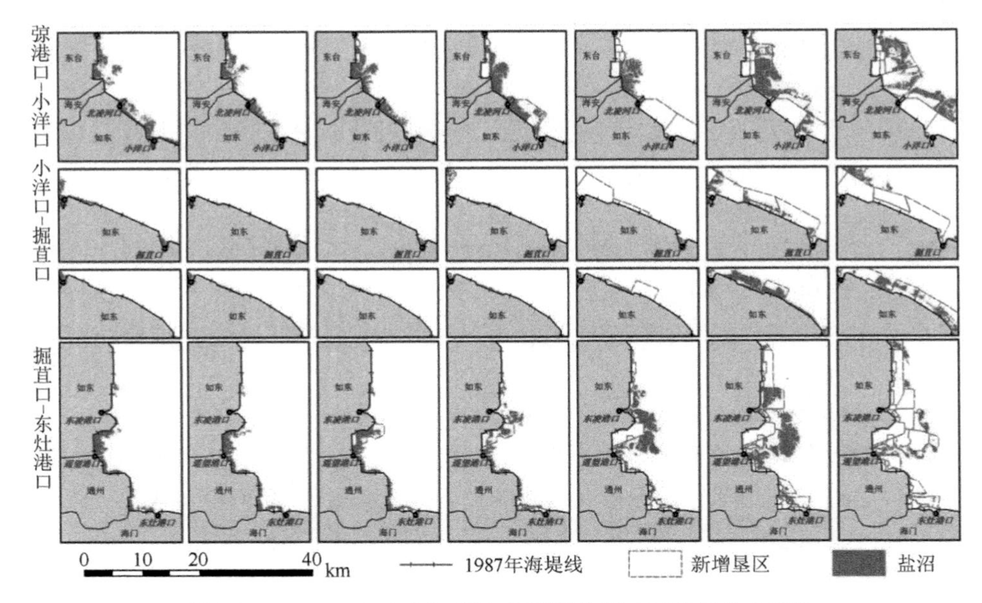

图 3-14　1987～2013 年江苏中部沿海盐沼及其垦区分布变化

3.4.4　盐沼分布对滩涂围垦的响应

20 世纪 80 年代末至 90 年代初，受大米草大量消亡与潮沟频繁摆动侵蚀影响，江苏中部沿海盐沼面积减少，外沿蚀退。在 20 世纪 90 年代后，互花米草盐沼在潮间带快速生长，促使盐沼面积增加，迅速向海扩张。但是，大范围高强度的滩涂围垦是导致盐沼分布格局巨变的最主要因素。

本节叠加对比相邻时期影像，数字化出新增垦区，然后通过盐沼与垦区分布的叠合分析、盐沼与海堤扩张距离的回归分析来进一步讨论盐沼分布对滩涂围垦的响应。

1. 滩涂围垦导致盐沼面积锐减、种类趋于单一

滩涂围垦对各海岸盐沼造成的消减如表 3-15 所示。江苏中部沿海由滩涂围垦造成的盐沼消亡面积为 569.47 km^2，占盐沼消亡总量的 85.4%，弶港以北围垦致盐沼减少量达到 440.81 km^2，远大于弶港以南围垦造成的盐沼消亡量 128.66 km^2，围垦是弶港以北盐沼锐减的根本原因。由于不同海岸段长度不同，盐沼分布状况各异，本节认为围垦导致盐沼减少率能够更为客观地评价不同海岸段上围垦对盐沼的影响状况。从这个角度来看，新洋河口至斗龙港口的盐沼受围垦影响较小，其余海岸盐沼受围垦影响较大，其中斗龙港口至王港口、竹港口至北凌河口是受围垦影响最为严重的海岸区域，围垦导致盐沼减少率均超过 90%。

表 3-15　围垦造成的盐沼消减及 2013 年后堤外盐沼状况

海岸段	盐沼减少量/ km^2	围垦致盐沼减少量/ km^2	围垦致盐沼减少率/%	2013 年堤外盐沼面积/ km^2	2013 年堤外盐沼平均宽度/m
射阳河口—新洋河口	81.97	72.64	88.62	8.90	281.06
新洋河口—斗龙港口	56.35	20.51	36.40	121.78	5765.63
斗龙港口—四卯酉河口	73.21	67.97	92.84	16.18	550.75
四卯酉河口—王港口	56.99	52.23	91.64	6.36	261.00
王港口—竹港口	33.98	29.4	86.51	1.23	55.61
竹港口—川东河口	44.65	40.37	90.41	5.83	275.36
川东河口—东台河口	67.09	61.51	91.69	22.30	1060.67
东台河口—梁垛河口	46.01	43.53	94.60	1.58	123.64
梁垛河口—弶港口	57.81	52.65	91.08	1.58	49.71
弶港口—北凌河口	31.7	29.14	91.92	3.27	194.94
北凌河口—小洋口	19.97	16.88	84.55	7.22	476.38
小洋口—掘苴口	9.84	7.22	73.34	1.62	79.65
掘苴口—东凌港口	24.87	22.29	89.64	6.12	137.85
东凌港口—遥望港口	43.7	38.94	89.11	6.54	175.03
遥望港口—东灶港口	18.52	14.19	76.64	2.70	119.90

此外，1995～2000 年，江苏中部沿海开展的滩涂围垦活动主要集中在原生盐沼密布的潮上带和潮间上带（图 3-14），导致了茅草、芦苇、盐蒿等多种原生盐沼群落锐减甚至消失。如今原生盐沼群落主要分布在新洋河口至斗龙港口的丹顶鹤自然保护区内，其余海岸分布很少。江苏中部沿海海岸带景观也由 20 世纪 80 年代末的茅草、芦苇、盐沼、米草盐沼混合群落覆盖转变为现今大量单一的互花米草盐沼覆盖，这必将造成生物多样性的降低和生态系统稳定性的下降。

2. 潮间带滩涂围垦对盐沼扩张的推动作用

由于在本节研究期内弶港以南海岸盐沼分布较少，弶港以北海岸盐沼覆盖较多，因此，本节针对弶港以北的各个海岸分析垦区与盐沼扩张之间的关系（图 3-15）。

在 2000 年之前，围垦活动主要集中在潮上带和潮间上带，距盐沼外缘较远，海堤与盐沼扩张距离不存在明显的相关关系［图 3-15（a）～（c）］。2000 年以后，弶港以北基本形成覆盖海岸带的盐沼带，同时滩涂围垦逐渐步入潮间带，使得 2000 年后的各时期海堤和盐沼扩张距离表现出一定的相关性[图 3-15(d)～(f)]，并且随着围垦不断向潮间带进发，这种相关性越发显著。综合 2000 年以来各时期海堤与盐沼外扩距离的回归分析，$R^2 = 0.7257$，考虑不同海岸围垦时间与沉积速率存在差异，这种相关性已经较高，能够反映出两者间一种正相关关系［图 3-15（g）］。此外，新洋河口至斗龙港口基本无围垦活动，在 2000 年以后盐沼扩张速率很慢，仅为斗龙港口至王港口的 1/3 左右［图 3-13（c）］，而两者沉积速率基本相等。综合海堤与盐沼扩张的相关性和新洋河口至斗龙港口盐沼扩张的滞后性可见，潮间带的滩涂围垦活动对堤外盐沼向海扩张具有一定推进作用。

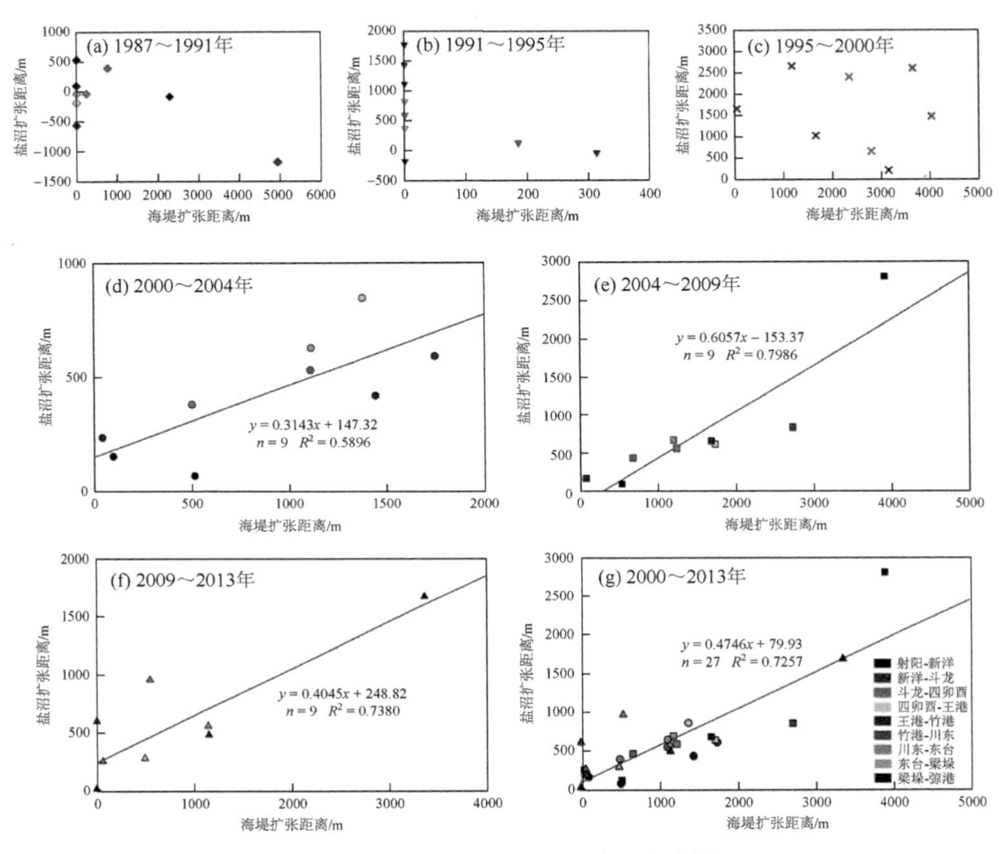

图 3-15 海堤与盐沼扩张距离回归分析

潮间带的滩涂围垦活动对堤外盐沼向海扩张的推进作用主要来源于新建海堤对原潮滩沉积环境的改变。一方面，新建海堤促进堤前沉积速率加快，一段时间后，堤前沉积逐渐放缓，低潮滩沉积速率增加，在此过程中潮滩快速向海淤长，堤外盐沼随之加快扩张；另一方面，垦区的建立也能抑制潮沟发育，减小潮沟摆动，为盐沼草种立地与扩张提供有利条件。潮间带新建垦区对沉积环境的改变意味着在现今盐沼宽度锐减、覆盖度骤降的形势下，若围垦速度放缓，堤外盐沼是有望在未来得以恢复的。从图 3-14 中看出，川东河口在经历了 2000 年的围垦后，南岸的盐沼宽度约 1 km，随后由于没有进一步围垦，盐沼宽度已增至 3～4 km；2009～2013 年射阳河口至川东河口没有围垦活动，其间各海岸的盐沼宽度也有所增加。通过对比 2009～2013 年王港口至竹港口与竹港口至川东河口、北凌河口至小洋口与小洋口至掘苴口等海岸盐沼恢复状况差异，我们还发现围垦后盐沼恢复速度与堤外余留盐沼宽度有很大关系。即堤外余留盐沼越宽，盐沼恢复速率越快；反之，盐沼恢复较慢。然而，由于滩涂围垦速度并没有减缓，半数以上的海岸堤外盐沼已不足 200 m（表 3-15），部分新建垦区甚至已越过了盐沼分布最外沿，这为盐沼恢复带来了极大困难。

3.5　互花米草入侵对海岸带湿地生态系统的影响及管理

植物外来种在全球范围内都具有普遍性，尤其是热带和亚热带地区，植物外来种的分布最为广泛，如美国夏威夷为 45%，佛罗里达为 40%（李加林等，2005）。外来种可能引起当地生态系统巨大波动，极大地影响引入区域的生态环境安全。外来种入侵对区域生态系统的负面影响已引起政府部门和学术界的广泛关注。但外来种本身并无“有害”或“无害”之称，对于我国来说，多种蔬菜水果、五谷杂粮都是外来种，如红薯、玉米、油菜、向日葵、马铃薯和棉花等。因此，对外来种的认识必须是一分为二的，外来种既可能给当地生态环境乃至经济发展造成一定负面影响，也可能改善生态系统，造福人类。本节介绍互花米草入侵对潮滩生态系统服务功能的影响，并提出相应的管理对策。

3.5.1　互花米草的生态学特征

1. *互花米草的植物学特征*

互花米草为禾本科米草属多年生草本植物，植株形态高大健壮、茎秆挺拔（徐国万和卓荣宗，1985）。浙江玉环桐丽五门滩涂、杭州湾南岸三北浅滩及江苏东台梁垛河闸以北滩面，有相当一部分互花米草植株高度超过 2 m，植株下部茎秆周长超过 4 cm。互花米草植株茎叶都有叶鞘包裹，叶互生，呈长披针形，茎秆基部叶片相对较短，长仅 10 cm 左右，向上则变宽变长，植株花期为 7～10 月，穗形花序，有 10 余小穗，白色羽状（徐国万和卓荣宗，1985）。互花米草的地下部分包括地下茎和须根，据实地观测，地下茎多横向分布，深度可超过 50 cm，根系分布深度可达 1～2 m。互花米草的扩展包括走茎蔓延和种子繁殖两种（徐国万和卓荣宗，1985）。多年来的实地调查发现，稀疏草滩以走茎蔓延扩展为主；茂密连片草滩，种子繁殖逐渐成为互花米草扩展的主要方式。1997 年以前，随潮流漂至的种子在杭州湾南岸三北浅滩上立地萌发，形成了稀疏的互花米草滩。1997～2000 年，三北浅滩上的互花米草扩展以走茎蔓延为主，不断填充草滩空隙，使得互花米草滩植株密度增大，并逐渐连片分布。2001 年以来，种子繁殖量大增，种子随潮流越过草滩外缘潮沟，形成稀疏草滩。江苏笆斗、东川、王竹垦区外互花米草的扩展，也具有类似特征。

2. 生境及地貌部位

互花米草原产大西洋沿岸，从加拿大的纽芬兰到美国的佛罗里达中部，直至墨西哥湾经常被潮水淹没的潮间带都有分布，为主要海滩植被，且多为纯种分布（蒋福兴等，1993）。互花米草能在较宽广的气候带分布，在北美，从 30°N～50°N 的潮间带海滩都有分布（蒋福兴等，1993）。互花米草在我国的分布范围遍及暖温带至亚热带的东南沿海海滩。宋连清（1997）在浙江南部沿海进行的引种表明，在中、高潮滩，互花米草移植后的成活率为 100%，且生长发育快；而在中低潮区，互花米草移植后也能成活，但成活率下降，尤其是低潮滩移植后的成活率仅为 15%～30%。互花米草生长的地貌部位多为海滩高潮滩下部至中潮带上部广阔滩面（Niels 等，2001）。江苏、浙江沿海，相当一部分互花米草生态位在盐蒿滩以下，与盐蒿滩下界直接相接，或相隔一段光滩。浙江杭州湾南岸三北浅滩的部分互花米草分布于大米草滩以下。

3. 土壤及盐度条件

互花米草对土壤质地要求不高，耐盐、耐淹能力很强，适盐范围较宽，仅在栽种初期，对土壤质地和盐度的要求相对较高。在盐度较低、淤泥质沉积物丰富的海滩上生长最好，生物量最丰富；而在土壤肥力低，含盐量较高的海滩生长最差，生物量也低（宋连清，1997）。2002 年 10 月，在浙江杭州湾南岸新浦茂密的互花米草滩中采集表层沉积物，沉积物均为粉砂，中值粒径平均值为 5.21Φ（粒度单位：用 D 表示单位为 mm，常用单位为 Φ，为便于比较进行粒径单位转换 $\Phi = -\log_2 D$。），有机质含量、全磷、全氮、全盐含量平均值分别为 0.30%、0.13%、0.03%、0.21%，草滩退潮后，残余海水平均盐度为 12.3‰（表 3-16）。2001 年 12 月，在江苏东台沿海互花米草滩实测资料表明（表 3-17），互花米草表层沉积物以粉砂为主，兼有黏土质粉砂、细砂等类型。沉积物的分选系数为分选中等至较差，偏态为正偏态至极正偏态，峰态为窄峰态至很窄峰态。

表 3-16 浙江杭州湾南岸表层沉积物土壤条件及海水盐度特征

样品号	中值粒径/Φ	有机质/%	全磷/%	全氮/%	全盐/%	海水盐度/‰
1	5.38	0.31	0.14	0.03	0.22	12.3
2	5.41	0.29	0.17	0.02	0.21	12.4
3	5.03	0.35	0.11	0.03	0.20	12.0
4	5.01	0.26	0.09	0.03	0.22	12.5
平均	5.21	0.30	0.13	0.03	0.21	12.3

表 3-17　江苏东台表层沉积物粒度特征

样品号	中值粒径/Φ	平均粒径/Φ	分选系数	偏态	峰态	底质类型
1	6.36	6.49	1.30	−0.05	1.46	粉砂
2	5.02	5.18	0.82	0.04	2.22	粉砂
3	6.10	6.52	1.75	1.49	2.14	黏土质粉砂
4	5.38	5.92	1.65	1.71	2.21	粉砂
5	3.65	3.81	1.06	1.54	2.05	细砂
平均	5.30	5.58	1.32	0.95	2.026	

4. 底栖动物和鸟类

互花米草海滩生态系统位于海陆过渡地带，湿度、盐度变化剧烈，波浪、潮汐作用明显，底质复杂多样。恶劣的生态环境，造成互花米草海滩生态系统的植被类型单一。而在互花米草群落的庇护下，底栖物种的丰度却较大。由于互花米草地下根茎发达，随着滩面逐年淤高，根茎被愈埋愈深，根茎与淤泥胶结在一起，在土壤中形成大量有机物，有利于底栖生物生存、穴居和繁衍，并引来各种珍禽海鸟觅食栖息。江苏盐城湿地珍禽国家级自然保护区以互花米草生态系统为主，有国家一类保护鸟类 11 种、二类保护鸟类 36 种，中日候鸟协定保护鸟类 134 种，此外还有数百种鸟类南徙过程中在此停留栖息（沈永明，2001）。

5. 互花米草海滩生态系统的物能交换模式

互花米草海滩生态系统有较丰富的营养物质和能量来源，因而维持着较大的生物量。互花米草海滩生态系统的外部能量主要来自太阳能输入，当然也包括潮汐、波浪作用及入海径流所带来的物质和能量。互花米草作为生态系统中的主要生产者，以植株生物量的形式存储太阳能。波浪、潮汐和入海径流所携带的物质、能量被互花米草海滩生态系统吸收、消耗，水流传递 CO_2、N、P 及其他矿质养分，提高植物的光合作用强度，增强根对矿质养分的吸收。据钦佩等（1995）研究发现，互花米草滩面上矿物质元素的季节变动较明显，由于植物的生长吸收，春夏季滩面土壤中的矿物质元素含量较少，而秋冬季土壤和海水中的矿物质含量则相对较高。粗颗粒物质因流速降低沉积于草滩内，而细颗粒物质则被水流带走，水流携带的能量大部分消耗在与互花米草的摩擦上。底栖的甲壳类、多毛类、软体动物及鱼类等，摄食部分浮游生物和滤食碎屑食物，使物质和能量进入高一级的营养级。互花米草的根茎叶死亡后回归土壤，逐渐腐烂，变为有机质、腐殖质，成为微生物和小型底栖动物的食物，进入新一轮循环。江苏大丰、东台一带互花米草海滩生态系统中就发现有獐子。互花米草及其生态系统中的各种动物性资源，都有较高利用价值，通过人类开发利用，耗散于系统之外。

3.5.2　互花米草引种及其入侵条件

1. 互花米草引种及其蔓延

为保滩促淤，我国于 1979 年 12 月从美国引入互花米草这种适宜在潮间带生长的耐盐、耐淹植物的种子。首先在南京大学的植物园进行种子萌发和试种。互花米草种子引种成功后，在我国沿海适宜的温度、湿度、盐度、土壤、水分、营养环境条件下，开始定殖并形成种群，随后通过人为推广引种及潮流等自然力量广为扩散传播。目前互花米草已成为我国沿海潮滩分布面积最广的盐沼植被，从辽宁、天津、山东、江苏、上海，到浙江、福建的沿海地区淤泥质潮滩上均有分布。互花米草盐沼面积已超过 12 500 hm^2。互花米草在保滩护岸、促淤造陆、改良土壤、绿化海滩和改善生态系统等方面的功能已被人们所认识，但是互花米草在我国沿海的快速蔓延影响了潮滩的生物多样性，造成河口航道淤积，与滩涂养殖“争地”等负面影响。因此，互花米草的快速蔓延及其盐沼生态系统的形成被认为是典型的外来种入侵（陈中义等，2004；张征云等，2004；刘苏和王荣祥，2002；朱晓佳和钦佩，2003）。

2. 促使互花米草入侵的主要因素

（1）互花米草自身具有极强繁殖能力和抗逆性。互花米草具有无性和有性两种繁殖方式，互花米草茎的基部和地下茎的节上，常有腋芽伸出土面，并在适合的条件下形成新的植株。在立地条件较好的滩涂上，自然脱落的种子可直接萌发成幼苗，种子萌发率达 80%～90%（徐国万和卓荣宗，1985）。互花米草植株具有从生性，即以母株为中心，通过茎的基部和地下茎或种子脱落萌发，向外蔓延。由于叶片密布盐腺和气孔，耐盐、耐淹能力很强，互花米草在盐度范围 0～40‰和每天二潮、每潮浸淹时间 6 小时以内的条件下，仍能正常生长（徐国万和卓荣宗，1985；宋连清，1997）。此外，互花米草还表现出极强的耐淤埋、耐风浪特征，适宜在沿海潮滩生长，并形成大面积的单种优势群落。

（2）沿海适宜的生境条件。互花米草能在较宽广的气候带分布，所以在我国从辽宁南部沿海的暖温带至福建、广东沿海的亚热带海滩均能分布。同时，由于我国沿海地区粉砂淤泥质潮滩广布，土壤条件、沿海及河口地区的海水盐度条件适合互花米草生长。因为互花米草在沉积物丰富的海滩上生长最好，生物量最丰富；而在土壤肥力低，含盐量较高的海滩生长较差，生物量也低。

（3）人为引种推动了互花米草的种群扩散。我国海岸线大部分缺乏天然植被保护，海岸侵蚀严重。20 世纪 80 年代以来，为了保护海滩、防止海岸侵蚀，增加土地面积、减缓人地矛盾，改善土地理化性质、提高土地生产力，互花米草在我国沿海地区得到推广，极大地促进了互花米草在我国沿海地区的扩散。

（4）通过自然或人为媒介传播扩散。互花米草种子可以随风传播，也可以随着潮流越过草滩外侧潮沟在更低的滩面上立地生长。因海岸侵蚀或潮沟摆动而破坏的互花米草植株可以被沿岸流带到无互花米草生长的潮滩，进行远距离传播。此外，互花米草还可以借助多种人为方式，如船只、港口及部分陆上运输等无意传播。如浙江象山港及杭州湾南岸潮滩互花米草生态系统就是通过自然媒介传播或人为无意识传播形成的。

（5）缺乏自然控制机制。到目前为止，我国还没有发现本地天敌可以控制互花米草种群增长和扩散，这也是互花米草在我国沿海能迅速扩展的原因之一。自然控制机制的缺乏，使得互花米草能依靠其自身极强的生长能力快速扩展。

3.5.3　互花米草入侵对海岸带湿地生态系统服务功能的影响

互花米草的扩散及对潮滩的占领，极大地改变了原生潮滩生态系统结构，从而引起潮滩生态系统服务功能变化。主要表现在影响生态系统生物量、生物多样性、潮滩水动力和沉积过程、土壤形成和营养物质积累、植被演替序列等方面。对于不同区域而言，互花米草对同一种服务功能的影响可能表现出完全相反的特征，即正面和负面影响。为进一步研究互花米草对潮滩生态系统服务功能的影响，我们选择开放的杭州湾南岸和相对封闭的福建三都湾作为调查对象，探讨互花米草对潮滩生态系统服务功能的影响。

1. 互花米草对潮滩生态系统生物量的影响

一方面，互花米草植株高大，生物量丰富，每公顷鲜生物量达 30 t，最多达 50～80 t，使得潮滩生态系统的初级生产力大大提升。互花米草生态系统可孕育多种底栖生物资源，如沙蚕、锯缘青蟹、弹涂鱼等具有经济价值的底栖生物资源。如杭州湾南岸潮滩宽广，潮间带面积 408 km^2，其中互花米草面积 38 km^2，通过计算得到互花米草生物量及其底栖动物生物量的经济价值达 6×10^6 元。另一方面，也有负面影响。如福建三都湾口小腹大，潮滩面积 308 km^2，大米草和互花米草面积 40 km^2，互花米草的蔓延扩展，侵占了缢蛏、牡蛎、泥蚶、花蛤等贝类良好的养殖场地或贝苗的天然产地，使得三都湾的滩涂养殖业遭受巨大损失。此外，互花米草枯枝落叶的漂移对湾内紫菜、海带等藻类的生长、收获及产品质量也有明显的不良影响（林如求，1997）。造成三都湾互花米草与滩涂养殖业“争地”的原因是封闭、狭长的海湾无法为滩涂养殖业生态位的下移提供足够空间。而杭州湾南岸潮滩的经济贝类则随着互花米草的扩展和滩涂的北移，生态位也相应下移北迁，养殖业不受互花米草扩展影响。

2. 互花米草对潮滩生态系统生物多样性的影响

互花米草作为潮滩先锋植被，通过对潮滩的占领，形成单优势群落。茅草、盐蒿等植被很难在滩面淤高后侵入其中，使得互花米草与本土植物存在竞争生长空间的现象，从而威胁本地植物多样性。同时，高大的互花米草植株的庇护也为大量底栖生物生存、穴居和繁衍提供饵料和庇护地。此外，由于互花米草海滩生态系统中大量底栖动物的存在及互花米草秋后产生大量种子，可以引来各种珍禽海鸟觅食栖息。据估算，杭州湾南岸互花米草在牛背鹭、大白鹭等珍禽海鸟生物遗传信息保护方面的经济价值为 1.048×10^7 元/年（李加林，2004）。当然互花米草通过对潮滩生态结构的改变，也改造了本地底栖动物的生存环境，从而影响本地的动物区系。如福建三都湾宁德二都垦区外互花米草的扩展，几乎造成二都泥蚶的绝迹（林如求，1997）。

3. 互花米草对潮滩水动力和沉积过程的影响

互花米草根系发达，盘根错节，杆粗叶茂，在潮滩上形成一道软屏障，高潮位附近的波浪伴随着强大的波能冲击互花米草滩时，互花米草植株随波摆动对波浪产生反作用，降低波能，从而降低高潮位波浪对其后海岸、堤坝的冲刷破坏作用。挟带泥沙的潮流进入互花米草滩时，能量大量消耗，流速显著降低，潮流挟带的泥沙大量沉积于草滩中，使得滩面逐渐淤高，并促使潮滩土壤形成和营养物质积累。据估算杭州湾南岸互花米草的促淤保滩、消浪护岸和营养物质累积的经济价值为 2.353×10^7 元/年（李加林，2004），福建三都湾二都垦区堤坝外的互花米草也发挥着很好的保滩护堤作用。互花米草通过其消能促淤，对潮间带水体循环产生明显影响，从而改变潮滩沉积物的分布规律。特别是泥沙在沿海闸下引河中的淤积，影响渔船通行及闸下排涝，导致沿海涵闸过早废弃。这种负面效应在杭州湾南岸表现得特别明显，如海黄山闸的废弃、四灶浦闸和徐家浦闸的外迁均与之有一定关系。

4. 互花米草对潮滩养分循环和土壤污染的影响

互花米草将进入海滩生态系统的各种营养物质和能量以生物量的形式存储于植物体内。冬季，互花米草地上部分死亡后，部分营养物质回归土壤或被潮流带至外海。互花米草对粉尘具有明显的阻挡、过滤和吸附作用，同时对水体和土壤中农药、汞等重金属元素具有较强吸附能力，具有净化环境功能（钦佩等，1995）。据估算，杭州湾南岸互花米草生态系统在养分循环、滞尘和水土净化等方面的经济价值为 1.444×10^7 元/年（李加林，2004）。互花米草在福建三都湾的扩张，加速了湾内潮滩淤积，在潮滩养分积累和土壤形成方面也有明显的促进作用。

5. 互花米草对潮滩植被演替序列的影响

沿海潮滩植被演替序列与植被本身的耐盐、耐淹性有关。在淤长型岸段，原生潮滩植被演替序列一般为裸滩—盐蒿滩—茅草滩，互花米草的生态位一般在盐蒿滩以下，因此互花米草一般入侵平均高潮位以下、经常受海水浸淹的裸滩，使得潮滩植被演替序列变为裸滩—互花米草滩—盐蒿滩—茅草滩。由于互花米草根系发达，且在潮间带的分布范围相当宽广，具有纯生性，常形成单种优势群落，盐蒿群落很难侵入其中，因而互花米草又对潮滩植被的正常演替产生明显影响。在杭州湾南岸，潮滩植被演替过程中已表现出盐蒿滩缺失现象。

3.5.4　互花米草湿地生态系统综合效益分析

我国除少数水产养殖场及盐场外，大部分为缺乏植被保护的海滩，有些岸段海岸侵蚀异常严重。同时我国人多地少，与海争地，围垦海涂在我国已有悠久历史。互花米草的引种及互花米草生态系统的形成可以达到保护滩地，减缓海岸侵蚀；促进滩面淤积，增加土地面积；改善土地，提高海滩生态系统生产力等目的，有着十分明显的工程效益、经济效益和生态效益。

1. 互花米草生态系统的工程效益

海岸带由于受潮汐、波浪、近岸流、河川径流、泥沙供应、植被分布及海平面的升降等因素影响，常表现出蚀退或淤长，形成侵蚀型、淤长型和稳定型海岸（彭建和王仰麟，2000）。

对于侵蚀型海岸，由于波浪、潮流等的侵蚀作用，可能造成海岸、堤坝的侵蚀、倒塌，给沿海人民生命财产带来巨大威胁。对于淤长型海岸，随着人类对海涂围垦速度加快，堤外盐沼湿地越来越窄，高程越来越低，使得可围滩地越来越少，围垦成本大大提高。互花米草海滩生态系统的形成能以较低成本，在侵蚀型海岸起到消浪护岸作用，在淤长型海岸起到保滩促淤作用，因而具有很好的工程效益。互花米草海滩生态系统的消浪护岸功能主要是通过控制高潮位附近的波浪，消耗其波能来实现。通过对互花米草消浪实测，40 m 宽的互花米草带，其消浪能力为67%波高，相当于建造2.0 m高的潜坝（宋连清，1997；傅宗甫，1997）。

生长于潮间带的互花米草，根系发达、植株粗壮，连片分布后可形成很好的“生物软堤坝”，高潮位附近的波浪伴随着强大波能冲击互花米草滩带时，由于植物的柔韧性，互花米草植株随波摆动对波浪产生反作用，使波能大大降低，从而降低高潮位波浪对其后海岸、堤坝的冲刷破坏作用。1990～1994 年，台风暴潮对瓯海、苍南、温岭沿海地区的高标准海堤产生巨大破坏，而堤前有互花米草滩分布的低标准海堤却安然无损。这很好地说明互花米草生态工程的消浪护岸作用。挟带泥沙的潮流进入互花米草滩时，由于互花米草的阻挡，冠层内的水流切变速度减小，能量大量消耗，潮流挟带的悬浮泥沙及其絮凝体沉积速率减少，有利于黏性细颗粒泥沙在草滩上沉积，长此以往，滩面逐渐淤高（时钟，1997）。互花米草在未成片时，促淤效果不明显，而随着成片草滩形成，滩面淤积速率也将不断加快。南京大学在东台，自然资源部第二海洋研究所在浙江温岭，河海大学在浙江苍南的促淤试验都表明，有互花米草的滩面与相应的无草滩面淤蚀速率完全不同，同为淤长型海岸，互花米草滩的淤长速率明显比光滩要快。有关实验表明，互花米草区的促淤速率是无草区的 2～3 倍，种草后，淤积量可达每年 10 cm 以上（徐国万等，1993；傅宗甫，1997；陈宏友，1990）。

2. 互花米草生态系统物质产品的经济效益

互花米草海滩生态系统中的底栖动物具较高经济价值，特别是沙蚕、蟹类、泥螺、牡蛎等海产品，具有很高的利用价值。另外，互花米草资源作为互花米草生态系统中的唯一植被，也具较高经济价值。钦佩等（1994）测得 1990 年 10 月，废黄河口互花米草群落总生物量为 6174 g/m^2，热值约为 31 kJ/g，贮能约为 9.37×10^6 kJ/m^2。作为生态系统中的生产者，它可通过食物链为各级消费者提供大量食物和能量，以利于提高整个生态系统的生产率。互花米草中粗蛋白含量占 11%，粗脂肪占 2%，粗纤维占 25%（Niels 等，2001），传统用途主要包括用作肥料、饲料、燃料、改良土壤、培育食用菌等。Odum 和 Dela（1967）在佐治亚州萨帕娄岛的研究表明，互花米草滩的海水中有机碎屑 95%来自互花米草，并为底栖动物所利用。随着绿色消费提出，互花米草的地上部分，通过绿色食品工艺，提取的精制生物矿物质液（BML）和米草总黄酮（TFS），具很好的保健功能（钦佩等，2002）。同时提取后产生的大量草渣，可用作食用菌的培养料，或用作肥料。

3. 互花米草生态系统的生态效益

由于人类对海滩自然资源的掠夺性开发，海滩生态系统环境恶化日益加剧，原生海滩生态系统面临崩溃危险。而生态恢复和改善作为生态工程的一项重要举措，其实施有利于帮助人类恢复受损生态系统、改善环境，有利于人类对生态系统及其物种资源的可持续利用（张乔民，2001；张永泽，2001）。互花米草引种在恢复和改善海滩生态系统方面，特别是垦区海滩生态系统及海岸、堤坝受侵蚀的海滩生态系统中起到一定作用。江苏垦区堤线在 20 世纪 50 年代位于平均高潮线附近，堤内围垦和堤外植被恢复处于相对平衡。此后随着围垦速度加快，堤外海滩生态系统平衡遭到破坏，造成144 300 hm^2的盐沼群落消失。互花米草生态系统的形成一定程度上缓解了围垦和恢复海滩盐沼的矛盾。在海岸、堤坝受侵蚀的海滩生态系统的恢复和改善方面，互花米草群落通过对波浪、潮流的阻挡，减轻滩面及岸线遭受的冲蚀，从而起到恢复和改善侵蚀型海滩生态系统的作用。

互花米草海滩生态系统位于海陆交界地带，受海陆多种生态因子综合影响，具有较高的营养物质和能量来源，因而维持着较大的生物量，是地球上生物量最大的生态系统之一。此外，互花米草海滩生态系统还能提供固定CO_2、释放O_2、提供动物栖息地、保存生物遗传信息价值、积累营养物质和净化环境等生态服务功能（间接利用价值）。

3.5.5 互花米草湿地生态系统的管理对策

以上分析表明，作为外来种的互花米草对潮滩生态系统服务功能的影响具有双重性，既存在明显的正面效益，也可能带来严重的负面影响。因此，要做到趋利避害，加强对外来种互花米草潮滩生态系统的管理，根据不同区域的潮滩特征及其开发利用方向，因地制宜地充分利用其正面影响，尽量减少其负面影响。

1. 加强对互花米草的综合利用

互花米草植株中营养丰富，含有粗蛋白质、粗脂肪和粗纤维，富含氨基酸、维生素和微量元素（沈永明，2001），其传统用途主要包括用作肥料、饲料、燃料，以及用于改良土壤和培育食用菌等。在绿色工艺下，互花米草可提取具很强保健功能的精制生物矿质液（BMT）和米草总黄酮（TFS）。研究表明BMT具有显著增强机体免疫功能、强心、抗炎、耐缺氧等生理作用，而TFS则具有显著的纤溶活性和较强的抗脑血栓等生理功能（钦佩等，1999；张康宣和钦佩，1989；蔡鸣和钦佩，1996）。在互花米草萌芽的4～5月，沿海人民采挖新芽，作蔬菜食用（林如求，1997）。在传统用途基础上，增加科技投入，开发推广互花米草保健产品不仅可增加沿海人民收益，而且对控制互花米草的扩散和蔓延具有重要作用。

2. 合理开发利用和保护互花米草潮滩生态系统

互花米草生态系统的形成，大大增加了潮滩底栖动物的类型和生物量，互花米草海滩生态系统中的沙蚕、蟹类等底栖动物具较高经济价值，利用互花米草潮滩生态系统养殖沙蚕、青蟹，可弥补互花米草蔓延侵占泥螺、蛤类等造成的滩涂养殖业损失，提高沿海农民收益。同时利用互花米草促淤功能，围垦有草潮滩可增加土地面积，减轻互花米草的负面影响。杭州湾南岸互花米草海滩生态系统中有牛背鹭、大白鹭、白骨顶、震旦鸦雀等近 10 种国家一、二类保护海鸟活动，互花米草海滩生态系统保护着珍稀鸟类基因资源，在生物多样性保护方面发挥着巨大作用。对于此类互花米草潮滩生态系统必须加大保护力度，按核心区、缓冲区和试验区分别加以保护和利用。

3. 因地制宜控制或发展互花米草

我国引进互花米草的主要目的是保滩促淤，互花米草在保滩促淤方面的作用有目共睹，但其负面影响也很明显。因此必须因地制宜控制、发展互花米草。对于稳定型的封闭式海湾潮滩，如福建罗源湾、浙江象山港等绝对不能发展互花米草，以免造成港湾淤积，影响滩涂养殖业或航运业；而对于淤长型的宽阔潮滩，如江苏中部淤长型潮滩，适当发展互花米草，不仅不会影响沿海滩涂养殖业，而且能增加沿海农民经济收入，发挥其促淤功能，通过围垦增加土地面积；对于侵蚀型的潮滩，如江苏废黄河口适当发展互花米草，可减缓潮滩侵蚀速度，保护海堤等沿海工程设施；对于半封闭潮滩，如淤长型的杭州湾南岸潮滩，互花米草的发展也须加以控制，以免引起杭州湾的潮波特征改变，使得南北两岸岸线产生重大调整，造成巨额经济损失。

4. 加强对互花米草传播扩散途径的控制

由于互花米草具有极强繁殖能力和抗逆性，并能借助多种途径传播扩散，而且缺乏自然调控机制，造成了其在我国沿海地区的快速蔓延，因此必须加强对互花米草传播扩散途径的控制。通过宣传教育，让人们充分认识互花米草对潮滩生态系统的正负面影响，切断人为无意识传播途径。对于不适于互花米草生长的潮滩，养成主动灭草习惯，防止互花米草通过人为或自然媒介侵入这类潮滩。

5. 加强根除互花米草的药物和生物措施研究

潮滩植被周期性被海水淹没，很容易造成除草剂散失，因此用药物根除互花米草相当困难。大米草是米草与互花米草的结合物，早期对大米草的研究较多。美国、荷兰、澳大利亚和新西兰等国家较早开展药物根除大米草研究工作。美国采用 Rodeo 和 Arsenal 杀除大米草有较好的效果，且后者比前者更高效（Crockett，1991；Patten，1999）。荷兰采用 Gallant 控制大米草的蔓延也取得了较好的效果（Shaw 和 Gosling，1997）。福建省农科院研制的大米草专用除草剂 BC-08 也有一定的除草效果（刘建等，2000）。因此，研制高效且不影响或少影响水生生物和环境安全的药剂非常必要。互花米草在原产地的天敌主要有一些昆虫、螨虫、线虫等（王蔚等，2003）。其中光蝉被认为是最有潜力的防治互花米草的生物因子（Wu 等，1999）。麦角菌能显著降低互花米草种子产量，也有可能用于互花米草的生物防治（Gray 等，1991）。在我国，互花米草生物根除研究鲜见报道，因此发展生态防治技术显得非常重要，但引进生物天敌时需慎重，以免引起新问题。

6. 加强互花米草对潮滩生态系统服务功能影响的定量研究

目前，关于互花米草对潮滩系统服务功能定量影响的研究较少（李加林和张忍顺，2003）。现有的研究仅对互花米草在当前社会经济条件下的部分主要服务价值进行估算，但远不能包含互花米草的所有服务价值。因此，对互花米草海滩生态系统服务功能及其环境影响的定量评价研究，应作为今后我国互花米草海滩生态系统的一个研究重点。这对深入认识互花米草对潮滩生态系统服务功能的影响、保护海滩生态环境和促进海岸带持续发展具有重要意义。

参 考 文 献

蔡鸣，钦佩. 1996. 互花米草总黄酮（TFS）与生物矿质液（BML）对小鼠血糖的影响[J]. 海洋科学，4（2）：12-13.

陈才俊. 1994. 江苏滩涂大米草促淤护岸效果[J]. 海洋通报，13（2）：55-61.

陈宏友. 1990. 苏北潮间带米草资源及其利用[J]. 自然资源，6：56-59.

陈君，张长宽，林康，等. 2011. 江苏沿海滩涂资源围垦开发利用研究[J]. 河海大学学报（自然科学版），39（2）：213-219.

陈渠. 2007. 基于 3S 的福建湿地类型及其分布研究[D]. 福州：福建师范大学.

陈中义，李博，陈家宽. 2004. 米草属植物入侵的生态后果及管理对策[J]. 生物多样性，12（2）：280-289.

崔丽娟. 2008. 中国的国际重要湿地[M]. 北京：中国林业出版社.

傅宗甫. 1997. 互花米草消浪效果试验研究[J]. 水利水电科技进展，10（5）：45-47.

高宇，赵斌. 2006. 人类围垦活动对上海崇明东滩滩涂发育的影响[J]. 中国农学通报，22（8）：475-479.

关道明. 2012. 中国滨海湿地[M]. 北京：海洋出版社.

江苏省 GEF 湿地项目办公室. 2008. 盐城滨海湿地生态价值评估及政策法律、土地利用分析[M]. 南京：南京师范大学出版社.

蒋福兴，陆宝树，仲崇信，等. 1993. 新引进三种米草植物的生物学特征及其营养成分[A]. 米草研究的进展——22 年来的研究成果论文集[C]. 南京大学学报，302-309.

鞠美庭，王艳霞，孟伟庆，等. 2009. 湿地生态系统的保护与评估[M]. 北京：化学工业出版社.

李加林. 2004. 杭州湾南岸滨海平原土地利用/覆被变化研究[D]. 南京：南京师范大学.

李加林，徐谅慧，袁麒翔，等. 2017. 人类活动影响下的浙江省海岸线与海岸带景观资源演化——兼论象山港与坦帕湾岸线及景观资源的演化对比[M]. 杭州：浙江大学出版社.

李加林，杨晓平，童亿勤. 2007. 潮滩围垦对海岸环境的影响研究进展[J]. 地理科学进展，26（2）：43-51.

李加林，杨晓平，童亿勤，等. 2005. 互花米草入侵对潮滩生态系统服务功能的影响及其管理[J]. 海洋通报，24（5）：33-37.

李加林，张忍顺. 2003. 互花米草海滩生态系统服务功能及其生态经济价值的评估——以江苏为例[J]. 海洋科学，27（10）：68-72.

李加林，张忍顺，王艳红，等. 2003. 江苏淤泥质海岸湿地景观格局与景观生态建设[J]. 地理与地理信息科学，19（5）：87-90.

李荣冠，王建军，林和山. 2015. 中国典型滨海湿地[M]. 北京：科学出版社.

李杨帆，朱晓东，邹欣庆，等. 2005. 江苏盐城海岸湿地景观生态系统研究[J]. 海洋通报. 24（4）：46-47.
李玉凤，刘红玉，孙贤斌，等. 2010. 基于水文地貌分类的滨海湿地生态功能评价——以盐城滨海湿地为例[J]. 生态学报，30（7）：1718-1724.
林如求. 1997. 三都湾大米草和互花米草的危害及治理研究[J]. 福建地理，12（1）：16-19.
凌建忠，李圣法，严利平. 2006. 东海区主要渔业资源利用状况的分析[J]. 海洋渔业，28（2）：111-116.
刘春悦，张树清，江红星，等. 2009. 江苏盐城岸海湿地外来种互花米草的时空动态及景观格局[J]. 应用生态学报，20（4）：901-908.
刘红玉，吕宪国，张世奎. 2003. 湿地景观变化过程与累积环境效应研究进展[J]. 地理科学进展，21（1）：60-70.
刘建，黄建华，余振希，等. 2000. 大米草的防除初探[J]. 海洋通报，19（5）：68-72.
刘苏，王荣祥. 2002. 生态入侵及其对植被生态系统服务功能的影响研究[J]. 复旦学报，41（4）：459-465.
刘艳艳，吴大放，曾乐春，等. 2011. 1988-2008 年珠海市滨海湿地景观格局演变[J]. 热带地理，31（2）：199-204.
刘永学，陈君，张忍顺，等. 2001. 江苏海岸盐沼植被演替的遥感图像分析[J]. 农村生态环境，17（3）：39-41.
刘瑀，马龙，李颖，等. 2008. 海岸带生态系统及其主要研究内容[J]. 海洋环境科学，27（5）：520-522.
陆健健. 1996. 中国滨海湿地的分类[J]. 环境导报，（01）：1-2.
陆丽云. 2002. 江苏非侵蚀海岸盐沼的消长、恢复与重建[D]. 南京：南京师范大学.
吕彩霞. 1997. 关于海岸带湿地资源持续利用的几点思考[J]. 海洋科学管理，3：33-35.
毛志刚，谷孝鸿，刘金娥，等. 2010. 盐城海滨盐沼湿地及围垦农田的土壤质量演变[J]. 应用生态学报，21（8）：1986-1992.
牟晓杰，刘兴土，阎百兴，等. 2015. 中国滨海湿地分类系统[J]. 湿地科学，13（1）：19-26.
牛文元. 1989. 生态环境脆弱带 ECOTONE 的基础判定[J]. 生态学报，9（2）：97-98.
欧维新，杨桂山，李恒鹏，等. 2004a. 苏北盐城海岸带景观格局时空变化及驱动力分析[J]. 地理科学，24(5)：610-615.
欧维新，杨桂山，于兴修，等. 2004b. 盐城海岸带土地变化的生态环境效应研究[J]. 资源环境，26（3）：76-83.
彭建，王仰麟. 2000. 我国沿海滩涂生态初步研究[J]. 地理研究，9（3）：249-256.
钦佩. 2006. 海滨湿地生态系统的热点研究[J]. 湿地科学与管理，2（1）：7-11.
钦佩，安树青，颜京松. 2002. 生态工程学（第二版）[M]. 南京：南京大学出版社.
钦佩，黄玉山，谭凤仪. 1999. 从能值分析的方法来看米埔自然保护区的生态功能[J]. 自然杂志，2：104-107.
钦佩，谢民，陈素玲，等. 1994. 苏北滨海废黄河口互花米草人工植被贮能动态[J]. 南京大学学报，7（3）：488-493.
钦佩，谢民，仲崇信. 1995. 互花米草盐沼矿质元素的迁移变化[J]. 南京大学学报，1（1）：90-98.
任美锷，许廷官，朱季文，等. 1985. 江苏省海岸带和海涂资源综合调查（报告）[R]. 北京：海洋出版社.
沈永明. 2001. 江苏沿海互花米草盐沼湿地的经济功能[J]. 生态经济，9（9）：72-73.
沈永明，冯年华，周勤，等. 2006. 江苏沿海滩涂围垦现状及其对环境的影响[J]. 海洋科学，30（10）：39-43.
时钟. 1997. 海岸盐沼植物单向恒定水流流速剖面[J]. 泥沙研究，9（3）：82-88.
宋连清. 1997. 互花米草及其对海岸的防护作用[J]. 东海海洋，3（1）：11-18.
孙贤斌，刘红玉. 2010. 基于生态功能评价的湿地景观格局优化及其效应——以江苏盐城海滨湿地为例[J]. 生态学报，30（5）：1157-1166.
孙贤斌，刘红玉，傅先兰. 2010. 土地利用变化对盐城自然保护区湿地景观的影响[J]. 资源环境，32(9)：1741-1745.
唐剑武，叶属峰，陈雪初，等. 2018. 海岸带蓝碳的科学概念、研究方法以及在生态恢复中的应用[J]. 中国科学：地球科学，48（6）：661-670.
涂志刚，晓慧，张剑利，等. 2014. 海南岛海岸带滨海湿地资源现状与保护对策[J]. 湿地科学与管理，10(3)：49-52.
王爱军，高抒. 2005. 江苏王港海岸湿地的围垦现状及湿地资源可持续利用[J]. 自然资源学报，20（6）：28-35.
王卿，汪承焕，黄沈发，等. 2012. 盐沼植物群落研究进展：分布、演替及影响因子[J]. 生态环境学报，21（2）：

375-388.
王蔚，张凯，汝少国. 2003. 米草生物入侵现状及技术研究进展[J]. 海洋科学，27（7）：38-42.
王艳芳，沈永明. 2012. 盐城国家级自然保护区景观格局变化及其驱动力[J]. 生态学报，32（15）：4844-4851.
王艳红，温永宁，王建，等. 2006. 海岸滩涂围垦的适宜速度研究——以江苏淤泥质海岸为例[J]. 海洋通报，25（2）：15-20.
王艳红，张忍顺，吴德安. 2003. 淤泥质海岸形态的演变及形成机制[J]. 海洋工程，21（2）：66-70.
邬建国. 2000. 景观生态学——格局、过程、尺度与等级[M]. 北京：高等教育出版社.
徐东霞，章光新. 2007. 人类活动对中国滨海湿地的影响及其保护对策[J]. 湿地科学，5（3）：282-288.
徐国万，卓荣宗. 1985. 我国引种互花米草的初步研究[J]. 南京大学学报（米草研究的进展），21（增刊）：212-225.
徐国万，卓荣宗，仲崇信. 1993. 互花米草群落对东台边滩促淤效果的研究[J]. 南京大学学报，3（2）：228-231.
许艳，濮励杰. 2014. 江苏海岸带滩涂围垦区土地利用类型变化研究——以江苏省如东县为例[J]. 自然资源学报，29（4）：643-652.
闫文文，谷东起，吴桑云，等. 2001. 盐城滨海湿地景观变化分段研究[J]. 海岸工程，30（1）：68-78.
张长宽，陈君，林康，等. 2011. 江苏沿海滩涂围垦空间布局研究[J]. 河海大学学报（自然科学版），39（2）：206-212.
张华兵，刘红玉，郝敬锋，等. 2012. 自然和人工管理驱动下盐城海滨湿地景观格局演变特征与空间差异[J]. 生态学报，32（1）：101-110.
张华兵，刘红玉，李玉凤，等. 2013. 自然条件下海滨湿地土壤生态过程与景观演变的耦合关系[J]. 自然资源学报，28（1）：63-72.
张怀清，唐晓旭，刘锐，等. 2009. 盐城湿地类型演化预测分析[J]. 地理研究，28（6）：1713-1720.
张康宣，钦佩. 1989. 互花米草总黄酮对小鼠免疫功能的影响[J]. 海洋科学，13（6）：23-27.
张曼胤. 2008. 江苏盐城滨海湿地景观变化及其对丹顶鹤生境的影响[D]. 长春：东北师范大学博士学位论文.
张明娟，王磊，刘茂松，等. 2013. 近30年来江苏省滨海淤长型湿地景观动态[J]. 生态学杂志，32（3）：696-703.
张乔民. 2001. 我国热带生物海岸的现状及生态系统的修复与重建[J]. 海洋与湖沼，7（4）：454-463.
张忍顺，陈才俊，曹琼英，等. 1992. 江苏岸外沙洲及条子泥并陆前景研究[M]. 北京：海洋出版社.
张忍顺，沈永明，陆丽云. 2005. 江苏沿海互花米草盐沼的形成过程[J]. 海洋与湖沼，36（4）：358-364.
张晓龙，李培英，李萍，等. 2005. 中国滨海湿地研究现状与展望[J]. 海洋科学进展，23（1）：87-95.
张永泽. 2001. 自然湿地生态恢复研究综述[J]. 生态学报，2（2）：309-314.
张征云，李小宁，孙贻超，等. 2004. 我国海岸滩涂引入大米草的利弊分析[J]. 农业环境与发展，21（1）：22-25.
朱晓佳，钦佩. 2003. 外来种互花米草及米草生态工程[J]. 海洋科学，27（12）：14-19.
朱叶飞，蔡则健. 2007. 基于RS与GIS技术的江苏海岸带湿地分类[J]. 江苏地质，31（3）：236-241.
左平，李云，赵书河，等. 2012. 1976年以来江苏盐城滨海湿地景观变化及驱动力分析[J]. 海洋学报，34（1）：101-108.
Baily B，Pearson A W. 2007. Change detection mapping and analysis of salt marsh areas of central southern England from Hurst Castle Spit to Pagham Harbour[J]. Journal of Coastal Research，23（6）：1549-1564.
Cicin S B，Knecht R W. 1998. Integrated Coastaland Ocean Management：Concepts and Practices[M]. Washington D C：Island Press.
Costanza R，d'Arge R，de Groot R，et al. 1997. The value of the world's ecosystem services and natural capital[J]. Nature，387（6630）：253-260.
Crockett R P. 1991. Spartina control update. In：Washington State Department of Agriculture. Proceedings of the 1991 Washington State weed conference[C]. Olympia Washington：41-44.
David H. 2005. Spatial structure of disturbed landscapes in Slovenia[J]. Ecological Engineering，24（1/2）：17-27.
Delgado L E，Marin V H. 2013. Interannual changes in the habitat area of the Black-necked Swan，Cygnus Melancoryphus，

in the Carlos Anwandter Sanctuary，Southern Chile：a remote sensing approach[J]. Wetlands，33（1）：91-99.

Dennis A A，Douglas A W，Joel W I，et al. 2005. Hydrogeomorphic classification for Great Lakes Coastal Wetlands[J]. Journal of Great Lakes Type Research，31：129-146.

Esteves L S，Williams J J，Dillenburg S R. 2006. Seasonal and interannual influences on the patterns of shoreline changes in Rio Grande do Sul，southern Brazil[J]. Journal of Coastal Research，22（5）：1076-1093.

Fahrig L，Baudry J，Brotons L，et al. 2011. Functional landscape heterogeneity and animal biodiversity in agricultural landscapes[J]. Ecology Letters，14（2）：101-112.

Gedan K B，Sillimanand B，Bertness M. 2009. Centuries of human-driven change in salt marsh ecosystems[J]. Marine Science，1：117-141.

Gray A J，Marshall D F，Raybould A F. 1991. A century of evolution in *Spartina anglica*[J]. Advances in Ecological Research，（21）：1-60.

Hargis C D，Bissonette J A，David J L. 1998. The behavior of landscape metrics commonly used in the study of habitat fragmentation[J]. Landscape Ecology，13：167-186.

Holben B N，Fraser R S. 1984. Red and near-infrared sensor response to off-nadiir viewing[J]. International Journal of Remote Sensing，5（1）：145-160.

Li J，Gao S，Wang Y. 2010. Invading cord grass vegetation changes analyzed from Landsat-TM imageries：a case study from the Wanggang area，Jiangsu coast，eastern China[J]. Acta Oceanologica Sinica，29（3）：26-37.

Niels V，Christian C，Jesper B. 2001. Colonisation of Spartina on a tidal water divide，Danish Wadden Sea[J]. GeografiskTidsskrift，Danish Journal of Geography，101：11-20.

Odum E P，Dela C. 1967. Particulate organic detritus in a georgia salt marsh estuarine ecosystem[M]//Lauft GH. Estua Washington D C：In G H Lauff（ed.）Estuariesi.

Okanga S，Cu mming G S，Hockey P A R，et al. 2013. Landscape structure influences avian malaria ecology in the Western Cape，South Africa[J]. Landscape Ecology，28（10）：2019-2028.

Parker D C，Meretsky V. 2004. Measuring pattern outcomes in an agent-based model of edge-effect externalities using spatial metrics[J]. Agriculture，Ecosystems & Environment，101（2/3）：233-250.

Patten K. 1999. Usable alternatives to Rodeo. In：Washington State Department of Agriculture. Proceedings from the 1999. Spartina eradication post-season review[J]. Olympia Washington：15.

Peng B R，Lin C C，Jin D，et al. 2013. Modeling the total allowable area for coastal reclamation：a case study of Xiamen，China[J]. Ocean & Coastal Management，76：38-44.

Shaw W B，Gosling D S. 1997. Spartina ecology，control and eradication-recent New Zealand experience. In：WSU long beach research and extension unit，Long beach WA Washington sea grant second. International Spartina conference proceedings[C]. Olympia Washington：27-33.

Silvestri S，Marani M. 2004. Salt-marsh vegetation and morphology：Basic physiology，modelling and remote sensing observations[J]. Coastal and Estuarine Studies，59：5-25.

Thieler E R，Danforth W W. 1994. Historical shoreline mapping（Ⅱ）：application of the digital shoreline mapping and analysis systems（DSMS/DSAS）to shoreline change mapping in Puerto Rico[J]. Journal of Coastal Research. 10（3）：600-620.

Wu M X，Hacket S，Ayres D，et al. 1999. Potential of Prokelisia spp. As biological control agents of Enghlish cordgrass，Spartina anglica[J]. Biological Control，16：267-273.

Xie Y，Zhang X，Ding X，et al. 2011. Salt-marsh geomorphological patterns analysis based on remote sensing images and lidar-derived digital elevation model：a case study of Xiaoyangkou，Jiangsu[C]. International Symposium on Lidar and Radar Mapping Technologies. International Society for Optics and Photonics.

Yan H K，Wang N，Yu T L，et al. 2013. Comparing effects of land reclamation techniques on water pollution and fishery loss for a large-scale offshore airport island in Jinzhou Bay，Bohai Sea，China[J]. Marine Pollution Bulletin，71（1/2）：29-40.

Zhang R，Shen Y，Lu L，et al. 2004. Formation of *Spartina alterniflora* salt marshes on the coast of Jiangsu Province，China[J]. Ecological Engineering，23（2）：95-105.

第 4 章　海岸带土地资源

4.1　海岸带土地资源概述

4.1.1　海岸带土地资源的形成

狭义地貌学上的海岸带是指海洋向陆地延伸的过渡地带，包括海岸、潮间带和水下岸坡；广义地理学上的海岸带指以海岸线为基准向海、陆两个方向辐射扩散的广阔地带，包括沿海平原、河口三角洲以及浅海大陆架一直延伸到陆架边缘的地带（苏奋振等，2015）。土地资源是指已经被人类所利用和可预见的未来能被人类利用的土地。海岸带的土地资源是最基础的资源，包括耕地、林地、湿地、草地、水体、建设用地等多种土地资源类型，其中以湿地、滩涂为主要的土地资源类型。

我国海岸带土地资源的变迁，以潮间带及大河口最大。在我国的大河口中，黄河口的泥沙沉积量最大，每年黄河口的输沙量约达 12×10^8 t；其次为长江口，年输沙量约 4×10^8～5×10^8 t。全国每年输向太平洋海域的泥沙量约在 25×10^8 t 以上。根据航（卫）片的估测及我国海岸带及沿海滩涂土壤调查，我国沿海 0 m 线以上至最高潮位的潮滩面积约 3.98×10^7 亩①。潮上带从海岸线向陆域延伸 10 km 左右范围，总面积约 1.04×10^7 hm^2，为潮滩土壤面积的 3.9 倍左右。海岸带拥有丰富的滩涂资源。一些海岸带由于河流挟带泥沙入海，滩涂每年都会自然增长。我国大江大河每年入海泥沙多达 25 亿吨，大部分沉积在河口海岸，一些岸段岸线每年向外延伸数十至数百米。此外，许多海洋国家还围海造地，扩充海岸带土地资源。如荷兰长期进行围海造地，至今总面积已达 7100 km^2，占其全部陆地面积的五分之一（张国桥，2013）。

根据 1980～1986 年海岸带土壤资源调查，我国海岸带土壤资源总面积为 1129.8×10^4 hm^2，占我国国土资源总面积的 1.17%（巴逢辰和冯志高，1994）。至 1988 年，我国海岸带的潮滩盐土面积约达 2×10^4 km^2，其中存在大量可开发的土地资源，经过工程及生物措施，可以发展为港口、航道、陆运交通、城市、乡镇建设及旅游基地建设，也可以发展为农、林、牧、副、渔综合发展的大农业基地，

① 1 亩≈0.067 hm^2

还包括盐业、植苇及自然保护区基地。在潮上带的滨海地区，除现已开发的大农业基地，尚有未充分开发的土地。但海岸带土地资源情况不断改变，尚需通过遥感、测绘制图与规划，才能获得较近实际的数据。总之，我国海岸带的土地资源较为丰富。

4.1.2 海岸带土地资源的价值

海岸带土地资源具有显著的开发价值，其中又以海岸滩涂资源为主。滩涂资源是一种重要的土地资源和空间资源。由于滩涂不断淤长，扩大面积，对我国陆地资源和经济开发十分有利。

1. 农用后备土地资源价值

我国沿海地区人口密度大，平均每人占有耕地约 1 亩，而在浙江、福建等地的沿海地带，人均占有耕地不足 0.5 亩。经过近年来对海岸带及沿海滩涂土壤综合调查及统计，我国沿海的潮间带尚有较大的潜在土壤及土地资源。因此在开发利用规划中，有潜力开发包括农业在内的基础资源。由于每年有大量泥沙输送入海，土壤资源所含的有机质和养分较为丰富，如能将丰富的海涂资源合理利用，发展农、渔、林、牧、苇、盐等，可以使进入潮滩的肥分重新进入海岸带生态系统的物质循环中，这些后备土地资源对我国农业的发展不容忽视（宋达泉，1988）。

2. 开发生产价值

海岸滩涂资源能够向大海拓展，围垦海岸滩涂，增加土地面积，为国家经济建设提供必需的建设用地，可以缓解人地矛盾，如我国上海浦东、天津滨海新区等。滩涂资源的开发具有高度综合性，它与城镇、航运、港口、工业等建设息息相关。浅海滩涂养殖业一直是我国重要的创汇产业。滩涂开发还有发展第二、三产业的巨大潜力，世界各国共有 2300 多个海港，国际贸易货运量 99%通过这些港口，滩涂开发能够促进国家沿海地区经济快速发展。

3. 环境生态价值

作为重要的土地资源类型，海岸带湿地广泛发育于全球海岸带并为人类提供独特的生态和经济服务，包括净化水质、保持水土、存储碳库、为物种提供栖息地、稳定地下水位和调蓄洪水等（朱鹏和宫鹏，2014）。有序合理地开发海岸带土地资源可以极大改善海岸条件，取得显著的环境效益。人类通过海岸滩涂开发利用和综合整治，兴建了大量海堤、闸坝等排灌水工程，有效防御风暴潮，保护人民生命财产安全，为确保农田高产、稳产，起到良好作用。

4.1.3 海岸带土地资源开发利用中存在的问题

海岸带是陆地和海洋之间的过渡地带，是典型的生态交错带和脆弱区，也是开发利用强度较高的区域之一。但是，由于沿海地区人口密度与经济密度高，土地资源开发利用中的不合理因素及其所造成的土地资源退化等问题也极为突出（侯西勇和徐新良，2011）。

1. *海岸带土地的多用途性导致用地矛盾突出*

海岸带土地资源存在自身局限性，同时，对其的利用变化也影响生态环境的稳定性，引起海岸带地区各种资源与生态过程的改变。根据2010年土地变更调查情况统计显示，农用地仍然是目前海岸带内最为主要的土地利用类型，但是建设用地的规模也占比较重要的地位，随着经济、社会发展，建设用地的占比必然会进一步扩大，更多占用农用地。从未利用地所占比例看，未来的后备土地资源相对匮乏，将制约经济、社会的发展，尤其是滩涂资源短缺，导致城市发展的后备土地资源不足，滩涂湿地的生态效益和经济价值得不到有效发挥。同时，从沿海各地的土地资源情况来看，海岸带土地资源面积的差异比较大，由此可见，海岸带土地资源的地域差异明显，那么不同地区的人地矛盾也存在对应的关系。海岸带地区是人类活动最为活跃的地带，受到人类的影响也是最严重的。此外，海岸带地区的土地利用结构和土地利用深度与广度以及空间上的协同利用等问题值得进一步思考与研究（李加林等，2014）。

2. *涉海管理体系庞大，部门管理边界模糊*

海岸带地区包括陆域和海域，开发利用方向多样、开发程度高，涉及自然资源部（含国家海洋局）、交通运输部、水利部、住房和城乡建设部、国家发展和改革委员会与生态环境部等多个管理部门。以宁波市的海岸带建设管理为例，发改委持立项审批权，自然资源和规划局持用地、用海审批权；水利局主管水利设施建设；交通设施主要由交通运输局管理；城市建设主要由住房和城乡建设局管理；生态环境局统筹负责海岸带环境保护；海事部门主要负责对水上、水下工程施工许可、船舶安全、船舶环境污染等进行管理。可见海岸带管理体系庞大，理论上各部门各司其职，实际上却存在职能交叉和空白。如根据《中华人民共和国土地管理法》，滩涂属于土地资源，国土管理部门对其有用地审批权，但水利部门也持有滩涂围垦项目的审批权，这便造成审批困难。又如海洋与渔业局、交通局（港口管理局）和水利局均有对海域功能的规划权限，易引起相同空间设置、不同主导功能的矛盾。海岸带地区多头管理的现象，不仅降低了土地资源利用效率，也不利于海岸带综合规划的编制和实施（姜忆湄等，2018）。面对多部门权责模糊的情况，政府将原宁波市国土资源局的职责，市规划局（市测绘与地理信息局）的职责，市林业局的职责，市发展和改革委员会组织编制并实施主体功能区规划的职责，市水利局的水资源调查和确权登记管理职责，市海洋与渔业局的海洋管理职责，市住房和城乡建设委员会、市环境保护局、市水利局等部门的自然保护区、风景名胜区、自然遗产、地质公园的管理职责等整合，组建了市自然资源和规划局，作为市政府工作部门，加挂市海洋局牌子，保留市林业局牌子。虽然已经对部门进行整合，效果和前景较好；但仍处于部门磨合阶段，需要不断调整和融合。

3. 海岸带范围界定困难，规划空间部署差异大

海岸带地处陆地海洋的交界，兼具陆地和海洋双重地理特性，以及自然与社会的双重属性。故其范围的界定需综合考虑所在区域环境、技术、政治、经济以及海陆相互作用的影响，海岸带范围界定比较困难，至今仍存分歧。而且，海岸带地区规划种类多，编制基础不同，对同一空间的规划在功能上可能存在冲突，使空间布局成为规划矛盾的焦点。以浙江省某海岸带陆域部分为例，将土地规划、城市规划、生态保护红线规划以及滩涂围垦总体规划等两两叠加后发现，土地规划与城市规划、城市规划与生态保护红线规划之间的冲突最为显著。尤其是土地规划与城市规划对城乡空间布局与管制分区的部署不同，编制规划时两者的用地布局和规模差异较大，两者冲突面积达 83.41 km^2，其中城市规划建设用地超出土地规划允许建设范围的面积达 74.06 km^2。

4. 滩涂、湿地围垦过度

随着海洋产业的迅猛发展，浅海滩涂已经成海洋产业聚集开发的重要场所，并且随着开发利用，产生了巨大的社会效益。2009 年，浙江省海水可养殖面积为 10.146 万 hm^2，其中滩涂可养殖面积为 5.739 万 hm^2；海盐产量为 17.05 万吨，均在浅海滩涂晒制。海岸滩涂开发利用中，最突出的是围海造陆和围海造地，改变海岸线的自然形态，使得原本曲折多变的海岸线变得平直而单调，人工海岸线的比重不断上升，而自然岸线比重不断下降，导致一些小海湾消失。此外，筑堤围垦也导致自然环境的恶化，如产生港口航道淤积、生态环境破坏、区域盐碱化等问题。

4.2 海岸带土地分类系统及遥感提取方法

4.2.1 海岸带土地分类系统

科学合理的土地利用/覆被分类系统是土地利用/覆被变化研究中需优先解决的基本问题，它决定分类产品可满足的研究目的和应用领域（宫攀等，2006）。对于土地利用现状调查的研究，我国曾经制定多套土地利用分类系统，而目前最为常用也最具代表性的应当是1984年全国农业区划委员会所颁布的《土地利用现状分类及含义》。在此分类标准中主要采取两级分类系统，一级类别可分为8类，二级类别按照土地的具体功能再细分，共46类，此外，对于某些复杂地类，也可按照实际情况进行三、四级类别划分。2017年11月1日，由国土资源部组织修订的国家标准《土地利用现状分类》（GB/T 21010-2017），新方案采用一级、二级两个层次的分类体系，包括一级类别12个，二级类别56个。而在国外，比较公认的土地类型分类方法是 Anderson J. R. 提出的土地利用分类体系（史培军等，2000a）。但是，由于不同地区土地利用存在差异，不同研究者研究目的存在差异以及对土地利用定义理解差异，对土地分类目前仍没有统一标准。

近年来，陆续涌现了多个针对宏观区域至全球尺度的土地利用/覆被分类系统，但对海岸带区域的刻画较为薄弱，而专门针对海岸带区域的土地利用/覆被分类系统较少，且多为中小尺度区域，宏观的代表性不足（Grekousis 等，2015）。海岸带土地利用/覆被分类系统较少且多为国家尺度，具有较大影响力的有：美国海岸带变化分析计划（C-CAP）土地覆盖分类系统、澳大利亚土地利用与管理（ALUM）分类系统和中国海岸带土地利用分类系统（侯婉和侯西勇，2018）。我国开展海岸带土地资源调查、开发及可持续利用研究，以及海岸带综合管理及规划等工作，均需构建适宜的海岸带土地分类系统。对于不同研究区域和研究目的，选择合适的土地分类系统尤为重要，将直接决定研究结果的价值大小。

1. 分类依据

全球海岸带土地利用/覆被分类系统是按照特定分类规则，在逻辑框架基础上建立的等级分类系统（图4-1）。构建过程主要分2个阶段：一是二分法阶段，采用独立诊断属性（如有无植被覆盖、是否受人为作用、有无浅层积水、有无冰雪覆盖等）划分6个土地利用/覆被大类，分别为耕地、植被、湿地、建设用地、裸地和永久性冰川雪地；二是逐级分层分类阶段，在上一阶段划分的6大类基础上，采用归并的诊断属性对土地利用/覆被类型进行细分，其中，特定的技术条件（如作物类型、植被类型、水质盐度、地物形态等）、土地的自然禀赋（如地形地貌、土壤质地、岩性、气候、海拔等）以及遥感获取地物特征的辨识能力均加以应用，这些属性并不是土地利用/覆被类型的内在性质，但对其分类的影响深刻。

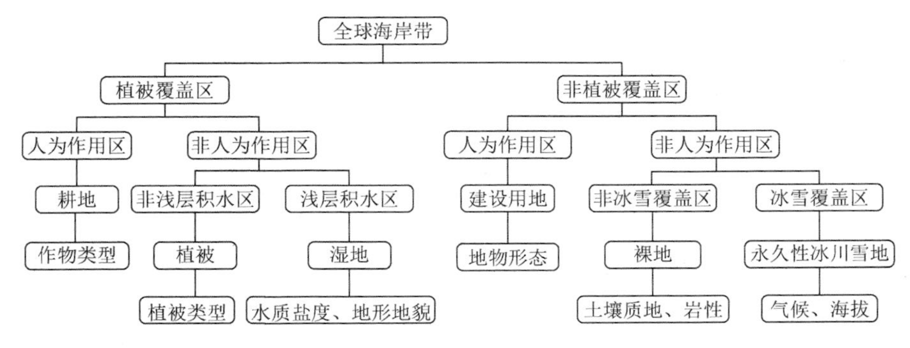

图 4-1　全球海岸带土地利用/覆被分类系统的逻辑框架

2. 分类原则

（1）构建逐级分层分类的等级分类体系。一级类型遵循国际分类标准，力求反映全球海岸带土地利用/覆被基本特征，并能够与当前宏观区域至全球尺度的分类系统相衔接；二级或三级类型则需要结合全球海岸带特有的土地资源类型，重点考虑全球海岸带的共性类型，三级类型充分覆盖区域性、较典型的类型。

（2）湿地是海岸带区域重要的土地资源类型，而围填海是我国海岸带区域土地利用变化的重要特征，海岸带土地利用变化研究需要加强对海岸带湿地的重视，满足宏观区域至全球尺度海岸带土地利用/覆被分类及变化研究所需。

（3）分类系统中最小分类单元的划分取决于遥感影像的空间分辨率。

（4）考虑土地利用/覆被变化遥感监测的可操作性，分类结果力求系统全面、简洁、实用，尽可能保证土地用地类型都有其明确归属，避免出现分类过于复杂或易于混淆的情况。

3. 中国海岸带土地分类系统实例

基于以上分类依据与原则，综合考虑区域海岸带特征、国内外海岸带土地的利用分类系统，结合国家当下的《土地利用现状分类》标准，我国学者就中国海岸带土地分类系统的构建进行了长期探讨，力求建立适合我国海岸带土地利用的分类标准。吴传钧等在 20 世纪 80 年代开展的中国海岸带土地利用研究中，将土地资源划分为 10 个一级类型、42 个二级类型和 35 个三级类型，其中，一级类型包括耕地、园地、林地、草地、水域和湿地、城镇用地、工矿用地、交通用地、特殊用地、其他用地（吴传钧等，1993）。邸向红等（2014）参考中国陆地区域 1：10 万土地资源分类系统，综合考虑中国海岸带特征、国内外海岸带土地利用分类系统和国内滨海湿地分类系统，提出我国海岸带区域土地利用分类系统优化方案，共包含 8 个一级类型和 24 个二级类型（表 4-1）。

表 4-1　中国海岸带土地利用分类系统

一级类型		二级类型		含义
代码	名称	代码	名称	
1	耕地	11	水田	有水源保证和灌溉设施，在一般年景能正常灌溉，用以种植水稻、莲藕等农作物的耕地，包括实行水稻和旱地作物轮种的耕地
		12	旱地	无灌溉水源及设施，靠天然降水生长作物的耕地；有水源和灌溉设施，在一般年景下能正常灌溉的旱作物耕地；以种菜为主的耕地、蔬菜大棚地；正常轮作的休闲地、轮歇地
2	林地	21	有林地	郁闭度＞30%的天然林和人工林。包括天然林、经济林、防护林等成片林地
		22	疏林地	郁闭度 10%～30%的稀疏林地
		23	灌丛林地	郁闭度＞40%且高度在 2 m 以下的矮林地和灌丛林地
		24	其他林地	包括围成林造林地、迹地、苗圃和各类园地（果园、桑园及其他作物园地）
3	草地	31	高覆盖度草地	覆盖度＞50%的天然草地、改良草地和割草地，此草地一般水分条件较好，草被生长茂密
		32	中覆盖度草地	覆盖度在 20%～50%的天然草地、改良草地，一般水分条件不足，草被较稀疏
		33	低覆盖度草地	覆盖度在 5%～20%的天然草地，此草地水分缺乏，草被稀疏，牧业条件差
4	建设用地	41	城镇用地	城市及县镇以上建成区用地
		42	农村居民点	镇以下的居民用地
		43	独立工矿及交通用地	独立于城镇以下的厂矿、大型工业区、油田、砂石厂、仓库等占用地，交通运输用地、机场及特殊用地
5	内陆水体	51	河渠	天然形成或人工开挖的河流及主干渠常年水位以下的土地
		52	湖泊	天然形成的积水区及常年水位以下的土地
		53	水库坑塘	人工修建形成的蓄水区及常年水位以下的土地
		54	滩地	河湖水域平水期水位与洪水期水位之间的土地
6	滨海湿地	61	滩涂	沿海大潮高潮位与低潮位之间的潮侵地带
		62	河口水域	从近口段的潮区界（潮差为零）至口外海滨段的淡水舌峰缘之间的永久性水域
		63	河口三角洲湿地	河口区由沙岛、沙洲、沙嘴等发育而成的低冲积平原
		64	沿海潟湖	有通道与海水相连的海岸性咸、碱水湖
		65	浅海水域	低潮时海平面以下 6 m 深的近海，包括海湾和海峡
7	人工（咸水）湿地	71	盐田	人工修建的洼地，导入海水后蒸发制盐的滩涂
		72	养殖	人工修建或利用自然形成的养殖水生生物的池塘
8	未利用地	81	未利用地	包括盐碱地、裸土地、裸岩石砾地、土堆和不明地类等

4.2.2　海岸带土地遥感提取方法

遥感技术具有覆盖面广、空间和时间尺度多样、光谱信息丰富、观测灵活及数据获取方便等优势，成为海岸带地理环境监测的重要手段，在海岸带规划、管理和保护中扮演着举足轻重的角色。海岸带土地遥感提取方法一般结合遥感影像、地表高程、岸线和坡度等辅助数据，以人工调绘或已有的专题地图为依据获取地物样本，对影像进行解译，获取最终结果。

1. *海岸带土地遥感数据源*

在遥感技术发展初期，大多数调查工作都是通过人工目视解译进行的。随着中等空间分辨率卫星影像普及，传统遥感监测逐渐依赖于一些基本的常规分类方法进行机器解译。海岸带土地遥感分类早期多利用中低分辨率的卫星遥感数据获取土地利用/覆被信息，其中 Landsat 系列影像是最为可靠和廉价的数据源，其宽广的覆盖范围、30 m 的空间分辨率和多波段的光谱信息使其在区域性海岸带遥感中得到广泛应用。然而，由于空间分辨率限制，中低分辨率遥感影像难以满足精细的土地利用/覆被变化监测等应用需求。随着对海岸带监测逐步精细化，卫星影像的空间分辨率提高至亚米级，基于高分辨率遥感影像（如 SPOT5、QuickBird、IKONOS、WorldView）的海岸带土地利用/覆被分类应用越来越广泛。随着信息获取的多源性及便捷性发展，研究者开始结合一些光学影像与 SAR 等非光学影像及其他辅助信息进行研究。最近几年，无人机因其灵活方便、监测精度高等特点，在国内外海岸带监测中发挥作用，成为当前海岸带遥感分类的重要数据源之一（李清泉等，2016）。

2. *海岸带土地遥感解译方法*

遥感解译的方法主要可以分为计算机自动解译和人工判读两种。当前主要依靠自动和人工方法的结合，往往是人工对自动解译结果进行修正，或利用自动解译结果来控制人工解译。自动解译分为基于像元的方法和面向对象的方法，前者主要是自动分类的方法，后者主要是分割的方法。自动解译的分类方法主要采用聚类方法进行，根据是否人为选择样本，分为监督分类和非监督分类。不同的海岸带土地类型结构条件和环境条件都不相同，所适用的分类方法也存在差异，往往需要根据实际条件，选取最适合的分类方法或者综合几种分类方法进行分类，才能得到最佳的分类效果。

从方法的角度，针对中低分辨率的遥感数据，通常采用基于像元的监督分类方法获取分类结果，如最大似然法。伴随着机器学习方法的发展，人工神经网络、支持向量机、决策树等方法也逐步在海岸带遥感分类中得到应用。伴随遥感数据空间分辨率不断提高，面向对象的分类方法在小范围、高精度的海岸带土地利用/覆被分类中也经常被使用（陈建裕等，2006）。

1）目视解译

目视解译是在确定分类指标和分类系统后，通过人眼分辨地物类型和边界，通过手工数字化的方式在遥感影像上勾绘每个斑块的范围，生成分类图。通过这种方法得到的分类结果斑块相对完整，斑块与斑块间有明显的边界。但由于受到尺度的限制，在数字化过程中难免会进行地图综合，去掉细小斑块，损失部分信息。另外，自然界中许多不同土地利用类型之间的转变是连续的、渐变的，并没有明显边界，而矢量化所得的边界是间断的、突变的。人工目视解译可以解决地物的同谱异物或同物异谱问题，作业者可以根据相关地理位置等辅助信息，来识别地物，避免了计算机自动分类仅依靠光谱识别地物的弊端，而且人工勾绘的地物边界线圆滑美观。虽然人工目视解译可以根据经验、知识等进行地物类别判读，但由于解译人员本身专业素质的差异，不可避免地会产生地物类型错判、遗漏某些地物要素或边界线勾绘不准确等现象，使分类结果具有一定的不确定性。同时，人工目视解译方法，完全依靠人工解译判读、绘制专题分类地图，存在费工、费力、生产周期长等不足，因此，此解译方法存在缺陷，使得自动解译方法兴起，但目视解译方法始终是海岸带土地分类的基础方法，最为常见的是与自动解译结合进行分类。

2）监督分类和非监督分类

监督分类和非监督分类是目前比较传统的两种土地利用分类方式，此两种方式均是通过对遥感影像的波谱信息进行一定的统计、计算，得到相关分类结果。其中，非监督分类的分类精度相对较低，通常在不清楚研究区内土地利用类型种数且土地利用分类数目较少的情况下使用；而监督分类的分类精度相对较高，人为建立不同土地利用类型的若干训练样区，计算机通过相应波谱的计算将研究区内的土地利用类型划分为事先设定好的类型，该类方法一般需要对研究区域的土地利用类型有比较全面、准确的了解。在监督分类方法中，常用的有平行算法、最小距离法和最大似然法等，其中，最大似然法是最常用的监督分类方法。但是从研究成果来看，仅仅依靠单一光谱的运算，有时候不能准确分类各种土地利用类型，造成分类精度相对低下，故近年来，国内外学者通过对该方法的改进（如优化迭代监督分类等）来提高分类精度。监督分类方法所得到的结果是栅格形式的土地利用图，它可以形象地表现现实世界中各种土地利用类型的空间分布，表现土地利用类型之间或环境变化的连续性、渐变性。但这种分类结果常常会出现大量过于细小的斑块，对于大尺度的研究来说还需要作进一步的综合处理。

3）面向对象的分类方法

面向对象的分类方法主要采用分割的方法。分割的方法则根据出发点分成基于区域的分割方法和基于边界的分割方法。前者利用区域内像素特征相似实现分割，如阈值法、区域生长法、分裂合并法等；后者根据区域内探索特征突变或不连续实现分割。阈值法是根据阈值有效分割目标；区域生长法选择一些像素作为生长点，然后将周围相似像素合并在一起；分裂合并法通过不断分裂合并得到各个区域，分割过程的各种参数设置影响结果，容易存在过度分割和欠分割等问题。

面向对象的分类方法是通过一种影像多尺度分割的算法，分割时不仅依靠光谱信息，而且还充分利用目标地物的形状、纹理和尺寸等空间信息，在一定尺度下，生成相同或相似像元聚类图斑对象，然后根据每一个图斑对象的特征进行分类，能较大提高海岸带土地分类的准确性和稳定性，使分类效率和分类精度得以兼顾（孙永军等，2008；张秀英等，2009）。对于动态的海岸带湿地植被类型，面向对象的分类方法更快速、有效（Dronova 等，2015）。面向对象的分类方法综合考虑了对象的光谱、空间、纹理、色彩等多种属性特征，因而对于类型复杂多样、分布界限模糊、光谱混淆与像元混合现象严重的沿海滩涂、湿地等海岸带土地利用类型，具有更好的鉴别能力（莫利江等，2012）。

4）遥感数据融合分类方法

随着科技提高、遥感技术快速发展，我们能够获取的遥感数据类型不断丰富，数据质量也在不断提升。如今单一传感器提供的图像无法满足信息的多样化与复杂化，经过数据融合技术处理后得到的信息实现了信息全面化、多样化的新突破，为海岸带土地遥感解译分类提供了新途径与新方法（杨晓晓，2013）。多源/多时相的遥感影像数据融合处理是把不同影像传感器针对同一海岸带区域不同时相获取的多个影像数据集按照一定规则进行处理，通过影像融合形成的新的影像数据。这种处理能提高影像的清晰度和解译能力，提升识别海岸带景观关键地理特征的精确度和对地物进行分类的可靠性。多源/多时相遥感数据融合比单一传感器影像更具优势，可以补充单一传感器影像不清晰或丢失的细节信息，从而获得更丰富的影像信息用于分类。高分数据与普通的多光谱数据融合是常用的数据融合方式，两者结合能有效克服普通多光谱数据在海岸带湿地细节成图上的不足，这种融合较易实现。此外，还有将 Landsat 影像多光谱遥感数据与高空间分辨率（如 IKONOS）的全色波段影像数据进行融合、光学遥感数据与雷达影像数据融合、高光谱数据与高分辨率数据融合等数据融合方式。

4.3　海岸带土地利用格局时空演化及其驱动力分析

4.3.1　人类活动与海岸带土地利用变化

海岸带由于其特殊的区位条件，深受大陆和海洋双重的物质、能量、结构和功能体系的影响。由于海岸带地区受海域与陆域双重作用的影响，该地区地理环境属性和地理因子与单纯陆域或海域地带相比有着较大的差异，从而引起生态环境的脆弱（钟兆站，1997）。此外，海岸带地区大多是海洋自然保护区、水产养殖区以及各种鱼虾的产卵场等重要的渔业水域地区，不少海岸带区域还分布着珊瑚礁、海草床等敏感类生物群落。受人类活动的陆源排污以及近海海域环境污染等影响，海岸带地区成了一个生态脆弱与生态敏感的地区。近年来，由于人类活动对海岸带资源过度开发和不合理利用，加剧了海岸带的生态脆弱性，使其成了人为的生态脆弱区。人类活动快速改变海岸带的土地利用开发模式。

海岸带作为大陆和海洋的交汇地带，有着陆地和海洋双重的特征，承载了地球上 60%的人口。中国拥有海岸线总长超过 32 000 km，是全球各国中海岸线较长的国家之一。全国有 10 个省份（除海南、香港、澳门和台湾）位于沿海地区，在面积不到 15%的土地上集中了全国 40%的人口，沿海地区成为中国经济发展的核心区域。据《中国海洋环境公报（2008)》的调查结果显示，我国海岸线人工化指数为 0.38，特别是我国工业较为发达的沿海省市（如天津、上海、江苏、浙江、广东等）已经进入了海岸带及岸线高强度开发利用的状态。在开发的同时，随着人类活动的规模日益增大，开发技术手段的不断深入，海岸带地区所承受的压力越来越重，由此也引发了一系列环境问题，如海岸侵蚀、海水倒灌、地面沉降、海水污染、生物多样性锐减等（王建功，1994；梁修存和丁登山，2002；李文权等，1993）。面对海岸带所承受的巨大压力及生态风险，人类已经开始从追求经济利益向兼顾生态、环境效益转变。

4.3.2　海岸带土地利用格局及其演变研究方法

用来研究某一特定研究区内不同土地利用格局结构的组成状况和空间分布情况的分析方法即为土地利用格局分析方法（罗江华等，2008）。通过提取海岸带土地利用/覆被信息并对信息进行分析研究一直以来是研究土地利用变化比较常用的研究思路。以土地利用/覆被变化（land use/land cover change，LUCC）为理论基础，常用空间统计分析、转移矩阵分析、动态度指数、相对优势度、区域差异指数、利用程度综合指数等土地利用模型，在 RS、GIS 技术支持下研究海岸带土地利用时空变化规律、特征及引起变化的驱动力因子。目前，土地利用格局的分析方法主要包括 4 类。

1. 空间统计分析

空间统计分析是一种最为基础也最为常见的土地利用格局分析方法。该方法主要基于一定区域内遥感影像的土地利用分类结果，统计不同土地利用类型的面积、比例以及不同时期各类型土地利用的面积变化情况等，即对土地利用类型现状以及不同时期的变化进行定量分析。魏伟等（2014）通过运用3S技术以及景观分析软件等，对石羊河武威、民勤绿洲地区土地利用格局的时空变化进行了分析，归纳土地利用演变特征。郭泺等（2009）运用景观空间统计等方法，对于快速城镇化背景下的广州市土地利用格局时空分异特征进行了分析，得出广州市的土地利用格局演变复杂性不断增加，但变化强度、速率和发展趋势则表现出一定的分异特征。

2. 转移矩阵分析

土地利用格局演化的转移矩阵分析一般可以采用马尔可夫转移矩阵分析（陈浮等，2001），或通过建立数学转移矩阵模型，运用ArcGIS的叠加分析，得到土地利用类型变化的转移矩阵。通过转移矩阵的建立，可以直观体现出不同类型的土地利用的流入来源和流失去向，从而为土地利用风险评价以及优化提供必要的数据参考。贺凌云等（2010）以新疆于田县为例，通过构建土地利用面积转移矩阵，对研究区内平原绿洲的土地利用类型转移情况以及面积变化指数进行分析。

3. 土地利用景观格局指数分析法

土地利用景观格局指数分析法主要借鉴景观生态学中有关空间格局分析的相关指数来分析和认识土地利用/覆被变化在时间维上的变化，以此揭示土地利用格局的演变趋势。该方法是目前土地利用演化研究中应用较多的一种方法。而对于土地利用格局特征的分析，一般可以从3个层次进行把握：①单个斑块；②由两个及以上斑块组成的斑块类型；③包括所有斑块类型在内的整个土地利用镶嵌体。由此，景观指数也可相应的分为斑块、类型和景观的三层尺度指数。常见的景观指数包括斑块个数、面积、分形维数、形状指数、周长，类型和景观维度的破碎度指数、均匀度指数、聚集度等，景观维度的多样性指数、优势度指数等。此外，由于信息技术不断进步，更多的景观分析软件被开发出来，用于景观指数的计算，比较常用的包括Fragstats、Apack、Parch Analysis等景观分析软件，且越来越多的景观指数被包含到软件中，方便进行研究。如，王根绪等（2002）通过选定具有代表性的9个指标，定量分析土地利用格局演化，利用Fragstats软件，对黄河源区的不同土地利用类型的生态结构和格局演化进行分析和研究。

4. 基于元胞自动机的土地利用模拟

元胞自动机是一种时间、空间的相互作用均离散的网络动力学模型。元胞自动机是一种特殊的动力学模型，通过运用模型构造规则，将符合规则的模型均纳入元胞自动机模型（周成虎和张健挺，1999）。由于自身良好的优势和特点，元胞自动机能很好地模拟土地利用格局与过程。秦向东和闵庆文（2007）指出元胞自动机状态的表达在空间和时间上具有一定离散性，可以应用于土地利用格局演化和土地利用格局优化。何春阳等（2004）利用元胞自动机模型对中国北方地区的13 个省份未来土地利用变化情景进行模拟，评判造成用地类型变化的驱动因素，评价研究区域内土地利用变化的生态效应。

区域的土地利用景观格局演化研究一直以来都是景观生态学领域所关注和研究的焦点和热点，随着近几年来各类计算机技术的不断发展，该领域的研究也取得了较大进展。但由于土地利用格局演化过程的复杂性，以及受自然、人为等多重因素的影响，相关数据资料以及影像的获得有一定的困难。在未来研究过程中，如何继续开发新技术，多尺度、多方位地揭示、模拟、评价并预测土地利用格局的演化机制成了急需解决的问题。

4.3.3　海岸带土地利用类型时空变化分析

本节选取浙江省海岸带为研究案例，对海岸带土地利用类型时空变化进行分析。浙江省位于中国东南沿海中部，陆域面积仅占全国总陆地面积的 1.06%，是全国面积较小的省份，但海域面积广阔，全省 11 个地级市中有 7 个是沿海城市，海岸线长达 2253.7 km，海岛众多。浙江省位于长三角经济圈南翼，其中，杭州、宁波、嘉兴、湖州、绍兴、舟山和台州是长三角经济圈的重要组成部分，正有力地推动长三角经济的增长，在这一区域经济中发挥着不可替代的作用。再加上浙江拥有众多的深水港口，为浙江吸引国内外投资和发展成为国际化的港口城市、并借此契机实现浙江的区域产业经济腾飞提供了不可或缺的条件，使得浙江成了东亚经济发展的纽带之一。

本节研究收集了 1990 年、2000 年和 2010 年三期的 Landsat TM 遥感影像数据（分辨率 30 m），每年影像共 3 景，轨道号 118-39、118-40 和 118-41。所用到的影像数据均来源于美国地质调查局（USGS）网站（http://glovis.usgs.gov/）。经过几何纠正与配准、假彩色合成、图像拼接和研究区裁剪等预处理，通过计算机解译以及人工修正，分别得到相应的海岸带土地利用类型解译图（图 4-2）。在国家《土地利用现状分类》标准基础上，同时根据浙江省海岸带自然生态背景与土地利用实际现状及研究需要，将本节研究区土地利用类型分为林地、耕地、建设用地、水域、海域、养殖用地、滩涂、未利用地八大类。在此基础上，对 3 个时期 20 年间浙江省海岸带土地利用变化总量进行分析，通过 3 个时期解译图像的两两叠加分析，得到浙江省海岸带土地利用类型的相互转化信息。

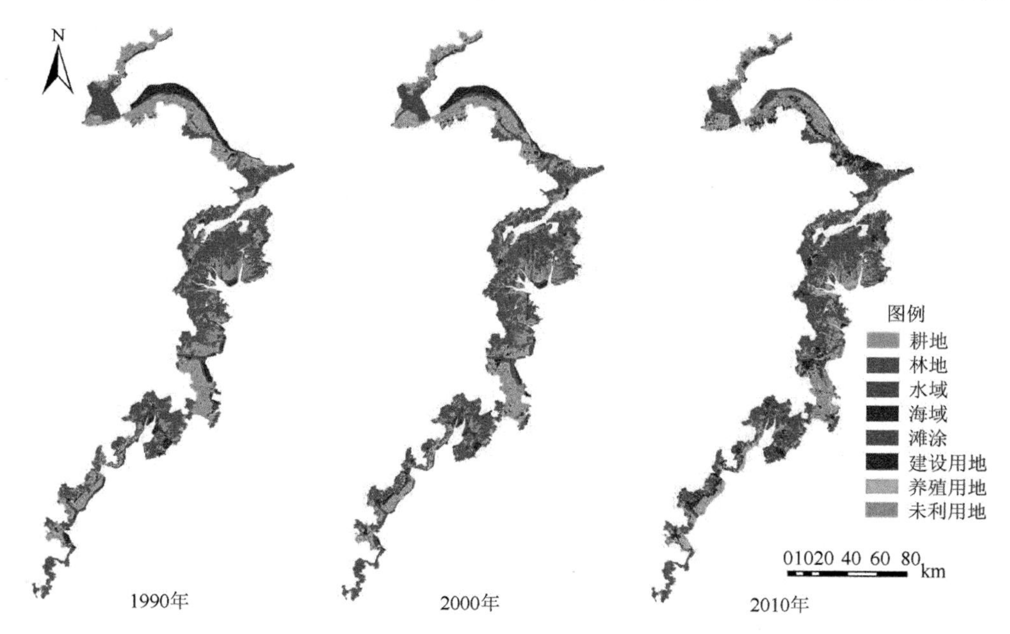

图 4-2　1990 年、2000 年、2010 年浙江省海岸带土地利用解译图

1. 浙江省海岸带土地利用现状分析

从 2010 年浙江省海岸带土地利用现状来看，本节研究区内土地利用类型以林地为主（表 4-2），为 3421.47 km^2，占研究区总面积的 34.48%。其次是耕地，约占 31.55%。此外，建设用地面积为 1421.81 km^2，占区域总面积的 14.33%。水域、滩涂、未利用地及养殖用地的面积相对较少，合占区域总面积的 19.64%。

而从各土地利用类型的空间分布来看，不同的土地利用类型在浙江省海岸带有着各自不同的重点分布区域（图 4-2）。从 2010 年的土地利用类型分布现状来看，林地主要分布在研究区的西部及南部地区，包括从宁波北仑至奉化、宁海、象山沿海区域的西部地区，台州三门、临海至椒江口以北的西部地区，玉环至温州乐清大部分区域以及温州市区以南的平阳和苍南的大部分区域。而耕地和建设用地多分布在地势较为低平的区域，包括杭州湾北岸的嘉兴，杭州湾南岸的宁波余姚、慈溪至宁波市区甬江口沿岸，台州椒江口沿岸至温岭，温州乐清南部至鳌江口两岸。水域作为浙江省海岸带重要的土地利用类型之一，主要包括较大河流、水库、湖泊、坑塘等，虽然面积所占比重不大，但是广泛分布在浙江省的各个区域，且对耕地的灌溉及城镇居民的生活用水都有着不可替代的作用。滩涂和养殖用地大多分布在沿海区域。其中，滩涂主要分布在杭州湾南岸、象山港底部、三门湾、乐清湾沿岸等地。养殖用地主要分布在耕地外围沿海区域。浙江省的未利用地主要包括空闲地、荒地、裸岩等，呈现出散状，分布在沿海区域、山地顶部等区域。

2. 浙江省海岸带土地利用总量变化分析

由图 4-2，通过 ArcGIS10.0 软件，可以计算出各时期各土地利用类型的利用面积及每隔 10 年的面积变化情况（表 4-2、图 4-3），由此得出这 20 年浙江省海岸带各土地利用类型的面积变化规律。

表 4-2　1990～2010 年浙江省海岸带土地利用面积变化

类型	面积/km²			面积变化总量/km²		面积年变化量/km²
	1990 年	2000 年	2010 年	1990～2000 年	2000～2010 年	
耕地	3762.82	3664.51	3130.43	–98.31	–534.08	–31.62
海域	767.61	529.72	0.00	–237.89	–529.72	–38.38
建设用地	245.78	522.34	1421.81	276.56	899.48	58.80
林地	3788.64	3576.25	3421.47	–212.39	–154.78	–18.36
水域	518.40	457.17	422.22	–61.23	–34.95	–4.81
滩涂	625.50	703.39	540.65	77.89	–162.74	–4.24
未利用地	63.63	138.68	322.55	75.05	183.87	12.95
养殖用地	150.04	330.36	663.29	180.32	332.93	25.66

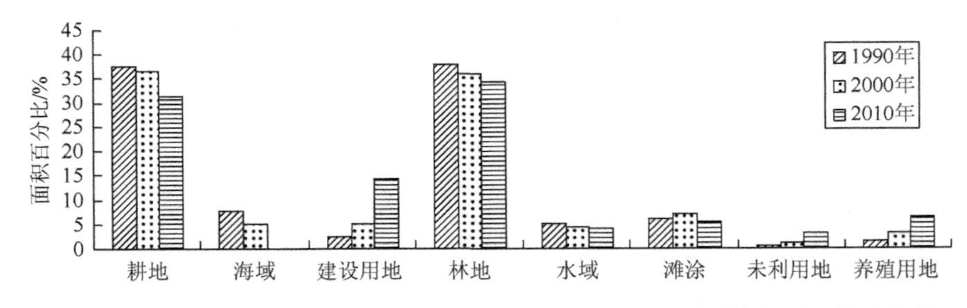

图 4-3　1990 年、2000 年、2010 年浙江省海岸带土地利用结构及面积构成变化

（1）耕地呈现加速减少趋势。由图 4-2，图 4-3 及表 4-2 可知，由于浙江省海岸带地处浙北平原、浙东丘陵及浙南山地间，故耕地是浙江省海岸带主要的土地利用类型之一。1990 年、2000 年及 2010 年浙江省海岸带的耕地面积分别为 3762.82 km²、3664.51 km² 及 3130.43 km²，分别占海岸带土地利用总面积的 37.92%，36.93%和 31.55%，20 年来，海岸带耕地面积净减少量达 632.39 km²。2000～2010 年减少量为 1990～2000 年的近 6 倍，1990～2010 年的年平均减少量

为 31.62 km^2，在各类土地利用类型中，减少速度仅次于海域，总体呈现出加速减少的趋势。

（2）林地和水域面积呈现出减少趋势，但速度有所放缓。20 年来，浙江省海岸带林地面积以及水域面积（包括河流、湖泊、水库等）也呈现出不断减少的趋势。林地作为浙江省海岸带占地面积最广的土地利用类型，其面积由 1990 年的 3788.64 km^2 减少至 2000 年的 3576.25 km^2，进而又减少至 2010 年的 3421.47 km^2，前后 10 年，面积净减少量分别为 212.39 km^2 和 154.78 km^2，年均减少量为 18.36 km^2。同时，水域面积也呈现减少趋势，面积占有比例从 5.22%减少至 4.26%，年均减少量达 4.81 km^2。但是，整体而言，林地面积及水域面积前后 10 年的减少速度总体有所放缓。

（3）建设用地呈现出快速增长趋势。建设用地是浙江省海岸带增长最快的土地利用类型，1990 年建设用地面积为 245.78 km^2，占总面积的 2.48%，到 2000 年增加至 522.34 km^2，占总面积的 5.26%，净增加量达 276.56 km^2；而至 2010 年，建设用地面积已达 1421.81 km^2，占总面积的 14.33%，净增加量 899.48 km^2；1990～2010 年的平均增加量为每年 58.80 km^2，且整体呈现出加速增长的态势，是所有土地利用类型中面积变化最大，面积增长最快的类型。

（4）海域面积被大量占用。以 2010 年的海岸线作为浙江省海岸带外侧边界，则 1990 年，全海岸带共有海域面积 767.61 km^2，占总面积的 7.74%，而 2000 年，海域面积已减少至 529.72 km^2，净减少量达 237.89 km^2；而 2000～2010 年，海域面积净减少量达 529.72 km^2；20 年间，海域面积的年平均减少量达 38.38 km^2，是各类土地利用中减少最快的类型，越来越多的海域正在加速转化为各种人工土地利用类型。

（5）滩涂呈现出先增加后减少的趋势。浙江省滩涂大部分集中于杭州湾南岸、三门湾、乐清湾以及温州沿岸。1990 年，海岸带滩涂面积为 625.50 km^2，而 2000 年，滩涂面积增加至 703.39 km^2，增加了 12.45%。2010 年滩涂面积为 540.65 km^2，10 年间，面积净减少量达 162.74 km^2。整体而言，滩涂面积呈现先增加后减少的趋势，且滩涂增加的面积远不及减少面积。20 年间，年平均减少量为 4.24 km^2，人类开发滩涂力度正愈演愈烈。

（6）养殖用地及未利用地面积不断增加，且近 20 年呈现出加速趋势。养殖用地从 1990 年的 150.04 km^2，增加至 2000 年的 330.36 km^2，到 2010 年，养殖用地面积已达 663.29 km^2，在 20 年间，养殖用地增加了 4.42 倍，年均增加面积达 25.66 km^2，且后 10 年的增加量为前 10 年的近 1.85 倍，增加速度加快。同时，未利用地也呈现出增加趋势，越来越多的海域、滩涂被用来开发成各种人工土地利用类型，且利用速度不断加快。

3. 浙江省海岸带土地利用类型转移

土地利用格局的变化通常表现为各类不同的土地利用类型之间相互的转化。如表 4-3 和表 4-4 是浙江省海岸带 1990～2000 年及 2000～2010 年土地利用类型的面积转移矩阵。据此可分析浙江省海岸带各类土地利用类型在 20 年间的转移变化过程。

表 4-3　浙江省海岸带土地利用类型面积转移及转移概率（1990～2000 年）

2000 年面积/km^2 \ 1990 年面积/km^2		耕地	海域	建设用地	林地	水域	滩涂	未利用地	养殖用地	转移概率/%
		3664.51	529.72	522.33	3576.25	457.17	703.39	138.68	330.36	
耕地	3762.82	3175.26	0	288.17	125.95	35.55	41.02	26.81	70.06	15.61
海域	767.61	13.70	510.39	2.17	0	11.61	197.14	10.31	22.28	33.51
建设用地	245.77	49.38	0	178.95	12.20	4.26	0	0.60	0.38	27.19
林地	3788.64	285.28	0	32.48	3426.24	14.37	8.53	21.63	0.12	9.57
水域	518.40	39.04	0	5.63	3.00	361.30	52.52	31.80	25.11	30.30
滩涂	625.50	67.45	19.11	2.57	0	26.86	396.81	17.90	94.81	36.56
未利用地	63.63	16.80	0.22	9.68	8.86	1.62	0.07	13.07	13.31	79.45
养殖用地	150.04	17.60	0	2.68	0	1.61	7.29	16.56	104.30	30.49

表 4-4　浙江省海岸带土地利用类型面积转移及转移概率（2000～2010 年）

2010 年面积/km^2 \ 2000 年面积/km^2		耕地	建设用地	林地	水域	滩涂	未利用地	养殖用地	转移概率/%
		3130.43	1421.81	3421.47	422.22	540.65	322.55	663.29	
耕地	3664.53	2677.23	691.21	96.30	4.68	7.81	34.78	152.52	26.94
海域	529.72	19.35	19.30	0	0	269.39	159.50	62.18	100.00
建设用地	522.33	35.06	446.55	22.52	0	0	16.76	1.44	14.51
林地	3576.26	212.30	86.91	3268.07	0.42	0	2.83	5.73	8.62
水域	457.17	7.43	30.52	16.97	370.46	4.13	2.77	24.88	18.97
滩涂	703.39	79.72	66.69	0	40.94	248.15	76.80	191.09	64.72
未利用地	138.68	20.84	33.70	17.61	0.61	3.62	14.26	48.05	89.72
养殖用地	330.36	78.50	46.93	0	5.11	7.56	14.86	177.40	46.30

由表 4-3，表 4-4 可知，1990～2000 年，耕地土地利用转移面积最大，由耕地转化为其他土地利用类型的面积达 587.56 km^2，转移概率为 15.61%。主要的转

出方向为建设用地（288.17 km^2），占耕地转化总量的 49.05%，其次为林地，占总转化量的 21.4%。再次是转化为养殖用地（70.06 km^2）、滩涂（41.02 km^2）、水域（35.55 km^2）及未利用地（26.81 km^2）。而 2000～2010 年，耕地面积转化量达 987.29 km^2，转化概率为 26.94%，平均转化速度高于前 10 年。其中有 691.21 km^2 的耕地转化为建设用地，占耕地总转化面积的 70.01%，这主要是由于浙江省沿海城镇经济快速发展，大量城市和农村建设占用耕地，使得耕地面积快速下降。同时，近 10 年间，有 152.52 km^2 的耕地转化为养殖用地，占耕地总转化面积的 15.45%，这是由于近几年浙江省海洋渔业的迅猛发展，更多的沿海渔民将大面积沿海耕地进行总体整合，发展为养殖用地。再次是转化为林地、未利用地、滩涂及水域。

建设用地是浙江省海岸带面积增长最多，也是面积增长最快的土地利用类型。1990～2000 年，共有 343.38 km^2 的其他土地利用类型转化为建设用地，其主要来源为耕地和林地，分别为 288.17 km^2 和 32.48 km^2。而在 2000～2010 的 10 年间，有 975.26 km^2 的其他用地转为建设用地，占 2010 年建设用地总面积的 68.59%，由于受经济发展影响，后 10 年的转化量及转化速度远高于前 10 年，其主要来源为耕地（691.21 km^2）。此外，在 20 年间，也有较小部分的建筑用地转化为了耕地、林地及水域等，这主要由于本节研究时段内部分乡镇的合并、行政区划的调整、工矿用地的复垦等，使得部分建设用地转为了其他用地。

林地在 1990～2000 年及 2000～2010 年间也有不同程度的减少，其转化率分别为 9.57%和 8.62%。其主要的转移方向为耕地，前后 10 年的转移面积分别为 285.28 km^2 和 212.30 km^2，分别占总转化林地面积的 78.72%和 68.89%，这主要与 20 年间，耕地被大量占用，为保证基本农田面积，故有一部分林地被占用开发为耕地。其次是转化为建设用地，共 119.39 km^2。而林地转为其他用地的相对较少。此外，也有少量耕地、未利用地等转化为林地，这些主要以人工林为主。

研究区内包括河流、水库、湖泊、坑塘在内的水域在 20 年间也有不同程度的减少，1990～2000 年，共有 157.10 km^2 的水域转化为其他用地，主要转化方向包括滩涂，为 52.52 km^2，占总转化面积的 33.43%，主要因为河口及港湾处随着淤泥不断淤积，使得河流入海口更多水域转化为滩涂，其中，杭州湾两岸的钱塘江口最为显著。其次为耕地和养殖用地，两者共占总转化面积的 40.83%，主要体现在沿海滩涂水库被大面积围填开发成为耕地及养殖池等。同时，也有少量的水域转化为建设用地、林地、未利用地等，但面积相对较少。而 2000～2010 年的 10 年间，水域面积减少速率相对前 10 年有所放缓，共减少 86.71 km^2，主要去向则以建设用地和养殖用地为主，分别占 10 年内总减少面积的 35.20%和 28.69%。

滩涂从 1990～2010 年，20 年间共转化 683.93 km^2，前后 10 年的转化率分别为 36.56%和 64.72%。前后 10 年的主要转化方向均为养殖用地和耕地，转移面积分别为 285.90 km^2 和 147.17 km^2，养殖用地主要集中在杭州湾南岸的杭州市区至慈溪岸段的海产品养殖池，温州瓯江至飞云江岸段的海岸平原沿海岸段养殖池，而沿海的围垦造地也使得大面积滩涂转化为耕地。其次是转化为水域，面积为 67.80 km^2，主要是滩涂水库建造。而 2000～2010 年，另有 66.69 km^2 及 76.80 km^2 分别转化为建设用地及未利用地（此类未利用地大多为围垦填土后还未有建筑的用地），主要是沿海各类道路及围垦工业、住宅等的建筑用地。

养殖用地从 1990～2010 年，20 年间共转化了 513.25 km^2，其转化的来源主要有滩涂、耕地和海域，面积分别为 285.90 km^2、222.58 km^2 和 84.46 km^2。1990～2000 年，分别有 17.60 km^2 和 16.56 km^2 养殖用地转化为耕地和未利用地，转化面积分别占转化总面积的 38.48%和 36.20%。2000～2010 年，转化的养殖用地中，大部分转化为耕地和建设用地，分别占转化面积 51.32%和 30.68%。

未利用地是浙江省海岸带各类用地中除海域外转移概率最高的用地，前后 10 年的转移概率分别为 79.45%和 89.72%。这主要因为对未利用地的界定方式及该地类自身性质相关，未利用地主要指遥感影像获取时刻已开垦但尚未明确利用方向的荒地，以及表层为土质，基本无植被覆盖的山区山体等，经过 10 年的开发利用，多数已被利用为其他用地，故转移概率较高。1990～2000 年，未利用地主要转化方向以耕地和养殖用地为主，其面积分别占总转化面积的 33.23%和 26.33%，其次为建设用地和林地。而 2000～2010 年，未利用地的转化方向以养殖用地和建设用地为主，分别占总转化面积的 38.62%和 27.09%。

海域作为浙江省海岸带一类特殊土地利用类型，随着人类围填海力度加剧，在 20 年间呈现出加速下降的趋势。1990～2000 年，共有 257.22 km^2 的海域转化为其他用地。其中，转化为滩涂的为 197.14 km^2，占转化面积 76.64%。而 2000～2010 年，有 269.39 km^2 的海域转化为滩涂，占总转化面积的 50.86%。20 年间，也有一部分海域转化为未利用地、养殖用地、耕地及建设用地。

4. 浙江省海岸带土地利用类型空间重心迁移分析

1）空间重心迁移模型确立

不同土地利用类型在不同时期内的重心变化能够很好地反映一定时期内土地利用类型分布的空间变化。空间重心迁移模型主要是在 ArcGIS 10.0 软件的支持下，以各土地利用类型的版块总面积为权重，计算各个不同时期各类土地利用类型的空间坐标，重心坐标（X_{t_i}，Y_{t_i}）的计算公式为

$$X_{t_i}=\frac{\sum_{i=1}^{n}(a_{ij}\times x_{ij})}{\sum_{i=1}^{n}a_{ij}},\quad Y_{t_i}=\frac{\sum_{i=1}^{n}(a_{ij}\times y_{ij})}{\sum_{i=1}^{n}a_{ij}} \tag{4.1}$$

其中，重心坐标（X_{t_i}，Y_{t_i}）表示某个研究区内 t 年第 i 类土地利用类型的空间重心坐标；a_{ij} 为 t 年第 i 类土地利用类型的第 j 个斑块的面积；x_{ij}，y_{ij} 分别为 t 年第 i 类土地利用类型的第 j 个斑块的重心坐标；n 为研究区内土地利用类型总数（李文训等，2007）。

其次，在上述的基础上可以计算浙江省海岸带各类土地利用类型的年均迁移速率，从而分析浙江省海岸带土地利用类型的空间变化特征。土地利用类型的重心迁移速率计算公式为

$$V_{t_i+1}=\frac{\sqrt{(X_{t_i+1}-X_{t_i})^2+(Y_{t_i+1}-Y_{t_i})^2}}{(t_{i+1}-t_i)} \tag{4.2}$$

其中，X_{t_i}，Y_{t_i} 表示 t 年第 i 类土地利用类型的重心坐标；（$t_{i+1}-t_i$）表示重心迁移的时间间隔，$V_{t_{i+1}}$ 表示在（$t_{i+1}-t_i$）时间内，第 i 类土地利用类型的重心迁移速率（刘诗苑和陈松林，2009）。

2）土地利用类型空间重心迁移分析

1990～2010 年，浙江省的各类土地利用类型的空间分布有着较大的变化，这些变化可以体现在各类土地利用类型空间重心的迁移上，如图 4-4 所示。不同时期不同景观类型的重心迁移有着不同的特征。整体而言各类土地利用类型的重心均位于研究区的中北部，宁海及三门以西区域，这主要与研究区域整体形状特征有关，北部面积相对南部而言，占区域总比重更大。在各类土地利用类型中，水域的重心最靠北，这主要是因为杭州湾口的钱塘江入海口占总水域比重较大，但是，随着钱塘江入海口不断淤积，不断被开发利用为耕地、养殖用地等其他地类，其重心呈现出向东南方向迁移的趋势。林地的重心相对较为偏东且偏南，且 20 年间迁移幅度不大，这主要受地形影响，林地大多分布于山地丘陵地区，且变化范围不大。建设用地、耕地、滩涂重心位于相对中心区域，这主要是由于这些土地利用类型大多位于平原地区，且分布相对较为集中。

从不同时段来看，1990～2000 年，重心迁移幅度最大的是未利用地，其重心向东北方向迁移了 18.11 km（表 4-5），这是由未利用地的性质所决定的。在 10 年间，更多的未利用地被用于开发建设，同时也有许多滩涂、海域被围垦，作为新一轮的其他用地，故重心迁移变化比较明显。幅度次之的为养殖用地，其重心向西北方向迁移了 13.29 km，主要是由于这 10 年间，杭州湾沿岸尤其是北岸的海宁岸段和南岸的慈溪岸段的养殖用地不断被开发利用，导致重心向西北方向迁移。而建设用地的重心迁移幅度不大，10 年间向正南偏东方向迁移了 3.85 km。迁移幅度最小的为林地，由于近海区域林地被开发占用，故重心向西南方向迁移了 2.07 km。

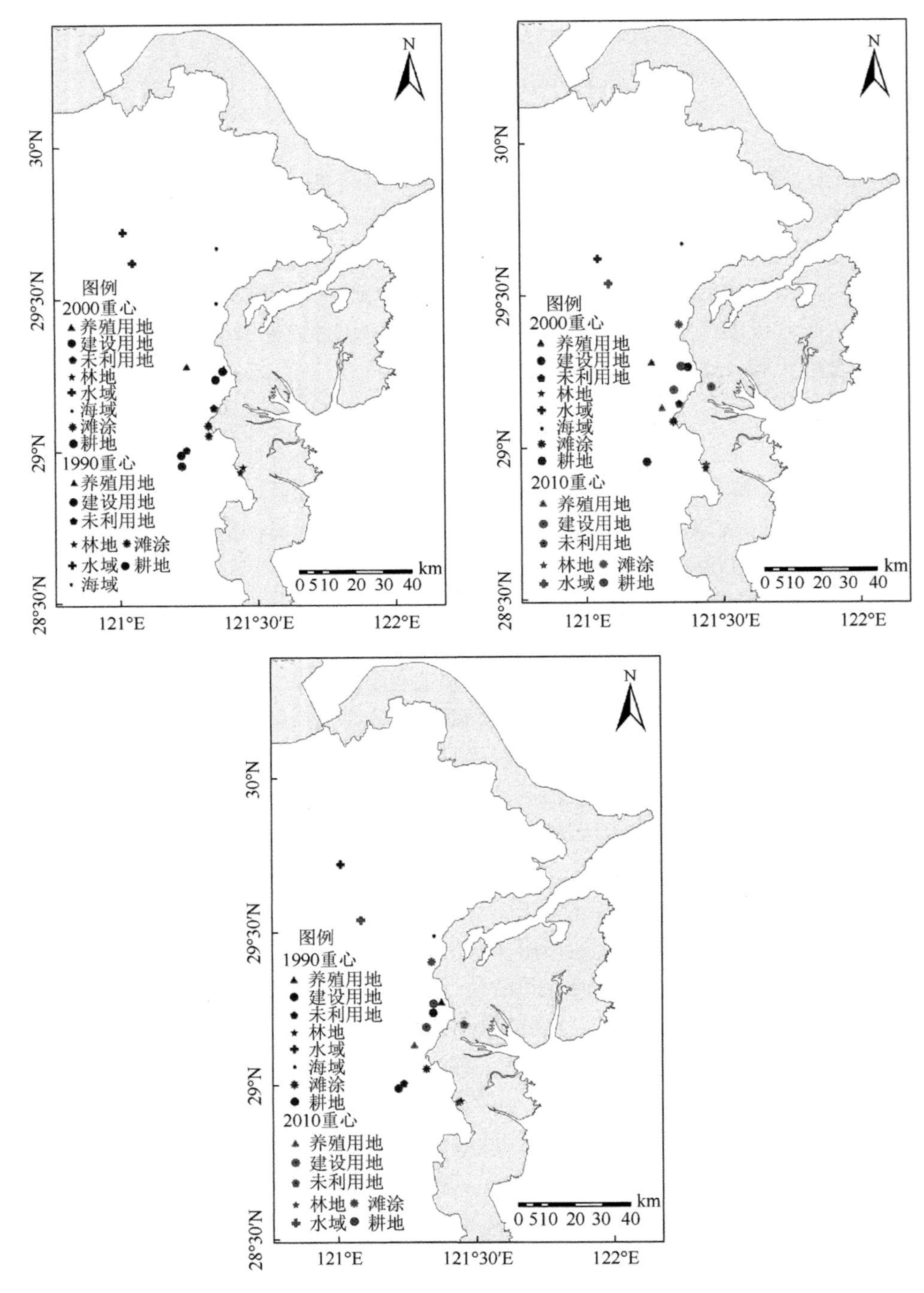

图 4-4　1990～2000 年，2000～2010 年，1990～2010 年浙江省海岸带各土地利用类型重心迁移图

表 4-5 1990～2010 年浙江省海岸带各土地利用类型重心迁移情况 （单位：km）

类型	1990～2000 年	2000～2010 年	1990～2010 年
水域	11.66	9.77	21.39
未利用地	18.11	13.07	30.20
建设用地	3.85	27.90	24.42
养殖用地	13.29	16.91	18.43
耕地	3.97	2.45	3.37
滩涂	3.67	35.32	38.96
林地	2.07	1.37	0.88

注：由于海域土地利用范围确定较特殊，仅作为辅助土地利用类型，故暂不将其列为土地利用重心迁移的研究对象。

此外 2000～2010 年，浙江省海岸带各土地利用类型的重心迁移情况与前 10 年相比有着较大的变化。在这 10 年间，重心迁移幅度最大的为滩涂，其重心向正北偏东方向迁移了 35.32 km，这主要是由于杭州湾南岸慈溪沿岸的大量海域不断淤积，形成了滩涂，导致重心向北迁移。此外，建设用地重心迁移幅度也较大，向东北方向迁移了 27.90 km，与前 10 年向南的迁移趋势有着较大的差别，这主要是由于进入 21 世纪后，本节研究区北部的嘉兴、宁波进入了快速发展阶段，宁波市区平原地区的建设用地规模迅速扩展，且这类扩张以沿海、沿江等中心城区及周边经济水平较高的地区为主，故导致重心向东北方向迁移。此外，养殖用地的重心迁移方向也与前 10 年的趋势有着较大差别，主要向东南方向迁移了 16.91 km，这主要是由于研究区南部的温州乐清湾至鳌江南岸地区，大量滩涂被开发利用为养殖用地。而未利用地的重心不断向东推进，人类新开发的待建设区域大多位于沿海区域，且以围填海、开发利用为主。

综上，浙江省 1990～2010 年间各类土地利用类型空间变化较大，且存在着时段差异。1990～2000 年，人类活动对海岸带的开发力度相对较小，且主要以养殖用地的开发为主，开发力度较大的区域大多集中在海岸带北部的嘉兴和宁波。而 2000～2010 年，人类活动对海岸带土地利用类型变化的影响较大，主要体现在海岸带东北部区域建设用地规模加速扩大。

5. 小结

通过对浙江省海岸带区域土地利用现状、转移及重心转移情况的分析，得到 3 个结论。

（1）浙江省海岸带土地利用类型主要以林地为主，其面积达 3421.47 km^2，占研究区总面积的 34.48%。其次是耕地，约占 31.55%。此外，建设用地面积为

1421.81 km^2，占区域总面积的 14.33%。水域、滩涂、未利用地及养殖用地的面积相对较少，三者合占区域总面积的 19.64%。从土地利用分布特点来看。林地主要分布在研究区的西部及南部地区，耕地和建设用地多分布在地势较为低平的区域，水域作为浙江省海岸带重要的土地利用类型之一，广泛分布在本节研究区的各个区域，且对耕地的灌溉以及城镇居民的生活都有着不可替代的作用。滩涂和养殖用地大多分布在沿海区域，本节研究区内的未利用地主要包括空闲地、荒地、裸岩等，呈现出散状分布在沿海区域、山地顶部等区域。

（2）耕地呈现加速减少趋势，20 年的净减少量达 632.39 km^2，其转化方向主要为建设用地，转化量达 979.38 km^2，其次为林地（222.25 km^2）、养殖用地（222.58 km^2）、滩涂（48.83 km^2）、水域（40.23 km^2）及未利用地（61.59 km^2）。林地和水域面积呈现出减少趋势，但速度有所放缓，其中，林地的转化方向主要为耕地。建设用地是浙江省海岸带增长最快的土地利用类型，且整体呈现出加速增长的态势，是所有土地利用类型中面积变化最大，且面积增长最多的类型，主要来源为耕地和林地。海域面积大量被占用，是各类土地利用类型中减少最多的类型，越来越多的海域正在加速转化为各种人工土地利用类型。滩涂呈现出先增加后减少的趋势。1990 年，滩涂面积为 625.50 km^2，而 2000 年，滩涂面积增加至 703.39 km^2，增加了近 12.45%。2010 年滩涂面积为 540.65 km^2，10 年间面积净减少量达 162.74 km^2。养殖用地及未利用地面积不断增加，呈现出加速趋势，养殖用地来源主要有滩涂、耕地和海域，面积分别为 285.90 km^2，222.58 km^2 和 84.46 km^2。同时，未利用地是浙江省海岸带各类用地中除海域外转移概率最高的用地，前后 10 年的转移概率分别为 79.45%和 89.72%。

（3）1990～2010 年，浙江省各类土地利用类型空间变化较大，且存在着时段的差异。1990～2000 年，人类活动对海岸带的开发力度相对较小，主要以养殖用地的开发为主，且开发力度较大的区域大多集中在海岸带北部的嘉兴和宁波。而进入 21 世纪后，人类活动对海岸带土地利用类型变化的影响较大，主要体现在海岸带东北部区域建设用地规模加速扩大，本节研究区南部的温州沿岸养殖用地规模呈现扩大趋势。

4.3.4 海岸带土地利用格局响应分析

本节主要以浙江省海岸带为研究区域，基于土地利用分类数据和景观生态学的方法，在 RS 和 GIS 等相关技术持下，通过对本节研究区 1990 年、2000 年、2010 年 3 个不同时期遥感影像的空间叠加运算，揭示浙江省海岸带土地利用格局空间演变特征，本节研究对探讨浙江省海岸带土地利用演化与社会经济活动的内在机理，分析浙江省海岸带生态效应，指导区域土地利用规划具有重要的现实意义。

1. 土地利用格局变化分析方法及指标选取

本节对土地利用格局变化的分析主要采用格局指数方法和空间统计方法。随着景观生态学中一些用于表征土地利用分布状况及土地利用结构配置等的指标体系形成和不断完善，形成了许多具有代表性的指标（肖笃宁等，2001）。但在实际运用过程中，由于较多指标有着很高的相关性，故通过相关分析可以发现采用多种指标并不一定能增加“新”的信息（Hargis 等，1998；Riitters 等，1995）。

本节在总结前人的研究基础上，主要从类型和景观两个水平对浙江省海岸带的土地利用格局变化进行定量化分析（表 4-6）。在类型水平上，主要选取斑块数量（NP）、平均斑块面积（MPS）、斑块密度（PD）、边界密度（ED）、形状指数（LSI）、斑块分维数（FD）、破碎度指数（F_i）、分离度指数（N_i）八个指标，分别从各个类型斑块的数量、大小、形状及其内部的关联性等几个方面对浙江省海岸带土地利用类型变化特征进行分析；在景观水平上，除了选取类型水平上的几个指标外，还选取了 Shannon 多样性指数（SHDI）、Shannon 均匀度指数（SHEI）两个指标，对浙江省海岸带 1990～2010 年的土地利用格局变化特征进行定量分析。以上所有指标的计算均借助景观指数计算软件 Fragstats3.4 来完成。其中个别指标的生态含义以及计算公式如表 4-6 所示（林增等，2009；彭建等，2004；陆元昌等，2005；王琳等，2005）。

表 4-6　土地利用格局分析个别指标及其含义

景观指数指标	计算公式	生态含义	尺度水平
平均斑块面积（MPS）	$\text{MPS}=\dfrac{A}{\text{NP}}(\text{hm}^2)$ A：区域所有（或某一类）景观面积（hm^2），NP：区域总（或某一类）景观的斑块个数（个）	表征某一个地类的破碎程度，MPS 值越小，则该种地类越破碎	类型/景观
边界密度（ED）	$\text{ED}=\dfrac{E}{A}$ E：斑块边界总长度（km），A：景观总面积（hm^2），$\text{ED}\geqslant 0$	指景观中单位面积的边缘长度，是表征景观破碎化程度的指标，边界密度越大，景观越破碎，反之则越完整	类型/景观
斑块分维数（FD）	$\text{FD}=\dfrac{2\ln(0.25P)}{\ln A}$ P：斑块总周长（km），A：斑块面积（hm^2）	用来测定斑块形状影响内部斑块的生态过程，如动物迁移、物质交流	类型/景观
破碎度指数（F_i）	$F_i=\dfrac{\text{NP}_i-1}{Q}$ NP_i：i 类景观类型的斑块数，Q：研究区所有景观类型的平均面积，$0\leqslant F_i\leqslant 1$	用来表征某一景观类型或景观整体的破碎化程度，破碎度指数取值 0～1，0 表示无破碎化存在，1 则代表已完全破碎	类型/景观

续表

景观指数指标	计算公式	生态含义	尺度水平
分离度指数（N_i）	$N_i = \frac{D_i}{S_i}$ D_i：景观类型 i 的距离指数，$D_i = 0.5\times(n/A)^{0.5}$，$n$：景观类型 i 的斑块数，A：研究区总面积。S_i：景观类型 i 的面积指数，$S_i = A_i/A$，A_i：景观类型 i 的面积	表征景观要素的空间分布特征，分离度越大，表示斑块越离散，斑块间的距离也就越大	类型/景观
Shannon 均匀度指数（SHEI）	$\mathrm{SHEI} = \frac{-\sum_{i=1}^{m} P_i \times \ln P_i}{\ln M}$ M：斑块类型总数，P_i：第 i 类斑块类型所占景观总面积的比例	表征景观中不同景观类型的分配均匀程度。SHEI = 0，表明景观仅由一类斑块组成，无多样性；SHEI = 1 表明各类斑块类型均匀分布，有最大的多样性	景观

2. 土地利用水平的空间格局变化分析

由图 4-5、表 4-7 可知，1990～2010 年，浙江省海岸带各类土地利用空间格局发生了明显变化。

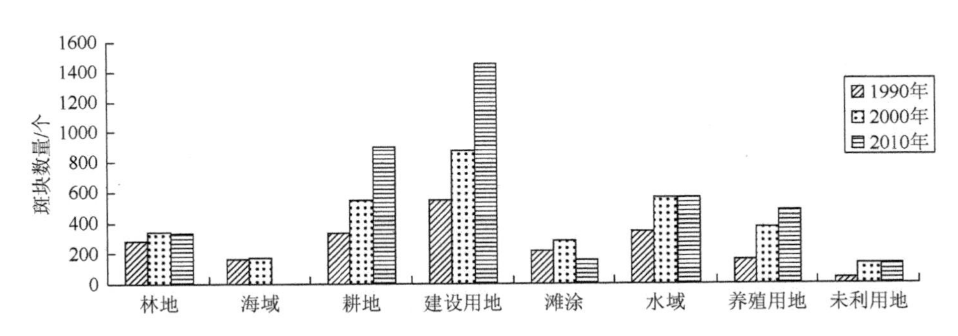

图 4-5 浙江省海岸带土地利用类型斑块数量变化（1990～2010 年）

表 4-7 1990～2010 年浙江省海岸带土地利用空间格局分析指标（土地利用尺度）

年份	斑块密度/(个/hm^2)	边界密度/(km/hm^2)	形状指数	平均斑块面积/hm^2	斑块分维数	破碎度指数	多样性指数	均匀度指数
1990	0.21	13.63	42.85	470.70	1.36	4.48	1.45	0.70
2000	0.33	18.20	54.22	300.59	1.37	10.98	1.55	0.75
2010	0.41	22.60	65.17	245.91	1.38	16.40	1.59	0.82

从斑块数量来看（图 4-5），1990～2010 年，浙江省海岸带各类土地利用的斑块总数有着明显增加，从 1990 年的 2108 个增加到 2010 年的 4035 个，斑块数量

增加 91.41%。建设用地、耕地、养殖用地、水域及未利用地的斑块数目均呈现出增加趋势。其中建设用地斑块数量增加最多，由 1990 年的 548 个增加到 2010 年的 1459 个，增加了 1.66 倍。由于滩涂被不断向外淤长以及沿海滩涂的围垦利用，滩涂斑块数量呈现出先增加后减少的趋势。从平均斑块面积来看（表 4-7），1990～2010 年，浙江省海岸带土地利用类型的平均斑块面积呈现出不断下降的趋势，从 1990 年的 470.70 hm^2 下降到 2010 年的 245.91 hm^2，年均下降 11.24 hm^2。斑块密度也能很好表现土地利用类型的破碎化程度，1990～2010 年，浙江省海岸带斑块密度由 1990 年的 0.21 个/hm^2 提高到 2010 年的 0.41 个/hm^2。由以上的斑块个数、平均斑块面积及斑块密度等各指标的分析可知，1990～2010 年，在人类活动和自然因素的综合作用下，浙江省海岸带土地利用空间格局发生了较大变化，平均面积减小，而土地利用破碎度指数由 1990 年的 4.48，上升至 2010 年的 16.40，也正好验证了这一点。

此外，土地利用的斑块形状指数也和土地利用破碎程度密切相关，景观的破碎化导致了斑块形状不断向着复杂化的方向转变。土地利用边界密度呈现出不断增加的趋势，由 1990 年的 13.63 增加到 2010 年的 22.60，增加了 65.81%。同时，各斑块的几何形状也变得越来越复杂，1990～2010 年，土地利用形状指数呈现出明显增大的趋势，由 42.85 增加到 54.22，再增加到 65.17。此外，1990～2010 年，浙江省海岸带的斑块分维数略有增加，从 1990 年的 1.36 增加到 2010 年的 1.38，说明人类活动使得斑块趋于复杂，斑块形状有变曲折的趋向。

土地利用水平的另一类重要指标是土地利用的多样性指标。1990～2010 年，除分析过程中所必要的海域辅助景观外，浙江省海岸带土地利用类型没有发生变化，仍为 7 类。而从土地利用的多样性各指标来看，1990～2010 年，土地利用的多样性水平在不断提高，多样性指数从 1.45 增加到 1.59，同时，均匀度指数也从 0.70 增加到 0.82（表 4-7）。

3. 类型水平的土地利用空间格局变化分析

基于 Fragstats3.4 软件，计算了浙江省海岸带 1990 年、2000 年、2010 年各类型的土地利用指数，结果如表 4-8 所示。

表 4-8　1990～2010 年浙江省海岸带各类型土地利用空间格局分析指标（类型尺度）

指数	年份	林地	海域	耕地	建设用地	滩涂	水域	养殖用地	未利用地
总面积/hm^2	1990	378 864.00	76 761.00	376 281.75	24 577.50	62 550.25	51 840.00	15 004.25	6363.25
	2000	357 625.25	52 971.75	366 451.25	52 233.50	70 339.00	45 717.00	33 036.25	13 868.00
	2010	342 147.00	—	313 043.00	142 181.25	54 065.00	42 222.00	66 328.75	32 255.00

续表

指数	年份	林地	海域	耕地	建设用地	滩涂	水域	养殖用地	未利用地
斑块数量/个	1990	289	171	340	548	219	343	157	41
	2000	344	180	551	873	289	563	370	131
	2010	337	—	903	1459	159	567	476	134
平均斑块面积/hm^2	1990	1310.948	448.895	1106.711	44.850	285.618	151.137	95.569	155.201
	2000	1039.608	294.288	665.066	59.832	243.388	81.203	89.287	105.863
	2010	1015.273	0	346.670	97.451	340.031	74.466	139.346	240.709
斑块密度/(个/hm^2)	1990	0.029	0.017	0.034	0.055	0.022	0.035	0.016	0.004
	2000	0.035	0.018	0.056	0.088	0.029	0.057	0.037	0.013
	2010	0.034	—	0.091	0.147	0.016	0.057	0.048	0.014
边界密度/(km/hm^2)	1990	6.838	1.348	10.255	2.669	2.796	2.103	0.9184	0.339
	2000	7.898	1.193	13.410	5.389	3.078	2.460	2.148	0.818
	2010	8.481	—	16.205	11.299	1.734	2.621	3.793	1.066
形状指数	1990	33.435	19.465	44.029	43.096	31.881	24.227	19.367	11.031
	2000	38.383	20.247	57.471	59.847	33.605	30.117	30.518	18.083
	2010	41.142	—	74.529	77.343	25.853	33.158	39.176	17.313
斑块分维数	1990	1.316	1.315	1.375	1.421	1.357	1.488	1.280	1.273
	2000	1.325	1.354	1.385	1.439	1.330	1.494	1.312	1.278
	2010	1.343	—	1.412	1.427	1.366	1.485	1.325	1.272
破碎度指数	1990	0.612	0.361	0.720	1.162	0.463	0.727	0.331	0.085
	2000	1.141	0.596	1.830	2.901	0.958	1.870	1.228	0.433
	2010	1.366	—	3.668	5.929	0.643	2.302	1.932	0.541
分离度指数	1990	74.775	633.690	97.868	170 710.236	7615.255	984.557	175 384.679	188 084.514
	2000	105.686	1151.312	121.987	19 757.572	5592.041	1686.890	31 762.593	99 535.094
	2010	130.919	—	238.654	2758.300	2275.456	2519.210	11 424.101	13 389.596

1）平均斑块面积

从浙江省海岸带各土地利用类型的平均斑块面积来看，1990～2010 年，不同土地利用类型的平均斑块面积变化有着较大的差异（图 4-6）。其中，平均斑块面积减小最快的是耕地，其值由 1990 年的 1106.711 hm^2 减小到 2010 年的 346.670 hm^2，年均减小量达 38.00 hm^2；其次为林地，平均斑块面积也呈现下降趋势，但下降速度前后 10 年有着较大的差距。1990～2000 年，林地平均斑块面积下降 271.34 hm^2，下降速度达每年 27.13 hm^2，而 2000～2010 年，下降速度为每年 2.43 hm^2，速度远低于前 10 年，说明人类活动对林地的开垦速度有所减缓。同时，1990～2010 年水域的平均斑块面积减小速度也同样有着较大差别，前 10 年减小速度较快，而后 10 年有所放缓。此外，海域作为辅助性土地利用类型，其平均斑块面积也呈现出下降的趋势，1990～2010 年，共减少了 448.895 hm^2。由于建设用地较为分散，无法连成整体，故其平均斑块面积相对较小，但在 1990～2010 年，其总体呈现出增加趋势，由 1990 年的 44.850 hm^2 增加到 2010 年的 97.451 hm^2，且增加速度有所加快，这主要和社会经济的发展，尤其是城市化的建设密不可分。另外，由于滩涂淤积速率的变化以及人类活动、围填海建设工程的影响等，滩涂和养殖用地的平均斑块面积呈现出先减小后增长的趋势，且 2000～2010 年的增加速度明显快于 1990～2000 年的减小速度。

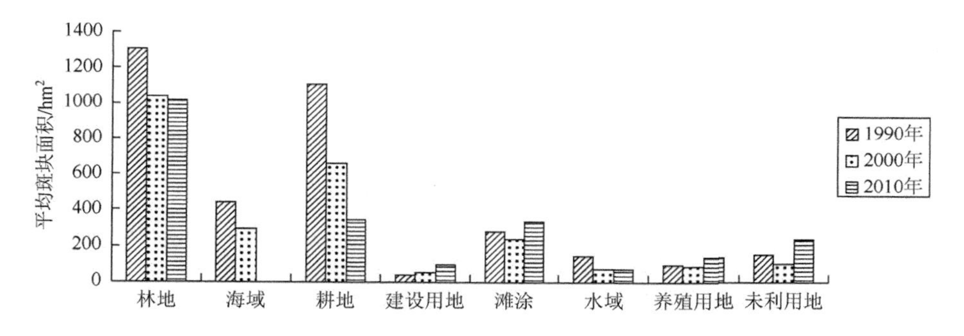

图 4-6　浙江省海岸带各土地利用类型平均斑块面积变化（1990～2010 年）

2）斑块密度

从土地利用水平分析，1990～2010 年，浙江省海岸带的斑块密度呈现出增大的趋势。从各土地利用类型角度分析，主要表现为耕地、建设用地、养殖用地以及未利用地的斑块密度不断增大（图 4-7），其值分别从 1990 年的 0.034 个/hm^2、0.055 个/hm^2、0.016 个/hm^2、0.004 个/hm^2 增加到 2010 年的 0.091 个/hm^2、0.147 个/hm^2、0.048 个/hm^2、0.014 个/hm^2。其中以建设用地的斑块密度增大最明显，达 0.092 个/hm^2。林地和水域的斑块密度在 1990～2000 年呈现出增长趋势，分别增加了 0.006 个/hm^2 和 0.022 个/hm^2，而后 10 年斑块密度几乎变化不大，这主要是由于浙江省海岸带林地和水域这两类土地利用类型整体度较好，故破碎化程度较低。此外，滩涂的斑块密度呈现出先增加后减小的趋势，1990～2000 年，其值增加 0.007 个/hm^2，而 2000～2010 年，其值减小 0.013 个/hm^2，由此可见由于滩涂的自然淤长加快，弥补了人类活动对其造成的破碎化。

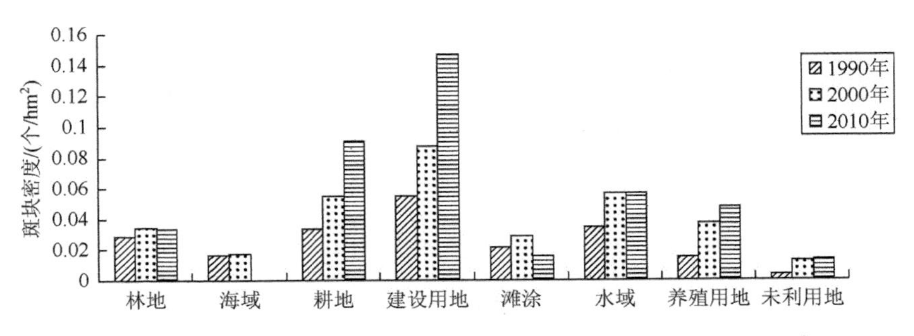

图 4-7　浙江省海岸带各土地利用类型斑块密度变化（1990～2010 年）

3）边界密度

边界密度能够较好地反映土地利用的破碎化程度。由表 4-7 可知，浙江省海岸带的土地利用边界密度呈现不断增大的趋势，即浙江省海岸带土地利用格局的破碎化程度不断增大。而从本节研究区的各土地利用类型的边界密度分析可知（图 4-8），1990～2010 年，除海域和滩涂外，其余土地利用类型的边界密度均呈现不断增加的趋势。其中，耕地和建设用地的边界密度增加较多。由于耕地大部分分布在沿海地势低平的平原地区，而这些地区又是城镇建设用地、工业仓储用地集中分布地区，且交通线路较为密集，随着城镇化水平不断提高，建设用地面积不断增加占用了大量耕地，使得原来较为规则且连片分布的耕地等土地利用类型趋于破碎化，斑块的破碎导致边界密度大大增加。与此同时，城乡建设用地较为分散地不断扩张，使得其斑块周长不断加大，故边界密度由 1990 年的 2.669 km/hm^2 增加到 2010 年的 11.299 km/hm^2。此外，林地的边界密度也呈现不断增长的趋势，但增幅较耕地而言略小，主要由于林地位于地势相对较高的山地、丘陵地带，人类活动对其影响主要以山麓地带的低平地区为主，故整体边界密度变化不大，1990～2010 年边界密度的增量为 1.6426 km/hm^2。滩涂的边界密度呈现先增加后减小的趋势，这主要与不同岸段地区淤长速度不同有关。而养殖用地

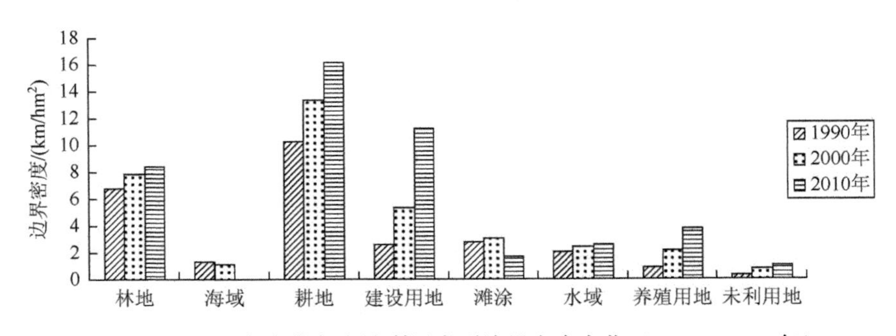

图 4-8　浙江省海岸带各土地利用类型边界密度变化（1990～2010 年）

边界密度的增加则与近年来浙江省某些海湾地区（如象山港、三门湾、乐清湾等）重点发展水产养殖业等相关，形成了较大规模的养殖用地。此外，水域、未利用地的边界密度也有所上升，而海域的边界密度呈现下降的趋势，这主要是由于人类活动的裁弯取直，使得海域边界不断缩短所致。

4）形状指数

1990～2010 年，除了滩涂和未利用地外，浙江省其余土地利用类型的斑块形状指数都有不同程度增加（图 4-9）。其中，除海域外，林地、水域和未利用地的形状指数增加较小，增量均在 10 以下。其余土地利用类型的斑块形状指数增加均较为明显，增量均超过 10。其中，建设用地的形状指数增加量最大，由 1990 年的 43.096 增加到 2010 年的 77.343，增加量为 34.247，这主要与城乡建设用地及交通基础设施的快速发展有关，使得斑块形状趋于不规则化。其次为耕地，增加量达 30.500，其主要是因为连片的耕地被建设用地侵占后，导致耕地的形状变得更不规则。此外，滩涂的形状指数呈现先增加后减小的趋势，1990～2000 年，其值增加 1.724，而 2000～2010 年，其值又减小 7.752，这主要与围垦和淤长的动态不同有关。

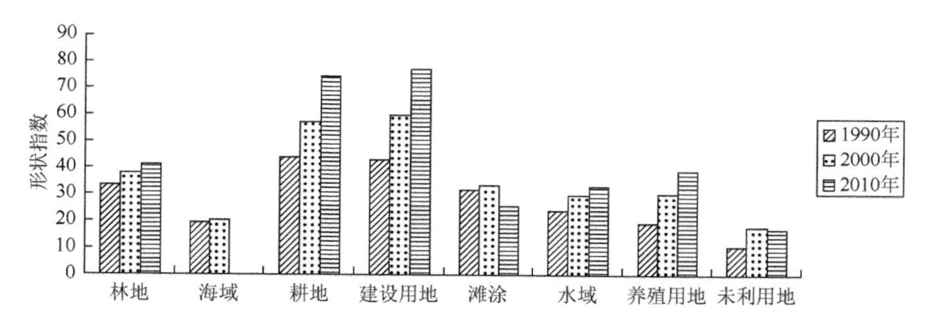

图 4-9　浙江省海岸带各土地利用类型形状指数变化（1990～2010 年）

5）破碎度指数和分离度指数

就土地利用水平而言，1990～2010 年，浙江省海岸带土地利用破碎度指数呈现增加趋势。而从类型水平来看，除滩涂外，其余土地利用类型的破碎度指数均增加，但其分离度指数却表现出不同的变化方向（图 4-10、表 4-8）。建设用地无论从破碎度指数还是从破碎度指数的增加速度来看，都是最大的，这是由于城市化以及城乡居民点、工矿用地的无规则、分散增加，使得建设用地不断趋于破碎化，而分离度指数逐渐减小，城市建设有趋于集中的趋势。此外，耕地的破碎度指数增加也较快，1990～2010 年，破碎度指数增加 2.948，仅次于建设用地，原因主要是随着城市化以及工业化步伐加快，平原特别是沿海、沿河地区的耕地不断被占用，被开发成人工景观，由此导致原本规则连片的大块耕地不断被切割、分散，斑块之间的距离不断增加，分离度指数也不断增大。此外，林地和水域的破碎度指数增长较缓，不少林地和水域被开发为城市用地，使得斑块趋于分散化，故破碎度指数增加，斑块之间的距离也不断扩大，分离度指数增加。养殖用地的破碎度指数也呈现不断增加的趋势，随着围填海力度加剧，使得养殖用地趋于集中，斑块分离度指数不断减小。另外，滩涂的破碎度指数呈现先增加后减小的趋势，主要是由于2000～2010年围填海工程加剧，使得滩涂的斑块数量减少，故破碎度指数减小，斑块之间的距离变小，分离度指数也减小。此外，未利用地的破碎度指数略有增大，但区域集中化，使得其分离度指数逐渐减小。而本节研究区内海域的破碎度指数和分离度指数均增大。

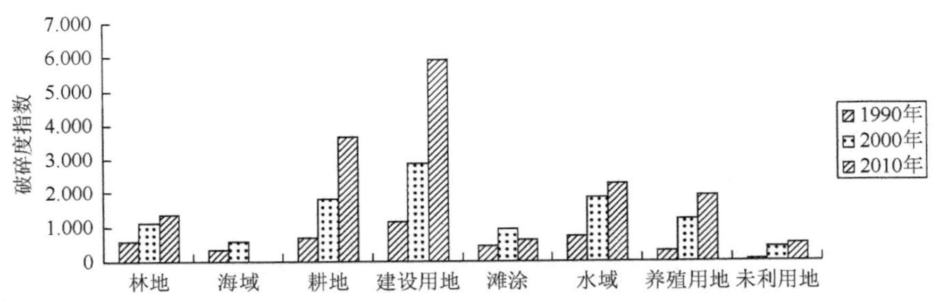

图 4-10　浙江省海岸带各土地利用类型斑块破碎度变化（1990～2010 年）

4. 小结

通过以上分析表明，1990～2010 年，浙江省海岸带的土地利用空间格局发生了明显变化。土地利用类型趋于破碎化，主要表现在各类型土地利用斑块的分割以及斑块数量的增加。1990～2010 年，浙江省海岸带地区土地利用类型的斑块数量呈明显增加的趋势，增加了 91.41%，同时，1990～2010 年，浙江省海岸带各土地利用类型的平均斑块面积也有着明显减小，从 1990 年的 470.7 hm^2 下降到 2010 年的 245.91 hm^2。斑块密度是衡量土地利用破碎化的重要指标之一，本节研究区内斑块密度由 0.21 个/hm^2 提高到 0.41 个/hm^2。

此外，土地利用的破碎化过程加速了土地利用形状的复杂化。由于本节研究区内平均斑块面积减小，导致边界密度不断增加。各斑块形状越来越偏离规则的几何状而趋于零碎化、复杂化。1990～2010 年，浙江省海岸带斑块分维数略有增加，从 1990 年的 1.36 增加到 2010 年的 1.38，说明受人类活动等作用影响，浙江省海岸带土地利用斑块形状越来越趋于复杂化。1990～2010 年，除分析过程中所必要的海域辅助景观外，浙江省海岸带土地利用类型没有发生变化，仍为 7 类。而从土地利用的多样性各指标来看，1990～2010 年，土地利用的多样性水平在不断提高。

4.3.5　海岸带土地利用格局演变的驱动力分析

随着地理学界关于全球变化等不断深入的研究，人们逐渐开始认识引起全球变化的主要原因之一是土地利用方式以及覆被景观的变化。为此，这一方面的研究正在逐渐成为地理科学系统的研究焦点。而景观动力学方面的研究能够有效揭示土地利用的内在演化规律和方向，帮助人们分析土地利用格局演变与生态过程之间的相互关系，进而预测土地利用的演化方向、过程和机理（傅伯杰等，2001；路鹏等，2006）。景观变化动力学研究的核心内容是揭示引起景观变化的驱动力因素和驱动机制（摆万奇等，2004）。土地利用格局演变是人类改造与景观自然演变共同叠加的动态过程，当今社会，土地利用结构的演变不仅受自然因素的影响，更多受的影响来自人类为了满足其自身发展的需要，不断调整土地的利用模式，去适应人口、经济、社会以及生态等方面的需求。

本节试图从定性和定量两方面的分析来揭示海岸带土地利用演变的驱动因素，以期为浙江省海岸带土地利用格局优化以及形成合力的土地利用结构提供必要的决策参考。

1. 浙江省海岸带土地利用格局演变驱动力的定性分析

在人类发展的较短时间内，引起土地利用格局演变的原因主要是外界的干扰，但这种干扰往往是综合性的。由于受评价指标数据的可得性及统计口径的差异性等因素制约，本节的定性分析主要以浙江省的主要沿海地级市（包括嘉兴、宁波、台州和温州）①为研究对象，对其各个自然、社会经济等因素分析，来揭示影响浙江省海岸带土地利用格局演变的驱动力因子。

1）自然地理因素

从自然地理因素上来看，浙江省沿海岸段主要为淤积岸段和侵蚀岸段交错分布，侵蚀岸段主要集中在杭州湾北岸嘉兴岸段、杭州湾南岸的镇海至北仑岸段、象山北岸及南岸的部分岸段、温岭至玉环东南部岸段以及苍南岸段。从港口码头的建设来看，近年来，港口码头的建设主要以宁波和台州居多。而淤积岸段主要分布在一些港湾附近，包括杭州湾南岸余姚、慈溪岸段、象山港南侧岸段，三门湾岸段以及乐清湾至瑞安岸段等。海岸侵蚀与淤积类型的差异导致了海岸带土地利用后备资源空间的丰缺差异，同时也使得土地利用类型特别是以自然覆被为主的土地利用结构出现明显的差异。1990～2010 年，由于泥沙不断淤积，使得

① 在此，由于考虑到杭州和绍兴沿海岸线较短，沿海城市面积较小，故定性分析过程中未将其考虑在内。

767.61 km^2 的海域面积不断转化为其他土地利用类型（如滩涂、养殖用地、建设用地等）。

除了海岸带潮水的侵蚀与淤积对土地利用类型演变造成影响外，海岸带典型的地区气候差异以及土壤成分等条件组合差异也在不断影响着土地利用格局的变化（欧维新等，2004）。1995 年以来，互花米草的大量扩张，改变了原有裸滩的土地利用格局，同时也影响着潮滩的水动力条件以及泥沙的沉积过程。

2）人口因素

众多研究表明，人口因素作为社会发展不可忽视的重要指标，在很大程度上对土地利用的方向起着重要制约作用。人口的不断增长（包括自然增长和机械增长）加快了人类开发利用土地的强度；同时，为了缓解人口增长给陆域土地带来的压力，更多的海洋空间资源不得不作为人类的后备资源进行开发，解决这一矛盾。由此，越来越多的人口向海岸带迁移，进一步加大了人类对海岸带土地利用格局的干扰。此外，人口不断增加和农村剩余劳动力的就地非农化转变，使大量耕地不断被占用；同时，也导致了城镇以及工矿用地面积不断增加。浙江省海岸带 4 个地级市（包括嘉兴、宁波、台州和温州）自 1990 年来人口持续增加（表 4-9），总人口从 2009.42 万人增加到 2285.62 万人，增加了 13.7%；非农人口比重也由 1990 年的 15.3%增加到 2010 年的 27.5%。同时，海岸带的建设用地增加 1176.04 km^2，比 1990 年增加了近 4.8 倍。此外，1990～2010 年，浙江省围填海面积达 1087.56 km^2，海岸线不断向海推进。由此可见，人口增长直接导致浙江省海岸带土地利用类型的变化。

表 4-9　1990～2010 年浙江省沿海地级市总人口与非农人口情况　（单位：万人）

	总人口			非农人口		
	1990 年	2005 年	2010 年	1990 年	2005 年	2010 年
嘉兴市	316.19	334.33	341.6	58.39	112.2	146.87
宁波市	510.76	556.7	574.08	102.98	182.61	205.23
台州市	515.49	435.09	583.14	47.07	126.71	105.67
温州市	666.98	750.28	786.8	98.28	152.61	170.2
总计	2009.42	2076.40	2285.62	306.72	574.13	627.97

3）社会经济因素

近年来，浙江省海岸带地区经济迅猛发展，国民生产总值稳步增加，已从农业化时代步入工业化时代。2010 年，浙江沿海 4 个地级市的国内生产总值达 12762.51 亿元，是 1990 年的 34 倍，人均国内生产总值也由 1990 年的 1853.32 元增加到 2010 年的 55838.28 元。三类产业的结构也有了较大调整，由 1990 年的 27.2∶50.0∶22.8 调整为 2010 年的 4.7∶54.8∶40.5，三类产业结构正趋于合理化发展。经济的快速稳步发展导致了工业用地、仓储用地以及港口码头用地规模不断扩张。此外，不同土地利用类型之间比较利益的差异也将成为引起海岸带土地利用格局变化的重要因素（侯西勇和徐新良，2011）。由于养殖业的年均纯收入大于种植业，比较利益的差异较为明显，故 1990～2010 年来，耕地面积不断减少，年均减少量达 31.62 km^2，而养殖用地面积不断增加，由此也加剧了海岸带土地利用的破碎化程度。而土地利用的多样性指数不断增加，也与养殖用地面积比例大幅度增加相关，从而平衡了 1990 年耕地面积占绝对优势地位的局势。

因此，无论是经济的发展还是土地利用过程中比较利益的差异都将导致土地利用格局变化。在经济多元化趋势下，海岸带的农民们意识到多种经营模式能带来更多收益，从 1990 年以单一粮棉种植业为主体的农业经济发展为 21 世纪以种植业和养殖业为主体，实行农、林、牧、副、渔综合开发、规模经营局面，带动海岸带逐步向着多元化、集约化的开发模式转变，空间利用效益取得了大幅度的提升，发展成为了如今粮棉作物、麻类、糖类、烟叶、蔬菜、瓜果、鱼类、虾蟹类、贝类等并存的生产经营格局，海岸带土地利用的破碎度和优势度朝着不断增加的方向发展。

4）城市化发展

城市化是工业化发展到一定阶段的必然产物。由于我国目前第一、第二、第三产业之间存在着较大的差异，而在封闭经济日益受到打击的情况下，各经济要素在各部门之间流动的阻力不断减小，为此，处于低生产效率部门的生产资料必然逐步向高生产效率的部门转移。由于人口转移的速率与经济收入的差距成正比，即经济收入差距越大，农村劳动力向城市转移的动力就越强（李加林和张忍顺，2003）。随着浙江省城市化与非农化的快速发展，使得第一产业从业人口占总从业人口的比重由 1990 年的 53.2%降低到 2010 年的 16.00%。

此外，从土地利用方式来看，1990～2010 年，以建设用地为主体的居民住宅用地、工矿仓储用地以及交通用地等大量增加，面积为 1990 年的 5.8 倍。与此同时，乡镇私营企业以及个体经济的不断发展，占据了农村耕地，直接导致耕地面积减小，大量的优质耕地被基础设施建设和建筑用地占领，土地利用破碎化程度增加。

5）政策因素

政府部门政策和相关决策对区域经济发展也有着重要作用，也会较大程度影响土地利用格局演变，尤其是改革开放以来经济体制的逐渐转变，使得政策导向作用显得尤为突出。此外从 1993 年，私营经济正式被写入宪法修正案，政府对私营企业、个体经济给予的一系列优惠政策激发了农村农民自主创业的激情，使得大批农村劳动力向城镇流动，这也影响了土地利用方式的变革，更多农用地被开发利用为小型企业等的建设用地，使得土地利用方式向着多样化、集约化方向转变。

此外，政策因素对土地利用变化的影响除了表现在产业外部，也将影响产业的内部结构。以农业为例，由于价格体制和农作物比较利益的存在，农业内部的产业结构呈现出低经济效益部门向着高经济效益部门转移。主要表现在价格水平较低的粮棉生产逐渐减少，取而代之的是经济效益较高和收益较好的经济作物、蔬菜瓜果种植业、水产养殖业等，从而也不断带动海岸带土地利用格局的演变。

2. 浙江省海岸带土地利用格局演变驱动力的定量分析——以杭州湾南岸为例

定量分析浙江省海岸带土地利用格局演变的驱动力因素，对进一步明确土地利用格局变化的机理，建立和模拟土地利用格局演化过程，预测土地利用格局演化趋势都具有重要意义。

近年来，随着3S技术不断发展，更多的高新技术被不断运用到景观动力学的研究中。总结前人的研究方法可以发现，对于影响土地利用演变的驱动力的分析，目前更多集中在定性分析或基于相关统计年鉴中的统计数值进行的人文驱动因子研究（许吉仁和董霁红，2013；杨兆平等，2007；刘明和王克林，2008）。然而，更多土地利用演化是基于各类自然因子与人文因子的共同作用。对于驱动力分析模型的建立，国内外相关领域尚未形成较为完善的框架体系，较为常用的数理统计模型集中于基于SPSS的典型相关分析、回归分析及主成分分析等（李卫锋等，2004；Wrbka等，2004），然而在现实情况下，这几类方法会受到一些限制，例如，当变量为非连续性变量时，无法使用线性回归分析；而对于相关分析以及主成分分析，选用的指标因子多以纵向的基于时间序列的社会经济数据与土地变化数据为主，很少有研究能将土地利用演变状况、影响土地利用演变的空间因子等与相关定量指标相结合进行横向差异的对比分析（摆万奇等，2004），由此一定程度上影响了分析结果的准确性。

为此，本节在总结过去相关研究的基础上，尝试建立一个基于GIS-logistic的耦合模型，对不同土地利用类型变化进行驱动力分析。在具体的分析过程中，考虑浙江省海岸带（具体以沿海的各个乡镇边界）涉及6个地级市，152个乡镇，研究范围较大，浙江省海岸带各沿海乡镇统计数据较难获得，且不同地方统计口径有着较大的差异，为此，定量分析的研究区为杭州湾南岸，主要包括余姚、慈溪、镇海岸段，时间跨度为2000～2010年。

1）研究区的确定

本节研究区岸段位于浙江宁波北部，钱塘江入海口杭州湾南岸，地理位置介于 120°54′E～121°45′E，29°55′N～30°23′N，东南紧邻宁波镇海，西与宁波余姚及绍兴上虞接壤，北面则与上海隔海相望，可以说杭州湾南岸岸段地处上海、杭州及宁波的经济金三角中心地带（李加林等，2006）。从地理环境上来看，研究区地处亚热带南缘，亚热带季风气候显著，冬暖夏凉，年平均气温为 15.6～18.3℃，年平均降水量为 1200～2000 mm。本节研究区内光照、热量、水分的时空配置较好，气候常年温暖湿润，降水充足，滨海平原地区农业开发历史悠久。杭州湾南岸岸段地形主要由低山丘陵、湖海相淤积平原、海相沉积平原以及沿海滩地组成。从社会经济方面来看，研究区土地面积约 1275.2 km^2，行政区划隶属于浙江宁波的 3 个区（市）。社会经济较发达，交通便利，329 国道横穿本节研究区南部，北部的杭州湾跨海大桥与嘉兴相连，是宁波沟通长三角其他城市的必经之路，从而为本节研究区的发展提供了良好契机。

2）评价模型构建

首先是驱动力因子的选取。一个区域的土地利用格局演变主要受自然驱动力和社会经济驱动力双重影响。自然驱动力即导致土地利用格局变化的内部因素，如某一区域的气候、地形、河流水系、海拔、区域区位因素等，均具有静态特征；而社会经济驱动力即促使土地利用格局发生转变的外部因素，主要包括某一区域的人口变动、社会经济水平发展、产业结构演化、科技水平进步、人民生活水平提高、政策法规引导等，具有动态性。

基于此，本节关于驱动因子指标的选取，本着科学性、典型性，及数据资料的一致性及可获得性等原则，结合已有研究成果（姜广辉等，2007；汪小钦等，2007；朴妍和马克明，2006），依据杭州湾南岸岸段几个乡镇的实际情况，分别从自然和社会经济两个方面选取了与杭州湾南岸岸段土地利用演化有较大联系的指标进行综合分析。

（1）自然驱动因子。自然驱动因子一般对土地利用演化的影响与土地利用本身结合较为紧密，并且在短时间内保持相对稳定状态的因子。为此，自然驱动因子对土地利用格局演化的影响也基本保持一种相对稳定的状态（史培军等，2000b）。本节选取的自然驱动因子主要从自然环境条件和区位两方面进行考虑，自然环境条件是土地利用格局变化的基本限制性因素，而区位则是土地利用格局演变的重要参考。在此，考虑杭州湾南岸岸段区域均属滨海平原地形，以湖海相淤积平原、海相沉积平原及沿海滩地为主，仅有东南角有少量低山丘陵分布。故总体而言，地形平坦开阔，海拔较低，地貌类型较为单一，且由于区域面积较小，故本节研究区内的气候及降水差异甚小，所以，地形、海拔和气候条件对杭州湾南岸不同地区岸段的土地利用格局演变的影响差异不大。而在各类土地利用类型（如建筑用地、耕地、养殖用地等）的选择中区位因素决定了它们各自的规模和发展方向。因此对于自然驱动因子，主要选择距离河流的距离（X_1），距离国道、省道的距离（X_2），距离县道的距离（X_3），以及距离城镇的距离（X_4）4 个因子进行分析。

（2）社会经济驱动因子。经济驱动因子作为土地利用演化的动力源，对土地利用演化方向及规模有着重要影响，在这一指标因子的选择过程中，主要从区域人口变动，城市化水平以及经济发展状况 3 个方面来选取评价因子。主要选择反映区域人口变动的乡镇总人口数（X_5）、人口密度（X_6），反映城市化水平的城市化率（在此由于数据缺乏，以非农人口占总人口比重表示城市化率）（X_7），反映经济发展状况的第一产业产值（X_8）、工业产值（X_9）以及第二、第三产业从业人口比重（X_{10}）6 个因子。在具体分析过程中，选择因子均采用 2000 年与 2010 年的平均值进行分析。

其次是评价模型的选取。在分析前人各类研究方法的优劣基础上，本节主要通过建立 GIS-logistic 的耦合模型来对造成杭州湾南岸岸段不同土地利用演化的驱动力因子进行定量分析。

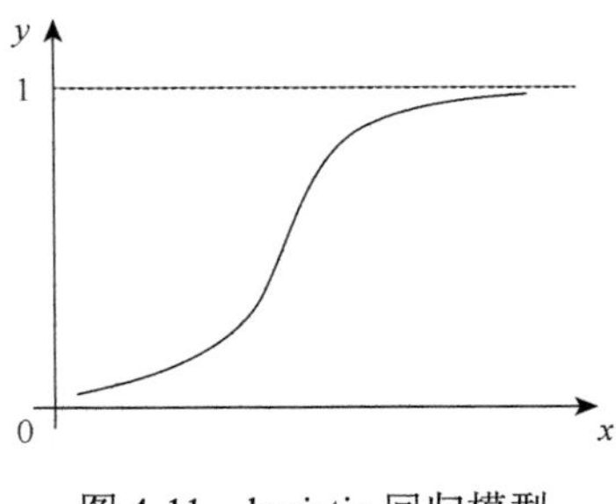

图 4-11　logistic 回归模型

logistic 回归模型是一种对于二分类因变量（因变量的取值为 0 或 1）进行回归分析的非线性分类统计方法（卢纹岱，2010；刘瑞等，2009）。其函数是一个累积分布的函数，具有 S 形曲线增长模式（图 4-11）。当自变量在不同的区间范围变化时，对应事件发生的概率 P 值增长情况不同：当自变量为极大值或极小值时，对 P 值的影响较小；当自变量为中间某一范围内的值时，对 P 值的影响较大。为此，这种非线性的函数被广泛运用于社会科学和自然科学中，能够很好地拟合各类社会或自然中的实际情况。运用 logistic 回归模型对土地利用格局演变进行驱动力分析，不仅考虑了土地利用格局的空间异质性，同时还能利用空间统计分析探讨每个驱动机制解释变量的贡献大小，得到较好的预测结果。

根据 logistic 回归模型的建模要求，假设某一事件在一组自变量 X_n 的作用下发生的结果用因变量 Y 来表示，如在本节中用 Y_i 表示 i 土地利用类型是否发生变化，则其赋值的规则为：$Y_i=0$（土地利用类型 i 未发生变化）或 $Y_i=1$（土地利用类型 i 发生变化）。记土地利用类型 i 发生变化的概率为 P_i，则土地利用类型没有发生变化的概率为（$1-P_i$），相应的回归模型可以表示为（罗平等，2010；杨云龙等，2011）：

$$\ln[P_i/(1-P_i)]=\alpha+\beta_1X_1+\beta_2X_2+\cdots+\beta_nX_n \tag{4.3}$$

其中，X_1，X_2，…，X_n 为影响因变量 Y_i 的 n 个自变量因子；α 为常数项；β_1，β_2，…，

β_n 为自变量的偏回归系数。由此，发生事件的概率可以由该组自变量 X_n 构成的非线性函数表示：

$$P_i = \frac{e^z}{1+e^z} \tag{4.4}$$

其中，$z=\alpha+\beta_1 X_1+\beta_2 X_2+\cdots+\beta_n X_n$；$e^z$ 即发生比率（odds ratio），用来解释各个自变量的 logistic 回归系数。

而 Wald 统计量表示模型中各解释变量所对应的权重，主要用来表征每个解释变量对预测的贡献力大小（谢花林和李波，2008）。在应用包含连续自变量的 logistic 回归模型时，需要对模型是否能够有效描述反映变量以及模型配准观测数据的程度进行评价。其中 Hosmer 和 Lemeshow 检验（以下简称 HL 检验）是被广为接受的评价拟合优度的指标。为此，本章选用 HL 检验的 sig.值来对模型的拟合优度进行检验。当 sig.＜0.05 时，表明模型统计显著；反之，则模型统计不显著。

3）数据来源与处理

关于本节杭州湾南岸岸段土地利用演变的驱动力因素分析的数据主要取自第 4.2 节的土地利用分类的矢量数据，截取所需研究的区域进行分析。主要选取的年份为 2000 年与 2010 年两个年度数据，根据第 4.2 节的土地利用分类系统，将研究区的土地利用类型同样划分为耕地、海域、建设用地、林地、水域、滩涂、未利用地和养殖用地 8 种土地利用类型（其中，2010 年为除海域外的 7 种土地利用类型）（图 4-12）。此外，相关数据源还包括余姚、慈溪、镇海的交通道路等级图，水系图以及 2000 年和 2010 年余姚、慈溪、镇海的统计年鉴等。

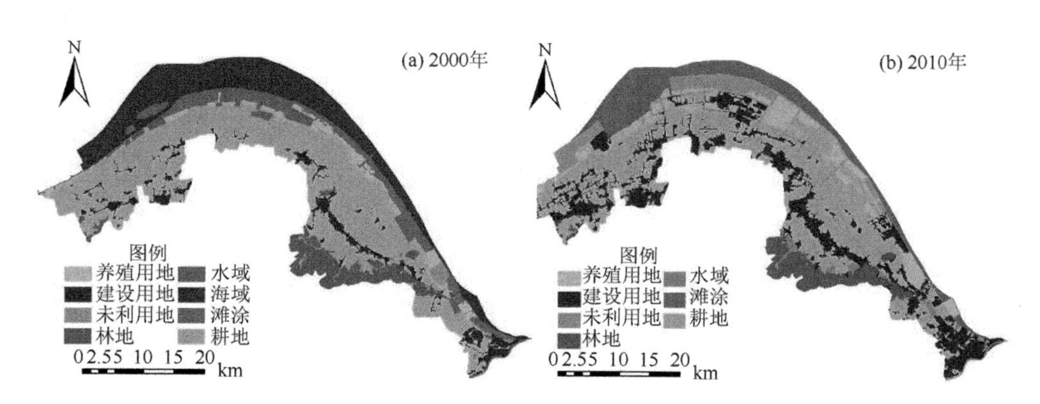

图 4-12　2000 年、2010 年浙江省杭州湾南岸岸段土地利用类型分布

logistic 回归模型的各项因子处理过程见图 4-13。首先，在土地利用类型分类基础上提取本节研究区范围 2000 年和 2010 年两期的分类矢量图，运用 ArcGIS 10.0 软件中空间分析功能，将两期的矢量图叠加处理，从而获取各类用地的变化

图，对于每一类土地利用类型，变化的用 1 表示，未变化的用 0 表示。在此基础上建立空间数据库，即将两类驱动因子空间化。其中，自然驱动力因子的空间化主要导入相应交通等级图、水系图以及城镇图等，运用 ArcGIS 10.0 的空间分析模块进行相应的缓冲区分析，根据缓冲距离分级赋值。其中，距离河流和县道的距离均采取 1 km 缓冲区分级赋值；距国道、省道以及城镇距离均采取 2 km 缓冲区分级赋值，进行驱动因子诊断。而社会经济驱动力因子的空间化方式主要以各乡镇为单位，根据 2000 年及 2010 年的统计年鉴以及相关调查数据进行赋值，驱动因子的空间化结果见图 4-14。在此基础上通过分层抽样方式随机选取均匀分布在本节研究区范围内的 534 个观测点，运用 ArcGIS 10.0 的相交功能，提取 1990 年和 2010 年土地利用演化图的因变量和自变量信息，导入 SPSS 统计分析软件，运用 logistic 回归模型对浙江杭州湾南岸岸段各土地利用类型变化驱动力机制进行分析。

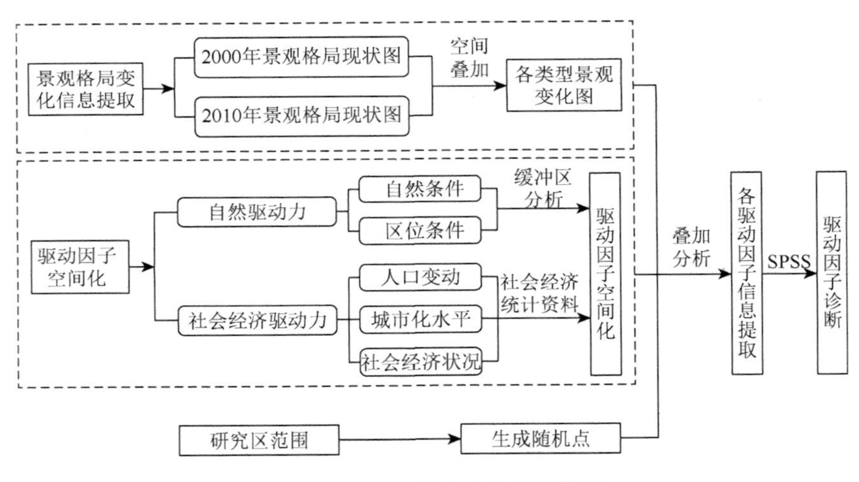

图 4-13　驱动力因子分析过程图

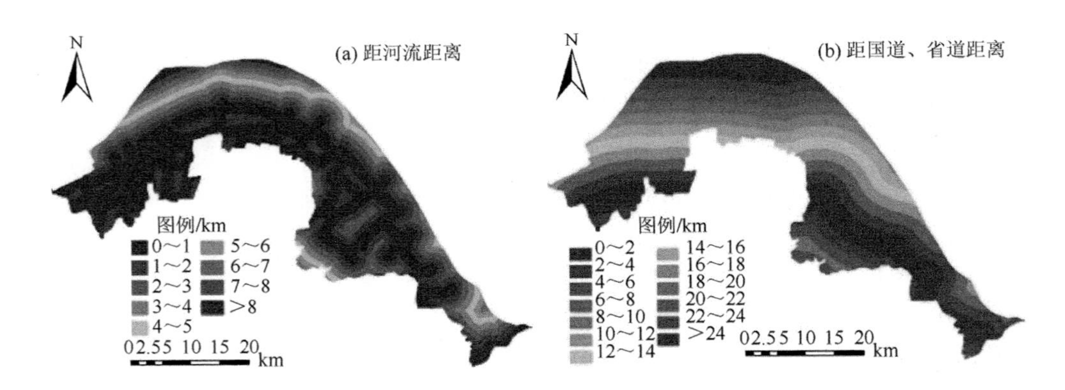

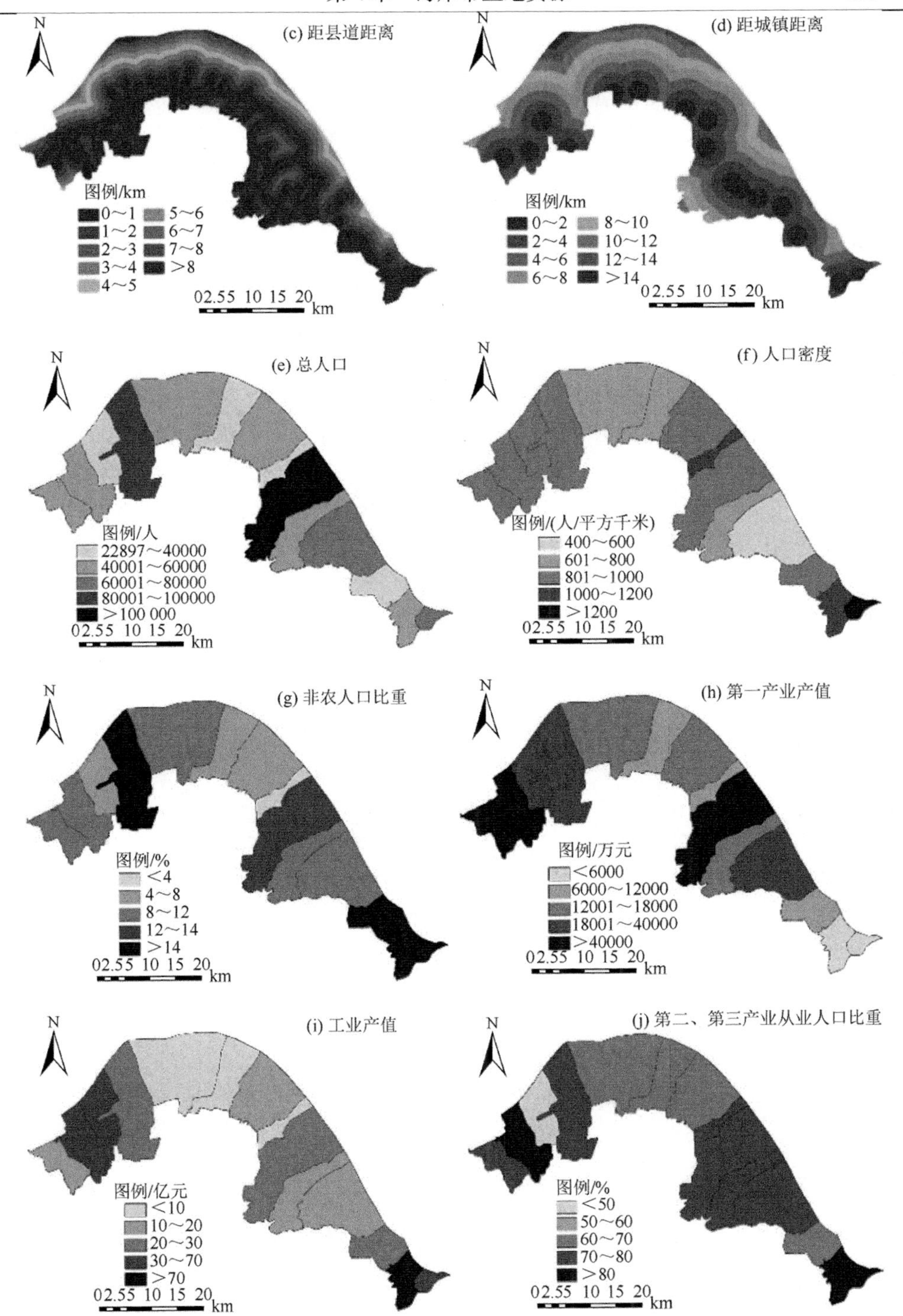

图 4-14　浙江省杭州湾南岸岸段驱动力因子空间化

4）不同类型土地利用格局演变驱动力分析

（1）杭州湾南岸岸段各土地利用类型的面积变化总趋势分析。从表 4-10 的 2000～2010 年浙江杭州湾南岸岸段各土地利用类型的比例可以看出，杭州湾南岸岸段由于特殊的滨海平原地形，耕地是其基质的土地利用类型，占全区面积的近一半。2000～2010 年，本节研究区内随着北岸滩涂不断淤积，虽有大量的围垦海域被开垦出来作为耕地，但更多的耕地不断被建设用地所替代，故耕地面积总体呈现出减少的趋势，所占比例由 2000 年的 47.65%下降到 2010 年的 43.36%。而 2000～2010 年，本节研究区内面积比例减少最多的是海域，由于杭州湾南岸岸段地处钱塘江入海口南侧，加之潮汐作用，大量泥沙不断淤积，为此地区围填海提供了天然的有利条件，故 2000～2010 年，海域面积被大量围垦为耕地及养殖用地等，此外有大量泥沙不断在围垦区域外侧再次不断淤积，形成了新的滩涂，为此，滩涂面积也呈现出上升趋势。而与此相对应的是，2000～2010 年，建设用地面积不断增加，其比例由 2000 年的 6.15%上升到 2010 年的 19.55%，且新建建设用地大多以原有用地为基准，不断向两侧拓展延伸，尤以甬江北岸镇海区段更为显著。除此以外，未利用地及养殖用地面积也呈现出不断增加的趋势。同时，由于本节研究区内，林地规模较小，水域用地较为稳定，故 2000～2010 年总体变化不大。由此可见，进入 21 世纪后，随着杭州湾南岸岸段社会经济高速发展，杭州湾南岸岸段的生态功能用地损失明显，而作为人为土地利用类型的建设用地，则在 2000～2010 年持续扩张。

表 4-10　2000～2010 年浙江省杭州湾南岸岸段各土地利用类型面积比例　（单位：%）

土地利用类型	2000 年	2010 年
耕地	47.65	43.36
海域	22.58	0
建设用地	6.15	19.55
林地	6.41	6.31
水域	2.52	2.54
滩涂	9.21	13.78
未利用地	0.85	6.00
养殖用地	4.63	8.46

此外，从 2000～2010 年各土地利用类型的绝对变化面积来看（图 4-15），绝对面积变化量最多的为海域，10 年间共减少了 287.96 km^2；其次为建设用地，增加了 170.82 km^2。同时，耕地、滩涂、未利用地及养殖用地的变化也较为明显。

而林地及水域变化较小，其中林地减少了 1.33 km^2，而水域则增加了 0.24 km^2。为此，对于土地利用演化的驱动力分析，主要选取面积变化较明显的耕地、海域、建设用地、滩涂、养殖用地以及未利用地 6 类进行分析。

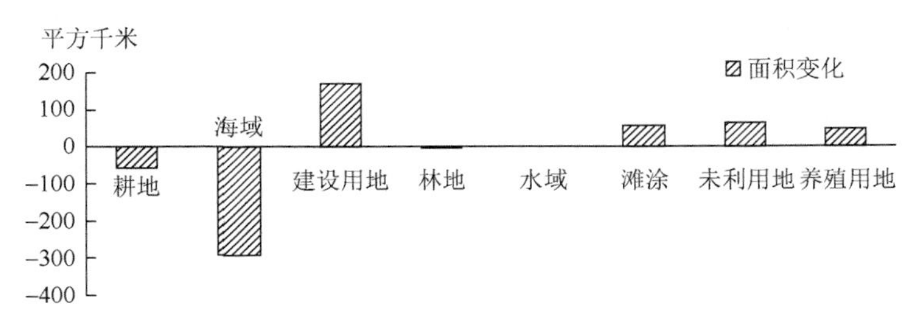

图 4-15　2000～2010 年浙江省杭州湾南岸岸段各土地利用类型面积变化图

（2）耕地变化驱动力分析。为了去除量纲对分析结果的影响，将数据经过标准化处理，带入 logistic 模型进行回归计算。在耕地土地利用转变为其他土地利用类型的 logistic 回归模型的 HL 检验中的 sig.值为 0.521，大于 0.05，故统计结果不显著，即模型拟合效果较好；模型的预测准确率为 76.1%，模型较为稳定，模型较好地拟合了相关数据（表 4-11）。

表 4-11　杭州湾南岸岸段耕地变化估计结果

变量	参数估计	标准误差	Wald 统计量	自由度	显著性水平	发生概率
sig. = 0.521；预测准确率 = 76.1%						
总人口	−0.000008	0	4.129	1	0.042	1
工业产值	0.000001	0	8.763	1	0.003	1
距河流距离	−0.295	0.133	4.956	1	0.026	0.744
距城镇距离	−0.306	0.115	7.090	1	0.008	0.736
距县道距离	−0.606	0.149	16.624	1	0	0.545
常量	2.375	0.412	33.297	1	0	10.756

由表 4-11 中的 Wald 统计量可知，2000～2010 年，对耕地变化较为重要的解释变量是距县道距离、工业产值、距城镇距离、距河流距离以及总人口。其中，距县道距离对耕地减少的贡献量最大；同时，该解释变量为负的回归系数，表明土地利用类型由耕地转变为其他类型土地利用的概率随着距县道距离的增加而减少。即对于杭州湾南岸的滨海平原而言，距县道距离越近的耕地越容易被开发利用为其他用地（如住宅用地、工业用地、商业用地、交通运输用地等）。可见，县

道对于乡镇地区发展的重要性。第 2 个重要的解释变量为工业产值，耕地转化概率随着工业产值增加而增加，这表明工业产值越高的乡镇，其将耕地改造为其他用地的概率越高。第 3 个和第 4 个重要的解释变量为距城镇距离及距河流距离，负的回归系数表明，耕地的减少大多发生在距城镇和距河流较近的区域。此外，耕地的减少与总人口呈现负相关关系，即总人口越多的乡镇，其耕地的减少概率越小。2000～2010 年，本节研究区内的总人口从 72.75 万增加到 76.69 万，人口增加意味着粮食需求量增大，为此，需要更多耕地来满足人们对粮食的需求，故人口多的区域耕地减少的概率降低，甚至耕地有所增加。

由此可见，本节研究区内耕地的减少受到了自然和社会经济因素双重的影响，且区位因素显得略为重要，研究时段内减少的耕地主要去向为各类建设用地，且这些用地的选址更多地考虑区位因素，选择交通便利、人口集中、市场广阔之地。此外，社会经济的发展，工业化的不断进步，也促进了耕地的不断转化。

（3）海域变化驱动力分析。将 2000～2010 年海域变化数据带入模型，HL 检验中的 sig.值为 0.906，大于 0.05，模型拟合效果理想；预测准确率达 95%，准确率高，模型非常稳定。在此基础上得到最终回归模型的估计结果见表 4-12。

表 4-12　杭州湾南岸岸段海域变化估计结果

变量	参数估计	标准误差	Wald 统计量	自由度	显著性水平	发生概率
sig. = 0.906；预测准确率 = 95%						
工业产值	0.000004	0	15.348	1	0	1
距河流距离	0.487	0.212	5.311	1	0.021	1.628
距城镇距离	1.130	0.317	12.722	1	0	3.095
距县道距离	1.801	0.262	47.251	1	0	6.057
常量	−13.070	1.795	53.019	1	0	0

海域作为海岸带开发利用潜力最大的空间，对海岸带地区的社会经济发展起到了不可替代的作用。2000～2010 年，受泥沙淤积以及人工围垦等影响，杭州湾南岸岸段海域面积不断下降。根据表 4-12 中的估计参数的显著性水平（sig.＞0.05）以及 Wald 统计量可知，对于海域转变为其他类型的驱动因素除了社会经济因素的工业产值外，自然因素中的距河流距离、距城镇距离、距县道距离也起到了重要的作用。

从每个变量对海域转化为其他土地利用类型用地这一事件的发生概率的贡献

量来看，最重要的解释变量是距县道距离，模型中该解释变量的回归系数为正，表明海域转化为其他土地利用类型用地的概率随着距县道距离的增大而增大，即越远离县道的海域，越容易被开发利用，成为其他土地利用类型。此外，另一个较为重要的解释变量是社会经济因子中的工业产值，结果表明海域转化为其他土地利用类型的概率随着工业产值的增加而增大，工业越发达的乡镇开发利用海域的速度和规模比工业相对落后的乡镇更大。由此可见，工业及高科技产业的发展推动着海岸带地区不断向海推进。此外，海域土地利用类型的转变还与距城镇距离及距河流距离有关，正回归系数表明越远离城镇或河流的海域转变为其他土地利用类型用地的概率越高。

2000～2010 年，随着杭州湾南岸岸段区域从事涉海产业的人口不断增加，客观上引起了海域面积的大量转化。为此，通过对海域转移矩阵进行分析（表 4-13）可知，2000～2010 年，由于自然因素以及社会经济因素双重干涉，287.96 km^2 的海域面积发生了转变，其中最多的转移为滩涂，主要是由于人类活动对海岸的围垦向海推进，改变了潮水原有的水动力，使得滩涂位置不断向海推进。此外，有 72.71 km^2 的海域转变为未利用地，而这些未利用地大多是养殖用地或建设用地的前身。同时也有 30.10 km^2 的海域转变为养殖用地。通过驱动力分析可知，这类转变主要集中在距河流、城镇及县道较远的海域，且工业水平高低对此有重要影响。

表 4-13　2000～2010 年杭州湾南岸岸段海域转出面积统计

海域转出	面积/km^2
耕地	8.34
建设用地	5.80
水域	6.52
滩涂	164.49
未利用地	72.71
养殖用地	30.10
总计	287.96

（4）建设用地变化驱动力分析。将建设用地变化数据导入模型，得 HL 检验的 sig.值为 0.214，大于 0.05，统计检验不显著，模型具有较好拟合度；预测准确率为 72.4%，处于中等准确程度，模型较为稳定，能通过检验。最终得到建设用地变化驱动因子的模型估计结果见表 4-14。

表 4-14　杭州湾南岸岸段建设用地变化估计结果

变量	参数估计	标准误差	Wald 统计量	自由度	显著性水平	发生概率
sig. = 0.214；预测准确率 = 72.4%						
总人口	−0.00001	0	9.234	1	0.002	1
工业产值	0.000001	0	6.783	1	0.009	1
距城镇距离	−0.332	0.102	10.601	1	0.001	0.717
距县道距离	−0.300	0.102	8.658	1	0.003	0.741
常量	1.954	0.356	30.055	1	0	7.055

从表 4-14 可以看出，2000～2010 年，对建设用地增加较为重要的解释变量大体归为三类，即人口、区位条件以及经济水平，具体包括总人口、距城镇距离、距县道距离以及工业产值。在此，导致建设用地扩张最重要的解释变量为距城镇距离，其回归系数为负说明建设用地发生增长的概率随着距城镇距离的增大而减小，即建设用地的增加大多集中在城镇中心区附近，主要受城市聚集效应的影响，距城镇中心地带越近的区域，受城镇的辐射和带动作用越明显，社会经济活动强度也越大，需要的用地面积越大，故其他用地转变为建设用地的可能性也越大。

第二重要的解释变量为总人口，随着沿海地区经济水平提高，大量人口不断涌入海岸带地区，客观上加剧了沿海城市的承载压力，由此导致了城市建设用地不断向外沿扩张。但是在建设用地驱动力分析的 logistic 模型中，总人口因子对建设用地的扩张影响并不明显，其回归系数为负值，说明杭州湾南岸岸段区域建设用地的扩张速度高于人口的增加速度。受各个县级市总体规划的影响，城镇中心地区的商业、企业用地形成了一定规模，但是居住用地规模相对较小，大部分居民白天在中心城区工作，下班后返回老城区，由此可见新增建设用地并没有真正聚集人口。

此外，距县道距离也是导致建设用地增长的重要解释变量之一。其回归系数为负值，表明建设用地的扩张概率随着距县道距离增加而减小，即建设用地的扩张主要沿着县道发展。对于乡镇而言，县道是其主要的交通轴线，同时便利的交通成了活跃的经济增长轴线，交通网络布局对建设用地的扩张具有重要的指向作用。而在现今社会，随着城镇内水运的逐渐衰落，对于建设用地的扩张而言，河流对其的影响相对较弱。

经济的发展对杭州湾南岸岸段建设用地的增长同样具有重要影响。这一影响主要通过工业产值来表现。其扩张概率随着第二产业产值以及工业产值的增加而增加，社会经济的发展是城镇建筑用地扩张的根本动力，同时经济的发展对城市的扩张可以容纳更多劳动力提出了更高需求，城镇建设用地的扩张又带动了经济发展，两者相互促进。故工业产值高、经济发展水平高的乡镇，建设用地扩张可能性越大。

（5）滩涂变化驱动力分析。在滩涂变化的模型中，将提取的有关滩涂驱动力分析的变量经过无量纲处理后，导入 logistic 模型进行逐步回归计算。通过 HL 检验得 sig.的值为 0.114，大于 0.05，统计不显著，模型具有较好的拟合效果；模型预测准确率达 89.7%，模型较为稳定。最终得到滩涂变化驱动力模型的估计结果如表 4-15 所示。

表 4-15　杭州湾南岸岸段滩涂变化估计结果

变量	参数估计	标准误差	Wald 统计量	自由度	显著性水平	发生概率
sig. = 0.114；预测准确率 = 89.7%						
工业产值	0.000002	0	8.687	1	0.003	1
距河流距离	0.435	0.155	7.871	1	0.005	1.544
距城镇距离	0.708	0.201	12.419	1	0	2.030
距县道距离	0.614	0.143	18.394	1	0	1.847
常量	–7.892	0.889	78.871	1	0	0

根据表 4-15 回归系数的显著性水平（sig.＞0.05）以及 Wald 统计量可知，对于滩涂面积的增加，较为重要的解释变量为距县道距离、距城镇距离、工业产值以及距河流距离。在距河流、城镇以及县道距离 3 个因子中，其回归参数均为正值，表明滩涂增加的概率随着距河流、城镇以及县道距离的增加而增加，越远离城镇的区域，受人为干扰越小，滩涂淤积越明显。而工业产值对滩涂面积的增加也有一定影响，滩涂面积增加的概率随着工业产值的增加而增加。当然，滩涂淤积除受到人为因素以及区位因素的影响外，更多的是受水动力以及沿海泥沙的影响，自然因素对于滩涂面积的改变也起到了不可替代的作用。

（6）养殖用地变化驱动力分析。将养殖用地相关数据导入 logistic 模型，通过 HL 检验得 sig.值为 0.182，大于 0.05，故统计检验不显著，模型的拟合度较好，且模型的预测准确率为 79.2%，模型较为稳定。在此基础上得到养殖用地变化的驱动力模型估计结果，如表 4-16 所示。

表 4-16　杭州湾南岸岸段养殖用地变化估计结果

变量	参数估计	标准误差	Wald 统计量	自由度	显著性水平	发生概率
sig. = 0.182；预测准确率 = 79.2%						
第一产业产值	0.00003	0	11.431	1	0.001	1
距河流距离	–0.825	0.124	43.949	1	0	0.438
距城镇距离	0.576	0.108	28.484	1	0	1.779
距县道距离	0.596	0.108	30.550	1	0	1.814
常量	–1.202	0.360	11.155	1	0.001	0.301

根据表 4-16 回归系数的显著性水平（sig.＞0.05）以及 Wald 统计量可知，对于 2000～2010 年养殖用地面积增加，较为重要的解释变量为距河流距离、距县道距离、距城镇距离以及第一产业产值。其中，最重要的解释变量为距河流距离，由于回归系数为负值，由此可见其他土地利用用地类型转变为养殖用地的概率随着距离河流距离的增加而减小，即养殖用地的增加更有可能发生在离河流较近的地方。这主要是由于杭州湾南岸岸段的水产养殖多为坑塘养殖，包括淡水养殖以及海水养殖，河流是淡水养殖的重要补给，故养殖用地对河流有较强依赖性。其次重要的解释变量包括距县道距离和距城镇距离，其正的回归系数表明其他用地转变为养殖用地的概率随着距县道和城镇距离的增加而增加，即养殖用地更容易出现在距城镇及县道较远的郊区及乡村区域。随着城镇中心地区地价不断上涨，而养殖用地大多占据面积较大，且当地渔民多为农村户籍，故养殖用地的开辟多为距城镇较远的郊区。此外，第一产业产值对养殖用地增加也有较大影响。对于杭州湾南岸岸段的沿海区域人民而言，第一产业的收入除了耕种农业外，渔业也占据了较大的比重，故第一产业产值较高的乡镇，其他用地转变为养殖用地的可能性越大，同时更多的养殖用地的出现反过来又增加了该地区的第一产业收入。

（7）未利用地变化驱动力分析。将未利用地数据经过标准化处理后，导入 logistic 模型，从 HL 检验结果来看，其 sig.的值为 0.142，大于 0.05，统计结果不显著，即模型拟合效果较好；预测准确率为 86.9%，模型较为稳定。在此基础上最终得到未利用地变化驱动因子模型的估计结果见表 4-17。

表 4-17　杭州湾南岸岸段未利用地变化估计结果

变量	参数估计	标准误差	Wald 统计量	自由度	显著性水平	发生概率
sig. = 0.142；预测准确率 = 86.9%						
总人口	–0.00002	0	5.933	1	0.015	1
人口密度	0.002	0.001	9.288	1	0.002	1.002
第一产业产值	0.00006	0	10.317	1	0.001	1

续表

变量	参数估计	标准误差	Wald 统计量	自由度	显著性水平	发生概率
工业产值	0.000003	0	6.564	1	0.010	1
第二、第三产业从业人员比重	6.778	2.026	11.190	1	0.001	878.056
距河流距离	−0.877	0.195	20.128	1	0	0.416
距县道距离	1.091	0.160	46.334	1	0	2.977
距国道、省道距离	0.914	0.141	42.147	1	0	2.495
常量	−15.367	2.159	50.662	1	0	0

需要指出的是，本节所提到的未利用地是指城镇、村庄、工矿内部尚未利用的土地，或已开垦但尚未明确利用方向的荒地等。根据表 4-17 中各驱动力因子回归系数的显著性水平（sig.＞0.05）以及 Wald 统计量可知，2000～2010 年，对于未利用地增加影响较为显著的解释变量包括距县道距离，距国道、省道距离，距河流距离，第二、第三产业从业人员比重，第一产业产值、人口密度、工业产值以及总人口。首先，较为重要的解释变量包括距县道以及距国、省道距离，且二者回归系数均为正值，表明未利用地的增加概率随着距县道、国道、省道距离的增加而增加，即未利用地更多出现在交通较为不便利的区域，且从转移矩阵来看，2000～2010 年，未利用地多由海域以及滩涂转变。其次，另一个重要的解释变量为距河流距离，表明其他土地利用类型用地转变为未利用地的概率随着距河流距离的增加而减小，即未利用地的开辟多集中在河流附近，此后利用方向多为养殖用地等。而在社会经济因素中，对于未利用地增加影响较大的为第二、第三产业从业人口比重和第一产业产值，且转化概率随着二者增加而增大。此外，未利用地的土地利用类型变化与人口等因素相关。经济的发展以及人口的不断增多，加快了土地利用类型的转变步伐，为土地利用类型转变提供了内在动力。

通过以上对杭州湾南岸岸段 2000～2010 年来变化较大的几类土地利用类型（耕地、海域、建设用地、滩涂、养殖用地以及未利用地）的驱动力分析可知，对于以乡镇为单位的本节研究区而言，其内部土地利用类型变化的主要因子包括自然因子中的区位因子以及社会经济因子。其中区位因子中，距国道、省道距离对于土地利用类型演变的影响相对不大，仅在导致未利用地变化的驱动因子中有出现；对于乡镇而言，距县道以及河流、城镇距离等因子在土地利用演变中所起的作用更为显著。从社会经济因子看，由于所选区域地处宁波发达区域，不同区域的城市化率及人口密度相差不多，故区位因子及社会经济因子对引起土地利用类型演变的贡献相对较小。此外，土地利用格局的演变除受以上各因子的影响外，政府的行政政策等因素也起到了重要作用，但在此无法将其量化考虑，故仅对以上因子进行分析。

3. 小结

本小节主要从定性和定量角度对浙江省海岸带土地利用格局演变的驱动力因素进行分析。对于定性分析，主要以浙江省海岸带为分析对象，选取浙江省海岸带 4 市的相关数据指标作为数据来源，从自然地理因素、人口因素、社会经济因素、城市化发展以及政策因素 5 个方面入手，分析了引起浙江省海岸带土地利用类型演变的主要因素，得出土地利用格局演变受多因素共同作用的结论。

而对于定量分析，主要以杭州湾南岸岸段的沿海乡镇为例，以多源遥感影像以及相关统计数据作为数据源，对 2000～2010 年杭州湾南岸地区的土地利用格局演变驱动力进行分析研究。从自然驱动因子和社会经济驱动因子两个方面构建了土地利用格局演变的驱动力评价体系，在此基础上，通过 GIS-logistic 模型探讨杭州湾南岸岸段不同土地利用类型格局演变的驱动机制。通过分析，得到以下 5 点结论。

（1）从杭州湾南岸岸段沿海乡镇各类土地利用类型的面积变化总体趋势可以看出，耕地在 2000～2010 年，呈现出不断减少的趋势。与此同时，也有较大面积的海域不断转为各类自然或人工景观，滩涂土地利用不断增长。而作为人为土地利用类型的建设用地、养殖用地等土地利用类型保持增长态势；此外未利用地面积也呈现出增长趋势。

（2）总体而言，在中小尺度研究过程中，纯自然驱动因素比社会经济驱动因素的影响弱，而其中区位因素对于土地利用类型演变的影响相对较为明显。且作为交通要道的国道、省道对于乡镇而言，影响力不及县道。此外，经济发展因素对于杭州湾南岸岸段各土地利用类型的变化具有较强驱动作用。

（3）通过 GIS-logistic 耦合模型的建立，将本节研究区内的空间异质性和相关土地利用格局变化过程的时间变量相结合，弥补了以往方法中仅考虑时间变量的弊端，更有效地揭示了引起土地利用格局演变的相关驱动力因子。

（4）由于数据获取的限制，本节研究中的个别指标由于不同年份统计口径的变化而无从获得，故采用了前后几年插值，得到估计值。同时，由于本节研究区域范围相对较小，且经济发展水平差异不明显，导致个别因子对于土地利用格局演变的贡献不大，因此本节的研究存在一定局限性。此外，本节的研究没有更多地考虑水文、土壤等自然因素对土地利用演变的影响。

（5）区域土地利用格局演化是一个具有阶段性、多样性以及复杂性的动态过程。新政策的出台、交通道路等基础设施的修建、农产品价格的变化等都将对土地利用格局的变化速度和变化方向产生影响。为此，如何构建更为全面的驱动力模型，迎合复杂的自然环境及社会经济环境变化，甚至建立相关的驱动力变化动态模型，将是今后驱动力分析需要解决的问题。

4.4　海岸带土地开发利用强度分析

4.4.1　海岸带土地利用与海岸带可持续发展

随着社会经济与科学技术的不断进步与发展，海洋资源的开发与利用逐渐受到各沿海城市的重视。其中，位于海洋系统与陆地系统连接、交叉处的海岸带，既是地球表面最为活跃、现象与过程最为丰富且繁杂的自然区域，又是资源种类、环境条件最为优越的社会区域，吸引了其他资源要素集聚，从而逐渐发展为人口稠密、经济发达、人类活动影响不断增强的区域，成为社会经济持续增长繁荣的地带。沿海国家与城市因势利导，凭借独特的环境资源优势，将开发海岸带提升为极为重要的发展战略，并因地制宜，通过利用海岸带的优势特点形成相适宜的土地利用开发模式。但是，人类对海岸带地区土地利用活动的不断加强，不可避免地对海岸带资源环境产生巨大压力，生态环境不断恶化。沿海水质污染、近海生态系统退化、红树林消失、珊瑚礁破坏、沙质海岸侵蚀后退、滩涂湿地减少等问题不断加剧，海岸带生态环境面临着人类经济社会带来的空前压力。

大规模、超强度的不合理土地开发利用正不断加速海岸带生态环境退化，成为制约海岸带可持续发展的关键因素。海岸带的海陆交互作用频繁而强烈，生态环境脆弱而缺乏稳定性，同时人类活动逐渐成为改造海岸带的主要营力。无论是何种经济活动，都是基于资源的改造活动，更何况是处于生态环境脆弱带的海岸带。沿海的经济发展与海岸带土地之间的矛盾日显尖锐，如何解决当前海岸带土地利用中存在的问题，实现海岸带综合管理，对实现海岸带地区的可持续发展具有重要的现实意义。

4.4.2　海岸带土地开发利用强度分析方法

海岸带土地资源开发强度指由人为因素造成的海岸带土地利用类型改变的程度。虽然海岸带土地资源有着多种利用方式，但土地资源的数量非常有限，人们为了提高有限土地资源的利用效益，不停地进行土地利用方式的改变。周炳中等（2000）界定了“土地资源高强度开发”的概念，构建了土地资源开发利用强度概念模型。“土地资源开发利用强度”用来衡量人类对土地资源开发的速率和频度、开发活动的规模大小、土地资源变化程度以及资源的反馈效应，提出“开发强度”要“引起尽可能小的负反馈”。常见的土地开发利用强度分析方法有多维向量模型法、参照系比较法、承载效率与开发支持能力结合的方法等，常用模型有土地开发利用数量动态模型、土地利用类型相互转化模型、土地利用结构模型以及土地利用强度变化模型等。

1. 土地开发利用数量动态模型

土地开发利用数量动态模型包括单一土地利用类型动态度和综合土地利用类型动态度。单一土地利用类型动态度研究各类型土地面积的数量和速度变化，可以描述研究时段内不同土地类型的总量变化、变化态势以及结构变化趋势（张安定等，2007），具体模型参见文献（刘纪远和布尔敖斯尔，2000；王思远等，2001）。

$$S=\left\{\sum_{\eta}^{n}\left(\frac{\Delta S_{t-1}}{S_i}\right)\right\}\times\left(\frac{1}{t}\right)\times 100\% \tag{4.5}$$

其中，S_i 为监测开始时间第 i 类土地利用类型总面积；$\Delta S_{t\text{-}1}$ 为监测开始至监测结束时段内第 i 类土地利用类型转型为其他类土地利用类型面积总和；t 为时间段；S 为与 t 时段对应的研究区土地利用变化速率。

综合土地利用类型动态度具有刻画区域土地利用变化程度的效用，可以用来研究区域在一定时段内综合土地利用类型的数量变化情况，是分析与描述热点区域的一条捷径，具体模型参见文献（刘桂芳，2007）。

$$\mathrm{LC}=\left[\frac{\sum_i \Delta \mathrm{LU}_{i-j}}{2\sum_i \mathrm{LU}_i}\right]\times\frac{1}{T}\times 100\% \tag{4.6}$$

其中，LC 为综合土地利用动态度；LU_i 为监测初始时刻第 i 类土地利用类型的面积；$\Delta\mathrm{LU}_{i\text{-}j}$ 为监测时段第 i 类土地利用类型转为第 j 类土地利用类型的绝对值；T 为监测时段长度。

2. 土地利用类型相互转化模型

土地利用类型相互转化模型可以反映研究时段始末各土地类型面积之间的相互转化关系，不仅具有翔实的各时段静态土地利用类型面积，还隐含着不同时段的动态变化信息（王德智等，2014），便于了解各类型土地面积增加和减少的来源。

3. 土地利用结构模型

土地利用结构模型包括信息熵和均衡度。信息熵可以对土地系统的有序度进行量度与评价（谭永忠和吴次芳，2003）。用概率来描述事件发生的不确定性，土地利用类型在该区域土地中出现的比例相当于信息熵中事件发生的概率，假定一个区域的土地总面积为 A，每种土地类型的面积为 A_i（$i=1$，2，…，n），则各种土地利用类型占该区域土地总面积的比例 $P_i=A_i/A$。依照 Shannon 熵公式定义土地利用结构的信息熵模型（张群等，2013）：

$$H=-\sum_{i=1}^{n}P_i\ln P_i \tag{4.7}$$

均衡度是更完善表征土地系统结构性的指标，具体模型参见文献（陈彦光和刘继生，2001）。基于信息熵函数可以构造城市土地利用的均衡度公式：

$$J=H/H_m=-\sum_{i=1}^{n}P_i\ln P_i/\ln N \tag{4.8}$$

其中，J 表示均衡度，是实际信息熵与最大信息熵之比。显然，由于 $H\leqslant H_m$，J 值为 0～1，J 值越大，表明城市土地利用的均质性越强。

4. 土地利用强度变化模型

土地利用强度主要反映土地利用的广度和深度，它不仅反映土地本身的自然属性，同时也反映社会因素与自然环境因素的综合效应（王秀兰和包玉海，1999）。根据刘纪远等提出的土地利用程度综合分析方法（攀玉山和刘纪远，1994），将土地利用强度按照土地自然综合体在社会因素影响下的自然平衡状态分为若干级，并赋予分级指数，从而给出土地利用强度综合指数及土地利用强度变化模型的定量化表达式（梁治平和周兴，2006）。

针对研究区域内土地各自所担负的功能作用，参考土地利用程度的分级标准，并结合研究实际，将各类土地进行强度赋值，最终得到土地利用强度分级表（表 4-18）。表 4-18 为理想状态的土地利用强度分级，与实际情况略有不同，现实中各类土地会按照相关权重对区域开发程度进行贡献（朱忠显，2014），但在进行理论分析时此模型仍可适用。

表 4-18　土地利用强度分级表

类型	水域	未利用地	农用地		城镇居民用地
土地利用类型	海域、湖泊、河流	未利用地、滩涂	林地	耕地、养殖用地及盐田	建设用地
分级指数	1	2	3	4	5

4.4.3　海岸带土地利用变化特征分析

本节选取象山港海岸带为研究案例，对海岸带土地利用变化特征等内容进行分析。象山港位于浙江宁波东南部沿海，介于 29°24′N～30°07′N，121°43′E～122°23′E，跨越象山、宁海、奉化、鄞州、北仑，北面紧靠杭州湾，南邻三门湾，东侧为舟山群岛，是一个北东—南西走向的狭长形潮汐通道海湾。象山港的潮汐汊道内有西沪港、铁港和黄墩港 3 个次级汊道。从港口到港底全长约 60 km，港内多数地区宽度 5～6 km，平均水深 10 m，入港河川溪流众多，水域总面积为 630 km^2（刘永超等，2015）。多年平均降水量约为 1500 mm，沿岸有大小溪流 95 条注入港湾，多年平均径流量为 12.9×10^8 m^3。

象山港海岸带，是指象山港周边象山、宁海、奉化、鄞州和北仑最终地表水汇入港湾的陆域部分（袁麒翔等，2014）。本节采用水平精度为 30 m 的 ASRTER GDEM V2 数字高程模型，提取并获得 2015 年象山港流域边界，确定本节的研究范围，研究范围不包含海湾的海域部分，面积为 1476 km^2。由于象山港的围填海与淤积较为明显（徐谅慧等，2015），因此，按 2015 年边界确定的象山港海岸带范围在 1985、1995、2005 年包括了部分近岸的海域。

1. 总量变化分析

1985～2015 年，象山港各土地利用类型面积发生了显著变化（表 4-19）。从各土地利用类型总体变化趋势来看：建设用地、养殖用地及盐田面积增加显著，至本节研究期末增长比例分别为 99.49%、310.48%；未利用地面积增加较慢，增长率为 45.65%；耕地、林地和滩涂面积在逐年减少，滩涂面积减少幅度最大，为–56.19%，耕地面积次之，为–25.22%；河流湖泊呈先增加后减少的变化趋势。分时期来看，建设用地面积增加较为显著，各期增幅分别为 35.3759、20.5381 与 18.9540 km^2，增长率在不断下降，由 2.40%衰减为 1.28%；养殖用地及盐田面积增幅也较明显，其增长率波动较大，1995～2005 年达到极值水平；减幅较为明显的土地类型为耕地，各时期减少面积分别为 40.6512、39.6154 和 8.2093 km^2，面积变化比率不断下降，2005～2015 年减少比例变为–0.56%，为最低水平。

表 4-19　象山港海岸带各年份各时段土地利用类型面积及其变化

土地利用类型	统计指标	1985 年	1995 年	2005 年	2015 年	1985～1995 年	1995～2005 年	2005～2015 年
建设用地	面积/km^2	75.2536	110.6295	131.1676	150.1216	35.3759	20.5381	18.9540
	比例/%	5.10	7.49	8.89	10.17	2.40	1.39	1.28
养殖用地及盐田	面积/km^2	11.5165	21.4939	47.2153	47.2729	9.9774	25.7214	0.0576
	比例/%	0.78	1.46	3.20	3.20	0.68	1.74	0.00
未利用地	面积/km^2	6.9607	8.0152	9.3329	10.1383	1.0545	1.3177	0.8054
	比例/%	0.47	0.54	0.63	0.69	0.07	0.09	0.05
耕地	面积/km^2	350.7595	310.1083	270.4929	262.2836	–40.6512	–39.6154	–8.2093
	比例/%	23.76	21.01	18.32	17.77	–2.75	–2.68	–0.56

续表

土地利用类型	统计指标	1985 年	1995 年	2005 年	2015 年	1985～1995 年	1995～2005 年	2005～2015 年
河流、湖泊	面积/km^2	20.7052	22.8780	21.3258	20.8041	2.1728	−1.5522	−0.5217
	比例/%	1.40	1.55	1.44	1.41	0.15	−0.11	−0.04
林地	面积/km^2	995.3836	991.2963	988.7115	978.9681	−4.0873	−2.5848	−9.7434
	比例/%	67.43	67.15	66.98	66.32	−0.28	−0.18	−0.66
海域	面积/km^2	0.6059	0.3371	0.2454	0	−0.2688	−0.0917	−0.2454
	比例/%	0.04	0.02	0.02	0	−0.02	−0.01	−0.02
滩涂	面积/km^2	14.9555	11.3822	7.6491	6.5519	−3.5733	−3.7331	−1.0972
	比例/%	1.01	0.77	0.52	0.44	−0.24	−0.25	−0.07

2. 土地利用类型相互转化分析

通过对象山港海岸带 1985～1995 年、1995～2005 年和 2005～2015 年 3 个时段 8 类土地面积转移矩阵分析（表 4-20、表 4-21 和表 4-22），发现象山港海岸带各土地利用类型之间的转移有以下 4 点特征：①建设用地面积增加显著，主要由耕地、养殖用地及盐田和林地转变而来，耕地所占比例最大。随着城镇化水平不断提高，区域对于建设用地的需求急剧增大。②养殖用地及盐田面积增加仅次于建设用地，且变化率最高，主要来源于耕地和滩涂的转化，尤其是耕地。③耕地面积减少数量最大，主要转化为建设用地、养殖用地及盐田和林地，其中转为建设用地的面积最多。耕地转为建设用地是耕地非农化、城镇化进程推进的必然结果；耕地转为养殖用地及盐田主要受经济效益驱动；耕地转为林地的主要驱动因素在于政府退耕还林等政策的强制性要求。④林地面积减少也较为明显，主要转变为耕地和建设用地，林地转为耕地主要是由于耕地占补平衡，实施异地置换。

表 4-20　1985～1995 年象山港海岸带 8 类土地面积转移矩阵　（单位：km^2）

1985 年 \ 1995 年	建设用地	养殖用地及盐田	未利用地	耕地	湖泊河流	林地	海域	滩涂	总计
建设用地	72.4729	0.0023	0.7035	1.2874	0.067	0.6516	—	0.0689	75.2536
养殖用地及盐田	0.0861	9.5624	0.0179	1.5479	0.0347	0.1413	—	0.1262	11.5165
未利用地	0.3964	—	6.1833	0.1365	0.2361	0.0012	—	0.0072	6.9607
耕地	35.1216	8.6004	0.2829	296.2532	1.5381	8.437	—	0.5263	350.7595

续表

1985 年 \ 1995 年	建设用地	养殖用地及盐田	未利用地	耕地	湖泊河流	林地	海域	滩涂	总计
湖泊河流	0.2987	0.3887	0.1128	0.3623	19.3226	0.2132	—	0.0069	20.7052
林地	2.0277	0.0292	0.4358	9.8972	1.5006	981.4614	—	0.0317	995.3836
海域	—	0.0442	—	—	—	0.0024	0.3371	0.2222	0.6059
滩涂	0.2261	2.8667	0.279	0.6238	0.1789	0.3882	—	10.3928	14.9555
总计	110.6295	21.4939	8.0152	310.1083	22.8780	991.2963	0.3371	11.3822	1476.1405

（“—”表示两类土地类型之间无相互转换，以下相同）

表 4-21　1995～2005 年象山港海岸带 8 类土地面积转移矩阵　（单位：km^2）

1995 年 \ 2005 年	建设用地	养殖用地及盐田	未利用地	耕地	湖泊河流	林地	海域	滩涂	总计
建设用地	103.1326	0.3133	0.2867	5.4754	0.2195	1.1495	—	0.0525	110.6295
养殖用地及盐田	3.2752	15.7493	0.3711	1.4125	0.114	0.1719	—	0.3999	21.4939
未利用地	0.2113	0.8913	6.3565	0.0376	0.1128	0.3914	—	0.0143	8.0152
耕地	21.2503	25.5236	1.3254	254.37	0.3815	7.1374	—	0.1201	310.1083
湖泊河流	0.3923	0.4967	0.2198	0.6019	20.1311	0.8966	—	0.1396	22.8780
林地	2.3847	0.5514	0.6102	8.3079	0.3641	978.9322	—	0.1458	991.2963
海域	0.0118	0.007	0.0269	0.0262	—	—	0.2454	0.0198	0.3371
滩涂	0.5094	3.6827	0.1363	0.2614	0.0028	0.0325	—	6.7571	11.3822
总计	131.1676	47.2153	9.3329	270.4929	21.3258	988.7115	0.2454	7.6491	1476.1405

表 4-22　2005～2015 年象山港海岸带 8 类土地面积转移矩阵　（单位：km^2）

2005 年 \ 2015 年	建设用地	养殖用地及盐田	未利用地	耕地	湖泊河流	林地	海域	滩涂	总计
建设用地	125.7345	3.4855	0.2934	0.7126	0.2409	0.6531	—	0.0476	131.1676
养殖用地及盐田	5.935	36.3901	1.3095	2.472	0.0557	0.1592	—	0.8938	47.2153
未利用地	0.9587	1.105	6.8113	0.4266	—	0.0286	—	0.0027	9.3329
耕地	14.0728	4.3171	0.3372	249.662	0.3673	1.6398	—	0.0967	270.4929
湖泊河流	0.1673	0.7557	0.1126	0.283	19.5042	0.4988	—	0.0042	21.3258
林地	2.5433	0.0613	0.8573	8.6406	0.6259	975.9685	—	0.0146	988.7115
海域	0.0611	—	—	—	—	—	0	0.1843	0.2454
滩涂	0.6489	1.1582	0.417	0.0868	0.0101	0.0201	—	5.308	7.6491
总计	150.1216	47.2729	10.1383	262.2836	20.8041	978.9681	0	6.5519	1476.1405

4.4.4 海岸带土地利用结构与动态度分析

1. 信息熵

由表 4-23 可知，随着时间推移，象山港海岸带土地利用结构信息熵和均衡度逐时期上升，土地系统的结构性和有序性在逐渐变差，各类型土地面积之间的差异在逐步缩减。其中，1985 年信息熵值最低，为 0.9316，此时海岸带土地结构的有序度较高，系统稳定性较强，各类型面积分布均匀程度较低，土地受人类活动干扰较小；1995 年信息熵增幅为 0.0517，各土地利用类型仍存在较大面积差，系统均衡度增加了 0.0249，土地结构的有序性在缓慢变小；2005 年土地利用结构信息熵仍在小幅度增加，土地稳定性在缓慢变弱；2015 年信息熵增幅最小，仅增加了 0.0137，但达到了研究时段的最高值，为 1.0403，说明随着人类对于海岸带土地的开发利用，本节研究区土地的结构性变得较为脆弱，各利用类型的土地在不断走向有序化，土地利用趋于复杂化。

表 4-23 象山港海岸带的土地利用结构信息熵、均衡度及优势度

年份	信息熵	均衡度	优势度
1985	0.9316	0.4480	0.5520
1995	0.9833	0.4729	0.5271
2005	1.0266	0.4937	0.5063
2015	1.0403	0.5003	0.4997

2. 单一土地利用类型动态度

由图 4-16 可知，1985～2015 年，养殖用地及盐田面积年变化率最大，为 10.35%，其次是建设用地，为 3.32%，海域、未利用地和滩涂年变化率也相对较高，其余类型的年变化率则较小。从不同时期分析，1985～1995 年，养殖用地及盐田（8.66%）变化率远大于其他类型，建设用地（4.70%）和海域（4.44%）变化率相当，此外变化率较为明显的还有滩涂（2.39%）；1995～2005 年，各类土地面积的年变化率相比其他时期起伏较大，基本处于极值水平，如养殖用地及盐田，这一时期的年变化率为 11.97%，为 3 个时段变化率的最大值；2005～2015 年，各土地利用类型年变化率相当，且差异较小。

由上可知，象山港海岸带 1985～1995 年时段各类型土地开发利用处于较高的

发展水平，在 1995～2005 年时段土地开发利用速度加快，各类型土地的变化率起伏剧烈，在 2005～2015 年时段各类型土地的发展又变得比较平缓。

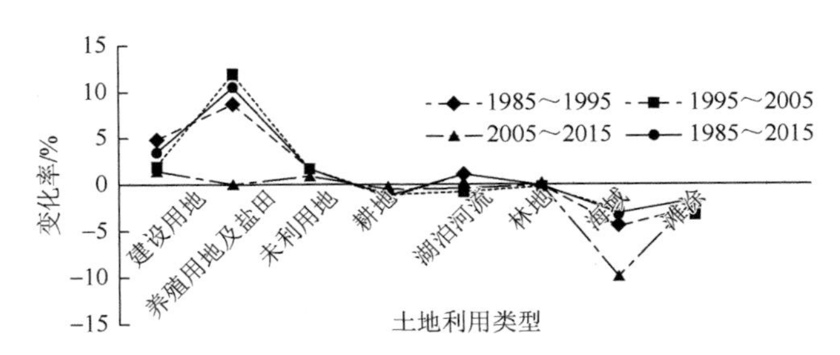

图 4-16 象山港海岸带 4 个时段单一土地利用类型动态度

3. 综合土地利用类型动态度

通过计算，得到象山港海岸带 1985～1995 年、1995～2005 年及 2005～2015 年 3 个时段的区域综合土地利用类型动态度分别为 0.27%、0.31%和 0.19%。可以看出随时间推移，象山港海岸带综合土地利用类型动态度呈先增后减的变化趋势，土地利用类型间的转换程度处于波动变化状态。其中，1995～2005 年时段综合土地利用类型动态度最高，说明该时段土地利用变化较大，区域土地利用类型间的相互转化幅度较大，土地开发利用速度较快；2005～2015 年时段综合土地利用类型动态度最小，区域内各土地利用类型间的相互转化趋于平缓，面积转化幅度较小。

4.4.5 海岸带土地开发利用强度时空变化分析

本节选取象山港海岸带为研究案例，对海岸带土地开发利用强度时空变化进行分析。通过土地利用强度综合指数模型计算了象山港海岸带 1985、1995、2005 和 2015 年 4 个年份的土地利用强度指数，并通过分等分级统计了各强度等级土地所占比例（表 4-24）；借助 ArcGIS 10.2 软件，利用强度分级、土地利用综合指数及变化量模型依次生成象山港海岸带各时期土地开发利用强度现状图（图 4-17）和各时段土地开发利用强度变化量图（图 4-18）。数图结合，更好地分析象山港海岸带土地开发利用强度的时空变化特征。

表 4-24 各时期土地开发利用强度水平划分、面积及比例

值域范围	强度水平	1985 年		1995 年		2005 年		2015 年	
		面积/km^2	比例/%	面积/km^2	比例/%	面积/km^2	比例/%	面积/km^2	比例/%
100～250	低	36.6054	2.48	34.5915	2.34	27.5429	1.87	27.8391	1.89

续表

值域范围	强度水平	1985年		1995年		2005年		2015年	
		面积/km^2	比例/%	面积/km^2	比例/%	面积/km^2	比例/%	面积/km^2	比例/%
250～316	较低	787.9641	53.37	775.1700	52.50	770.0760	52.15	747.3901	50.62
316～362	中	289.4078	19.60	275.9622	18.69	276.9099	18.75	279.1015	18.90
362～416	较高	303.8012	20.58	299.1811	20.26	283.1885	19.18	285.5578	19.34
416～500	高	58.7582	3.98	91.6320	6.21	118.8195	8.05	136.6484	9.25

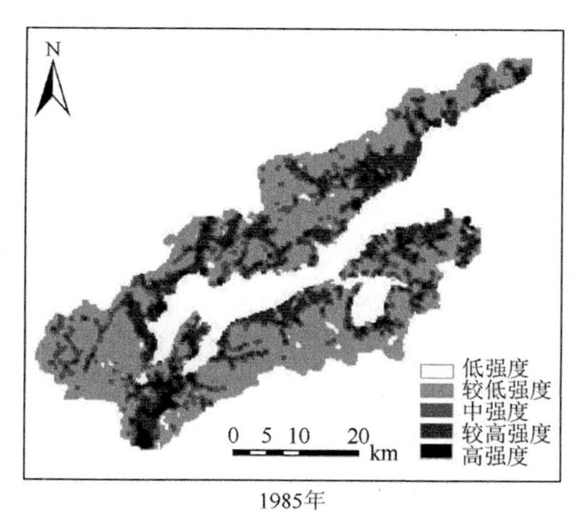

1985年

1995年

2005年

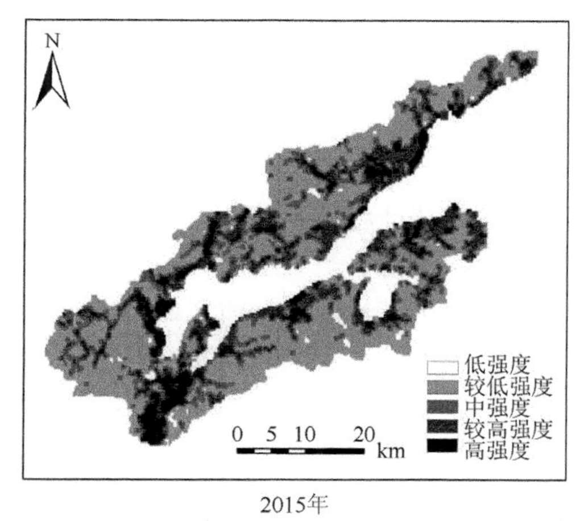

2015年

图4-17 象山港海岸带1985、1995、2005和2015年4个年份土地利用强度综合指数图

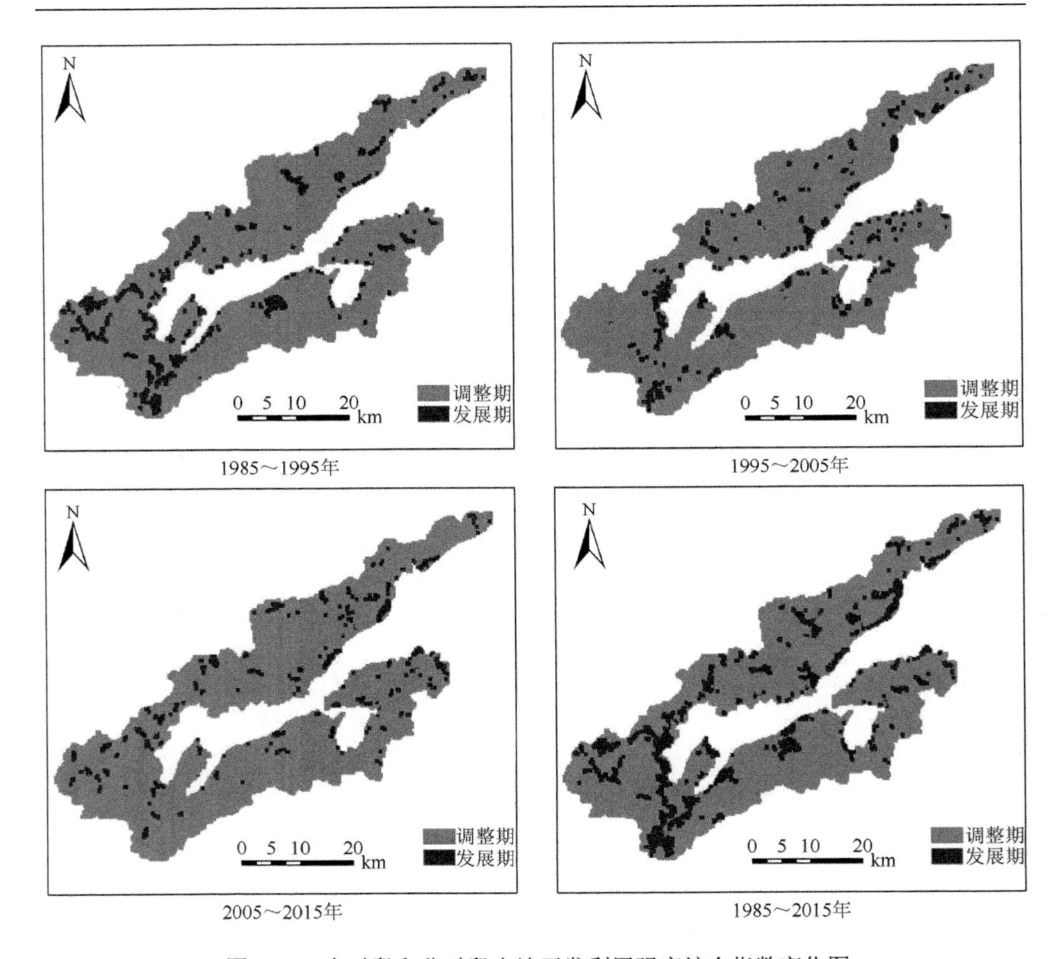

图 4-18　全时段和分时段土地开发利用强度综合指数变化图

通过统计各期土地开发利用综合指数（表 4-24），发现 1985 年象山港海岸带土地开发利用水平处于中等偏上，中等强度及以上的土地所占比例为 44.16%，其中较高强度水平的土地所占比例最大，为 20.58%，其次为开发利用程度中等的土地，所占比例为 19.60%；1995 年，相比 1985 年而言，高强度水平的土地面积比例显著增加，增加比例为 2.23%，增长率最高，为 55.95%，其他强度等级的土地面积比例均在下降，其中下降比例较大的为中等水平土地，这一时期土地开发利用强度相对于 1985 年略有下降，但总体发展水平仍为中等偏上；2005 年，强度水平为最高级别的土地所占面积比例仍在持续增加，比例增长 1.84%，此外，除中等强度的土地比例略有增加外，其他强度等级的土地比例均在下降，但与 1995 年相比，比例下降速度变缓、变慢；2015 年，高强度的土地面积比例增速仍较为剧烈，比例增加1.20%，增速为15.01%，与前2个时段相比，水平较高和中等的土地面积比例也有所增加，比例分别为0.16%和0.15%。

分析各期土地利用强度综合指数分级图（图4-17），可以看出象山港海岸带土地开发利用强度受地形地貌影响较大。低山和丘陵地带，地势起伏较小，交通便利，土地易于被开发利用，因此土地开发利用强度较大；沿岸地段，资源较为丰富，人类活动频繁，且宜于生产生活，土地开发利用强度也较大。各级行政中心对于象山港海岸带土地开发利用强度的影响也不可忽略。宁海周边是整个象山港海岸带地区开发强度等级最高的聚集地，由于其距海较近，区位条件优越，人类经济活动与海岸带土地的开发利用联系较为密切，且两者发展相互促进，使得强度随时间推移越来越深入；强度为高和较高等级的地段多存于县或村级行政单位，这些地区人口相对稠密，对土地资源需求较大，使得海岸带土地开发利用处于较高的水平。

从土地开发利用强度综合指数的时间变化来看（图4-18），1985～2015年，象山港海岸带土地开发利用综合指数变化量有正有负，其中土地利用综合指数变化量处于0以上的面积占比高达19.83%，象山港海岸带土地开发利用活动较为活跃、剧烈。城镇化水平提高以及城镇扩张，使城镇周边的土地被开发利用，原有城区的土地开发利用程度加强。分时段分析，1985～1995年象山港海岸带处于发展期的土地面积比例达12.87%，1995～2005年和2005～2015年比例分别为10.43%和9.71%。对于每个时段而言，期末与期初相比，都有10%左右的土地开发利用进入发展期，尽管对于不同阶段，进入发展期的土地面积比例存在差异，但是各阶段期末其开发利用强度比期初都有所增加和深入，这与人类活动对海岸带土地开发利用更为频繁的干预息息相关，其中经济利益驱动是引起这种变化最为直接的原因，区域发展对土地的依托在此也显得尤为明显和重要。

由上可知，象山港海岸带土地开发利用强度在不断增加，城镇周边的土地开发利用速度最快，体现了象山港地区城镇扩张迅速；乡镇居民点周边土地开发利用强度也较大，建设用地的大量需求使区域土地开发利用的强度远远高于其他地区。1985～2015年，象山港海岸带各土地利用类型间面积差别逐渐减小，区域土地利用结构正在向均衡状态发展，速度稳中有进，具有良好的发展前景和趋势。

4.5　基于土地利用类型的海岸带生态风险评价

4.5.1　海岸带生态风险与景观格局优化

风险是指在某一特定环境下，在某一特定时间段内，某种损失发生的可能性。风险格局演变的过程较为复杂，且其影响因素多，持续时间长，不同时期，不同影响因子对风险格局演变的作用过程、程度及形式均有所差别，同时它们在空间上和时间上相互交叉叠加，加剧了风险格局演变分析的复杂性和不可预测性。20 世纪 90 年代，Hunsaker 等（1990）最先明确提出了在区域尺度上进行景观生态风险评价。

海岸带作为大陆和海洋的交汇地带，有着陆地和海洋双重特征，承载了大量人口。在开发同时，随着人类活动规模日益增大，开发技术手段不断深入，海岸带所承受的压力越来越重，由此也引发了一系列的海洋生态环境问题，如海岸侵蚀、海水倒灌、地面沉降、海水污染、生物多样性锐减等，海岸带逐渐面临着不断加剧的生态风险。

面对海岸带所承受的巨大压力及生态风险，人类已经开始从追求经济利益向着兼顾生态、环境效益转变。科学的生态风险评价及风险格局演化分析对建立生态风险预警机制、降低生态风险概率、促进海岸带地区景观格局优化具有重要意义。景观作为人类活动资源和环境开发利用的对象，逐渐被学者所关注并作为研究人类活动对生态环境影响的适宜尺度。本节对景观生态风险格局演化的分析，转向区域尺度，重点评价人为改造、自然灾害等活动对区域景观所带来的不利影响及影响发生的可能性，在此基础上综合评估各种潜在生态环境影响因子、影响过程及其累积性后果。

4.5.2　基于土地利用类型的海岸带生态风险评估方法

随着人类活动对生态环境的影响不断加剧，人类活动成为区域土地利用模式及景观格局发生变化的主要营力。学者对生态脆弱性的探讨内容进一步扩展到以人类活动的影响为主，并从不同的时空尺度上对人类的适应性和应对策略展开分析，内容多集中在流域、海岸带、城市扩张、湿地、区域发展等。土地利用带来地表景观结构发生巨大变化，直接改变着生态系统的结构和功能，因而土地利用变化被认为是对生态环境影响最为重要的变化之一，不合理的土地利用方式给土地生态环境带来风险。本节研究土地利用变化及其对海岸带生态环境产生的风险，对于了解生态环境，合理利用土地资源，恢复和治理生态环境具有极其重要的现实意义，也能为在生态安全条件下制定土地利用规划提供科学依据（周启刚等，2013）。

用于土地利用生态风险评价的评价方法和评价模型有很多。目前，常用的方法有 PSR 分析模式、综合指数法、模糊综合评判法、层次分析评价法、生态足迹法、能值分析法、生态模型方法、系统聚类分析法和景观生态学方法等。目前，针对土地生态风险评价的模式主要有两种：一是基于传统的风险源汇，即“源分析—受体评价—暴露及危害评价—风险表征”模式，二是从景观生态学的角度，即采用景观生态学方法的风险评价模式。

1. 基于传统的风险源汇模式

由于评价区域及研究目的不同，当前有关生态风险的评价方法及其评价指标体系尚不完全统一，通常结合研究对象特征及各自研究目的，应用情境分析法、生态模拟法或综合指数法开展评价工作，基于“暴露度—敏感性—适应能力”和“敏感性—弹性—压力”等模型或框架进行评价，即“源分析—受体评价—暴露及危害评价—风险表征”模式。

如PSR模型，是经济合作与发展组织（OECD）和联合国环境规划署联合开发的压力—状态—响应（pressure—state—responses）框架模型，建立的土地利用生态风险评价指标体系（表4-25）。通过评价单元划分、构建评价模型计算，实现土地利用生态风险评价。

表4-25　基于PSR模型构建的土地利用生态风险评价指标体系

指标类型	评价指标
土地利用生态风险压力指标	农用地比例 P_1，建设用地比例 P_2，农田面源污染强度 P_3，路网密度 P_4，工业污染物排放强度 P_5
土地利用生态风险状态指标	斑块密度 S_1，形状指数 S_2，周长面积分维数 S_3，多样性指数 S_4，聚集度 S_5
土地利用生态风险响应指标	人口密度 R_1，地表植被覆盖度 R_2，水面覆盖度 R_3，综合结构指数 R_4，综合水质指数 R_5

2. 土地利用生态风险评价模式

相比于传统模式，这种模式从景观生态学的方向出发，在定量评价区域整体生态质量同时，侧重分析风险时空分异特征以及特定空间格局对于生态功能、过程的风险表达。大量国内学者借鉴了国外学者的研究思路，运用景观生态学原理，引入景观格局指数，对不同尺度区域生态风险进行评价，取得了大量研究成果（李加林等，2016）。土地利用生态风险评价方法根据研究区域的范围及土地利用类型特点，通过风险小区划分、土地利用生态风险指数构建，采用空间分析方法实现基于土地利用类型的景观生态风险评估。

本节以浙江海岸带土地利用生态风险评价为例，对土地利用生态风险评价方法进行说明。

1）数据来源与处理

浙江海岸带的生态风险评价数据主要为1990、2000、2010年TM影像数据及分类完成的土地利用格局矢量图（主要土地利用类型包括林地、耕地、建设用地、水域、养殖用地、滩涂、未利用地及海域8种），将此作为海岸带生态风险的受体，在此基础上建立生态风险指数，对浙江海岸带的生态风险时空变化特征进行分析。

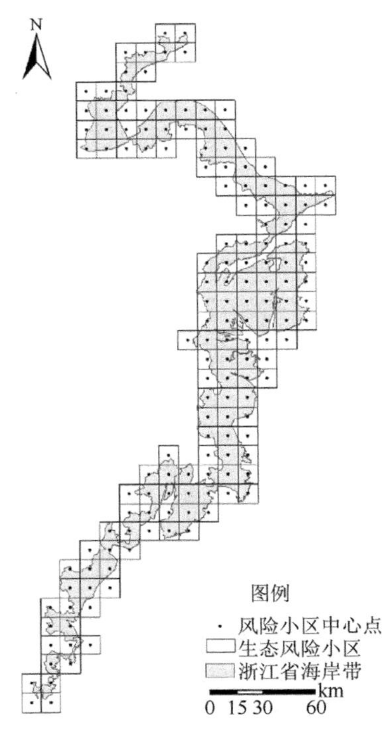

图 4-19 浙江省海岸带生态风险小区划分

2）风险小区划分

为了能够将生态风险指数空间化，综合考虑本节研究区范围及处理工作量大小，采用等间距系统采样法将研究区划分为 11.35 km×11.35 km 的风险小区采样方格，其中，落在本节研究区范围内的风险小区共 155 个（图 4-19）。在此基础上，计算每一个风险小区的综合生态风险指数，将其作为该小区中心质点的生态风险值。

3）生态风险指数构建

参考前人对流域、景观、湿地的生态风险评价，我们认为人类活动导致的海岸带生态风险评价可以用海岸带土地利用的生态脆弱性和风险受体对风险源（人类对土地的利用活动）的响应程度函数来表示。区域中生态系统的细微变化首先表现在土地利用结构组分的空间结构、相互作用以及功能变化（Walker 等，2001）。因此，本节利用 1990、2000、2010 年的浙江省海岸带土地利用格局变化来表征风险受体对人类活动的响应程度，即以土地利用结构指数作为不同土地利用类型的响应系数。

景观生态学的研究焦点主要集中在景观的空间异质性以及空间格局上，对此陈利顶等（2010）提出了表征其变化的不同评价指标。结合本节研究区特点，考虑人类活动对海岸带土地利用景观的影响，主要选取景观干扰度指数（E_i）、脆弱度指数（F_i）和损失度指数（R_i）来构建浙江海岸带土地利用生态风险评价指数表（表 4-26），在此基础上分析海岸带生态风险的变化情况。

表 4-26 土地利用生态风险评价指数表

指标	表达式	含义
景观干扰度指数	$E_i = aC_i + bN_i + cD_i$ 其中，E_i 为景观干扰度指数；C_i 为景观破碎度指数；N_i 为景观分离度指数；D_i 为景观优势度指数；a、b 和 c 分别为 C_i、N_i 和 D_i 的权重，且 $a+b+c=1$	表征不同景观类型受体内生态系统受外部干扰程度的大小，选取景观破碎度指数（C_i）、景观分离度指数（N_i）和景观优势度指数（D_i）的加权构成景观干扰度指数（E_i）

续表

指标	表达式	含义
景观破碎度指数	$C_i = \frac{n_i}{A_i}$ 其中，C_i为景观破碎度指数；n_i为景观类型i的斑块数目；A_i为景观类型i的总面积	表征某一区域内整个景观或某一种景观类型在特定时间和特定性质上的破碎程度，C_i越大，表明景观内部稳定性越差，同时对应的景观生态系统的稳定性也越低
景观分离度指数	$N_i = \frac{A}{2A_i}\sqrt{\frac{n_i}{A}}$ 其中，N_i为景观分离度指数；A为景观总面积；A_i为景观类型i的面积；n_i为景观类型i的斑块数目	用来表征某一类景观类型中不同斑块个体的分离程度，分离程度越大，表明该景观类型在区域上分布越离散，景观分布越复杂
景观优势度指数	$D_i = \frac{Y_i + F_i}{4} + \frac{L_i}{2}$ 其中，D_i为景观优势度指数；Y_i为斑块密度，等于斑块i的数目/斑块总数n；F_i为斑块频度，等于斑块i出现的样方数/总样方数；L_i为斑块比例，等于斑块i的面积/样方总面积	表征斑块在整个景观中的重要性程度，其值的大小直接反映了斑块对景观格局形成和变化影响的大小
景观脆弱度指数	参照前人研究，采用专家打分法，将研究区的景观类型脆弱性分为8级，由低到高分别为建设用地、林地、耕地、水域、海域、养殖用地、滩涂和未利用地，然后进行归一化处理，得到各类景观类型的脆弱度指数F_i	表征不同景观类型内生态系统结构的易损性，反映不同景观类型受体对外部风险源干扰的抵抗能力大小；景观风险受体抵御风险源的能力越弱，则其脆弱性越大，生态风险越大
景观损失度指数	$R_i = E_i \times F_i$ 其中，R_i为景观损失度指数；E_i为景观干扰度指数；F_i为景观脆弱度指数	表征不同景观类型受体所代表生态系统受外部风险源（包括自然和人为）干扰时其自然属性的损失程度，主要由景观干扰度指数和景观脆弱度指数相乘得到
景观生态风险指数	$\mathrm{ERI}_i = \sum_{i=1}^{N} \frac{A_{ki}}{A_k} R_i$ 其中，ERI_i为第i个风险小区的景观生态风险指数；R_i为i类景观的损失度指数；A_{ki}为第k个风险小区内景观类型i的面积；A_k为第k个风险小区的面积	表征1个风险小区内综合生态损失的相对大小，从而通过采样将景观的空间格局转化为空间化的生态风险变量；在此过程中，引入景观各组分面积比重，由景观干扰度指数和景观脆弱度指数构建景观生态风险指数

4）空间分析与地统计学方法

地统计学方法是一种检测、模拟和估计变量在某一特定的研究区域内的相关关系和分布状况的统计方法，区域生态风险格局的空间分析评价中可采用地统计学中的半方差分析方法（谢花林，2008）。在本章的研究过程中，主要借助地统计学分析方法中的半方差变异函数的不同模型对采样点数据进行最优拟合，通过克里金（Kriging）插值进行区域生态风险的空间分析。具体计算公式如下：

$$\gamma(h) = \frac{1}{2N(h)} \sum_{i=1}^{N(h)} [Z(x_i) - Z(x_i + h)]^2 \tag{4.9}$$

其中，$\gamma(h)$ 为变异函数；h 为步长，即为减少各样点配对空间距离个数，对其进行分类的样点空间间隔距离；$N(h)$ 为间隔距离为 h 时的样点个数；$Z(x_i)$ 和 $Z(x_i+h)$ 分别为土地利用生态风险指数在空间位置 x_i 和 (x_i+h) 上的观测值。

以 $\gamma(h)$ 为纵坐标，h 为横坐标，获得半方差图，利用 ArcGIS 10.0 的空间分析的地统计分析功能，经过克里金插值，得到实际半方差图，然后选择最优模型进行拟合，得到生态风险指数的空间分布图。

4.5.3　海岸带生态风险时空分异

本小节选取浙江海岸带为研究案例，对海岸带生态风险时空分异进行分析。根据表 4-26 中各项土地利用景观指数及生态风险指数公式分别计算浙江海岸带 155 个风险小区 1990、2000、2010 年的生态风险指数采样数据，并对变异函数进行最优化拟合。在此基础上，选取最优拟合模型和相关参数设置，利用 ArcGIS 10.0 空间分析的地统计分析功能，对 1990、2000、2010 年的生态风险指数进行克里金插值。为了便于比较浙江海岸带不同时期的生态风险变化情况，运用相对指标法对生态风险指数进行自然断点等距划分，区间间隔为 0.016，共分为 5 个等级：低生态风险区（ERI＜0.031），较低生态风险区（0.031≤ERI＜0.047），中生态风险区（0.047≤RI＜0.063），较高生态风险区（0.063≤ERI＜0.079），高生态风险区（ERI≥0.079）。在此基础上，得到浙江海岸带生态风险变化图（图 4-20），并对不同生态风险指数等级所占面积进行统计（图 4-21）。

如图 4-21 所示，1990 年研究区内处于低生态风险等级和较低生态风险等级的区域面积分别为 4991.09 km^2 和 3565.93 km^2，约占全区总面积的 50.30%和 35.94%。其中低生态风险区主要分布在本节研究区的中西部以及南部地区，包括象山、宁海一带；较低生态风险区主要分布在本节研究区的东部及北部嘉兴沿海，主要与这些地区 1990 年耕地和林地等土地利用类型面积分布较广有关。而中生态风险区域集中在杭州湾南岸以及瓯江口两岸，面积约为 882.62 km^2，约占总面积的 8.90%。这些区域地形主要为平原，随着社会经济不断发展，人口不断聚集，城市建设用地以及工业用地、基础设施用地面积不断增加，原本的耕地大面积地块被破坏，斑块破碎度和分离度不断加大。较高和高生态风险等级区域面积相对较小，面积分别为 329.00 km^2 和 153.77 km^2，约占全区面积的 3.32%和 1.55%，主要分布于钱塘江入海口处，该地区分布有较多土地利用敏感性和脆弱性程度较高的芦苇湿地及滩涂景观，所以生态风险等级较高。

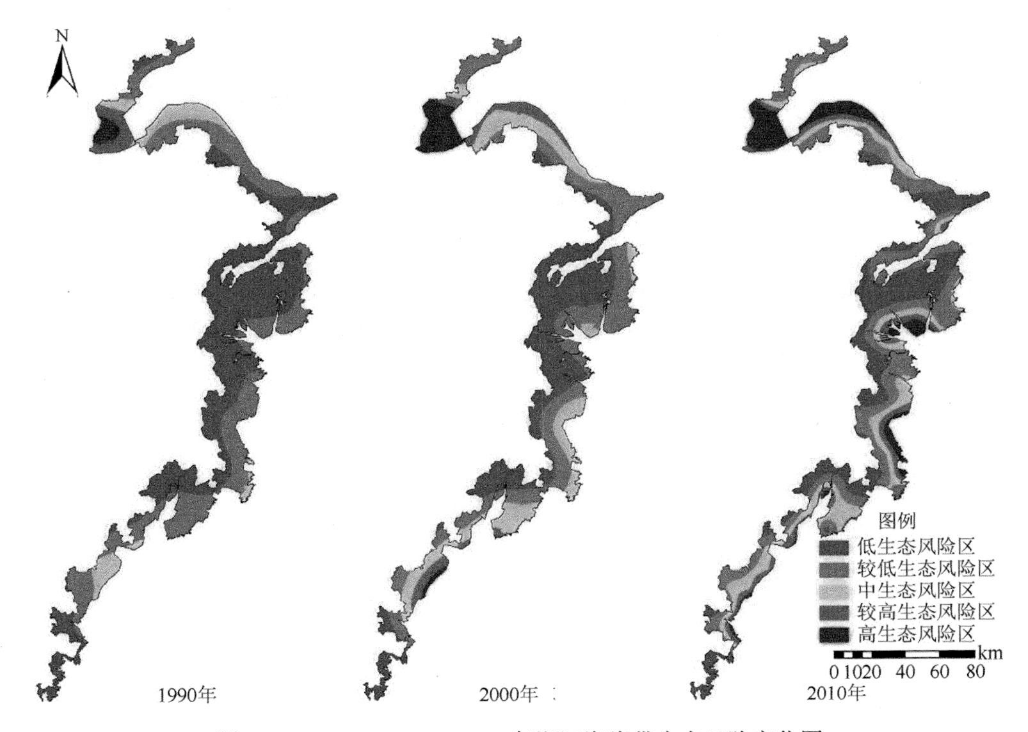

图 4-20　1990、2000、2010 年浙江海岸带生态风险变化图

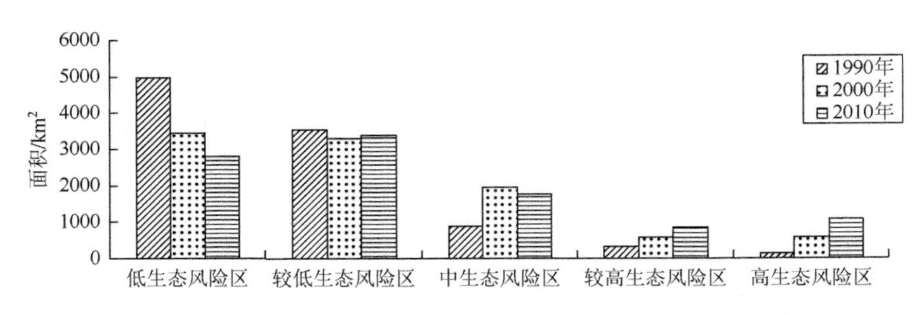

图 4-21　1990、2000、2010 年各生态风险区面积变化

与 1990 年相比，2000 年的生态风险等级分布发生了较大变化，低生态风险区面积减少了 1522.73 km^2，而较低生态风险区面积也有所减少，其占全区的面积比例由 35.94%降低到 33.33%，而在空间位置上，主要表现为向陆侧延伸，代替了 1990 年的部分低生态风险区，这一变化在海岸带中部尤为明显。其主要原因是城市化和工业化的不断推进，坡度较缓的山地以及山麓地带的林地、草地被开垦出来，取而代之的是生态风险等级较高的耕地以及人工建设用地等，从而增加了生态风险。处于中生态风险等级的区域分布面积增长较快，由 1990 年的 882.62 km^2

增加到 2000 年的 1961.59 km^2，增加了 122.25%。空间上表现为杭州湾南岸区域中生态风险等级区域向南推移发展，而台州临海至玉环附近，较多的中生态风险等级区域占据了 1990 年的较低生态风险等级区域。此外，处于较高和高生态风险区面积与 1990 年相比有所增加，分别从 3.32%和 1.55%提高到 5.99%和 5.95%，以钱塘江入海口杭州湾南岸及温州附近尤为突出。杭州湾南岸区域由于滩涂不断淤积，大量海域被滩涂及养殖用地所占据，破碎度增加和优势度逐渐减小，增大了生态风险指数；而从瓯江口至飞云江口附近的温州，由于平原地区耕地不断开垦利用，建设用地面积增加，土地利用破碎度和分离度增加，加大了生态风险指数。

2010 年，浙江海岸带生态风险等级分布状况表现为低生态风险等级区域面积继续下降，面积比重由 2000 年的 34.94%减小到 28.47%。而较低生态风险等级区域面积有所增加，但增加面积不大，仅增加了 0.8%。较高和高生态风险等级区域面积不断增加，比重分别由 2000 年的 5.99%和 5.95%增加到 2010 年的 8.60%和 10.79%，净增加面积达 258.92 km^2 和 480.12 km^2，这一变化在空间上尤以杭州湾南岸、三门湾两侧以及台州临海至温岭东部沿岸地区最为明显。究其原因，主要是 3 个沿海区段岸线均以淤泥质岸线为主，为海洋鱼类的生存繁殖提供了有利的自然环境，海洋渔业不断发展；同时，浙江不断重视海洋经济发展，更多淤泥质海域以及内陆耕地被围垦为水塘，进行淡水、海水的水产养殖。至 2011 年，浙江省的海水养殖面积已达 908.39 km^2，大部分集中在这 3 个区域；但较多的养殖用地为私人开发，缺乏整体的规划和布局，呈现出零星状分布，由此导致区域生态脆弱性、破碎度及分离度均有所增加，从而加大了区域的生态风险程度。为此，在发展的过程中，应从整体出发，重视政府规划部门的统筹规划，有组织、有计划地因地适宜地发展生产，如此才能实现经济增长和生态环境保护的协调发展。此外，2010 年较 2000 年，中生态风险区域面积有所减小。

4.5.4 海岸带生态风险转移特征分析

本小节选取浙江海岸带为研究案例，对海岸带生态风险转移特征进行分析。由于不同时期各生态风险区面积的减少和增加交互出现，纯粹的面积统计无法较为明确地得到各等级之间的相互转换关系，因此，为了更好体现不同生态风险指数等级之间的相互转化关系，在此引入生态风险指数等级转移矩阵。运用 ArcGIS 10.0 将 3 个时期的生态风险等级分布图进行叠加，并对 1990～2000 年和 2000～2010 年以及 1990～2010 年各生态风险指数等级转化方向和转化面积进行定量统计（表 4-27、表 4-28 及表 4-29）。

表 4-27　1990～2000 年浙江海岸带各生态风险等级转化表　（单位：km^2）

1990 年 \ 2000 年	低	较低	中	较高	高	总计
低	3420.34	1564.95	5.80	0	0	4991.09
较低	48.02	1742.31	1660.91	114.69	0	3565.93
中	0	0	294.88	480.14	107.60	882.62
较高	0	0	0	0	329.00	329.00
高	0	0	0	0	153.77	153.77
总计	3468.36	3307.26	1961.59	594.83	590.37	9922.41

表 4-28　2000～2010 年浙江海岸带各生态风险等级转化表　（单位：km^2）

2000 年 \ 2010 年	低	较低	中	较高	高	总计
低	2145.25	1163.85	142.57	16.69	0	3468.36
较低	631.35	1677.18	659.36	249.82	89.54	3307.26
中	41.44	501.33	802.33	346.80	269.69	1961.59
较高	6.67	43.85	168.37	129.26	246.68	594.83
高	0	0	14.61	111.18	464.58	590.37
总计	2824.71	3386.22	1787.24	853.75	1070.49	9922.41

表 4-29　1990～2010 年浙江海岸带各生态风险等级转化表　（单位：km^2）

1990 年 \ 2010 年	低	较低	中	较高	高	总计
低	2677.13	1855.91	333.72	114.44	9.88	4991.08
较低	141.18	1430.13	1255.42	472.98	266.21	3565.92
中	6.39	100.17	198.11	227.22	350.75	882.64
较高	0	0	0	39.12	289.88	329.00
高	0	0	0	0	153.77	153.77
总计	2824.71	3386.22	1787.24	853.75	1070.49	9922.41

总体分析，1990～2010 年，浙江海岸带的生态风险等级由低等级转变为高等级的总面积约为 5176.41 km^2，占研究区总面积的 52.17%，而生态风险等级由高

等级转变为低等级的面积仅占总面积的 2.50%。其中，面积变化最大的是低生态风险区转为较低生态风险区，转化面积达 1855.91 km^2，发生这类变化的区域主要集中在海岸带平原与山地交界的山麓地带，随着人类活动对低丘缓坡的利用，生态风险等级较低的林地类型不断转化为耕地甚至建设用地等，使得生态风险指数上升。此外，生态风险等级由较低转为中等级的面积也相对较多，达 1255.42 km^2，此类转化主要集中在平原地段或平原近海地段。由此表明浙江海岸带在 1990～2010 年，伴随着城市化和工业化发展，人类不合理的开发利用活动对自然的影响逐渐加大，使得海岸带地区生态风险等级虽然在局部地区有所下降，但整体呈现上升趋势。

此外，分阶段来看，浙江海岸带的生态风险等级呈上升趋势的面积在 1990～2000 年为 4263.09 km^2，占总面积的 42.96%；而 2000～2010 年，这一面积下降为 3185.00 km^2，占总面积比例为 32.10%，说明 2000～2010 年，人类的开发活动速度有所放缓；浙江海岸带生态风险等级呈下降趋势的面积由 1990～2000 年的 48.02 km^2 上升为 2000～2010 年的 1518.80 km^2。1990～2000 年，面积变化较大的分别是由较低生态风险区转化为中生态风险区（1660.91 km^2）以及由低生态风险区转化为较低生态风险区（1564.95 km^2），这类转化区域主要集中在浙江的平原及山麓地带。而 2000～2010 年，面积变化最大的为低生态风险区转化为较低生态风险区，转化面积达 1163.85 km^2，主要集中在象山港沿岸以及宁波至台州的平原山麓地带。这些较大面积生态风险等级的转化主要与社会经济发展速度加快，产业结构调整加快，各类用地之间转变速度加快等社会现象吻合。近年来，随着浙江经济迅猛发展，越来越多的沿海平原甚至滩涂海域地区被开发建设成为城镇用地及工业仓储用地。与此同时，为了缓解耕地快速减少和人口迅速增加的矛盾，人们在离海较远的山麓地区毁林开荒，种植农作物及果树，从而导致相应区域的生态风险等级发生了较大变化。

对比前后年均转化速率（表 4-30）可知，生态风险等级呈下降趋势的转化类型包括较低—低，中—低，中—较低，较高—低，较高—较低，较高—中，高—中和高—较高 8 种趋势，且年均转化速率呈现加快趋势，表明 2000～2010 年，浙江海岸带的生态风险状况虽比 1990～2000 年更为恶化，但恶化的速率有所放缓。生态风险等级呈上升趋势的转化类型主要包括低—较低、低—中，低—较高，较低—中、较低—较高，较低—高，中—较高，中—高，较高—高 9 种转化趋势。尽管这类转化一直存在，但从年均变化速率来看，低—较低转化方向、较低—中转化方向、中—较高转化方向以及较高—高转化方向的转化速度均大有减缓。为此，从浙江海岸带生态风险等级的年均变化速率来看，人类在开发利用各类土地利用类型的同时，已经意识到破坏的严重性，并为此减缓了开发利用速度，追求经济与生态环境的协调发展。

表 4-30　1990～2000 年、2000～2010 年浙江省海岸带生态风险等级年均转化速率　（单位：km²/年）

转化方向	1990～2000 年	2000～2010 年	转化方向	1990～2000 年	2000～2010 年
低—较低	156.50	116.39	中—较高	48.01	34.68
低—中	0.58	14.26	中—高	10.76	26.97
低—较高	0	1.67	较高—低	0	0.67
较低—低	4.80	63.14	较高—较低	0	4.39
较低—中	166.09	65.94	较高—中	0	16.84
较低—较高	11.47	24.98	较高—高	32.90	24.67
较低—高	0	8.95	高—中	0	1.46
中—低	0	4.14	高—较高	0	11.12
中—较低	0	50.13			

参考文献

巴逢辰，冯志高.1994.中国海岸带土壤资源[J]. 资源科学，16（1）：8-14.

摆万奇，阎建忠，张镱锂.2004.大渡河上游地区土地利用/土地覆被变化与驱动力分析[J].地理科学进展，23（1）：71-78.

陈浮，彭补拙，濮励杰，等. 2001. 区域土地可持续管理评估及实践研究[J]. 土壤学报，4：74-84.

陈建裕，潘德炉，毛志华. 2006. 高分辨率海岸带遥感影像中简单地物的最优分割问题[J]. 中国科学：地球科学，36（11）：1044-1051.

陈利顶，王计平，姜昌亮，等. 2010. 廊道式工程建设对沿线地区景观格局的影响定量研究[J]. 地理科学，30（2）：161-167.

陈彦光，刘继生. 2001. 城市土地利用结构和形态的定量描述：从信息熵到分数维[J]. 地理研究，20（2）：146-152.

邸向红，侯西勇，吴莉. 2014. 中国海岸带土地利用遥感分类系统研究[J]. 资源科学，36（3）：463-472.

傅伯杰，陈利顶，马克明，等. 2001. 景观生态学原理及应用[M]. 北京：科学出版社，68-95.

宫攀，陈仲新，唐华俊，等. 2006. 土地覆盖分类系统研究进展[J]. 中国农业资源与区划，2：35-40.

郭泺，杜世宏，薛达元，等. 2009. 快速城市化进程中广州市景观格局时空分异特征的研究[J]. 北京大学学报（自然科学版），45（1）：129-136.

何春阳，史培军，李景刚，等. 2004. 中国北方未来土地利用变化情景模拟[J]. 地理学报，4：599-607.

贺凌云，海米提·依米提，蔡永革，等. 2010. 基于转移矩阵的景观空间转移指数的提出及景观面积变化的综合分析——以新疆于田县为例[J]. 安徽农业科学，38（22）：12073-12075.

侯婉，侯西勇. 2018. 考虑湿地精细分类的全球海岸带土地利用/覆盖遥感分类系统[J]. 热带地理，38（6）：866-873.

侯西勇，徐新良. 2011. 21 世纪初中国海岸带土地利用空间格局特征[J]. 地理研究，30（8）：1370-1379.

姜广辉，张凤荣，陈军伟，等. 2007. 基于 Logistic 回归模型的北京山区农村居民点变化的驱动力分析[J]. 农业工程学报，23（5）：81-87.

姜忆湄，李加林，马仁锋，等. 2018. 基于“多规合一”的海岸带综合管控研究[J]. 中国土地科学，32（2）：34-39.

李加林，张忍顺. 2003. 宁波市生态经济系统的能值分析研究[J]. 地理与地理信息科学，2：73-76.

李加林，李伟芳，马仁锋，等. 2014. 浙江省海岸带土地资源开发与综合管理研究[M]. 杭州：浙江大学出版社.
李加林，徐谅慧，杨磊，等. 2016. 浙江省海岸带景观生态风险格局演变研究[J]. 水土保持学报，30（1）：293-299.
李加林，赵寒冰，曹云刚，等. 2006. 辽河三角洲湿地景观空间格局变化分析[J]. 城市环境与城市生态，19（2）：57.
李清泉，卢艺，胡水波，等. 2016. 海岸带地理环境遥感监测综述[J]. 遥感学报，20（5）：1216-1229.
李卫锋，王仰麟，彭建，等. 2004. 深圳市景观格局演变及其驱动因素分析[J]. 应用生态学报，15（8）：1403-1410.
李文权，郑爱榕，李淑英. 1993. 海水养殖与生态环境关系的研究——Ⅰ. 无机氮对浮游植物生长的影响[J]. 热带海洋，3：46-51.
李文训，孙希华. 2007. 基于 GIS 的山东省人口重心迁移研究[J]. 山东师范大学学报（自然科学版），3：83-86.
李月臣，宫鹏，陈晋，等. 2005. 中国北方 13 省土地利用景观格局变化分析（1989—1999）[J]. 水土保持学报，5：145-148.
梁修存，丁登山. 2002. 国外海洋与海岸带旅游研究进展[J]. 自然资源学报，6：783-791.
梁治平，周兴. 2006. 土地利用动态变化模型的研究综述[J]. 广西师范学院学报（自然科学版），23（S1）：22-26.
林增，刘金福，洪伟，等. 2009. 泉州市洛江区土地利用的景观格局分析[J]. 福建农林大学学报（自然科学版），38（1）：88-92.
刘桂芳. 2009. 黄河中下游过渡区近 20 年来县域土地利用变化研究——以河南省孟州市为例[D]. 郑州：河南大学.
刘纪远，布尔敦斯尔. 2000. 中国土地利用变化现代过程时空特征的研究[J]. 第四纪研究，20（3）：229-239.
刘明，王克林. 2008. 洞庭湖流域中上游地区景观格局变化及其驱动力[J]. 应用生态学报，19（6）：1317-1324.
刘瑞，朱道林，朱战强，等. 2009. 基于 Logistic 回归模型的德州市城市建设用地扩张驱动力分析[J]. 资源科学，31（11）：1919-1926.
刘诗苑，陈松林. 2009. 基于重心测算的厦门市建设用地时空变化驱动力研究[J]. 福建师范大学学报（自然科学版），25（2）：108-112.
刘永超，李加林，袁麒翔，等. 2015. 人类活动对象山港潮汐汊道及沿岸生态系统演化的影响[J]. 宁波大学学报（理工版），28（4）：120-123.
卢纹岱. 2010. SPSS 统计分析[M]. 北京：电子工业出版社，4.
陆元昌，陈敬忠，洪玲霞，等. 2005. 遥感影像分类技术在森林景观分类评价中的应用研究[J]. 林业科学研究，1：31-35.
路鹏，苏以荣，牛铮，等. 2006. 湖南省桃源县县域景观格局变化及驱动力典型相关分析[J]. 中国水土保持科学，5：71-76.
罗江华，梅昀，陈银蓉. 2008. 柳州市城市土地利用空间格局演化特征分析[J]. 中国人口 • 资源与环境，1：145-148.
罗平，姜仁荣，李红旮，等. 2010. 基于空间 Logistic 和 Markov 模型集成的区域土地利用演化方法研究[J]. 中国土地科学，24（1）：31-36.
莫利江，曹宇，胡远满，等. 2012. 面向对象的湿地景观遥感分类——以杭州湾南岸地区为例[J]. 湿地科学，2：80-87.
欧维新，杨桂山，李恒鹏. 2004. 苏北盐城海岸带景观格局时空变化及驱动力分析[J]. 地理科学，24（5）：610-615.
攀玉山，刘纪远. 1994. 西藏自治区土地利用[M]. 北京：科学出版社，25-28.
彭建，王仰麟，刘松，等. 2004. 景观生态学与土地可持续利用研究[J]. 北京大学学报（自然科学版），1：154-160.
朴妍，马克明. 2006. 北京城市建成区扩张的经济驱动[J]. 中国国土资源经济，19（7）：34-37.
秦向东，闵庆文. 2007. 元胞自动机在景观格局优化中的应用[J]. 资源科学，4：85-91.
史培军，陈晋，潘耀忠. 2000a. 深圳市土地利用变化机制分析[J]. 地理学报，2：151-160.
史培军，宫鹏，李晓兵，等. 2000b. 土地利用/覆盖变化研究的方法和实践[M]. 北京：科学出版社，160.

宋达泉. 1988. 我国海岸带土地、生物资源的开发利用[J]. 自然资源学报，2：114-120.
苏奋振. 2015. 海岸带遥感评估[M]. 北京：科学出版社.
孙永军，童庆禧，秦其明. 2008. 利用面向对象方法提取湿地信息[J]. 国土资源遥感，20（1）：79-82.
谭永忠，吴次芳. 2003. 区域土地利用结构的信息熵分异规律研究[J]. 自然资源学报，18（1）：112-117.
汪小钦，王钦敏，励惠国，等. 2007. 黄河三角洲土地利用/覆盖变化驱动力分析[J]. 资源科学，29（5）：175-181.
王德智，邱彭华，方源敏，等. 2014. 海口市海岸带土地利用时空格局变化分析[J]. 地球信息科学学报，16（6）：933-940.
王根绪，郭晓寅，程国栋. 2002. 黄河源区景观格局与生态功能的动态变化[J]. 生态学报，10：1587-1598.
王建功. 1994. 莱州湾地区海水入侵灾害与治理方略（摘要）[J]. 中国减灾，3：39-42.
王琳，徐涵秋，李胜. 2005. 厦门岛及其邻域海岸线变化的遥感动态监测[J]. 遥感技术与应用，4：404-410.
王思远，刘纪远，张增祥，等. 2001. 中国土地利用时空特征分析[J]. 地理学报，56（6）：631-639.
王秀兰，包玉海. 1999. 土地利用动态变化研究方法探讨[J]. 地理科学进展，18（1）：81-87.
魏伟，石培基，雷莉，等. 2014. 基于景观结构和空间统计方法的绿洲区生态风险分析——以石羊河武威、民勤绿洲为例[J]. 自然资源学报，29（12）：2023-2035.
吴传钧，蔡清泉，朱季文，等. 1993. 中国海岸带土地利用[M]. 北京：海洋出版社.
肖笃宁，胡远满，李秀珍，等. 2001. 环渤海三角洲湿地的景观生态学研究[M]. 北京：科学出版社.
谢花林，李波. 2008. 基于 logistic 回归模型的农牧交错区土地利用变化驱动力分析——以内蒙古翁牛特旗为例[J]. 地理研究，2：294-304.
谢花林. 2008. 基于景观结构和空间统计学的区域生态风险分析[J]. 生态学报，10：5020-5026.
徐谅慧，杨磊，李加林，等. 2015. 1990-2010 年浙江省围填海空间格局分析[J]. 海洋通报，34（6）：688-694.
许吉仁，董霁红. 2013. 1987-2010 年南四湖湿地景观格局变化及其驱动力研究[J]. 湿地科学，11（4）：438-445.
杨晓晓. 2013. 多源遥感数据融合及在海面溢油分类上的应用[D]. 大连：大连海事大学.
杨云龙，周小成，吴波. 2011. 基于时空 Logistic 回归模型的漳州城市扩展预测分析[J]. 地球信息科学学报，13（3）：374-382.
杨兆平，常禹，胡远满，等. 2007. 岷江上游干旱河谷景观变化及驱动力分析[J]. 生态学杂志，26（6）：869-874.
袁麒翔，李加林，徐谅慧，等. 2014. 象山港流域河流形态特征定量分析[J]. 海洋学研究，32（3）：50-57.
张安定，李德一，王大鹏，等. 2007. 山东半岛北部海岸带土地利用变化与驱动力—以龙口市为例[J]. 经济地理，27（6）：1007-1010.
张国桥. 2013. 连云港海岸带土地资源利用研究[D]. 北京：中国地质大学（北京）.
张群，张雯，李飞雪，等. 2013. 基于信息熵和数据包络分析的区域土地利用结构评价—以常州市武进区为例[J]. 长江流域资源与环境，22（9）：1149-1155.
张秀英，冯学智，江洪. 2009. 面向对象分类的特征空间优化[J]. 遥感学报，13（4）：664-669.
钟兆站. 1997. 中国海岸带自然灾害与环境评估[J]. 地理科学进展，（01）：47-53.
周炳中，包浩生，彭补拙. 2000. 长江三角洲地区土地资源开发强度评价研究[J]. 地理科学，3：218-223.
周成虎，张健挺. 1999. 基于信息熵的地学空间数据挖掘模型[J]. 中国图象图形学报，11：48-53.
周启刚，张晓媛，杨霏，等. 2013. 基于 PSR 模型的三峡库区重庆段土地利用生态风险评价[J]. 水土保持研究，20（5）：187-192.
朱鹏，宫鹏. 2014. 全球陆表湿地潜在分布区制图及遥感验证[J]. 中国科学：地球科学，8：1610-1620.
朱忠显. 2014. 基于 RS 和 GIS 的乳山市海岸带土地利用变化研究[D]. 济南：山东农业大学.
Dronova I，Gong P，Wang L，et al. 2015. Mapping dynamic cover types in a large seasonally flooded wetland using extended principal component analysis and object-based classification[J]. Remote Sensing of Environment，158：

193-206.

Grekousis G，Mountrakis G，Kavouras M. 2015. An overview of 21 global and 43 regional land-cover mapping products[J]. International Journal of Remote Sensing，36（21）：1-27.

Hargis C D，Bissonette J A，David J L. 1998. The behavior of landscape metrics commonly used in the study of habitat fragmentation[J]. Landscape Ecology，13（3）：167-186.

Hunsaker C T，Graham R L，Suter G W，et al. 1990. Assessing ecological risk on a regional scale[J]. Environmental Management，14（3）：325-332.

Ritters K H，O'Neill R V，Hunsaker C T，et al. 1995. A factor analysis of landscape pattern and structure metrics[J]. Landscape Ecology，10（1）：23-39.

Walker R，Landis W，Brown P. 2001. Developing a regional ecological risk assessment：A case study of a tasmanian agricultural catchment[J]. Human and Ecological Risk Assessment：An International Journal，7（2）：417-439.

Wrbka T，Erb K H，Schulz N B，et al. 2004. Linking pattern and process in cultural landscapes. An empirical study based on spatially explicit indicators[J]. Land Use Policy，21（3）：289-306.

第5章 海岸带岸线资源

5.1 海岸线分类及其变迁原因

5.1.1 海岸线的概念

1. 海岸线的定义

海岸线是划分国家领土和海洋专属经济区的基准，海岸线对维护海洋权益有着重要意义。海岸线被定义为陆地表面与海洋表面的交界线（Boak 和 Turner，2005）。广义上，瞬时水边线是海洋与陆地的直观分界，因此可认为是海岸线。目前海岸线的确定与变化趋势研究大多基于海洋调查目的，旨在查明海岸的基本状况，普遍将瞬时水边线等同于海岸线。特别是利用遥感影像动态监测海岸线的变化时，通常会将成像时刻的水边线（或痕迹线）代替为海岸线。研究与管理所涉及的海岸线应该与实际水边线一致，但因为周期性的潮汐与不定期风暴潮的影响，水边线具有瞬时性，且一直处于摆动状态。因此，在实际应用中，一般采用较为固定的线要素代替水边线指示海岸线位置，称为指示岸线或代理岸线。

狭义上，海陆分界线是资源属性（土地或海洋）与法律管辖权的分割线，同时海岛岸线是海岛形状描绘与面积量算的依据。此时，海岸线的空间位置应与时间基本无关，且通常定义为某种特征潮位面。《海道测量规范》（GB 12327—1998）、《中国海图图式》（GB 12319—1998）、《地形图图式》（GB/T 7929—1995）和《海洋学术语——海洋地质学》（GB/T 18190—2000）等国家标准中规定，海岸线是指多年平均大潮高潮的痕迹所形成的海陆分界线。国家与地方法律以及相关行业标准中也都采用相似的定义（王敏等，2017）。

2. 海岸线的界定标准

指示岸线分为两大类：①目视可辨识线，即肉眼可分辨的线要素，如干湿分界线、植被分界线、杂物堆积线、峭壁基底线、侵蚀陡崖基底线、大潮高潮线等；②基于潮汐数据的指示岸线，即海岸带垂直剖面与利用实测潮汐数据计算的某一海平面交线，如平均大潮高潮线为多年潮汐数据计算的平均大潮高潮面与海岸带垂直剖面的交线，平均海平面线为多年潮汐数据计算的平均海平面与海岸带垂直剖面的交线等（毋亭和侯西勇，2016）。

指示岸线的具体选择需要根据特定的研究背景、研究区的海岸特点和研究区域的可利用数据信息而定。通常认为大潮高潮线是海水与陆地的分界线，地形图中的岸线多数是指大潮高潮线，但在遥感影像及野外现场，大潮高潮线往往并不直接可见。可辨识岸线中，除人工岸线外，其余岸线均是在大潮高潮长期淹没、冲刷、搬运等作用下形成，很好地指示大潮高潮线的位置，因此，在岸线变化的时空特征研究与制图中，常选择这些岸线代替大潮高潮线进行说明。平均大潮高潮线是多年高潮线的平均值，但在温和的气候条件下，以制图为目的输出的大潮高潮线与平均大潮高潮线的差距非常小，因此，在一些研究中我们选择平均大潮高潮线代替大潮高潮线。基于潮汐数据的指示岸线，暗含了海水侵蚀与淹没海岸的距离，因此，常被应用于海岸带的管理、规划与灾害预防等行政领域。如在新西兰，平均大潮高潮线是法定的规划分界线。较常见的指示岸线如表 5-1 所示。

表 5-1　常见的指示岸线

指示岸线分类	指示岸线	特征识别
目视可辨识线	崖壁（侵蚀陡崖）顶或底线	临海峭壁（侵蚀陡崖）的崖顶线或基底线
	人工岸线	海岸工程向海侧水陆分界线
	植被线	沙丘上植被区向海侧边界线
	滩脊线	滩脊顶部向海一侧
	杂物线	大潮高潮的长期搬运作用形成的较为稳定的杂物堆积线
	干湿分界线	大潮高潮长期淹没形成的干燥海滩与潮湿海滩分界线
基于潮汐数据的指示岸线	瞬时大潮高潮线	即时大潮的最高潮在沙滩上所达到的最远边界
	平均大潮高潮线	多年大潮高潮线的平均位置
	平均海平面线	平均海平面与海岸带剖面的交线

通过遥感影像来检测海岸线的变化需要确定海岸线的确切位置。但是，在实际遥感成像过程中，由于潮汐、周边地形、人为构筑物等影响，呈现在遥感图像上的水边线往往不能很好地反映海岸线状况，因此，不能简单地将其作为海岸线的确定依据。因此，在确定不同时期海岸线的过程当中，需要对此进行统一的标准界定。在目前国际运用最多的多年平均大潮高潮线法（樊建勇，2005）的基础上，对个别岸线做相应修改，以此来确定基岩岸线、砂（砾）质岸线、淤泥质岸线，同时结合本章情况，增加河口岸线以及人工岸线的确定方法。

（1）基岩岸线。基岩海岸主要由岩石构成，由于存在突出的海岬和深入内陆的海湾，故基岩岸线比较曲折，海蚀崖较明显（谢秀琴，2012）。基岩海岸地区一般坡度较大，高低潮对岸线的确定影响较小，因此，其岸线位置较为明显且清晰，基本可以确定为海蚀崖与海水的交界处（图 5-1）。

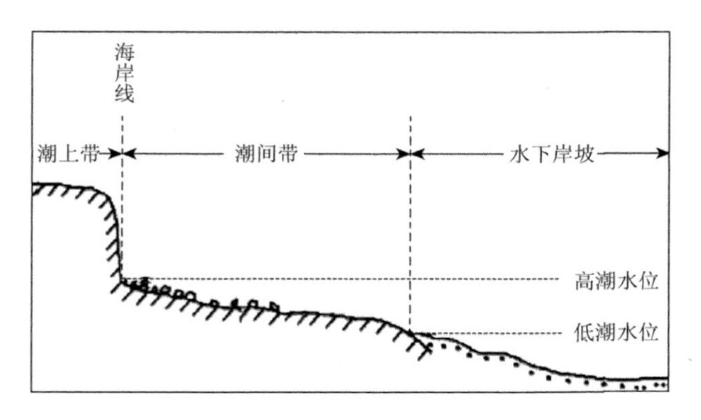

图 5-1　基岩岸线位置示意图

（2）砂（砾）质岸线。砂（砾）质海岸是沙砾等在海浪作用下堆积而成的，坡度一般较小，一般会在沙滩上堆积形成一条平行于海岸线的砂（砾）带，称为滩肩，而岸线位置确定在滩肩高起部位（图 5-2）。

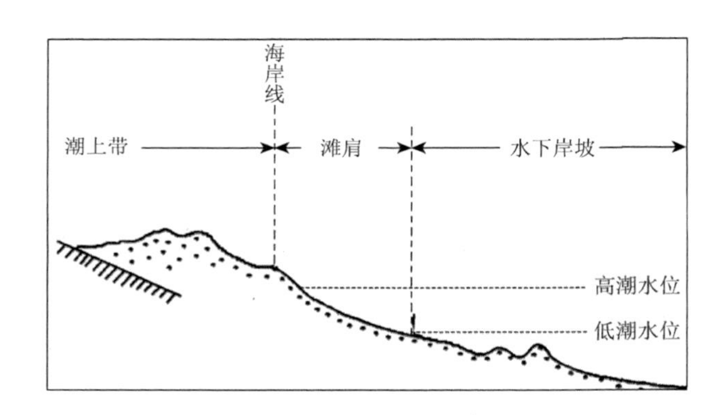

图 5-2　砂（砾）质岸线位置示意图

（3）淤泥质岸线。淤泥质岸线的定义分为两类：一类指保持自然状态的未开发的自然淤泥质海岸。这类海岸一般坡度较小，直接将水边线作为海岸线会导致较大误差，影响精度，因而不能直接将水边线作为该类海岸的岸线。但由于该类淤泥质海岸的海陆交界处（潮间带）通常有耐盐碱植物生长。因此，在岸线研究中，将海陆间植物生长状况明显变化的分界线作为这一类淤泥质海岸的岸线（图 5-3）。另一类淤泥质岸线是指由于人类围垦活动导致大量淤泥质岸滩被开发利用，形成了农田或养殖池等，其周围已筑起了人工围垦的堤坝，但由于水沙动力作用，随着时间推移，人工围垦的堤坝外围又形成了新的淤泥质海岸，且生态功能与自然淤泥质海岸相差无几。因此，将这类人工围垦堤坝外围形成的成熟淤泥质岸滩发育海岸，同样定义为淤泥质岸线，且岸线确定为人工围垦堤坝外侧植被有明显变化的界线（图 5-4）。

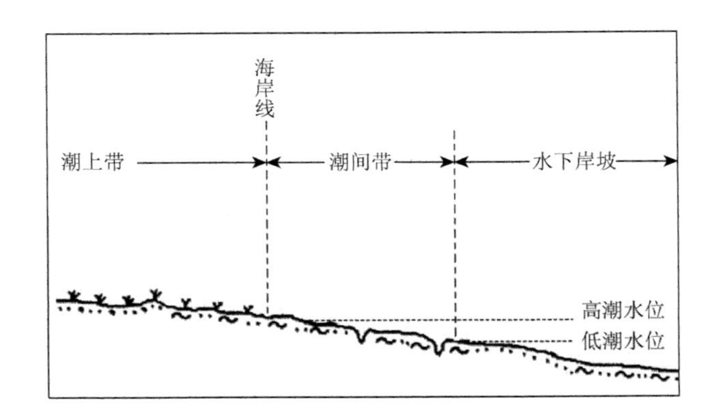

图 5-3　自然淤泥质岸线位置示意图

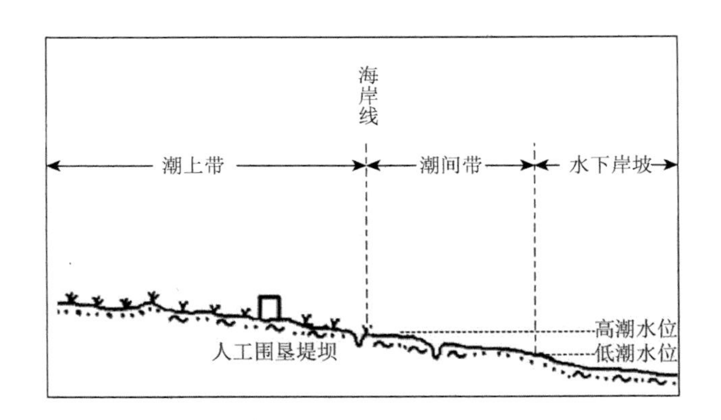

图 5-4　人工围垦堤坝外围淤泥质海岸岸线位置示意图

（4）河口岸线。河口受河流径流和海潮双重影响，叠加日益频繁的人类活动，导致河口海岸线处于不断发展变化的过程，因此从遥感图像上难以确定其岸线位置。为充分体现各河口的变化信息，可以将河口岸线的位置适当向河流上部延伸，将其定义为河口防潮闸等人工地物处。对于没有明显人工地物的河流，将岸线位置定为河口向内口径明显变窄处。

（5）人工岸线。人工岸线指由于人类围填海等活动在海岸上建造起来的建筑物或构筑物构成的岸线。人工岸线主要包括养殖岸线、港口码头岸线、城镇与工业岸线以及防护岸线（防潮堤、防波堤等）。由于大多人工岸线都由混凝土或水泥碎石浇筑而成，有着较强光谱反射率，因此，在遥感影像上较好分辨。同时，由于人工海堤等的建造可很好地防止海潮侵入海堤陆侧，故高低潮都不能越过海堤，可以将这些人工海堤确定为海岸线。

对于正在施工，或遥感影像成像时还未完工的人工岸线，根据完工的情况来具体分析。对于刚开始施工，围垦区还有较大开口的岸线以原来旧岸线作为海岸线；对于施工已过半或快完成的，且围垦区域内已有相关人类改造迹象的围垦区以新的人工岸线作为海岸线。

5.1.2　海岸线分类系统

由于不同的海岸线类型有着不同的解译标志，而解译标志确定的正确与否将直接影响岸线提取的精度，因此，建立正确的解译标志是开展后续分析评价工作的重要基础。海岸类型的划分是一个尺度概念，与研究区域大小和研究目的密切相关。依照地理区域单元的思路，根据海岸的物质组成和形成原因，大体可分为基岩岸线、砂（砾）质岸线、淤泥质岸线和河口岸线。与此同时，由于人类作用日益凸显，我们单独将人工岸线作为一个类型。

基于此，本章根据浙江省海岸地貌特征、形成原因及发展阶段等特征，辅以 Google Earth 数据、1∶25 万浙江省地形图、沿海地区土地利用图，在实地考察基础上，将浙江海岸线细分为自然岸线（包括基岩岸线、砂（砾）质岸线、淤泥质岸线及河口岸线），人工岸线（包括养殖岸线、港口码头岸线、城镇与工业岸线以及防护岸线），并确定每种海岸线类型的解译标志（孙伟富等，2011）（表 5-2）。

表 5-2　浙江海岸线分类及解译标志

岸线类型	亚类	解译标志	示例
自然岸线	基岩岸线	该类岸线中绿化程度较高的山体光谱反射率较低，在遥感影像 5、4、3 波段组合下表现为绿色，纹理较为粗糙；而对于覆被较少的岩石山体，在遥感图像上表现为明显凹凸感，有比较明显的山脉纹理，表现为浅褐色	
	砂（砾）质岸线	该类岸线呈现条带状，光谱反射率较高，在 5、4、3 波段组合下呈现出浅褐色或黄褐色，纹理较均匀清晰	

续表

岸线类型	亚类	解译标志	示例
自然岸线	淤泥质岸线	该类岸线形状较不规则，主要沿岸滩分布，岸线内侧的耐盐碱植物在 5、4、3 波段组合下常呈现出鲜绿色或墨绿色，一类为自然状态下的淤泥质岸线，另一类为内部人工围垦后新发育完成的淤泥质岸线，其纹理较为均匀	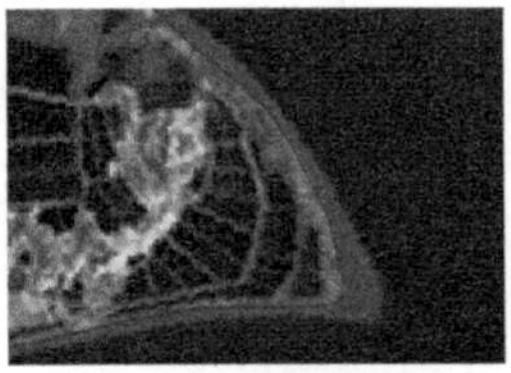
	河口岸线	该类岸线为内陆径流入海口处，颜色在 5、4、3 波段组合下表现为深蓝色，一类岸线为河口防潮闸等人工地物处，另一类为河口向内口径明显变窄处，在遥感影像上较好分辨	
人工岸线	养殖岸线	该类岸线其大部分由混凝土修筑而成，故表现在遥感影像上为带状高亮度呈现白色的地物，其内部为形状规则的网状养殖池或耕种用地等，颜色表现为深蓝色或绿色，纹理较为粗糙。由于潮水的高潮位不能越过养殖区外边缘混凝土带，故将岸线的位置确定在围垦区域的外边界上	
	港口码头岸线	码头和港口地附近多为居民区、工厂、仓库等建筑物，且一般分布有一定规模，在遥感影像上亮度较高，码头的突堤在影像中多呈现白色，呈现明显的突出条状，由于受到 TM 影像分辨率限制，此处海岸线定义为其与陆域连接的根部连线	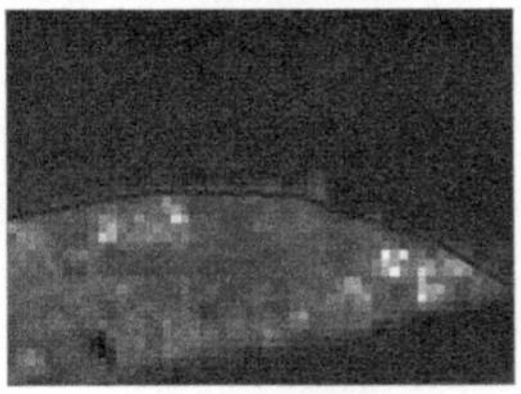
	城镇与工业岸线	该类岸线的外围也常有混凝土堤坝包围，但内部为工业建筑区或城镇住宅用地，在 5、4、3 波段组合下呈现紫红色或淡粉色，形状较不规则，且与海水边缘界线较为明显，容易辨别，其岸线位置也可确定为堤坝外缘	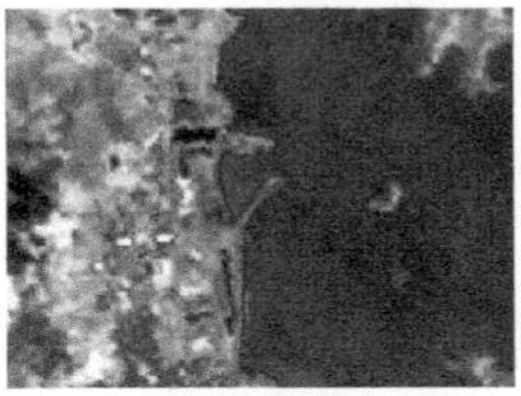
	防护岸线	该类岸线中的海堤大部分由混凝土修筑，故在遥感影像上为带状高亮度呈现出白色的地物；海堤外部大多为淤泥质滩涂，颜色较为灰暗。海堤的建造是为了阻挡海水，故防护岸线的位置可确定为堤坝外缘	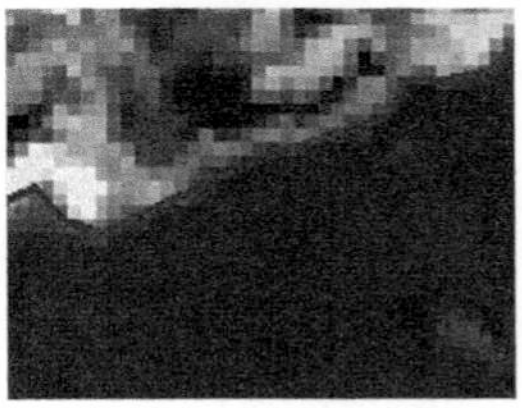

5.1.3　岸线变迁原因分析

通常，某一时期岸线动态变化往往受某一主要因素控制和其他多种因素综合影响。既有海洋动力导致海岸冲蚀、磨蚀和溶蚀，造成岸线向陆一侧后退；也有河口冲淤或围填海造地使岸线向海一侧推进。但近几十年来主要是受人类活动影响，表现为大陆岸线的形状和位移主要由社会生产和开发活动引发。岸线变迁的影响因子可归为 3 类：全球环境过程、海岸带环境过程、人类活动（毋亭和侯西勇，2016）。

1. 全球环境过程

新构造运动、海平面大尺度起伏等环境过程是构筑岸线轮廓和骨架、决定海岸沉积/侵蚀方向和速率的作用力，是较长时间尺度岸线发育和变化的背景要素。气候变暖则构成 20 世纪以来全球及区域岸线变化的重要影响因素。联合国政府间气候变化专门委员会（Intergovernmental Panel on Climate Change，IPCC）第 3 次评估报告指出，21 世纪末全球地表平均温度将上升 1.4～5.8℃。全球变暖使热带洋面温度上升，气压下降，热带气旋随之增多，当热带气旋将远海沉积物搬运至近海时，岸线将向海推进；热带气旋登陆，在海平面升高的背景下，极端海水漫溢与洪涝灾害频率及强度加强，岸线将会遭受更大规模、更强与更频繁的侵蚀（Woodruff 等，2013）。

2. 海岸带环境过程

海洋动力（如波、浪、潮等）以及沉积物运移是影响岸线变化的最基本的海岸带环境过程。波、浪、潮等海洋动力是海岸线形态的主要营造动力，其与海岸的作用方向、作用强度和海岸带地形、地貌、岸线形状、岸线走向相关，其对海岸线的改变作用具有空间差异性。沉积物运移是海岸侵蚀的结果和海岸淤积的物质来源，海洋动力对沉积物的搬运，造成岸线在较大空间尺度上改变；而海岸带微气候因素，如气压、温度、风场等，通过降水、蒸发、径流等过程对河流向海洋的泥沙补给产生影响（Ranasinghe 等，2013），造成岸线在较小空间尺度上发生改变。

3. 人类活动

人类活动对岸线具有较强破坏性及不可逆性，岸线原有自然系统的功能及原始状态较难恢复，对由于人类活动引起的生态环境恶化和退化进行治理与补救代价高昂。人为因素改变海岸岸线形态的方式有 2 种：①直接开发海岸岸线，如采挖砂石和珊瑚礁、砍伐红树林、筑堤和围垦滩涂，用于养殖、农作物种植、港口码头建设及城镇建设等；②在入海河流上游修建水利设施，改变入海河流搬运泥沙过程，引起海岸沉积动态变化，间接影响岸线变化。前者往往能够在短期内较大程度地改变海湾形态，极大程度地干扰近岸生境；后者则造成岸线后退，入海河口土地盐渍化。

这些都会引起海岸形态、结构、功能、水文、动力等条件发生变化，直接或间接造成岸线变化。如以海岸防护为目的的防潮堤、丁坝突堤的修设，以增加人类生存与发展空间为目的的围填海工程，以物品贸易、经济交流与交换为目的的港口码头修建与扩张等会直接影响岸线的变迁。人类活动还会通过干扰全球环境过程与海岸带环境过程，间接地影响岸线变迁。例如采沙、补沙等活动改变了波、浪、潮与海岸作用的方向、能量，影响海岸带侵蚀与堆积过程，从而改变岸线形状；河流上游水库蓄水拦沙、水土保持工程、土地利用变化、城市扩张、河流或河口改道等，打破河流与海洋间原有的泥沙供给平衡，导致局部岸线变化（Aiello 等，2013）。

总体上，海岸线的自然变化是缓慢的，往往需要很长历史。若某一海岸长期以侵蚀作用为主，岸线就会表现为向陆地后退；相反，长期以堆积作用为主的岸线则会向海域推进。同时，岸线在短期内也会表现出相对稳定状态，并在人类开发活动影响下发生大规模变迁。

5.2 海岸线的提取方法

海岸线的提取包括几何位置绘制与类型识别等。岸线类型识别主要靠人工判读。岸线几何位置的提取，根据绘制过程中是否需要人工辅助或手动修改分为自动提取、半自动提取与目视解译 3 种技术。实际应用时，在统一海岸线标准的基础上，应综合考虑各种岸线提取精度的影响因素，结合多源数据匹配组合特征，运用地理学相关知识，选择合适方法高效、准确地提取海岸线。

5.2.1 海岸线的自动提取

海岸线的自动提取主要依赖于雷达探测的 DEM 数据，即提取海岸带地形剖面与海岸线高程面交线。海岸线高程面可以是：①验潮站长期观测资料计算的平均大潮高潮面或平均海平面；②没有验潮站资料时可现场测量多个岸线点的高程，然后取平均高程面；③在没有验潮站观测资料的同时又无法实施现场测量时，可通过 DEM 数据或遥感影像解译标志明显的区域判绘多个岸线点，然后取平均高程面（刘善伟等，2011）。

后两种获取高程面的方法假定区域内岸线的高程面一致，只适用于地形起伏与空间差异可以忽略的较小空间的区域岸线提取。位置确定后，结合遥感影像各类型岸线的解译标志或实地经验，判断岸线类型。

5.2.2　海岸线的半自动提取

借助 ERDAS、ENVI 和 PCI 等遥感图像处理软件的数字图像处理技术可实现岸线的半自动化提取，如图 5-5 所示。

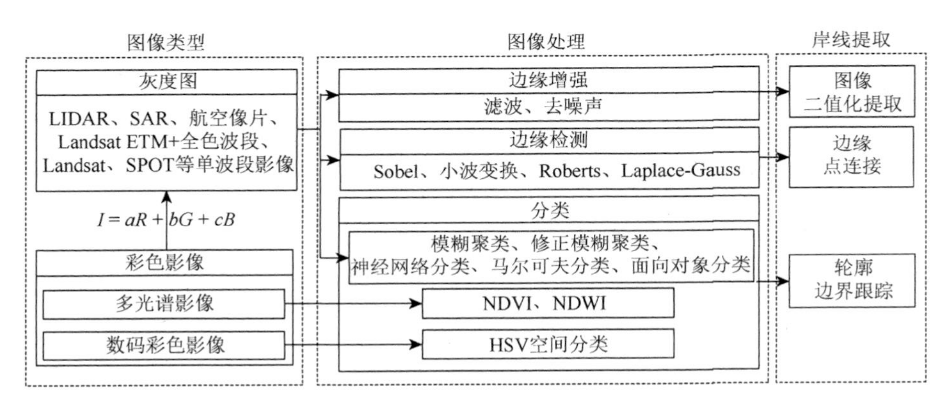

图 5-5　岸线半自动提取技术流程

对于单波段影像（LIDAR、SAR、航空像片、Landsat ETM + 全色波段、Landsat、SPOT 等可见光多光谱的单波段等），可通过 3 条技术流提取岸线：①通过滤波、去噪等边缘增强最大化岸线与背景地物的辐射对比度，设定阈值将图像二值化，提取岸线；②利用边缘检测算法，检测灰度梯度突变的边缘点，然后连接提取岸线；③运用模糊聚类、修正模糊聚类、神经网络分类、马尔可夫分类、面向对象等分类方法区分陆地与海洋像元，并将同类邻近像元合并斑块化，利用轮廓边界跟踪技术提取岸线。

对于多光谱影像，可通过 $I = aR + bG + cB$ 关系，将彩色图像转化为单波段形式的灰度图像，利用基于灰度图像的岸线提取技术提取岸线；或者构建归一化植被指数（NDVI）、归一化水体指数（NDWI），识别陆地与海洋斑块，利用轮廓边界跟踪技术提取岸线（McFeeters，1996）。

对于数码彩色影像（video image），可将其“红-绿-蓝（red-green-blue，RGB）”空间转换为“色调-饱和度-亮度（hue-saturation-value，HSV）”空间，利用水体

与陆地“色调-饱和度”或“亮度”差异，识别陆地与海洋单元，实现海陆分离和海岸线提取（Aarninkhof 等，2003）。

但是利用数字图像处理技术提取岸线，存在两个问题：①在图像噪声及分辨率的影响下，获取的岸线的连续性和准确性存在一定问题，提取结果需要人工辅助修正；②提取结果均为影像获取时间的瞬时水边线，必须经过潮位校正后方能作为海岸线。潮位校正一般根据卫星成像时刻的潮位高度、平均大潮高潮位的潮位高度以及海岸坡度等信息，计算水边线至高潮线的水平距离，从而确定海岸线的位置。

5.2.3　海岸线的目视解译

多光谱遥感影像呈现的各类岸线的典型而丰富的光谱特征，使得岸线的目视解译成为可能。具体而言，可结合各类型岸线的地学特征、光学特征，总结形成岸线解译标志，并通过野外验证修正，建立多光谱遥感影像上各类岸线的解译标志与判绘原则，利用多光谱遥感影像识别海岸线类型，判绘岸线位置（孙伟富等，2011）。

（1）基岩岸线。在标准假彩色合成的彩色影像上，海水区域呈深蓝色，而陆地因为岩石或植被辐射作用，呈亮白色或红色，颜色差异较大，可直接提取水陆边界线作为海岸线。

（2）砂（砾）质岸线。在标准假彩色合成影像上呈亮白色，而海岸线以下海滩因为被水间歇或经常淹没，较为湿润，在影像上较暗，因此，砂（砾）质岸线的影像解译位置一般选择在亮白色向暗色转折的分界线上，且偏向于亮白色区域。

（3）淤泥质岸线。淤泥质海岸向陆一侧植被一般生长茂盛，在标准假彩色合成影像上呈红色或暗红色，向海一侧植被较为稀疏或没有植被，则呈浅红色或灰色，因此该类岸线的遥感解译位置取红色明显变淡或变为灰色的转折处。

（4）人工岸线。一般比较平直，因而在影像上易于辨识，丁坝和突堤一般直接沿其中心线提取，其余人工岸线一般取人工构筑物向海一侧的水陆边界线作为海岸线。

5.2.4　海岸线信息质量控制

岸线数据集一般是基于某一特定时刻的静态影像提取，因此，它只能代表特定定义与特定时间或时段的陆海分界线。而岸线数据的提取受人为主观影响较大，因此，提取结果必然与实际陆海分界线存在差异。对提取的岸线数据进行误差分析和精度控制，判断并保证其能达到某一特定应用或需求，是岸线相关研究中非常必要和重要的过程。基本的思路是计算提取的岸线与真实岸线之间的位置差异并判断其是否在应用或用户的可接受范围内，若不在，则采取相应措施予以改进。获得数字格式的“真实岸线”是不可能的，所以在实际的岸线质量控制过程中，一般是将已知具有较高精度的岸线作为真值参与比较。

5.3　海岸线度量指标及时空变化分析

5.3.1　海岸线的主要量测指标

海岸线变化特征包括长度消长、形态演化、位置变迁、利用类型转移、岸线所围陆海空间更替等。在对海岸线变化进行分析时，可定性分析，或凭借一些简单的基本统计量进行定量分析。如利用长度值、海陆域面积、分形维数、变化速率等分析岸线长度、形态、位置的时空变化特征。

1. 海岸线变迁强度

为了更为客观地对比各区域不同时段海岸线长度变化的时空差异，采用某一时段内各地貌岸区海岸线长度年均变化百分比来表示海岸线的变迁强度（徐进勇等，2013）。具体计算公式如下：

$$\mathrm{LCI}_{ij}=\frac{L_j-L_i}{L_i(j-i)}\times 100\% \tag{5.1}$$

其中，LCI_{ij} 表示某一地貌单元岸区第 i 年至第 j 年海岸线长度的变迁强度；L_i、L_j 分别表示第 i 年和第 j 年的海岸线长度。LCI_{ij} 为负数表示岸线缩短，为正数表示岸线增长；$|\mathrm{LCI}_{ij}|$数值越大，表示海岸线变迁的强度越大。

2. 岸线曲折度

岸线曲折度是指一定区域内岸线在特定空间走向上的弯曲程度，岸线的曲折程度是孕育海岸生态系统多样性的一个基础条件，其与空间尺度关系密切，因此，确定岸线曲折度必须在一定空间尺度内进行。岸线曲折度可以用岸线实际走向的程度与岸线起点至终点的直线距离的比值来表示（量纲为 1），其计算公式如下：

$$K=\frac{L}{L'} \tag{5.2}$$

其中，K 为岸线曲折度；L 为特定空间尺度下，海岸线自起点至终点的实际岸线走向的测量长度；L'为该空间尺度下，岸线从起点至终点间直线距离的长度。K 越大，代表海岸线越曲折，相应区域的海岸生态系统多样性越好，反之亦然。

3. 海岸线分形维数

分形几何学提出了尺度变化下的不变量——分形维数，由此为定量描述自然地理对象的特征属性与空间尺度之间的关系提供了理论依据。岸线分形维数能够反映岸线的弯曲度和复杂程度，计算线状分形维数的方法有量规法（折线法）、网格法（盒计法）和随机噪声法等。

以网格法为例，其基本思路是使用不同长度的正方形网格连续且不重叠地去覆盖被测海岸线，当网格长度 r 取不同值时，覆盖整条海岸线所需网格数目 $N(r)$ 会出现相应变化，根据分形理论：

$$N(r) \propto r^{-D} \tag{5.3}$$

对式（5.3）两边同时取对数，可以得到：

$$\ln N(r) = -D \ln r + C \tag{5.4}$$

其中，C 为待定常数；D 为被测海岸线的分形维数。采用不同的 r 值和 $N(r)$ 值，通过拟合分析得到分形维数 D。D 值范围 1～2，值越大，海岸线越曲折、复杂。

通过 Matlab 基于网格法可以计算各期岸线的分形维数。首先运用 ArcGIS 中 ArcToolbox 的转栅格功能模块，将岸线矢量数据转换为栅格数据，进行二值化处理，生成覆盖研究区岸线的全部正方形网格，并统计不同年份的量测边长（ε）和对应网格数目（N）；然后在对数坐标系中对 $\ln N$、$\ln\varepsilon$ 进行线性回归，得到 $\ln N-\ln\varepsilon$ 直线的斜率，其绝对值即为所求的分形维数。分形维数越高，表明岸线弯曲度与复杂度越高，分形维数的变化速率能够反映人为改造的强度变化或海岸的侵蚀/淤积状态。

4. 海岸线位置变化分析方法

海岸线位置变化的分析在岸线变化研究中占重要地位，主要研究方法分为定性和定量两种。定性分析主要通过地图叠加分析，对岸线位置变化形成基本了解和定性认识。定量分析则通过简单模型分析的数值统计，如面积、速率等对岸线位置变化进行量化，其中基于剖面的位置变化速率方法可同时在多层空间尺度进行，对岸线变化特征的刻画更为深刻与全面，该方法自提出至今，其具体的速率计算方法一直在不断被改进，已从最简单的端点速率、平均速率发展到较为复杂的线性回归与加权线性回归速率，近年来又出现了能够描述海岸线非线性变化与空间相关性的速率模型。

（1）地图叠加分析。即将不同时期岸线图层叠加，利用视觉感观定性分析岸线位置变化的时空特征。这种方法比较简单，但分析过程主观，分析结果粗糙，不能进行时间或空间比较，无法进行驱动力分析。

（2）简单模型分析。此类方法认为岸线位置变化过程是单调线性的，即中间没有波动。距离和速率的计算方法主要有 4 种：①多重缓冲区法。构建原始岸线不同半径的缓冲区，计算岸线落入不同缓冲区的长度占总长度的百分比。对于既定的百分比序列，如 5%、10%、15%、…、95%，存在与序列中每个值相对应的缓冲区宽度，这些缓冲区宽度构成一个服从高斯分布的序列，根据高斯分布的概率及非线性最小二乘法求得这个序列的平均值及标准差，即岸线的变化距离及变化距离的置信区间。该方法不涉及尺度效应、岸线长度及复杂性影响，更重要的是具有统计精确性，但它假设岸线只在水平方向上移动，没有考虑垂直方向。②动态分割法。在不打断实际岸线的基础上，根据地域特征在岸线属性发生变化的位置进行分割，计算基线与岸线对应关联点间的平均距离。该方法保持了岸线同其他空间要素的拓扑关系，但当岸线较长且较复杂时，可能会出现不合理值。③基于点的计算。将较早时相的岸线多边形化，将较晚时相岸线分割为点数据，计算点至多边形的最短距离，除以两时相的时间间隔即得岸线变化速率。④基于剖面的计算。以平行于所有历史岸线基本走向的线要素为基准线，构建垂直于基线并与所有岸线相交的剖面，基于剖面计算岸线变化速率。剖面与岸线的交点构成岸线位置的时间序列，对此时间序列进行拟合，求速率的模型有端点速率法、平均速率法、最小二乘法、线性拟合法、交叉验证法、加权线性回归法、加权最小二乘法、绝对值最小法等。

5.3.2　海岸线长度变化分析

本节以浙江海岸线作为研究案例，对海岸线的时空变化进行分析，包括海岸线长度、曲折度、范围变化以及不同类型海岸线变化特征。浙江包括嘉兴、杭州、绍兴、宁波、台州、温州及舟山 7 个沿海城市[①]，大陆岸线全长约 1800 km，占全国大陆岸线总长的十分之一，海洋资源优势突出，经济发达，城镇密集（陈桥驿，1985）。随着城乡经济发展，海岸线开发利用的空间格局演变剧烈，岸线资源成为浙江海岸带地区社会经济可持续发展的重要制约因素。

本节以 1990 年、1995 年、2000 年、2005 年、2010 年和 2015 年遥感影像，浙江各地级市的行政区划图，1∶25 万浙江省地理背景资料等作为基础数据源，在 ENVI 5.2 遥感软件支持下，对遥感影像进行几何纠正、图像配准、图像拼接等预处理。根据海岸地貌特征及实地考察结果，辅以 1∶25 万浙江省地形图、Google Earth 数据，将浙江省大陆岸线分为自然岸线和人工岸线两大类，其中自然岸线包括基岩岸线、砂（砾）质岸线、淤泥质岸线及河口岸线，人工岸线包括养殖岸线、港口码头岸线、城镇与工业岸线以及防护岸线，并确定了各岸线类型的

① 舟山属于海岛城市，而本章主要研究对象为浙江省的大陆岸线，因此岸线统计数据均未包括舟山。

解译标志（表 5-2）。在明确海岸线附近地物不同反射波谱特征基础上，对预处理后的遥感图像通过单波段的边缘检测，使水陆有更明显界线，再运用 ArcGIS10.2 的线状构造功能，通过目视解译提取瞬时水边线的确切位置。根据浙江沿海验潮站潮位资料、平均大潮高潮位高度以及海岸坡度等信息计算水边线至高潮线的水平距离，设置不同阈值消除误差，确定真正海岸线的位置及类型信息，基于矢量数据长度计算功能自动计算各期、各类型海岸线长度。由于个别地级市（如杭州、绍兴）的海岸线过短且岸线类型单一，为分析岸线空间的分异特征，根据浙江海岸自然地貌的空间差异，将本节的研究区分为 7 个自然岸线区。

根据遥感监测及矢量化结果可知，1990～2010 年，浙江大陆岸线有了较大变化，不断向海推进，近几年变化速度越来越快。同时，不同地区所属海岸线的长度及其变化也有着较大差别（表 5-3）。

表 5-3 1990～2010 年浙江省各地区海岸线长度统计 （单位：km）

	1990 年	1995 年	2000 年	2005 年	2010 年
嘉兴	102.19	101.13	103.03	109.67	97.79
杭州	29.72	28.76	26.61	26.40	24.62
绍兴	25.84	26.93	22.77	24.75	25.45
宁波	775.50	786.73	753.47	755.23	741.54
台州	632.60	617.30	637.60	582.15	542.35
温州	338.59	352.61	331.75	327.69	356.00
总长	1904.44	1913.46	1875.23	1825.89	1787.75

由表 5-3 可见，2010 年浙江省海岸线总长①为 1787.75 km。1990～2010 年，海岸线长度在前 5 年略有增长，此后呈现出逐渐缩短的态势，20 年间共缩短了 116.69 km，年均减少 5.83 km。具体来看，1995 年较 1990 年增加了 9.02 km，年平均增加 1.80 km；2000 年较 1995 年减少 38.23 km，年平均减少 7.65 km；2005 年较 2000 年减少 49.34 km，年平均减少 9.87 km，此阶段是人类岸线开发最活跃的时期，年均岸线变化最大；2010 年较 2005 年减少 38.14 km，年平均减少速度 7.63 km，此阶段减少速度有所放缓。

而从空间上来看，1990～2010 年浙江省各地级市海岸线长度基本保持宁波＞台州＞温州＞嘉兴＞杭州＞绍兴（其中，2010 年绍兴＞杭州）的分布格局。1990～2010 年，台州海岸线长度变化最大，共减少了 90.25 km，年均减少 4.51 km；宁

① 受海岸线尺度效应及海岸线范围界定原则等诸多因素影响，本章中海岸线的长度会和有关部门公布数据不一致，且在不同尺度计算中略有差异，但并不影响浙江省海岸线变化研究，下同。

波海岸线呈现出波动态势，20 年共减少 33.96 km，其中 1995～2000 年减少最多，达 33.26 km，2005～2010 年减少 13.69 km，其余年份岸线长度增加。杭州和嘉兴年均减少分别为 0.26 km 和 0.22 km；绍兴岸线变化最小，减少了 0.39 km，年均减少 0.02 km；而温州海岸线总体呈现出增长趋势，1990～2010 年共增长 17.41 km，其中 2005～2010 年，增长最为显著，为 28.31 km。

由图 5-6 可得，1990～2010 年，浙江省整体海岸线变化强度为–0.31%，岸线变化强度不大。从时间上来看，1990～1995 年的岸线变化强度为 0.09%，为相对变化较轻时期；自 1995 年之后，岸线变化强度呈现出加快趋势，1995～2000 年、2000～2005 年及 2005～2010 年分别达到了–0.4%、–0.53%和–0.42%。而从区域上看，1990～2010 年，杭州的海岸线变化强度最为剧烈，海岸线变化强度为–0.86%，其次为台州，–0.71%，而绍兴海岸线变化强度最小，为–0.08%。

综上总体而言，1990～2010 年，浙江海岸线长度缩减，且缩减速度呈先加剧后略微减缓趋势。这主要是由于人类活动越来越频繁，不断对自然岸线进行裁弯取直（匡围）和人工修建建筑物、构筑物等，导致岸线曲折度不断下降，故岸线长度不断缩短；人类对岸线资源的开发虽然使得海岸线趋于平直，但随着人类活动再次叠加影响，此后便会不断产生新的人工岸线，如滩涂围垦、围海造陆造田等，会使海岸线不断向海洋推进，进而岸线长度又会有所增长。

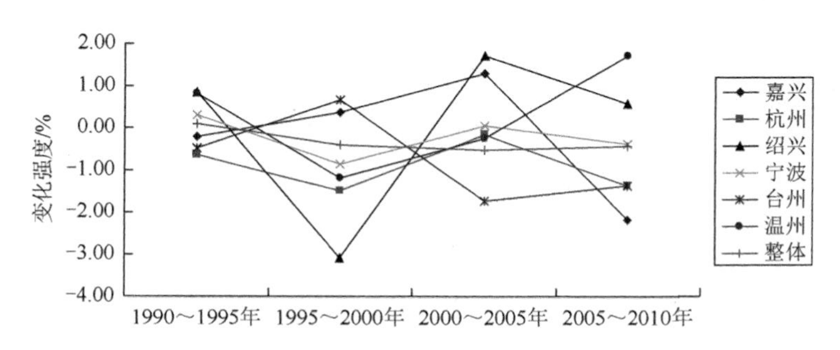

图 5-6　1990～2010 年浙江省各地级市海岸线变化强度

5.3.3　海岸线曲折度变化分析

利用海岸线曲折度计算公式来分析浙江各地级市海岸线的曲折特征，得到数据表 5-4。由表 5-4 可以看出，1990～2010 年，浙江海岸线曲折度总体呈现出不断下降趋势（其中 1995 年相对 1990 年上升）。其中台州海岸线曲折度下降最多，为 1.01，由此可看出台州对海岸线的利用更频繁，大面积裁弯取直导致海岸线曲折度迅速下降。而从全省范围来看，台州的岸线曲折度最大，并于 2000 年达到最大值为 7.14。同时，浙江仅有宁波和台州的岸线曲折度大于全省平均海岸线曲折度，其余都小于全省平均值。由此可见，人类活动对岸线的开发，使得岸线不断趋于平直，海岸的生态系统多样性随之减弱。

表 5-4　1990～2010 年浙江省各地级市海岸线曲折度统计

	1990 年	1995 年	2000 年	2005 年	2010 年
嘉兴	1.46	1.45	1.47	1.57	1.40
杭州	1.50	1.45	1.34	1.33	1.24
绍兴	1.44	1.50	1.27	1.38	1.41
宁波	6.30	6.39	6.12	6.14	6.02
台州	7.09	6.91	7.14	6.52	6.08
温州	2.19	2.28	2.14	2.12	2.30
总体	4.01	4.03	3.95	3.84	3.76

5.3.4　海岸线范围变化分析

海岸线的变化不仅仅体现在岸线长短的变化上，更体现在岸线范围（即岸线所包含区域）的变化。岸线在空间位置上的变化必然会导致海岸线范围发生相应变化。从小区域来看，由于人类活动对岸线资源的开发利用，浙江各地区岸线所包含的区域面积增减不尽相同（表 5-5）。

表 5-5　1990～2010 年浙江省各地区岸滩面积变化统计　（单位：km^2）

	1990～1995 年	1995～2000 年	2000～2005 年	2005～2010 年	1990～2010 年
平湖	0.68	0.38	8.53	3.94	13.53
海盐	−1.40	2.02	14.90	18.93	34.45
海宁	0.56	11.24	42.01	1.68	55.49
杭州市区	23.79	39.20	−4.85	30.37	88.51
上虞	2.95	8.16	5.78	13.02	29.91
余姚	6.71	−4.23	6.05	18.51	27.04
慈溪	25.08	69.02	44.33	224.90	363.33
宁波市区	10.95	28.57	7.08	22.40	69.00
奉化	−0.30	12.69	−0.08	4.95	17.26
象山	5.97	8.76	8.86	12.87	36.46
宁海	−11.75	61.86	−7.88	8.41	50.64

续表

	1990～1995年	1995～2000年	2000～2005年	2005～2010年	1990～2010年
三门	3.00	28.11	4.44	2.23	37.78
临海	3.94	11.54	1.77	27.11	44.36
台州市区	3.04	2.20	28.54	31.27	65.05
温岭	2.03	33.68	11.28	20.17	67.16
玉环	1.93	27.28	6.46	55.01	90.68
乐清	−13.02	28.67	−2.96	53.89	66.58
温州市区	0.64	6.78	2.27	5.17	14.86
瑞安	0.22	3.90	4.08	8.74	16.94
平阳	0.25	0.15	0.02	7.50	7.92
苍南	3.70	3.35	2.43	28.56	38.04
总计	68.97	383.33	183.06	599.63	1234.99

整体而言，1990～2010年，浙江岸线范围不断扩大，海岸线不断向海推进，且扩大速度总体呈现波动上升的趋势。1990～2010年，浙江岸线范围扩大1234.99 km^2，年均增长61.75 km^2。其中1990～1995年，增长最慢，年均增长13.79 km^2；而2005～2010年，增长速度最快，达到了年均119.93 km^2，是1990～1995年的近8.7倍。由此可见，人类活动对海岸的开发越来越强烈。

此外，不同时期不同地区岸线变化范围也不尽相同。从区域上来看，自1990～2010年，浙江岸线范围增加最多的为慈溪，即杭州湾南岸，且面积增加幅度总体向南递减；而杭州湾北岸由于处于钱塘江河流侵蚀区，在2000年之前，面积增加较缓；2000年之后，由于围海造陆技术水平不断提升，其围海造陆活动愈演愈烈。

（1）杭州湾北岸—平湖—海盐—海宁岸段。该岸段位于钱塘江侵蚀岸段，2000年前，面积增加速度较慢，甚至在1990～1995年，海盐由于岸线侵蚀，出现了岸线退后的现象。而随着1997年海宁尖山、治山围垦工程启动，2000～2005年，海宁岸线面积增加了42.01 km^2，达到了年均8.40 km^2，是1990～2000年的近8倍。2000～2010年，平湖和海盐的地区面积也分别每年增加1.25 km^2和3.38 km^2，相比1990～2000年的每年0.11 km^2和每年0.06 km^2，分别增加了1.14 km^2和3.32 km^2。

（2）杭州市区—上虞—余姚岸段。杭州市区仅萧山靠海，1990～1995年，由于钱塘江不断淤积，其岸线面积变化速度为每年4.76 km^2，1995～2000年，萧山岸段继续往杭州湾推进，速度达到每年7.84 km^2；2000～2010年，萧山岸线面积的增长速度有所减缓，每年为2.55 km^2。上虞位于钱塘江和曹娥江两江入海口附近，两江淤积岸段，形成了良好滩涂，非常适合围垦，成了农田和水产养殖基地的首选之处。上虞在 1990～1995 年，岸线面积增加速度为每年 0.59 km²，此后，由于曹娥江入海口不断向北延伸，与萧山的人工围垦共同作用，将曹娥江束窄，围垦速度不断加快，在 2005～2010 年，已达每年 2.6 km²。而余姚的填海造陆与上虞相似，2000～2010 年，岸线面积的平均增加速度为每年 1.35 km²。

（3）杭州湾南岸—慈溪岸段。位于余姚东面的慈溪地处杭州湾南岸，是 2000～2010 年来浙江围垦最为剧烈，面积增加最多的地区。其面积变化的主要形式比较单一，岸线主要是在原来淤积的弧形岸滩上不断平行地向海推进，速度波动上升。1990～2000 年，每年增长 9.41 km²；而 2000～2010 年，达到了每年 26.92 km²，为 1990～2000 年的 2.86 倍。

（4）宁波市区—奉化—象山—宁海—三门—临海—台州市区—温岭—玉环岸段。从宁波市区到温岭岸段，在 2005 年之前，由于围垦规模较小，所以面积变化不大，而 2005～2010 年，宁波、台州等地兴起大规模围海造地工程，其面积增加速度分别达到了每年 4.48、0.99、2.57、1.68、0.45、5.42、6.25、4.03 km²。玉环原是地少、人多、缺水、缺电的资源贫乏小县，当地从未停止围垦事业。自 1977 年，漩门一期工程正式完工，将玉环岛同大陆连在一起；2001 年，漩门二期工程将玉环岛和楚门岛用 7.84 km 的大坝连接起来，使得玉环增加了 37.3 km² 的岸线面积。从此，玉环岛变成了与大陆直接相连的半岛。

（5）乐清—温州市区—瑞安—平阳—苍南岸段。1990～2010 年，乐清至苍南岸段变化不大，仅在 2005～2010 年，乐清北部和苍南北部岸线的淤积面积有所增大，面积增加速度分别为每年 10.78 km² 和每年 5.71 km²。

5.3.5 不同类型海岸线变化特征分析

根据遥感影像特点，将 1990、1995、2000、2005、2010 年各时期海岸线分为自然岸线和人工岸线。据此，解译不同时期各类型岸线长度及所占百分比（表 5-6）。

表 5-6 1990～2010 年浙江省各类型岸线长度统计

<table>
<tr><th colspan="2" rowspan="2"></th><th colspan="2">1990 年</th><th colspan="2">1995 年</th><th colspan="2">2000 年</th><th colspan="2">2005 年</th><th colspan="2">2010 年</th></tr>
<tr><th>长度/km</th><th>百分比/%</th><th>长度/km</th><th>百分比/%</th><th>长度/km</th><th>百分比/%</th><th>长度/km</th><th>百分比/%</th><th>长度/km</th><th>百分比/%</th></tr>
<tr><td rowspan="5">自然海岸</td><td>基岩岸线</td><td>702.74</td><td>36.9</td><td>629.79</td><td>32.9</td><td>547.70</td><td>29.2</td><td>552.22</td><td>30.2</td><td>493.78</td><td>27.6</td></tr>
<tr><td>砂（砾）质岸线</td><td>11.32</td><td>0.6</td><td>15.94</td><td>0.8</td><td>19.62</td><td>1.0</td><td>21.21</td><td>1.2</td><td>23.56</td><td>1.3</td></tr>
<tr><td>淤泥质岸线</td><td>652.31</td><td>34.3</td><td>727.04</td><td>38.0</td><td>758.01</td><td>40.4</td><td>634.83</td><td>34.8</td><td>596.66</td><td>33.4</td></tr>
<tr><td>河口岸线</td><td>13.17</td><td>0.7</td><td>11.69</td><td>0.6</td><td>11.73</td><td>0.6</td><td>9.86</td><td>0.5</td><td>10.17</td><td>0.6</td></tr>
<tr><td>小计</td><td>1379.54</td><td>72.5</td><td>1384.46</td><td>72.4</td><td>1337.06</td><td>71.3</td><td>1218.12</td><td>66.7</td><td>1124.17</td><td>62.9</td></tr>
</table>

续表

		1990 年		1995 年		2000 年		2005 年		2010 年	
		长度/km	百分比/%	长度/km	百分比/%	长度/km	百分比/%	长度/km	百分比/%	长度/km	百分比/%
人工海岸	城镇与工业岸线	50.96	2.7	70.65	3.7	76.09	4.1	129.37	7.1	129.46	7.2
	防护岸线	17.90	0.9	31.14	1.6	46.93	2.5	43.15	2.4	27.96	1.6
	港口码头岸线	23.00	1.2	57.34	3.0	95.87	5.1	97.97	5.4	127.72	7.1
	养殖区岸线	433.05	22.7	369.87	19.3	319.30	17.0	337.29	18.5	378.43	21.2
	小计	524.91	27.5	529.00	27.6	538.19	28.7	607.78	33.3	663.57	37.1
总计		1904.45	100.0	1913.46	100.0	1875.25	100.0	1825.90	100.0	1787.74	100.0

从表 5-6 可知，由于人类对岸线围垦开发，1990～2010 年，浙江海岸带的自然岸线呈现不断缩短的趋势，而人工岸线不断增加（图 5-7）。1990 年，浙江省人工岸线长度为 524.91 km，占总岸线长度的 27.5%；经过 20 年开发，截至 2010 年，人工岸线长度已达 663.57 km，比例上升为 37.1%。人工岸线长度的增长速度达每年 6.93 km，且速度不断加快；1990～1995 年，速度仅为每年 0.82 km；而 2000～2005 年，速度已达每年 13.92 km，为 20 年中增长最快阶段；此后速度又有所放缓，2005～2010 年为每年 11.16 km，但仍是 1990～1995 年增长速度的 10 多倍。而与之相反，浙江自然岸线有所减少，4 个阶段的变化分别为 4.92 km、–47.4 km、–118.94 km、–93.95 km；1990～2010 年的平均减少速度为每年 12.77 km，减少速度亦呈现出先变快后减缓的趋势。由此可见，总体浙江海岸带开发速度在加快，而近几年又有所放缓，岸线类型的变化也呈现相应特点，人类活动对岸线类型变化影响较大。

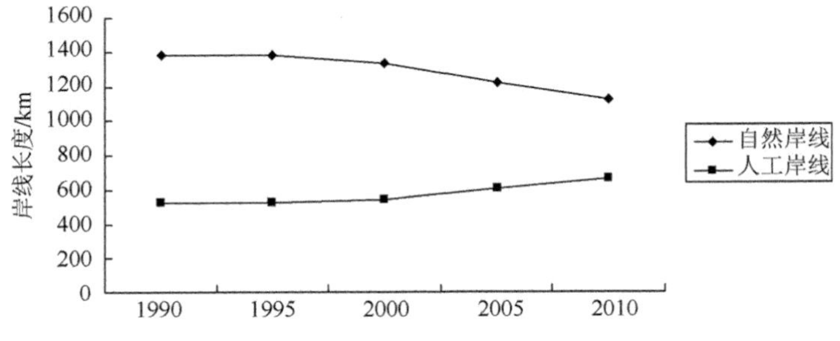

图 5-7　1990～2010 年浙江省自然、人工岸线长度变化

具体各类型岸线的变化情况见图 5-8 和图 5-9。由图 5-8 可以看出自然岸线中，基岩岸线呈现逐年下降趋势，更多的基岩岸线被开发，作为城市住宅用地、城市工业用地等，1990～2010 年，基岩海岸共减少了 208.96 km，减少速度达到每年 10.45 km。砂（砾）质岸线长度在基本保持不变的情况下有所增长，这是由于随着旅游业不断发展，更多海滩被开发出来，同时受到更好保护，减少了沙粒被海浪冲蚀。河口岸线在长度基本保持不变的情况下，受人类活动不断影响，同时由于河道不断淤积，岸线总体而言有变窄趋势，这在钱塘江、曹娥江以及瓯江河口表现最为明显。而淤泥质岸线呈现出先增长后缩短的趋势，1990～2000 年，淤泥质海岸不断增长，速度为每年 10.6 km；而此后，由于淤泥不断增厚，更多的淤泥质海岸被人为围垦开发，作为养殖基地或农田，由此转变为人工岸线，故在 2000～2010 年，淤泥质岸线不断缩减，缩减速度达到了每年 16.14 km，这在杭州湾南岸的慈溪岸段以及象山港、三门湾区域表现尤为显著。

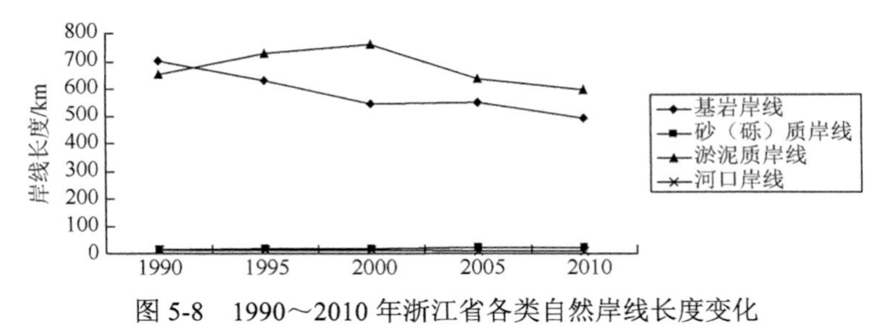

图 5-8　1990～2010 年浙江省各类自然岸线长度变化

从图 5-9 可以看出人工岸线中，养殖岸线有相对缩减趋势，说明随着工业、旅游业以及海上商贸的发展，人类对土地的需求量不断增加，越来越多的农田及养殖围垦区被用来发展工业、兴建码头等；而相对应的，城镇与工业岸线以及港口码头岸线长度不断增加，且港口码头岸线有持续加速增长的趋势，特别是 2000 年后，在甬江口镇海、北仑岸段，穿山半岛及象山港岸段，三门湾海域及浙江南部的瓯江河口都修建起了大量深水良港。

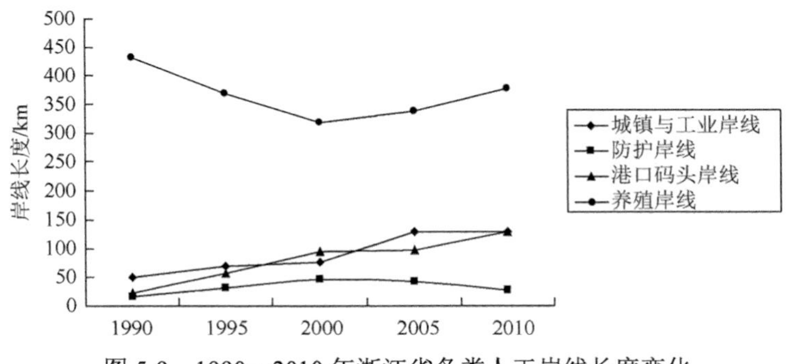

图 5-9　1990～2010 年浙江省各类人工岸线长度变化

总体而言，1990～2010 年，浙江自然岸线不断萎缩，人工岸线不断增长，且从图 5-10 中可以看出，城镇与工业岸线和港口码头岸线不断增多，并且还存在着其他类型岸线逐渐向港口码头岸线、防护岸线转化的趋势，这种趋势在一定程度上能够说明岸线利用率不断提高，且越来越受人类活动干扰。因此，关注人类活动对岸线资源的开发在一定程度上就能预测未来海岸线的变化趋势。

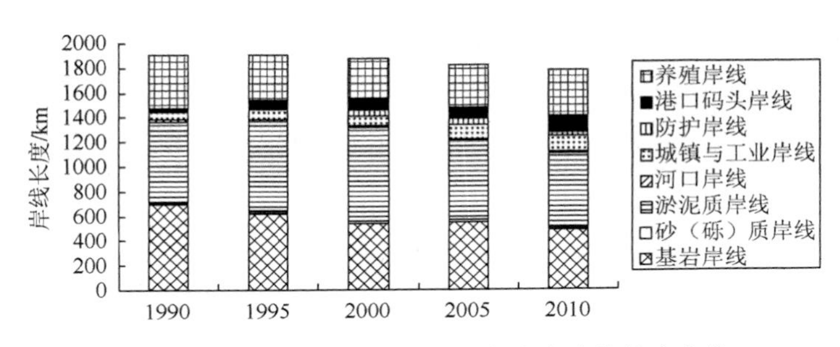

图 5-10　1990～2010 年浙江省各类海岸线长度变化

5.4　海岸线开发利用空间格局分析

海岸线开发利用空间格局分析能够表征人类开发利用活动对区域内海岸线的空间及强度布局状态的影响。分析人类开发活动背景下海岸线的时空变化特征及趋势，揭示各岸区海岸线开发利用空间格局演化规律，能够为海岸线空间格局的优化、海岸线资源管理建设及实现海岸带经济可持续发展提供有益的理论依据和技术参考（叶梦姚等，2017）。

本节对海岸线开发利用空间格局分析指标进行介绍，并以浙江大陆岸线作为研究案例，对海岸线的开发利用空间格局进行分析，包括海岸线的岸线人工化指数、岸线开发利用主体度以及岸线开发利用综合强度等内容。

5.4.1　海岸线开发利用空间格局分析指标

为了对浙江不同岸线类型空间格局进行定量化分析，在此选取相关评价指标时主要参照景观生态学中景观格局的相关参数，并适当修改完善，使其适合运用于海岸线空间格局的评价。具体指标包括岸线人工化指数、岸线开发利用主体度以及岸线开发利用综合强度。

1. 岸线人工化指数

岸线人工化是指海岸线在人类活动的影响下，由原来的自然岸线变为相应的人工岸线的过程。岸线人工化程度的强弱可以用岸线人工化指数来表示，岸线人工化指数是特定区域内人工岸线占该区域内总岸线长度的比值。此外，岸线人工化指数也从侧面反映了特定区域内自然岸线被保护的程度，即自然岸线指数，它可以用特定区域内自然岸线的长度与该区域内总岸线长度的比值来表示。而岸线人工化指数与自然岸线指数的和为 1。岸线人工化指数的具体计算公式为

$$R = \frac{M}{L} \tag{5.5}$$

其中，R 表示岸线人工化指数；M 表示特定区域内人工岸线的长度；L 表示该区域内岸线的总长度。R 越大，代表该区域内岸线的人工化程度越高，即自然岸线被破坏的越多，反之亦然。

2. 岸线开发利用主体度

为了从宏观角度分析某一个特定区域内海岸线的主体构成结构和主体类型岸线的相对重要性程度，在此，主要通过借鉴生态学中有关生物群落类型的划分方法，构建评价岸线开发利用方向与主体度的模型（寇征，2013）。首先构建每类岸线类型长度占总岸线长度的比例公式，具体公式如下：

$$D_i = \frac{L_i}{L} \tag{5.6}$$

其中，D_i 代表某一特定区域内 i 类型岸线长度占总岸线长度的比例；L_i 为该区域内 i 类型岸线的长度；L 表示该区域内总岸线长度；然后构建岸线开发利用方向与主体度的确定方法（表 5-7）。

表 5-7　岸线开发利用主体度

区域岸线主体类型	条件
单一主体结构	某一类岸线 $D_i \geqslant 0.45$
二元、三元结构	每一类岸线 $D_i < 0.45$，但存在两类或两类以上岸线 $D_i \geqslant 0.2$
多元结构	每一类岸线 $D_i < 0.4$，且只有一类岸线 $D_i \geqslant 0.2$
无主体结构	每一类岸线 $D_i < 0.2$

3. 岸线开发利用强度

岸线开发利用强度是定量表征不同的海岸类型对海岸带资源环境的影响强弱的指标。具体公式如下：

$$A = \frac{\sum_{i=1}^{n}(l_i \times P_i)}{L} \tag{5.7}$$

其中，A 为岸线开发利用强度；L 为区内岸线总长度；i 为研究区内的第 i 种岸线类型；l_i 为研究区内第 i 类岸线的长度；n 为人工岸线类型数量；P_i 为第 i 类岸线的资源环境影响因子（$0<P_i\leq 1$）。

资源环境影响因子 P_i 表示不同人工岸线类型对特定自然岸线类型的资源环境影响程度，P_i 越大，则表示负面影响越显著，如围垦堤坝对原生砂（砾）质岸线土地利用影响较大；而防潮海堤对粉砂淤泥质岸线具有抵御风暴潮等自然灾害的功能，对自然环境影响小。具体研究需采用建立包括自然因素和生态因素两方面众多影响因子在内的指标体系，根据不同类型岸线对不同评价指标进行重要性判别，最终得到不同自然岸线条件下，各岸线类型的资源环境影响因子 P_i 的评价权重（表 5-8）。

表 5-8　各类岸线的资源环境影响因子

岸线类型	岸线资源环境影响状况	影响因子
自然岸线	对海岸带资源及生态环境影响很小	0.1
城镇与工业岸线	对海岸带资源及生态环境有着显著的影响，且大多不可逆	1.0
防护岸线	对海岸带资源及生态环境影响较小，且具有抵御风暴潮等自然灾害，保护农田、住宅、人民财产安全等功能	0.2
港口码头岸线	对海岸带资源及生态环境影响较大，且大多不可逆	0.8
养殖区岸线	对海岸带资源及生态环境影响稍大，且部分不可逆	0.6

5.4.2　海岸线人工化特征分析

岸线人工化指数反映了人类活动对岸线开发利用程度的强弱。根据不同地貌特征的岸滩线分区原则，分别统计了 1990～2000 年来浙江省 7 个自然地貌岸区的岸线人工化指数变化情况（图 5-11）。

1990 年，浙江省海岸线的人工化指数平均为 27.6%，到 2010 年，人工化指数已上升至 37.1%（表 5-6）。其中象山港岸区、椒江口岸区、瓯江口—沙埕港岸区人工化指数基本呈现出上升趋势，由于该 4 个岸段以基岩岸线为主，岸线受海潮侵蚀作用明显，岸前水深较深，更多被开发利用为优良港口。而杭州湾南北岸区、三门湾岸区以及乐清湾岸区的人工化指数则呈现波动态势。甚至杭州湾北岸区人工化指数有下降趋势，这是由于该岸段处于泥沙淤积段，2000～

2010 年来，人类的围垦活动减弱，而泥沙淤积强度超过围垦强度，故人工化指数呈现下降趋势。

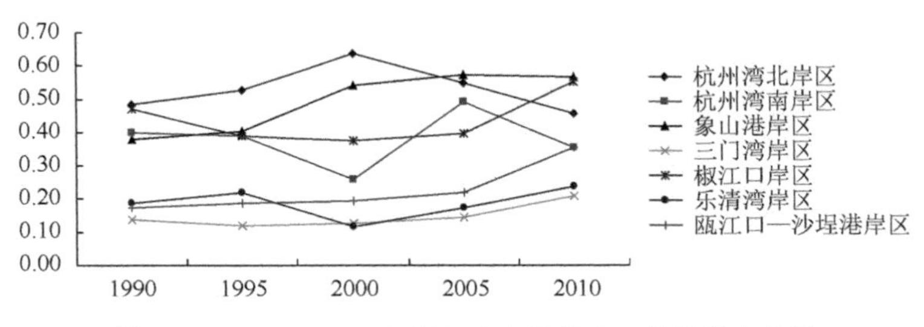

图 5-11　1990～2010 年浙江省各岸段人工化指数变化图

此外，从人工化指数强度上看，1990～2000 年，浙江省的 7 个自然分区整体可以划分为 3 个人工化程度层次。人工化程度最高的为杭州湾北岸区、象山港岸区和椒江口岸区。其中，杭州湾北岸区的平均人工化指数为 53%，即有 53%的岸线为人工岸线，且该岸段主要以围垦养殖和耕种堤坝为主；而象山港岸段的平均人工化指数为 49%，该岸段主要以港口码头人工岸线为主；椒江口岸区的人工岸线也达到 44%。处于人工化程度第二层次的是杭州湾南岸区和瓯江口—沙埕港岸区，人工化指数分别为 38%和 23%，即人工岸线所占比例在 20%～40%。人工化程度最低的为三门湾岸区和乐清湾岸区，仅为 15%和 19%，这 2 个岸区淤积较为严重，岸线的自然景观保护较好。

5.4.3　海岸线开发利用主体度分析

对于岸线开发利用主体度的评价，主要选取了 1990 年、2000 年和 2010 年的数据，分析比较浙江省岸线开发利用主体类型及主体度的变化（表 5-9）。

从表 5-9 可以看出浙江省的 7 个自然岸区中，杭州湾南岸区、三门湾岸区及瓯江口—沙埕港岸区海岸线开发利用结构为单一主体结构，其中杭州湾南岸区和三门湾岸区由于人类围垦的养殖区外泥沙淤积明显，其主体类型均为淤泥质岸线，且 1990～2000 年主体度均呈现先增加后减少的趋势。由于杭州湾南岸为淤长型滩涂海岸，故广阔的滩涂资源为南岸的填海造地创造了良好条件，使得该区域工程用海表现出规模大、开发速度快等特点，且用途多为农业造地工程用海。由于三门湾地区滩涂资源丰富，故渔业养殖是湾内主要的海洋开发利用活动，同时，淤泥质海岸还为造地工程提供了良好基础条件，故农业、填海造地在湾内呈现连片开发的特点。三门湾海域内滩涂资源较多，生态环境保护较好，是重要的鱼、虾、贝、藻类养殖基地和生态基地。而瓯江口—沙埕港岸区由于处于雁荡山山脚，故其岸线主体类型为基岩岸线。1990～2000 年，由于人类活动不断开发利用，其主体度呈现不断下降的趋势。

象山港岸区岸线利用结构均保持着二元结构类型，且主体类型为基岩岸线和养殖岸线，但主体度有所变化，1990 年，基岩岸线主体度为 0.42，养殖岸线为 0.30；随着人类开发活动加剧，2010 年，基岩岸线和养殖岸线的主体度分别为 0.24 和 0.23。由于港湾呈现由东北向西南深入的狭长形半封闭型海湾，水体交换能力弱，海洋生态系统较为脆弱，港内的主要海洋开发活动为渔业养殖，象山港岸区成为浙江重要的生态保护区。

1990～2000 年，椒江口岸区的岸线开发利用结构呈现出由二元→三元→二元的演化趋势。1990 年以养殖岸线为第一主体类型，主体度为 0.41，基岩岸线为其第二主体类型，主体度为 0.36；而 2000 年，由于海湾淤泥不断淤积，淤泥质岸线成为其第二主体类型；2010 年，该岸区的主体类型又恢复为基岩岸线与养殖岸线。渔业养殖是该岸区的主要海洋开发利用活动，其围海养殖具有规模大、连片发展的趋势。

1990～2000 年，杭州湾北岸区岸线开发利用结构从三元结构向单一主体结构演化。1990 年，第一主体类型为养殖岸线，多为农业用地，主体度为 0.38，淤泥质岸线及基岩岸线分别为第二、第三主体类型；2010 年，随着人类开发利用强度放缓，更多的城镇工业岸线外开始淤积泥沙，淤泥质岸线成为其单一的主体类型。此外，由于对淤泥质岸线定义不同，淤泥质岸线占据了主导地位，其岸线内的土地利用主要以交通运输用海及城镇工业用海为主。

乐清湾岸区的岸线利用结构呈现出二元→单一主体→二元的演化趋势。1990 年，岸线开发利用的主体类型为基岩岸线和淤泥质岸线，主体度分别为 0.41 和 0.40；而 2000 年，主要呈现淤泥质岸线的单一主体结构，且主体度达到 0.54；2010 年由于围垦活动加剧，滩涂养殖有所减弱，故又呈现淤泥质岸线与基岩岸线并存的二元结构。该岸区渔业资源丰富，渔业养殖主要以滩涂养殖和围海养殖为主，渔业用海在本岸区的海洋开发利用中占据主导地位。

表 5-9　1990、2000、2010 年浙江省各岸区岸线主体类型及主体度

	1990 年			2000 年			2010 年		
	岸线结构	主体类型	主体度	岸线结构	主体类型	主体度	岸线结构	主体类型	主体度
杭州湾北岸区	三元	养殖岸线	0.38	二元	养殖岸线	0.43	单一	淤泥质岸线	0.48
		淤泥质岸线	0.25		淤泥质岸线	0.23			
		基岩岸线	0.24						
杭州湾南岸区	单一	淤泥质岸线	0.57	单一	淤泥质岸线	0.72	单一	淤泥质岸线	0.63

续表

<table>
<tr><th rowspan="2"></th><th colspan="3">1990 年</th><th colspan="3">2000 年</th><th colspan="3">2010 年</th></tr>
<tr><th>岸线结构</th><th>主体类型</th><th>主体度</th><th>岸线结构</th><th>主体类型</th><th>主体度</th><th>岸线结构</th><th>主体类型</th><th>主体度</th></tr>
<tr><td rowspan="2">象山港岸区</td><td rowspan="2">二元</td><td>基岩岸线</td><td>0.42</td><td rowspan="2">二元</td><td>养殖岸线</td><td>0.29</td><td rowspan="2">二元</td><td>基岩岸线</td><td>0.24</td></tr>
<tr><td>养殖岸线</td><td>0.30</td><td>基岩岸线</td><td>0.26</td><td>养殖岸线</td><td>0.23</td></tr>
<tr><td>三门湾岸区</td><td>单一</td><td>淤泥质岸线</td><td>0.51</td><td>单一</td><td>淤泥质岸线</td><td>0.57</td><td>单一</td><td>淤泥质岸线</td><td>0.53</td></tr>
<tr><td rowspan="3">椒江口岸区</td><td rowspan="3">二元</td><td>养殖岸线</td><td>0.41</td><td rowspan="3">三元</td><td>基岩岸线</td><td>0.35</td><td rowspan="3">二元</td><td>基岩岸线</td><td>0.39</td></tr>
<tr><td rowspan="2">基岩岸线</td><td rowspan="2">0.36</td><td>淤泥质岸线</td><td>0.27</td><td rowspan="2">养殖岸线</td><td rowspan="2">0.28</td></tr>
<tr><td>养殖岸线</td><td>0.21</td></tr>
<tr><td rowspan="2">乐清湾岸区</td><td rowspan="2">二元</td><td>基岩岸线</td><td>0.41</td><td rowspan="2">单一</td><td rowspan="2">淤泥质岸线</td><td rowspan="2">0.54</td><td rowspan="2">二元</td><td>淤泥质岸线</td><td>0.41</td></tr>
<tr><td>淤泥质岸线</td><td>0.40</td><td>基岩岸线</td><td>0.35</td></tr>
<tr><td>瓯江口—沙埕港岸区</td><td>单一</td><td>基岩岸线</td><td>0.56</td><td>单一</td><td>基岩岸线</td><td>0.51</td><td>单一</td><td>基岩岸线</td><td>0.47</td></tr>
</table>

5.4.4 海岸线开发利用强度分析

根据岸线开发利用强度指数公式，选取浙江省 2010 年各岸区岸线数据进行计算，得到表 5-10。从表 5-10 可以看出，浙江省岸线开发利用强度指数最大的为象山港岸区，开发利用强度指数达到了 0.46，该岸区以渔业养殖用地为主；近年来，各类规模较大的工业用海（船舶工业及电力工业）也纷纷兴起，2010 年建设用海岸线所占比例高达 14.5%；因此，海岸线开发利用强度指数在 7 个岸区中最大。其次为椒江口岸区、杭州湾北岸区及瓯江口—沙埕港岸区，岸线开发利用强度指数分别为 0.42、0.39 和 0.32，椒江口岸区主要为围海养殖，工业和交通运输港口增加了其开发利用强度；杭州湾北岸区主要是以嘉兴港为主体的港口码头岸线，各类临港工业用线增加了其开发利用强度；而瓯江口—沙埕港岸区主要为渔业养殖，位于瓯江口两侧的船舶工业用海和交通运输用海增加了其开发利用强度。而开发利用强度最低的为杭州湾南岸区和乐清湾岸区，主要由于对该两岸区的开发利用，人工岸线外淤泥质海岸不断淤长，故相对开发利用强度较低。

表 5-10　2010 年浙江省各岸区开发利用强度指数

岸区	开发利用强度
杭州湾北岸区	0.39
杭州湾南岸区	0.28

续表

岸区	开发利用强度
象山港岸区	0.46
三门湾岸区	0.23
椒江口岸区	0.42
乐清湾岸区	0.23
瓯江口—沙埕港岸区	0.32

5.5　岸线变迁区围填海空间格局分析

围填海主要是指通过人为修建堤坝、填埋土石方等工程来将近陆的浅海海域变为陆域，从而拓展陆域的生存空间和生产空间的一种人类活动（张明慧等，2012）。围海可以用来兴建水库、养殖塘、盐田等，填海可以用来建设港口码头、工业仓储用地、发展滨海旅游、兴建城镇以及大型基础设施或娱乐设施等，可以带来巨大的经济效益和社会效益，能够有效缓解沿海地区用地紧张和招商引资用地不足的矛盾，此外，还能实现部分地区耕地占补平衡。在许多人多地少的沿海国家，如荷兰、德国、朝鲜、英国等，围填海已有几百年甚至近千年的历史（李加林等，2007），这些国家通过围填海工程获得了经济发展的契机。然而，近年来愈演愈烈的围填海工程在不断创造社会经济效益的同时，也不断暴露出一系列海洋生境破坏和海洋环境退化等问题（赵迎东等，2010）。

因此，本节从区域宏观角度，对浙江岸线变迁区 1990～2010 年围填海空间格局进行分析和评价，不仅有利于优化海洋工程的空间布局，促进海洋经济产业结构转型，同时对改善海洋环境，减少围填海工程对海洋生境的干扰与破坏具有重要意义。

5.5.1　岸线变迁区围填海数据获取方法及类型划分

1. 围填海空间数据获取

本节中围填海空间格局评价的数据主要选取 1990、2010 年的 TM 遥感影像（共 6 景，轨道号分别为 118-39，118-40 和 118-41）。此外，其他辅助数据还包括 Google Earth 影像数据、1∶25 万浙江省扫描地形图及 1∶25 万浙江省地理背景数据。

2. 围填海类型划分

1990～2010 年，浙江围填海范围的确定主要是在获取 1990 年及 2010 年海岸线数据的基础上，对部分淤泥质岸线进行修正后得到人工围垦边界，将得到的 1990 年岸线与 2010 年岸线进行叠加，将线形要素转为面，从而得到 1990～2010 年浙江大陆海岸的围垦范围边界。在此基础上，结合 TM 遥感影像的波段特征以及 Google Earth 中 1990 年及 2010 年影像数据，建立不同地类的解译标志，运用 eCognition Developer 8.7，基于样本的分类方式，结合人机互动解译分类，得到浙江围填海分类数据。

根据浙江围填海地类具体情况，将用地类型分为 8 类：耕地、临海工业、港口码头、城镇建设、湿地[①]、养殖池塘、水域库区、未利用地[②]。

5.5.2 岸线变迁区围填海空间格局分析指标

对围填海空间格局的评价，主要通过借鉴景观生态学中有关土地利用格局变化的定量研究指标数据，将其做相应修改，使其适合本节围填海空间格局评价的研究。所选取指标包括围填海斑块个数、围填海平均斑块面积、围填海斑块密度、围填海强度指数、围填海平均斑块形状指数、围填海平均斑块分形维数、围填海聚集度指数、围填海多样性指数、围填海面积变异系数 9 个指标（邬建国，2007）。各指标的计算主要借助景观指数计算软件 Fragstats 3.4 完成。各指标的计算方式及含义如下。

1. 围填海斑块个数（NP）

围填海斑块个数（NP，单位：个）指围填海区域内不同类型用地的斑块数量，可以描述用地的异质性和破碎度。NP 值越大，破碎度越高；反之则越低；NP≥1。

2. 围填海平均斑块面积（MPS）

围填海平均斑块面积（MPS，单位：hm^2）指围填海区域内围填海总面积的平均值。可以表征某一地类的破碎程度。MPS 值越小，则地类越破碎。具体计算公式如下：

$$\mathrm{MPS}=\frac{A}{\mathrm{NP}} \tag{5.8}$$

① 此处的湿地指代原先的淤泥质岸线经人为围堤后形成的作为湿地地类存在的围填海区域。

② 此处的未利用地主要指代原先为天然海域经过人为围堤后，截至 2010 年影像获取前还未利用，且围垦区内为海水的围填海区域。

其中，MPS 代表围填海平均斑块面积；A 代表区域内所有（或某一类）围填海面积；NP 代表区域内（或某一类）围填海斑块总个数；MPS＞0。

3. 围填海斑块密度（PD）

围填海斑块密度（PD，单位：个/hm^2）指单位面积斑块数，是表征景观破碎化程度的指标。PD 值越大，围填海类型越破碎，反之围填海类型越完整。具体计算公式如下：

$$\mathrm{PD}=\frac{\mathrm{NP}}{A} \tag{5.9}$$

其中，NP 为斑块总数；A 代表总围填海类型面积；PD≥0。

4. 围填海强度指数（IN）

围填海强度指数（IN，单位：hm^2/km）指单位长度岸线上的围填海面积，表征区域内围填海规模。具体计算公式如下：

$$\mathrm{IN}=\frac{S}{L} \tag{5.10}$$

其中，IN 为围填海强度指数；S 为围填海总面积；L 为岸线长度。IN＞0。

5. 围填海平均斑块形状指数（MSI）

围填海平均斑块形状指数（MSI）通常用来表征每个斑块形状的总体复杂程度。一般而言，当景观类型中所有斑块均为正方形时，MSI = 1；反之则 MSI 增大。具体计算公式如下：

$$\mathrm{MSI}=\frac{\sum_{i=1}^{m}\sum_{j=1}^{n}\left(\frac{0.25P_{ij}}{\sqrt{a_{ij}}}\right)}{\mathrm{NP}} \tag{5.11}$$

其中，MSI 为围填海平均斑块形状指数；m，n 均为斑块类型总数；a_{ij} 为第 i 类围填海用地类型中第 j 个斑块的面积；P_{ij} 为第 i 类围填海用地类型中第 j 个斑块的周长；NP 为围填海斑块总数；MSI≥1。

6. 围填海平均斑块分形维数（MPFD）

围填海平均斑块分形维数（MPFD）用来描述景观中斑块形状的复杂程度，其大小能够表征人类活动对景观的影响程度。MPFD 的值越接近于 1，说明斑块越相似且越有规律，即斑块几何形状越简单，表明受人类活动影响程度越大，反之则越小。具体计算公式如下：

$$\mathrm{MPFD}=\frac{\sum_{i=1}^{m}\sum_{j=1}^{n}\left(\frac{2\ln(0.25P_{ij})}{\ln a_{ij}}\right)}{\mathrm{NP}} \quad (5.12)$$

其中，MPFD 为围填海平均斑块分形维数；m、n 均为围填海的斑块类型总数；a_{ij} 为第 i 类围填海用地类型中第 j 个斑块的面积；P_{ij} 为第 i 类围填海用地类型中第 j 个斑块的周长；NP 为围填海斑块总个数；1≤MPFD≤2。

7. 围填海聚集度指数（AI）

围填海聚集度指数（AI，单位：%）指不同围填海类型斑块的聚集程度，能够表征景观组分的空间配置特征。聚集度指数越小，则表明围填海类型由越多小斑块组成，且有着较大随机性；聚集度指数越大，斑块则越聚集且能形成少数较大斑块。具体计算公式如下：

$$\mathrm{AI}=2\ln n+\sum_{i=1}^{m}\sum_{j=1}^{n}P_{ij}\times\ln P_{ij}\times 100\% \quad (5.13)$$

其中，m，n 表示围填海的斑块类型总数；P_{ij} 是随机选择的 2 个相邻图像栅格归属于类型 i 与类型 j 的概率；0＜AI≤100。

8. 围填海多样性指数（SHDI）

围填海多样性指数（SHDI）能反映围填海类型的多少以及各类型占总景观面积比例的变化。当 SHDI = 0 时，说明景观中只有 1 种斑块类型；SHDI 值越大，则代表斑块类型增加或各类型斑块所占面积比例越趋于相似。具体计算公式如下：

$$\mathrm{SHDI}=-\sum_{i=1}^{m}P_i\times\ln P_i \quad (5.14)$$

其中，m 为围填海斑块类型总数；P_i 为第 i 类斑块类型所占围填海总面积比例；SHDI≥0。

9. 围填海面积变异系数（PSCV）

围填海面积变异系数（PSCV，单位：%）指围填海各斑块之间面积差异程度。PSCV 越大，则表明面积差异越大，反之越小。具体计算公式如下：

$$\mathrm{PSCV}=\frac{\mathrm{PSSD}}{\mathrm{MPS}}\times 100\% \quad (5.15)$$

其中，PSCV 为围填海面积变异系数；MPS 为围填海平均斑块面积；PSSD 为围填海斑块面积的标准差，计算公式如下：

$$\mathrm{PSSD}=\sqrt{\frac{\sum_{i=1}^{m}\sum_{j=1}^{n}(a_{ij}-\mathrm{MPS})^2}{\mathrm{NP}}} \tag{5.16}$$

其中，m，n 均为围填海斑块类型总数；a_{ij} 为第 i 类围填海用地类型中第 j 个斑块的面积；MPS 为围填海平均斑块面积；NP 为斑块总个数；PSCV≥0。

5.5.3 岸线变迁区围填海空间格局分析

1. 围填海整体结构评价

通过将 1990 年和 2010 年海岸线叠加，以及要素转面处理可得，1990～2010 年，浙江省围填海总面积达 108 760.40 hm^2，共有斑块 447 个，围填海平均斑块面积为 243.3 hm^2（表 5-11）。在各类围填海用地类型中，养殖池塘的比例最大，约占总围填海面积的 28.23%（图 5-12）。其次为未利用地，约占总围填海面积的 21.77%，且从利用趋势来看，大部分将用作养殖池塘，由此可见，浙江围填海区域中，有近一半作为鱼塘、虾塘、蟹塘、鳝塘等，这主要由于浙江沿海岸线中，原先淤泥质岸线占据了较大比例，更多岸线被围垦作为养殖池塘。正因如此，湿地和耕地所占的比例也较大，分别约为 19.22%和 13.40%。此外，在各类建设用地中，城镇建设用地所占比例较大，为 7.87%，这主要是由于浙江沿海平原地区有着良好的海运条件，更多城镇依靠港口、工业等发展起来，且面积不断扩大。临海工业和港口码头共占 5.91%，但主要集中在浙北基岩岸线区。浙南地区由于淤泥质海岸较多，建港条件不理想，故港口较少。浙江沿海临港工业主要也集中在港口码头附近，且以临海化工业和海洋船舶工业居多。还有一小部分围填海区域被用作水域库区，用来存储淡水资源等，约占围垦面积的 3.60%。

表 5-11 浙江省围填海各类型空间区域分布 （单位：hm^2）

围填海用地类型	嘉兴	杭州	绍兴	宁波	台州	温州	总计
临海工业	657.00	38.61	0	2228.76	710.37	372.60	4007.34
耕地	3514.77	3403.35	507.15	5419.62	1727.19	0	14 572.08
城镇建设	1048.41	386.46	180.54	4625.28	1818.63	504.36	8563.68
港口码头	157.41	0	0	1165.95	924.12	170.73	2418.21
湿地	936.54	3054.87	60.57	10 027.98	5400.9	1425.06	20 905.92
养殖池塘	1125.81	6414.39	339.03	12 110.49	6107.4	4603.41	30 700.53
未利用地	490.50	0	0	3729.51	14 800.23	4661.91	23 682.15
水域库区	175.59	854.91	0	2779.83	29.16	71.01	3910.50
总计	8106.03	14 152.59	1087.29	42 087.42	31 518.00	11 809.08	108 760.40

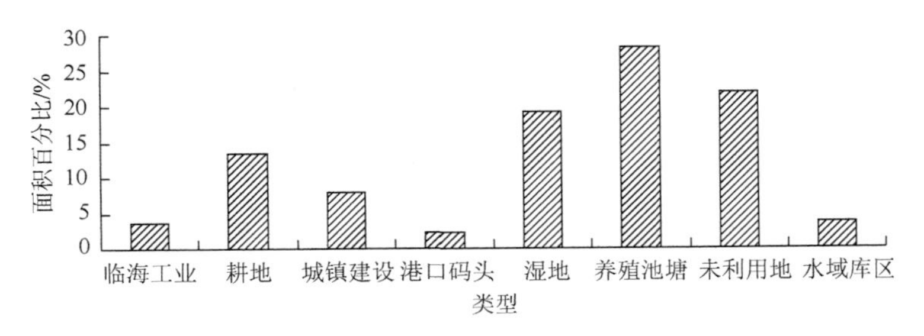

图 5-12　1990～2010 年浙江省围填海土地利用类型面积百分比

从地理空间分布来看，在选定的浙江省 6 个沿海地级市中，宁波的围填海面积最大，达 42 087.42 hm^2，占浙江围填海总面积的 38.70%；围填海斑块个数为 196 个，居 6 地之首；同时，在 9 类围填海地类中，除未利用地外（台州未利用地占总未利用地面积的 62.50%），宁波其余地类所占百分比均占首位，其中，水域库区用地约占浙江省围填海水域库区用地的 71.09%。绍兴围填海面积最小，仅为 1087.29 hm^2，占总围填海面积不足 1%。其余几个地区，围填海面积台州＞杭州＞温州＞嘉兴（表 5-11）。此外，对于各类建设用地，如临海工业用地、城镇建设用地及港口码头用地除集中分布在宁波外，还集中分布在嘉兴和台州，其中台州的港口码头用地占总围填海港口码头面积的 38.22%。此外，除集中分布在宁波，嘉兴、杭州的耕地比例也不低，分别占 24.12%和 23.36%，这些耕地主要分布在杭州湾底部钱塘江口两岸的淤泥质海岸，湿地和养殖池塘用地主要还集中分布在杭州和台州沿岸的淤泥质岸线（表 5-11）。

2. 围填海斑块面积评价

浙江围填海各类用地类型中，还是以耕地和养殖池塘占优势（表 5-12），说明大部分的围填海用作农用地，以补偿城区耕地被占用的现状。养殖池塘的斑块密度较大，达 0.12 个/hm^2，同时，斑块间面积差异也相对较大，变异系数达 200.93%。此外，城镇建设用地、港口码头以及水域库区的面积变异系数也较大，这主要是由于大部分围填海城镇建设用地及港口码头用地均位于基岩岸线附近，受地形等因素影响，不同区域用地面积差异较大；而对于水域库区用地，也大部分位于基岩岸线内凹的小港湾处，故不同岸线水域库区面积差异也较大。

表 5-12　浙江围填海各类用地面积指数表

类型	面积/hm^2	面积百分比/%	斑块个数/个	平均斑块面积/hm^2	斑块密度/(个/hm^2)	斑块面积变异系数/%
临海工业	4007.34	3.68	39	102.75	0.04	169.59
耕地	14 572.08	13.40	43	338.89	0.04	128.04

续表

类型	面积/hm²	面积百分比/%	斑块个数/个	平均斑块面积/hm²	斑块密度/(个/hm²)	斑块面积变异系数/%
城镇建设	8563.68	7.87	64	133.81	0.06	217.53
港口码头	2418.21	2.22	63	38.38	0.06	202.10
湿地	20 905.92	19.22	61	342.72	0.06	185.72
养殖池塘	30 700.53	28.23	133	230.83	0.12	200.93
未利用地	23 682.15	21.77	27	877.12	0.02	135.70
水域库区	3910.50	3.60	15	260.70	0.01	206.77

而从空间差异来看，浙江总体围填海斑块面积变异系数较大，达 218.64%（表 5-13）。在 6 个沿海地级市中，台州市的斑块面积变异系数最大，达 249.24%，大于浙江整体的围填海斑块面积变异系数，主要由于台州临海、台州市区及玉环东侧有几块面积较大的已围垦但还未彻底开发的未利用地斑块存在，面积差异悬殊，故面积变异系数较大。而其余几个地区的斑块面积变异系数均小于浙江整体值，其中，温州和宁波次之，分别为 210.91%和 208.49%，主要因为围填海地类种类较多，且不同类别差异较大，故面积变异系数较大。而绍兴的面积变异系数最小，仅 97.07%，这是由于绍兴围填海斑块面积较少，仅 7 个，且各斑块都相对均匀，面积差异不大。

表 5-13　浙江省各沿海地级市围填海面积指数统计

	面积/hm²	面积百分比/%	斑块个数/个	平均斑块面积/hm²	斑块面积变异系数/%
嘉兴	8106.03	7.45	37	219.08	175.71
杭州	14 152.59	13.01	38	372.44	159.42
绍兴	1087.29	1.00	7	155.33	97.07
宁波	42 087.42	38.70	196	214.73	208.49
台州	31 518.00	28.98	116	271.71	249.24
温州	11 809.08	10.86	53	222.81	210.91
总计	108 760.41	100.00	447	243.31	218.64

3. 围填海斑块形状特征评价

对于围填海斑块形状特征的评价，主要选取平均斑块形状指数和平均斑块分形维数两个指标来分析。如图 5-13 所示，各类型的平均斑块形状指数和平均斑块分形维数表现出一定的相关性。其中，水域库区和港口码头的平均斑块形状指数均较大，同时，二者的平均斑块分形维数也分别达到1.10和1.12，主要由于这两种地类大多分布在基岩岸线附近，受地形限制，使得其形状复杂。除此以外，湿地、耕地以及未利用地的平均斑块形状指数和平均斑块分形维数也较大，主要由于这三类地类相互镶嵌，更多围垦用地还未被较好开发利用，呈现半海水半淤泥质湿地或半耕地半淤泥质湿地特征，且其间没有较明显人工分界线，故增加了其形状的复杂程度。而对于受人类作用明显，且开发较为彻底的临海工业用地以及城镇建设用地，二项指标值均较小，形状较为简单。

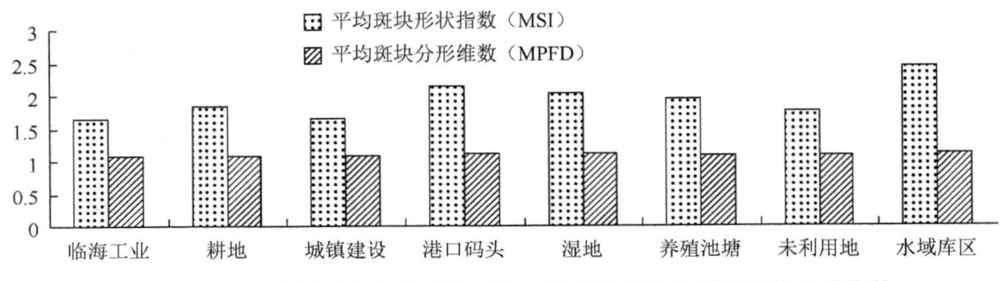

图5-13　浙江省围填海各类型的平均斑块形状指数和平均斑块分形维数

由图5-14可知，浙江省围填海平均斑块形状指数为1.91，平均斑块分形维数为1.09。其在各地区的情况各有不同，其中，台州和宁波的平均斑块形状指数和平均斑块分形维数分别为1.99和1.10及1.95和1.10，均高于浙江平均值，斑块受自然地形影响较大，形状最为复杂。杭州和温州次之，绍兴的平均斑块形状指数及平均斑块分形维数最小，分别为1.68和1.07，其各斑块的形状较为简单，且大多为平原地区，受自然地形影响较小。

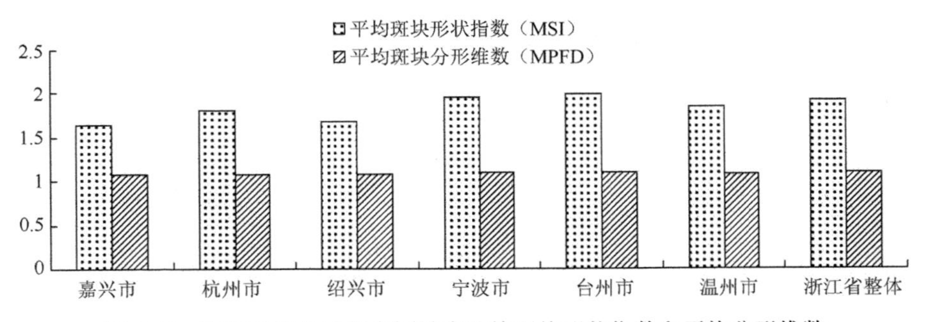

图5-14　浙江省及各地级市围填海斑块平均形状指数和平均分形维数

4. 围填海类型聚集度分析

如图5-15所示，浙江省围填海各类型聚集度均较高，其中未利用地最高，湿地、耕地、养殖池塘次之，其后是城镇建设用地、临海工业用地、水域库区等，而港口码头的聚集度最低、最破碎，这与港口选址条件限制以及人类活动的强烈作用有着重要关系。1990～2010 年，更多的海域被围填起来成为陆域的一部分，由于某些区块围填面积较大，还有一大部分围填海域未得到及时充分的开发利用，且这些区块较为集中，故未利用地聚集度较大。而湿地、耕地及养殖用地大多分布在浙江杭州湾南岸、三门湾、乐清湾以及温州南部的淤泥质岸线一带，且分布也较为集中，聚集度也较大。而对于各类建设用地，由于受地形因素的影响，同时考虑各地发展的需要，大多分布在山脚平原地区，较为零散，故聚集度较低，破碎度较大，该现象尤以港口码头用地最为突出。

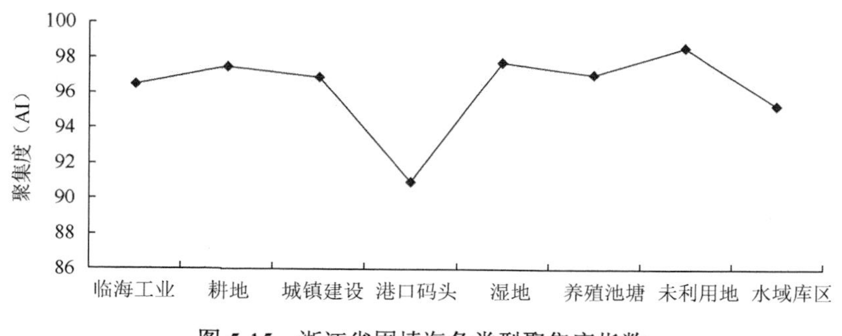

图 5-15　浙江省围填海各类型聚集度指数

5. 围填海强度及多样性评价

海岸线是各区域围填海的重要依托，在此采用单位岸线的围填海面积来表征浙江各地区的围填海强度指数。由图 5-16 可知，浙江的围填海强度指数为 56.3 hm^2/km。在本节的 6 个浙江沿海城市中，杭州的围填海强度最大，为

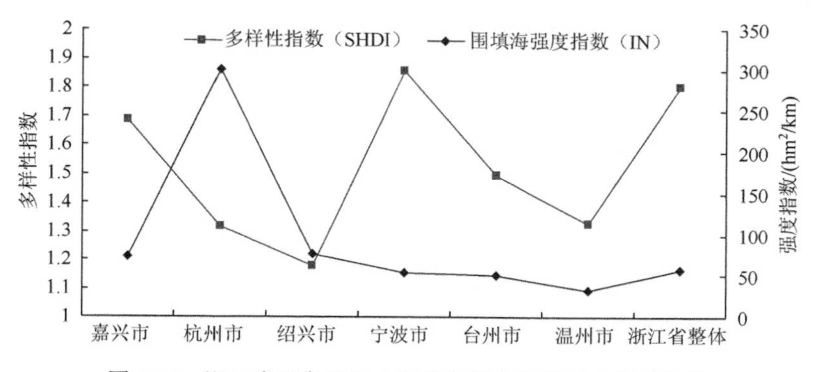

图 5-16　浙江省及各地级市围填海强度指数及多样性指数

300.7 hm^2/km，主要由于杭州海岸线较短，而钱塘江口又有着众多淤泥质海岸，故围填海面积较大。其次为绍兴和嘉兴，分别为 76.25 hm^2/km 和 72.91 hm^2/km，而宁波、台州及温州由于海岸线较长，故围填海强度相对较弱。

围填海多样性指数是度量围填海各用地类型及面积的空间复杂程度的指数，由图 5-16 可知，浙江总体围填海多样性指数为 1.8。6 个城市中，宁波的围填海用地类型有 9 类，且各个类型面积比例差异较大，故围填海多样性指数较高，达 1.86，高于浙江省平均值；嘉兴、绍兴的围填海用地类型也为 9 类，但是由于其不同用地类型之间的面积比例差异较小，故围填海多样性指数次之，分别为 1.68 和 1.49；而温州、杭州和绍兴由于用地类型相对较少，围填海多样性指数较低。

5.6 海岸线资源综合适宜性评价

海岸线资源现状评价和价值评估是海岸线资源研究及城市规划的重要组成部分。近年来，随着地理信息系统和遥感等技术的发展，推动了土地资源的适宜性评价发展（李猷等，2010；周建飞等，2005）。同土地资源的适宜性评价相似，由于岸线资源也拥有着多重属性特征，对其进行综合适宜性评价，有助于科学合理地利用岸线资源。开展岸线资源生产、生活和生态等综合适宜性评价，有利于沿海地区的临海产业、港口、城市生活以及生态保护区的合理布局，有助于提升海岸线资源的综合利用价值，协调海陆发展，促进海岸带海洋经济示范区建设。

本节以浙江大陆岸线资源（以下简称岸线资源）为案例，对海岸线资源进行综合适宜性评价，从沿岸地区生产发展、生活休憩、生态保护等角度对浙江大陆岸线适宜性加以评价，进而探讨各类型海岸岸线的发展方向，以期为提升岸线的综合利用水平、实现海岸线资源可持续发展提供科学指导。

5.6.1 海岸线资源利用方式及综合评价方法

海岸线资源的利用是深度开发海洋资源、拓展海洋经济的重要方式，也是统筹海洋和陆域开发的重要纽带。长期以来，我国海岸线资源利用仍以港口建设为主，对生活旅游开发和生态保护的关注较不足，岸线综合利用程度不高（陈诚，2013）。近几十年来，我国沿海经济社会快速发展，围海养殖、填海造地和港口码头建设等大规模海岸开发活动使人工海岸堤坝代替自然海岸滩涂，改变了海岸自然形态，导致具备生态、生活功能的岸线不断减少，稀缺的自然岸线资源日益缩减，海岸线人工化与海岸侵蚀、沙滩异化和滨海湿地退化等资源环境问题并存，成为制约推进海洋生态文明建设的重要障碍。

我国对岸线资源的研究始于 20 世纪 80 年代末，研究领域主要集中于江河沿岸（秦丽云，2007；王传胜等，2002a；2002b）。之后，学者开始将眼光投向了沿海港口城市的岸线资源评价，并且逐步引入了 3S 的各项技术手段（涂振顺等，2010）。但是纵观近几年的岸线评价及利用现状，更多学者将岸线资源评价目标集中于生产发展及港口利用，选取的指标也大多符合港口建设要求（尹静秋，2004；Charles，1970），而对居住生活建设、休憩旅游开发以及生态环境保护等方面关注较少。

本节对浙江大陆岸线资源的综合适宜性评价，具体根据沿岸地区生产因素（港口建设条件、内陆产业发展潜力条件、规避自然灾害风险能力等）、生活因素（居住条件、休闲游憩条件、生活便利条件等）以及生态因素（各类生态保护岸线）等方面对岸线自然条件及区位条件的需求，同时考虑评价指标的易得性、可比性、易量化性及研究区的现状等，参照已有研究，分析评价浙江大陆岸线的适宜性程度，并在此基础上，根据各岸段的适宜条件以及实际利用现状，分析各类型岸段今后的发展方向。

1. 评价指标选择及量化

对浙江海岸线综合适宜性评价指标，既要反映浙江岸线地域差异的本底特征，又要使所选指标具有客观性、独立性、可行性。在此，本节主要选取对各类岸线用途影响较大的因子（徐谅慧等，2015）。对于岸线生产适宜性的相关评价，由于随着经济快速发展，沿海城市开发步伐加快，一些相对可变的人为因素（如岸线交通网络、城市依托性等）均不再成为制约浙江沿海地区生产岸线发展的关键因素，因此对生产适宜性指标的选取重点考虑相对不变的自然条件（马荣华等，2004）。岸前水深条件、航道水域宽度以及岸线稳定性是影响港口码头建设的重要因素，同时，岸线越稳定，利用效率越高，后期运营与维护成本越低。另外，陆域可开发纵深越深，意味着临海相关产业向陆域发展空间越大，产业链所能创造的经济价值也就越大。此外，近海海域潮差大小也将直接影响船舶的作业和停泊。因此，对于岸线生产适宜性评价，主要选取岸前水深、航道水域宽度、岸线稳定性、陆域可开发纵深及潮差 5 个指标作为生产适宜性评价因子。

背山面水、自然环境污染少、生态条件良好、生活方便、交通通达性好是良好人居环境的重要因素（霍震和李亚光，2010），因此，选取近岸水质质量、生态功能区邻近度以及城镇邻近度 3 个指标作为生活适宜性评价因子。

而在生态保护方面，生态服务功能越重要，近海海域水环境容量越小，地质灾害发生频率越大，则生态保护越重要（陈雯等，2006），因此，结合浙江岸线资源的现实状况，选取生态服务功能重要性、近海水域环境容量以及地质灾害风险3个指标作为生态保护适宜性（以下简称生态适宜性）评价因子。

在此基础上确定浙江省岸线资源综合适宜性评价指标体系以及各类指标的量化方式（表 5-14）。

表 5-14　指标体系及量化标准

目标	指标	含义	分等依据	等级—赋值	分析方法
生产适宜性	岸前水深①a1	表征深水航道离岸的远近程度	–10 m 等深线＜500 m	Ⅰ—1	坡度分析、缓冲区分析
			500 m≤–10 m 等深线＜1000 m	Ⅱ—2	
			–10 m 等深线≥1000 m	Ⅲ—3	
	航道水域宽度①a2	表征航道允许调头的船舶吨位等级	–10 m 航道宽度≥426 m	Ⅰ—1	缓冲区分析
			324 m≤–10 m 航道宽度＜426 m	Ⅱ—2	
			–10 m 航道宽度＜324 m	Ⅲ—3	
	岸线稳定性 a3	表征岸线冲淤状况，体现港口维护成本	岸线基本稳定或微冲	Ⅰ—1	分级赋值
			冲刷但一般性护岸可防或微淤	Ⅱ—2	
			大冲大淤	Ⅲ—3	
	陆域可开发纵深 a4	表征岸线后方陆域开发空间大小	坡度小于 2.5°区域≥1000 m	Ⅰ—1	坡度分析、缓冲区分析
			500 m≤坡度小于 2.5°区域＜1000 m	Ⅱ—2	
			坡度小于 2.5°区域＜500 m	Ⅲ—3	
	潮差 a5	表征多年高低潮位平均差值对船舶作业及停靠的限制程度	潮差＜3 m	Ⅰ—1	分级赋值
			3 m≤潮差＜4 m	Ⅱ—2	
			潮差≥4 m	Ⅲ—3	
生活适宜性	近岸水质质量 a6	表征岸线周围环境质量的优劣程度	海洋水质等级≤Ⅲ类	Ⅰ—1	分级赋值
			海洋水质等级Ⅳ类	Ⅱ—2	
			海洋水质等级劣Ⅳ类	Ⅲ—3	
	生态功能区邻近度 a7	表征区域的生态环境质量优劣	距生态功能区及风景区＜5000 m	Ⅰ—1	缓冲区分析
			5000 m≤距生态功能区及风景区＜10 000 m	Ⅱ—2	
			距生态功能区及风景区≥10 000 m	Ⅲ—3	
	城镇邻近度 a8	表征区域交通通达程度以及生活方便程度	距城镇＜5000 m	Ⅰ—1	缓冲区分析
			5000 m≤距城镇＜10 000 m	Ⅱ—2	
			距城镇≥10 000 m	Ⅲ—3	

续表

目标	指标	含义	分等依据	等级—赋值	分析方法
生态适宜性	生态服务功能重要性 a9	反映在生物多样性保护、物种保护以及重要水源保护等方面	重要渔业保护区、海洋及海岸自然生态保护区、生物物种保护区、自然遗迹及非生物资源保护区（以下简称各类生态保护区）	Ⅰ—1	分级赋值
			风景旅游区、旅游度假区	Ⅱ—2	
			其他	Ⅲ—3	
	近海水域环境容量 a10	表征岸线附近水体的纳污能力大小	水质标准一类	Ⅰ—1	分级赋值
			水质标准二类	Ⅱ—2	
			水质标准三、四类	Ⅲ—3	
	地质灾害风险 a11	表征地质灾害发生可能性的大小	坡度≥30°，植被覆盖率较低	Ⅰ—1	叠置分析、坡度分析
			20°≤坡度<30°，植被覆盖率一般	Ⅱ—2	
			坡度<20°，植被覆盖率较高	Ⅲ—3	

① 分等依据详见相关文献资料（马荣华等，2003；2004）

2. 各单元评价方法

对于岸线资源的生产、生活以及生态 3 个适宜性评价单元的适宜性的评价，采用如下公式进行计算：

$$S_i = \sum_{j=1}^{n} f_{ij} \tag{5.17}$$

其中，S_i表示第 i（生产、生活或生态）个评价单元的总得分；f_{ij}表示第 i 个评价单元中第 j 个评价指标的得分；n 表示第 i 个评价单元的总指标个数，考虑各评价指标均代表了岸线某一方面特征，故认为它们对于岸线适宜性综合评价是同等重要的，由此决定了它们的权重相同。

运用式（5.17）将每个评价单元内的岸段均划分为 4 个等级，具体划分方式如表 5-15。

表 5-15　岸线资源生产、生活、生态适宜性等级划分

	分等依据	分值	等级—赋值
生产适宜性	4 项为Ⅰ级，1 项大于等于Ⅱ级	S＝5 或 6	Ⅰ—1
	至多 1 项为Ⅲ级，其余小于等于Ⅱ级	7≤S≤11，且至多 1 项为Ⅲ级	Ⅱ—2
	2 项为Ⅲ级	9≤S≤12，且 2 项为Ⅲ级	Ⅲ—3
	3 项或 3 项以上为Ⅲ级	11≤S≤15，且至少 3 项为Ⅲ级	Ⅳ—4

续表

	分等依据	分值	等级—赋值
生活适宜性	2 项为Ⅰ级，1 项小于等于Ⅱ级	$S=3$ 或 4	Ⅰ—1
	1 项为Ⅰ级，2 项为Ⅱ级	$S=5$，无Ⅲ级指标	Ⅱ—2
	1 项为Ⅲ级	$5\leqslant S\leqslant 7$，且至多 1 项为Ⅲ级	Ⅲ—3
	2 项为Ⅲ级	$7\leqslant S\leqslant 9$，且至少 2 项为Ⅲ级	Ⅳ—4
生态适宜性	生态服务功能重要性为Ⅰ级	S（a9）$=1$	Ⅰ—1
	1 项为Ⅰ级（除生态服务功能）	S（a10）$=1$ 或 S（a11）$=1$（且 S（a9）$\neq 1$）	Ⅱ—2
	至少有 1 项指标为Ⅱ级（无Ⅰ级）	$6\leqslant S\leqslant 8$	Ⅲ—3
	各项指标均为Ⅲ级	$S=9$	Ⅳ—4

3. 综合评价方法

在具体的岸线资源综合适宜性评价过程中，主要根据各岸段的生产、生活、生态适宜性等级的得分组合情况，构造立体三维坐标图进行评价（段学军和陈雯，2005）。

（1）以生产适宜性作为 x 轴，生活适宜性作为 y 轴，生态适宜性作为 z 轴，建立三维坐标系（图 5-17）。

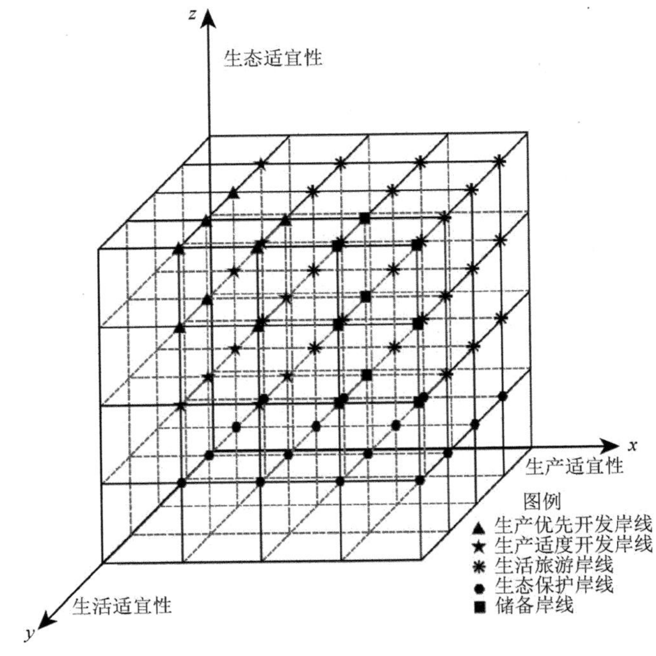

图 5-17　岸段适宜功能对应三维坐标图

（2）分别从原点沿 x、y 和 z 轴向外等间距延伸 4 段，分别代表生产、生活和生态适宜性的 4 个级别，得到 4×4 的立方体矩阵模型，据此，可将每个岸段的生产、生活及生态适宜性等级用（x，y，z）三维坐标表示并对应到相应位置。

（3）根据各岸段的坐标，同时结合专家调查意见以及实地考察情况，对各岸段进行适宜性功能类型的划分（表 5-16）。

表 5-16　三维坐标图与岸段功能区类型对应关系

岸线适宜类型	相应坐标
生产优先开发岸线	（1，2，4）（1，3，3）（1，3，4）（1，4，3）（1，4，4）（2，3，4）（2，4，3）（2，4，4）
生产适度开发岸线	（1，1，3）（1，1，4）（1，2，2）（1，2，3）（1，3，2）（1，4，2）（2，3，2）（2，3，3）（2，4，2）
生活旅游岸线	（1，1，2）（2，1，2）（2，1，3）（2，1，4）（2，2，2）（2，2，3）（2，2，4）（3，1，2）（3，1，3）（3，1，4）（3，2，2）（3，2，3）（3，2，4）（4，1，2）（4，1，3）（4，1，4）（4，2，2）（4，2，3）（4，2，4）（4，3，2）（4，3，3）（4，3，4）
生态保护岸线	（1，1，1）（1，2，1）（1，3，1）（1，4，1）（2，1，1）（2，2，1）（2，3，1）（2，4，1）（3，1，1）（3，2，1）（3，3，1）（3，4，1）（4，1，1）（4，2，1）（4，3，1）（4，4，1）
储备岸线	（3，3，2）（3，3，3）（3，3，4）（3，4，2）（3，4，3）（3，4，4）（4，4，2）（4，4，3）（4，4，4）

注：由于评价指标选取等差异，个别坐标组合在实际操作中可能不存在

其中，生产适宜性强，而生活和生态适宜性较差的岸段，适合大规模的港口建设和工业开发，可作为生产优先开发岸线；生产适宜性强或较强，生活和生态适宜性处于中等水平的岸段，可以在政府主导下，进行适度开发，作为生产适度开发岸线；生活适宜性较好，生产和生态适宜性均较差的岸段，划定为生活旅游岸线，主要用于城镇建设以及滨海旅游开发；对于生态适宜性较好，而生活和生产适宜性较差的岸段，优先划定为生态保护岸线；对于生产、生活、生态适宜性均不高的岸段，由于发展方向并不明朗，在今后的发展过程中可以适当改造客观条件，使其适合某一方向的发展，因此，可以将其划定为储备岸线。此外，对于三者适宜性均较好，或者生活和生态适宜性较好，生产适宜性较差的岸段，由于其具有较强的生态敏感性，将其划定为生态保护岸线。

5.6.2　海岸线资源综合适宜性评价

1. 生产适宜性评价

根据岸线生产适宜性评价指标量化方式，将各指标量化，并通过 ArcGIS 10.0 将各指标划分等级（图 5-18）。

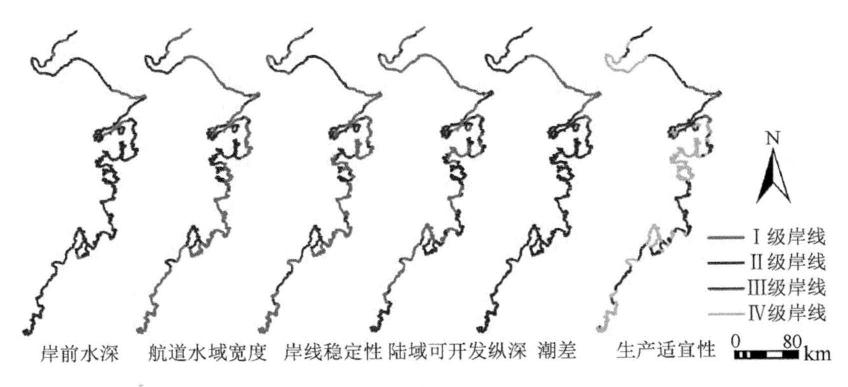

图 5-18　生产适宜性指标分布图

（1）岸前水深。由图 5-18 可知，浙江省岸线岸前水深较好的区域主要集中在平湖与海盐的交汇处，海盐中南部也有几处深水岸线。同时，宁波市区岸段甬江口以南至穿山半岛、象山湾口门处以及少量象山南部石浦港也有深水岸线。浙江南部的深水岸线主要集中在玉环南部岸线以及乐清湾口门处，而南部温州地区由于大陆架较缓，以浅水岸线居多。

（2）航道水域宽度。根据航道水域宽度分级可知，岸线外岛屿较少，直面海洋处航道水域宽度相对较宽，而杭州湾、象山港内部海域、三门湾、乐清湾以及瓯江口由于港湾淤泥质海岸泥沙淤积，其岸线航道水域相对较为狭窄。

（3）岸线稳定性。根据岸线稳定性等级划分可知，杭州湾北岸平湖至海盐沿岸，岸线相对较为稳定。而杭州湾南岸钱塘江入海口至余姚、慈溪、宁波甬江口以北岸段以及乐清湾岸段，由于泥沙活动剧烈，加之人类活动定期围垦，海岸线淤长较快，岸线较为不稳定。甬江口以南至穿山半岛、象山湾口以及象山东南部岸段由于基岩岸线坡陡，水深不易淤积，岸线较为稳定。台州椒江口处以及温州瓯江口至飞云江口处，由于潮流作用等，沿岸滩地有所淤长，稳定性中等。此外，温岭、玉环东南部以及温州南部的平阳、苍南由于沿岸以基岩岸线为主，故岸线较为稳定。

（4）陆域可开发纵深。根据陆域可开发纵深等级划分标准进行分级，从分级结果可知，杭州湾北岸、杭州湾南岸至北仑处、三门湾北部、临海及台州市区沿岸，乐清湾以南至飞云江口等岸段后方陆域以平原为主，较为开阔。宁波市区东南部、象山港及象山县沿岸，三门、温岭、玉环沿岸以及温州南部平阳及苍南岸线后方以山地、丘陵居多，陆域纵深较小。

（5）潮差。根据多年平均潮差数据，对浙江沿岸岸线进行潮差影响等级划分。由划分结果可知，杭州湾北岸、杭州湾南岸至慈溪西北部岸段、三门湾沿岸以及台州玉环至温州苍南岸段由于潮流作用较为活跃，多年平均潮差较大。象山港沿岸、台州临海至温岭岸段次之。而慈溪东北部岸段至宁波穿山半岛南部岸段由于舟山群岛的层层屏蔽，削弱了大部分潮流，多年平均潮差最小。

综合以上 5 项指标的组合特点，根据岸线生产适宜性评价标准，将浙江省海岸线生产适宜性划分为 4 个等级（图 5-18）。其中，Ⅰ级岸线主要分布在甬江口以南至北仑穿山半岛附近；同时，在象山港海域内也有少量分布，约占岸线总长的 2.2%；Ⅱ级岸线主要集中分布在平湖与海盐交汇岸段、宁波市区的穿山半岛南部、象山港大部分海域、临海海域以及玉环西南岸段，其约占岸线总长的 13.7%；Ⅲ级岸线主要集中分布在杭州湾南岸的慈溪市东北部岸段、台州市区、温岭、温州市区及瑞安沿岸，约占岸线总长的 29.9%；Ⅳ级岸线最长，主要分布在杭州湾近钱塘江口两岸、三门湾及乐清湾沿岸、平阳及苍南沿岸，约占岸线总长的 54.2%。

2. 生活适宜性评价

根据岸线生活适宜性评价指标量化方式，将各指标量化，通过 ArcGIS 10.0 将各指标划分等级（图 5-19）。

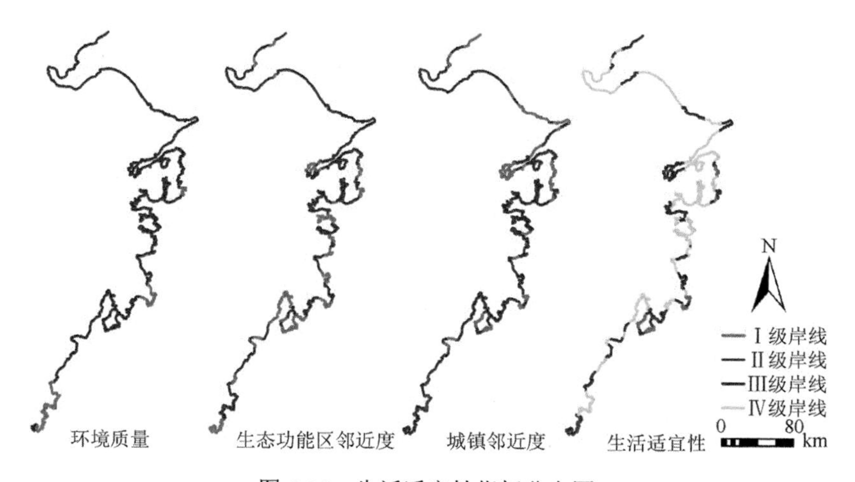

图 5-19　生活适宜性指标分布图

（1）环境质量。岸线环境质量的优劣主要通过近岸海域水质质量状况来表征，从 2012 年浙江省环境状况公报相关资料显示，由于受无机氮、活性磷酸盐等影响，2012 年浙江近岸海域富营养化污染较严重，水质状况较差。其中杭州湾南北岸水质最差，水体处于严重的富营养化污染。宁波至台州岸段水质状况极差，Ⅳ类及劣Ⅳ类海水占 57.2%～60.9%。温州近海海域水质处于中度污染，Ⅳ类和劣Ⅳ类海水约占 45.2%。

（2）生态功能区邻近度。根据距风景名胜区以及生态功能区的距离远近，对岸线进行生态功能区邻近度分级，平湖南部、慈溪西北岸段、象山港底部、三门湾南部、玉环东南部及南部、乐清湾沿岸、平阳沿岸以及苍南的南部岸段距生态功能区和风景区距离小于 5000 m。而杭州湾两岸、慈溪北部及东北部、宁波市区大部分、象山湾口门处以及瑞安等岸段距生态风景区相对较远，多大于 10 000 m。

（3）城镇邻近度。根据城镇邻近度分级标准，平湖、海盐北部海域、宁波甬江口附近及以南海域、象山港底部、温岭市东南部、玉环南部以及瓯江口两岸等海域岸段距城镇距离较近，都小于 5000 m。而杭州市区岸段、慈溪市东北部、象山沿岸、三门湾、三门县、临海、乐清湾沿岸以及温州南部的瑞安、平阳、苍南大多以山地丘陵地形为主，故距城镇距离较远。

综合以上 3 项指标的组合情况，对浙江省海岸线进行生活适宜性评价，由于海洋水质受严重污染等因素，Ⅰ、Ⅱ级生活适宜性岸线较少，主要分布在象山县东岸的中部、温岭南部及玉环南部海域，仅占岸线总长的 7.64%；Ⅳ级岸线最多，主要分布在杭州湾钱塘江入海口两岸、慈溪北部及东北部、象山港海域、三门湾至台州市区、乐清湾沿岸以及温州大部分海域，占岸线总长的 56.46%。

3. 生态适宜性评价

根据岸线生态适宜性评价指标量化方式，将各指标量化，通过 ArcGIS 10.0 将各指标划分等级（图 5-20）。

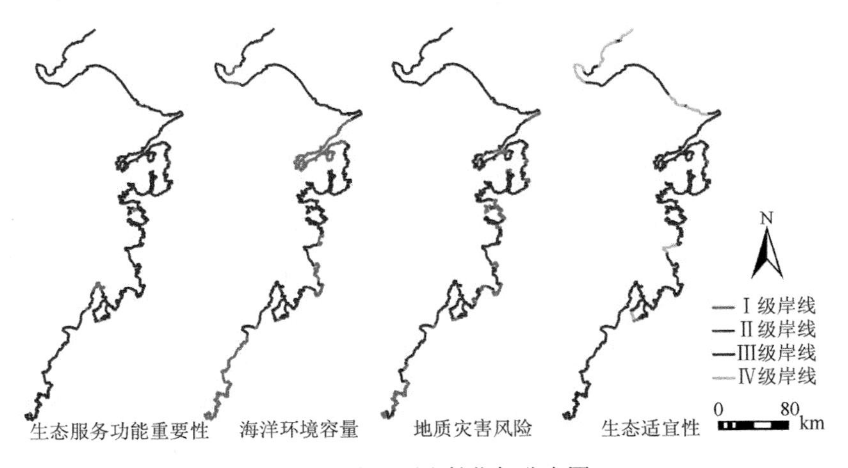

图 5-20　生态适宜性指标分布图

（1）生态服务功能重要性。对生态服务功能重要性等级进行划分，平湖南部、甬江口镇海岸段、象山东岸中部岸段、三门东岸中部、玉环南部以及乐清湾底部等由于靠近各类生态保护区，岸线生态服务功能较为重要。海盐县东南岸、象山县东南岸、三门湾底部等区域邻近风景名胜区和旅游度假区，生态服务功能较为重要。

（2）海洋环境容量。参照《浙江省海洋功能区划》，对浙江岸线的海洋环境容量进行分级。海盐与海宁交界处附近、杭州市区南部岸线、象山港海域、温岭、玉环东南海域以及温州市区至苍南岸段由于海水养殖等，需要执行一类水质标准，环境容量最小。余姚、慈溪沿岸、宁波穿山半岛北仑沿岸、象山东部及三门湾海域、乐清湾沿岸环境容量次之。其余岸段环境容量相对较大。

（3）地质灾害风险。宁波穿山半岛南岸、象山港中部、象山东南部、三门、温岭以及苍南海域后方多以山地为主，坡度多大于 30°，且植被覆盖率较低，容易发生地质灾害。其他岸段后方多以平原为主，发生地质灾害风险相对较低。

综合以上 3 项指标的坐标组合，对浙江海岸线进行生态适宜性等级划分（图 5-20）。结果显示，生态适宜性评价中 I 级岸线较少，主要集中分布在象山东岸的中部岸线、三门中部以及玉环南岸以及乐清湾底部岸线，仅占岸线总长的 1.45%，对此类岸线来说，生态服务功能较为重要，环境容量小，需要重点保护。Ⅱ级岸线主要分布在海盐与海宁交界处附近、象山港沿岸、温岭以及温州大部分海域，占岸线总长的 53.23%；其余岸段为Ⅲ、Ⅳ级生态适宜性岸线，生态服务功能相对较弱。

5.6.3　海岸线适宜功能类型划分

根据以上对浙江省海岸线的生产、生活、生态适宜性评价结果，将各岸段适宜性等级组成的坐标（x，y，z）对应到三维坐标系中，可以将浙江岸线划分为生产优先开发岸线、生产适度开发岸线、生活旅游岸线、生态保护岸线以及储备岸线 5 种类型（表 5-17 和图 5-21）。

表 5-17　浙江沿海岸线适宜功能分类统计

岸线适宜类型	长度/km	比例/%
生产优先开发岸线	85.40	4.9
生产适度开发岸线	182.02	10.3
生活旅游岸线	385.56	21.9
生态保护岸线	25.53	1.5
储备岸线	1081.36	61.4

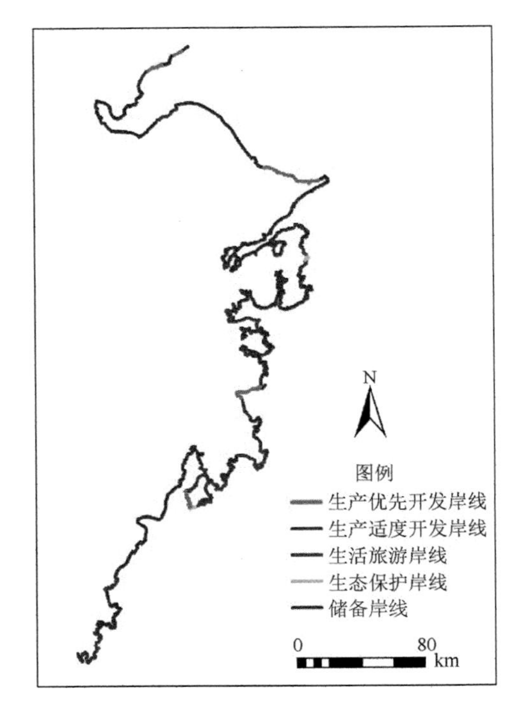

图 5-21　浙江省岸线适宜功能类型分布

（1）生产优先开发岸线。指生产适宜性等级高，生活和生态适宜性等级相对较低的岸线，开发需求和潜力较大，受生态等约束较小，适合大规模开发建设大型港口码头、工业仓储用地等。这类岸线主要分布在平湖与海盐交汇岸段、宁波甬江口以南至北仑北岸岸段、临海东南岸段以及玉环西南岸段等，约占岸线总长的 4.9%。

（2）生产适度开发岸线。此类岸线具有一定的生态约束性，但生产适宜性相对较高，需要开发者合理控制建设用地的开发强度、规模和速度，并在政府或国家相关部门干预下进行合理开发利用，避免过度开发。该类岸线主要分布在象山港沿岸的宁波市区岸段以及象山岸段、临海东部岸段以及温岭东北部和南部部分岸段，约占岸线总长的 10.3%。

（3）生活旅游岸线。此类岸线主要指生活适宜性等级较高，生产适宜性等级相对较低，且受生态制约相对较小的岸线，岸线附近生态环境相对较好，且距城镇路程较短，交通通达度较高，适合开发建设城镇用地以及旅游、度假、休闲用地等绿色产业。该类岸线主要分布在海盐东部部分岸段、慈溪西北部岸段、象山港底部岸段、象山东部及东南部岸段、三门湾南岸岸段、温岭东南岸段、玉环东南及西部岸段、瓯江口两岸、平阳以及苍南南部岸段，约占岸线总长的 21.9%。

（4）生态保护岸线。该类岸线主要位于重要的生态保护区范围内或生态环境比较脆弱，如乐清西门岛海洋特别保护区、苍南海岛珍稀与濒危植物自然保护区、平湖乍浦炮台海防史迹保护区等。此类岸线有着重要的生态服务功能，属于禁止开发区域，应对其实行强制性保护措施，禁止任何个人或单位以任何理由私自进行各类不符合功能定位与国家规定的开发利用活动。该类岸线主要分布在象山东部部分岸段、三门中部部分岸段、玉环南部岸段、乐清湾底部部分岸段等，约占总岸线的 1.5%。

（5）储备岸线。此类岸线主要指对于生产、生活、生态适宜性等级均不高的岸线，包括沿海的山区丘陵地形等，均可将其划定为储备岸线，有待未来技术条件改善后，再对其进行开发利用。此类岸线分布范围较广，约占岸线总长的 61.4%。

5.6.4　海岸线保护与合理利用对策

海岸线资源是国家重要的国土资源和特殊土地资源，是涉海活动及海洋经济载体。其中，港口岸线资源更是区域经济社会发展的核心战略资源。开展海岸线资源评价与保护利用研究，可为科学利用和有效保护有限岸线自然资源，规范海岸开发秩序，保护海洋生态环境，实现海岸线可持续利用提供重要依据。针对浙江省海岸线提出 8 点保护与利用对策建议。

1. 加强综合管理，有效指导地区岸段资源开发利用统筹布局

海岸问题不仅是沿海土地问题，还是国土整体发展问题之一，因此，应建立综合海岸管理机制。加强对海岸线的综合管理（范晓婷，2008），改变乱挖珊瑚、砂石状况，加强对海洋资源的管理和合理利用，实施海洋资源可持续发展是根本性措施。岸线利用适宜性评价及功能类型划分，是基于岸段地域的生态保护价值和社会经济开发潜力而进行的客观性基底状况分析。在此基础上，需要有关部门结合浙江岸段开发利用现状强度以及资源环境瓶颈作用，有效指导地区沿海岸线统筹布局，优化产业结构，实现生态开发，促进海岸带资源的可持续利用发展。对于适合港口码头建设以及工业开发的岸线，以及生产适度开发岸线，目前已被开发的主要包括嘉兴港口区、宁波—舟山港口区、台州港口区和温州港口区，在未来的发展过程中，应提出更高的经济产出标准以及生产发展效率要求。对于适合城镇建设以及休闲旅游开发的岸线，如城镇化水平不是很高的三门、平阳、苍南等地，可以充分利用所在区的资源环境优势，加快旅游业发展步伐，通过旅游收入推动城镇化发展。对于生态保护岸线，应当严格控制个人或企业的开发活动，政府及相关部门可以通过建立生态补偿政策等，维持生态系统的综合服务功能。

2. 全面开展海岸线资源现状的综合调查和研究

建议地区根据相关海洋生态监测技术规程等标准的要求，组织海洋、水利、土地、林业、环保等相关管理部门，与高等院校和科研院所展开合作，在区域范围内开展多学科海岸线资源综合调查，掌握海岸线资源的类型、数量和特征，为浙江海岸线发展规划、工农业生产、国防建设、环境保护、湿地管理和保护提供科学依据。在此基础上，借鉴先进的海岸带管理经验，开展海岸线与社会、经济、人文等多学科、多课题的交叉和综合研究，探索浙江海岸带开发利用的优势、潜力和制约因素，促进海岸带可持续发展。此外，可以利用现代科技手段建立海岸线监测系统，提高海岸线保护的中长期规划水平和科学决策能力。

3. 合理围垦，加强岸线变迁区围填开发评估关键技术与应用示范研究

合理围垦，保护岸线资源，实现滩涂淤长和围垦动态平衡（陈洪全，2010）。首先，在浙江海岸线综合调查基础上，分析研究岸线变迁区围填开发历史、现状、潜力及存在问题。其次，通过分析围填开发前后湿地水动力、泥沙沉积、潮滩地貌、淤蚀趋势等特征，提出基于湿地总量动态平衡的海岸带围填开发模式。再次，开展海岸带围填开发的战略环境影响评价，加强围填对海岸带环境的累积影响后评估研究，形成海岸带围填累积影响评估技术规程。集成基于湿地总量平衡的浙江海岸带围填开发模式和围填开发累积影响后评估技术规程，并进行应用示范。围填海造地工程建设，应转变围填海造地工程设计理念，尽可能延长人工海岸线，鼓励发展多透空式围填海、突堤式、人工岛式等对海洋环境影响较小的建设用海方式；优化围填海造地工程的平面设计方式，最大限度地减少其对海洋自然岸线、近海水文、海域功能和海洋生态环境的损害。

4. 加强海岸防护建设，实现岸线可持续利用

完善海堤达标工程，使地区的海堤整体上达到抗御 50 年一遇高潮加 10 级风浪的防洪标准；重点加强侵蚀性海岸防护，确保急险工段防潮（台）安全；水利工程和生物工程相结合，加快沿海防护林建设，发挥堤外盐沼植被防浪护岸作用；加大对沿海闸下港道的整治力度，提高上游洪水外排能力。对新围垦区，不断提高围填海技术水平。加强沿海自然灾害监测及减灾工程建设水平，提升防治自然灾害的能力。

5. 重视海岸带岸线保护规划，强化海洋湿地保护区建设

在国务院印发的《关于加强滨海湿地保护严格管控围填海的通知》基础上，根据《浙江省加强滨海湿地保护严格管控围填海实施细则》，落实海岸带滨海湿地

保护工作。根据滨海湿地特征，建立门类齐全的海洋湿地保护区，划定保护范围，对一些典型的湿地生态系统、生物多样性和珍稀濒危物种、典型的海洋湿地自然景观和自然历史遗迹区进行保护，使这些湿地生态环境得以尽快保护和恢复。对已建立的自然保护区，要健全管理机构、配备相关人员编制，加大经费投入，使保护区真正进入恢复与保护轨道。同时，要制定完善的《浙江海洋湿地管理与保护规划》，确保沿海城乡开发、土地利用、港口交通、渔业发展等规划的制订和修编与之相衔接（赵锦霞等，2016）。

6. 严格岸线管理，加强海岸带湿地管理体系建设

进一步健全和完善海岸线综合管理体制，实行海陆一体化管理。加强海岸线综合管理的基本目的是保证海岸环境的健康和海岸线资源的可持续利用（范晓婷，2008）。以国家组建自然资源部为契机，整合原省海洋与渔业局、省国土资源厅、省住房和城乡建设厅、省测绘地理信息局 4 个厅局级单位下属事业单位，组建浙江省自然资源事务服务中心，在其下设置海岸带湿地开发与保护综合管理委员会，负责滨海湿地保护与开发利用的决策与重大事宜协调。借鉴政府行政服务中心的操作模式，进一步整合相关职能，简化工作程序，有利于政令畅通执行。各级有关部门应从自身职能出发，重视海岸带湿地资源的保护、管理和建设，强化责任，密切协作，及时解决海岸带湿地保护与恢复工作中的问题。大力宣传《中华人民共和国海域使用法》，严格执行海洋功能区划制度，制订和完善有关海岸线资源、滩涂湿地资源利用、保护等方面的规章制度（熊万英和王建，2005）；加强对海岸线资源管理的领导和协调，保证岸线有序、有偿、有度被使用；岸线利用必须按照控制性规划要求，实行总量控制、分期实施，严禁多占少用、占而不用；加大执法力度，对违反海洋功能区划、海岸线控制性规划擅自批准岸线使用的行为，予以严厉处理。

7. 重视受损滨海湿地的生态恢复与重建

受损滨海湿地生态恢复包括湿地生态环境恢复、湿地生物恢复和湿地生态系统结构与功能恢复 3 个层面。湿地生态环境恢复的目标是通过采取各类技术措施，提高湿地生态环境的异质性和稳定性。湿地生物恢复主要包括物种选育和培植技术、物种引入技术、物种保护技术、种群动态调控技术、种群行为控制技术、群落结构优化配置与组建技术、群落演替控制与恢复技术等。对于湿地生态系统结构与功能的恢复来说，当前要做的是加强对受损湿地生物生态学影响机理的研究。

8. 加强互花米草湿地生态系统管理

首先，要加强对互花米草的综合利用。在传统用途基础上，增加科技投入，

开发推广互花米草保健产品；其次，在杭州湾南岸建立互花米草生态系统保护区，按核心区、缓冲区和试验区分别加以保护和利用；再次，因地制宜控制或发展互花米草盐沼。对于稳定型的封闭式海湾潮滩，如象山港湿地，绝对控制互花米草发展，以免影响滩涂养殖业或航运业；而对于淤长型的宽阔潮滩及侵蚀型的潮滩，如杭州湾南岸、象山东海岸，可适当发展互花米草，促进潮滩淤积或减缓潮滩侵蚀；最后，加强对互花米草传播扩散途径的控制，防止互花米草通过人为或自然媒介侵入。

参 考 文 献

陈诚. 2013. 沿海岸线资源综合适宜性评价研究——以宁波市为例[J]. 资源科学，35（5）：950-957.

陈洪全. 2010. 海岸线资源评价与保护利用研究——以盐城市为例[J]. 生态经济，1：174-177.

陈桥驿. 1985. 浙江地理简志[M]. 浙江：浙江人民出版社.

陈雯，孙伟，段学军，等. 2006. 苏州地域开发适宜性分区[J]. 地理学报，61（8）：839-846.

段学军，陈雯. 2005. 省域空间开发功能区划方法探讨[J]. 长江流域资源与环境，14（5）：540-545.

樊建勇. 2005. 青岛及周边地区海岸线动态变化的遥感监测[D]. 青岛：中国科学院研究生院（海洋研究所），37-38.

范晓婷. 2008. 我国海岸线现状及其保护建议[J]. 地质调查与研究，31（1）：28-32.

霍震，李亚光. 2010. 基于 GIS 的滇池流域人居环境适宜性评价研究[J]. 水土保持研究，17（1）：159-162，187.

寇征. 2013. 海岸开发利用空间格局评价方法研究[D]. 大连：大连海事大学.

李加林，杨晓平，童亿勤. 2007. 潮滩围垦对海岸环境的影响研究进展[J]. 地理科学进展，26（2）：43-51.

李猷，王仰麟，彭建，等. 2010. 基于景观生态的城市土地开发适宜性评价——以丹东市为例[J]. 生态学报，30（8）：2141-2150.

刘善伟，张杰，马毅，等. 2011. 遥感与 DEM 相结合的海岸线高精度提取方法[J]. 遥感技术与应用，26（5）：613-618.

马荣华，杨桂山，陈雯，等. 2004. 长江江苏段岸线资源评价因子的定量分析与综合评价[J]. 自然资源学报，19（2）：176-182.

马荣华，杨桂山，朱红云，等. 2003. 长江苏州段岸线资源利用遥感调查与 GIS 分析评价[J]. 自然资源学报，10（6）：666-671.

秦丽云. 2007. 长江江苏段岸线及岸线资源综合评价[J]. 中国农村水利水电，31（3）：13-16.

孙伟富，马毅，张杰，等. 2011. 不同类型海岸线遥感解译标志建立和提取方法研究[J]. 测绘通报，3：41-44.

涂振顺，赵东波，杨顺良，等. 2010. 港口岸线资源综合评价方法研究及其应用[J]. 水道港口，31（4）：297-301.

王传胜，李建海，孙小伍. 2002a. 长江干流九江——新济洲段岸线资源评价与开发利用[J]. 资源科学，24（3）：71-78.

王传胜，孙小伍，李建海. 2002b. 基于 GIS 的内河岸线资源评价研究[J]. 自然资源学报，17（1）：95-101.

王敏，韩美，惠洪宽，等. 2017. 海岸线变迁及驱动因素进展研究[J]. 环境科学与管理，42（4）：37-41.

邬建国. 2007. 景观生态学——格局、过程、尺度与等级（第二版）[M]. 北京：高等教育出版社.

毋亭，侯西勇. 2016. 海岸线变化研究综述[J]. 生态学报，36（4）：1170-1182.

谢秀琴. 2012. 基于遥感图像的海岸线提取方法研究[J]. 福建地质，31（1）：60-66.

熊万英，王建. 2005. 江苏海岸带的可持续利用及综合管理[J]. 华东经济管理，2：4-7.

徐进勇，张增祥，赵晓丽，等. 2013. 2000-2012 年中国北方海岸线时空变化分析[J]. 地理学报，68（5）：651-660.

徐谅慧，李加林，杨磊，等. 2015. 浙江省大陆岸线资源的适宜性综合评价研究[J]. 中国土地科学，29（4）：49-56，2.

叶梦姚，李加林，史小丽. 2017. 1990-2015 年浙江省大陆岸线变迁与开发利用空间格局变化[J]. 地理研究，36（6）：

1159-1170.

尹静秋. 2004. 基于 GIS 的长江江苏段岸线资源演变研究[D]. 南京：南京师范大学.

张明慧，陈昌平，索安宁，等. 2012. 围填海的海洋环境影响国内外研究进展[J]. 生态环境学报，21（8）：1509-1513.

赵锦霞，黄沛，闫文文，等. 2016. 海岛海岸线保护规划初探——以青岛市海岛海岸线保护规划为例[J]. 海洋开发与管理，11：84-87.

赵迎东，马康，宋新. 2010. 围填海对海岸带生境的综合生态影响[J]. 齐鲁渔业，27（8）：57-58.

周建飞，曾光明，黄国和，等. 2005. 基于不确定性的城市扩展用地生态适宜性评价[J]. 生态学报，27（2）：774-783.

Aarninkhof S G J，Turner I L，Dronkers T D T，et al. 2003. A video-based technique for mapping intertidal beach bathymetry[J]. Coastal Engineering，49（4）：275-289.

Aiello A，Canora F，Pasquariello G，et al. 2013. Shoreline variations and coastal dynamics：A space-time data analysis of the Jonian littoral，Italy[J]. Estuarine Coastal & Shelf Science，129（5）：124-135.

Boak E H，Turner I L. 2005. Shoreline definition and detection：A review[J]. Journal of Coastal Research，214（4）：688-703.

Charles N Forward. 1970. Waterfront land use in the six Australian scale capitals[J]. Annals of the Association of American Geographers，60：517-532.

McFeeters S K. 1996. The use of the normalized difference water index（NDWI）in the delineation of open water features[J]. International Journal of Remote Sensing，17（7）：1425-1432.

Ranasinghe R，Duong T M，Uhlenbrook S，et al. 2013. Climate-change impact assessment for inlet-interrupted coastlines[J]. Nature Climate Change，3（1）：83.

Woodruff J D，Irish J L，Camargo S J. 2013. Coastal flooding by tropical cyclones and sea-level rise[J]. Nature，504（7478）：44-52.

第 6 章　海岸带生态系统服务功能评估

6.1　海岸带生态系统服务功能构成及其价值分类

6.1.1　海岸带生态系统服务功能

基于 Daily（1997）对生态系统服务功能的定义，海岸带生态系统服务功能可以认为是海岸带生态系统及其生态过程所提供的、人类赖以生存的自然环境条件及其效用。海岸带生态系统为人类提供了多种多样的服务，包括在全球尺度的气候调节，区域尺度的洪水防护、水供给、养分循环、废物处理以及小尺度的食物、建筑材料、基因资源的供给等。这些服务相互联系、相互影响。在对生态系统服务价值进行评估时，将这些服务功能进行系统识别、组织和分类是非常重要的。海岸带生态系统包括了陆地和海洋生态系统的特征，不同生境提供不同的服务，在具体评价时必须对不同生境服务进行识别和分类。

6.1.2　海岸带生态系统服务功能构成

根据海岸带生态系统服务的内涵、概念，结合 Costanza 等（1997）关于生态系统服务的分类体系，针对海岸带生态系统的基本特征，可将海岸带生态系统服务功能归纳为供给功能、调节功能、文化功能以及支持功能 4 个功能组，共 16 种功能构成类型（表 6-1）。其中，海岸带生态系统服务供给功能是指海岸带生态系统生产或提供产品的功能；海岸带生态系统服务调节功能指调节人类生态环境的功能；海岸带生态系统服务文化功能指使人们通过精神感受、知识获取、主观印象、消遣娱乐和美学体验从生态系统中获得非物质利益的功能；海岸带生态系统服务支持功能指保证上述生态系统服务功能所必需的基础功能与供给功能、调节功能和文化服务功能不同，支持功能对人类的影响是间接的或者通过较长时间才能发生，而其他类型服务功能则是相对直接的和短期影响人类。

表 6-1　海岸带生态系统服务功能构成

海岸带生态系统服务功能名称		海岸带生态系统服务功能内涵
供给功能	食品生产	海岸带生态系统提供给人类贝类、鱼类、虾蟹等产品的功能

续表

海岸带生态系统服务功能名称		海岸带生态系统服务功能内涵
供给功能	原材料生产	海岸带生态系统提供医药原料、化工原料、建筑材料和装饰观赏材料的功能，鱼、虾、蟹、贝、藻也可作为医药原料和工业原料
	提供基因资源	海岸带野生动物为改良养殖品种提供基因资源
调节功能	气体调节	通过吸收 CO_2、CH_4 及其他气体，释放 O_2，调节大气组分
	气候调节	调节空气气温、湿度，吸收温室气体，影响区域和全球气候
	水文调节	对于径流、降水、地下水进行时间、空间调节，改善区域内水文条件
	废弃物处理	人类生产、生活产生的废水、废物等经过滨海湿地时，通过湿地的吸附、沉淀、降解、排除等作用使有害物质转化为无害物质
	生物控制	通过动态营养关系控制动植物种类和数量，控制调节生态系统的稳定
	干扰调节	草滩、红树林和珊瑚礁都可减轻风暴、海浪对海岸、堤坝、工程设施的破坏
文化功能	休闲娱乐	海岸带提供人们游玩、观光、游泳、垂钓、潜水等方面的功能
	文化用途	海岸带提供影视剧创作、文学创作场地，为教育、美学、音乐等提供灵感
	科研价值	海岸带生态系统和生物多样性，滨海湿地的类型、分布、结构、功能，以及有效保护和合理利用为多门学科的科学工作者提供了丰富的研究课题，有重要的科研价值
支持功能	初级生产	通过湿地植物、土壤生产、固定有机碳，为海岸带生态系统提供物质和能量来源
	土壤保持	维持土壤的自然生产，保持土壤肥力，防止海水侵蚀、水土流失等所带来的损害
	营养物质循环	氮、磷、硅等营养物质在海岸带生物体、水体和土壤及其相互间的循环支撑着海岸带生态系统正常运转；海岸带生态系统在全球物质循环过程中为陆地生态系统补充营养物质。通过大气沉降、入海河流、地表径流、排污等方式进入海洋的氮、磷、硅等营养物质被海洋生物分解、利用，进入食物链循环，通过收获水产品方式从海洋回到陆地，部分弥补陆地生态系统的损失
	生物多样性维持	海岸带不仅生活着丰富的生物种群，还为其提供重要产卵场、越冬场和避难所。

6.1.3　海岸带生态系统服务功能的价值分类

海岸带经济是支撑沿海地区和国家社会经济发展的重要物质基础之一，海岸带资源的可持续利用则是实现社会经济可持续发展的前提条件。长期以来，人们在利用海岸带资源的过程中，较多地关注其直接使用价值和市场价值，忽略了海岸带资源的生态价值，所以对海岸带资源无序、无度开发利用，使海岸带生态系统遭到破坏，导致海岸带生态系统服务功能支撑能力降低。因此，通过对海岸带生态系统服务功能的认识，核算一定时期内特定海岸带生态系统服务功能经济价值，量化为人类提供的赖以生存和发展的产品及服务，即通过经济价值核算来更好地了解生态系统服务功能的价值，对保护海岸带生态系统具有现实意义。

海岸带生态系统服务功能的损耗可以通过货币评估，其评估结果可以纳入海岸带规划与管理决策中。生态系统服务功能是从人的需求角度出发，目的是为了满足人类需要。总体上看，海岸带生态系统服务功能的经济价值可用两种范式来表达：一种是功利主义的价值范式，另一种则是非功利主义的价值范式。但价值的功利范式和非功利范式在许多方面是重叠的，并且相互影响。

1. 功利主义的价值范式

功利主义的价值范式建立在人类愿望得以满足的原则基础上。根据这种范式，海岸带生态系统服务功能之所以具有价值，主要是因为人类对海岸带生态系统的利用，直接或间接地获得了一定效益（即使用价值），如海岸带生态系统提供给人类的贝、鱼、虾、蟹、海藻等海产品，或海岸带生态系统具有分解、降解、吸收、转化废弃物的功能。按照功利主义的价值观念框架，海岸带生态系统服务还具有另一部分尚没有被人类利用的价值，即非使用价值。非使用价值又常常被称为存在价值，是指人们所知道某一资源存在并赋予的价值，尽管人们尚没有直接利用它，或者永远不会利用它。

2. 非功利主义的价值范式

非功利主义的价值范式是从伦理、宗教、文化和哲学的视角赋予海岸带生态系统价值。在这种价值范式下，即使海岸带生态系统对人类福利没有直接贡献，它也是有价值的。按非功利主义价值范式，可以将生态系统价值粗略地分为三大类：海岸带生态价值、海岸带社会文化价值和海岸带内在价值。

1）海岸带生态价值

海岸带是自然科学家所使用的概念。自然科学家认为海岸带生态系统的生态价值指一个海岸带自然系统不同部分之间的因果关系，如特殊树种控制海岸侵蚀的价值，或者一个物种对另一个物种或者整个生态系统的生存价值。在全球尺度，不同生态系统和它们的物种在维持必要的生命支持过程中起着不同作用，如能量转换、生物地球化学循环、净化等。生态价值的大小一般通过一些指标，如物种多样性、稀缺性、生态系统完整性（健康）和恢复力等来表达，而很少也很难用货币价值来测度。随着自然资源和财政资源稀缺性程度增加，必须确定所有物种多样性保护的优先权。保证海岸带生态系统可持续利用保护区的选择和最小安全标准的确定部分依赖于这些海岸带生态价值和标准。海岸带生态价值大部分包含在海岸带生态系统支持的服务之中。

2）海岸带社会文化价值

对很多人来说，海岸带生态系统与历史、国家、伦理、宗教和精神价值有着深厚关联。一个海岸带生态系统可能是过去一个重大事件的发生地，神地或者圣地，道德教化所在地或者国家理想化身。English Nature 的一份报告指出，社会因素在识别环境功能、身体和精神健康、教育、文化多样性（传统价值）、自由和精神价值等多方面起着重要作用。所以自然系统是人类非物质福利的关键来源，对海洋社会的可持续发展不可缺少。在某种程度上，非功利主义的社会文化价值也被功利主义价值范式所洞察。但是一些海岸带生态系统对人类身份的认同是不可或缺的。从这个意义上看，功利主义的价值范式没有全部包括这些价值。

3）海岸带内在价值

内在价值是指事物自身及其内含的价值，而与对其他人有用与否无关。内在价值这一概念建立在众多不同的文化和宗教理念的基础上，包括南、北美洲，非洲和大洋洲的文化理念，欧洲以及亚洲的传统宗教等。如印第安人的海洋文化观点认为沿海地区的动物、植物和自然界其他方面都有共同的“母亲”（地球）和“父亲”（天空），都是亲戚，它们应该与人类具有同样的内在价值。他们不可能在任何条件下出售自己的“母亲”，即使是评估其“母亲”的海洋经济价值也是有问题的。因此，一些老一代的印第安人认为人类不能以任何价格出售“母亲”（地球），即他们的部落领地，甚至不能通过海岸带经济价值来折算他们部落领地的海洋内在价值。

自 20 世纪 70 年代起，环境伦理学领域的非人类中心主义者提出生态系统的内在价值，自然界所具有的内在价值已逐渐被人类所接受。海岸带的各个方面，包括基因、生物体、物种、生物群落以及生态系统都有其内在价值。

6.2　海岸带生态系统服务价值评估的理论与方法

6.2.1　海岸带生态系统服务价值评估的理论基础

1. *海岸带生态系统服务价值评估的经济学基础*

按照经济学的定义，效用指的是商品满足人欲望的能力，或者是指消费者在消费商品时所感受到的满足程度。实际上，效用这一概念是与人类的欲望联系在一起的，它是人类的一种主观心理评价。某种产品或者服务若不具有效用，就难以对其进行经济价值评估。效用的衡量是进行产品定价和衡量满足程度的基础。衡量产品或者服务的效用最为关键的就是计算其边际效用的大小，即某个商品的价值取决于它的边际效用。经济学理论认为边际效用递减，前提是货币的效用保持不变，随着消费者对某种商品消费量增加，消费者从该商品连续增加每一消费单位所得到的效用增量即边际效用是递减的。从经济学上来看，个人偏好是指个人喜好或者爱好，具有完全性、可传递性以及非饱和性等假定特征，可以保证消费者理性、准确地表达自身喜好。因此，个人偏好为不同海岸带生态系统服务之间进行对比和价值衡量提供了前提条件，是进行经济价值评估的基础。个人效用和边际效用必须从个人表现出的“偏好”中获得，即从描述不同的海岸带经济情况下个人消费行为和偏好经验资料中获得。个人偏好可以通过对消费者进行询问或者从消费者在市场上的实际行为揭示，也可以从受到影响的商品的相关市场信息中获得。

总之，边际效用越大，价值往往就越大。因此，要分析评估海岸带生态系统服务功能的价值，就必须考虑消费者对它的主观认知和主观满足度，即分析消费者的海岸带生态系统服务效用。实际上，效用论是进行海岸带生态系统服务价值评估的经济学基础。根据经济学的效用论可知，只有海岸带生态系统服务具有效用，它才可能具有价值，进而才能被用于价值评估。

2. 海岸带生态系统服务价值评估的方法论基础

支付意愿是进行海岸带生态系统服务价值评估的方法论基础。货币是被广泛接受的经济价值衡量单位，因为一个人拥有的货币数量可以显示他为了得到货币而愿意放弃的其他服务和商品的价值。这被称为“支付意愿”，即消费者为获取某种商品或者服务而愿意支付的最大货币量。西方经济学思想主张，通过在每个时期配给个人一定货币，并由个人用货币价格表现对商品和劳务的偏好或支付意愿，获得关于某种商品和服务的最可靠价值信息。“支付意愿”也是福利经济学中的一个基本概念，它是进行生态环境资源价值评估的基础，“支付意愿”实际上已成为一切商品价值表征的唯一合理指标。因此，任何商品和服务的价值等于人们对该商品和服务的支付意愿。

另外，从出售者角度来看，人们接受补偿的意愿是人们对海岸带生态系统服务价值表达的合理指标。因此，海岸带生态服务的价值等于人们对该海岸带生态服务的接受补偿意愿。理论上，海岸带生态系统服务经济价值既可用支付意愿测定，也可用接受补偿意愿测定，并且两者应该相等。总之，根据显示的偏好性理论来计算其支付意愿，从而衡量消费者的效用，进而衡量该海岸带服务功能的边际效用，得出其价格水平，在此基础上衡量海岸带生态服务价值。

3. 海岸带生态系统服务价值评估的理论——外部性理论

外部性是造成环境物品市场失灵的重要原因。外部性是指一个人的消费和一个企业的生产行为对另一个人的效用和另一个企业的生产函数产生原非本意的影响，也就是在环境产品生产过程中存在社会成本和私人成本间的不一致，两种成本之间的差距就构成了外部性。人类活动对环境具有较强的外部效应，尤其是海岸带资源环境。由于环境与自然资源具有公共物品性，人类活动对其产生的外部性且环境自身具有的外部性，使得人类对区域资源环境利用很容易产生"市场失灵"现象。

经济学中分析的主要是私人物品，即可通过市场进行交易的具有排他性和竞争性的物品。但海岸带生态系统服务基本上属于公共物品，不能通过市场机制进行调节，往往具有消费的非竞争性和非排他性。因此，对于海岸带生态系统服务来说，其提供公共物品的最佳价格是正的，但是对于海岸带生态系统服务的消费者来说，由于外部性的存在，其最佳价格为零。因此，从传统经济学角度来说，海岸带生态系统服务很难形成价格。

公共物品的重要特征一是供给的普遍性（消费的非竞争性），即在给定的生产条件下，向一个额外消费者提供商品或服务的边际成本为零；二是消费的非排他性，即任何人都不能因为自己的消费而排除他人对该物品的消费。总之，海岸带生态系统服务大多属于公共物品，或者具有很强的公共物品性质。例如，海岸带区域大气、近海水域和海岸带公共土地，它们边际成本为零，同时向人类提供服务。在这种情况下，海岸带环境物品经常会被过度利用，从而导致海岸带生态环境恶化。也就是说，公共物品属性导致了海岸带生态系统服务的"市场失灵"。可见，公共物品理论表明海岸带生态系统服务作为公共物品进行价值评估时，需考虑如何构建其产权边界或者有效市场来真实反映海岸带生态系统服务的价值。

因此，在进行海岸带生态系统服务价值评估时，要认真研究海岸带生态系统服务功能的价格基础、相关市场及其人类市场行为，从而提供真实有效的单位价值量或价格来评估海岸带生态系统服务价值。

6.2.2　海岸带生态系统服务价值评估方法

1. 能值分析法

能值分析法是以 Odum（1996）为首创立的生态经济系统研究理论和方法，是在传统能量分析的基础上所创立的一种新研究方法。能值是生产某种能量所需要或包含的另一种能量的数量，地球上各种能量都直接或间接来源于太阳能，实际上能值都是太阳能值。由于太阳能转换率不同，不同类别和性质的生态资产的太阳能值也就不同。因此，能值分析方法把各种形式的能量转化为统一的单位——太阳能焦耳（sej）。采用一致的能值标准，以其为量纲，把系统中不同种类、不可比较的能量转化成同一标准的能值衡量和分析，从而评价其在系统中的作用和地位，综合分析系统的能量流、物质流、货币流等，得出一系列反映系统结构、功能和效率的能值分析指标，从而定量分析系统的功能特征和生态、经济效益。太阳能转换率是核算生态资产的一种尺度，与生态资产的价值成正比关系。能值分析理论以太阳能能量为基本衡量单位，与能量流图相结合，通过自然生态系统与人类经济系统的结合，客观地分析比较不同类型的生态资产。海岸带生态系统服务经济价值评估同样可以使用能值分析法。

（1）基本步骤。首先需要确定需评价的海岸带生态系统的物质或能量的能值转换率，计算方法为某种物质或能量的太阳能值转换率等于应用的太阳能焦耳除以 1 g 或 1 J 该种物质或能量。能值转换率是衡量能量的能质高低的重要指标。海岸带生态系统中较高等级且具有较高能值转换率的物质，需要较大量低能值能量物质维持，具有较高的能值和较大控制力，在系统中扮演中心功能。其次，计算能值/货币比。对于不宜用能值转换率进行转换度量的生态流，采用能值/货币比推算其能值后再进行统一分析。最后，计算能值货币价值。将海岸带生态系统或生态系统物质和能量的能值折算成货币，相当于多少币值，也称宏观经济价值，其折算方法是能值除以当年能值/货币比。

（2）信息需求。能值分析方法需要收集海岸带生态系统中太阳能、雨水化学能、雨水势能、风能等可更新资源的基础数据，有机肥、劳动力、畜力、饵料、海产品种苗等可更新有机能投入的基础数据，以确定海岸带生态系统的边界和内容，形成系统能量和能值图。

（3）适用范围和条件。能值分析法适用于海岸带生态经济系统、海岸带农业生态系统、滩涂湿地生态系统、海岸带自然保护区、海岸带生态系统管理等不同领域的生态评价。

总之，能值分析法可广泛应用于不同类型的生态系统、经济系统的分析与评价研究。但是，由于生态经济系统具有复杂性和动态性，我们在具体的计算过程中可能存在重复和遗漏数据的现象。

2. 生产率变动法

生产率变动法是将整个生态环境系统当作一种生产要素，环境系统的变化将影响生产率和生产成本的变化，进而导致价格和产出水平变化，或者引起产量或预期收益的减少，而这种变化可通过市场观测和价格变化进行核算。生产率变动法是利用市场价格对具有实际市场的生态系统产品和服务的经济价值进行核算的方法，可以用来估算可以在市场上进行交易买卖的生态系统产品和服务价值，通过消费者剩余和生产者剩余来计算净经济剩余，从而实现对这些物品的价值评估。这种方法适用于海岸带生态系统中所有可以在市场上进行交易的物品和服务的价值核算。

（1）基本步骤。利用相关海岸带经济市场资料估算消费者的市场需求曲线。由于市场存在供求双方，所以要考虑生产者剩余的变化情况，计算生产者剩余的损失，计算总经济剩余的变化。

（2）信息需求。生产率变动法要估算该产品的消费者剩余和生产者剩余，为此需要收集消费量、影响消费需求的因素、消费者收入、生产者成本和收益等资料。

（3）适用范围和条件。生产率变动法中使用的价格是海岸带产品或者服务在商业市场上的主导价格或者平均价格。使用这种方法的假设前提是海岸带经济市场是完全竞争的，市场价格代表某种商品或者服务的边际价格。

总之，生产率变动法可以比较直观地评价海岸带生态系统服务的某些价值，其结果可以直接在国家收益账户上反映，被国家和地方重视，是一种当前公众可以普遍接受的评估方法。

3. 机会成本法

机会成本法与生产率变动法密切相关，从经济学角度来说，机会成本法和生产率变动法是同一性质的，因为当政策和行为控制海岸带生态环境变化时，由此导致的生产率变化就代表了采取政策和行为的社会机会成本。海岸带资源的使用存在许多互相排斥的备选方案，选择一种使用机会，就放弃另一种使用机会，也就失去后一种使用获得效益的机会。因此，可以将失去使用机会的方案中获得的最大经济效益，称为该海岸带资源使用选择方案的机会成本。也就是说，机会成本是指某评估对象的社会价值减去投入物的社会价值，因为投入物还可以用于其他领域，产生其他类型的收益。计算公式：

$$\mathrm{OC}_i = S_i \times Q_i \tag{6.1}$$

其中，OC_i为第 i 种海岸带资源损失机会成本的价值；S_i为第 i 种海岸带资源单位机会成本；Q_i为第 i 种海岸带资源损失的数量。

（1）信息需求。包括有关海岸带产品的市场价格、市场消费量及相关外部性经济的数据信息。

（2）适用范围和条件。机会成本法适用于难以估计环境变化的数量属性的情况，和某些海岸带资源应用的社会净效益不能被直接估算的场合，比如潮汐汊道淤积防洪能力降低损失，海岸带土地生产力下降损失，海岛淡水资源短缺引起的价值损失，港湾流域森林破坏后林区人口医疗费用增加损失等问题。机会成本法特别适用于自然保护区或具有唯一性特征的自然资源的开发项目评估。

总之，该方法虽简单实用，容易被公众理解和接受，但是无法评估非使用价值，无法评估某些具明显外部性，且外部性收益难以通过市场化进行衡量的公共物品。

4. 享乐定价法

享乐定价法主要以个人对于海岸带产品或者服务的效用为基础。在很多情况下，分离某种海岸带产品或者服务的组成部分是可能的，因此可以通过构建某种海岸带产品或者服务因子的函数来表明个人对于某种海岸带产品或者服务的支付意愿。享乐定价法就是人们赋予海岸带生态环境质量的价值，可以通过意愿为优质海岸带环境产品享受所支付的价格来推断，经常用来估计那些影响市场海岸带产品的生态环境舒适度因素的价值。它的假设前提就是人们不仅考虑海岸带产品或服务本身，而且更多地考虑海岸带产品或服务及其外在有关的特性。因此，海岸带产品或服务价格反映了人们对海岸带熟知的一系列特征，比如，海岸带生态环境舒适度以及人们在购买海岸带产品或服务时认为重要的因素。

（1）基本步骤。调查海岸带生态环境相关属性，包括近海上空空气、水资源等环境相关的品质。根据便利性和准确性，选择具体的函数形式，并进行函数形式的敏感性分析，找出最为适合评估对象的函数形式。收集相关数据，如评估对象的市场交易数据等，进行回归分析，建立模型，进而评估该海岸带生态系统服务的价值。

（2）信息需求。评估对象自身内部的详细信息，如水产养殖行业的海域利用结构、位置、交易涉及利益主体的基本信息。评估对象所处地区海岸带人文经济信息，包括近海生态环境、海岸带社会文化、海岸带经济结构等重要的特征要素。相关的海岸带产品或服务市场交易信息，包括价格、数量以及满意度等。

（3）适用范围。主要评估海岸带地区开发涉及的海岸带生态环境因子的价值，如面临的生态环境风险、近海人文与自然海岸带景观、海域水质、海岸带环境舒适度等因素。可用于海岸带建设用地质量改善的评估，可以用于评估某些海岸带社会因素，如涉海从业人员数及其文化程度、海岸带陆域交通、航道航行能力等方面，可以用于海岸带生态环境质量，包括海域上空空气污染、海岸带污染以及海岸带运输及捕捞等带来的噪声评估等。

（4）适用条件。市场机制完善，海岸带产品或服务的相关交易资料信息充分完整；所需的海岸带生态环境信息清晰明了；市场交易量大，可以充分体现环境因子的价值所在。

总之，尽管享乐定价法比较复杂，但是在评估海岸带产品或服务的组成因子收益时是一个非常好的办法，并且它还能就对海岸带生态环境产生深远影响的政策进行分析。享乐定价法很少在海岸带历史发展较短的国家或地区应用，是因为这些国家缺乏成熟的海岸带产品科技生产链，市场不完善，渔业经济资料大量缺乏。同时，海岸带社会文化因素会严重影响海岸带产品或服务交易的价格，使其难以进入经济模型中，因此，很难使用享乐定价法来进行个别海岸带产品或服务的评估。

5. 旅行费用法

旅行费用法以消费者的需求函数为基础进行分析和研究。旅行费用法用于评估那些可以用于娱乐的海岸带生态系统或者海岸带地域的价值。由于对于某个地区的旅游行业来说，很难找到互补物，因此可以使用旅行费用推算该海岸带地区的娱乐价值。这种方法的逻辑原理是由 Prewitt（1949）提出的，20 世纪 50～60 年代，该种方法得以发展，其中以 Trice 和 Wood（1958）、Clawson 和 Knetsch（1966）等的研究最为典型。此后，很多研究都使用了该方法。

（1）旅行费用法的基本前提为人们去某个地区的时间和旅行费用的花费代表了进入这个区域的价格，也就是使用人们的旅行花费来代表人们的支付意愿，这类似于不同价格水平下的人们对于某种海岸带产品的支付意愿。并且，随着进入成本降低，到该地区旅行的人数呈上升趋势，这符合传统需求函数规律。

（2）旅行费用法的种类分为区域旅行费用法（ZTCM），也可称为环带旅行费用法、地域性旅行费用法，它主要使用推断资料，资料主要来自于滨海旅游者的统计数据；个人旅行费用法（ITCM），使用更为详尽的涉海旅游者资料；随机效用法（RUM），使用更为准确的统计调查资料和复杂的统计技术。

总之，由于旅行费用法是以标准经济衡量技术来做模型的，并且它使用的信息主要来自于实际发生的行为而不是假定场景，这种方法一般不会造成争议。旅行费用法通常用来估计海岸带生态系统产生的娱乐价值，是一种显示偏好的方法。因此在资料和信息缺乏的当前，旅行费用法是一个评估海岸带生态系统服务娱乐价值的较好方法。

6. 防护成本法

防护成本法，又可以称为预防费用法，它是指人们试图采用某种保护措施应付可能发生的生态环境恶化或者生态系统服务功能消失，而这些保护措施需要大量公众支付。防护成本法就是通过人类愿意为减轻生态环境外部性的支付意愿，或者为防止效用降低所采取的行为，以及改变自身的作为来避免损害的方法，评估生态环境的价值。实际上，可根据马歇尔和希克斯效用论来衡量防止和缓解费用与真正收益的接近程度，如果价格弹性很小，或者家庭对于某种防止行为的需求缺乏弹性，那么上述的防止和缓解支出都接近于真正的收益衡量。

在面临可能的海岸带生态环境变化时，人们总是试图用各种方法来补偿。也就是说，如果人们愿意花费成本来避免海岸带生态系统服务功能的丧失或者重置海岸带生态系统服务，就说明这些投入成本至少反映了人们愿意为保护这些海岸带生态系统服务而付出的相关成本。因此，防护成本法可用来估计那些避免丧失海岸带生态系统服务的成本以及重置这些服务的成本，或者提供替代服务为基础的海岸带生态系统服务的价值。这些方法没有提供严格的建立在人们的支付意愿上的经济价值衡量。相反，它们认为上述成本提供了有用的海岸带生态系统服务的价值范畴。这些方法适合那些避免成本或者重置花费已经投入或者即将投入的情况下的海岸带生态系统服务价值评估。

（1）基本步骤。识别海岸带生态环境影响因子，建立剂量反应关系，如识别有害因子，建立有害程度和防护支出之间的关系；确定受众人群，并且进行受众人群划分；建立公众对于替代物的需求函数，这要求收集公众为此（替代物）的支付意愿。

（2）信息需求。受影响人群的数量信息和防护支出信息。

防护费用法使用的前提是个人可以获取足够信息以便正确地估计环境变化的危害，个人采取的防护行为也不受诸如贫穷或市场不完善等因素制约。但防护成本法在实际使用时会因多种行为动机和环境目标等因素导致环境价值过高或过低补偿，进而使估价结果产生偏差；另外，防护费用法考察的仅是环境资源的使用价值，对环境资源的非使用价值无法做出合理评估。

7. 成果参照法

成果参照法就是利用现有研究成果和信息，来完成对于另一研究地域的海岸带生态系统服务经济价值的评估。成果参照法常在其他方法目前成本太高或者没有时间去做初始研究的时候采用，但是也必须进行一些价值衡量。被参照的研究成果是否准确，在此方法中相当重要。

（1）基本步骤。分析对比以前的研究成果，在上述研究基础上，提出最为合适的参照对象，评估现有对象是否可以参照以前的研究成果，评估研究质量。原始评估成果质量越高，其参照评估结果就越准确和有效。使用合理和相关的信息，调查现有的评估结果。收集补充资料，关键因素包括，调查时的初始谈话以及相关原始材料。最后通过受众人群估计总价值。

（2）信息需求。以前相似的研究领域成果，现有评估对象的相关资料，如海岸带社会经济统计信息、受众人群状况。

成果参照法最为简单的模型，就是利用单位价值的评估来进行。不过单位价值是专家从一系列研究成果中综合平均对比得出的。这些所谓的单位价值在应用时，要根据实际情况进行调整，再将旧有评估对象得到的收益函数进行参照改变和应用。使用函数参照，就要调整很多相关参数，使其参照结果更为准确。如李志勇等（2012）对雷州半岛近海的海岸带生态系统服务科研文化价值进行定量评估时，根据 1997 年 Costanza 等提出近海水域单位面积的精神文化服务价值约为

4.34 万元/（$km^2·a$）；而陈仲新和张新时（2000）则根据中国生态系统的实际现状计算中国各类生态系统单位面积的平均科研文化价值约为 3.55 万元/（$km^2·a$）。采用成果参考法，取二者的平均值 3.945 万元/（$km^2·a$）作为雷州半岛近海单位面积海域的科研文化价值，可估算出雷州半岛近海海域生态系统科研文化服务价值约为 7.89 亿元。

8. 意愿调查法

意愿调查法是非市场价值评估技术中重要、应用广泛的一种方法。为了在实践中得到准确的答案，意愿调查建立在两个条件的基础上，即海岸带生态环境收益具有“可支付性”和“投标竞争”的特征。然后试图通过直接向有关人群样本提问，来发现人们是如何给一定的海岸带生态服务定价。由于这些海岸带生态服务以及反映它们价值的市场都是假设的，故其又被称为假象评价法。因此，意愿调查法不是基于可观察到的或直接的市场行为，而是基于调查对象的回答，其回答告诉人们在假设的情况下他们将采取什么行为。

如果个人对于某种海岸带产品或海岸带生态服务不具有产权，那么他获得最大效用的衡量方法，就是分析他为获得来自该海岸带产品或海岸带生态服务的最大效用所意愿的最大支付数量。如果个人拥有对某种海岸带产品或海岸带生态服务的产权，那么他获得最大效用的衡量方法，就是分析他为获得来自该海岸带产品或海岸带生态服务的最大效用所接受的最小赔偿意愿。

意愿调查价值评估通常将一些家庭或个人作为样本，询问他们对于一项海岸带生态环境改善或一项防止海岸带生态环境恶化措施的支付意愿，或者要求住户或个人给出一个忍受海岸带生态环境恶化而接受赔偿的意愿。实际上，直接询问调查对象的支付意愿或接受赔偿意愿是意愿调查法的特点。

进行意愿调查时，首先，界定要评估的对象，包括决定评估的海岸带生态系统服务、受众人群等。同时要决定调查本身的一些问题，如调查形式、样本大小、调查人群以及其相关问题。然后，进行试访，主要询问一般性问题，如人们对于海岸带生态服务的了解程度、是否熟悉调查对象及其相关海岸带产品或海岸带生态服务等情况、是否和如何评估这些服务或者地点。再然后，进行正式调查，这一步中最重要的任务就是挑选调查样本，使用标准的统计样本方法，随机从相关人群中抽查，并且保证获得较高回收率。最后，整理、分析调查结果，使用合适的统计学方法来分析资料。除此之外，要处理相关性为零的误差值，最为保守的估计方法就是认为那些没有回馈的人对评估对象的价值为零。

6.3 海岸带典型湿地生态系统服务价值评估

6.3.1 互花米草湿地生态系统服务功能构成

互花米草的入侵对潮滩生态系统生物多样性、生物量、水动力、沉积过程、养分循环和植被演替产生了重大影响。互花米草的引种使得原生盐沼水动力条件、沉积地貌和盐沼演替过程产生明显改变。海滩生态系统位于海陆交界地带，是地球上生物量最丰富的生态系统之一。互花米草海滩生态系统的服务功能不仅包括互花米草和底栖动物生物量构成的直接利用价值，而且还包括对人类及其生存环境有益的其他效用，主要有保滩促淤、消浪护岸、固定 CO_2、释放 O_2、提供动物栖息地、保存生物遗传信息价值与营养物质的积累和净化环境等。

江苏段海岸位于我国中部，南黄海西岸，大陆岸线北起绣针河口，南抵长江口北支，大陆岸线总长约 954 km，其中又以淤泥质岸线为主，占比超过 90%。江苏共有滩涂面积 6524 km^2，约占全国海涂总面积的 1/4，其中潮上带、潮间带和岸外辐射沙洲（海拔 0 米线以上）面积分别为 2598 km^2、2657 km^2 和 1269 km^2。江苏沿海自 1982 年开始试种互花米草，1983 年在启东、射阳、滨海、灌云、连云、赣榆地区普遍试栽成功。互花米草已成为江苏沿海主要盐沼植被，呈带状分布于江苏沿海，面积达 137 km^2，并在保滩护岸、促淤造陆、改良土壤、绿化海滩和改善生态系统等方面发挥着重要作用。本节以江苏海岸为例，分析互花米草生态系统的服务功能和价值评估。

1. 提供有机生物量

互花米草生态系统提供的有机生物量以互花米草植株为主。其传统利用方式主要包括用作肥料、饲料、燃料、造纸、化工原料等。在绿色工艺下，互花米草还可提取精制生物矿质液（BMT）和米草总黄酮（TFS）（钦佩等，1999）。

江苏互花米草生态系统提供的底栖生物资源主要有沙蚕（*Perinereis aibuhitensis*）、锯缘青蟹（*Scylla serrata*）、弹涂鱼（*Periophthalmus cantonensis*）、青蛤（*Cylina sinensis*（Gmelin））、四角蛤（*Mactra veneriformis*（Roeve））、笋螺（*Terebra*）、绯拟沼螺（*Ilyoplax dentimerosa*（Shen））等。这些具有经济价值的生物资源是沿海群众的重要收入来源。

2. 保滩促淤

挟带泥沙的潮流进入互花米草滩时，受植被阻挡，能量大量消耗，流速显著降低，大量泥沙沉积于草滩中，使得滩面逐渐淤高。南京大学等单位科研人员所做的促淤试验表明，同为淤长型海岸，互花米草区的促淤速率是无草区的 2～3 倍，种草后促淤量每年可达 5 cm 以上（沈永明等，2006；朱冬，2015）。

3. 消浪护岸

互花米草消浪护岸功能主要是通过控制高潮位附近的波浪，消耗其波能，降低其对海岸、堤坝的冲刷、破坏作用。历史上，受 1990 年 5 号台风、1992 年 16 号台风和 1994 年 17 号台风影响，浙江瓯海、苍南、温岭沿海地区高标准海堤损毁明显，而同在该地区的堤前有互花米草滩分布的低标准海堤却安然无损。这很好地说明了互花米草的消浪护岸功能。

4. 固定 CO_2、释放 O_2

植物的一项重要功能就是固定吸收 CO_2，释放 O_2。互花米草通过光合作用和呼吸作用与大气进行 CO_2 和 O_2 交换，从而一定程度上维持大气中 O_2 平衡，降低大气温室效应作用。

5. 提供动物栖息地、保存生物遗传信息

互花米草为多种动物提供生存、繁衍场所。相关调查显示，草滩区生物密度比无草区增加了 19 倍。大量底栖动物及草籽引来各种珍禽海鸟前来觅食栖息。以互花米草海滩生态系统为主的江苏盐城国家级珍禽自然保护区，有国家一类保护鸟类 11 种、二类保护鸟类 36 种，中日候鸟协定保护鸟类 134 种，此外还有数百种鸟类在南徙过程中在此停留栖息（沈永明，2001）。互花米草生态系统对我国滩涂生物，特别是珍禽海鸟的生物遗传信息保护具有重要的生态经济价值。

6. 营养物质的积累

互花米草作为生态系统中的主要生产者，通过光合作用吸收太阳能，而波浪、潮汐和入海径流主要传递 CO_2、N、P、K 及其他矿质养分，这些营养物质和能量进入生态系统后被互花米草吸收，以植株生物量的形式存储起来。

7. 净化环境

江苏沿海以粉砂淤泥质海岸为主，黏土和细粉砂很容易形成粉尘进入大气，成为当地大气污染物的重要成分，互花米草对这种粉尘具有明显阻挡、过滤和吸附作用。同时，互花米草也可净化水体和土体中的汞等重金属元素及农药等污染物质，从而起到减轻污染，净化环境的作用。

6.3.2　互花米草湿地生态系统服务功能经济价值评估方法

1. 有机生物量价值

互花米草生物量价值可用 Odum（1996）的能值分析法进行估算。具体方法是互花米草的年净生长量乘以其能值转化率，转换成太阳能值；然后再除以能值/货币比，得到其经济价值。将单位面积上各种经济动物资源的年捕获量乘以单价，再乘以分布面积即可获得互花米草的有机生物量价值。

2. 保滩促淤价值

促淤保滩功能主要体现在两方面。首先，互花米草滩上的淤积量超过 5 cm/年，有利于提高围垦的起围高程，降低工程的土方量及技术手段方面的要求，使得围垦成本减小。其价值可用生产率变动法求算。其次，促淤保滩功能还表现在增加生态系统中的土壤总量方面，可用成果参照法，计算增加土壤的经济价值。

3. 消浪护岸价值

消浪护岸表现在提高海堤抗潮浪标准，降低台风、风暴潮造成的海堤维修费用。可用降低海堤设计标准所节省的费用或海堤遭受破坏后节省的海堤修理费用来替代。据闵龙佑等（1996）研究，互花米草带宽度超过 200 m 的消浪效果为 90%以上，可使原设计标准为 20 年一遇的海堤安全高度降低 2 m 以上。消浪护岸价值也可用种植互花米草节省的海堤修理净费用来估算（韩维栋等，2000），其值可用下式计算：

$$P=(T\times E-F)\times M \tag{6.2}$$

其中，P 为节省的净费用；T 为台风损害系数；E 为环境因子系数；F 为种植互花米草的费用系数；M 为种植 1 hm^2 互花米草节省的修理费用。

4. 固定 CO_2、释放 O_2 价值

根据植物光合作用和呼吸作用反应式，可推算植物形成多糖类有机物与固定 CO_2、释放 O_2 的比例关系。即相当于每形成 1 g 干物质，需要吸收固定 1.62 g CO_2，释放 1.19 g O_2，据此可求得互花米草生态系统每年固定的 CO_2 和释放的 O_2 总量。其价值可用成果参照法计算。

5. 提供动物栖息地与保存生物遗传信息价值

生物遗传信息价值可通过能值分析法来评估。根据能值分析理论，生物遗传

信息是地质进化产物，主要体现在生物多样性和珍稀物种两方面。生物多样性的能值用系统生物多样性的Shannon-Weaver指数H的信息量乘以单位信息量的转化率得到，其中H可用公式计算：

$$H = \sum_{i=1}^{s} (N_i / N)\lg(N_i / N) \tag{6.3}$$

其中，N_i是指第i物种的个体数；N是s个物种的总个体数（Odum，1996；朱洪光等，2001；张晟途等，2000）。而珍稀物种的能值可认为是进化该种物种所消耗的地质能值。据估计，地球上每个物种的能值为1.26×10^{25} sej；一个具体的生态系统中，珍稀物种能值是这个系统对该物种的支持率与1.26×10^{25} sej的乘积（Odum，1996），支持率P即该系统对该物种生存的贡献，其值可用公式计算：

$$P = (m/M)(t/12)(s/S) \tag{6.4}$$

其中，m为系统中该物种个体数；M为地球上该物种总数；t为该物种每年在该系统中生活的时间，单位为月；s为该系统的面积；S为t时间内该物种个体的实际活动面积（Odum，1996；朱洪光等，2001；张晟途等，2000）。

6. 营养物质的积累价值

互花米草生态系统所积累的营养物质以植株固定的N、P和K三种元素为主，其价值基本上可用这三种元素的价值来替代。该价值可用先计算固定三种元素的总量，然后乘以化肥的平均价格得出。

7. 净化环境价值

江苏沿海土壤成分多为细粉砂、黏土，加上风力较大，大气中的粉尘特别多，据估算，互花米草滞尘能力为20 t/hm^{2}左右。用单位面积互花米草滞尘的平均值乘以面积，可得到其滞尘总量，再根据削减粉尘的成本，得到其总价值。

互花米草治理汞等污染物质的价值可用防护成本法计算。即通过计算单位质量互花米草生物量中汞等污染物含量来推算其富集总量，然后用治理每吨污染物所需成本乘以污染物总质量得到。

8. 扩展效益

互花米草抗逆性强，其在江苏沿海的扩展速度较快，通过对1993年以来部分岸段多时相遥感图像解译，及1998年以来互花米草面积扩展速率的跟踪调查，发现互花米草生态系统在光滩上的年平均扩展速率约为4.88%，因而计算互花米草生态服务功能时还需在以上各种效益相加的基础上乘以扩展速度，得到扩展效益。

6.3.3 互花米草湿地生态系统服务功能经济价值评估结果

1. 有机生物量价值估算

钦佩等（1994）通过研究发现，互花米草群落的干重总生物量可达 3154.8 g/m^2。其能值转换率为 3.80×10^3 sej/J（太阳能焦耳/焦耳），每克互花米草的能量为 17 250 J。江苏沿海互花米草面积为 125 km^2，则植被平均净生物量的太阳能值为 2.58×10^{19} sej，2000 年江苏的能值/货币比为 3.02×10^{12} sej/元，得到互花米草生物量生态经济价值约为 8.56×10^6 元。

底栖动物主要考虑沙蚕、青蟹、弹涂鱼、青蛤、四角蛤等具有经济价值的生物资源。据底栖动物实地调查资料、渔民对经济动物资源的采集情况和市场价格调查，得到底栖动物生物量的经济价值为 4200 元/hm^2，底栖动物生物量的经济价值约为 5.25×10^7 元。

2. 保滩促淤价值估算

研究取促淤作用为 5 cm/年，江苏互花米草分布岸段的长度为 210 km，海堤底部宽度一般在 50 m 以上，其促淤作用可以为围垦工程节省土方 5.25×10^5 m^3，江苏沿海围垦工程每立方米土的单价约为 6.2 元，其节省的资金为 3.26×10^6 元。互花米草在保滩促淤中增加的土壤总量为 6.25×10^6 m^3，以我国耕作土壤的平均厚度 0.5 m 作为互花米草生态系统中的土层厚度，则每年江苏互花米草生态系统在促淤或防止土壤侵蚀方面的贡献可认为是大约增加土地面积 1.25×10^3 hm^2，采用土地机会成本来估算其价值，2000 年江苏农业生产的平均收益为 6000 元/hm^2（江苏省统计局，2000），因而其经济价值为 7.50×10^6 元。

3. 消浪护岸价值估算

江苏互花米草海滩生态系统的平均宽度约为 600 m，保护着江苏沿海 210 km 的海堤，假设互花米草消浪护岸效果为使原设计标准为二十年一遇的海堤安全高度降低 2 m，海堤宽度以 15 m 计，则互花米草生态群落的存在使得江苏沿海海堤建设节省土方量 6.30×10^6 m^3，价格为 6.2 元/m^3 计算，互花米草的消浪护岸功能价值为 3.91×10^7 元。如用互花米草种植节省的海堤修理净费用来估算，取 T 为 0.5，E 为 0.5，F 为 0.1，M 为 10 000 元，可得互花米草消浪护岸的价值为 1.89×10^7 元。取两者的平均值为 2.90×10^7 元。

4. 固定 CO_2、释放 O_2 价值估算

根据化学反应方程式及每平方米的互花米草生物量，可以估算江苏互花米草

生态系统每年固定的 CO_2 总量为 6.39×10^5 t，释放的 O_2 为 4.69×10^5 t。根据中国的造林成本，碳的价格为 251.40 元/t，固定 CO_2 的生态经济价值为 68.56 元/t，估算江苏互花米草生态系统每年固定 CO_2 的价值为 4.38×10^7 元。根据瑞典碳税率法，碳税为 0.15 美分/kg，换算成 CO_2 为 40.94 美元/t，可估算每年固定 CO_2 的价值为 2.16×10^8 元，取两者的平均值为 1.30×10^8 元。按造林成本法可把释放 O_2 的价值折合为 352.93 元/t，总计为 1.66×10^8 元。以工业制氧气价格法估算，工业氧气的价格为 0.40 元/kg，该价值为 1.88×10^8 元，取平均值 1.77×10^8 元。

5. 生物遗传信息价值估算

江苏互花米草在生物遗传信息方面的价值主要体现在江苏盐城国家级珍禽自然保护区内保护的各种珍禽海鸟遗传信息。朱洪光等（2001）利用能值分析方法，得出其经济价值为 5.24×10^8 元。

6. 营养物质积累价值估算

钦佩等（1988）通过研究发现，互花米草植株中 N、P、K 的含量分别为 1.358%、0.142%和 0.5436%。根据江苏互花米草生态系统中植物的年平均净生物量，可计算固定的 N、P、K 分别为 5355.27 t、559.98 t 和 2143.69 t。以我国当前化肥 1000 元/t 计算，每年固定营养物质的价值为 8.06×10^6 元。

7. 净化环境价值估算

依据互花米草的滞尘能力和面积，可计算滞尘总量为 2.5×10^5 t，而削减粉尘的成本为 170 元/t，可得滞尘功能的潜在经济价值为 4.25×10^7 元。

互花米草具有富集汞等多种重金属元素和降解农药的作用，据仲崇信和钦佩（1983）的研究成果，每 1 g 互花米草植株生物量富集汞的能力约为 4.43×10^{-5} g。可得江苏沿海互花米草每年对汞的富集量约为 17.5 t，以当前主要污染业削减率为 0.9 的全国平均边际削减费用 12 725.34 元/t（小规模）计（曹东和王金南，1999），互花米草富集汞的经济效益为 2.23×10^5 元。据专家评估法，互花米草富集汞的经济效益约为减轻土壤和水体污染所产生的净化环境效益的 5%，则江苏互花米草海滩生态系统治理土壤和水体污染的效益为 4.45×10^7 元。

8. 扩展效益估算

如前文所述，1998 年以来江苏互花米草的扩展速率为 4.88%，因此在目前情况下，江苏互花米草生态系统的扩展效益为以上各项价值之和的 4.88%，共计 5.01×10^7 元。

基于以上分析可以看出，江苏互花米草海滩生态系统服务的总价值为 1.08×

10^9 元，其中直接经济价值为 6.11×10^7 元，间接经济价值为 1.02×10^9 元，间接经济价值是直接经济价值的 16.7 倍。互花米草海滩生态系统所产生的生态经济价值远远超出了其实物产出的价值。由于生态系统服务的多价值性，本节仅是对当前社会经济条件下主要服务价值的估算，远不能包含系统的所有服务价值。如 Davis 等（2004），Lewis 等（2000），Dunstan 和 Windom（1975）等的研究表明互花米草可在红树林不能生长的滩面上生长，并为红树林侵入创造条件，是红树林的先锋植被，对红树林恢复具有重大意义。本节的目的是通过对互花米草生态服务价值的评估，加深人们对互花米草海滩生态系统服务功能的认识，保护海岸带的生态环境，促进海岸带的持续发展。

至于因为与滩涂养殖业争地、导致沿海河口航道淤积、干扰其他盐沼生态系统而把互花米草简单视为“毒草”是缺乏充分科学依据的，造成这种后果的主要原因是人为不当引种，与互花米草本身并无关系。今后有必要进一步加强互花米草海滩生态系统服务功能及环境影响评价研究，从而合理开发利用我国沿海分布最广的生物海岸带生态系统。

6.4　围填海影响下的海岸带生态服务价值损益评估

目前，将沿海滩涂湿地的开发方式统称为“围填海”，围填海是指通过人工修筑堤坝、填埋土石方等工程措施将天然海域空间改变成陆地的人类活动（张明慧等，2012），用于农用耕地或城镇建设（李京梅等，2010），它是当前我国海岸开发利用的主要形式，也是沿海地区缓解土地供求矛盾、拓展生存和发展空间的有效手段（孙永光，2014），具有显著的社会经济效益。作为一种彻底改变海域自然属性的用海方式（苗丰民等，2007），围填海将对海岸带生态系统产生深刻影响，如改变近岸海域水动力条件（王勇智等，2015；张志飞等，2016），加速沿海滩涂湿地生态系统功能退化（孟伟庆等，2016；马田田等，2015），引发围填海附近海域生物多样性降低、优势种演替和群落结构变化（任鹏等，2016；黄备等，2015）以及水质恶化（刘明等，2013；张一帆等，2012）等，影响海岸带生态系统正常提供生境、调节、生产和信息等生态系统服务（林磊等，2016）。

6.4.1　围填海活动及其对海岸带生态系统的影响

围填海工程作为向海要地的重要手段，在全球沿海国家与地区不同程度地存在。围填海工程对海岸带生态服务价值的影响也引起了学界的普遍关注，并成为生态经济学和环境经济学等学科的研究热点。依据海岸带自然特征，海岸带的开发活动可分为两大类：围填海造地后开发（非淤长型海岸）和自然滩涂围垦开发

（淤长型海岸）。围填海造地主要是在沿海修筑海堤，围割部分海域后人为将水排干（或依靠自然干燥、植被生长）或用泥沙岩土等固体物质通过填海的方式形成陆地的行为，是人类开发利用海洋的重要方式。世界许多沿海国家或地区都采取了围填海造地的策略，如荷兰、日本和韩国等；其中，荷兰是围填海造地的典型代表，截至2000年，荷兰累计围海造地约9000 km^2，相当于其陆地国土总面积的1/4。而对于淤长型海岸，沿海滩涂在河流泥沙作用下不断向海推进，其面积上动态增长特征为人类生存和发展提供了广阔空间；自然滩涂在围垦和开发后逐渐转变为水产品养殖、农业、工业、居住等用地。

1. 围填海对海岸带水沙动力的影响

（1）围填海活动对河口水沙动力的影响。潮汐河口受潮流和径流双重影响，围填海工程常与河口整治相结合，主要在入海河口的边滩筑堤围涂，也有在河口或河口汊道上筑坝建闸挡潮。河口围垦开发，既要考虑排洪入海尾闾畅通，又要考虑河海港道的维护，保护河口的潮汐吞吐能力。

（2）围填海活动对港湾水沙动力的影响。港湾围垦或在湾内边滩筑堤圈围，或在湾顶、湾中、湾口或湾内港汊筑坝堵港。边滩围垦多在高滩外缘筑堤造陆，类似平直海岸的小规模围涂。堵港围海则是在堵港之后，将港内高、中滩筑堤造陆，低滩或浅海则多用于蓄淡养殖。港湾围垦主要造成坝内港口废弃，并因纳潮量减少及径流被拦蓄而导致坝外港口航道淤积。

（3）围填海活动对平直海岸水沙动力的影响。平直海岸围垦一般在淤长型岸段进行，其堤线大体与海岸线平等。围堤之后，潮流条件的变化使得原来相对平衡的海滩剖面遭受破坏。随着潮滩均衡态的调整，堤外滩地逐渐淤高，并继续向海推进。由于围堤切断了潮盆近岸部分的潮沟系统，并改变了潮盆的局地水沙环境。因此，在潮滩均衡态调整过程中，潮水沟的活动可能会危及海堤安全。合理的围堤方案，确保匡围后潮滩均衡态调整不影响海堤安全，是围填海工程设计时需要解决的首要问题。

（4）围填海活动对岛屿周边水沙动力的影响。海岛一般多基岩岬角海湾，单片滩地围垦面积一般较小。由于起围堤线的降低，再加上海岛风浪较大，一般需促淤围垦，或在岛屿间堵港、建坝、促淤，条件成熟时再进行连岛围垦工程。岛屿围垦或连岛围垦会明显改变陆岛附近的水沙环境和底质类型，并给滩涂养殖和原有港口航道带来不同程度的负面影响。我国的岛屿围垦工程除海南岛和崇明岛外，一般规模较小。浙江温岭东海塘工程是个典型的连岛围海工程，因工程可能导致礁山港的严重淤积，曾中途停工。后将礁山港外移至横门山岛建龙门新港，促使该项连岛围垦工程完成，增加了滩涂养殖面积。

实践表明，只要不是大范围的围垦，围垦前做好环境影响评价，单个工程对河口、海岸、港湾和岛屿附近水沙环境的负面影响都是不太明显的，甚至可忽略不计。但是，就某一海岸区域而言，长期大量围垦所产生的累积效应却不容忽视（李加林等，2007）。

2. 围填海活动对海岸带物质循环的影响

（1）围填海活动对土壤营养物质循环的影响。沿海滩涂土壤由含有一定量有机和无机养分的滨海相母质在周期性湿润条件下经过缓慢而复杂的生物循环、物质还原以及微弱淋溶等过程发育而成。大部分自然滩涂经围垦开发后成为水产养殖、农业用地和建设用地等，其物理、化学和生物特性均会发生变化。土壤物理性质主要包括土壤结构性、孔隙性、力学性质和可耕性，各种性质和过程相互联系、相互制约。围垦滩涂大多数属于粉砂淤泥质，故随着围垦年限增加，滩涂土壤中砂粒减少而粉粒、黏粒增加。围垦后滩涂土壤含水量呈现下降趋势而容重呈增加趋势，含水量的降低主要是受围垦后高程增加导致地下水位降低的影响。土壤化学性质主要包括土壤胶体，土壤溶液的化学反应（酸碱反应和氧化还原反应等），以及土壤元素（碳、氮、磷、硫、钾和微量元素等）的生物地球化学循环等，它们之间相互联系、相互制约。一般而言，滩涂盐土在农作物残体、有机肥的添加以及人为耕作管理的影响下，随着围垦时间增加，总体趋势表现为盐分下降，pH 降低，养分增加（徐彩瑶等，2018）。由于土壤抗剪性差，加上植被覆盖率低，垦区土壤还存在较严重的重力侵蚀、水蚀和风蚀（王资生，2001）。总体而言，围垦活动下沿海滩涂土壤在围垦后 30 年左右趋于稳定，如长江口奉贤段围垦区土壤理化性质在围垦后 30 年达到稳定状态（Moreno 等，2001）。

（2）围填海活动对堤外滩地及近海水域营养元素循环的影响。围填海活动对堤外滩地及近海水域生态环境的影响主要集中在潮滩底质和近海水域污染两方面。不同的围垦规模和污水排放体系有着不同的污染物排放通量和输移方式。同时，土地利用方式的差异也造成污染种类和污染程度的不同，如港口、能源、化工、城镇建设等全面开发活动带来的污染远大于以农业开发为主的影响。工业废水、垦区内外海水养殖废水、农田耕作退水和居民生活污水是造成垦区内外水质和潮滩底质污染的主要因素。

（3）围填海活动对海水入侵和地下水位的影响。滩涂围垦在海水入侵地带具有一定的正效应，虽然围垦后地下水位下降不大，但筑堤御潮及垦区灌排水网建设，降低了地下水矿化度，海水淡化趋势明显，并能在一定程度上减轻海水入侵的危害。淡水资源严重不足、地表水体污染和水质恶化是垦区水资源与水环境的突出问题，潮滩围垦还可改变地下水流系统。新围垦区土壤脱盐、涂区种植和养殖都需要大量淡水，工业生产和居民生活也需要大量淡水资源，过量抽取地下水，将导致地下水位下降、地面沉降和海水入侵，并导致土壤盐渍化。围堤工程的建设使得海岸带垦区内外物质循环过程发生显著改变，潮滩匡围使得垦区内潮滩脱盐、陆化，垦区土地利用则使得土壤成土过程及肥力特征发生改变，逐渐形成陆生生态系统。同时，入海物质排放通量的变化也对潮滩及近海水域生态环境产生影响。虽然滩涂围垦在海水入侵地带有一定的正效应，但由于水资源严重短缺，过度抽取提水仍将可能导致地下水位降低或海水入侵。因此，海堤建设对潮滩的隔断及垦区土地利用是围垦对海岸带物质循环过程产生影响的直接驱动力。现有研究仍缺乏围堤建设对海岸带物质循环的影响过程和机制研究，而不同土地利用方式对垦区物质循环的影响评价也亟须深入，以形成合理的土地利用系统，减少对海岸带生态环境的影响（李加林等，2007）。

3. 围填海活动对生物多样性的影响

有研究表明，围填海可以造成附近海区浮游动植物的生物多样性降低，以及优势种群落结构变化（张明慧等，2012；胡成业等，2015；Koo 等，2008）。围填海对生物的影响比较复杂，直接影响主要是通过填埋的方式覆盖生物栖息地。另外，在施工过程中产生大量悬浮泥沙，导致水体混浊、溶解氧浓度降低，直接对生物的呼吸和消化系统造成影响，尤其会影响生物幼体的存活率（郭晓峰等，2014）。除此之外，围填海对生物资源的间接影响更大，围填海导致海岸线外推，迫使生物迁移，围填海造成河口、海湾的潮流形态和动力减弱，引起水体和底质理化性质改变，影响生物生理及生活史过程（张明慧等，2012）。围填海对底栖动物群落的影响较为明显，底栖动物空间移动性较差。与鱼类相比，对底栖动物威胁最大的是围填海填埋栖息地，直接造成生物损失。浮游动物比鱼类更靠近食物链底层，也是某些鱼类的饵料生物，它们的资源量既受围填海的影响，也与捕食者鱼类的资源情况相关。浮游动物的种类数、栖息密度和生物量下降明显，但多样性指数增加，重要鱼类的饵料莹虾不再是优势种，水母成为优势种，这将对资源的可持续产生不利影响。在人类活动干扰强度不断增加且围垦堤坝阻断了海水进入的背景下，滩涂湿地原有的自然、湿地生态系统逐步转变为人工、陆地生态系统。

（1）围填海活动对潮滩盐生植被的生态学影响。在人类围垦活动干扰下，沿海滩涂湿地生态系统主要群落的变化是从适宜滩涂生长的沼生盐生植被群落，演替为以菊科和禾本科为主的陆生灌草群落，进而逐渐出现由高大乔木组成的复杂植被群落，植被群落的组成完全改变且物种多样性先降低后增加。围垦后，围堤内外的潮滩生态环境有着不同演化特征。堤内潮滩湿地与外部海域全部或部分隔绝，垦区水域盐度逐渐降低，土壤表层不再有波浪或潮汐带来的泥沙沉积，土壤因地下水位下降而不断脱盐。生境条件的变化，导致盐沼植被群落结构演替。崇明东滩大堤内芦苇湿地由于人工排水干涸，土壤发生旱化和盐渍化，植被群落表现为明显次生演替（葛振鸣等，2005）。堤外高滩的快速淤积，为先锋盐沼植被侵入创造了条件，同时植被的促淤作用也使得潮滩进一步淤高，盐沼植被逐渐恢复到围前状态。江苏东台笆斗、金川、三仓、仓东等垦区的围垦论证及跟踪调查表明，只要在堤外预留适量盐沼，随着堤前滩地淤高，原生盐沼植被群落将在堤外得到恢复。

（2）围填海活动对潮滩底栖动物的生态学影响。底栖动物是湿地生态系统的次级生产者，调节食物网中物质循环和能量流动，既可作为捕食者，摄食浮游生物、植物、碎屑等；又可作为被捕食者，为鸟类等高营养级动物提供食物。围垦改变了潮滩高程、水动力、沉积物特性和盐沼植被等多种环境因子，这些生物环境敏感因子的综合作用，将导致底栖动物群落结构及多样性改变。潮滩围垦后，堤内滩涂在农业水利建设和各种淋盐改碱设施的改造下逐渐陆生化，潮滩底栖动物种类、丰度、密度、生物量、生物多样性等都明显降低或最终绝迹，陆生动物则逐渐得以发展。围垦也使得土壤线虫群落种类多样性和营养多样性明显减少。水文环境和沉积环境变化是引起堤外底栖动物群落变化的最重要因素。堤外淤积环境的迅速改变，使不适应快速淤埋的潮滩底栖动物发生迁移或窒息死亡，如上海围海造地使得潮滩及河口地区的中华绒螯蟹、日本鳗鲡、缢蛏、河蚬明显减少。此外，海水养殖、淡水种植和工业等废水大多通过沿海挡潮闸排入垦区外海域，对附近潮滩底栖动物产生影响。

（3）围填海活动对其他生物的生态学影响。围垦对其他生物的生态学影响研究主要包括陆源动物、水禽和附着生物。围堤对陆源动物影响较小，但受人为捕猎影响，其消亡速度较快，如獐子在围堤时就可能被捕猎。围海工程还引起附近海区浮游植物、浮游动物生物多样性的普遍降低及优势种、群落结构变化。受水流不畅影响，围垦区内水域附着生物群落的发展水平明显不及垦区外。围垦通过对潮滩生物生境条件的改变，干扰了潮滩盐生植被的正常演替，甚至导致盐生植被的逆向演替，引起底栖动物生物多样性减少及陆生动物的发展，同时还影响着鸟类等其他生物的群落特征。

4. 围垦活动对海岸带湿地生态系统服务的影响

围垦活动改变着滩涂湿地景观及土地利用类型，进而影响其所能提供的生态系统服务。千年生态系统评估（the Millennium Ecosystem Assessment，MA）在报告中也指出，未开垦湿地的总经济价值往往大于已开垦的湿地的总经济价值（Millennium Ecosystem Assessment Board，2005）。多数研究表明，围垦活动造成沿海滩涂湿地生态系统服务总价值的净损失，且损失量随着围垦强度加大而升高。如江苏沿海围垦区（包括连云港、盐城、南通）在1980～2010年间因土地利用变化，生态系统总价值每年损失约4320万美元（Chuai等，2016）。现有围垦活动多出于缓解人地矛盾、增加耕地资源目的，自然湿地和栖息地逐渐减少，支持服务随之降低。研究表明，江苏滩涂湿地生态系统在围垦后 39 年左右进入以人工生态系统为主的新平衡，实现自然—人工生态系统转换，转换之后的人工生态系统的生态系统服务价值要低于原有的自然生态系统（Xu 等，2016）。

5. 围填海活动对海岸带滩涂生态安全状况的影响

目前，生态安全包括广义和狭义两种定义：广义的生态安全是指在人生活、健康、安乐、基本权利、生活保障来源、必要资源、社会秩序和人类适应环境变化的能力等方面不受威胁的状态，包括自然生态安全、经济生态安全和社会生态安全，组成一个复合人工生态安全系统；狭义的生态安全是指自然和半自然生态系统的安全，即生态系统完整性和健康的整体水平反映（肖笃宁等，2002）。生态安全的研究主要关注生态脆弱区，现已成为生态学、地理学和资源与环境科学等领域的重要课题。综上所述，生态安全的研究包含客观性分析与主观性评价两个层面：一是对生态系统质量与活力的客观分析，即气候、水、空气、土壤等环境和生态系统的健康状态；二是从人类对自然资源的利用与人类生存环境辨识的角度分析与评价自然和半自然生态系统，也就是人类在生产、生活和健康等方面不受生态破坏与环境污染等影响的保障程度，如饮用水与食物安全、空气质量与绿色环境等基本要素。围垦活动影响下沿海滩涂的生态安全问题主要表现在生态环境质量（如土地资源安全、水资源安全）、生态系统健康（如生物入侵造成生态系统失衡），以及人类生存环境的保障（如自然、地质灾害加剧使得当地居民利益受损）等方面。对土地资源安全的威胁主要指来自砷、重金属（如锌、镍、铬、铜、铅和镉等）或有机污染物（如多氯联苯、多环芳烃等）等造成的土壤污染。围垦造成的滩涂湿地生态系统愈发脆弱和敏感，滩涂所受砷、重金属及有机污染物的风险也大增。虽然部分滩涂垦区的重金属环境质量良好，但随着人类活动干扰，生态风险水平有逐步增加趋势。生物入侵不仅能完全改变生态系统的结构和功能，而且能深刻影响人类的生产、生活及健康，甚至造成重大经济损失。目前，大米草和互花米草被认为是沿海滩涂主要且被关注较多的入侵物种，最初因保滩护岸、促淤造陆等目的而人为引进，但研究显示可能对被入侵地的自然环境、生物多样性、生态系统乃至经济生活带来一系列不利影响，如侵占大片滩涂进而取代土著植物、影响海水交换能力致使水体富营养化、改变底栖动物和水鸟的栖息地导致生物多样性下降、生长迅速且根系发达，使得航道堵塞、开发利用价值低造成经济损失等。全球气候变化的影响下，沿海滩涂湿地生态系统遭受因海平面上升带来的一系列影响（海啸、风暴潮等），而高强度人类活动使得围垦滩涂湿地生态系统失衡、抵抗力下降，更易引发生态、地质灾害。

本节试以宁波杭州湾新区为研究区域，采用遥感和地理信息技术，基于生态系统服务价值评估方法，提取 2005、2010 和 2015 年宁波杭州湾新区土地覆盖信息，分析 2005～2015 年围填海影响下，宁波杭州湾新区生态系统服务的数量和空间变化，并利用相关分析法揭示围填海强度与生态系统服务价值变化之间的关系，以期为围填海区域发展规划的制定和合理开发利用滩涂资源提供基础数据和决策参考。

6.4.2　基于单项服务的海岸带生态系统服务价值评估方法

1. 研究区概况

宁波杭州湾新区前身是慈溪经济开发区，于 2001 年由慈溪城区并入。2009 年，设立宁波杭州湾新区开发建设管委会，作为宁波市政府的派出机构，在辖区内履行市级经济管理权限和县级社会行政管理职能。宁波杭州湾新区位于浙江宁波北部，衔接宁波杭州湾跨海大桥南岸，下辖庵东镇，常住人口约 18 万。宁波杭州湾新区总面积约为 353.59 km^2，区内平原和滩涂呈南北向分布，地势自西向东略有倾斜，北面淤涨型滩涂平坦开阔，呈扇形向北凸出，南部平原土壤肥沃、水系发达。宁波杭州湾新区地处中纬度亚热带季节气候区，雨季、旱季分明，气候温暖湿润，光热条件良好，且为长三角经济圈南翼三大中心城市经济金三角的几何中心，两小时交通圈覆盖沪、杭、甬，交通和区位优势突出。宁波杭州湾新区所在陆域主要为 18 世纪中期以来海涂淤长而成，根据《宁波杭州湾新区总体规划（2010—2030）》，未来，宁波杭州湾新区仍有大面积滩涂将被围垦用于开发建设（付元宾等，2010）。

2. 数据来源与预处理

本节选取了美国地质勘探局（United States Geological Survey，USGS）提供的 2005、2010 和 2015 年 3 个时期的 Landsat TM/OLI 遥感影像数据作为主要数据源，并以 1∶10 万浙江省地形图为基准，利用 ENVI 软件对 3 期遥感影像数据进行预处理，主要包括波段合成、几何纠正和图像增强等。在 eCognition 软件的支持下，建立分类信息知识库，提取研究区土地利用信息，提取方法与技术要求参考《海岛海岸带卫星遥感调查技术规程》（陈玮彤等，2017）。再根据研究区的 GPS 野外调查数据以及其他背景资料建立各土地利用类型解译标志，并在 ArcGIS 环境下利用人工目视解译对分类结果进行校正，最终获得研究区 2005、2010 和 2015 年的土地利用类型矢量数据，解译精度均达 90%以上，达到本节研究所需。本节土地利用分类为草地、旱地、建设用地、林地、草滩湿地、水体、水田和滩涂（光滩）8 种。本节所涉及其他数据主要来源于《慈溪统计年鉴》、《宁波水资源公报（2005—2015

年)》、《慈溪土壤志》、《宁波杭州湾新区总体规划（2010—2030）》等。

3. 生态系统分类及其服务价值评估方法

参考千年生态系统评估，利用频度分析法，统计分析并筛选出国内外相关研究成果中应用使用频率较高的指标，并结合研究区实际情况细化出 10 项子服务，最终确定了研究区生态系统服务评估评价指标体系。其中供给功能对应食品生产和原材料生产服务，调节功能对应气体调节、干扰调节、净化环境和水文调节服务，支持功能对应土壤保持、养分循环和维持生物多样性服务，文化功能对应提供美学景观服务。

目前，生态系统服务价值评估法主要有 8 种，且通常以经济学评价为基础。经济学评价法以生态经济学为理论基础，简便易行，结果精度优于参数法，数据可获得性和可行性优于能值分析法和模型法（吕一河等，2013），且更能反映生态系统提供的各项服务满足人类需求的价值，适用于生态系统服务经济价值的评估（程敏等，2016）。故本节以宁波杭州湾新区为研究区域，借助经济学方法，辅以参数法评估宁波杭州湾新区各时期不同土地利用类型的生态系统服务价值，采用 2005 年不变价，消除各时期价格变动的影响，见表 6-2。由此可计算宁波杭州湾新区单位面积上各土地利用类型的生态系统服务价值，则各年份宁波杭州湾新区生态系统服务价值总量计算公式如下：

$$V = \sum_{i=1}^{n} S_i \times V_i \tag{6.5}$$

其中，V 为研究区生态系统服务总价值，单位：元；S_i 表示研究区第 i 种地类的面积，单位：hm^2；V_i 表示研究区单位面积第 i 种土地利用类型的生态系统服务价值，单位：元/hm^2。

4. 围填海强度

围填海强度指数即单位长度海岸线上的围填海面积，可定量反映区域围填海的规模与强度，有利于探究围填海活动与生态服务价值变化之间的关联。可用下式表示：

$$\mathrm{PD} = S / L \tag{6.6}$$

其中，PD 为围填海强度指数；S 表示研究区累计围填海面积，单位：hm^2；L 表示研究区基准年内的海岸线总长度，单位：km。

5. 相关性分析方法

相关性分析是研究随机变量 x、y 之间是否存在某种依存关系，并探讨其依存关系的相关方向以及相关程度的一种常用统计方法（滕冲和汪同庆，2014）。本节利用 Pearson 简单相关系数来计算围填海强度与生态系统服务价值之间的相关系数（表 6-2），计算公式如下：

$$r_{xy}=\frac{\sum_{i=1}^{n}(x_i-\overline{x})(y_i-\overline{y})}{\sqrt{\sum_{i=1}^{n}(x_i-\overline{x})^2}\sqrt{\sum_{i=1}^{n}(y_i-\overline{y})^2}} \tag{6.7}$$

其中，x 为围填海强度；y 为生态系统服务价值；r_{xy} 是围填海强度与生态系统服务价值的相关系数；$\overline{x}$，$\overline{y}$ 分别是 x，y 的均值；x_i、y_i 分别是 x、y 的第 i 个值；n 为样本数量。

表 6-2　宁波杭州湾新区生态系统服务价值评估方法

生态服务功能	子服务	计算方法	模型与数据
供给功能	食品生产	市场价值法	$V_1=R\times\Sigma$（$Y_i\times P_i$）；V_1 为食品供给服务价值（元）；R 为食品销售平均利润率，取 25%；Y_i 为研究区各年份各类食品的产量（kg）；P_i 为慈溪 2005 年各类食品的平均市场价格（元/kg）
	原材料生产	市场价值法	$V_2=R\times\Sigma$（$Y_i\times P_a$）$+S\times P_b$；V_2 为原材料供给服务价值（元）；R 为食品销售平均利润率，取 25%；Y_i 为研究区各年份棉花的产量（kg）；P_a 为慈溪 2005 年棉花的平均市场价格（元/kg），取 9.019；S 为研究区林地的面积（hm^2）；P_b 为 2005 年研究区单位面积的林业产值（元/hm^2），取 1275.371
调节功能	气体调节	造林成本法、碳税法、工业制氧法	$V_{3a}=\Sigma P_i\times S_i\times$（$1.63\,C_{CO_2}+1.19\,C_{O_2}$）；$V_{3a}$ 为固碳释氧服务价值（元）；P_i 表示研究区不同植被和浮游植物净初级生产力（t/（hm^2·a）)，取 6.810（2005 年旱地）、5.006（2010 年旱地）、4.722（2015 年旱地）、5.847（2015 年水田）、9.402（草地）、5.8（滩涂）、29.686（草滩湿地）、11.64（林地）；S_i 为研究区当年旱地、水田、草地、滩涂、草滩湿地和林地的面积（hm^2）；C_{CO_2} 为固定 CO_2 的成本（元/t），均值取 771.2；C_{O_2} 为人工制氧的成本（元/t），取 400 $V_{3b}=\Sigma S_j\times E_j\times P_j$；$V_{3b}$ 为 N_2O 排放造成的损失（元）；S_j 为研究区当年 N_2O 排放量较大的作物面积（hm^2）；E_j 为各作物单位面积 N_2O 排放量（kg/hm^2），取 2.602（棉花）、2.64（豆类）、0.4（小麦）、7.1（玉米）；P_j 为单位质量 N_2O 排放造成的损失（元/kg），取 24.079 $V_3=V_{3a}-V_{3b}$；V_3 为气体调节生态服务价值（元）；V_{3a} 为固碳释氧服务价值（元）；V_{3b} 为 N_2O 排放造成的损失（元）
	干扰调节	影子工程法	$V_{4a}=\Sigma$（$P\times S_i\times V_i/\alpha$）；$V_{4a}$ 为保滩促淤服务价值（元）；P 为研究区 2005 年粮食自然产出的平均收益（元/hm^2），为 798.906；S_i 为研究区当年滩涂或草滩湿地的面积（hm^2）；V_i 表示研究区滩涂和草滩湿地的促淤速度（cm/a），取 3（草滩湿地）、1.5（滩涂）；α 表示我国耕作土壤的平均厚度（m），取 0.5 $V_{4b}=L\times W\times H\times V\times P$；$V_{4b}$ 为消浪护岸服务价值（元）；L 为研究区当年海堤长度（m）；W 为研究区海堤的宽度（m），取 15；H 表示研究区草滩湿地消浪护岸效果使海堤（二十年一遇）安全高度可降低值（m），取 2；P 表示石方价格（元/m^3），取 15 $V_4=V_{4a}+V_{4b}$；V_4 为研究区干扰调节价值（元）；V_{4a} 为保滩促淤服务价值（元）；V_{4b} 为消浪护岸服务价值（元）

续表

生态服务功能	子服务	计算方法	模型与数据
调节功能	净化环境	大气污染治理成本法、污水治理成本法	$V_{5a}=\Sigma S_i\times C_i\times$[（HN/TN+HP/TP）×1000+$P_{BOD}$+$P_{COD}$]；$V_{5a}$为研究区水质净化服务价值（元）；$S_i$为第 i 种生态系统的面积（hm^2）；C_i表示污水人工处理成本（元/t），取 1.38（滩涂、草滩湿地、水体），0.0467（水田）；HN 和 HP 分别代表草滩湿地和滩涂单位面积截留 N、P 的能力（kg/hm^2），取值 189.245（草滩湿地 HN），0.385（滩涂 HN），39.8（水体 HN），34.066（草滩湿地 HP），0.042（滩涂 HP），18.6（水体 HP）；TN 和 TP 分别代表污水厂单位体积去除 N、P 的浓度（mg/L），取值 32（除 N），4（除 P）；P_{BOD}和P_{COD}分别代表水田单位面积消纳 BOD 和 COD 的能力（kg/hm^2），取值 17.07（BOD），26.34（COD） $V_{5b}=\Sigma S_i\times$（$A_d\times C_d+A_{SO_2}\times C_{SO_2}+A_{NO_x}\times C_{NO_x}$）；$V_{5b}$为研究区空气净化服务价值（元）；$S_i$为研究区森林、水田或旱地面积（$hm^2$）；$A_d$，$A_{SO_2}$和$A_{NO_x}$分别代表不同生态系统每年单位面积吸收粉尘、二氧化硫和氮氧化物的能力（t/hm^2），取 33.2（森林、水田滞尘），0.1176（森林 SO_2），0.045（水田 SO_2），0.033（水田 NO_x），30（旱地滞尘），0.040（旱地 SO_2），0.030（水田 NO_x）；C_d，C_{SO_2}和A_{NO_x}分别代表人工处理粉尘、二氧化硫和氮氧化物的成本（元/t），170（滞尘），600（SO_2、NO_x） $V_5=V_{5a}+V_{5b}$；V_5为研究区净化环境价值（元）；V_{5a}为研究区水质净化服务价值（元）；V_{5b}为研究区空气净化服务价值（元）
	水文调节	影子工程法	$V_{6a}=S_f\times C_r\times(P-E)$；$V_{6a}$为研究区生态系统涵养水源的价值（元）；$S_f$为研究区林地面积；$C_r$表示水库工程成本（元/$m^3$），取 0.67；$P$ 为研究区年平均降水量（mm/a），取 1250；E 为研究区多年平均蒸发量（mm/a），取 950 $V_{6b}=\Sigma C_r\times S_i\times(D+V)$；$V_{6b}$为研究区生态系统调蓄洪水的价值；$S_i$为研究区水田、草滩湿地、滩涂和水体面积（$hm^2$）；$C_r$表示水库工程成本（元/$m^3$），取 0.67；$D$ 为水田、滩涂和草滩湿地的最大蓄水差额（m），取 2；V 表示研究区单位正常水位水面蓄水量（m^3/hm^2），取 24 852.033 $V_6=V_{6a}+V_{6b}$；V_6为研究区水文调节价值（元）；V_{6a}为研究区林地涵养水源的价值（元）；V_{6b}为研究区生态系统调蓄洪水的价值（元）
支持功能	土壤保持	市场价值法、机会成本法	$V_7=\Sigma P_{sj}\times S_j\times d_j/(\rho\times\alpha\times10^4)+d_j\times S_j\times0.24\times(C_r/\rho)$；$V_7$为研究区土壤保持价值（元）；$j$ 为土壤类型；P_{sj}为第 j 类土壤单位面积经济价值（元/hm^2），取值 1275.371（林地），99.829（草滩湿地），5722.996（旱地），8398.531（水田），99.837（草地）；S_j为第 j 类土壤类型的面积（hm^2）；d_j为第 i 类土壤的土壤保持量（t/hm^2），取值 793.96（林地），224.03（草滩湿地），645.37（旱地），521.27（水田），757.86（草地）；ρ 为土壤容重（t/m^3），取 1.25（林地），1.2（旱地），1.2（水田），1.2（草地），1.34（草滩湿地），α 为我国耕作土壤平均厚度（m），取 0.5；C_r表示水库工程成本（元/m^3），取 0.67
	养分循环	替代价格法	$V_8=\Sigma S_i\times P_{1i}\times P_{2i}\times D_i$；$V_8$为研究区生态系统养分循环价值；$i$ 为土壤类型（元），S_i为第 i 类土壤面积（hm^2）；P_{1i}为第 i 类土壤中的氮、磷、钾含量（%），取 0.16、0.03、3.46（林地），1.36、0.14、0.54（草滩湿地），0.12、0.02、2.25（旱地），0.17、0.07、1.98（水田），0.49、0.46、0.57（草地）；P_{2i}为各类化肥售价（元/t），取 2005 年中国化肥平均市场价格，为 2175.673；D_i表示研究区不同植被和浮游植物净初级生产力 [$t/(hm^2\cdot a)$]，取 6.810（2005 年旱地）、5.006（2010 年旱地）、4.722（2015 年旱地），5.847（2015 年水田），9.402（草地），5.8（滩涂），29.686 t（草滩湿地），11.64（林地）
	生物多样性维持	成果参照法	$V_9=\Sigma(A_i\times S_i\times R\times P_a\times P_b)$；$V_9$为研究区生物多样性维持价值（元）；$A_i$表示研究区第 i 种生态系统提供生物多样性维持功能服务的单位面积价值当量因子，取 0.13（旱地），0.21（水田），1.88（林地），1.27（草地），7.87（草滩湿地、滩涂），0.02（盐田），2.55（水体）；S_i为研究区当年第 i 种生态系统的面积（hm^2）；R 为生态服务价值当量系数，取 1/7；P_a为 2005 年庵东镇粮食的市场均价（元/kg），取 1.373；P_b为庵东镇 2003～2013 年的平均粮食单产（kg/hm^2），取 4074.111

续表

生态服务功能	子服务	计算方法	模型与数据
文化服务功能	美学景观	成果参照法	$V_{10}=\Sigma\,(A_i\times S_i\times R\times P_a\times P_b)$；$V_{10}$为研究区美学景观价值（元）；$A_i$表示研究区第 i 种生态系统提供美学景观功能服务的单位面积价值当量因子，取 0.06（旱地），0.09（水田），0.82（林地），0.56（草地），4.73（草滩湿地、滩涂），0.01（盐田），1.89（水体）；S_i为研究区第 i 种生态系统的面积（hm^2）；R 为生态服务价值当量系数，取 1/7；P_a为 2005 年庵东镇粮食的市场均价（元/kg），取 1.373；P_b为庵东镇 2003～2013 年的平均粮食单产（kg/hm^2），取 4074.111

6.4.3 围填海影响下的生态系统服务价值演变时空特征分析

以宁波杭州湾新区 2005～2015 年，每隔 5 年的土地利用数据为基础（表 6-3），根据上述生态系统服务价值计算方法，结合宁波杭州湾新区的自然、社会经济条件，估算出宁波杭州湾新区各生态系统服务的总价值和单位面积价值（表 6-4）。

表 6-3　宁波杭州湾新区土地利用覆被类型

土地利用类型	2005 年		2010 年		2015 年	
	面积/km^2	百分比/%	面积/km^2	百分比/%	面积/km^2	百分比/%
草地	0	0	8.948	2.531	3.762	1.064
草滩湿地	45.006	12.728	58.883	16.653	21.54	6.092
旱地	70.328	19.890	66.915	18.925	65.463	18.514
建设用地	25.634	7.250	42.885	12.129	68.15	19.274
林地	0.543	0.154	0.544	0.154	0.519	0.147
水田	0	0	0	0	1.492	0.422
水体	27.137	7.675	39.756	11.244	110.076	31.131
滩涂	184.94	52.304	135.657	38.366	82.586	23.357

表 6-4　宁波杭州湾新区 2005 年、2010 年、2015 年生态系统服务价值（单位：10^6 元）

生态系统	年份	供给服务		调节服务				支持服务			文化服务		
		食品生产	原材料生产	气体调节	干扰调节	净化环境	水文调节	土壤保持	养分循环	维持生物多样性	提供美学景观	单价/(元/m^2)	总价值/(10^6元)
草地	2010			14.58				0.10	0.28	0.91	0.40	1.82	16.26
	2015			6.13				0.04	0.12	0.38	0.17	1.82	6.83

续表

生态系统	年份	供给服务		调节服务				支持服务			文化服务	单价/(元/m²)	总价值/(10⁶元)
		食品生产	原材料生产	气体调节	干扰调节	净化环境	水文调节	土壤保持	养分循环	维持生物多样性	提供美学景观		
草滩湿地	2005			231.55	14.41	76.77	60.31		5.94	28.30	17.01	9.65	434.28
	2010			302.93	16.41	100.43	78.90		7.77	37.02	22.25	9.61	565.72
	2015			110.82	22.50	36.74	28.86		2.84	13.54	8.14	10.10	223.45
旱地	2005	9.11	1.63	82.87		0.33		4.94	2.49	0.73	0.34	1.46	102.44
	2010	24.43	3.47	57.79		0.31		4.70	1.74	0.69	0.32	1.40	93.46
	2015	18.75	3.08	53.31		0.31		4.60	1.61	0.68	0.31	1.26	82.65
建设用地	2005	1.34										0.05	1.34
	2010	3.92										0.09	3.92
	2015	2.19										0.03	2.19
林地	2005		0.07	1.10		0	0.11	0.01	0.05	0.08	0.04	2.69	1.46
	2010		0.07	1.10		0	0.11	0.01	0.05	0.08	0.04	2.69	1.46
	2015		0.07	1.05		0	0.10	0.01	0.05	0.08	0.03	2.69	1.40
水田	2015	0.37		1.51		0.31	0.20	0.12	0.04	0.03	0.01	1.74	2.59
水体	2005	34.03				22.07	45.19			5.53	4.10	4.09	110.91
	2010	49.85				32.33	66.20			8.10	6.00	4.09	162.49
	2015	138.04				89.53	183.29			22.42	16.62	4.09	449.90
滩涂	2005	243.08		185.90	0.44	0.58	247.82			116.28	69.89	4.67	863.98
	2010	178.30		136.36	0.33	0.42	181.78			85.29	51.26	4.67	633.74
	2015	108.55		83.01	0.20	0.26	110.67			51.93	31.21	4.67	385.81

注：建设用地的食品生产服务仅包括禽畜等产品；表中空白表示无该项服务功能或不明显。

1. 生态系统服务价值时间变化

2005～2015 年，研究区生态系统服务价值持续下降，且前 5 年研究区生态系统服务价值降幅显著低于后 5 年（表 6-5），说明宁波杭州湾新区生态系统不断退化且程度逐渐加深。各土地利用类型中，以滩涂、草滩湿地及水体 3 者的价值变动最为剧烈。由于研究时段内宁波杭州湾新区城市化发展需求主导型的大规模围填海活动的实施，造成区内滩涂和草滩湿地面积急剧萎缩而水体面积迅速扩张（表 6-3），进而引发滩涂和草滩湿地总体价值大幅衰减、水体总价值大幅增长。以 2010 年为界将研究期分为 2 个时间段，草滩湿地总价值先增后减；滩涂总价值持续下降，且后期的降幅明显高于前期；水体总价值持续上升，且前期增幅远小于后期。这与两个时间段内，宁波杭州湾新区围填海活动的强度大小关系密切。

前 5 年，宁波杭州湾新区围填海仅为慈溪经济开发区服务，围填海规模、强度均较小；2009 年，宁波市委、市政府做出《关于加快开发建设宁波杭州湾新区的决定》后，宁波杭州湾新区围填海规模和强度大幅上升，除水田和水体外，其他生态系统服务价值在研究前期有升有降，但在研究后期均有不同程度下降。虽然研究期间水体价值的上升大幅减缓了滩涂和草滩湿地面积萎缩引起的研究区生态系统服务价值衰减程度，但这种上升只是滩涂围垦过程中短暂出现的中间产物，一旦过渡阶段结束，研究区生态系统服务价值必将出现更大比例下降。

表 6-5　宁波杭州湾新区 2005 年、2010 年、2015 年土地利用生态系统服务价值变化

土地利用类型	总价值变化/10^6 元			总价值年均变化率/%		
	2005～2010 年	2010～2015 年	2005～2015 年	2005～2010 年	2010～2015 年	2005～2015 年
草地	16.26	9.43	6.83		−11.59	
草滩湿地	131.44	−342.28	−210.84	6.05	−12.10	−4.85
旱地	−8.98	−10.82	−19.80	−1.75	−2.31	−1.93
建设用地	2.58	−1.73	0.85	38.42	−8.84	6.29
林地		−0.06	−0.06		−0.88	−0.44
水田		2.59	2.59			
水体	51.57	287.42	338.99	9.30	35.38	30.56
滩涂	−230.24	−247.93	−478.17	−5.33	−7.82	−5.53
合计	−37.37	−322.24	−359.61	−0.49	−4.36	−2.37

研究区内旱地、水体、滩涂和草滩湿地的覆盖面积广，因此研究区生态系统的主要服务类型有食物生产、气体调节和水文调节服务（表 6-6），但上述 3 种服务的价值在 2005～2015 年均有所下降，其中气体调节在研究区所有生态系统服务类型中的价值减少总量与降幅最大，分别为 245.58×10^6 元和 4.9%。在整个研究期间，宁波杭州湾新区生态系统服务价值总体呈下降趋势，除原材料生产、干扰调节和净化环境 3 项服务价值量上升外，其他服务类型价值量均有不同比例下降，其中维持生物多样性服务的价值量减少仅次于气体调节服务。这主要是因为草滩湿地和滩涂生态系统具有丰富的生态系统服务类型，且各项服务的经济价值相对较高，而围填海活动直接作用于草滩湿地和滩涂生态系统，迫使上述两种生态系统转为价值量较低且服务类型较少的其他生态系统类型，造成宁波杭州湾新区生态系统服务种类和数量减少、质量下降。

表 6-6　2005～2015 年宁波杭州湾新区生态系统服务价值量及其变化

生态系统服务功能		生态系统服务功能价值/10^6 元			2005～2010 年		2010～2015 年		2005～2015 年	
		2005 年	2010 年	2015 年	价值变化/10^6 元	年变化率/%	价值变化/10^6 元	年变化率/%	价值变化/10^6 元	年变化率/%
供给服务	食物生产	287.56	256.50	267.89	−31.06	−2.16	11.39	0.89	−19.67	−0.68
	原材料生产	1.70	3.54	3.15	1.84	21.65	−0.39	−2.20	1.45	8.53
调节服务	气体调节	501.41	512.76	255.83	11.35	0.45	−256.93	−10.02	−245.58	−4.90
	干扰调节	14.86	16.74	22.70	1.88	2.53	5.96	7.12	7.84	5.28
	净化环境	99.75	133.51	127.15	33.76	6.77	−6.36	−0.95	27.40	2.75
	水文调节	353.42	326.99	323.12	−26.43	−1.50	−3.87	−0.24	−30.30	−0.86
支持服务	土壤保持	4.95	4.81	4.77	−0.14	−0.57	−0.04	−0.17	−0.18	−0.36
	养分循环	8.48	9.84	4.66	1.36	3.21	−5.18	−10.53	−3.82	−4.50
	维持生物多样性	150.92	132.10	89.06	−18.82	−2.49	−43.04	−6.52	−61.86	−4.10
文化服务	提供美学景观	91.36	80.27	56.49	−11.09	−2.43	−23.78	−5.93	−34.87	−3.82
合计		1514.41	1477.06	1154.82	−37.35	−0.49	−322.24	−4.36	−359.59	−2.37

2. 生态系统服务价值空间分异特征

克里金插值法可以很好地反映生态系统服务价值的空间分异规律（彭保发和陈端吕，2012）。在 ArcGIS 环境下构建 800 m×800 m 的渔网，根据宁波杭州湾新区不同土地覆被生态系统的单位面积生态系统服务价值计算单个网格的生态系统服务价值平均值，并运用普通克里金插值法进行插值预测和模拟，选用的内插模型及其相关参数值见表 6-7。选取模型预测误差的平均值、均方根、标准平均值、标准均方根以及平均标准误差 5 项参数对模型精度进行评价，结果表明各年份模型预测误差的平均值与标准平均值均接近于 0，均方根预测误差均很小，平均标准误差接近均方根预测误差，标准均方根预测误差均接近 1，说明本节选取模型比较理想。由此，对生成的插值图进行分级，从低到高依次代表生态服务价值：低、较低、中、较高和高，获得宁波杭州湾新区 2005、2010 和 2015 年的生态系统服务价值空间分异图（图 6-1）。

表 6-7　2005 年、2010 年、2015 年克里金插值法模型及其参数值

年份	内插模型	模型参数值			模型预测误差				
		块金值 C_0	偏基台值 C	基台值 $C+C_0$	平均值	均方根	标准平均值	标准均方根	平均标准误差
2005 年	0.301 42×Nugget +5.1233×Stable	0.301	5.123	5.424	0.007 35	0.700	0.009 95	0.984	0.719
2010 年	0.528 71×Nugget +6.3724×Stable	0.529	6.372	6.901	0.001 74	0.852	0.001 35	0.931	0.919
2015 年	0.383 88×Nugget +4.4222×Stable	0.384	4.422	4.806	0.001 23	0.788	0.001 43	0.889	0.888

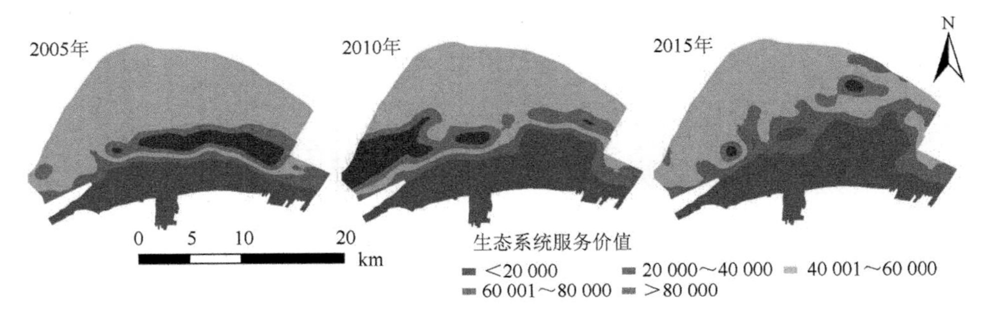

图 6-1　2005、2010、2015 年宁波杭州湾新区生态系统服务价值空间分异

块金值 C_0 主要表示实验误差引起的变异，偏基台值 C 主要表示由空间自相关引起的变异，两者之和为基台值，可表示系统内总体的变异（许倍慎等，2011）。块金值与基台值之比可以表明系统变量的空间相关性程度，比值越小则系统的空间相关性越强，反之则越弱。表 6-7 显示，宁波杭州湾新区 3 个时期生态系统服务价值均值的块金值与基台值之比均小于 25%，表明各时期宁波杭州湾新区生态系统服务价值均值具有强烈的空间相关性。图 6-1 显示，宁波杭州湾新区生态系统服务价值的空间分异总体呈现中部高、南北两侧低，向北高南低演变的趋势，中部地区的生态优势逐渐减弱，最终消失。研究区生态系统服务价值的空间格局与其土地覆被的单位面积生态系统服务价值空间分布相对一致：生态系统服务价值中值区主要分布在宁波杭州湾新区北侧，与滩涂和水体分布基本一致；南面是单位面积生态系统服务价值较低的旱地和建设用地，为全区生态系统服务价值的低值区；生态系统服务价值的高值区所在区域多分布着单位面积生态系统服务价值最高的草滩湿地。低值区沿东北方向不断蔓延与扩张，逐渐对中值区与高值区形成包围态势；高值区被低值区切断，从条带状转为条块状再转为碎片状，破碎度不断增加；中值区局部向高值区转变，但主要表现为被低值区侵占，面积萎缩。

低值区的扩展方向与宁波杭州湾新区围填海工程的实施区域基本吻合，以城市化发展需求为主导的围填海工程人为改变了自然生态系统的演替方向和速度，迫使高生态系统服务价值的滩涂和草滩湿地大量转为生态系统服务价值相对较低的其他地类，尤其是生态系统服务价值极低的建设用地，造成研究区低值区不断扩张、高值区与中值区不断萎缩，生态系统服务价值衰减，生态系统功能退化。

6.4.4　围填海强度与生态系统服务价值损失的关系分析

1. 围填海引起的直接生态系统服务价值损失

滩涂和草滩湿地是围填海活动的实施场所，剖析滩涂和草滩湿地在围填海前后的生态系统服务价值损益情况能够揭示围填海活动对海岸带生态系统的直接影响，同时分析两者在 2005～2010 年及 2010～2015 年的转移情况，追踪两者的价值流向，可深入研究围填海引起的海岸带生态系统服务价值的直接损失。2005～2015 年，滩涂和草滩湿地主要向水体和建设用地集中转变（图 6-2）。表 6-8 显示，2005～2010 年，滩涂主体部分保留，发生转移的滩涂主要位于研究区西北角，这是因为宁波杭州湾新区总体规划将该处滩涂设定为湿地休闲板块。在自然作用和湿地保护项目的影响下，约 20.75%的滩涂转为生态系统服务价值单价更高的草滩湿地，滩涂面积基数大，因此滩涂转移后生态系统服务价值不减反增，其增量占全区生态系统服务价值增量的 92.45%，是研究区生态系统服务价值增加的主要来源。草滩湿地位于滩涂南侧，地理位置决定了草滩湿地是围填海活动的优先发生地，5 年间约 60%的草滩湿地转出为生态系统服务价值单价较低的其他地类，其中生态系统服务价值单价极低的建设用地占比最大，草地次之。发生转移后，草滩湿地生态系统

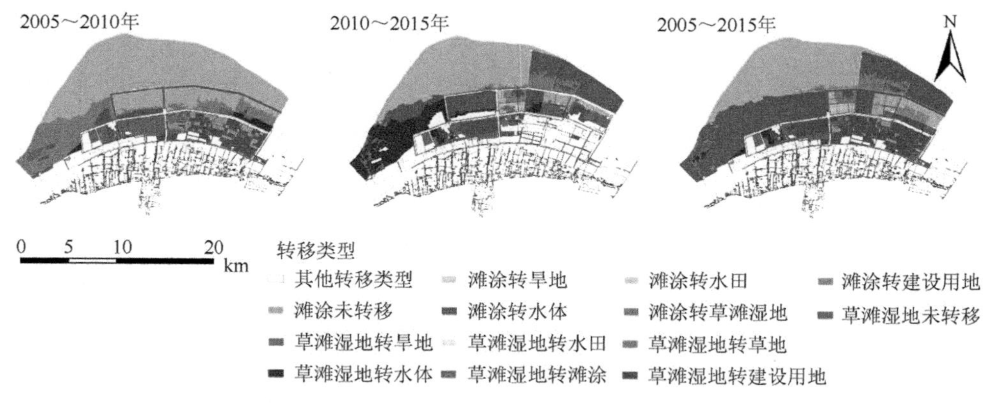

图 6-2　宁波杭州湾新区围填海影响下滩涂和草滩湿地面积转移空间分布图

服务价值共损失 228.39×10^6 元，几乎占全区生态系统服务价值减量的全部。2010～2015 年，东北部的滩涂大量转为水体，约占滩涂转移量的 31.70%，还有少部分转为草滩湿地。由于水体生态系统服务价值单价与滩涂相差不大，转移后滩涂生态系统服务价值总体增加，仍是此段期间研究区生态系统服务价值总量增加的主要来源。但这部分新转入的水体是围填海后形成的围塘，仅是围填海工程的初步形态，根据宁波杭州湾新区总体规划，最终将完全转为建设用地，可以预见在未来此部分地区的生态系统服务价值总量将大幅下降。草滩湿地大幅转出，以水体为主，建设用地次之，转出的水体主要位于研究区西侧，是围填后形成的围塘。草滩湿地发生转移后，生态系统服务价值共损失 306.12×10^6 元，占全区生态系统服务价值减少量的 90%以上。可见，围填海活动导致滩涂和草滩湿地向其他地类的转变是引起宁波杭州湾新区在研究期间生态系统服务价值总量损益变化的主要原因。

表 6-8 宁波杭州湾新区滩涂与草滩湿地转移面积及其价值变化表

时期			草地	草滩湿地	旱地	建设用地	水田	水体	滩涂	合计
2005～2010 年	滩涂	面积变化/hm^2		3838.30	81.52	89.04		919.95	13 565.30	18 494.12
		转化率/%		20.75	0.44	0.48		4.97	73.35	100.00
		转化后的价值/10^6 元		368.78	1.14	0.08		37.60	633.72	1041.32
		转化前后损益/10^6 元								177.34
		占全区总损益之比/%								92.45
	草滩湿地	面积变化/hm^2	863.84	1839.57		1502.18		294.38	0.36	4500.33
		转化率/%	19.20	40.88		33.38		6.54	0.01	100.00
		转化后的价值/10^6 元	15.70	176.74		1.37		12.03	0.02	205.86
		转化前后损益/10^6 元								−228.39
		占全区总损益之比/%								100.00
2010～2015 年	滩涂	面积变化/hm^2		1003.89	81.19	207.45	137.91	4299.70	7835.53	13 565.66
		转化率/%		7.40	0.60	1.53	1.02	31.70	57.76	100.00
		转化后的价值/10^6 元		101.40	1.02	0.07	2.39	175.74	366.05	646.67
		转化前后损益/10^6 元								12.93
		占全区总损益之比/%								79.55

续表

时期			草地	草滩湿地	旱地	建设用地	水田	水体	滩涂	合计
2010～2015 年	草滩湿地	面积变化/hm^2		1124.47	70.98	1196.92	11.32	3125.27	358.66	5887.62
		转化率/%		19.10	1.21	20.33	0.19	53.08	6.09	100.00
		转化后的价值/10^6 元		113.58	0.90	0.38	0.20	127.74	16.76	259.54
		转化前后损益/10^6 元								–306.12
		占全区总损益之比/%								90.45

2. 围填海强度与生态系统服务价值变化的关联

围填海强度与生态系统价值变化的关联遥感解译结果表明，研究区围填海活动的覆盖区域不断蔓延，2010～2015 年新增围填海面积约 5379.82 hm^2，比 2005～2010 年多增长了 1628.90 hm^2，研究区围填海强度呈增加趋势。同时，整个研究期间，宁波杭州湾新区生态系统服务总价值持续减少，定性来看，其与围填海强度呈现此消彼长的变化。为了定量验证并进一步分析两者间相关性，首先，根据公式（6.6）分别计算出宁波杭州湾新区 3 个时期的围填海强度，并利用公式（6.7）计算宁波杭州湾新区围填海强度与生态系统服务价值之间的相关系数。其次，作围填海强度与生态系统服务价值的散点图，在此基础上用最小二乘法拟合函数曲线，如图 6-3 所示。

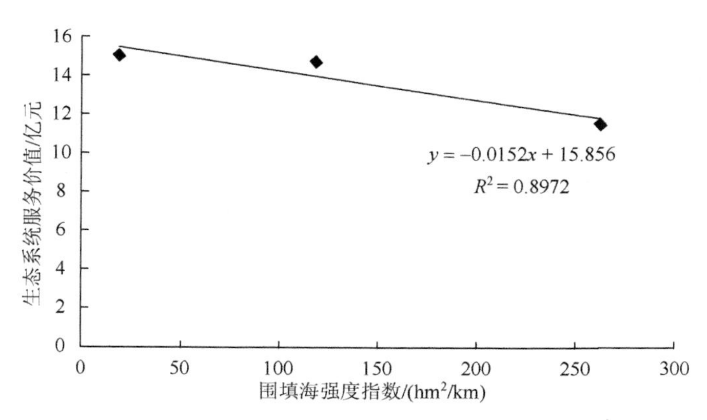

图 6-3 宁波杭州湾新区围填海强度与生态系统服务价值的关系

研究区围填海强度与生态系统服务价值的相关系数为–0.9472，且两者拟合曲线显示研究区生态系统服务价值随围填海强度增大呈下降趋势，表明两者之间存在显著负相关关系，即围填海强度越大，研究区生态系统服务价值越低。围填海是彻底改变海域自然属性的一种用海方式，直接作用于滩涂和草滩湿地生态系统，并将其转化为其他生态系统，而这两类生态系统在研究区所有土地覆被类型的生态系统中单位面积价值量最高，可见围填海工程总是将高生态系统服务价值的生态系统替换为低生态系统服务价值的生态系统，造成生态系统服务价值总量下降。由于围填海活动对生态系统带来的负面影响是长期累积且滞后的，加之其带来的巨大经济效益在短期内大幅抵消了围填区域生态系统服务价值的降低，故研究期前 5 年围填海强度指数激增而生态系统服务价值降幅却不高。在研究期后 5 年，围填海强度指数提升同等幅度引起的生态系统服务价值降幅明显上涨了。这是因为长期来看，围填海的积累性负面效应逐渐显现，如景观破碎化、资源耗竭、环境污染等，造成围填区域生态系统的脆弱性增加，对经济可持续发展的不利影响增大。因此，宁波杭州湾新区围填海时间越长、范围越广、强度越大，其生态系统服务价值越低。但这并不能反向推导围填海强度越弱则生态系统服务价值越高，因为围填海并非引起生态系统服务价值变化的唯一因素。宁波杭州湾新区生态系统作为一个整体，其生态过程复杂，各项服务之间存在着此消彼长的权衡和相互增益的协同关系，故而具有高度空间相关性，任何一种服务的变化都可能引起整个系统的变化。

本节构建了围填海区域生态系统服务价值估算模型，据此定量分析了围填海工程影响下宁波杭州湾新区在 2005～2015 年间土地覆被的生态系统服务价值的时空演变特征，并利用相关性分析法，揭示了围填海强度与生态系统服务价值变化的内在关联。结果表明：

（1）整个研究期间，研究区生态系统服务价值总量呈下降趋势，且价值损失趋于加速。绝大部分生态系统类型各项服务的总价值以及单项生态系统服务类型的价值量缩减，且 2010 年后生态系统服务功能衰退速度加快、程度加深。研究区生态系统服务价值的空间分异总体呈现出由中部高、南北两侧低，向北高南低演变的趋势，中部地区的生态优势逐渐减弱，最终消失。

（2）围填海活动是引起研究区生态系统服务价值损益变化及其空间分异变化的主要原因。2005～2010 年和 2010～2015 年，围填海项目直接作用于草滩湿地造成的生态系统服务价值减少均占同期研究区生态系统服务价值减少总量的 90%以上，且研究区生态系统服务价值低值区的蔓延方向与围填海工程实施区域的扩展方向基本吻合。鉴于围填海活动对生态系统的深刻影响，政府应加强生态保护意识，慎重决定围填海项目的实施地点、强度以及利用方向。

（3）围填海活动虽能在短期内能带来巨大社会效益，减缓生态系统服务价值降低速度，但其负面影响具有累积性和滞后性，长期来看会对经济可持续发展造成一定的不利影响。在制定围填海规划时，不能只关注短期影响，应综合考虑围填海的社会经济效益、围填海对生态系统的累积性影响以及围填海集中区的生态环境的叠加效应，确定合理的围填海强度，并对生态系统受损部分设定人工修复预案，这对协调海岸带生态系统的保护和开发具有重要意义。

（4）研究期间，研究区生态系统服务价值与围填海强度呈现显著的负相关关系，当围填海强度增强时，研究区生态系统服务价值降低，且降幅不断增大。不能简单从生态系统服务价值与围填海强度之间的负相关关系推论围填海的合理性，但可以从中认识围填海对生态系统的影响，更好地指导围填海项目的布局和强度选择。

6.5　快速城市化背景下的海岸带生态系统服务价值变化研究

近年来，海岸带成为人类活动较为密集的区域，在海岸带开发热潮下，海岸带地区城镇化进程持续加快，其对海岸带的影响已经远远超过了自然营力的作用，而土地利用类型的转变作为城镇化进程重要标志，研究其对海岸带生态系统服务价值造成的影响成为近年来的研究重点和热点（邢伟等，2011；喻露露等，2016）。从快速城镇化背景下的土地利用类型转变角度来研究海岸带生态系统服务价值的损益具有重要意义，也是评价海岸带地区土地利用变化对海岸生态环境产生影响的一个重要指标。只有将生态系统服务价值估算引入海岸带城镇化进程决策中，才能促进海岸带资源合理开发和利用，实现海岸带地区城镇可持续发展。

6.5.1　快速城市化对海岸带生态系统的影响

随着全球经济一体化的趋势日益明显，海岸带资源丰富、交通便利的优势越发突出，引起全球性的海岸带城市化进程加快，而人口与经济活动在海岸带空间高度集聚，给原本脆弱的生态环境带来越来越大的压力。与一般的城市化相比，海岸带的城市及资源、环境、产业等具有以下特点：①城市不仅具有居住、商业服务等功能，往往“城以港兴，港依于城”，发展“临海工业”并出现大型开发区和工业园区；②城市周围除发展农业以外，还发展渔业（含海水和滩涂养殖）、盐业，还具有海水浴场、观光娱乐等设施；③为防风、防潮、防灾，需建设堤坝等防护工程和滨海防护林带；④海洋是陆地河流的汇聚处，承纳大量陆源污染物，海洋生态的好坏又影响城市环境质量，因此在环境保护、废物处理方面需要更多投入（许学工等，2006）。

1. 快速城市化对海岸带湿地景观的影响

城市化导致湿地面积减小的原因主要是泥沙淤积、湖滩围垦、垃圾围填，以及城市建筑和交通建设等对湿地的填埋、占用和改造。快速城市化进程中，由于固有陆地面积有限，海岸带湿地成为土地利用新方向和后备资源。与此同时，围填海也与沿海地区城市化紧密结合。海岸带湿地的土地利用方式也由以自然状态（滩涂、苇草地、灌草地等）为主逐渐转化为以人工方式（旱田、水田、养殖水塘、河库沟渠、农村建设用地、城镇建设用地等）为主，且转变速度不断加快。在人类活动作用下，海岸线由人工岸线逐步代替自然岸线，据统计，中国大陆人工岸线的长度由 20 世纪 40 年代初期的 0.33×10^4 km（18.30%）上升至 2014 年的 1.32×10^4 km（67.1%），自然岸线则由 20 世纪 40 年代初期的 1.48×10^4 km（81.7%）下降至 2014 年的 0.65×10^4 km（32.9%）。人类活动导致湿地系统破碎化程度加剧，改变湿地生态系统的大小、形状、空间分布等，斑块化也破坏了需要大面积和连续生境生存的生物的环境，导致物种丰富度和分布、种群组成和生态功能发生变化，使本地物种消失，入侵物种增加（王娇月等，2017）。

2. 快速城市化对海岸带湿地净化能力的影响

由于大面积的海岸带湿地转化为城市用地，大量的可利用海岸带湿地净化能力严重下降，成为导致近岸海域污染程度居高不下的重要原因之一。海岸带湿地是陆源污染的承载区和转移区。它能够净化水质，改善周边环境。而大量用地类型的改变，将会局部改变该海域的水动力和泥沙冲淤条件。使该海域的水动力交换条件变差，导致污染物扩散难度加大。尤其在河口区，大量的工农业生产、生活及沿岸养殖业所产生的污水通过河口区域进入海洋。海岸带湿地减少，将改变原有环境的理化特征，使原本生态环境的物质基础发生变化。严重的环境污染可以导致生态系统生产能力严重下降。污染物也能够直接影响湿地生物，直接危害生物健康和生存。大量污染物的聚集也可能诱发环境灾难。如大量的生活和工业废水输入会导致湿地富营养化，导致海域发生赤潮。而未被影响的周边湿地区域也会因该区域生产活动而受到污染影响，从而产生一种恶性循环。工业发展和城镇化建设是土壤重金属、有机物污染风险升高的主要驱动力，强烈的人类活动加速了土壤重金属和有机物的累积；因此，围垦活动下的土地资源安全应予以重视。随着城市化不断发展，如果不加限制，不进行合理规划，排入水中的城市工业废水、雨水径流、农业和生活污水会大幅度增加，这将大大超过海岸带生态系统自身的净化能力，使湿地水文循环、营养物质和化学污染物质运移机理及生物多样等发生变化，从而影响湿地生态系统的结构和功能，导致生态系统进一步退化。

近海海水水质的恶化给海岸带湿地生态系统造成了一定的胁迫和破坏，有机污染物污染的海域水质一般对红树林等植物生长有促进作用，实验认为 5 倍于正常城市污水的浓度对红树林等植物海榄雌和桐花树幼苗生长有促进作用，10 倍浓度污水对植株各生理生态指标有显著影响，抑制根生长和开花结果，但植株最终可维持正常生长。水中无机营养元素的增多容易使水体发生富营养化，甚至产生赤潮。同时，近海养殖业的发展存在极大盲目性，水产养殖布局和密度不合理以及过量投放饵料加剧了海水富营养化，造成其他水生动植物及鸟类大量死亡，湿地生物多样性减少。另外海岸带各条河流河口往往也是污染物的排放口，污染状况严重，陆源污染物的排放是湿地环境恶化的根源所在。由此可知，海岸带湿地污染状况恶化，对湿地资源和生态平衡构成了极大威胁。

3. 快速城市化导致海岸带湿地生产力下降

海岸带湿地生物量高，具有很高的自然生产力。但随着该区域开发程度加深，生物量萎缩，生产力下降，许多物种甚至灭绝。开发的海岸带湿地在快速城市化的过程中，挤占了原本动植物的生存空间，使原本生长的芦苇、碱蓬、红树林等植被群落消失，土壤肥力大为下降，导致以此为生为食的动物和细菌消失。而且城市化势必会将农田、盐田、池塘等转为建设用地，带来粮食产量、盐产量、鱼产品减少，大大降低海岸带的生产力。同时围填海和排污所引起的近海生态损害，会导致近海鱼、虾、贝、藻等产量下降，甚至无法持续进行生产。高潮时，潮间带水深增大，加剧了潮间带的冲刷下蚀，使潮间带由半咸水环境转变为咸水环境，陆域湿地逐渐消失，水生生物资源大量死亡枯竭，生物多样性和物种丰富度下降，影响了湿地生态功能的正常发挥。

4. 快速城市化导致海岸带生物多样性的影响

城市化引发的湿地生境破碎对本地动植物会产生不利影响，导致物种丰富度和分布、种群组成和生态系统功能发生变化。这是因为在城镇化进程中，土地利用类型的转变会导致动植物生存环境减少，生境破碎化，环境质量下降。并且边界栖息地及其边界效应的增强，会限制花粉和果实的传播，使易于物种入侵的土壤地块增多，增强了物种入侵湿地生境的破坏性，也会影响以湿地为栖息地和觅食地的动物，尤其是濒危物种。鸟类的迁徙性及对湿地的依赖性，使其对湿地景观尤为敏感，而城市化导致的人为干扰和各种污染已严重影响了鸟类对湿地栖息地的利用，干扰了鸟类和湿地栖息地的原有关系。鸟类群落的丰富度和物种多样性随着城镇化程度提高而下降。而生物多样性的减少和丧失会严重影响海岸带湿地生态系统的稳定性和生态平衡，使土壤肥力与水质遭破坏，影响食物来源与工农业资源，最终影响生态安全与人类可持续发展。

5. 快速城市化导致生态系统弱性加剧

生态环境的脆弱性是在自然、人为多种复杂动力因素作用下形成的。相对其他因素，人为因素对海岸带生态系统影响相对较大，导致海岸带生态系统脆弱性加剧。城市化所带来的围填海、港口开发、交通和工业区建设以及水利工程建设导致了生态系统功能退化。这些因素导致滩涂性质改变，使湿地面积减少、海岸线长度发生变化，由此引起海水对海岸环境作用加剧，同时也破坏和减少了潮间带生物的栖息地。入海径流量减少将造成海水沿河上溯，盐水入侵河道，并污染地下水，滩地土壤发生盐渍化。河流携带泥沙能力下降，将导致三角洲从淤积型向侵蚀型转化，海岸线蚀退（徐东霞和章光新，2007）。

为此，本节选取岸线资源丰富、城市化进程较快的浙江海岸带作为研究区域，以 1990、2000 和 2010 年的 3 期遥感解译数据为基础，定量分析快速城市化背景下的土地利用类型转变以及浙江海岸带生态系统服务价值损益情况，以期为浙江海岸带合理开发以及海岸带生态环境综合整治提供决策参考。

6.5.2 海岸带土地开发强度与生态系统服务功能评估方法

1. 研究区概况

浙江位于中国东南沿海，长江三角洲南翼，陆域面积为 10.18 万 km^2，仅占全国面积的 1.06%，是面积最小的省份之一。但浙江海域面积广阔，拥有 7 个沿海城市，包括嘉兴、杭州、绍兴、宁波、台州、温州及舟山，大陆岸线和海岛岸线总长约 6500 km，占全国海岸线总长的 20.3%（李加林等，2016）。以浙江海岸带为研究区域，参照 20 世纪 80 年代全国海岸带综合调查的土地利用调查原则，将海岸带向陆一侧边界定义为沿海乡镇边界，向海一侧定义为 1990、2000 及 2010 年大陆海岸线叠加后的最外沿边界，以此结合向陆、向海边界区域矢量数据，生成一个完整闭合多边形区域作为浙江海岸带研究范围。

浙江作为率先发展的沿海发达地区，在“新丝绸之路经济带”中扮演着重要角色。浙江海岸带作为全浙江重要的沿海经济区，地理位置优越，内外海陆空交通便利，新形势下更是致力转型为江海联运服务中心。浙江海岸带岸线曲折，研究区内主要生态系统类型包括河口芦苇湿地、农田、水产养殖池塘、盐田、海岸带山地森林、海岸沙地和城镇等多种类型。伴随着城镇化进程加快，浙江海岸带土地利用格局发生了巨大变化，大量耕地和林地转换为建设用地，耕地和林地资源锐减，其内部功能结构也发生变化，区域内生态平衡遭到破坏，已经威胁区域生态安全和社会经济持续健康发展。

2. 数据来源与处理

以 1990、2000 及 2010 年 3 期浙江省海岸带 TM 遥感影像作为数据源（影像资料在研究区域均无云雾遮挡），根据土地利用类型分类基础，利用 eCognition Developer8.7 基于样本的分类方法进行初步分类，再通过分类后比较法及人机交互解译等方法得到研究区 3 期的土地利用类型分类矢量图。将土地利用类型与生态系统类型联系起来，以此构建浙江海岸带生态系统服务价值估算模型，计算浙江海岸带生态系统服务总价值及各单项生态系统服务功能价值，利用地统计空间分析方法以及 ArcGIS 的 Geostatistical Analyst 模块，对浙江海岸带生态系统服务价值时空变化特征进行分析。

3. 土地利用类型划分

以国家《土地利用现状分类》标准为基础，根据浙江海岸带自然生态背景与土地利用现状及本节研究需要，将研究区内土地利用类型分为林地、耕地、建设用地、水域、养殖用地、滩涂、未利用地七大类。土地利用类型和生态系统类型虽非一一对应，但根据已有研究及浙江海岸带具体情况，利用与每种土地利用类型最为接近的生态系统类型价值当量进行估算：将耕地与农田生态系统对应，林地与森林生态系统对应，水域及养殖用地与水域生态系统对应，滩涂与湿地生态系统对应，未利用地与荒漠生态系统对应，建设用地为人工生态系统，生态系统服务价值为 0（叶长盛和董玉祥，2010）。

4. 生态系统服务价值估算方法

1）生态系统服务价值模型

依据谢高地等（2008a；2008b）对 Costanza 的生态系统服务当量进行修改，建立中国生态系统价值评估模型，构建浙江海岸带生态系统服务价值估算模型。改进的评估模型适用于全国尺度研究，将其应用于浙江海岸带这一局部区域的生态系统服务价值评估时，会存在较大误差。因此，对中国生态系统单位面积生态服务价值系数进行修订，建立浙江海岸带生态系统服务价值当量表，以得到更准确的结果。

生态系统服务价值当量系数是生态系统潜在服务价值的相对贡献率，该系数等于每年每公顷粮食价值的 1/7（刘桂林等，2014），利用该方法对价值系数进行修正。根据浙江年鉴资料，浙江海岸带 1990～2010 年，平均粮食产量为 5352.55 kg/hm^2，浙江省 2010 年平均粮食价格为 1.967 元/kg，计算浙江省海岸带单位面积耕地的食物生产服务价值因子为 1496.47 元/hm^2，得到浙江海岸带土地利用类型的生态系统服务价值系数（表 6-9）。

表 6-9　生态系统服务价值系数　（单位：元/（hm^2·a））

生态系统服务与功能		林地	耕地	滩涂	水体	未利用地	建设用地
供给服务	食物生产	493.8417	1496.49	538.7364	793.1397	29.9298	0
	原材料生产	4459.54	583.6311	359.1576	523.7715	59.8596	0
调节服务	气体调节	6464.837	1077.473	3606.541	763.2099	89.7894	0
	气候调节	6090.714	1451.595	20 277.44	3082.769	194.5437	0
	水文调节	6120.644	1152.297	20 112.83	28 089.12	104.7543	0
	废物处理	2573.963	2080.121	21 549.46	22 222.88	389.0874	0

续表

生态系统服务与功能		林地	耕地	滩涂	水体	未利用地	建设用地
支持服务	保持土壤	6015.89	2199.84	2978.015	613.5609	254.4033	0
	维持生物多样性	6749.17	1526.42	5522.048	5132.961	598.596	0
文化服务	提供美学景观	3112.699	254.4033	7018.538	6644.416	359.1576	0
合计	合计	42 081.3	11 822.27	81 962.76	67 865.82	2080.121	0

根据生态系统服务价值系数，浙江省海岸带生态系统服务价值具体计算公式如下：

$$生态系统服务价值=\sum_{k=1}^{n}\left(A_k\times \mathrm{VC}_k\right) \tag{6.8}$$

其中，A_k是第 k 种土地利用类型面积；VC_k是第 k 种土地利用类型的生态系统服务价值系数。

2）生态系统敏感性指数

敏感性指数（coefficient of sensitivity，CS）表示在一系列参考变量和比较变量的相互关系中，引变量变化百分比与自变量变化百分比的比值（毛健，2014）。对于土地利用类型的生态系统服务价值系数来说，其自身变化对生态系统服务价值的影响存在明显强弱，利用敏感性指数，确定生态系统服务价值随时间变化对生态系统价值系数的依赖程度，以此判断设置的价值系数是否合适。生态系统服务价值敏感性指数公式如下：

$$\mathrm{CS}=\left|\frac{(\mathrm{ESV}_j-\mathrm{ESV}_i)/\mathrm{ESV}_i}{(\mathrm{VC}_{jk}-\mathrm{VC}_{ik})/\mathrm{VC}_{ik}}\right| \tag{6.9}$$

其中，ESV 表示生态服务价值；VC_k的含义同前，是生态系统服务价值系数；i 表示生态系统服务价值初始值；j 代表价值系数调整后的生态系统服务总价值。若 CS≥1，系数敏感性较强，则系数选取不当；若 CS＜1，系数敏感性适中，则系数选取合适。

5. 土地利用与生态系统服务价值的关系

1）土地利用强度分级

快速城镇化背景下，土地利用强度不仅显示土地利用的自然属性，同时也反映人类因素和自然环境因素的综合效应（王秀兰和包玉海，1999）。参照庄大方和刘纪远（1997）提出的土地利用程度综合分析方法，根据实际研究需要，将研究区内各土地利用类型强度划分为 5 级，级别越大，人类开发利用强度越大，具体分级情况见表 6-10。

表 6-10 土地利用强度等级

强度等级	未利用级	轻利用级	低利用级	强利用级	极强利用级
土地利用类型	未利用地和滩涂	水体	林地	耕地	建设用地
赋值	1	2	3	4	5

2）土地利用开发强度指数

生态系统服务价值变化受自然和人为因素影响。浙江海岸带处于城镇化进程快速发展区域，在较短时间内，人类大规模城镇建设成为区域生态系统服务价值变化主要原因，因此选取了土地利用开发强度指数（I）来反映浙江海岸带土地利用效率和城镇化进程中人类开发活动强度，其计算方法如下：

$$I = \sum_{i=1}^{n}(L_i \times P_i) \times 100\% \tag{6.10}$$

其中，I 表示土地利用开发强度指数，数值越大，表示城镇化建设对土地开发利用程度越大；L_i 表示 i 类土地利用类型的土地利用开发强度等级；P_i 为 i 类土地利用类型占土地总面积比例（庄大方和刘纪远，1997）。

6.5.3 快速城市化背景下的海岸带土地开发强度分析

1. 土地利用时空变化分析

基于 3 期的 TM 遥感影像解译数据，分析 1990～2010 年，浙江海岸带地区土地利用类型分布格局（图 6-4）及各类型面积变化情况（表 6-11）。

浙江海岸带土地利用类型中，林地和耕地分布最为广泛，耕地主要集中分布在浙北平原区和浙东南沿海平原区，林地主要分布于浙东南沿海丘陵区。2010 年，浙江海岸带林地和耕地面积分别为 3421.47 km^2 和 3130.43 km^2，分别占总面积的 34.48%和 31.55%。同期，未利用地面积为 322.55 km^2，在全浙江零星分布，仅占海岸带总面积的 3.25%，说明浙江海岸带土地利用程度高，但后备资源略显不足。城镇建设用地由于受地貌限制，大体布局较为分散，仅在浙北平原区和浙东南沿海平原区集中分布。建设用地面积为 1421.81 km^2，占比较高，为 14.33%。

研究期内，浙江海岸带土地利用格局发生了明显变化（表 6-11）。建设用地、未利用地和养殖用地面积不断增加，其余土地利用类型面积减小。其中，建设用地面积变化幅度最大，1990～2010 年间变化率为 478.50%，表明城镇化水平不断提高，人类开发活动强度不断增强，浙江海岸带新增建设用地面积不断增加；其次为未利用地，其变化率为 406.91%。尽管未利用地变化率较大，但其所占面积比例最小，面积变化量也较小。滩涂面积在 1990～2000 年呈现增加趋势，但 2000～

2010 年面积大幅度减小；耕地、林地及水域面积一直处于下降趋势。但由于受自然条件、经济发展水平、交通条件及区域政策等因素影响，各区域土地利用格局变化程度差异较大（图 6-4）。

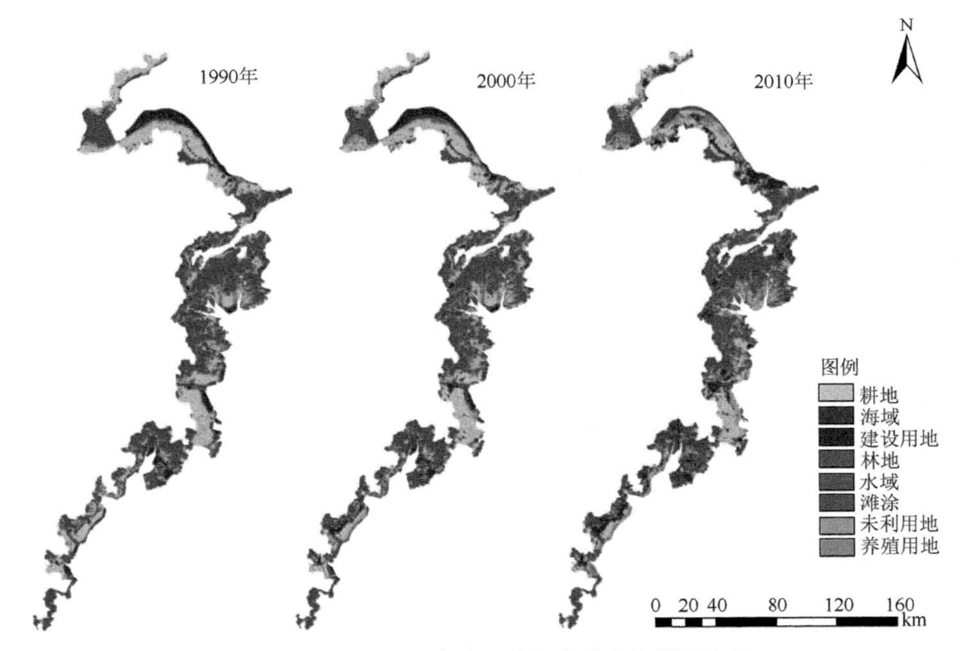

图 6-4　1990～2010 年浙江省海岸带土地利用状况

表 6-11　1990～2010 年浙江省海岸带土地利用面积变化

年份	土地利用类型	耕地	海域	建设用地	林地	水域	滩涂	未利用地	养殖用地
1990	面积/km²	3762.82	767.61	245.78	3788.64	518.40	625.50	63.63	150.04
2000	面积/km²	3664.51	529.72	522.34	3576.25	457.17	703.39	138.68	330.36
2010	面积/km²	3130.43	0.00	1421.81	3421.47	422.22	540.65	322.55	663.29
1990～2000	面积变化/km²	−98.31	−237.89	276.56	−212.39	−61.23	77.89	75.05	180.32
	面积变化率/%	−2.61	−30.99	112.52	−5.61	−11.81	12.45	117.95	120.18
2000～2010	面积变化/km²	−534.08	−529.72	899.47	−154.78	−34.95	−162.74	183.87	332.93
	面积变化率/%	−14.57	−100.00	172.20	−4.33	−7.64	−23.14	132.59	100.78
1990～2010	面积变化/km²	−632.39	−767.61	1176.03	−367.17	−96.18	−84.85	258.92	513.25
	面积变化率/%	−16.81	−100.00	478.49	−9.69	−18.55	−13.57	406.92	342.08

2. 土地利用类型空间转变

为探讨各类型土地利用的内部转变，基于图 6-4 土地利用类型分布，利用 ArcGIS 的空间分析功能对不同时期的土地利用类型图进行叠加分析，获得浙江海岸带 3 个时期不同土地利用类型转变图（图 6-5），同时建立 1990～2010 年土地利用类型转移矩阵表（表 6-12）。

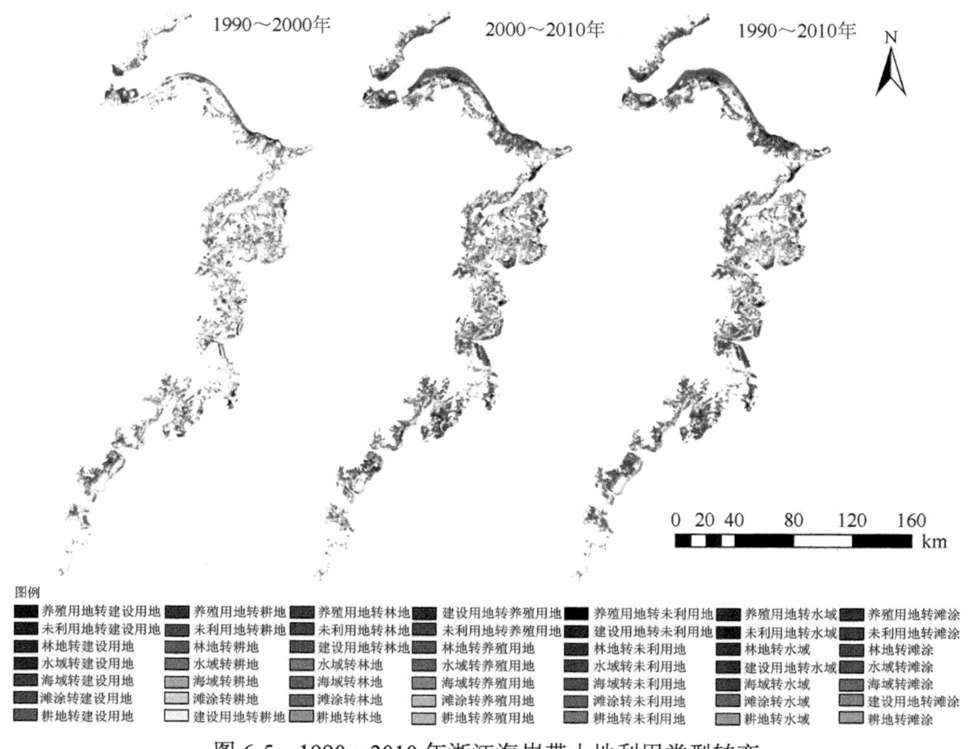

图 6-5　1990～2010 年浙江海岸带土地利用类型转变

表 6-12　1990～2010 年浙江海岸带土地利用类型转移矩阵　（单位：km^2）

2010 年面积 / 1990 年面积		耕地	建设用地	林地	水域	滩涂	未利用地	养殖用地	转移率/%
		3127.49	1419.73	3416.87	422.15	538.18	322.05	662.21	
耕地	3760.24	2453.22	861.42	198.77	38.78	18.23	13.59	176.24	34.76
海域	764.119	60.48	50.20	4.05	30.37	278.76	199.49	140.75	100.00
建设用地	245.56	35.90	193.21	9.82	4.40	0.45	0.80	0.98	21.32
林地	3783.18	376.20	158.46	3173.52	19.76	11.87	19.78	23.58	16.11
水域	517.948	81.79	40.87	4.13	303.99	37.05	2.13	47.99	41.31
滩涂	623.738	80.67	55.58	12.50	20.97	187.96	61.25	204.79	69.86
未利用地	64.28	9.06	20.74	13.17	1.11	1.13	7.66	11.41	88.09
养殖用地	149.64	30.17	39.26	0.90	2.76	2.73	17.34	56.48	62.26

从不同土地利用类型转移模式来看，主要表现为建设用地增加，耕地和林地面积减少。建设用地规模不断扩大，其扩张主要来源于耕地，转化量达861.42 km^2，主要是由于浙江沿海区域城镇经济发展迅速，大量城镇建设用地占用了耕地，使得耕地面积迅速下降。其次是林地和滩涂，1990～2010 年，分别有 158.46 km^2 林地和 55.58 km^2 滩涂在人类活动开发下转变为建设用地。虽也有 376.20 km^2 林地转变为耕地，但是耕地面积仍在不断减少，主要由于转为建设用地的耕地远远大于其他土地利用类型转为耕地的面积。林地面积也在不断减小，同期转为林地的耕地面积为 198.77 km^2，但是转为耕地的林地则多达376.20 km^2。滩涂的变化主要表现为向养殖用地和耕地转出，分别有 204.79 km^2 和 80.67 km^2 发生转变，滩涂转移率多达 69.86%。同时有 176.24 km^2 耕地转化为养殖用地，主要是由于近几十年浙江省海洋渔业迅猛发展，更多沿海渔民选择将大面积沿海耕地以及新增滩涂进行总体整合，发展为养殖用地，以提高经济效益。1990～2010 年，海域随着人类围填海范围和强度增加，呈现迅速下降趋势，共有 764.119 km^2 转化为其他用地，其中分别有 278.76 km^2 和 140.75 km^2 转化为滩涂和养殖用地。

6.5.4　快速城市化影响下的海岸带生态系统服务价值变化

1. 生态系统服务价值变化分析

1）生态系统服务总价值变化

根据构建的浙江海岸带生态系统服务价值评估模型，计算 1990～2010 年各时期浙江海岸带总价值和各土地利用类型生态系统服务价值（表 6-13）。由表 6-13 可知，浙江海岸带 1990、2000 和 2010 年生态系统服务价值分别为 352.78 亿元、341.15 亿元和 299.64 亿元。各土地利用类型中，林地对生态系统服务价值总量贡献最大，其贡献率 44%～48%；而建设用地以外，未利用地对生态系统服务总价值贡献率最小，仅为 0.01%左右。

1990～2010 年，浙江海岸带生态系统服务总价值从 352.78 亿元降至 299.64 亿元，降幅为 15.06%。其间建设用地增加 1176.03 km^2，而林地和耕地分别减少 367.17 km^2 和 632.39 km^2。可见大量城镇建设用地增加占用原有耕地和林地，导致浙江海岸带生态系统服务价值降低。而生态系统服务价值系数最高的滩涂和水体，分别为 81 962.76 元/hm^2 和 67 865.82 元/hm^2，这两类土地利用类型面积减少加剧了浙江省海岸带生态系统服务价值的减损。

表 6-13　浙江海岸带 1990～2010 年生态系统服务价值变化

土地利用类型	生态系统服务价值/(10⁸ 元/a)			生态系统服务价值变化/（10⁸ 元/a）					
	1990 年	2000 年	2010 年	1990～2000 年	变化率/%	2000～2010 年	变化率/%	1990～2010 年	变化率/%
林地	159.43	150.49	143.98	−8.94	−5.61	−6.51	−4.33	−15.45	−9.69
耕地	44.49	43.32	37.01	−1.17	−2.63	−6.31	−14.57	−7.48	−16.81
滩涂	51.27	57.65	44.31	6.38	12.44	−13.34	−23.14	−6.96	−13.58
水体	97.46	89.4	73.67	−8.06	−8.27	−15.73	−17.60	−23.79	−24.41
未利用地	0.13	0.29	0.67	0.16	123.08	0.38	131.03	0.54	415.38
建设用地	0	0	0	0	0	0	0	0	0
合计	352.78	341.15	299.64	−11.63	−3.30	−41.51	−12.17	−53.14	−15.06

2）单项生态系统服务功能价值变化

根据价值评估模型，计算 3 期浙江海岸带各单项生态系统服务功能价值变化（表 6-14）。就单项生态系统服务价值而言，1990～2010 年各单项生态系统服务功能价值均处于下降趋势，其中食物生产、水文调节、废物处理和提供美学景观生态服务功能的价值变化较大，变化率分别为−16.13%、−18.02%、−18.70%和−15.47%，变化幅度高于 15%。原材料生产功能的生态服务价值变化最为缓慢，其变化率为−10.96%。

从生态系统服务功能的价值构成上分析，水文调节、废物处理、气候调节和维持生物多样性是浙江海岸带最主要的生态系统服务功能。1990～2010 年，主要生态系统服务功能占据各时期内所有功能的 10%以上。由于浙江海岸带位于东南沿海，水网密布且水量充沛，故水文调节生态功能价值最高，各时期所占比例均超过 20%。

表 6-14　浙江海岸带 1990～2010 年生态系统服务价值的结构变化（单位：10⁸ 元）

生态系统服务功能	单项生态系统功能价值			1990～2000 年		2000～2010 年		1990～2010 年	
	1990 年	2000 年	2010 年	功能价值变化	变化率/%	功能价值变化	变化率/%	功能价值变化	变化率/%
食物生产	8.99	8.68	7.54	−0.31	−3.45	−1.14	−13.13	−1.45	−16.13
原材料生产	20.07	19.04	17.87	−1.03	−5.13	−1.17	−6.14	−2.2	−10.96
气体调节	31.9	30.62	28.3	−1.28	−4.01	−2.32	−7.58	−3.6	−11.29
气候调节	45.66	45.45	39.76	−0.21	−0.46	−5.69	−12.52	−5.9	−12.92

续表

生态系统服务功能	单项生态系统功能价值			1990～2000 年		2000～2010 年		1990～2010 年	
	1990 年	2000 年	2010 年	功能价值变化	变化率/%	功能价值变化	变化率/%	功能价值变化	变化率/%
水文调节	80.45	77.27	65.95	−3.18	−3.95	−11.32	−14.65	−14.5	−18.02
废物处理	63	61.31	51.22	−1.69	−2.68	−10.09	−16.46	−11.78	−18.70
保持土壤	33.83	32.51	29.83	−1.32	−3.90	−2.68	−8.24	−4	−11.82
维持生物多样性	42.18	40.46	36.62	−1.72	−4.08	−3.84	−9.49	−5.56	−13.18
提供美学景观	26.7	25.8	22.57	−0.9	−3.37	−3.23	−12.52	−4.13	−15.47

3）生态系统服务价值的空间分布

运用 ArcGIS 构建 5 km×5 km 的渔网，将研究区分成了 636 个研究小区。运用 ArcGIS 空间分析功能，以研究小区为单位计算了单位面积生态系统服务价值，并对生态系统服务价值进行分级：小于 10 000 元/hm^2 为极低，10 000～30 000 元/hm^2 为低、30 000～50 000 元/hm^2 为中、50 000～70 000 元/hm^2 为高、大于 70 000 元/hm^2 为极高，以此分析 1990、2000 以及 2010 年浙江海岸带生态系统服务价值空间分布差异（图 6-6）。

1990～2010 年，浙江海岸带各研究小区总体不断由高价值区域转为低价值区域。其中，生态系统服务价值高、极高区域多为沿岸的水域或海域区域，因此生态系统服务价值极高和高的区域主要为水体生态系统区域，大部分位于浙北的杭州湾沿岸区域。1990～2000 年，随着杭州湾滩涂向海发育，此区域一些沿海小区的服务价值从高价值区域转为极高值区域，但到 2010 年，由于杭州湾沿岸围填海工程不断加快，生态系统服务价值又重新转低。生态系统服务价值为中的区域分布极为广泛，与海岸带林地分布区域大致吻合，且所占比例最大。1990～2010 年，生态服务价值为中的区域面积也大幅度减小，逐步转变为低或极低价值区域。生态系统服务价值为低的区域多为耕地分布区，而价值极低的区域分布与建设用地分布形态一致，极低区域随着城镇化进程不断加快，呈现急剧扩大的趋势，尤其在杭州湾、三门湾以及椒江口沿岸城市建成区内尤为显著。

2. 敏感性分析

将生态系统服务价值系数提高 50%，分析了生态系统服务价值变化及其对价值系数的敏感程度（表 6-15）。

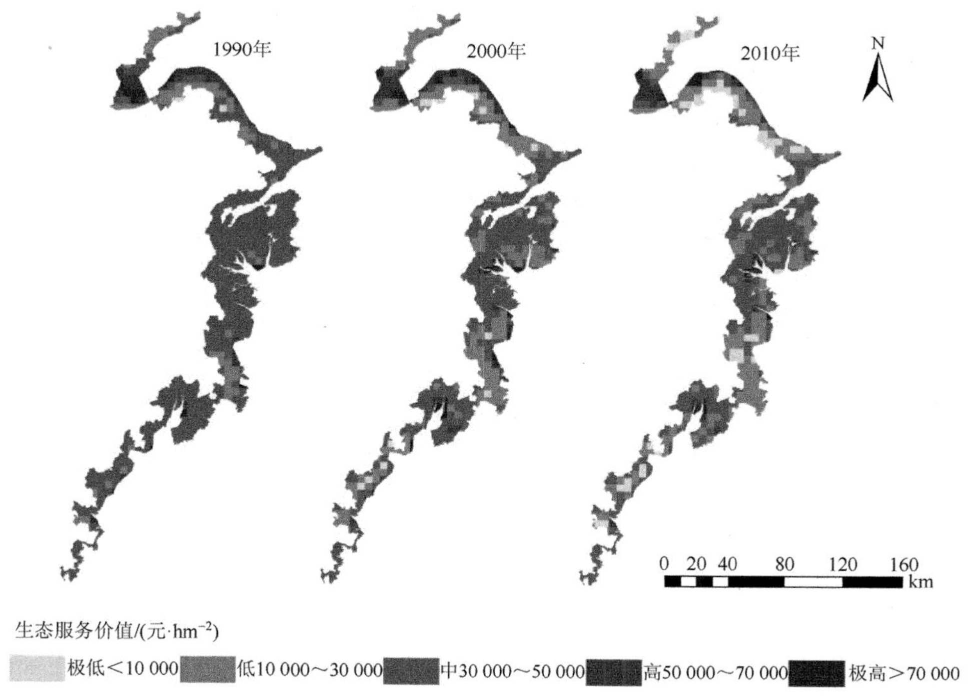

图 6-6　1990～2010 年浙江海岸带生态系统服务价值空间分布

表 6-15　生态系统服务价值系数敏感性指数

价值系数	生态系统服务价值/10^8 元			CS		
	1990 年	2000 年	2010 年	1990 年	2000 年	2010 年
林地 V+50%	432.50	416.40	371.63	0.45	0.44	0.48
建设用地 V+50%	352.78	341.15	299.64	0.00	0.00	0.00
耕地 V+50%	375.03	362.81	318.15	0.13	0.13	0.12
滩涂 V+50%	378.42	369.98	321.80	0.15	0.17	0.15
水体 V+50%	401.51	385.85	336.48	0.28	0.26	0.25
未利用地 V+50%	352.85	341.30	299.98	0.00	0.00	0.00

由表 6-15 可知，敏感性指数最高的土地利用类型是林地，其敏感性指数在各年中均为最高值，可知林地对当地生态系统服务价值影响程度最高。林地不仅价值系数较大，而且在研究区内覆盖面积也大。水体敏感性指数也较大，耕地和滩涂敏感性指数较小。未利用地由于自身覆盖面积较小，且生态系统服务价值系数仅为 2080.121 元/（hm^2•a），故敏感性指数几乎为 0，不影响总体评价。各土地利

用类型价值系数的敏感性指数不尽相同，但均小于 1，价值总量对价值系数的弹性不大，可知研究采用的价值系数较为合适。

3. 土地利用与生态系统服务价值的关系

运用 ArcGIS 空间分析功能，并参考表 6-10 的土地利用强度分级，计算每个研究小区的土地利用强度指数，分析了 1990、2000 以及 2010 年浙江海岸带土地利用开发强度空间分布差异（图 6-7）。对比 3 期图像发现，1990～2000 年，浙江海岸带的土地利用强度指数普遍偏高，且随着城市化进程中人类对海岸带的开发利用热度和强度不断上升，各研究小区土地利用强度指数仍在不断向更高转变，土地利用开发强度指数为 4～5 的研究小区个数明显增加，尤其在地形较为平坦、易于开发利用的杭州湾南岸、台州湾沿岸等海岸平原区域。

将 2010 年浙江海岸带土地利用强度空间分布与 1990～2010 年浙江海岸带生态系统服务价值变化率进行对比（图 6-8），分析快速城市化背景下土地利用强度与研究区域生态系统服务价值变化的关系及影响。可见，土地利用强度的空间分布形态与生态系统服务价值变化率的空间分布具有一致性，即土地利用强度指数较高区域的生态系统服务价值减损率也较高。快速城市化背景下的土地利用模式与生态系统服务价值变化有着密切关系。原因在于土地是陆地各种生态系统的载体，土地利用变化引起各种土地利用类型种类、面积和空间位置变化，也直接导致了各类生态系统类型、面积、价值以及空间分布格局变化。虽然生态系统服务价值影响因素众多，但快速城市化背景下土地利用类型的转变无疑是最关键因素。

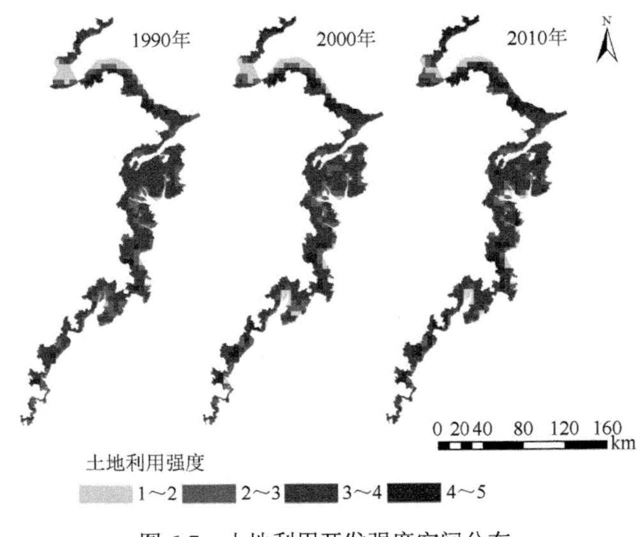

图 6-7　土地利用开发强度空间分布

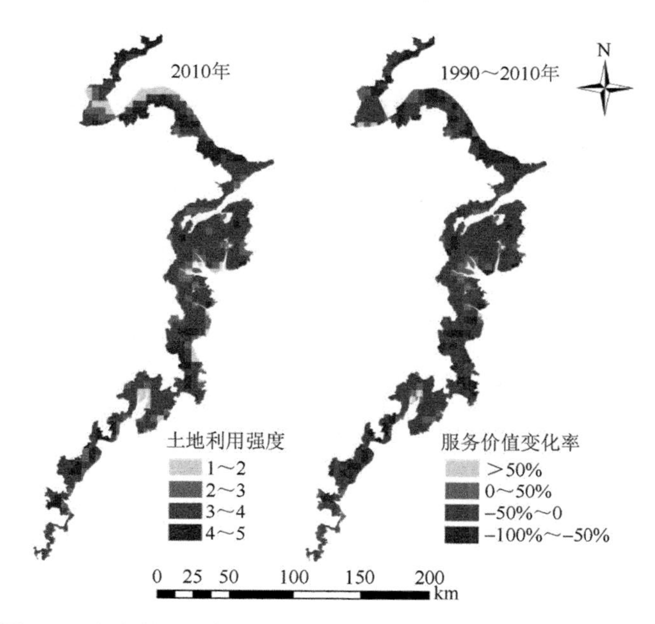

图 6-8　土地利用强度与生态系统服务价值变化率空间分布对比

快速城市化过程中引起的土地利用类型转变不仅直接影响生态系统服务价值变化，且通过引起土地利用转变的各种因子之间的相互作用，间接影响生态系统服务价值变化。因此，科学把握城市化进程中土地利用类型转变过程和影响因素，不仅能为土地利用优化布局提供科学依据，且能有效地控制生态系统服务价值减损，推进生态环境恢复和重建，同时将促进海岸带生态环境科学管理和社会经济可持续发展。

借鉴中国陆地生态系统服务功能价值评估当量因子，利用遥感和地理信息系统技术，对 1990～2010 年快速城镇化背景下浙江海岸带土地利用及生态系统服务价值进行分析和测算。主要有 4 点结论。

（1）1990～2010 年，浙江海岸带土地利用类型在人类大规模开发活动下发生较大变化，主要表现为建设用地大量增加，林地以及耕地面积减少。其中，耕地主要集中分布在浙北平原区和浙东南沿海平原区，林地主要分布于浙东南沿海丘陵区。

（2）浙江海岸带生态系统服务总价值从 352.78 亿元降至 299.64 亿元，降幅达 15.06%。从生态系统服务看，浙江海岸带在水文调节、废物处理、气候调节和维持生物多样性上起着重要作用，但各单项生态系统服务功能价值均处于下降趋势，生态环境呈现明显退化趋势。

（3）海岸带各研究小区生态系统服务价值也不断由高价值区域转为低价值区

域，在杭州湾、三门湾以及椒江口沿岸的城市建城区内转变尤为显著，城镇建设用地的无序增加引起土地利用结构转变，是海岸带生态系统服务价值不断减损的主要原因。

（4）浙江海岸带土地利用强度呈现上升趋势，对比分析土地利用强度指数和生态系统服务价值变化速率，可知土地利用强度指数较高区域，相应的生态系统服务价值减损率也较高，且土地利用强度空间分布与生态系统服务价值变化率空间分布具有一致性。

浙江海岸带城市化是以占用耕地、林地等生态用地为代价的，这一过程导致生态系统服务功能萎缩，生态系统服务经济价值迅速下降。因此，政府及相关部门应制定详细规划，引导合理城市化，保护海岸带生态环境，提高生态系统服务价值。由于快速城市化过程中引起的土地利用类型转变不仅直接影响生态系统服务价值变化，且通过引起土地利用转变的各种因子之间的相互作用，间接影响生态系统服务价值变化，故继续深入探索土地利用类型和生态系统服务价值的关系及作用机制是进一步研究方向。

参 考 文 献

曹东，王金南. 1999. 中国污染工业经济学[M]. 北京：中国环境科学出版社.

陈玮彤，张东，李弘毅，等. 2017. 辐射沙洲陆岸岸段围填海强度与潜力定量评价[J]. 海洋科学进展，35(2)：295-304.

陈仲新，张新时. 2000. 中国生态系统效益的价值[J]. 科学通报，45（1）：17-22，113.

程敏，张丽云，崔丽娟，等. 2016. 滨海湿地生态系统服务及其价值评估研究进展[J]. 生态学报，36(23)：7509-7518.

付元宾，曹可，王飞，等. 2010. 围填海强度与潜力定量评价方法初探[J]. 海洋开发与管理，27（1）：27-30.

葛振鸣，王天厚，施文彧，等. 2005. 崇明东滩围垦堤内植被快速次生演替特征[J]. 应用生态学报，16(9)：1677-1681.

郭晓峰，王翠，陈楚汉，等. 2014. 湄洲湾峰尾围垦工程施工期间海水悬浮泥沙输移扩散的数值模拟[J]. 应用海洋学学报，33（1）：125−132.

韩维栋，高秀梅，卢昌义，等. 2000. 中国红树林生态系统生态服务价值评估[J]. 生态科学，19（1）：460-463.

胡成业，徐衡，水柏年，等. 2015. 温州瓯飞滩邻近海域春季游泳动物群落结构及多样性[J]. 南方水产科学，11（3）：7−15.

黄备，邵君波，周斌，等. 2015. 椒江口围填海工程对浮游动物的影响[J]. 生态科学，34（4）：86-92.

江苏省统计局. 2000. 江苏统计年鉴[M]. 北京：中国统计出版社.

李加林，徐谅慧，杨磊，等. 2016. 浙江省海岸带景观生态风险格局演变研究[J]. 水土保持学报，30（1）：293-299，314.

李加林，杨晓平，童亿勤. 2007. 潮滩围垦对海岸环境的影响研究进展[J]. 地理科学进展，26（2）：43-51.

李京梅，刘铁鹰，周罡. 2010. 我国围填海造地价值补偿现状及对策探讨[J]. 海洋开发与管理，27（7）：12-16，46.

李志勇，徐颂军，徐红宇，等. 2012. 雷州半岛近海海洋生态系统服务功能价值评估[J]. 华南师范大学学报（自然科学版），44（4）：133-137.

林磊，刘东艳，刘哲，等. 2016. 围填海对海洋水动力与生态环境的影响[J]. 海洋学报，38（8）：1-11.

刘桂林，张落成，张倩. 2014. 长三角地区土地利用时空变化对生态系统服务价值的影响[J]. 生态学报，34（12）：3311-3319.

刘明，席小慧，雷利元，等. 2013. 锦州湾围填海工程对海湾水交换能力的影响[J]. 大连海洋大学学报，28（1）：

110-114.
吕一河，张立伟，王江磊. 2013. 生态系统及其服务保护评估：指标与方法[J]. 应用生态学报，24（5）：1237-1243.
马田田，梁晨，李晓文，等. 2015. 围填海活动对中国滨海湿地影响的定量评估[J]. 湿地科学，13（6）：653-659.
毛健. 2014. 南江县土地利用变化对生态系统服务价值的影响[D]. 成都：成都理工大学.
孟伟庆，莫训强，李洪远，等. 2016. 天津地区湿地退化特征与驱动因素的多变量相关分析[J]. 水土保持通报，36（4）：326-332.
苗丰民，杨新梅，于永海. 2007. 海域使用论证技术研究与实践[M]. 北京：海洋出版社.
闵龙佑，卢声明，王表琛，等. 1996. 互花米草的观测、试验及其工程效能与利用[R]. 杭州：浙江省围垦局.
彭保发，陈端吕. 2012. 常德市土地覆被的生态服务价值空间变异分析[J]. 经济地理，32（1）：143-147.
钦佩，安树青，颜就松. 1999. 生态工程学[M]. 南京：南京大学出版社.
钦佩，谢民，陈素玲，等. 1994. 苏北滨海废黄河口互花米草人工植被贮能动态[J]. 南京大学学报（自然科学版），30（3）：488-493.
钦佩，谢民，桂诗礼. 1988. 米草食用价值的开发研究[J]. 自然杂志，11（12）：931-933.
任鹏，方平福，鲍毅新，等. 2016. 漩门湾不同类型湿地大型底栖动物群落特征比较研究[J]. 生态学报，36（18）：5632-5645.
沈永明，张忍顺，杨劲松，等. 2006. 江苏沿海滩涂互花米草及坝田工程促淤试验研究[J].农业工程学报，22（4）：42-47.
沈永明. 2001. 江苏沿海互花米草盐沼湿地的经济功能[J]. 生态经济，9（9）：72-73.
孙永光. 2014. 典型河口：海湾围填海开发的生态环境效应评价方法与应用[M]. 北京：海洋出版社.
滕冲，汪同庆. 2014. SPSS 统计分析[M]. 武汉：武汉大学出版社.
王娇月，韩耀鹏，刘丽丽，等. 2017. 城镇化对湿地的影响研究进展[J]. 湿地科学与管理，13（3）：61-65.
王秀兰，包玉海. 1999.土地利用动态变化研究方法探讨[J]. 地理科学进展，18（1）：81-87.
王勇智，孙惠凤，谷东起，等. 2015. 罗源湾多年围填海工程对水动力环境的累积影响研究[J]. 中国海洋大学学报（自然科学版），45（3）：16-24.
王资生. 2001. 滩涂围垦区的水土流失及其治理[J]. 水土保持学报，15（5）：50-52.
肖笃宁，陈文波，郭福良. 2002. 论生态安全的基本概念和研究内容[J]. 应用生态学报，13（3）：354-358.
谢高地，甄霖，鲁春霞，等. 2008a. 生态系统服务的供给、消费和价值化[J]. 资源科学，30（1）：93-99.
谢高地，甄霖，鲁春霞，等. 2008b. 一个基于专家知识的生态系统服务价值化方法[J]. 自然资源学报，23（5）：911-919.
邢伟，王进欣，王今殊，等. 2011. 土地覆盖变化对盐城海岸带湿地生态系统服务价值的影响[J]. 水土保持研究，18（1）：71-76，81.
徐彩瑶，濮励杰，朱明. 2018. 沿海滩涂围垦对生态环境的影响研究进展[J]. 生态学报，38（3）：1148-1162.
徐东霞，章光新. 2007. 人类活动对中国滨海湿地的影响及其保护对策[J]. 湿地科学，5（3）：282-288.
许倍慎，周勇，徐理，等. 2011. 湖北省潜江市生态系统服务功能价值空间特征[J]. 生态学报，31（24）：7379-7387.
许学工，彭慧芳，徐勤政. 2006. 海岸带快速城市化的土地资源冲突与协调——以山东半岛为例[J]. 北京大学学报（自然科学版），42（4）：527-533.
叶长盛，董玉祥. 2010. 珠江三角洲土地利用变化对生态系统服务价值的影响[J]. 热带地理，30（6）：603-608，621.
喻露露，张晓祥，李杨帆，等. 2016. 海口市海岸带生态系统服务及其时空变异[J]. 生态学报，36（8）：1-11.
张明慧，陈昌平，索安宁，等. 2012. 围填海的海洋环境影响国内外研究进展[J]. 生态环境学报，21（8）：1509-1513.
张晟途，钦佩，万树文. 2000. 从能值效益角度研究互花米草生态工程资源配置[J]. 生态学报，20（6）：1045-1049.
张一帆，方秦华，张珞平，等. 2012. 开阔海域围填海规划的水质影响评价方法——以福建省湾外围填海为例[J]. 海洋环境科学，31（4）：586-590.

张志飞，诸裕良，何杰. 2016. 多年围填海工程对湛江湾水动力环境的影响[J]. 水利水运工程学报，3：96-104.

仲崇信，钦佩. 1983. 水培大米草吸收汞及其净化环境作用的探讨[J]. 海洋科学，2：6-11.

朱冬. 2015. 江苏中部海岸潮滩沉积速率大面积测算方法[D]. 南京：南京大学.

朱洪光，钦佩，万树文，等. 2001. 江苏海涂两种水生利用模式的能值分析[J]. 生态学杂志，20（1）：38-44.

庄大方，刘纪远. 1997. 中国土地利用程度的区域分异模型研究[J]. 自然资源学报，12（2）：105-111.

Chuai X W，Huang X J，Wu C Y，et al. 2016. Land use and ecosystems services value changes and ecological land management in coastal Jiangsu，China[J]. Habitat International，57：164-174.

Clawson M，Knetsch J L. 1966. Economics of Outdoor Recreation[M]. Baltimore：The Johns Hopkins Press.

Costanza R，d'Arge R，de Groot R，et al. 1997. The value of the world' s ecosystem services and natural capital[J]. Nature，387（15）：253-260.

Daily G C. 1997. Nature's Service：Social Dependence on Natural Ecosystems[M]. Washington D C：Island Press.

Davis H G，Taylor C M，Lambrinos J G，et al. 2004. Pollen limitation causes an Allee effect in a wind-pollinated invasive grass（Spartina alterniflora）[J]. Proceedings of the National Academy of Sciences of the United States of America，101（38）：13804-13807.

Dunstan W M，Windom H L. 1975. The influence of environmental changes in heavy metal concentrations on *Spartina alterniflora*[J]. Geology and Engineering，393-404.

Koo B J，Shin S H，Lee S. 2008. Changes in benthic macrofauna of the Saemangeum tidal flat as result of a drastic tidal reduction[J]. Ocean Polar Research，30：373−545.

Lewis M A，Weber D E，Stanley R S. 2000. Wetland plant seedlings as indicators of near-coastal sediment quality：interspecific variation[J]. Marine Environmental Research，50（1）：535-540.

Millennium Ecosystem Assessment Board. 2005. Ecosystem and Human Well-being：Synthesis[M]. Washington，DC：Island Press.

Moreno F，Cabrera F，Fernandez-Boy E，et al. 2001. Irrigationwith saline water in the reclaimed marsh soils of south-west Spain：impact on soil properties and cotton and sugar beet crops[J]. Agricultural Water Management，(48)：133-150.

Odum H T. 1996. Environmental Accounting：Emergy and Environmental Decision Making[M]. New York：John Wiley.

Prewitt R A. 1949. The Econmoics of Public Recreation：an Economic Survey of the Monetary Valuation in National Parks[M]. Washington D C：National Park Service.

Trice A H，Wood S E. 1958. Measurement of recreation benefits[J]. Land Economics，34（2）：195-207.

Xu C Y，Pu L J，Zhu M，et al. 2016. Ecological security and ecosystem services in response to land use change in the coastal area of Jiangsu，China[J]. Sustainability，8：816.

第 7 章　海岸带资源环境承载力评价

7.1　海岸带资源环境承载力研究概述

7.1.1　海岸带综合承载力概念及分类

1. 承载力

承载力（carrying capacity）是一个由工程地质领域转换过来的力学概念，用以表征物体在不产生任何破坏时承受的最大荷载能力，现已演变成描述发展限制程度的常用术语（邓波等，2003），其衍生于英国著名学者 Malthus 提出的“人口爆炸”理论（Malthus，1798）。在此基础上，Verhulst（1838）对该理论进行了数学表达和描述，构建了承载力研究的第一个数学模型——逻辑模型（logistic model）。美国学者 Park 和 Burgoss（1921）首次使用了“承载力”的概念，将其定义为在某一特定生态环境下，某种生物存活数量的最高值。此后，承载力概念在生态学的多个分支学科，包括种群生态学、数学生态学、应用生态学、人类生态学和生态经济学中得到了广泛研究和应用，成为生态学研究的核心内容之一。在理论种群生态学中，承载力被定义为某一个生物区系内的各种资源（光、热、水、植物、被捕食者）能维持某一生物种群的最大数量，并将承载力作为生态系统与其环境之间相互作用的关键评价因素。根据种群增长的 logistic 曲线，Hadwen 和 Palmer（1922）针对草场生态系统提出了新的承载力生态学概念，即承载力是草场上可以支持的不会损害草场的牲畜的最大数量。这个定义突出了承载力的作用，提出了动物种群和环境状态间相互作用的概念，将核心表达从最大种群平衡转移到环境质量平衡范围，由绝对数量承载力转向了相对平衡数量（张桂莲，2008）。

“承载力”一词，从其概念的提出、发展与完善到完全进入生态学领域，主要经历了 3 个发展阶段：物理承载力、生物生态承载力和综合承载力。从“承载力”被引入生态学领域后，基本上可以分为 5 个概念发展阶段：生态容纳能力、资源承载力、环境承载力、生态承载力和（区域）综合承载力（张光玉等，2013）。

2. 资源承载力

“资源承载力”是“承载力”概念和理论在资源科学领域的具体应用。工业革命之后，工业迅速发展，人口增长、环境污染、资源短缺问题日益凸显，严重制约社会经济发展，由此引发人类对全球资源的关注，资源承载力概念应运而生。20 世纪 80 年代，联合国教科文组织提出"资源承载力"概念，即"一个国家或地区的资源承载力是指在可预见的时期内，利用本地资源及其他自然资源的智力、技术等条件，在保证符合其社会文化准则的物质生活水平下，该国家或地区所持续供养的人口数量"（UNESCO 和 FAO，1985），这一概念被广泛接纳。随着社会经济的发展，人们对环境问题认识逐渐深入，资源承载力还包括土地资源承载力、水资源承载力、旅游资源承载力、矿产资源承载力、森林资源承载力等相关概念（张光玉等，2013；王红旗等，2017）（表 7-1）。

表 7-1 常见资源承载力概念与意义

概念	来源	意义
资源承载力	UNESCO 和 FAO（1985）	一个国家或地区的资源承载力是指在可预见的时期内，利用本地资源及其他自然资源的智力、技术等条件，在保证符合其社会文化准则的物质生活水平下，该国家或地区所持续供养的人口数量
土地资源承载力	石玉林（1986）	在一定生产条件下土地资源的生产力和一定水平下所能承载的人口限度
	徐永胜（1991）	一个国家或地区，满足人民基本生活需要和人口正常繁衍的前提下，在其所占有的土地上能够负担的最大人口数
	周锁铨等（1991）	以一定的自然条件为基础，以特定技术、经济和社会发展水平及与此相适应的生活水准为依据，在保护生态系统和功能处于合理状态下某个地区利用自身土地资源所能持续、稳定供养的人口数量
	胡恒觉等（1992）	在一定时间内，特定地理区域在可预见的自然技术、经济及社会诸多因素综合制约下的土地资源生产能力，以及所能持续供养的、具有一定生活水准的人口数量
	威廉·福格特（1981）	定量化地给出了土地承载力的概念，表达式为 $C=B/E$；其中，C 为土地承载力；B 为生物潜力；E 为环境阻力
地理环境承载力	王学军（1992）	在一定时间、一定空间内，由地理环境各组成要素，人类本身的数量、素质、分布、活动及人员、物质、能量、信息交流所决定，保持一定生活水准，并不使环境质量发生不可逆恶化前提下，生产的物质及其他环境要素的状况所能容纳的最高人口限度
水资源承载力	施雅风和曲耀光（1992）	在一定社会和科学技术发展阶段，在不破坏社会和生态系统时，某一地区水资源最大可承载的农业、工业、城市规模和人口水平
自然资源承载力	董锁成（1996）	在可以预见的时期内和一定的技术条件下，某一地区自然资源可以支撑的人口规模或经济规模
矿产资源承载力	王玉平（1998）	在可以预见时期内，在当时科学技术、自然环境和社会经济条件下，矿产资源存量用间接的方式表现的所能持续供养的人口数量

3. 环境承载力

人类对环境的破坏日趋明显，导致环境承载力概念出现。Bishop 等（1974）

在《环境管理中的承载力》中提出，“环境承载力表明维持一个可以接受的生活水平前提下，一个区域所能永久承载的人类活动的强烈程度”。Schenider（1978）强调指出，环境承载力是“自然或人造系统在不会遭严重退化的前提下，对人口增长的容纳能力”。从这些表述中可以看出，环境承载力概念与 Hadwen 和 Palmer（1922）的生态容纳理论相似，其进步性体现在：①改变了承载的主体（环境）和客体（人口）；②明确主客体间的关系，包括发展性的正向因子和起限制效果的负向因子（王开运，2007）。这些研究成果也充分反映在同一时期“罗马俱乐部”的《增长的极限》（Meadows 等，1972）一书中。

在我国，环境承载力的概念在 1991 年的国家重点科研项目“我国沿海新经济开发区环境的综合研究——福建省湄洲湾开发区环境规划综合研究报告”中首次被明确提出。此后，许多学者对环境承载力做过系统研究。国内学者唐剑武和叶文虎（1998）也提出了环境承载力的概念定义，指在某一时期、某种环境状态下，某一区域环境对人类社会经济活动支持能力的阈值。环境承载力的相近概念是环境容量，其概念有两层基本内涵：一是某区域对各种污染的容纳能力大小；二是某区域内人类在不破坏自然环境的前提下可进行的最大限度的开发活动（王开运，2007）。

4. 生态承载力

早期的生态承载力是指在某一环境条件下，某种生物个体可存活的最大数量。在自然环境条件下，种群增长曲线通常表现为 S 型。可持续发展理论的诞生与应用为承载力带来了全新视角，极大地丰富了承载力的内涵，促进人们对承载力的含义和要素做出全面深刻的思考；实现可持续发展的基础是多时相、多角度的可“承载”，其最重要的内涵应该是系统的稳定与可持续协调发展、正向演化和功能提升。承载的标准是区域生态系统的健康发展。承载对象包括人口、经济活动、社会组织、科技进步等多方面的有机结合的“自然—经济—社会”复合生态系统。承载体须体现系统的供给与自持两个方面的作用（王开运，2007）。

生态承载力的提出使承载力研究上升到一个新的高度。高吉喜（2001）以人类社会为核心提出了生态承载力概念：“生态承载力是指生态系统的自我维持、自我调节的能力，资源与环境子系统的供容能力及其可维持的社会经济活动强度和具有一定生活水平的人口数量”。该概念以生态系统的过程机制为支撑骨架，以可持续为认知标准，强调特定生态系统所提供的资源和环境对人类社会系统良性发展的支持能力，涵盖资源与生态环境的共容、持续承载和时空变化，而且指出应该更多地考虑人类价值的选择、社会目标和反馈的影响。王开运（2007）加入尺度限定，突出复合系统的功能与交互作用，提出生态承载力概念："生态承载力指不同尺度区域在一定时期内，在确保资源合理开发利用和生态环境良性循环，以及区域间保持一定物质交流规模的条件下，区域生态系统能够承载人口社会规模及其相应的经济方式和总量的能力"。这个概念具有客观性、多尺度和自相关性特点，延续传统承载力概念。生态承载力的内涵包括3个方面：生态系统的自我维持（资源可持续供给）、调节能力（生态环境自净）和人类支持作用。

生态承载力概念的提出，扩展与完善了资源与环境承载力概念内涵，在一定程度上弥补了单因素承载力的不足，但对承载力的理解仍存在行业限制，因而出现的生态承载力的度量方法也仍然带有各自的领域特点，如自然植被净第一性生产力估计方法、状态空间法、生态足迹法。其中，生态足迹法是生态承载力研究方法的一个扩展，生态足迹法评价模型是目前权衡生态承载力的常用定量方法之一，但仅考虑了资源利用过程中经济决策对环境的影响。

5. 综合承载力

早期的承载力概念限于生态领域，20 世纪 60～70 年代，以应用于人类社会和状态评估的多种单要素承载力概念的出现为标志，承载力迎来第二次大发展（王开运，2007）。2006 年，由国家海洋局、科学技术部、国防科学技术工业委员会、国家自然科学基金委员会公布的"国家'十一五'海洋科学和技术发展规划纲要（2006—2020 年）"提出了"综合承载力"这一概念，这是人类进入 21 世纪后，对生态承载力概念的又一次深化。

综合承载力既不是一个纯粹描述自然环境特征的量，也不是一个单纯描述人类社会的量，它反映了人类与环境相互作用的界面特征，是研究环境与经济是否协调发展的一个重要依据。

综合承载力可定义为："某一时空尺度范围的区域人地系统，在确保资源合理开发利用和生态环境向良性循环发展的条件下，作为区域发展主要基础的资源环境能够承载的人口数量及相应的经济和社会总量（亦即人类及其社会经济活动）的能力"。这里的区域人地系统强调人类社会经济活动对于周围环境的发展演变具有关键引导作用的生态系统。

总体来说，综合承载力之综合包括 6 个方面，即空间上的综合、要素上的综合、影响上的综合、政策上的综合、工具上的综合、系统上的综合。空间上的综合指综合承载力的空间范围覆盖陆海相互作用的不同空间地域单元；要素上的综合指构成区域承载力的要素涉及资源、环境、生态、经济和社会等多方面；影响上的综合指在一定的历史时期内，特定区域承载力的大小及其发展趋势受社会、经济、资源、环境等叠加影响；政策上的综合指区域承载力调控对策的多样性；工具上的综合指承载力的评估方法、决策手段与管理途径的多样性；系统上的综合指承载力研究对象是由大气、水、生物、土地、人五大系统构成的复合生态系统。

6. 海岸带综合承载力

张光玉等（2013）认为，海岸带区域（coastal zones）是沿海各国社会经济发展较迅速的区域，这些区域的经济水平一般处于各国前列，社会基础设施建设较为完善。但与此同时，海岸带区域的发展带来了资源过度利用、环境污染日趋严重的问题，导致生态系统稳定性下降。海岸带区域属于一个高度发展的区域，致使陆域人口承载力、生态承载力、资源承载力、生物承载力等下降，社会经济发展遭遇瓶颈。随着海域资源的利用，人们开始重视海洋经济发展在社会经济发展中的重要性。由于陆域和海域资源处于不断流动的过程，需要寻求一种对整个海岸带区域进行综合承载力评估的方法，为海岸带区域社会经济的发展提供决策支持。

海岸带综合承载力是衡量海岸带地区可持续发展的重要标志，是在综合承载力的基础上，加入海岸带特有要素形成，体现了一定时期、一定区域的海岸带生态环境系统，满足区域社会经济发展和人类生存、发展及享乐等方面的需求程度，其研究核心是根据海洋资源与环境的实际承载力，确定沿海人口与社会经济的发展速度，从而更好地解决沿海经济发展、资源配置与海岸带生态环境承载能力之间的平衡与协调问题，实现海岸带生态系统的良性循环，促进沿海社会经济的可持续发展。

海岸带综合承载力是由海岸带生态环境系统与经济社会系统两方面因素决定的，既受自然资源、环境因素制约，又受社会经济发展状况、海洋工程开发政策、管理模式与水平及社会协调发展机制等诸多社会经济因素影响。其评价指标可分为两类：一类是压力指标，主要反映区域社会经济发展对海岸带生态环境的压力，包括沿海地区社会经济活动强度引发的人口与经济增长、资源消耗及环境污染等；另一类是承压指标，反映的是海岸带生态环境对区域社会经济发展的承载能力，包括生态弹性强度，海洋资源种类、数量、可供给量与价值量，环境容量等方面的评价指标。目前海岸带综合承载力已成为评判沿海地区人口、环境与社会经济协调发展与否的重要标识，沿海地方政府已将海岸带综合承载力与区域社会的协调与否作为决策依据。

海岸带综合承载力主要反映了海岸带环境、资源、生态系统对人类活动的综合承受能力。综合承载力的评估是划分海岸带优先开发、重点开发、限制开发和禁止开发区域的基础，是主体功能区划的主要依据。

7.1.2　海岸带资源环境承载力研究进展

1. 国外相关研究进展

世界自然保护联盟、联合国环境规划署、世界野生生物基金会 1992 年在共同出版的《保护地球——可持续生存战略》一书中对承载力的概念进行描述："地球或任何一个生态系统所能承受的最大限度的影响就是其承载力。人类对这种承载力的利用可以借助技术而增大，且往往是以牺牲生物多样性或生态功能作为代价，但在任何情况下，人类对承载力的利用也不可能无限增大。这一极限取决于系统自身的更新或对废弃物的安全吸收。除非人口和资源需求的水平能降低到地球承载力范围以内，否则人类生存持续性是不能得到保障的。"

随着人地矛盾不断加剧，承载力概念发展并应用到自然社会系统中，人们提出了土地资源承载力概念；随着工业化国家经济的迅速发展，资源短缺与环境污染问题日渐明显，资源承载力、环境承载力、生态承载力等概念被相继提出，并受到世界各国政府的普遍重视与广泛应用。国外对承载力的研究早在 18 世纪末的工业化时期就已经展开。土地资源承载力的系统研究始于 1982 年联合国粮农组织（FAO）对发展中国家开展的土地资源人口承载力研究。英国学者马尔萨斯（Malthus）的诸多研究及其著名的《人口原理》就已经基本体现了人口承载力的概念基础。马尔萨斯探讨了人口增长与支撑人口生存的粮食生产增长之间的关系，认为如果人口增长得不到控制，作为一种自适应机制，战争和瘟疫将反过来强迫人口数量减少，以适应粮食增长。此后较长一段时间内，人们对于承载力的研究始终停留在对各种承载体所能承载的人口数量的研究。如 William（1949）对赞比亚的研究，计算了土地退化开始前该区域所能容纳的最大人口数量。

综合承载力以区域资源环境为对象，研究其同人类经济社会活动的相互关系，20 世纪 60 年代末～70 年代初，"罗马俱乐部"利用系统动力学模型对世界资源、环境与人的关系进行评价，构建了著名的"世界模型"，提出了经济的"零增长"发展模式。Sleeser（1990）提出了新资源环境承载力计算方法：提高承载能力的备选方案模型（enhancement of carrying capacity options，ECCO），在"一切都是能量"的假设下，综合考虑人口—资源—环境—发展关系，以能量为折算标准，建立系统动力学模型，得到联合国开发计划署（UNDP）的认可。

另外还有很多学者对区域综合承载力进行研究。Lieth（1975）提出了净第一性生产力计算模型，并对全球生态系统净第一性生产力进行计算，间接度量了承载力。Odum（1984）基于生态系统和经济系统的特征以及热力学定律，提出了以能量为核心的系统分析方法——能值分析法，该方法能定量分析生态承载力现状。Vitousek 等（1986）对初级生产量的人类占用进行研究。Rees（1992），Wackermagle 和 Rees（1996）提出并完善了生态足迹方法，对 52 个国家以及全球生态足迹和生态承载力状况进行了计算和分析。1996 年，美国在南部佛罗里达州门罗县人口最多的地区——佛罗里达可斯地区设立了一个重点承载力研究项目，即“佛罗里达承载力研究”。虽然这个项目与南部佛罗里达州耗资 78 亿美元恢复城郊湿地生态系统的计划相比，在地理尺度、资金投入和预期研究时间上要少很多，但该研究把承载力概念应用在复杂社会经济和生态环境系统中，是一个大胆尝试，掀起了研究承载力的热潮。Harris 和 Kennedy（1999）建立了一个用于全球农业产量的 logistic 模型，基于该模型，他们预测了 21 世纪全球农业的供给和需求，暗示世界发展与农业承载力是密切相关的。

随着系统动力学的发展，承载力研究也出现了一种新的方法。系统动力学是美国麻省理工学院的福雷斯特教授（Forrester，1968）将控制论、系统论、信息论、计算机模拟技术、管理科学及决策论等学科知识融为一体开发的系统分析方法，是一种用计算机对社会系统进行模拟，研究发展战略与决策的方法，被誉为“战略与策略实验室”。该学科依靠系统理论分析系统的结构和层次，依靠自动控制论的反馈原理对系统进行调节，依靠信息论中信息传递原理来描述系统，并采用计算机对系统动态行为进行模拟，适合分析和研究动态复杂的社会经济系统，也同样适合分析在自然—人工二元模式作用下的海岸带系统。

20 世纪 60 年代是系统动力学发展的重要时期，一批代表这一阶段理论与应用研究成果水平的论著问世。福雷斯特教授于 1961 年发表的《工业动力学》（*Industrial Dynamics*）已成为本学科的经典著作，它阐明了系统动力学的原理与典型应用。《系统原理》（*Principles of Systems*）一书侧重介绍系统的基本结构。《城市动力学》（*Urban Dynamics*）则总结了美国城市兴衰问题的理论与应用研究成果。以福雷斯特教授为首的美国国家模型研究小组，将美国的社会经济作为一个整体，成功地研究了通货膨胀和失业等社会经济问题，第一次从理论上阐述了经济学家长期争论不休的经济长波的产生和机制。

此外还有很多学者将系统动力学应用到海洋环境及承载力的研究领域。汉堡大学海洋研究所近年来发展起来的汉堡欧洲北海生态模型（Moll，1995）已成功地进行了欧洲北海生态系统一年的初级生产力模拟，其模型结构如图 7-1 所示。

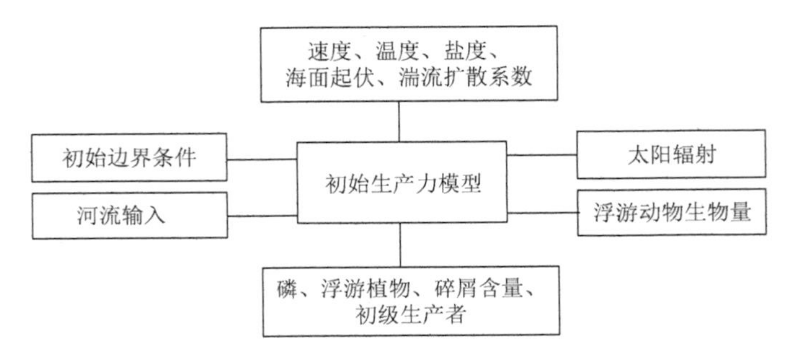

图 7-1　欧洲北海生态模型结构

20 世纪 80 年代以来，社会发展和科学进步为海洋科学发展提供了新机遇，产生了一系列大型国际海洋研究计划，如“世界气候研究计划”（WCRP）推动的热带海洋与全球大气计划（TOGA），全球海洋环流实验（WOCE），“国际地圈生物圈计划”（IGBP）倡导的全球海洋通量联合研究（JGOFS），“海岸带海陆相互作用”（LOICZ）等。在这些计划的发展过程中，人们发现海洋物理过程与生物资源变化密切相关，但对其相互关系研究基本空白。于是多学科、交叉综合研究成为海洋生态学发展的生长点。它把海洋看作一个整体，研究生态过程和受控机制，同时对研究的区域规模和时间尺度有较多的要求，产生了一些新的概念和理论。20 世纪 80 年代中期，美国等国家提出和发展了大海洋生态系统（LMES）概念，以 200 海里专属经济区为主，将全球海洋划分为 50 个大海洋生态系统。我国的黄海生态系统和东海生态系统是其中的 2 个。这 50 个大海洋生态系统虽然仅占全球海洋面积的 10%，但它包含全球 95%以上的海洋生物资源产量。大海洋生态系统作为一个具有整体系统水平的管理单元，使海洋资源管理从狭义的行政区管理走向以生态学和地理学为依据的生态系统管理，有利于解决海洋可持续发展以及跨界管理的相关问题。为此，大海洋生态系统的动态变化及其机制受到了诸多关注。科学家们注意到海洋生物资源的变动并非完全受捕捞的影响，渔业产量也和全球气候波动密切有关，环境变化对生物资源补充量有重要影响。一批生物学家、渔业海洋学家还认为，浮游动物的动态变化不仅影响许多鱼类和无脊椎动物种群的生物量；同时，浮游动物在形成生态系统结构和生源要素循环中起重要作用，从而对全球气候系统产生影响。因此，1991 年在国际海洋研究科学委员会（SCOR）和联合国政府间海洋委员会（IOC）等国际主要海洋科学组织的推动下，“全球海洋生态系统动力学研究计划”（GLOBEC）开始筹划，1995 年该计划被遴选为国际地圈生物圈计划（IGBP）的核心计划，使海洋生态系统动力学研究成为当今海洋科学跨学科研究的前沿领域。

GLOBEC 科学指导委员会为推动海洋生态系统动力学发展做出了重要贡献。它先后于 1994 年召开国际 GLOBEC 战略计划大会，1997 年公布 GLOBEC 科学计划，1998 年召开了国际 GLOBEC 科学大会，1999 年公布了 GLOBEC 实施计划。GLOBEC 的目标被确定为：提高对全球海洋生态系统及其主要亚系统的结构和功能以及它对物理压力响应的认知，发展预测海洋生态系统对全球变化响应的能力。主要任务是：①更好地认识多尺度物理环境过程如何强迫大尺度海洋生态系统变化；②确定生态系统结构与海洋系统动态的变异关系，重点研究营养动力学通道、变化以及营养量在食物网中的作用；③使用物理、生物、化学耦合模型确定全球变化对群体的动态影响；④通过定性定量反馈机制，确定海洋生态系统变化对全球地球系统的影响。目前 GLOBEC 已在全球范围内形成 4 个区域性研究计划："南大洋生态系统动力学"、北大西洋的"鳕鱼与气候变化"、北太平洋的"气候变化与容纳量"和全球性的"小型中上层鱼类与气候变化"。与此同时，各国相应的国家计划也得到迅速发展，先期发展的国家有美国、日本、挪威、加拿大、中国和南非等，近期发展的国家有英国、德国、法国、荷兰、巴西、智利、新西兰等。在这些研究计划中，"过程研究"和"建模与预测研究"成为重中之重，表明海洋生态系统动力学是一项目标明确、学术层次高的基础研究计划。另外，无论是大区域性研究计划，还是国家计划，都与生物资源可持续利用问题相联系。人们在关注人类活动和气候变化对海洋生态系统影响的同时，更关注它对海洋生物资源的影响，特别是与全球食物供给密切相关的渔业补给的变化影响。

2. 国内相关研究进展

与国外研究相比，我国的研究相对开展较晚。20 世纪 80 年代以来，国内学者开始以区域资源、环境要素综合体为对象进行区域承载力研究。1986 年，中国科学院综合考察委员会等多家科研单位联合开展"中国土地生产潜力及人口承载量研究"，这是我国迄今为止进行的最全面的土地承载力研究。随后，我国学者对土地资源承载力从各方面进行研究，提出了不同的土地资源承载力概念，其中耕地—粮食—人口承载力研究始终是主流。水资源承载力是继土地资源承载力之后，被研究比较多的一部分，特别是我国缺水问题日益突出的今天，加强水资源承载力的研究很具现实意义。

王学军（1992）提出"地理环境承载力"概念，通过构建评估指标体系，采用二级模糊综合评价方法和层次分析法选取指标及确定权重，从自然、社会、经济 3 个层面对中国各省份的地理环境承载潜力进行评判。牛文元（2001）将区域承载力研究同实施可持续发展战略相结合，提出了一套包括 5 个支持系统、16 个系统状态、47 个变量指数、249 个具体指标的指标体系，对我国 30 个省份的可持续发展总体能力进行了综合评价。

与资源短缺和环境污染不可分割的另一问题是生态破坏，生态破坏的显著特点是生态系统的完整性遭到损坏，从而使生存于生态系统之内的人和各种动物面临生存危机。为此，许多科学家呼吁，保持生态系统的完整性，把人类的活动控制在生态系统承载力范围之内。于是，许多学者从系统整合性出发，提出了生态承载力的概念，高吉喜（2001）较为系统地开展了生态承载力理论、方法研究，提出了生态承载递阶原理，论述了生态可持续承载的条件与机制，研究了可持续承载的原理、方式及调控机理与模式，探索性地提出了生态承载力的判定模式（包括生态系统的弹性力、资源与环境的供容能力、具有一定生活水平的人口数 3 个层面）与综合评价方法，并以黑河流域为例开展了基于生态承载力的可持续发展示范研究。王开运（2007）以崇明岛为例，开展了生态承载力复合模型系统与应用研究。

我国对环境承载力的研究主要集中在综合环境承载力研究和环境要素承载力研究两个方面，同时提出了相应的概念和量化研究方法。李清龙等（2004）分析了水环境承载力主要受水环境质量标准、水环境容量、水环境自净能力、流域（区域）水资源量、社会生产力水平、科学技术水平、人类生活水平及人口规模、政策、法规、规划等因素影响。周孝德等（1999）和钱华等（2004）分析并提出了以城市化水平的倒数、人均工业产值、工业固定资产产出率、可用水资源总量与城市总用水量之比、单位水资源消耗量的工业产值、单位水资源消耗量的农灌面积、污水处理投资占工业投资之比、污水处理率、单位 COD 排放量的工业产值、BOD 排放量的工业产值、BOD 控制目标与 COD（或 BOD）浓度之比等指标的水环境承载力指标体系。王俭等（2005，2017）对目前国内外用于环境承载力定量化研究的指数评价法、承载率评价法、系统动力学方法和多目标模型最优化等方法进行比较，并对环境承载力研究的发展趋势进行分析。

在海洋系统的承载力研究方面，国内也有一些相关研究。虽然我国在海洋生态系统承载能力方面的研究发展较晚，但这一方面的研究已成为研究热点。“全国海洋普查（1958）”“渤海水域渔业资源、生态环境及其增殖潜力的调查研究（1981～1985）”“三峡工程对长江生态系统的影响（1985～1987）”“黄海大海洋生态系统调查（1985～1989）”“闽南-台湾浅滩渔场上升流区生态系研究（1987～1990）”“渤海增养殖生态基础调查研究（1991～1995）”等调查研究积累了大量宝贵的物理、生物、化学和地质资料。

在海洋生态系统动力学模型研究中，吴增茂等（1999）、魏皓等（2002）、乔方利等（2008）分别采用不同模型对不同海域进行了研究。翟雪梅和张志南（1998）开发了生态建模软件，比较成功地模拟了养虾池的生态演变过程。吴增茂等（1999）对胶州湾水体中营养盐、浮游植物、浮游动物、DO、POC、DOC 等的周年变化做了较好的模拟再现。这些研究开创了我国海洋生态系统动力学研究的新局面，也促进了我国海洋生态系统动力学研究。

在过程及模型研究中，高会旺和冯士筰（1998）略去物理因素作用，采用零维NPZD生物模型对渤海初级生产力年循环进行了分析与模拟，并对影响渤海初级生产力的几个理化因子进行了探讨。张书文等（2002）采用简单物理与生物耦合模式模拟了黄海冷水域叶绿素和营养盐的年变化，刘桂梅等（2010）发现在黄海春、秋季，浮游动物中华哲水蚤通常位于锋区。

李月辉等（2003）对内蒙古科尔沁左翼后旗的土地承载力进行了研究，徐琪等（1990）对开县土地承载能力进行了研究，陈传美等（1999）等对郑州市土地承载力进行研究，崔凤军（1995）对城市水环境承载力进行了实证研究，贾嵘等（2000）研究了区域的水资源承载力，齐文虎（1987）开发了一套计算资源承载力的系统动力学模型，唐国平和杨志峰（2000）研究了水库地区附近的人口容量理论与量化，毛汉英和余丹林（2001）研究了环渤海地区的区域承载力，这些研究都借鉴了系统动力学的方法。

国内对于系统动力学在承载力方面的应用一直有着广泛研究。孙新新等（2007）利用系统动力学原理和方法，针对宝鸡市水资源系统具有的复杂系统特征，进行结构和因果关系分析，然后将水资源承载力系统划分为人口、农业、工业、水污染、水资源5个子系统，通过各层次的反馈关系，建立水资源承载力变化的系统动力学模型，并通过策略模拟试验了政策变化对水资源承载力的影响，通过对模型模拟结果的比较，提出了合适的经济发展方案和建议。汤洁等（2005）针对吉林西部的研究区特点，以吉林大安为例，采用系统动力学方法，开展了该区域的生态环境规划仿真研究，经过模型调控对比，提出了适合经济发展的最佳方案。杨秀杰等（2005）利用系统动力学方法，以重庆市云阳县为例，进行了区域生态安全承载力评估，并进行了模型的预测仿真。

此外，系统动力学方法还被广泛应用于水环境承载力预测、土地资源承载力预测、生态安全预测、临港区域发展能力预测等方面的研究。张萍等（2006）引入港城概念，运用系统动力学理论研究了港口与城市的互动问题，构建了港城系统，建立了5个子系统的系统动力学模型，利用耗散结构理论探索了其演化过程，并为相关的政策仿真实验提供了依据。张志良等（2005）从宁夏的实际出发，分别建立了宁北、宁南土地承载力的系统动力学模型，包括土地资源、水资源、种植业、牧业、渔业、人口、消费7个子系统，相应的环境、科技、投入以及相关的外生变量，涉及的指标关联方程共计1000余个，较细致地体现了宁夏土地承载力的内涵，通过模型的仿真运行及其耦合预测了宁北、宁南及全宁夏未来60年土地承载力数值动态变化趋势。杨晓鹏和张志良（1993）以资源—资源生态—资源经济科学的理论为基础，对青海省土地资源人口承载力系统的条件进行综合分析，包括各类资源之间的平衡关系、农业结构与资源结构的匹配关系、单产潜力的预测与总生产潜力的仿真，进行人口与资源关系综合研究，建立该地区土地资源人口承载力的动态模型。张振伟等（2008）在水资源承载力研究基础上，采用系统动力学仿真模型（SDMWRCCB，简称 SD 模型）对河北省水资源承载力进行定量计算和动态模拟，使用 Vensim 软件对模型进行模拟中，有效模拟各种政府、非政府机构及人类行为对水资源承载力的影响，分析了不同规划下河北省的水资源承载力情况，比较后得出一个经济和环境协调发展的综合方案，为政府制定决策提供有效参考。

近年来，生态足迹法也逐渐应用于特定区域的承载力分析。生态足迹法由加拿大生态经济学家 William Rees 于 1992 年提出，并由其博士生 Wackernagel 在 1996 年加以完善，是一种测量人类对自然资源生态消费的需求（生态足迹）与自然所能提供的生态供给（生态承载力）之间差距的方法。通过计算某个区域内各种生态生产性土地所能提供的资源量与该区域内人类活动所消耗的资源量之间的差距，判断该地区是否处于可持续发展的水平，其理论方法和计算模型为评价自然保护区发展的可持续性提供了一个很好的工具，也是分析某个地区生态功能质量的重要工具。

我国区域生态足迹法研究的最早实践成果见于 2000 年。徐中民等（2006）运用生态足迹法对不同空间尺度的中国、中国西部、甘肃以及张掖地区等进行了生态足迹计算与分析。刘宇辉和彭希哲（2004）利用生态足迹法对我国的发展可持续性进行评估。研究结果表明，2001 年中国人均生态足迹为 1.474 35 hm^2，而人均承载力只有 1.053 06 hm^2，生态赤字为 0.421 29 hm^2，中国发展的可持续性较弱，现有生产和消费模式的转变是可持续发展的必然要求。尚金城等（2001）利用生态足迹法对吉林省的建设规划背景进行评价。由于风景名胜区的特殊性以及游客的流动性，对自然保护区及游览区的生态足迹分析还较少。章锦河和张捷（2004）把生态足迹法应用于自然保护区研究，根据自然保护区特点把生态足迹分成旅游交通、旅游住宿、旅游餐饮、旅游购物、休闲娱乐和游览观光 6 个部分进行计算，为评价保护区的可持续性提供了很好的范例。随后，章锦河等（2005）以九寨沟国家级自然保护区漳扎镇为例，采用旅游生态足迹分析法，测度旅游产业发展对九寨沟自然资源生态环境的影响及影响程度，评估当地居民生态足迹以及退耕还林、退耕还草的生态效应，探索基于生态足迹法的生态补偿机制与标准，以期有助于九寨沟的可持续发展，为其他区域可持续发展与管理提供借鉴。

从最新研究进展来看，区域综合承载力的理论方法及定量化研究日益深入，但研究重点主要集中于陆域区域，且缺少一些成熟的、实用的定量化方法。与陆域相比，海洋承载力的概念大体相似，但针对海洋承载力的研究与应用明显不足。毛汉英和余丹林（2001）采用空间状态法对环渤海区域承载力进行研究。狄乾斌和韩增林（2005）以辽宁海域为例开展了海域承载力的定量化探讨。海洋的研究区域难以划定，研究内容综合、客观，研究要素具有动态性与发展性，从而导致我国的海洋管理，包括沿海功能区划实施、海域使用论证等开发活动，缺乏足够的技术支撑。目前，对于承载力的研究方法有很多，归纳起来包括 7 种（表 7-2）。

表 7-2　承载力研究方法

评估方法名称	特点	参考文献
ECCO 法	该方法在“一切都是能量”的假设前提下，综合考虑人口—资源环境—发展的相互关系，以能量为折算标准，建立系统动力学模型，模拟不同发展策略下，人口与资源环境承载力的弹性关系，从而确定以长远发展为目标的区域发展优选方案	Sleeser（1990）
资源与需求差量法	根据资源存量、需求量以及生态环境现状和期望状况的差量确定承载力状况，该方法比较简单，但不能表示研究区域的社会经济状况及人民生活水平	王中根和夏军（1999）
自然植被净生产力估测法	以生态系统内自然植被的生产力估测值来确定生态承载力的指示值，不能反映生态环境所能承受的人类各种社会经济活动的能力	Lieth（1975）
综合评价法	选取一些发展因子和限制因子作为生态承载力指标，用各要素的监测值与标准或期望值进行比较，得出各要素的承载率，然后按照权重法得出综合承载率，考虑因素较全面、灵活，适用于评价指标层次较多的情况，但所需资料较多	高吉喜（2001）
生态足迹法	由一个地区能提供人类的生态生产性土地面积总和确定地区生态承载力，但不能全面反映社会、经济活动等因素	Rees（1990，1992）
状态空间法	较准确地判断某区域、某时间段的承载力状况，但定量计算较为困难，构建承载力曲面较困难，所需资料较多，且对于标准状态的确定方式较主观	余丹林等（2003）
系统动力学法	系统动力学以定性分析为先导，定量分析为支持，两者相辅相成，建立定量模型与概念模型一体化的系统动力学模型，决策者可以借助计算机模拟技术，对社会经济问题进行研究并决策	汤洁等（2005）

综上所述，目前国内外尚未建立起成熟的海岸带综合承载力评价模型，研究尚存在许多问题。主要的研究难点包括海域因素区域承载力的概念理论方法及其评价、预测及调控技术指标体系研究，指标间的多重共线性，多目标决策评价指标的标准化处理，指标权重的确定等问题。海岸带区域综合承载力研究仍需要加强，其构建理论基础、假设前提、承载主体识别、承载潜力标准选择、理想状态辨析等缺乏理论支撑，从什么角度（资源、环境开发利用量）建立适用于海岸带管理的评价模型、概念框架与评价标准需要我们进一步研究。此外，案例研究比较、应用示范应加大力度，需要结合具体实例开展承载力潜力与动态变化预测，

对提高承载力与改善承载状况的对策进行研究。因此，进一步深化海岸带综合承载力理论与方法研究，建立海岸带综合承载力评价模型是我国海洋发展新形势下海岸带区域实施可持续发展战略的一项重要任务。

7.1.3 海岸带综合承载力评估的理论基础

1. 海岸带自然—社会—经济复合系统

海岸带生态系统是包括自然、社会、经济的复合共生体，3 个子系统相互依存、相互制约，有着各自的结构、功能、存在条件和发展规律，但它们各自的存在和发展又受其他系统结构和功能制约，通过人的“耦合作用”成为海岸带复合生态系统。

海岸带典型生态系统的类型丰富，包括河口、港湾、滨海湿地、红树林、珊瑚礁、海草床等，生境类型包括水体、底质、植被及混合生境，从空间分布上可以划分为潮间带、浅海海域、近海海域生态系统。海洋具有流动性特点，导致所有海洋生态系统边界不明确，同时受陆域人类活动影响强烈，因此每个特定海岸带生态系统都是一个复合的生态系统。复合生态系统理论是我们认识海岸带生态系统复杂性的理论基础。

2. 生态系统服务

生态系统服务指生态系统形成和维持人类赖以生存的自然环境的条件及效用。生态系统功能即生态系统的过程或性质，是生态系统本身具备的基本属性，独立于人类而存在。随着沿海地区经济快速发展，海岸带生态系统面临的矛盾与挑战日益突出，国家相关的管理部门越来越重视海岸带生态系统服务的质量与可持续性，生态系统服务理论成为指导海岸带生态建设和生态规划的重要理论之一（余兴光等，2005）。海岸带生态系统服务需要了解的问题包括：海岸带生态系统为人类社会提供哪些服务、服务来源，人类经济活动对相关海岸带生态系统服务的影响程度，如何利用生态系统服务理论指导海岸带管理等。

总之，生态系统服务价值评估是生态系统评估的难点，现有的各种评估方法均有一定局限性。生态系统服务价值是生态系统评估核心，是海岸带区域综合承载力评估的关键指标。针对生态系统服务价值的评估理论是开展海岸带生态系统评估的重要理论方法之一。

3. 决策支持理论

决策支持理论是基于综合承载力的海岸带区域发展调控模式研究的理论基

础。海岸带综合承载力评估最终目的实现为海岸带区域经济发展提供了决策支持，实现了对海岸带区域的生态系统管理，保证了社会经济的快速发展，确保了生态系统健康，并长期处于平衡状态。开展决策支持理论的研究，有助于海岸带这一特殊区域的合理发展，其基本步骤如下（叶属峰，2012）：

（1）建立海岸带综合承载力评估指标体系和评估模型，开展海岸带区域综合承载力评估。同时，分别开展陆域、滩涂和海洋综合承载力研究，寻找它们的相互关系及在海岸带区域综合承载力中所占的比重。

（2）计算海岸带综合承载力评估指标体系中二级指标的承载力贡献率大小，分析贡献率累加超过80%的指标，分别从承压指标和压力指标两个方面分析影响研究区海岸带区域综合承载力的关键指标。

（3）基于承载力理论开展海岸带区域主体功能区研究，包括陆域、滩涂和海洋主题功能区研究。

（4）借助情境分析方法，结合国民经济和社会发展规划纲要、国家海岸带发展战略、滩涂围垦规划及地区社会经济发展规划，进行海岸带区域综合承载力的预测评估。

（5）结合研究区的社会经济发展模式，在保证生态系统健康的前提下为社会经济发展提供决策支持依据。

人们通过开展海岸带决策支持理论的研究，充分掌握海岸带区域综合承载力状况，寻找促进或者制约区域综合承载力的关键因子，准确进行主体功能区划类型的定位。这为社会经济的发展提供科学决策支持依据，使决策更好地服务于海洋管理及相关的政府部门，实现对海岸带区域综合承载力评估业务化监测。

4. 可持续发展理论

可持续发展的内涵十分丰富，虽然不同学科有不同表述，但基本思想认识是一致的，即区域可持续发展是经济增长、社会公正、生态持续和区域协调。由此可以看出，可持续发展理论包括以下内涵（张静，2004）。

（1）可持续发展以发展为核心，通过发展不断满足当代人及子孙后代对物质能力、信息与文化的需求。

（2）可持续发展就是要实现人与自然、人与人之间的平衡与和谐。人与自然的相互适应和协同进化是人类文明发展的“必要条件”，人类发展依赖于可再生资源的永续利用，必须维持自然资源与环境的承载能力。人与人之间和衷共济、平等互助、自律互利地公平占有和使用资源，是人类文明得以延续的“充分条件”。

（3）可持续发展必须遵守公平性、持续性和共同性3个原则。公平性强调发展的社会公平，既要满足当代每个社会成员的需要，也不能损害和牺牲后代人的利益；持续性强调人类的经济和社会发展不能超越资源与环境的承载能力，人类的经济活动必须在不破坏环境的前提下进行；共同性强调可持续发展的宏观性、全局性和战略性问题，是一个国家或地区乃至全球性的问题，世界各国必须采取联合行动，任何国家都不能无限制发展。

实现海岸带的可持续发展，是开展海岸带综合承载力评估及主体功能区规划的目标追求。海岸带综合承载力评估及主体功能区划的评估指标、体系设计、基本单元划分和区域发展对策制定都必须以可持续发展理论为指导思想，以期推进海岸带可持续发展。

7.2　海岸带承载力预测模型

7.2.1　常见预测模型方法

综合承载力从整体评估特定区域内人类活动对生态系统的影响和区域资源能够容纳的人为活动程度，从而测量目标地区的可持续发展状况与其生态功能状况。它是从可持续发展角度对目标区域的发展能力进行分析。我国海洋资源的开发及岸线工程快速发展给我国海岸带地区带来了很大的环境压力，这些工程的负面影响越来越受人们关注，对此采用综合承载力研究的方法也大量出现。目前比较常用的方法包括模糊综合评价法、生态足迹法、人工神经网络法、系统动力学法等，这些方法从不同角度对综合承载力进行诠释与分析，但是各种方法的理论基础不同，研究的过程与准确程度也有区别，因此在构建海岸带综合承载力预测模型之前，必须对模型构建方法进行分析。

1. 模糊综合评价法

模糊综合评价法的基本步骤是：首先，对反映被评价事物各子系统的指标信息进行综合评价，特别是运用主成分分析法研究区域内自然、社会、经济、环境因素中的限制因子；然后，综合各子系统分值，得到综合承载力综合评价值，反映被评价事物的整体情况；最后，在收集数据的基础上，通过多年纵向比较，突出目标区域生态系统及经济发展的主要方向和问题，确定区域生态环境对开发活动强度和规模的可接受能力，为区域可持续发展和生态环境治理保护提供指导性决策依据。

模糊综合评价法的第一步就是建立评价指标体系，需要建立一套能够反映各子系统状况及协调程度的综合评价指标体系，进而在此基础上进行综合承载力分析研究。但在选择评价指标时，由于综合承载力涉及内容广泛，指标种类多、数目大，且时间和研究区域统计资料有限，有些指标虽然理论上可以计量，但也不能列入指标体系，所以只选用针对性较强、简明、便于度量且内涵丰富的可操作性指标作为评价指标。

其次，在计算之前需统一原始指标数据间存在的量纲，缩小指标间数量级存在的明显差异，曾珍香（2001）认为在提取主成分的过程中应该充分利用原始数据中所包含的信息，一般采用主成分分析法进行综合评价，使用均值化进行无量纲化处理。

所谓均值化，就是用各指标减去均值，然后除以它们相应的标准差。经过均值化处理的各指标数据构成的协方差矩阵能全面反映原始数据中的两种信息：①协方差矩阵的对角元素是各指标的变异系数（各指标方差与其均值之比），能合理地反映各指标变异程度的差异；②协方差矩阵中包含指标的相互影响，均值化处理并不改变指标的相关关系，相关系数矩阵中的全部信息都将在其相应的协方差矩阵中得到反映。

主成分分析法（principle component analysis，PCA）是被运用较多的一种多元统计方法，主要通过恰当的数学变换，对指标体系进行综合与简化，形成相互独立的成分，并选取少数几个在变差总信息量中占比较大的主成分，使其成为原变量的线性组合，用于分析事物。主成分在变差信息量中占的比例越大，它在综合评价中的作用就越大，原指标代表的变差信息由主成分来表示。目前主要运用 SPSS 统计软件的主成分分析法对综合承载力进行多指标的客观评价。

模糊综合评价法虽然能够对综合承载力进行阐述与分析，而且可操作性强；但由于综合承载力的研究必须建立在资源、环境与经济社会耦合的复杂生态系统基础之上，因此，模糊综合评级法难以对复杂系统不确定性特征与变化进行描述。该指标体系和评价法需要在实践中不断深入和完善。

2. 生态足迹法

1）生态足迹法研究进展

生态足迹法是一种定量度量区域人类社会与生态环境协调程度的方法，能够有效衡量区域人类活动对生态环境系统的干扰压力强度（章锦河和张捷，2006）。1992 年，加拿大经济学家 Rees 提出和解释了生态足迹的含义，并在 1996 年与 Wackernagel 共同建立和完善了生态足迹模型（Rees，1992；Wackernagel 等，1999）。人类为自身生存发展，需要利用自然界提供的各种资源资料，利用生态足迹法就可以测算各种生产生活资料所需的真实生物生产性面积，并与当前人类实际发展水平所能获得的生物生产性面积相比较，从而分析人类各种生产消费活动对自然资源的利用、消耗程度，判断区域人类社会与生态环境的可持续发展状况，有效揭示区域生态环境的压力与潜力（马明德等，2014；孙艳芝和沈镭，2016）。

我国生态足迹法研究开始于 2000 年，张志强等（2000）详细地介绍了国外生态足迹法，并在此基础上测算了我国西部省份的生态足迹变化（张志强等，2000；徐中民等，2000，2006）。生态足迹法的研究尺度包括了省份、城市、生态脆弱区、流域等；研究的领域也向贸易、交通、旅游等方向扩展；研究维度从两维向三维模型发展。牛钰平等（2009）测算了榆林市 2006 年的生态足迹；王保利和李永宏（2007）运用生态足迹模型对西安市旅游可持续发展进行评估；李正泉等（2015）分析了浙江省 1995～2013 年生态足迹的长时间动态变化；方恺（2013）通过引入三维生态足迹模型，探索榆林市自然资本存量与流量状况。这都表明生态足迹法能够较好适用于评价区域可持续发展状况。

随着研究的深入，分析区域生态足迹变化与社会经济因素的相互关系、探讨区域生态足迹的驱动因素等成为新的研究方向，其中偏最小二乘法（partial least square，PLS）能较好地解决变量多重共线性的问题，被广泛运用（吴开亚和王玲杰，2006；曹金秋和李俊莉，2019）。如胡美娟等（2015）运用偏最小二乘法对南京市生态足迹影响因子进行回归分析，发现人均公共绿地面积及工业废弃物排放量指标的影响较为显著；马明德等（2014）借助偏最小二乘法对宁夏市生态足迹影响因子进行分析。

但是，偏最小二乘法分析只限于时间尺度层面，无法对不同区域的不同因子驱动力在空间上进行分析，而地理位置和时间波动对回归结果具有一定影响，即偏最小二乘法无法解决地理数据的时空非平稳性（杨毅，2016）。时空地理加权模型融合了地理数据的时间和空间特征，能够有效分析地理数据的时空异质性变化，并可以通过主成分分析提取有效驱动因子，解决共线性问题（肖宏伟和易丹辉，2014；卢月明等，2017）。生态足迹法结合时空地理加权模型，对分析生态足迹驱动机制有较好的解释意义，但当前相关研究较少，比较典型的是王海军等（2018）构建的重心-GTWR 模型，并运用该模型探析了京津冀城镇化扩张的驱动力大小。

2）生态足迹法计算方法

生态足迹法的模型包含了生态足迹和生态承载力 2 个概念和模型指标。生态足迹是指维护某一生产地域人口消耗的各种资源及吸纳地区人口产生废弃物所需的生物生产性土地利用面积（杨屹和胡蝶，2018；黄宝荣等，2016），生态足迹主要包含生物资源账户和能源消耗账户，其公式为：

$$\mathrm{EF} = N \times \mathrm{ef} = N \times \sum aa_i = N \times r_i \times \sum \left(C_i / P_i \right) \tag{7.1}$$

其中，EF 为区域生态足迹；N 为区域人口数量；ef 为地区人均生态足迹；i 为消耗品类别；r_i 为第 i 种消费品所赋予的均衡因子；aa_i 为第 i 种消费品折算后的人均生物生产性土地利用面积；C_i 为第 i 种消费品的人均消耗量；P_i 为第 i 种消费品的世界平均生产力。

3. 人工神经网络法

人工神经网络法具有广泛的适应能力、学习能力和映射能力，在理论上可以逼近任何非线性函数，在多变量非线性系统的建模与预测方面通常可取得满意结果。利用人工神经网络的非线性映射关系，可以抛开综合承载力内部的复杂耦合系统探究，找出其内部必然联系，可以避免用其他量化方法寻找内部要素关系时所遇到的困难。因而，人工神经网络法也发展成为研究区域资源承载力量化的一种主要方法，将人工神经网络法引入综合承载力领域进行研究，能促进区域综合承载力研究发展。

1）模型原理

基于人工神经网络法的资源承载力耦合模型主要包括模拟预测和综合评估两个子模型。

模拟预测模型使用 3 层神经网络结构，输入层的输入向量为影响资源承载力的主要因子 ΔX，输出层的输出向量为资源承载力预测目标 ΔY，隐层节点数按试算法确定；用生成的输入样本 ΔX_k 和输出样本 ΔY_k 对人工神经网络进行训练，训练到一定精度要求后的神经网络即可用于综合承载力的模拟预测。

综合评估模型将用于区域综合承载力综合评价的指标进行归一化处理后，作为神经网络模型的输入，评价结果作为神经网络模型的输出，用足够多的样本训练网络，使其获得评价专家的经验、知识、主观判断及对指标重要性的倾向。神经网络模型具有的权系数值即网络经自适应学习所得到的正确知识内部表示，训练好的神经网络模型根据待评价对象各指标的属性值，可得到对评价对象的评价结果，再现评价专家的经验、知识、主观判断及对指标重要性的倾向，实现定性与定量的有效结合，保证评价的客观性和一致性。

2）模型构架

（1）总体构架。基于人工神经网络理论的区域综合承载力耦合模型通过人工神经网络（BP 模型）的预测和模式识别功能对综合承载力进行定量和定性分析，神经网络模型构架如图 7-2 所示。

（2）人工神经网络结构。区域综合承载力模型的人工神经网络结构由数据预处理器和神经网络（BP 模型）两部分组成，见图 7-3。数据预处理器将评价指标体系中各指标的属性值，按一定规则通过相应效用函数进行归一化处理。神经网络结构包括网络层数、输入/输出节点、隐节点的个数和连接方式。根据映射定理构造一个包括输入层、隐含层和输出层的 3 层神经网络，其中输入节点数 m 由数据预处理器产生的向量维数决定，即评价指标的个数；输出层节点数 n，即评价结果；隐含层节点数 $L=\dfrac{m\times n}{2}$。隐含层输出函数为 sigmoid 变换函数，输入和输出函数为线性函数。

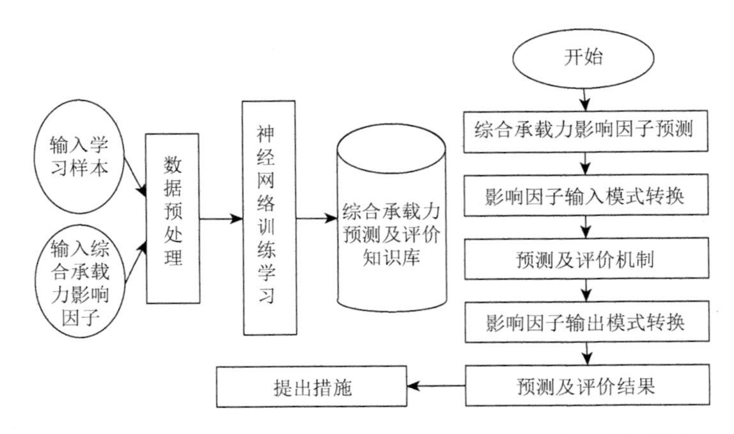

图 7-2　基于人工神经网络理论的区域综合承载力耦合模型构架

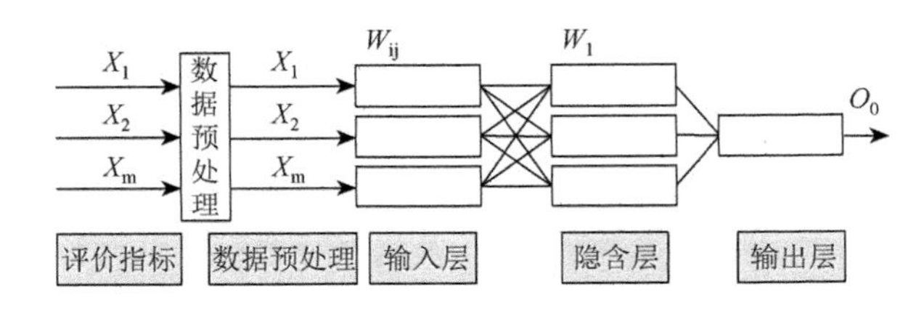

图 7-3　区域综合承载力模型的神经网络拓扑结构

（3）指标体系。综合承载力大小的判断依据是各项具体综合承载力指标。因为综合承载力预测与评价牵涉内容广泛，所以如何着眼于综合承载力概念与内涵，实现综合可持续利用的目的和意义，从纷繁复杂的因素中选择既与预测评价目标和所在地区实际情况相符，又有一定可操作性的指标体系，成为综合承载力预测评价的关键。

4. *系统动力学法*

1）系统动力学特点

系统动力学，是一门分析研究信息反馈系统的学科；也是一门认识系统问题，解决系统及系统交叉性、综合性问题的新学科，作为系统科学与管理科学的分支，是沟通自然科学与社会科学的桥梁。系统动力学以系统论、信息论、控制论和计算机技术为基础，依据系统状态、控制和信息反馈等环节反映实际系统的动态机制，并通过建立仿真模型，借助计算机进行仿真实验。

系统动力学的研究对象主要是复杂的社会经济系统和复合生态系统，目的在于揭示这些系统的信息反馈特性，显示组织结构、放大作用和延迟效应。

系统动力学擅长处理周期性、长期性问题，数据相对缺乏的问题，高阶次、非线性、时变的问题，并可以进行长期、动态、战略性定量分析研究，为人们模拟社会经济与生态环境等复杂系统的行为，为未来变化规律进行预测提供可能。

在众多定量研究方法中，系统动力学模型具有突出优点：①由一阶微分方程组成，这些方程带有延迟函数和表函数，并将控制论中的反馈回路概念引入，可以较好地解决复杂非线性问题；②处理问题直观、形象，具有政策实验和社会实验的性质，能充分发挥人的主观能动性；③人机对话功能强，便于与决策者直接进行对话；④系统动力学配有专门软件（Vensim 软件），给模型仿真、政策模拟带来很大方便；⑤系统动力学模型所考虑的是整个系统的最佳目标，而不只是追求单个子系统的最佳目标，并且强调大系统中各子系统的协调，因而适合于进行包括人口、资源、环境、经济和社会在内的大系统综合研究。

2）系统动力学研究步骤

系统动力学研究解决问题的方法是一种定性与定量结合的方法，结合了系统分析、综合与推理，以定性分析为先导，定量分析为支持，两者相辅相成、螺旋上升、逐步深化。同时，系统动力学又是建立模型与运用模型的统一过程，在其全过程中，必须紧密联系实际，深入调查研究，最大限度地收集与运用有关该系统及其问题的资料和统计数据，使模型的建立具有较高的科学性与合理性。

系统动力学解决问题可以分为 5 个主要步骤，即系统辨识、结构分析、模型建立、模型分析和模型评估。

（1）系统辨识。系统辨识是根据系统动力学的理论和方法对研究对象进行系统分析。这是利用系统动力学解决问题的第一步，主要目的是找出研究问题。主要内容包括：①调查收集有关系统的基本情况和数据资料。②分析需要解决的主要问题。③分析系统运行的主要问题，主要的影响因素，并确定相关变量。④确定系统边界，确定其内生变量、外生变量和输入量。⑤确定系统行为的参考模式。

（2）结构分析。结构分析是在系统辨识的基础上，划分系统的层次与子块，确定总体与局部的反馈机制。主要内容包括：①划分系统的层次与子块。②分析系统总体与局部的反馈机制。③分析系统的变量，确定变量关系，定义变量（包括常数），确定变量种类及变量主次。④确定回路及回路间的反馈耦合关系。⑤初步确定系统主回路及其性质，并分析主回路随时间变化的特性。

（3）模型建立。利用系统动力学的专用语言——DYNAMO 语言，建立数学的、规范的模型。主要内容包括：①建立状态变量方程（L 方程），速率方程（R 方程），辅助方程（A 方程），常数方程（C 方程）和初值方程（N 方程）等。②确定并估计参数。③给所有的 N 方程、C 方程和表函数赋值。

（4）模拟分析。以系统动力学理论为指导，借助已建立模型的有效性分析，进一步剖析系统，得到更多信息，发现新问题、修改模型。主要内容包括：①模型的有效性分析、政策分析与模拟试验，目的是更深入地剖析系统。②寻找解决问题的政策，并根据实践结果获得更多信息，发现新矛盾与问题。③修改模型，包括模型结构与有关参数的修改。

（5）模型评估。模型评估是通过灵敏度分析等手段，对模型准确性进行检验与评估。

5. 预测模型构建方法对比分析

以上是目前在承载力预测与评估研究中使用较为普遍的几种方法，它们的分析目标和应用范围不尽相同。总的来说，模糊综合评价法与生态足迹法在研究大区域可持续发展程度中应用比较广泛，而系统动力学法在研究区域各项承载力变化及其内部关系中应用较普遍，而人工神经网络法研究相对较少。具体方法对比如表 7-3 所示。

表 7-3　综合承载力研究方法对比

方法名称	优点	缺点	适用对象
模糊综合评价法	操作简单，可以反映区域内人类对各要素的重视程度	受人们对资源重视程度影响，结果误差大	研究目标主要为区域综合指标，不涉及微观因素研究
生态足迹法	可以反映人类活动对总体区域的影响	计算量大，涉及领域及指标多	区域可持续发展及生态功能分析
人工神经网络法	可以将研究目标较好地结合起来，忽略其内部复杂的耦合联系	不能分析研究目标中各单独要素与其他要素的关系	研究对象主要为点对点的分析
系统动力学法	能对内部、内外因素的相互关系予以明确的认识和体现	模型中参数的确定主观性强，容易影响结果准确程度	整体区域及区域内部各要素之间的关联研究

7.2.2　系统动力学模型构建原理与原则

1. 系统动力学建模基本原理

利用系统动力学模型研究区域人口、资源、环境、社会经济复合大系统的生态安全承载力问题，是一项复杂工作，这种复杂性最根本的来源是所描述对象的复杂性。根据国内外学者研究成果，可以将模型建构过程需要遵循的基本原理进行归纳。

（1）系统结构决定行为。系统动力学认为系统的行为模式由系统的结构决定，而环境对系统行为模式的影响通过系统内部结构产生作用。动态系统的基本结构主要根植于系统内部的反馈结构与机制，即信息反馈回路。在建立系统模型的过程中，合理地确定系统边界，也就是模型中包含反馈回路及模型变量是非常重要的。包含过多反馈回路和变量的类型，不仅不会提高模型精度，反而会掩盖或削弱反馈回路作用，使问题变得更加模糊。因此确定系统边界的过程，就是对系统进行简化的过程。

（2）系统研究中综合与分解相结合。系统的整体性与层次性为我们利用综合与分解方法研究系统提供了基础。首先，从整体的观点观察系统，明确问题。然后，逐步由上至下、由粗到细、由浅入深地分解系统，分析系统结构。最后，再对系统进行整体调试，对模型进行不断修正与改进，全面成体系地描述系统的内部结构与反馈机制。

（3）明确目的与面向问题、面向过程、面向应用。这是进行系统动力学研究的重要观点。为尽可能避免盲目性与冒险性，建模时应始终强调面向客观系统所要解决的问题、面向矛盾诸方面相互制约和相互影响所形成的反馈动态过程、面向模型的应用与根据模拟结果所制定的对策实施等。

（4）系统连续性与相对稳定性。系统动力学不是一种预测所研究的系统在未来某个特定时刻发生某个特定事件的方法，而是旨在说明系统的演变趋势与结构原因。它并不关心偶然的离散事件对系统的影响，而是采用连续系统模型，把注意力集中在系统中心框架上，更好地认识系统动态特征。由于所要研究的区域生态承载力系统是复杂的非线性系统，最多也只具有小范围稳定性质，在建立模型时，不必预先假定所要描述的系统一定是稳定的。

（5）强调模型结构的正确性，而不是参数精度。对于模型来说，最重要的是利用模型的结构反映系统要素间的联系和作用方式。因此，在建立系统模型时首先应考虑描述结构与现实系统是否一致，不必过多关心参数选择和精度。对参数精度的要求应根据模型所要达到的不同目的而异，而且参数的选择和取值可以在模型不断修正的过程中得以完善。

2. 系统动力学建模基本原则

在遵循上述基本原理的前提下，建模还应遵循3条基本原则。

（1）明确建模目的，确定系统边界。区域综合承载力系统是一个复杂的开放巨系统，详细地描述系统行为是不可能的，也是没有必要的。进行系统动力学研究时，首先应当明确研究问题（即构建模型的目的），然后根据研究问题的需要来确定系统边界。例如，研究目的是研究渤海湾典型海岸带——天津滨海新区的综合承载力问题，那么影响区域综合承载力的社会、经济、生态、资源与环境要素和它们的组合关系、演变规律是该研究的重点，因此天津滨海新区的物理边界就是该系统的边界。

（2）关注重要矛盾，挑选主要变量。构建模型应从系统整体性出发，从主要问题入手，这两者之间并不矛盾。影响一个区域综合承载力的因素很多，但总有其最重要的方面，如资源相对短缺、人口比例失调、产业结构不合理等。构建模型时，应当集中关注那些反馈结构的重要因子与关键影响因子。

（3）多角度分析，动态性思考。尽管为了方便研究问题，已经对系统进行了必要简化，但由于系统的复杂性，单角度、简单化的分析与思考无助于问题的解决。而且，随着时间变化而变化是系统的一个基本特征，因而在对变量进行分析时，应尽可能从不同方面进行考虑，并借助必要的图表等手段，对主要变量的阶段性、周期性、波动性等特征进行分析，认识系统的动态行为。

3. 系统动力学适用性

系统动力学是一种将结构、功能和历史结合起来，通过计算机建模与仿真去定量地研究高阶次、非线性、多重反馈的复杂时变系统的系统分析理论与方法，这一理论与方法对可持续发展系统的研究是成功而重要的。它是一门分析研究信息反馈系统的学科，也是一门认识系统问题和解决系统问题相交叉的综合性学科。它是系统科学和管理科学的分支，也是沟通自然科学和社会科学等领域的横向学科。

系统动力学具有下列优点。

（1）适用于处理长期性和周期性问题。如自然界生态平衡、人的生命周期和社会问题中的经济危机等，都呈现周期性规律并需要通过较长时间观察，为此，已有不少系统动力学模型对这些机制做了较为科学的解释。

（2）适用于对数据不足的问题进行研究。建模中常常遇到数据不足或某些数据难于量化的问题，系统动力学利用各要素间的因果关系、有限的数据及一定结构，仍可推算分析。

（3）适用于处理精度要求不高的复杂社会经济问题。不少系统因描述方程是高阶次、非线性、动态的，一般数学方法很难求解，而系统动力学借助仿真技术仍能获得主要信息。

系统动力学的建模过程就是一个学习、调查、研究的过程，模型的主要功能在于向人们提供一个进行学习与决策分析的工具，它集系统论、控制论和信息论于一身，采用计算机模拟技术，主要采用微分方程或差分方程建立系统模型，对于认识和处理那些高阶次、非线性、多重反馈的复杂时变系统是一种极为有效的工具。自创立以来，它被广泛地应用于经济、交通、机械制造、流体力学以及生命科学之中。目前，系统动力学应用范围日益扩大，特别是研究极为复杂的宏观问题。如研究区域系统的发展轨迹，这是一个涉及自然资源地理位置、交通条件、人口迁移、环境容量、投资与贸易等相互关系的复杂系统问题。系统动力学的发展使它成为研究和处理诸如人口、自然资源、生态环境、经济和社会连带复杂系统问题的有效工具。

由此可见，可以系统动力学原理为基础，充分考虑海岸带发展周期长、循环发展的特点，建立海岸带综合承载力系统动力学模型，明确海岸带发展过程中的各影响因素作用，这对各种政策进行仿真调控，具有很强可行性。这也说明对海岸带区域来讲，非常适合采用系统动力学方法进行研究。

4. 系统动力学主体思想

在系统一般描述的基础上，系统动力学对系统还有其独特的、具体的描述方法。根据系统的整体性与层次性，系统的结构一般自然地形成体系与层次。因此，系统动力学对系统的描述可归纳为如下两步。

（1）系统分解。根据分解原理把系统 S 划分为 p 个相互关联的子系统 S_i。

$$S_i \in S_{i\text{-}p}$$

然而，在这些子系统中往往只有一部分是相对重要的，是为人们所感兴趣的。

（2）子系统 S_i 的描述。运用系统动力学的语言描述子系统，它是由基本单元、一阶反馈回路（因果反馈环）组成。一阶反馈回路包含 3 种基本变量：状态变量、速率变量和辅助变量。这些变量可分别由状态方程、速率方程与辅助方程等表示。它们与其他一些变量方程、数学函数、逻辑函数、延迟函数和常数一起，能描述客观世界各种系统千姿百态的变化。不论系统是静态的还是动态的，时变的还是定常的，线性的还是非线性的，都可用这些变量方程来描述。下面根据系统动力学模型变量与方程的特点，定义变量并给出数学描述：

$$\mathbf{D}\boldsymbol{L} = \boldsymbol{PR} \tag{7.2}$$

$$\begin{bmatrix} \boldsymbol{R} \\ \boldsymbol{A} \end{bmatrix} = \boldsymbol{W} \begin{bmatrix} \boldsymbol{L} \\ \boldsymbol{A} \end{bmatrix} \tag{7.3}$$

其中，$\boldsymbol{L}$ 为系统状态变量向量；$\boldsymbol{R}$ 为速率变率向量；$\boldsymbol{A}$ 为辅助变量向量；$\mathbf{D}\boldsymbol{L}$ 表示系统状态变量在 2 个相邻时刻的差分；$\boldsymbol{P}$ 为转移矩阵；$\boldsymbol{W}$ 为关系矩阵。式（7.2）和式（7.3）就是系统动力学的基本模型形式。其中式（7.2）表示状态方程，式（7.3）表示速率方程和辅助方程。

在系统动力学中，常利用流体力学中的名称代替一般系统中的相应变量。其中，状态变量也叫积量或水平变量，是系统中某个元素在整个时间内积累起来的数量。速率变量简称率量，是系统中引起状态变量在单位时间内发生变化的数量。由于决策者是通过控制速率变量的大小来实行决策的，所以率量又被称为决策函数。状态变量和速率变量组成的反馈回路是系统的子结构。显然，任何一个系统均由大量状态变量和速率变量组成。两者间往往存在着因反馈机制而形成的反馈回路。状态变量存在于守恒子系统中，在守恒子系统内度量的单位是相同的。所有的状态变量都是“守恒”的量。某时刻状态变量的变动量等于时间间隔与输入流率与输出流率差的积，即：某时刻状态变量 = 前一时刻状态变量 + 时间间隔×（输入流率–输出流率）。输入流率和输出流率可以看作是状态变量在一个时间步长内的增加和减少的量。状态变量数值的大小，表示系统的某种状态。一个系统内可能有若干个状态变量，状态变量越多，系统阶次越高，系统越复杂。在建立一个系统的模型中，除了状态变量和速率变量之外，往往需要引进一些独立变量来描述速率变量，以增强它的清晰度，这些变量称为辅助变量。辅助变量只能在信息联系线中间出现。辅助变量处在状态变量和速率变量之间的信息通道中，它们是决定速率大小的组成部分，是通过细分速率得到的。辅助变量没有改变系统整体动力学模式的能力，但是这些辅助变量与速率变量或状态变量紧密联系，决定速率变量的大小。对系统控制主要通过对辅助变量进行调控，进而影响速率变量，最终使状态变量发生改变。此外，辅助变量还起到与其他系统接口的作用。

可以看出，系统动力学是将研究目标作为一个整体，再将整体进行划分，细分为若干个体，每个个体的因素又相互联系，通过将这种联系进行定量表示，决策者可以对系统的要素变化及其产生的影响进行模拟，并通过调查各因素的变化程度对当前发展规划及政策进行预测，系统动力学体现了系统性、整体性及动态性的主体思想。

7.3 海岸带综合承载力评估与决策方法

7.3.1 海岸带综合承载力评估方法

1. 生态承载力评估方法

随着承载力概念描述对象由简单到复杂、由外在现象到内部机制地发展，其研究方法也逐渐地由单一到综合、由描述统计到数学建模，体现多元化、系统化和机制化特点。目前对生态承载力的评估方法主要有 4 类（石月珍和赵洪杰，2005；王开运，2007）：种群数量的 logistic 法、资源供需平衡法、指标体系综合评价法、系统模型法，包括动态模型系统（如统计学动态模型、系统动力学模型）和多目标模型系统（如多目标规划模型 MOP、空间决策支持系统 SDSS）。

2. DPSRC 模型

随着研究方法不断完善和区域精细化研究需求日益提升，在传统 PSR 指标体系综合评估模型及其变形基础上，有关综合承载力相关的评估模型框架不断涌现

（崔海升，2014；温鑫，2015；张红等，2016；靳相木和柳乾坤，2017；郭倩等，2017）。魏超等（2013）、张光玉等（2013）和魏超（2015）基于生态环境受到的压力与生态系统变化之间的因果关系链提出了驱动力（driving forces）－压力（pressure）－状态（state of systems）－响应（responses）－调控力（controls）（DPSRC）概念模型框架，较好地在上述评估模型基础上，将生态系统变化驱动因素和调控因素纳入研究，突出强调人类活动在资源管理利用与生态环境保护治理方面的控制力。

1）模型简介

合理的评估模型框架有助于确定评估指标体系和指标分类，从评估指标体系得到评估结果，揭示人类活动与环境之间错综复杂的内在联系。初始压力概念模型框架 stress-response 由加拿大统计学家 David Rapport 和 Anthony Friend 于 1979 年提出，该压力模型框架是基于生态系统的，其概念描述为环境对生态系统的压力、生态系统的状态、生态系统的响应（李泽阳，2018）。后来，该压力概念模型框架被国际经济合作与发展组织（OECD）采纳，生态系统响应也被重新定义为社会对生态系统的响应，压力概念模型框架发展为压力—状态—响应（pressure-state-response，PSR）评估模型框架（Masahiro 和 Nakadate，1991）。

20 世纪 90 年代早期，欧洲许多国家统计局都在使用早期的 DPSIR 概念评估模型进行环境统计评价。该模型框架最初包括人类活动（human activities）、压力（pressure）、状态（state of the environment）、影响力（impacts on ecosystems，human health and materials）和响应力（responses）。随着一些大的环境模式发展，DPSIR 评估模型框架的形式也进一步发展，如将人类活动发展为驱动力等。因此，驱动力（driving forces）、压力（pressure）、状态（the resulting state of systems）、影响力（impact）和政策响应力（policy responses）框架的定义及其相互间的区别界限越来越清晰、精确。从此，欧洲环境管理部接受此模型为欧洲环境综合评估及其相关活动的主要模型（Flam，1995），DPSIR 概念评估模型在欧洲得到了广泛的应用。

经过发展，DPSIR 概念评估模型从描述自然生态系统的工具发展为描述人类和环境相互作用及其相关信息流的理论框架。当然，随着社会经济的发展，人们所关注焦点问题也发生了改变。目前，DPSIR 概念评估模型不断发展变化。本章结合研究内容，采用了驱动力（driving forces）—压力（pressure）—状态（state of systems）—响应（responses）—调控力（controls）（DPSRC）概念评估模型，它基于生态环境受到的压力与生态系统变化的因果关系链，解释了驱动力、压力、状态、响应与调控之间的内在联系，并且突出强调了人在生态环境中的重要控制力（徐惠民等，2008）。DPSRC 概念评估模型既是 PSR 模型的一种扩展形式，也是 DPSIR 概念评估模型的一种变化形式。

海岸带生态系统管理的重点是突出“海陆统筹”，保证社会经济发展与生态环境健康的平衡承载力评估是海岸带区域生态系统管理的基础，是一个综合体系，需要围绕国家和地区战略进行研究。为保证海岸带区域综合承载力的研究结果能更好地为地区社会经济发展服务，评估模型的选择就尤为重要。DPSRC 概念评估模型包含了整个生态系统能量流动的各个层面和方面，能够反映区域综合承载力的基本内涵和变化，其适应性主要表现在：

（1）概念模型假设在一个时间段内，指标变化及其之间的关系是线性的、稳定的（政策是相对稳定的）。

（2）概念模型的建立符合研究区域的社会经济发展需求，承载力的评估主要基于自然因素，状态稳定的条件下肯定有外力支撑，必定有单向承载力存在。

（3）概念模型是基于自然资源与生态系统因素建立的系统，会持续发展，当外力（单项承载力）出现不足，会导致生态系统退化；而有外力支持，综合承载力会发生偏向。

2）组分含义

（1）驱动力。驱动力是必需的最基本条件，促使人类为满足需要而进行生产、运输等活动，主要指标有生命支撑、生存空间、GDP 增长、社会进步等。

（2）压力。指人类生产消费活动对环境造成压力，主要分为 3 种：环境资源的过度利用、土地利用的变化、向环境中直接排放废物。因此，压力会造成灾害、过度利用和污染等状况产生。

（3）状态。由于受到压力，环境状态受影响，即大气、水和土壤等系统结构、服务功能、活力、恢复力和组织能力发生变化。这里所说的环境状态就是这些物理条件、化学条件、生物条件等的综合状态。

（4）响应力。环境中物理、化学、生物状态的变化决定了生态系统的质量与经济发展和社会的安定状况，即生态系统功能、社会安定、经济总量、人口素质、人类健康水平等在环境中或在经济方面对状态变化做出的响应。

（5）控制力。控制力是人类或决策者对期望响应采取的策略。可以说，控制力能够影响整个因果关系链的任何环节。例如，对驱动力的控制就是改善民生、促进社会进步，对压力的控制就是降低排放总量等。

7.3.2 承载力评估技术流程

海岸带区域综合承载力评估与决策流程包括 8 个步骤（图 7-4）。

（1）确定评估的区域、单元、基准年和周期。

（2）构建指标体系。根据指标的选择原则，结合评估区域和单元的实际情况，确定定量指标和定性指标。

（3）评估数据收集及标准化处理。通过对研究区进行实地调研，进行指标数据收集、指标值的测算及标准化处理。其中，数据预处理利用软件（Excel，Matlab等）进行，并将预处理结果输入保存的数据库中。

（4）综合承载力评估。利用状态空间法评估模型，对获得的评估数据进行分析处理，得到研究区的初步评估结果。然后进行综合承载力评估，利用项目研发的“海岸带区域综合承载力评估与决策系统”，调用数据库中的数据开展评估。

（5）综合判定，形成评估结论。通过实地调研反馈、专家座谈会、利益相关者座谈会，征求相关领域的专家意见、地方海洋行政管理部门意见、涉海产业部门意见和社会公众意见，并对评估数据进一步搜集整理，在此基础上更准确地进行研究区综合承载力状况判定与等级划分。

（6）承载力趋势预测。通过对评估结果进行分析，利用情景模拟预测评估区域未来综合承载力的变化趋势，为地区经济发展、规划提供科学依据。

（7）评估成果的规范编制。结合研究区域的社会经济发展规划，针对综合承载力评估及预测结果，进行规范化编制。

（8）编制综合承载力评估报告、成果图及政策建议书。

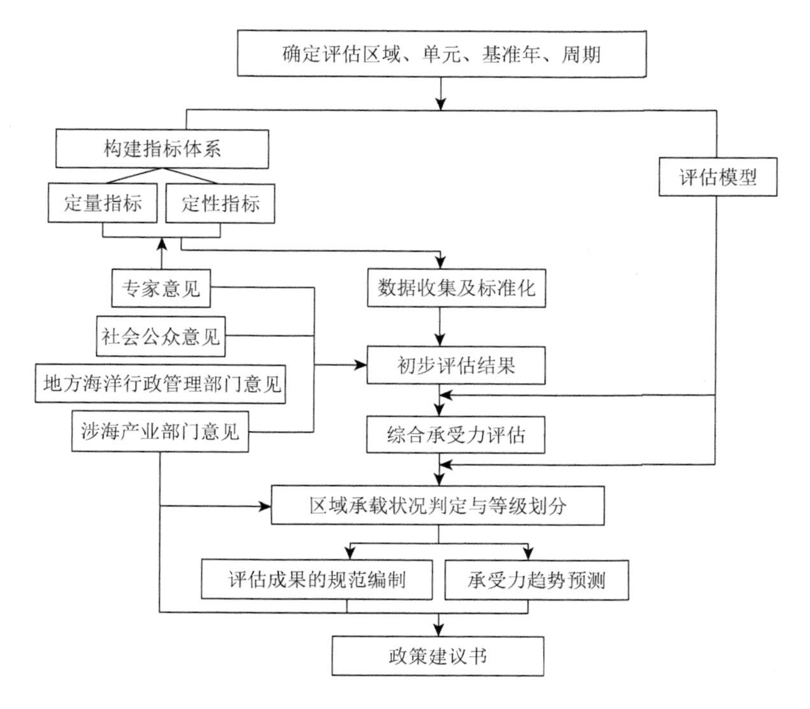

图 7-4　海岸带区域综合承载力评估与决策流程图

7.3.3 指标体系框架构建方法

目前指标体系的框架模型多是在建立可持续发展指标体系的基础上。而后，又广泛地应用于生态城市、城市可持续发展、城市生态环境可持续发展、生态环境影响评价、综合承载力评估等相关研究中。指标体系的概念框架按照构建思路的不同主要可归纳为 3 种模型。

1）面向过程的压力—状态—响应（PSR）关系模型

PSR 模型以可持续发展的过程为研究对象，从人类与环境系统相互作用、相互影响的角度出发，对环境指标进行分类与组织。由于其强调对问题发生的原因—结果—对策的逻辑关系进行分析，在对可持续发展的脉络、转变演化过程进行复合评估时具有较好效果，是一种面向过程的体系构建模式。之后，又在此模型的基础上进一步提出了 DSR 模型（驱动力—状态—响应）、DPSEEA 模型（驱动力—压力—状态—暴露—影响—响应）和 DPSIR 模型（驱动力—压力—状态—影响—响应），这些模型均在不同程度上考虑了人类活动对环境的压力、自然资源的质和量的变化以及人们对这些变化的响应，鼓励人们采取减少、预防和缓解自然环境不理想变化的措施。

在实际应用中发现，PSR 模型适合于环境方面指标体系的构建，而不适合社会和经济方面指标体系的构建。DSR 模型突出了环境受到的压力和环境退化之间的因果关系，因此与可持续的环境目标联系较密切。但在“驱动力指标”和“状态指标”之间没有逻辑的必然联系，这是 DSR 模型应用中的缺陷。因此存在一定的不可操作性，实用性不强。

2）面向要素的经济—社会—环境（ESE）模型

这种模式侧重于对区域可持续发展的现状进行评价，其基础建立在把城市生态系统理解为一种复合生态系统，从社会、经济和环境 3 个子系统的角度分别进行衡量，从而对复合生态系统的综合发展水平进行评价。在此基础上，发展出来的“经济—社会—环境—资源—管理”模式也同样如此。这类模型不是基于一个连续的概念框架建立起来的，而是汇集了一系列反映不同领域的主题指标，而且这些指标之间一般并不互相联系，因此，所构建的指标体系较为庞大。目前，该框架成为多数国家大区域承载能力评估指标体系的构建框架，有利于对不同要素的可持续发展及承载限度分别进行评估。

3）面向能力的结构—功能—协调度（SFC）模型

这一模式的出发点在于将海岸带生态系统看作一个整体，认为一个符合生态规律的海岸带区域应该是结构合理、功能高效和关系协调的生态系统。基于生态系统的特征对其结构、功能及二者间相互协调程度进行分析和评估，从而对区域的综合承载力进行判断。该模型多用于小尺度区域自然生态系统评估指标的构建，近年来也用于生态系统生态健康、生态奉献评估指标体系的构建。

本节根据目前承载力指标体系的研究现状，构建海岸带综合承载力的 ES-E-DPSR 概念模型。这种模型的机制是通过 DPSR 的驱动力—压力—状态—响应模型的逻辑关系，反映以人为主体的经济社会子系统与以生态环境因子为主体的生态环境子系统的相互关系。从行为主客体来看，驱动力 D 和响应 R 对应的是经济社会子系统，是行为主体；压力 P 和状态 S 对应的是生态环境子系统，是行为的客体。ES-E-DPSR 概念模型的构建思路来源于两点。

（1）借鉴 ESE 模型的优点，加强对海岸带生态系统中各领域主题和要素的层次辨识，在此基础上，选择经济子系统、人口子系统、环境子系统与土地子系统及其相关要素，构建指标体系基本框架。但结合目前对海岸带综合承载力指标体系的定位，在遵循可持续发展理念的基础上，重点关注有关生态环境可持续发展的指标，同时考虑与生态环境有直接或间接关系的社会、经济和环境要素。因此，在 ESE 模型基础上，将经济子系统、人口子系统、土地子系统与环境子系统作为单独系统，这不仅与社会发展规划和海岸带综合承载力指标体系的定位相一致，而且可为进一步分析经济社会和环境子系统间的耦合关系提供基础。

（2）借鉴 PSR 和 DSR 模型的优点，且鉴于其各自不足，构建 DPSR（驱动力—压力—状态—响应）模型。DPSR 模型已在其他相关生态环境承载力评估指标体系中得到应用（图 7-5）。在 DPSR 模型中，各模块可作如下理解：①D 是“驱动力”指标，指产生直接或间接生态环境影响的人类行为，包括经济发展、人口增长、土地利用带来的城市扩张等；②P 是“压力”指标，指人类活动对环境的直接压力因子，主要指污染物的排放负荷；③S 是“状态”指标，指生态环境当前的状态或趋势，例如污染物浓度、资源存量和质量等；④R 是“响应”指标，指环境政策措施中的可量化部分，在社会处理环境问题的过程中，政策措施不断发展。此外，响应指标还可以分为硬性指标和软性指标两类。其中，硬性指标对应着生态环境的基础建设，如污水处理率、生态用地面积占比、资源综合利用率等；软性指标对应着生态环境管理，如环保投入占 GDP 比重、规划环评实施率、环保宣传覆盖率等。

DPSR 模型的作用机理是将社会、经济、人口的发展和增长作为一种驱动力作用于环境，对环境产生压力，造成生态环境状态的变化，这些变化导致人类做出响应或反应，这种响应或反应又作用于社会、经济和人口所构成的复合系统或直接作用于环境状态和影响驱动力。

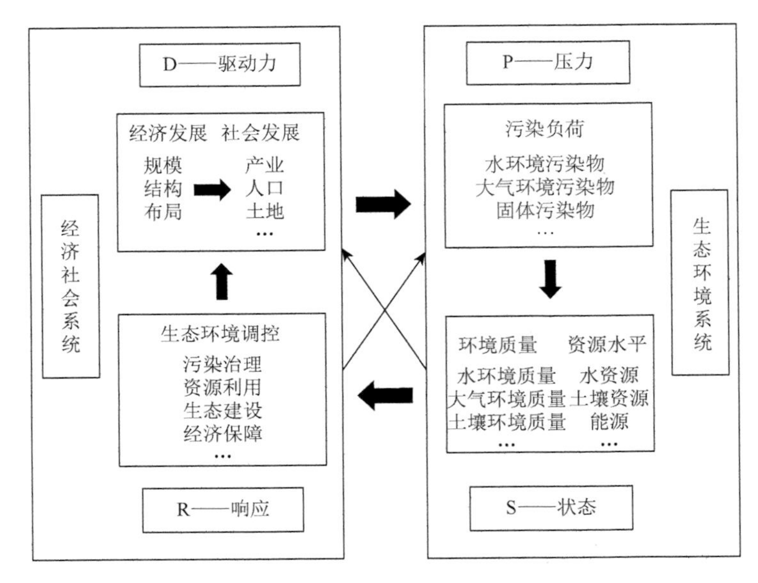

图 7-5　ES-E-DPSR 概念模型示意

7.4　海岸带综合承载力指标体系构建

7.4.1　指标体系构建原则

（1）科学性原则。海岸带综合承载力指标体系的构建要遵循科学理论和方法，要准确把握资源环境和社会经济各要素的概念和内涵，充分反映综合承载力的实质，并与资源环境承载力的变化状态保持高度一致。能够度量和反映海岸带承载力的主体特征、变化趋势和主要影响因素，体现海岸带区域发展特点，客观地反映海岸带社会进步、经济发展、资源消耗与利用、生态环境、居民生活指数等诸多方面，能够真实地反映各个子系统和指标的相互联系。

（2）系统性原则。海岸带综合承载力指标体系作为一个复杂的系统，各指标既相互独立，又相互制约。因此，要求评估指标体系必须能够全面反映该区域经济发展的各方面，具有层次高、涵盖广、系统性强的特点。在指标选取时，要协调好各指标的逻辑关系，尽可能完整、全面、系统地反映海岸带综合承载力水平，保证评估的全面和平衡。

（3）层次性。海岸带综合承载力由资源、环境、生态、社会、经济、技术等不同层次的内容组成，因此，其指标体系是多系统的、有层次结构的综合体系。总指标需要从宏观到微观，逐层分解，在不同层次上采用不同指标反映各层面的不同特征，进而从不同角度全面反映海岸带综合承载力的承载情况。

（4）动态性与相对稳定性相结合原则。由于海岸带综合承载力处于动态变化，但一定时期内又保持相对稳定，这就决定了指标体系所选取的指标必须能较好地描述、刻画与度量未来的发展趋势，必须具有动态性与相对稳定性相结合的特点。

（5）描述性与评估性相结合原则。所选指标既有反映海岸带综合承载力的定量评估性指标，也有定性的描述性指标。某些必不可少的、对海岸带综合承载力影响较大的定性指标可通过一些方法定量化处理，使所选因素均具有统计价值，减少主观任意性。

（6）独立性与可比性相结合原则。各评价指标应相互独立，尽量避免重复计算。同时，所选指标内容要简单明了，容易被理解，并具有较强可比性，便于沿海不同地区的比较。应选取最常用、同时也是最易获取的、综合性强、信息量大的规范性评价指标。

（7）可操作性和可度量性原则。考虑预测评估的可执行性，选择的指标应能对各类情景方案进行定量化的影响预测，使得到的结果在指标体系中定量体现，并能参与综合评估的模型计算。同时，无论是定性指标还是定量指标，都应具有科学的定义和确切的计算方法，并符合相应技术规范。便于后续跟踪监测和预警。

7.4.2　指标体系构建流程

随着指标研究的日益发展，各种指标类型和数目越来越多，确定指标的选取原则，才能使指标体系尽可能精简，且能表达尽可能多的信息，为评估工作的高效性和评估结果的有效性建立良好基础。同时在确定了指标选取原则的基础上，应建立一套科学有效的指标筛选方法和流程，来保证指标选择与所确定原则的一致性。

指标体系构建流程与方法是在指标体系构建原则的指导下建立的，具有实际可操作的流程体系，具体流程包括：①在指标体系框架模型的基础上建立备选指标库；②在指标信息收集的基础上，结合专家咨询进行指标筛选，结合评估区域特征，在历史现状评估指标体系基础上对指标体系框架进行微调；③在基于战略分析的战略环境是影响历史现状识别分析的基础上，结合专家咨询和公众参与，构建综合承载力指标体系。图 7-6 为海岸带综合承载力指标体系的构建流程。

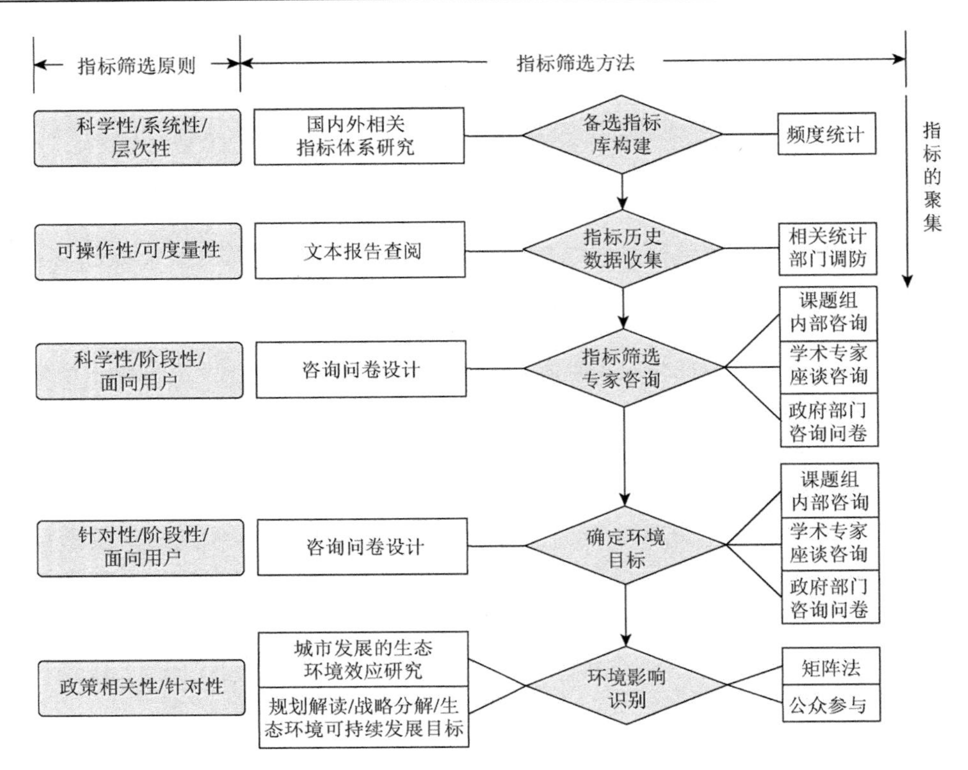

图 7-6 海岸带综合承载力指标体系构建流程

7.4.3 指标体系层次分析

在 ES-E-DPSR 概念模型构建的基础上，为了更好体现海岸带综合承载力指标体系内部关系的系统性和层次性，设计目标层—领域层—主题层—要素层—指标层（O-A-E-T-I）的五层指标体系层次结构，如表 7-4 所示。

表 7-4 海岸带综合承载力指标体系层次结构

目标层	领域层	主题层	要素层	指标层
生态环境可持续发展	经济社会发展（ES-D）	发展规模	经济发展规模 社会发展规模	驱动力 驱动力
		经济结构	产业结构 土地利用结构	驱动力 驱动力
		空间布局	工业布局 人口布局	驱动力 驱动力
	生态环境影响（E-PS）	污染负荷	水环境污染物负荷 大气环境污染物负荷 固体废弃物污染负荷	压力 压力 压力

续表

目标层	领域层	主题层	要素层	指标层
生态环境可持续发展	生态环境影响（E-PS）	资源消耗	水资源消耗 能源消耗	压力 压力
		环境质量	水环境质量 大气环境质量 土壤环境质量 声环境质量	状态 状态 状态 状态
	生态环境调控（ES-R）	污染治理	水环境治理 大气环境治理 固体废弃物处理	响应 响应 响应
		资源利用	水资源综合利用 固废综合利用	响应 响应
		生态建设	生态用地建设	响应

1）目标层

目标层即研究区海岸带综合承载力的评价目标，目标设为研究区生态环境的可持续发展，即现状发展程度下海岸带区域可承受的最大规模的人口与经济程度。

海岸带生态环境是指与海岸带区域生物体相互作用的资源环境或与生物体进行物质能量流动的众多因素的集合。可见，海岸带生态环境包括自然环境和生态因子两个方面：自然环境包括大气、水、空气、土地、能源和资源，这些要素与人们的生活品质息息相关，可称为生活类环境要素；生态因子包括生态结构和生态因子相互作用的关系，根据生态环境诸要素对城市化的不同作用，可分为有利因素和不利因素。能源与资源是支撑和推动经济发展的动力，可称为发展类环境要素。

综上，海岸带综合承载力指标体系的构建，主要需要考虑的目标层内涵可包括：区域环境因子质量的持续改善和提高；土地资源因子的可持续利用；生态因子的结构和功能优化；人口与经济社会子系统的可持续发展。

2）领域层

将目标层内涵进行分解，结合 ES-E-DPSR 模型，建立经济社会发展、生态环境影响和生态环境调控 3 个领域层。

海岸带区域经济社会发展发生在经济社会子系统，表征的是作用于生态环境子系统的可能对生态环境子系统产生直接或间接负面影响的因子的集合，属于驱动力指标，因此经济社会发展系统可以用“ES-D”表示。

海岸带环境影响发生在生态环境子系统，表征的是在经济社会发展子系统作用下生态环境的因子集合，通过“影响”描述压力指标和状态指标，因此海岸带生态环境影响可以用“E-PS”表示。

生态环境调控发生在经济社会子系统，表征的是作用于生态环境子系统的可能对生态环境子系统产生直接或间接正面影响的因子集合，属于响应指标，因此生态环境调控可以用“ES-R”表示。生态环境调控指标从指标属性上区分属于正向效益型指标，也表示为正向指标，即在一定范围内，指标数值越大，情况越好。

海岸带综合承载力指标体系的内涵将通过主题层和要素层的剖析得到进一步解释。

3）主题层和要素层

（1）经济社会发展（ES-D）。国民经济和社会发展规划纲要的主要内容是确定未来五年地区经济和社会发展的方向和目标。从对生态环境可能产生直接或间接影响的规划内容来看，主要可以概括为经济社会规模、经济社会结构和空间布局 3 个方面。因此该领域下设定发展规模、经济结构和空间布局 3 个主题层，指标属性均属于驱动力指标。具体设定的要素层指标为：发展规模下设定经济发展规模和社会发展规模；经济结构下设定产业结构和土地利用结构；空间布局下设工业布局和人口布局。

（2）生态环境影响（E-PS）。生态环境是影响人类生存和发展的基本因素，生态环境的可持续发展是实现社会、经济可持续发展的基础和必备条件。其中，社会、经济的发展对生态环境的影响主要通过污染物负荷的变化，导致生态环境质量改变，产生影响。因此在该领域层下，设定污染负荷、资源消耗和环境质量 3 个主题层。其中，污染负荷和资源消耗为压力指标，环境质量为状态指标。进而设定要素层指标：污染负荷下设定水环境污染物负荷、大气环境污染物负荷和固体废弃物污染负荷；资源消耗下设定水资源消耗和能源消耗；环境质量下设水环境质量、大气环境质量、土壤环境质量和声环境质量。

（3）生态环境调控（ES-R）。生态环境调控是发挥人的主观能动性来促进生态环境可持续发展的体现，通过以人为主体的社会系统反作用于经济和环境子系统，提高环境子系统的质量和承载力。调控手段覆盖源头预防、过程控制和末端治理等环境影响的全过程，涉及技术、管理等多方面。考虑到指标体系的可操作性和可度量性，选择污染治理、资源利用和生态建设 3 个主题层指标，指标属性均为响应指标。进而设定要素层指标：污染治理下设定水环境治理、大气环境治理、固体废弃物处理；资源利用下设定水资源综合利用和固废综合利用；生态建设下设定生态用地建设。

7.4.4　指标权重确定——熵权法

权重是指在评估过程中，对被评估对象的不同重要程度进行定量分配，是对各评估因子在总体评估中的作用进行区别对待。不同评估指标对于综合承载力的贡献率不同，在评估中理应赋予不同的权重系数。

根据指标的重要性排序，计算各指标权重，记为 W_i（$i = 1, 2, \cdots, n$）。在多指标综合评估中，指标权重的方法分为主观赋权法和客观赋权法两大类。主观赋权法是指根据评价者主观上认为指标的重要性程度来确定权重方法，主要有 Delphi 法、相邻指标比较法、功效系数法、层次分析法。客观赋权法是依据原始数据所反映的指标间关系及各指标带来信息量的多少来评定其权重，主要有主成分分析法、熵权法、因子分析法、复相关系数法。

通常，对于状态空间模型赋权采用层次分析法，通过专家打分确定各指标权重。但层次分析法属于一种主观赋权法，所赋的权值在客观性上存在一定缺陷。为了克服主观赋权不足，拟采用客观赋权法对指标赋值。各种客观赋权法中，熵权法的使用最为广泛，不少研究选择熵权法确定影响综合承载力各指标的权值大小。

熵权法主要依据“信息是系统有序程度的一个度量”，熵是系统无序程度的一个度量。如果指标信息熵越小，该指标提供的信息量越大，在综合评估中所起作用理当越大，权重就应该越高。熵权法原理是对评估指标中各待评价单元的信息进行量化与综合后的方法，采用熵权法对各因子赋权，可以简化评估过程。

（1）根据建立的评估指标体系，利用搜集的评估数据，构建 m 个评价单元 n 个指标的判断矩阵 $\boldsymbol{X}=(x_{ij})_{n\times m}$（$i=1,2,\cdots,n$；$j=1,2,\cdots,m$），$x_{ij}$ 为第 j 个评价对象在第 i 个评价指标上的实际值。

$$\boldsymbol{X}=\begin{bmatrix} x_{11} & x_{12} & \cdots & x_{1m} \\ x_{21} & x_{22} & \cdots & x_{2m} \\ \vdots & \vdots & \cdots & \vdots \\ x_{n1} & x_{n2} & \cdots & x_{nm} \end{bmatrix}_{n\times m} \tag{7.4}$$

其中，n 为维数；m 为评价指标个数；$x_{11}\sim x_{1n}$ 表示指标 1；$x_{21}\sim x_{2n}$ 表示指标 2；$x_{31}\sim x_{3n}$ 表示指标 3，依次类推。

（2）运用极值标准化法将判断矩阵 $\boldsymbol{X}$ 进行归一化，得到归一化矩阵 $\boldsymbol{Y}=(y_{ij})_{n\times m}$。由于各评估指标在评估时分为正向指标和负向指标，不同指标之间应该具有同趋势性，所以将负向指标化为正向指标，可以采用倒数法，转化后的矩阵为

$$\boldsymbol{Y}=\begin{bmatrix} y_{11} & y_{12} & \cdots & y_{1m} \\ y_{21} & y_{22} & \cdots & y_{2m} \\ \vdots & \vdots & \cdots & \vdots \\ y_{n1} & y_{n2} & \cdots & y_{nm} \end{bmatrix}_{n\times m} \tag{7.5}$$

其中，$y_{ij}\in[0,1]$，对于正向评价指标：

$$y_{ij}=\frac{x_{ij}-\min\limits_{j} x_{ij}}{\max\limits_{j} x_{ij}-\min\limits_{j} x_{ij}} \tag{7.6}$$

对于负向评价指标：

$$y_{ij}=\frac{\max\limits_{j} x_{ij}-x_{ij}}{\max\limits_{j} x_{ij}-\min\limits_{j} x_{ij}} \tag{7.7}$$

（3）将该矩阵进行归一化处理，取 $\boldsymbol{Y}$ 矩阵中的列向量 y_{ij} 与该矩阵中所有元素之和的比值作为归一化结果，其计算公式如下：

$$f_{ij}=\frac{y_{ij}}{\sum\limits_{j=1}^{n} y_{ij}}(i=1,2,\cdots,n;j=1,2,\cdots,m) \tag{7.8}$$

其中，f_{ij} 为归一化后矩阵中的元素。当 $f_{ij}=0$ 时，$\ln f_{ij}$ 无意义，对 $f_{ij}=0$ 的计算加以修正，将其定义为：$f_{ij}=\dfrac{1+b_{ij}}{\sum\limits_{j=1}^{m}(1+b_{ij})}$。

（4）根据熵的定义，第 i 个评价指标的熵为

$$H_i=-\frac{\sum\limits_{j=1}^{m} f_{ij}\ln f_{ij}}{\ln m}(i=1,2,\cdots,n;j=1,2,\cdots,m) \tag{7.9}$$

将评价指标的熵值转化为权重矩阵 $\boldsymbol{W}$：

$$\boldsymbol{W}=(w_i)_{n\times m}$$

$$w_i=\frac{1-H_i}{n-\sum\limits_{j=1}^{n} H_i}(i=1,2,\cdots,n;j=1,2,\cdots,m) \tag{7.10}$$

其中，w_i 表示指标的权重，且满足 $0\leqslant w_i\leqslant 1$，$\sum\limits_{j=1}^{m} w_i=1$。

7.5　应用案例说明——以浙江海岸带为例

基于前文对海岸带承载力评价方法的综述，主要选取综合评价法与基于生态足迹两种方法评价区域承载力，以浙江海岸带为研究区，并对两者方法进行对比和探讨。本节内容可以为建立适用于中国海岸带区域生态承载力评估指标体系做参考。

7.5.1　综合评价法

1. 评价指标体系框架

海岸带生态承载力是由自然、社会、经济构成的复杂系统，不能用单个或少数几个指标进行简单评价，评价体系的建立一方面应切实结合生态承载力的内涵，另一方面能够切实反映研究区现状。因此，遵循科学性、全面性、可操作性及前

瞻性，参考相关研究，从人类活动、社会经济发展、生态弹力 3 个要素层出发，选取 26 项评价指标，构建浙江海岸带生态承载力评价指标体系。在提出概念模型的基础上，采取综合指标评估法，建立了 3 个层次的海岸带生态承载力评价指标体系框架，即目标层、准则层和指标层，具体如图 7-7 所示。

（1）目标层。指标体系设计的总体目标是实现海岸带地区可持续发展，即承载对象和承载体之间的耦合作用关系是在一个可承载的范围阈值内。

（2）准则层。要素层主要是包括人类活动强度、社会经济发展和区域生态弹力 3 个方面。人类活动强度模块反映海岸带地区人类对海洋资源环境的开发程度。社会经济发展模块体现了对海洋资源的开发过程中，经济发展水平与海岸带地区生态环境保护之间的关系。区域生态弹力模块则直接反映海洋生态系统在遭受外界干扰时维持自身结构稳定的能力。3 个模块通过内部的各种耦合关系，相互作用、相互影响。

（3）指标层。指标的选取要基于 7.4.2 中所述原则，人类活动强度模块涉及 11 类指标，社会经济发展模块涉及 9 类指标，区域生态弹力模块则涉及 6 类指标。

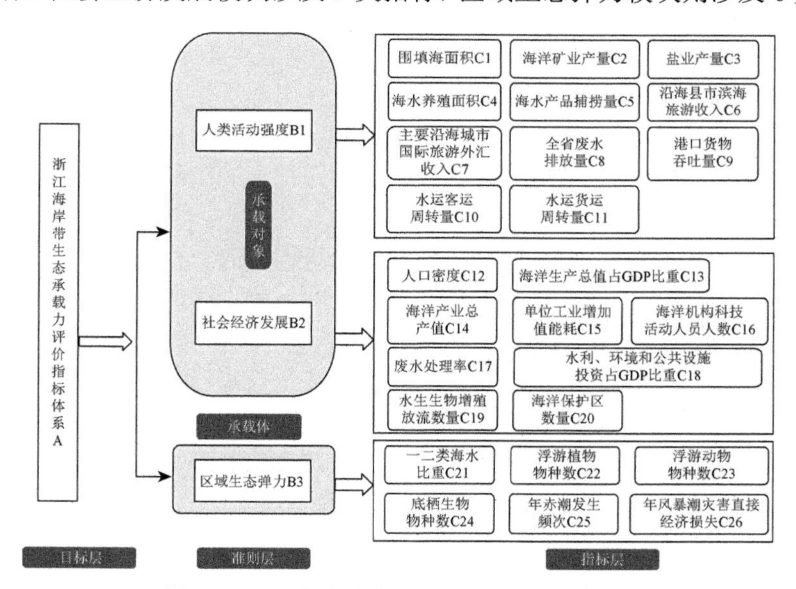

图 7-7　浙江海岸带生态承载力评价指标体系

2. 生态承载力模型计算步骤

基于综合评价法的生态承载力模型利用多层次指标构建，首先需要对指标层中选取的各指标数据进行无量纲处理，消除原有指标的自带属性。再利用熵权法赋予各指标相应权重，最后以标准化指标与熵权法的权重相综合得到最后的综合评价结果。

1）指标的无量纲处理

由于各个指标取值量纲不一致，无法对指标进行直接比较，因此，要对指标进行标准化处理，每个指标的取值为 0～1。通常把指标分为效益型和成本型两类。一般来说，效益型指标值越大，对结果影响越有积极作用；而成本型指标则相反。

效益型指标计算公式为

$$x_{ij} = \frac{X_{ij} - \min X_j}{X_j - \min X_j} \tag{7.11}$$

成本型指标计算公式为

$$x_{ij} = \frac{\max X_j - X_{ij}}{\max X_j - \min X_j} \tag{7.12}$$

其中，x_{ij} 表示第 i 个年份第 j 项评价指标的数值；$\min X_j$ 和 $\max X_j$ 分别为所有年份第 j 项评价指标的最小值和最大值。

2）指标权重的确定

评价指标体系中评价指标权重的确定涉及整个生态承载力评价结果是否合理，因此，如何科学合理确定评价指标的权重是生态承载力评价的重要环节。目前，关于评价指标权重的确定方法有专家打分法、层次分析法、熵权法、功效系数法、模糊评价法、灰色关联分析法等，不同的评价方法各有利弊，本节采用熵权法确定指标权重。

在信息论中，熵可以理解为系统随机无约束程度的一种变量。一个系统的无序程度越高，熵越大；有序程度越高，熵越小。当熵大时，说明系统发展规律性不强，对系统重要性相对较弱；而熵小时，说明系统有一定的发展规律性，对系统重要性较强。因此，可以通过熵的大小计算各评价指标的权重，为海域海岸带生态承载力评价提供依据。熵权法确定评价指标权重依据的是原始数据，可以采用数学方法计算所得，有效避免人为主观因素带来的影响，具有较高的可信度。计算公式如下。

计算第 i 个年份第 j 个指标的比重 Y_{ij}：

$$Y_{ij} = \frac{X_{ij}}{\sum_{i=1}^{m} X_{ij}} \tag{7.13}$$

计算指标信息熵 e_j：

$$e_j = -k \sum_{i=1}^{m} (Y_{ij} \times \ln Y_{ij}) \tag{7.14}$$

计算信息熵冗余度 d_j：

$$d_j = 1 - e_j \tag{7.15}$$

计算指标权重 W_i：

$$W_i = \frac{d_j}{\sum_{j=1}^{n} d_j} \tag{7.16}$$

其中，m 为评价年数；n 为指标数；$k = \frac{1}{\ln m}$。

3）综合评价得分

通过上述步骤，求每个指标的归一化值和各自权重赋值，合成每个指标的计算结果，就可以求得人类活动强度指数、社会经济发展指数、区域生态弹力指数和海岸带综合生态承载力指数。计算单指标评价得分：

$$S_{ij} = W_i \times Y_{ij} \tag{7.17}$$

故人类活动强度指数（HI）评价：

$$\mathrm{HI} = \sum_{i=1}^{i} (W_i \times Y_i) \tag{7.18}$$

社会经济发展指数（SI）评价：

$$\mathrm{SI} = \sum_{j=1}^{j} (W_j \times Y_j) \tag{7.19}$$

区域生态弹力指数（RI）评价：

$$\mathrm{RI} = \sum_{t=1}^{t} (W_t \times Y_t) \tag{7.20}$$

海岸带综合生态承载力指数（CI）评价：

$$\mathrm{CI} = \mathrm{HI} + \mathrm{SI} + \mathrm{RI} \tag{7.21}$$

式（7.17）～式（7.21）中，Y 为指标标准值；W 为对应指标权重；i，j，t 为各指数对应的指标个数。

3. 指标说明和数据来源

1）指标说明

本节以 2006 年作为研究基期年，分析了 2006～2016 年浙江海岸带生态承载力变化情况。基于前文构建的浙江海岸带生态承载力评价指标体系，以及评价数据的可获取性和操作性，主要选取了 26 个评价指标，代表了人类活动强度、社会经济发展和区域生态弹力，详细见表 7-5 说明。

表 7-5　生态承载力评价指标说明

目标层	准则层	指标层	类型	说明
海岸带承载对象	人类活动强度	围填海面积	成本型	围填海开发情况
		海洋矿业产量	成本型	海洋非生物资源开发情况
		盐业产量	成本型	海洋非生物资源开发情况
		海水养殖面积	成本型	海水养殖业发展情况
		海水产品捕捞量	成本型	海洋渔业捕捞强度
		沿海县市滨海旅游收入	成本型	滨海旅游产业发展情况
		主要沿海城市国际旅游外汇收入	成本型	滨海对外旅游产业发展情况
		全省废水排放量	成本型	陆源污染排放强度
		港口货物吞吐量	成本型	港口货运发展情况
		水运客运周转量	成本型	区域人流交换情况
		水运货运周转量	成本型	区域物流交换情况
	社会经济发展	人口密度	成本型	沿海人口聚集程度
		海洋生产总值占 GDP 比重	成本型	海洋经济发展状况
		海洋产业总产值	成本型	海洋经济发展状况
		单位工业增加值能耗	成本型	海岸带企业能源消耗状况
		海洋机构科技活动人员人数	效益型	海洋科技发展潜力
		废水处理率	效益型	环境的治理能力
		水利、环境和公共设施投资占 GDP 比重	效益型	环境的治理能力
		水生生物增殖放流数量	效益型	生态环境修复与保护投入
		海洋保护区数量	效益型	生态环境修复与保护投入
海岸带承载体	区域生态弹力	一二类海水比重	效益型	海水质量情况
		浮游植物物种数	效益型	海水植物生物结构
		浮游动物物种数	效益型	海水动物生物结构
		底栖生物物种数	效益型	海洋生物结构情况
		年赤潮发生频次	成本型	海岸带生态环境情况
		年风暴潮灾害直接经济损失	成本型	海岸带自然灾害情况

2）数据来源

浙江省海岸带生态承载力评估指标主要涉及自然、经济和社会等方面，指标数据获取主要来源于以下 3 个方面：①统计年鉴类。包括 2006～2016 年浙江各沿海地区的统计年鉴、中国海洋统计年鉴、浙江省统计年鉴。②统计公报类。包括 2006～2016 年中国海洋环境质量公报、浙江省海洋环境公报、浙江省国民经济和社会发展统计公报、浙江省各沿海地区国民经济和社会发展统计公报、浙江省海域使用公报、浙江省海洋灾害公报。③环境监测数据。包括浙江省海洋环境监测中心提供的海洋生态环境调查监测数据。④补充数据。区域相关资料，部分数据引用了马盼盼论文数据（马盼盼，2007）。

4. 指标权重的计算和合成

1）标准化处理

根据式（7.11）和式（7.12）对 26 个指标进行标准化处理，对成本型和效益型指标进行不同计算，消除不同量纲指标问题，以便数据进行下一步加权操作。标准化后的 26 个指标数据详细见表 7-6 所示。

表 7-6　标准化后各指标数据

	2006 年	2007 年	2008 年	2009 年	2010 年	2011 年	2012 年	2013 年	2014 年	2015 年	2016 年
C1	1	0.7655	0.7034	0.5626	0.4914	0.4260	0.3609	0.2631	0.1919	0.1334	0
C2	0.2247	0.8934	0.2876	0	0.8600	0.7652	0.6976	1	0.9583	0.9792	0.9583
C3	0.0044	0	0.4825	0.5926	0.9116	0.7437	0.8973	0.6519	0.9951	0.9506	1
C4	0	0.1351	0.5224	0.5884	0.6126	0.7368	0.7808	0.7966	0.8443	0.9373	1
C5	0.8033	0.9016	1	0.8148	0.6313	0.4718	0.3651	0.3025	0.1742	0.0628	0
C6	1	0.9469	0.8954	0.8515	0.7206	0.6015	0.4697	0.3961	0.1666	0.0066	0
C7	1	0.8147	0.6997	0.6490	0.6739	0.5063	0.3338	0.2790	0.1906	0.0953	0
C8	1	0.9282	0.8091	0.6672	0.1086	0.1300	0.1247	0.1426	0.1509	0	0.0288
C9	1	0.9018	0.7889	0.6782	0.5605	0.4353	0.3386	0.2138	0.0928	0.0649	0
C10	0.3136	0.2288	0.0678	0	0.6017	0.4280	0.5466	1	0.8008	0.6822	0.5085
C11	1	0.9078	0.9282	0.9050	0.6604	0.4005	0.3123	0.3141	0.2146	0.1694	0
C12	1	1.0857	0.9143	0.7714	0.6286	0.4286	0.3143	0.2000	0.1714	0.0857	0
C13	0.9803	0.9963	1	0.9287	0.8612	0.8428	0.7789	0.7727	0.7715	0.7617	0
C14	1	0.9187	0.8280	0.6779	0.5750	0.4380	0.3519	0.2868	0.2491	0.1277	0
C15	0	0.2063	0.3810	0.4921	0.6190	0.6667	0.7937	0.8889	0.9841	1	1.1270
C16	0	0.0520	0.1127	0.3526	0.3304	0.5116	0.5800	0.6696	0.8025	0.9056	1
C17	0	0.2678	0.4245	0.5424	0.6629	0.7363	0.8115	0.8670	0.9107	0.9504	1
C18	0.1164	0	0.1005	0.1878	0.0661	0.0688	0.1455	0.3254	0.5608	1	1.1032
C19	0.1005	0	0.0861	0.1171	0.1393	0.3018	0.4222	0.4119	0.7377	1	0.9176
C20	0	0	0.3000	0.3000	0.4000	0.4000	0.6000	0.7000	0.8000	0.8000	1
C21	0	1.1429	2.2857	0.4286	0.7143	1	1	1	0	1	0.7143
C22	0.7595	0.8734	1	0	0.5696	0.1772	0.5823	0.3038	0.6709	0.0380	0.0506
C23	0.3761	0.6055	1	0.4679	0.4495	0.3028	0	0.0734	0.2477	0.2569	0.2844
C24	0.5195	0.6364	1	0.6234	0.4286	0.3506	0.1688	0	0.1299	0.2468	0.3247
C25	0.2500	0	0.3929	0.5714	0.6429	0.7143	0.8214	0.7857	0.7857	1	0.4643
C26	0.8102	0.6337	0.9781	0.7218	1	0.9551	0	0.3386	0.8985	0.7371	0.9058

2）指标权重的计算

根据熵权法的计算步骤，根据指标的真实代表数据，得到了不同指标的各个权重值（表 7-7）。在人类活动强度准则层中，全省废水排放量权重值最高，权重值为 0.094，远大于其他指标权重值；其次为港口货物吞吐量、水运客运周转量、沿海县市滨海旅游收入和海水产品捕捞量，其权重值分别为 0.049、0.045、0.043 和 0.040，均大于等于人类活动强度准则层权重值的均值 0.040。社会经济发展准则层中，水利、环境和公共设施投资占 GDP 比重权重值最高，达到了 0.101；其次为水生生物增殖放流数量、人口密度、海洋机构科技活动人员人数，权重值分别为 0.068、0.048、0.044；而海洋生产总值占 GDP 比重最小，仅为 0.001。区域生态弹力准则层中，浮游植物物种数、一二类海水比重、浮游动物物种数、底栖生物物种数权重值较大，权重值分别为 0.057、0.046、0.037 和 0.034；年风暴潮灾害直接经济损失权重值较小，为 0.007。

表 7-7　生态承载力各指标权重值

准则层	指标层	权重
人类活动强度	围填海面积	0.032
	海洋矿业产量	0.017
	盐业产量	0.029
	海水养殖面积	0.016
	海水产品捕捞量	0.040
	沿海县市滨海旅游收入	0.043
	主要沿海城市国际旅游外汇收入	0.035
	全省废水排放量	0.094
	港口货物吞吐量	0.049
	水运客运周转量	0.045
	水运货运周转量	0.035
社会经济发展	人口密度	0.048
	海洋生产总值占 GDP 比重	0.001
	海洋产业总产值	0.033
	单位工业增加值能耗	0.019
	海洋机构科技活动人员人数	0.044
	废水处理率	0.013
	水利、环境和公共设施投资占 GDP 比重	0.101
	水生生物增殖放流数量	0.068
	海洋保护区数量	0.042

续表

准则层	指标层	权重
区域生态弹力	一二类海水比重	0.046
	浮游植物物种数	0.057
	浮游动物物种数	0.037
	底栖生物物种数	0.034
	年赤潮发生频次	0.013
	年风暴潮灾害直接经济损失	0.007

3）生态承载力评估标准的确定

根据生态承载力计算公式，可计算浙江海岸带 2006～2016 年各指标的评价值，及相应的浙江海岸带人类活动指数、社会经济发展指数和区域生态弹力指数变化趋势。对于生态承载力评估标准的选定，参考前人研究成果，叶文祯（2014）通过计算福建省沿海县市平均值来确定评估标准，马盼盼（2017）通过计算浙江省沿海县市生态承载力均值来划定范围，故本节利用均值法划分浙江生态承载力评估标准范围（表 7-8）。通过计算每个指标 10 年的平均值，求得海岸带地区人类活动强度指数、社会经济发展指数、区域生态弹力指数和生态承载力综合评估指数。评估数值高于评估标准值，则处于可载状态；若评估数值低于评估标准，则为超载状态；若评估数值等于评估标准，则为满载状态。

表 7-8　浙江省海岸带生态承载力评估标准的确定

承载力评价标准	可载	满载	超载
人类活动强度指数	＞0.2133	0.2133	＜0.2133
社会经济发展指数	＞0.1640	0.1640	＜0.1640
区域生态弹力指数	＞0.1054	0.1054	＜0.1054
生态承载力综合评估指数	＞0.4827	0.4827	＜0.4827

5. 浙江海岸带生态承载力评估和分析

1）海岸带人类活动强度状况

2006～2016 年，浙江海岸带人类活动强度指数不断下降（图 7-8），从 0.3390 下降到了 0.0870，减少了 0.2520，表明人类活动强度越强，对浙江海岸带生态承载力的负面影响越深。2006～2010 年，浙江海岸带人类活动强度对海岸带生态承载力的影响还处于可载阶段，其指数均大于 0.2133，但呈现快速下降趋势；随着经济发展水平日益提升，2011 年，人类活动强度指数超过区域生态承载力满载状态，指数均小于 0.2133，达到超载负荷状态；2011～2013 年人类活动强度指数下降趋势减缓，且 2012～2013 年人类活动强度指数微增加了 0.0037。而后人类活动强度指数又不断下降，2015～2016 年的下降趋势呈微减弱状态。

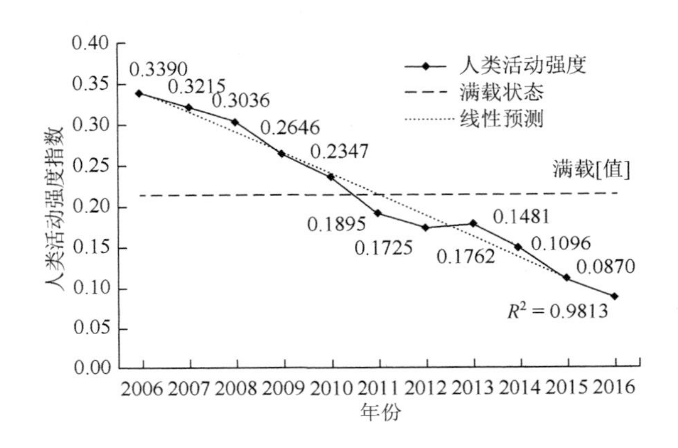

图 7-8　人类活动强度指数变化

从人类活动强度的各个指标来看（表 7-9 和图 7-9），浙江废水排放量指数最大，且变化最为显著，从 2006 年的 0.0941 下降到了 2016 年的 0.0027。早期，浙江海岸带工业起步阶段，废水排放量较小，对区域生态环境影响较小；但随着沿海工业快速发展，废水排放量日益增加，对区域生态承载力的负面影响日益加剧。围填海面积、海水产品捕捞量、沿海县市滨海旅游收入、主要沿海城市国际旅游外汇收入、港口货物吞吐量、水运货运周转量的指数也都呈现下降趋势，表明该人类活动强度下的指标活动对区域生态承载力呈现负向作用。其中围填海面积、沿海县市滨海旅游收入、港口货物吞吐量呈不断下降趋势，表明这 3 类活动对区域生态承载力一直保持负面作用，削减了区域生态承载力。海水养殖面积指数最小，其指数不断增长，上升了 0.0162，表明海水养殖对区域生态承载力呈正向作用，表明随海水养殖规模减小，对海岸带生态承载力的负向压力减小。此外，海洋矿业产量、盐业产量、水运客运周转量指数呈增长趋势，表明海洋矿业和盐业资源开发程度下降；多种交通方式出行选择中，水运客运也有所减少，正向作用于海岸带生态承载力。

表 7-9　2006 年～2016 年人类活动强度指数各指标表现

指标	2006 年	2007 年	2008 年	2009 年	2010 年	2011 年	2012 年	2013 年	2014 年	2015 年	2016 年
C1	0.0322	0.0247	0.0227	0.0181	0.0158	0.0137	0.0116	0.0085	0.0062	0.0043	0
C2	0.0039	0.0154	0.0050	0	0.0148	0.0132	0.0120	0.0172	0.0165	0.0169	0.0165
C3	0.0001	0	0.0139	0.0170	0.0262	0.0214	0.0258	0.0187	0.0286	0.0273	0.0287
C4	0	0.0022	0.0085	0.0095	0.0099	0.0119	0.0126	0.0129	0.0137	0.0152	0.0162
C5	0.0322	0.0362	0.0401	0.0327	0.0253	0.0189	0.0147	0.0121	0.0070	0.0025	0
C6	0.0428	0.0406	0.0384	0.0365	0.0309	0.0258	0.0201	0.0170	0.0071	0.0003	0
C7	0.0349	0.0284	0.0244	0.0227	0.0235	0.0177	0.0117	0.0097	0.0067	0.0033	0
C8	0.0941	0.0874	0.0762	0.0628	0.0102	0.0122	0.0117	0.0134	0.0142	0	0.0027
C9	0.0494	0.0446	0.0390	0.0335	0.0277	0.0215	0.0167	0.0106	0.0046	0.0032	0
C10	0.0141	0.0103	0.0030	0	0.0270	0.0192	0.0246	0.0450	0.0360	0.0307	0.0229
C11	0.0351	0.0318	0.0326	0.0317	0.0232	0.0140	0.0110	0.0110	0.0075	0.0059	0
人类活动强度	0.3390	0.3215	0.3036	0.2646	0.2347	0.1896	0.1725	0.1762	0.1481	0.1096	0.0870

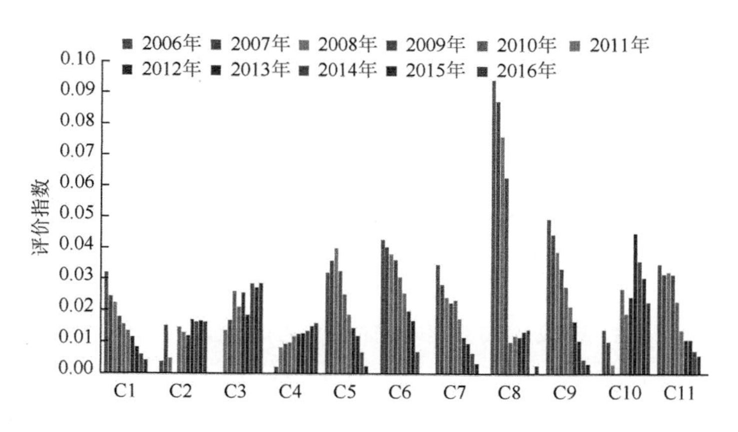

图 7-9　2006～2016 年人类活动强度指数各指标表现

2）海岸带社会经济发展状况

2006～2016 年，浙江海岸带社会经济发展指数呈波动上升趋势（图 7-10），从 2006 年的 0.1007 上升到 2016 年的 0.2942，指数增长了 0.1935，表明浙江海岸带社会经济发展对区域生态承载力的正向影响增加。2009～2013 年，海岸带社会经济发展指数缓慢上升；2013～2015 年，社会经济发展指数快速上升；而后 2015～2016 年，指数增长趋缓。2006～2012 年，浙江海岸带社会经济发展处于超载水平，低于满载状态的 0.1640；而后随着社会经济发展对海岸带生态的保护与投入增加，社会经济发展指数在 2013～2016 年达到了可载状态，这也表明对海岸带生态保护经济投入具有必要。

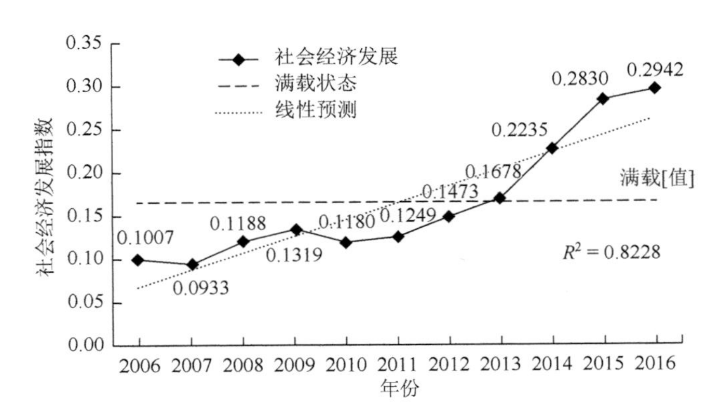

图 7-10　社会经济发展指数变化

从社会经济发展指数各指标表现上看（表 7-10 和图 7-11），人口密度指数在 2007 年达到最高值，而后不断下降，表明海岸带地区人口密度的增加对区域生态承载力的负面影响加深，人口压力带来的资源压力减弱了区域生态承载力，对资源的消耗和利用有所加大。海洋生产总值占 GDP 比重相对于其他指标指数最小，海岸带地区海洋生产总值占 GDP 比重呈上升，也引起对区域生态环境利用的强度增大，生态承载力减弱。海洋产业总产值评价指数逐渐下降，表明海洋产业开发幅度和强度日益增长，对海岸带生态承载力的负向影响加深。单位工业增加值能耗、海洋机构科技活动人员人数、废水处理率、水生生物增殖放流数量、水利、环境和公共设施投资占 GDP 比重、海洋保护区数量指标指数呈上升趋势，表明海洋科技能力和环境治理能力的提高对海岸带生态承载力的提高起到了的积极正面作用。尤其水利、环境和公共设施投资占 GDP 比重的大幅上升，直接有效地加快了区域生态环境保护的步伐，通过实施科学地扩大水生生物增殖放流数量、建立海洋保护区等生态生物环境保护措施，积极有效地提高了区域生态承载力。

表 7-10　2006～2016 年社会经济发展指数各指标表现

指标	2006 年	2007 年	2008 年	2009 年	2010 年	2011 年	2012 年	2013 年	2014 年	2015 年	2016 年
C12	0.0481	0.0523	0.0440	0.0371	0.0303	0.0206	0.0151	0.0096	0.0083	0.0041	0
C13	0.0013	0.0013	0.0013	0.0012	0.0011	0.0011	0.0010	0.0010	0.0010	0.0010	0
C14	0.0327	0.0301	0.0271	0.0222	0.0188	0.0143	0.0115	0.0094	0.0081	0.0042	0

续表

指标	2006 年	2007 年	2008 年	2009 年	2010 年	2011 年	2012 年	2013 年	2014 年	2015 年	2016 年
C15	0	0.0040	0.0073	0.0095	0.0119	0.0128	0.0153	0.0171	0.0190	0.0193	0.0217
C16	0	0.0023	0.0049	0.0154	0.0144	0.0223	0.0253	0.0292	0.0350	0.0394	0.0436
C17	0	0.0034	0.0054	0.0070	0.0085	0.0094	0.0104	0.0111	0.0117	0.0122	0.0128
C18	0.0118	0	0.0102	0.0190	0.0067	0.0070	0.0147	0.0330	0.0568	0.1013	0.1117
C19	0.0068	0	0.0058	0.0079	0.0094	0.0204	0.0286	0.0279	0.0500	0.0677	0.0621
C20	0	0	0.0127	0.0127	0.0169	0.0169	0.0253	0.0295	0.0338	0.0338	0.0422
社会经济发展	0.1007	0.0933	0.1188	0.1319	0.1180	0.1249	0.1473	0.1678	0.2235	0.2830	0.2942

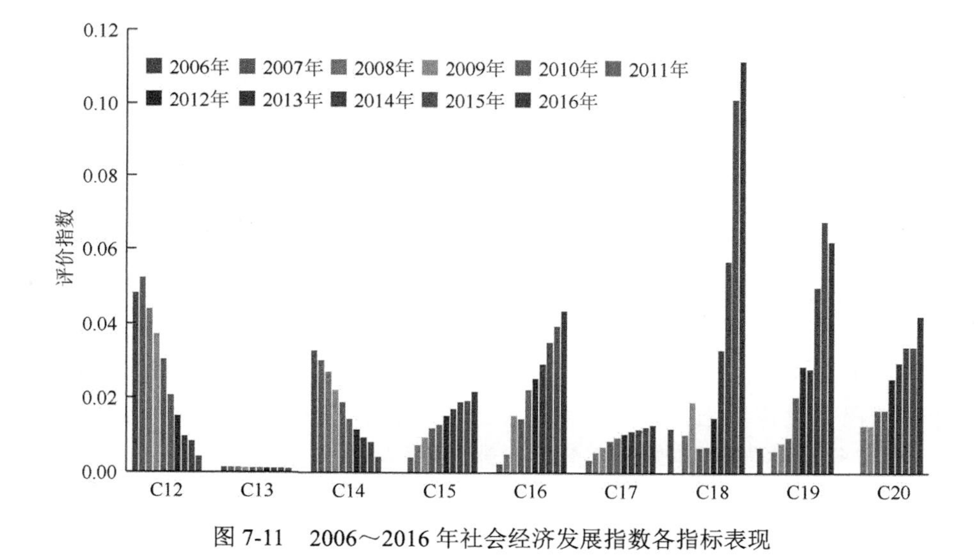

图 7-11　2006～2016 年社会经济发展指数各指标表现

3）海岸带区域生态弹力状况

2006～2016 年，浙江海岸带区域生态弹力指数呈波动下降趋势（图 7-12）；2006～2008 年，区域生态弹力指数快速上升，在 2008 年达到了最大值，指数为 0.2454；2008～2009 年，区域生态弹力急剧下降，减少了 0.1741；2009～2010 年，区域生态弹力指数增加，而后 2010～2016 年，保持缓慢下降总体趋势。区域生态弹力是区域生态环境自身对人类活动外在干扰、自然环境变化的响应及维持自身协调发展的能力。2006～2016 年，浙江海岸带区域生态弹力下降，表明海岸带生态环境对外界干扰的抵抗能力减弱。2007～2008 年及 2010 年，浙江海岸带区域生态弹力值为可载状态，区域生态环境维持自身发展能力较强；而 2006 年、2009

年、2011～2016 年，浙江海岸带区域生态弹力值为超载状态，海岸带生态环境维持自身协调发展能力下降，生态承载力减弱。

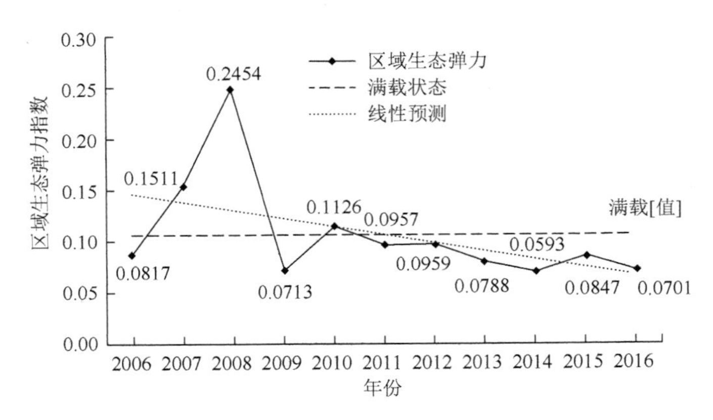

图 7-12　区域生态弹力指数变化

从区域生态弹力指数各指标表现上看（表 7-11 和图 7-13），浙江海岸带一二类海水比重指数波动下降，在 2008 年达到峰值，海水质量最好，在 2006、2008 和 2014 年区域生态弹力较低，海水质量较差，其他年份海水质量较好。选择浙江海岸带的杭州湾和乐清湾，这 2 个近岸河口是重要的湿地监测地，选择 2 个地区的浮游植物、浮游动物和底栖动物物种数反映区域生物多样性情况。三者指数都波动下降，2008 年，为物种指数峰值；2008 年后，区域生态多样性下降；2015～2016 年，生物多样性指数又趋于增加，这表明随着对物种生物多样性的保护意识增强，对生物多样性的保护和投入力度增加，海岸带生物多样性上升。年赤潮发生频次评价指数上升，表明海水的富营养化程度有所降低，对海岸带生态承载力的提升也起到一定正面作用。年风暴潮灾害直接经济损失指数评价反映了浙江海岸带区域对海洋自然灾害风暴潮抵抗能力的大小，其指数在 2010 年达到最大，在 2012 年最低，表明在 2012 年，浙江海岸带遭受风暴潮影响最大，在 2010 年影响最小。风暴潮灾害指数增长，也反映了沿海地区基础设施建设的完善，使承受自然灾害的能力提高，正向作用于区域生态承载力。

表 7-11　2006～2016 年区域生态弹力指数各指标表现

指标	2006 年	2007 年	2008 年	2009 年	2010 年	2011 年	2012 年	2013 年	2014 年	2015 年	2016 年
C21	0	0.0521	0.1043	0.0195	0.0326	0.0456	0.0456	0.0456	0	0.0456	0.0326
C22	0.0436	0.0501	0.0574	0	0.0327	0.0102	0.0334	0.0174	0.0385	0.0022	0.0029

续表

指标	2006 年	2007 年	2008 年	2009 年	2010 年	2011 年	2012 年	2013 年	2014 年	2015 年	2016 年
C23	0.0139	0.0223	0.0369	0.0172	0.0166	0.0112	0	0.0027	0.0091	0.0095	0.0105
C24	0.0179	0.0219	0.0344	0.0214	0.0147	0.0121	0.0058	0	0.0045	0.0085	0.0112
C25	0.0034	0	0.0053	0.0077	0.0087	0.0096	0.0111	0.0106	0.0106	0.0135	0.0063
C26	0.0060	0.0047	0.0073	0.0054	0.0074	0.0071	0	0.0025	0.0067	0.0055	0.0067
区域生态弹力	0.0847	0.1511	0.2454	0.0713	0.1126	0.0957	0.0959	0.0788	0.0693	0.0847	0.0701

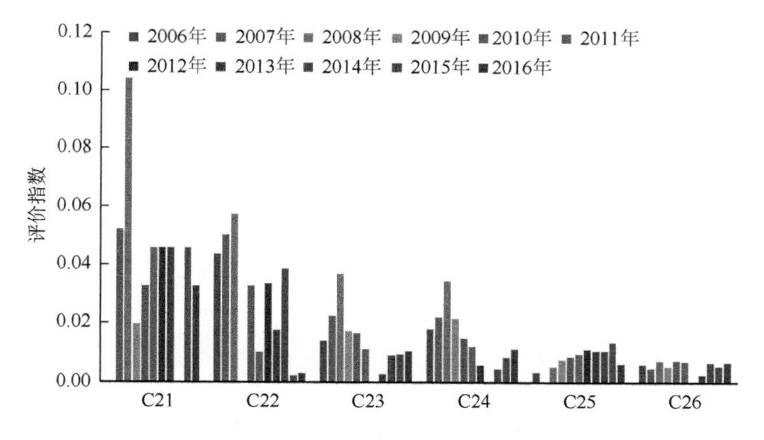

图 7-13　2006～2016 年区域生态弹力指数各指标表现

4）海岸带生态承载力综合评价

结合人类活动强度指数、社会经济发展和区域生态弹力指数综合得到了浙江海岸带生态承载力综合评价指数（图 7-14 与表 7-12）。2006～2016 年，浙江海岸带生态承载力指数呈波动下降趋势，生态承载力减少了 0.0730，下降幅度为 13.93%；2006～2008 年，海岸带生态承载力指数快速上升；而后 2008～2009 年，又迅速下降；在 2011～2015 年，缓慢回升；最后，2015～2016 年又下降。2006～2008 年，浙江海岸带生态承载力处于可载状态，区域资源利用、生态环境开发处于初期，生态环境可承载经济发展速度。但在 2009～2016 年，浙江海岸带生态承载力处于超载状态，资源开发速度加快，对海岸带利用强度加大，原来较为稳定的生态环境处于负荷状态。

具体到 3 个准则层的指标指数，2006～2013 年，生态承载力评价中人类活动强度都占据主导地位，其人类活动强度占生态承载力总值分别为 64.64%、56.81%、

45.47%、56.56%、50.43%、46.22%、41.50%、41.66%。2014～2016 年，生态承载力评价中社会经济发展上升为主导，其社会经济发展占生态承载力总值分别为 50.70%、59.29%、65.18%。这表明早期人类活动对区域生态承载力影响较大，在大力发展经济的背景下，生态环境保护意识较为薄弱，人类活动对自然环境干扰程度较大。随着经济发展水平提高，生态环境负面效应开始反作用于经济发展，从而区域生态环境也逐渐受到人们重视，于是不断增加对水利、环境和公共设施投资，建立保护区，社会经济发展指数在生态承载力占据主导地位。而浙江省海岸带区域生态弹力在 2006～2016 年都较小，2008 年达到最大值，而后波动变化，这也反映了区域自然环境容易受外界干扰。

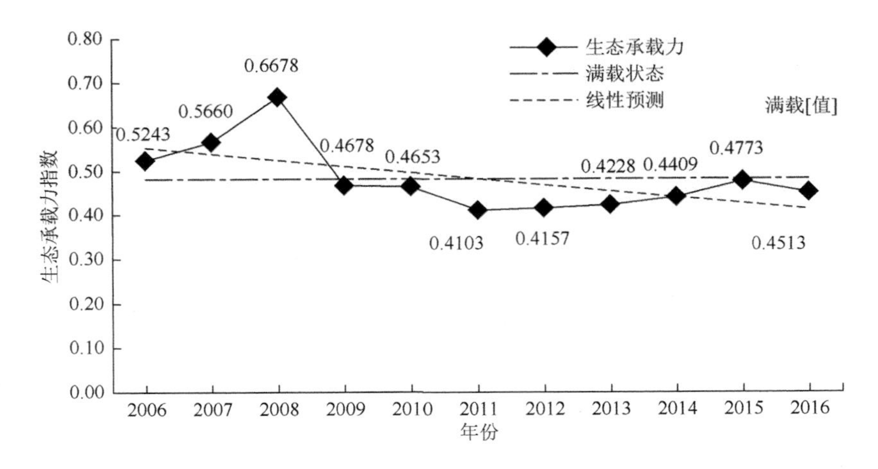

图 7-14　生态承载力指数变化

表 7-12　2006～2016 年生态承载力指数各指标表现

准则层	2006 年	2007 年	2008 年	2009 年	2010 年	2011 年	2012 年	2013 年	2014 年	2015 年	2016 年
人类活动强度	0.3390	0.3215	0.3036	0.2646	0.2347	0.1896	0.1725	0.1762	0.1481	0.1096	0.0870
社会经济发展	0.1007	0.0933	0.1188	0.1319	0.1180	0.1249	0.1473	0.1678	0.2235	0.2830	0.2942
区域生态弹力	0.0847	0.1511	0.2454	0.0713	0.1126	0.0957	0.0959	0.0788	0.0693	0.0847	0.0701
生态承载力	0.5243	0.5660	0.6678	0.4678	0.4653	0.4103	0.4157	0.4228	0.4409	0.4773	0.4513

7.5.2　基于生态足迹法的浙江海岸带生态承载力评价

1. 数据来源与方法介绍

1）数据来源

数据选取了 2006～2016 年浙江海岸带各地区的统计年鉴数据、国土资源数据等，主要通过生物资源、能源消耗等计算生态足迹基础数据（表 7-13）。

（1）生态足迹账户中，农产品、林产品、草产品、水产品、能源动力产品和化石燃料产品数据都来自浙江省统计年鉴、浙江省各地级市统计年鉴、浙江省各地区统计年鉴。鉴于某些地区某指标数据缺失，而地级市指标数据存在，按照地区在地级市中第一产业农、林、牧、渔的产值占比或工业产值占比，从地级市中分割某一指标数据，并划分到所属地区。若地区某一年份中间数据缺少，按平均值计算；若年份前期或后期数据缺少，按平滑曲线预测得到。

（2）浙江省海岸带各地区土地利用数据主要来自各地区国土资源管理部门网站，从地区土地利用数据变更表以及区域土地利用规划文本中获取。鉴于某些土地利用数据缺失，本节参考浙江省土地利用矢量数据，该数据来自地理国情监测云平台（http://www.dsac.cn/）。

（3）生态足迹和生态承载力所用的产量因子和均衡因子主要来自前人对浙江生态足迹的研究，如童亿勤（2009）和高晴等（2016）对浙江省生态足迹的探索。均衡因子中，耕地和建设用地赋值 2.8，林地和化石燃料地赋值 1.1，草地赋值 0.5，水域赋值 0.2，污染吸纳地赋值 0。产量因子中，耕地和建设用地赋值 1.66，林地赋值 0.91，草地赋值 0.19，水域赋值 1.00。

表 7-13　生态足迹账户组成

生态足迹账户	产品类型	对应土地利用类型	选取指标
生物资源账户	农产品	耕地	小麦、稻谷、玉米、豆类、棉花、油菜籽、花生、麻类、糖类、薯类、蔬菜、蚕茧
	林产品	林地	油茶籽、核桃、板栗、水果、茶叶
	草产品	草地	猪肉、牛肉、羊肉、奶类、禽蛋、蜂蜜
	水产品	水域	水产养殖产品
能源消耗账户	能源动力产品	建设用地	电力、热力
	化石燃料产品	化石燃料用地	原煤、焦炭、原油、燃料油、汽油、煤油、柴油、液化石油气

2）生态足迹法与生态承载力模型

生态足迹法是维护某一生产地域人口消耗的各种资源总量或吸纳地区人口利用产生废弃物所需的生物生产土地利用面积，生态足迹主要包含生物资源账户和能源消耗账户，其公式为

$$\mathrm{EF} = N \times \mathrm{ef} = N \times \sum aa_i = N \times r_i \times \sum (C_i / P_i) \tag{7.22}$$

其中，EF 为区域生态足迹；N 为区域人口数量；ef 为地区人均生态足迹；i 为消耗品类别；r_i 为第 i 类消费品所赋予的均衡因子；aa_i 为第 i 类消费品折算后的人均生物生产土地利用面积；C_i 为第 i 类消费品的人均消耗量；P_i 为第 i 类消费品的世界平均生产力。

生态承载力是指某一生产地域基于自身资源可供给区域人口利用的生物生产性土地利用面积，一般将对其利用方式的不同分为耕地、林地、草地、水域、建设用地、污染吸纳地和化石燃料用地。公式为

$$\mathrm{EC} = N \times \mathrm{ec} = N \times \sum a_j \times r_j \times y_j \tag{7.23}$$

其中，EC 为区域生态承载力；ec 为区域人均生态承载力；N 为区域人口数量；a_j 为区域人均第 j 类消费品占据的生物生产性土地利用面积；r_j 为第 j 类消费品所赋予的均衡因子；y_j 为第 j 类消费品所赋予的产量因子。在计算生态承载力时需要扣除 12%的生物多样性保护面积。

生态赤字是区域生态承载力（EC）与生态足迹（EF）之差，即区域所能提供人口消耗资源的生物生产性土地利用面积与区域人口实际消耗的生物生产性土地利用面积的差值，反映区域生态环境可持续发展现状。若区域人均生态足迹大于人均生态承载力值，表明区域人类对自然资源的消耗和利用需求强度大于地区自然环境所能承载的资源量，即区域生态系统处于不持续状态，生态环境趋于不稳定；而区域人均生态足迹小于人均生态承载力值，表明区域人类活动对自然资源的利用强度处于地区生态系统可承受的范围内，即区域生态系统为可持续发展利用状态，生态环境稳定和系统安全。

2. 研究结果

1）浙江省海岸带生态足迹和生态承载力动态变化

计算浙江省海岸带人均生态足迹、人均生态承载力及人均生态赤字各年份指数（图 7-15）。可发现，浙江海岸带人均生态足迹处于增长状态，2006～2016 年，人均生态足迹指数增加了 0.63 hm^2，增长幅度为 15.40%；2006～2011 年，人均生态足迹不断上升，在 2011 年浙江海岸带人均生态足迹达到最大值，指数为 4.96 hm^2；而后 2011～2013 年，人均生态足迹缓慢下降，2013～2016 年，人均生态足迹呈上升趋势。人均生态承载力在研究期间变化较小，总体呈上升趋势，增长了 15.38%，

处于平稳状态，2011 年人均生态承载力最大。2006～2016 年人均生态赤字指数总体处于上升趋势，研究期间上升了 0.59 hm²/人，幅度为 15.40%。对比人均生态足迹和生态承载力变化幅度，人均生态赤字形势更为严峻，2006～2011 年人均生态赤字不断上升，2011 年为最大值，而后缓慢平稳下降，与人均生态足迹趋势相似。

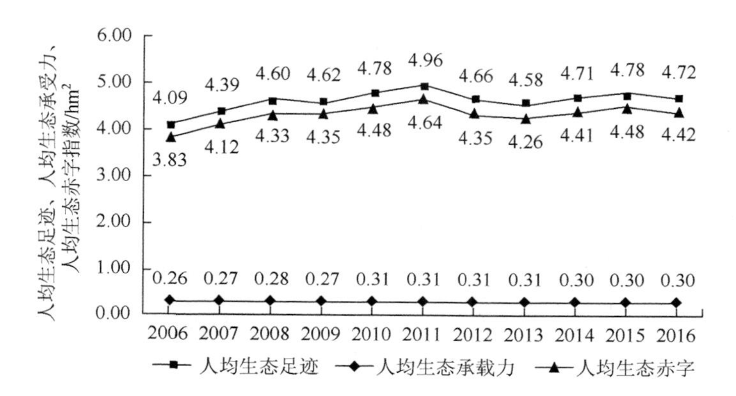

图 7-15　2006～2016 年浙江海岸带人均生态足迹、人均生态承载力及人均生态赤字各指数变化

浙江海岸带人均生态足迹主要由生物资源和能源消耗账户组成（图 7-16），生物资源账户小于能源消耗账户，两者都处于增长状态，人均生物资源账户增加了 0.32 hm²，增长幅度为 16.08%，而人均能源消耗账户增加了 0.30 hm²，增长幅度为 14.51%。能源消耗账户对人均生态足迹的贡献率在 2006～2016 年都大于生物资源账户，两者的贡献率差异处于先上升后缩减趋势。2006 年，生物资源和能源消耗对区域人均生态足迹贡献率分别为 42.34%、44.41%，2016 年贡献率分别为 49.15%、50.85%，表明能源消耗是区域生态足迹增长的主导因素，这也与浙江海岸带工业快速发展密切相关，在临海工业和海运交通优势推动下，海岸带经济发展对化石能源消耗日益扩大。

在生物资源和能源消耗账户的组成上，生物资源账户中，水产品占据主要地位，对人均生态足迹的贡献率远大于农产品、林产品和草产品，处于浙江海岸带渔业生产举足轻重的地位。海岸带地区，河流注入、海洋上升流等带来丰富的鱼类养料，渔业养殖和近海捕捞业发展历史久远，在海岸带地区经济发展中占重要地位。其次为农产品，海岸带地区土壤、气候条件较好，适宜农业种植，如水稻一年两季或一季种植，油菜籽、豆类、玉米、薯类、小麦、蔬菜等为常见农作物；而草产品和林产品相对较小。能源消耗账户中，原煤产品对区域人均生态足迹的贡献率远大于其他能源产品，在 2011 年达到最大值，而后下降，从 2006 年的 1.0130 hm² 上升到 2011 年的 1.4197 hm²，再下降到 2016 年的 1.1016 hm²，总体增长了 8.75%。其次为原油产品，从 2006 年的 0.3825 hm^2 上升到 2011 年的 0.4469 hm^2，整体上升幅度为 16.84%，表明海岸带地区对原油的利用上升，开发的原油产品增多。而焦炭、燃料油、汽油、煤油、柴油、液化石油气等化石能源消耗相对较低，对海岸带人均生态足迹贡献较小。浙江海岸带能源动力产品中以热力占主导，电力次之（图 7-16）。

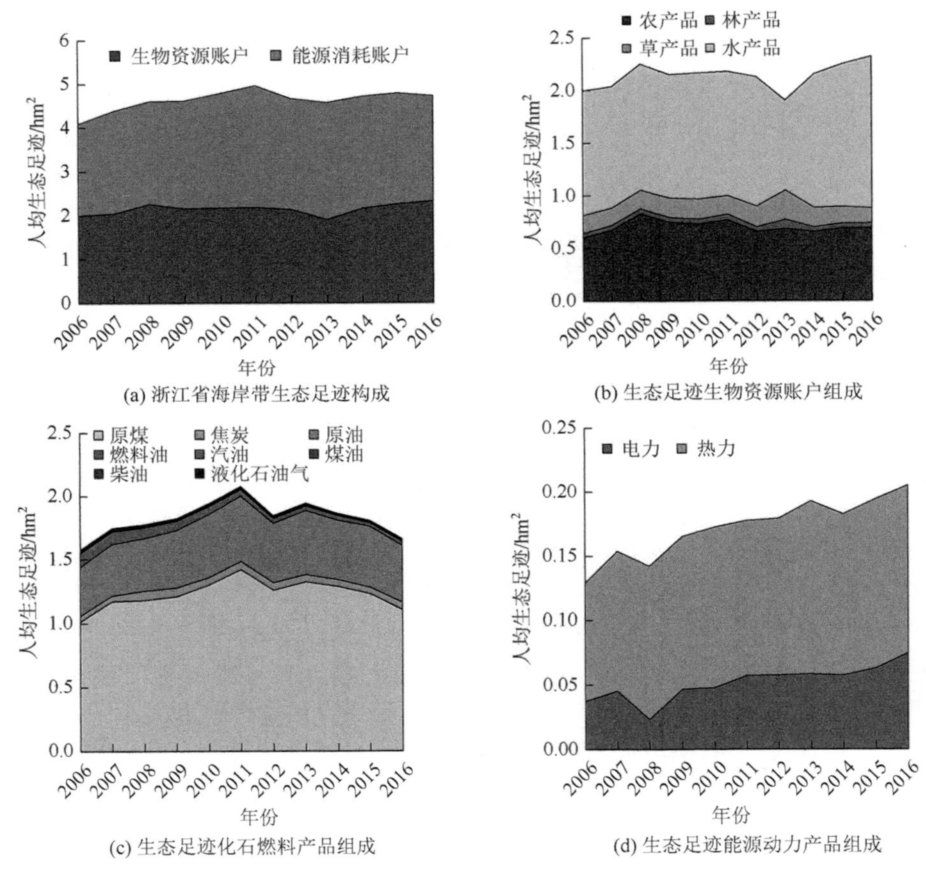

图 7-16　2006～2016 年浙江海岸带人均生态足迹各账户组成

由浙江海岸带生态承载力的构成，发现浙江海岸带人均生态承载力处于上升趋势，人均生态承载力由 2006 年的 0.26 hm^2 上升到 2016 年的 0.30 hm^2，增长幅度为 15.38%。2006～2011 年，人均生态承载力不断上升，在 2013 年达到最大值，人均生态承载力为 0.31 hm^2，而后缓慢下降。浙江海岸带人均生态承载力提升的主要原因来自耕地、建设用地和林地的人均生态承载力贡献，2016 年三者对区域人均生态承载力贡献率分别为 43.49%、52.33%和 16.74%。研究期间，林地、水域和建设用地的人均生态承载力处于上升趋势，而耕地、草地的人均生态承载力处于下降趋势。耕地和建设用地人均生态承载力远大于其他地类的人均生态承载力，但耕地人均生态承载力处于下降趋势，建设用地人均生态承载力处于增长趋势，2010 年后建设用地人均生态承载力完全超过耕地，表明沿海地区城镇化水平上升，向耕地、林地、草地、水域地类扩张。林地人均生态承载力的增长，源于对林地资源的保护和退耕还林政策的实施（表 7-14）。

表 7-14　2006～2016 年浙江海岸带人均生态承载力组成　（单位：hm^2）

	耕地	林地	草地	水域地	污染吸纳地	建设用地	化石能源用地	总供给面积	扣除生物多样性保护面积（12%）	总可利用面积
2006 年	0.1424	0.0146	0.0055	0.0029	0	0.1356	0	0.3009	0.0361	0.2648
2007 年	0.1404	0.0141	0.0051	0.0028	0	0.1432	0	0.3056	0.0367	0.2689
2008 年	0.1391	0.0182	0.0051	0.0036	0	0.1480	0	0.3141	0.0377	0.2764
2009 年	0.1414	0.0399	0.0001	0.0025	0	0.1264	0	0.3104	0.0372	0.2732
2010 年	0.1397	0.0564	0.0002	0.0029	0	0.1510	0	0.3502	0.0420	0.3081
2011 年	0.1384	0.0532	0.0001	0.0035	0	0.1581	0	0.3534	0.0424	0.3110
2012 年	0.1359	0.0523	0.0001	0.0034	0	0.1573	0	0.3491	0.0419	0.3072
2013 年	0.1378	0.0530	0.0001	0.0034	0	0.1618	0	0.3560	0.0427	0.3133
2014 年	0.1321	0.0508	0.0001	0.0032	0	0.1582	0	0.3444	0.0413	0.3031
2015 年	0.1307	0.0502	0.0001	0.0032	0	0.1576	0	0.3418	0.0410	0.3008
2016 年	0.1293	0.0498	0.0001	0.0031	0	0.1556	0	0.3380	0.0406	0.2974

2）浙江海岸带各地区生态足迹和生态承载力时空变化

从地区层面分析浙江海岸带生态足迹和生态承载力时空变化，将计算得到浙江 27 个地区的生态足迹和生态承载力。由于年份较多，故以 2 年为间隔进行空间展示，即选取了 2006、2008、2010、2012、2014、2016 年。为了统一比较各年份地区的指数变化，基于自然断点法对 3 个指数进行等级划分，按照其指数大小共分为 5 个等级，分别为弱、较弱、中、较强和强等级。

浙江海岸带各地区人均生态足迹时空分布具有较大差异（图 7-17）。时间上，浙江海岸带人均生态足迹 2006 年以较弱等级区为主，包括 9 个地区，其次为中等级区，包括 6 个地区；2016 年则以中等级区为主，包括了 10 个地区，而较弱等级区下降为 5 个地区，强等级人均生态足迹区增加了 1 个，达到了 3 个地区。27 个地区中，20 个地区的人均生态足迹呈增长趋势，7 个地区的人均生态足迹呈下降趋势。其中，增长幅度最大的是嵊泗、岱山和普陀，人均生态足迹增加了 15.0704、7.9464、7.7076 hm^2，上升幅度分别为 92.83%、50.93%、66.73%，其中水产品对其贡献率最大，这 3 个地区的渔业生产和捕捞量逐年上升，而人口数量基数较小，人口增长较慢，导致其人均生态足迹远大于其他地区。下降幅度较大的地区为柯桥和洞头，分别减少了 1.2415 和 1.4758 hm^2。

空间上，浙江海岸带各地区人均生态足迹呈现北部大于南部的空间差异，从宁波往南，人均生态足迹呈递减趋势，台州和温州以较弱等级为主。舟山的 4 个地区人均生态足迹最高，主要是渔业占据主导地位，水产品生态足迹较高。宁波、嘉兴和绍兴的地区人均生态足迹较高，主要是区域工业较发达，对原油、原煤等化石燃料使用较多，其能源消耗账户远大于其他地区，此外宁波的象山，渔业养殖和捕捞量大，其水产品生态足迹较高。台州和温州的各地区化石能源消耗低于北部的宁波、嘉兴和绍兴，能源消耗账户相对较少，温州的洞头人均生态足迹一直处于较强等级，主要是水产品贡献较大，充分发挥其在海洋交通方面的优势，化石能源消耗也远大于温州其他地区。杭州人均生态足迹在研究期间保持为较弱等级，其化石能源人均生态足迹账户远低于周边地区。

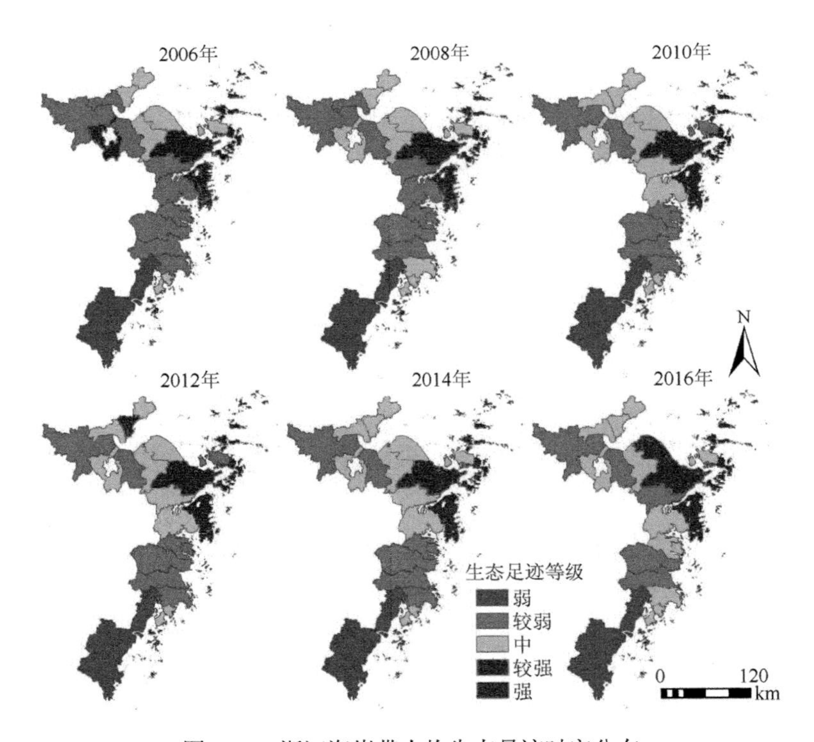

图 7-17　浙江海岸带人均生态足迹时空分布

从浙江海岸带各地区人均生态承载力时空分布图上看（图 7-18），时间上，以人均生态承载力呈上升趋势占主导，其中包括了 21 个地区。宁海上升幅度最大，增加了 0.145 36 hm^2，上升了 35.75%；其次为岱山、嵊泗和普陀，分别上升了 30.07%、28.36%、21.15%。6 个时间段，主要以较弱人均生态承载力等级为主，从 2006 年的 10 个较弱等级区减小到 2016 年的 9 个，其他年份保持为 9 个较弱人均生态承载力等级区。人均生态承载力高等级的区域范围扩大，较强等级的人均生态承载力地区从 2006 年的 5 个上升到 2016 年的 8 个，强等级的人均生态承载力地区从 2006 年的 3 个上升到 2016 年的 4 个。而 6 个人均生态承载力下降的地区中，奉化和杭州减少幅度最大，分别下降了 0.058 16、0.033 98，下降幅度为 14.61%、18.67%。空间上，嘉兴人均生态承载力最高，其次为上虞到三门的浙江海岸带中部地区较高，杭州和南部地区最弱。舟山 2006～2010 年以中等级区域为主，仅普陀为较弱等级。2012～2016 年，定海人均生态承载力上升为较强等级，其他区域等级不变。洞头在研究期间一直保持弱等级，这也与洞头自身陆地资源较少，耕地、林地、草地生态承载力贡献较小，而水域和建设用地贡献较多有限有关。浙江的人均生态承载力等级上升区，建设用地、耕地、林地和水域地账户贡献较大，如嘉兴建设用地对人均生态承载力贡献率高于 85%，舟山的水域贡献率较高，宁波建设用地和耕地对其贡献率较大。人均生态承载力等级下降区，耕地、林地、草地面积减少，生产能力下降，而建设用地变化较小，人口快速上升使得区域人均生态承载力下降，如杭州城镇化处于较高饱和状态，建设用地增长小于人口增加幅度，且建设用地向其他地类扩散过程中破坏了其原有地类，使得区域人均生态承载力处于减小趋势。

从浙江海岸带人均生态赤字时空分布图上看（图 7-19），时间上，2006～2016 年，27 个地区中人均生态赤字都为正数，表明研究区都面临人均生态赤字的严峻形势。其中，20 个地区的人均生态赤字指数呈上升趋势，7 个地区呈下降趋势，表明浙江海岸带人均生态赤字以上升为主导。嵊泗、岱山和普陀人均生态赤字上升最高，分别增加了 15.0045、7.8737、7.6679 hm^2，增长幅度为 93.76%、51.25%、67.48%。除海岛外，慈溪、宁海、玉环人均生态赤字快速增加，上升了 1.976 49、1.4632、1.3002 hm^2，上升幅度为 45.67%、40.30%、26.45%。而柯桥和洞头人均生态赤字下降最大，分别缩减了 1.2939、1.482 49 hm^2，减少幅度为 20.53%、14.65%。2006～2014 年，研究区人均生态赤字以较弱等级为主导，2006 年较弱等级区占据了 13 个地区，而后在 2012 年缩减为 10 个，2016 年减少为 8 个地区。而中等级区从 2006 年的 5 个地区到 2012 年的 7 个地区再到 2016 年的 8 个地区。强等级区从 2006 年的 3 个，到 2010 年，增加了象山，为 4 个，并在 2012～2014 年强等级区空间分布保持不变。

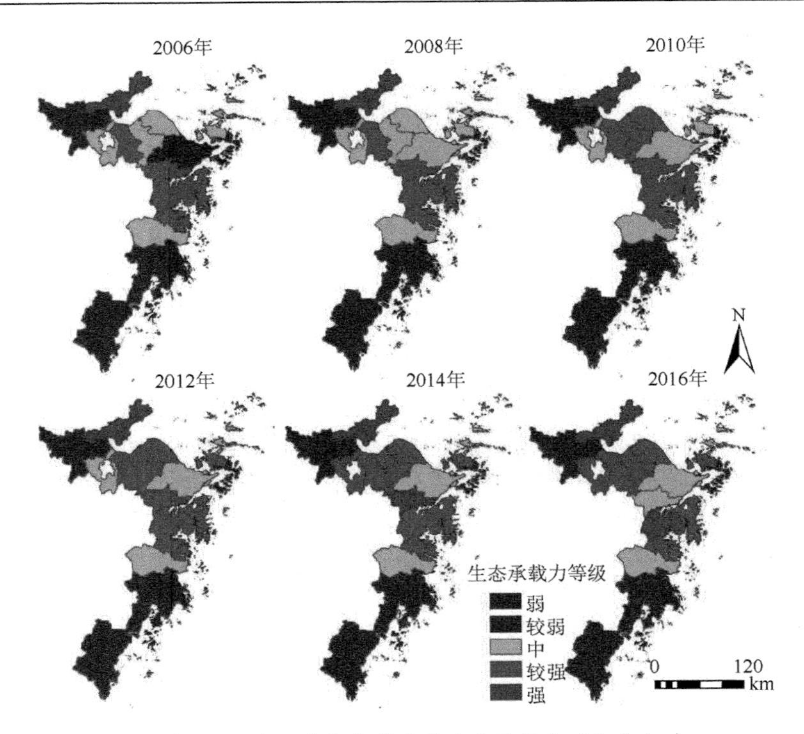

图 7-18　浙江省海岸带人均生态承载力时空分布

空间上，人均生态赤字北部大于南部，且呈现北部以宁波、舟山和嘉兴为高等级区，南部以玉环和洞头为高等级区，并以北部高等级为中心向南部递减趋势。生态赤字强等级区处于象山、普陀、岱山和嵊泗，其海洋渔业生产高度开发，对其区域生态承载力造成了深刻负面影响，从而导致了区域生态赤字。生态赤字弱等级区集中于温州，经济发展水平相对低于北部地区，对化石能源消耗相对较小，故生态赤字等级低于北部地区。

7.5.3　方法比较说明

前文表明综合评价法与基于生态足迹法的生态承载力评价方法都能在一定范围内对研究区生态承载力进行评价。综合评价方法侧重于总体和综合评价，通过构建目标层、准则层和指标层，得到生态承载力综合评价指标体系，故指标层的选取更为关键，而指标权重更是评价的重中之重，在已有的研究经验基础上，大多权重选取的方法主要是体现数据本身真实数值的熵权法和能切实反映人为因素对其影响的专家打分法，这也表明综合评价法对指标选取和权重的注重，评价方法趋于灵活。基于综合评价法得到的结果需要在一个范围内做出解释，如浙江海岸带各年份是否大于超载或可载状态，在一定范围内才有解释的意义。而基于生态足迹法的生态承载力评价，生物账户指标和能源消耗指标较为固定，评价方法需要大量数据支撑，得到的结果从人均生态足迹、人均生态承载力、人均生态赤字 3 个方面反映研究区的生态承载力真实情况，计算过程较为烦琐，但计算结果指示意义较强。

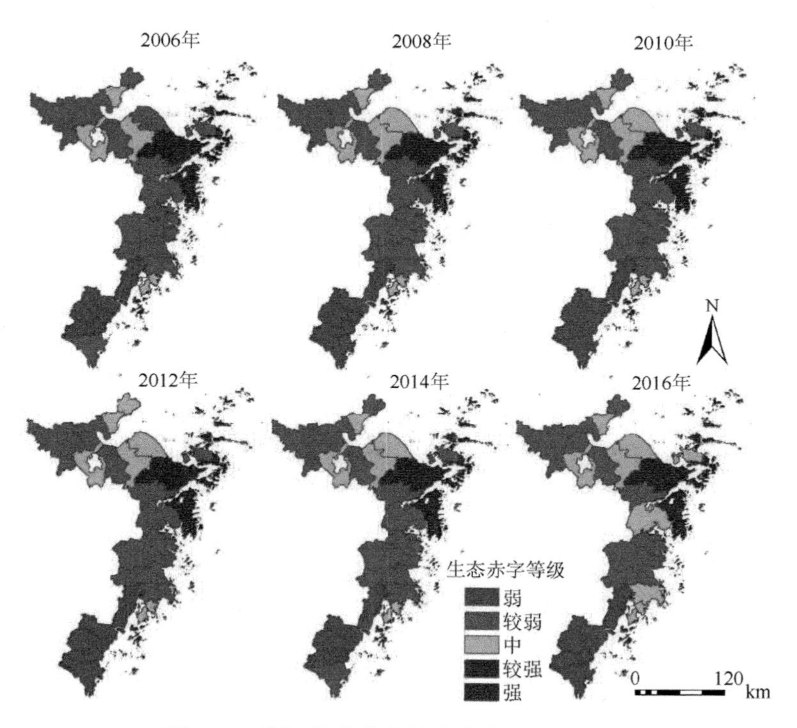

图 7-19 浙江海岸带人均生态赤字时空分布

综上，两者方法都有一定的科学意义，综合评价法指标选取相对于生态足迹法更为灵活，但生态足迹法的计算结果解释能力更强，从生物资源的农产品、林产品、草产品、水产品到化石燃料产品解释了区域生态承载力的变化情况，但需要的数据量和工作量也较多。故需要结合研究区实际情况，选取更为适宜的评价生态承载力的方法，得到区域生态承载力的真实状态。

参 考 文 献

曹金秋，李俊莉.2019. 基于偏最小二乘法的日照市生态足迹测度及影响因子分析研究[J].环境科学与管理，44（6）：138-142.

陈传美，郑垂勇，马彩霞.1999. 郑州市土地承载力系统动力学研究[J].河海大学学报（自然科学版），（1）：56-59.

崔凤军.1995. 城市水环境承载力的实例研究[J].山东矿业学院学报，2：140-144.
崔海升. 2014. 基于系统动力学模型的哈尔滨市水资源承载力预测研究[D]. 哈尔滨：哈尔滨工业大学.
邓波，洪级曾，龙瑞军.2003. 区域生态承载力量化方法研究述评[J].甘肃农业大学学报，3：281-289.
狄乾斌，韩增林.2005. 海域承载力的定量化探讨——以辽宁海域为例[J].海洋通报，1：47-55.
董锁成. 1996. 自然资源代际转移机制及其可持续性度量[J].中国人口・资源与环境，3：53-56.
方恺.2013. 生态足迹深度和广度：构建三维模型的新指标[J].生态学报，33（1）：267-274.
高会旺，冯士筰. 1998.渤海初级生产年变化的模拟研究[C]. 北京：中国科协青年学术年会.
高吉喜. 2001. 可持续发展理论探索[M]. 北京：中国环境科学出版社.
高晴，尹珊，马永银，等.2016. 浙江省生态足迹动态变化及影响因素分析[J].现代农业科技，(15)：194-196，201.
郭倩，汪嘉杨，张碧. 2017.基于 DPSIRM 框架的区域水资源承载力综合评价[J]. 自然资源学报，32（3）：484-493.
胡恒觉，高旺盛，黄高包. 1992. 甘肃省土地生产力与承载力[M]. 北京：中国科学技术出版社.
胡美娟，周年兴，李在军，等.2015. 南京市三维生态足迹测算及驱动因子[J].地理与地理信息科学，31（1）：91-95.
黄宝荣，崔书红，李颖名. 2016. 中国 2000—2010 年生态足迹变化特征及影响因素[J]. 环境科学，37（2）：420-426.
贾嵘，蒋晓辉，薛惠峰，等.2000. 缺水地区水资源承载力模型研究[J].兰州大学学报，2：114-121.
靳相木，柳乾坤. 2017. 基于三维生态足迹模型扩展的土地承载力指数研究一以温州市为例[J]. 生态学报，37（9）：2982-2993.
李清龙，张焕祯，王路光，等.2004. 水环境承载力及其影响因素[J].河北工业科技，6：30-32.
李月辉，赵羿，胡远满，等.2003. 科尔沁沙地东部农牧交错带土地承载力研究——以科尔沁左翼后旗为例[J].生态学杂志，3：23-28.
李泽阳. 2018. 基于景观分析的金州区生态安全评价与格局构建研究[D].沈阳：辽宁师范大学.
李正泉，马浩，肖晶晶，等. 2015. 浙江省 1995—2013 年生态足迹动态变化探析[J]. 生态科学，34（6）：170-176.
刘桂梅，李海，王辉，等.2010.我国海洋绿潮生态动力学研究进展[J].地球科学进展，25（2）：147-153.
刘宇辉，彭希哲.2004. 中国历年生态足迹计算与发展可持续性评估[J].生态学报，(10)：2257-2262.
卢月明，王亮，仇阿根，等. 2017.一种基于主成分分析的时空地理加权回归方法[J].测绘科学技术学报，34（6）：654-658.
马明德，马学娟，谢应忠，等.2014. 宁夏生态足迹影响因子的偏最小二乘回归分析[J]. 生态学报，34（3）：682-689.
马盼盼.2017.浙江省海岸带生态承载力评估研究[D].杭州：浙江大学.
毛汉英，余丹林.2001. 环渤海地区区域承载力研究[J].地理学报，3：363-371.
牛文元.2001. 可持续发展原则下的经济全球化构建[J].中国人口・资源与环境，1：23-25.
牛钰平，石长春，封斌，等.2009. 陕西省榆林市 2006 年生态足迹计算与分析[J].西北林学院学报，24（6）：212-215.
齐文虎.1987. 资源承载力计算的系统动力学模型[J].自然资源学报，1：38-48.
钱华，李贵宝，许佩瑶.2004. 水环境承载力的研究进展[J].水利发展研究，2：33-35.
乔方利，马德毅，朱明远，等.2008.2008 年黄海浒苔爆发的基本状况与科学应对措施[J].海洋科学进展，3：409-410.
尚金城，张妍，刘仁志. 2001. 战略环境评价的系统动力学方法研究[J]. 东北师范大学学报（自然科学版），1：89-94.
施雅风，曲耀光. 1992. 乌鲁木齐河流域水资源承载力及其合理利用[M]. 北京：科学出版社.
石玉林. 1986. 土地资源研究 30 年[J]. 资源科学，8（3）：54-57.
石月珍，赵洪杰.2005. 生态承载力定量评价方法的研究进展[J]. 人民黄河，3：8-10.
孙新新，沈冰，于俊丽，等.2007.宝鸡市水资源承载力系统动力学仿真模型研究[J].西安建筑科技大学学报（自然科学版），1：72-77.
孙艳芝，沈镭.2016. 关于我国四大足迹理论研究变化的文献计量分析[J].自然资源学报，31（9）：1463-1473
汤洁，佘孝云，林年丰，等.2005. 生态环境需水的理论和方法研究进展[J].地理科学，3：3367-3373.

唐国平，杨志峰.2000. 密云水库库区水环境人口容量优化分析[J].环境科学学报，2：99-103.
唐剑武，叶文虎.1998. 环境承载力的本质及其定量化初步研究[J].中国环境科学，3：36-39.
童亿勤.2009. 基于本地生态足迹模型的浙江省可持续发展评价[J].长江流域资源与环境，18（10）：896-902.
王保利，李永宏.2007. 基于旅游生态足迹模型的西安市旅游可持续发展评估[J].生态学报，11：4777-4784.
王海军，张彬，刘耀林，等.2018. 基于重心-GTWR 模型的京津冀城市群城镇扩展格局与驱动力多维解析[J].地理学报，73（6）：1076-1092.
王红旗，王国强，杨会彩，等. 2017. 中国重要生态功能区资源环境承载力评价指标研究[M]. 北京：科学出版社.
王俭，路冰，李璇，等. 2017. 环境风险评价研究进展[J]. 环境保护与循环经济，37（12）：33-38.
王俭，孙铁珩，李培军，等. 2005. 环境承载力研究进展[J]. 应用生态学报，16（4）：768-772.
王开运. 2007. 生态承载力复合模型系统与应用[M]. 北京：科学出版社.
王学军. 1992. 地理环境人口承载潜力及其区际差异[J].地理科学，12（4）：322-328.
王玉平. 1998. 矿产资源人口承载力研究[J].中国人口·资源与环境，3：22-25.
王中根，夏军. 1999. 区域生态环境承载力的量化方法研究[J].长江职工大学学报，4：9-12.
威廉·福格特. 1981. 生存之路[M]. 张子美译，朱侠校. 北京：商务印书馆.
魏超，叶属峰，过仲阳，等. 2013.海岸带区域综合承载力评估指标体系的构建与应用——以南通市为例[J]. 生态学报，2013，33（18）：5893-5904.
魏超. 2015. 长三角沿海八市区域承载力评价与预测方法研究[D]. 上海：华东师范大学.
魏皓，田恬，周锋，等.2002. 渤海水交换的数值研究-水质模型对半交换时间的模拟[J].青岛海洋大学学报（自然科学版），4：519-525.
温鑫. 2015.基于 IFMOP 模型的四平市水环境承载力及环境经济系统综合规划研究[D]. 长春：吉林大学.
吴开亚，王玲杰.2006. 生态足迹及其影响因子的偏最小二乘回归模型与应用[J].资源科学，6：182-188.
吴增茂，俞光耀，张志南，等.1999 .胶州湾北部水层生态动力学模型与模拟Ⅱ.胶州湾北部水层生态动力学的模拟研究[J].青岛海洋大学学报（自然科学版），3：90-96.
肖宏伟，易丹辉.2014. 基于时空地理加权回归模型的中国碳排放驱动因素实证研究[J].统计与信息论坛，29（2）：83-89.
徐惠民，丁德文，叶属峰，等. 2008. 海洋国土主体功能区划规划若干关键问题的思考[J].海洋开发与管理，11：52-54.
徐琪，陈鸿昭，曾志远.1990.三峡库区土地资源利用现状及缓解人地矛盾的出路[J].中国科学院院刊，4：327-329.
徐永胜. 1991. 土地人口承载力问题初探[J]. 人口研究，5：37-42.
徐中民，程国栋，张志强.2006. 生态足迹方法的理论解析[J].中国人口·资源与环境，6：69-78.
徐中民，张志强，程国栋.2000. 甘肃省 1998 年生态足迹计算与分析[J].地理学报，5：607-616.
杨屹，胡蝶. 2018. 生态脆弱区榆林三维生态足迹动态变化及其驱动因素[J]. 自然资源学报，33（7）：1204-1217.
杨晓鹏，张志良. 1993. 青海省土地资源人口承载量系统动力学研究[J]. 地理科学，13（1）：69-77.
杨秀杰，罗文锋，周世星.2005. 云阳县生态安全承载力的系统动力学分析[J].重庆三峡学院学报，3：98-102.
杨毅. 2016. 顾及时空非平稳性的地理加权回归方法研究[D]. 武汉：武汉大学.
叶属峰. 2012. 长江三角洲海岸带区域综合承载力评估与决策[M]. 北京：海洋出版社.
叶文祯. 2014. 福建省县域单元海域承载力评价研究[J].科技传播，6（8）：90-91，67.
余丹林，毛汉英，高群. 2003. 状态空间衡量区域承载状况初探——以环渤海地区为例[J].地理研究，2：201-210.
余兴光，卢昌义，王金坑，等. 2005. 福建近岸海洋生态系统服务面临的挑战与调控对策[J]. 台湾海峡，2：257-264.
曾珍香. 2001. 可持续发展协调性分析[J]. 系统工程理论与实践，21（3）：18-21.
翟雪梅，张志南.1998. 虾池生态系能流结构分析[J]. 青岛海洋大学学报，2：108-115.
张光玉，白景峰，于航. 2013. 渤海湾典型海岸带综合承载力预测评估[M]. 北京：海洋出版社.

张桂莲.2008.崇明岛区生态承载力现状及预测[D].上海：华东师范大学.
张红，陈嘉伟，周鹏. 2016. 基于改进生态足迹模型的海岛城市土地承载力评价——以舟山市为例[J]. 经济地理，6：155-160.
张静. 2004. 走新型的可持续发展的城市化道路[J]. 经济问题探索，2：8-10.
张萍，严以新，许长新. 2006. 区域港城系统演化的动力机制分析[J]. 水运工程，2：48-51.
张书文，夏长水，袁业立. 2002. 黄海冷水团水域物理-生态耦合数值模式研究[J].自然科学进展，3：93-97，117.
张振伟，杨路华，高慧嫣，等.2008.基于 SD 模型的河北省水资源承载力研究[J].中国农村水利水电，3：20-23.
张志良，张涛，张潜.2005. 三江源区生态移民推拉力机制与移民规模分析[J].开发研究，6：101-103.
张志强，徐中民，程国栋.2000. 生态足迹的概念及计算模型[J].生态经济，10：8-10.
章锦河，张捷，梁玥琳，等.2005.九寨沟旅游生态足迹与生态补偿分析[J].自然资源学报，5：735-744.
章锦河，张捷.2004. 旅游生态足迹模型及黄山市实证分析[J].地理学报，5：763-771.
章锦河，张捷.2006. 国外生态足迹模型修正与前沿研究进展[J].资源科学，6：196-203.
周锁铨，戴进，姚小强. 1991. 宝鸡地区土地资源承载力的研究[J].陕西气象，2：31-36，26.
周孝德，郭瑾珑，程文，等. 1999. 水环境容量计算方法研究[J].西安理工大学学报，3：3-8.
Bishop A，Fullerton，Crawford A.1974.Carrying Capacity in Regional Environment Management [M]. Washington DC：Government Pringting Office.
Burke A. 2004. Conserving tropical biodiversity：the arid end of the scale[J]. Trends in Ecology & Evolution，19（5）.
Flam H. 1995. From EEA to EU：economic consequences for the EFTA countries[J]. European Economic Review，39（3-4）：457-466.
Forrester W J. 1968.Urban Dynamics. Massachusetts Institute of Technology [Z].Pegasus Communications.
Hadwen I A S，Palmer L J. 1922.Reindeer Inalaska[R]. Washington：Government Printing Office.
Harris J M，Kennedy S .1999. Carrying capacity in agriculture：global and regional issues[J]. Ecological Economics，29（3）：443-461.
Lieth H. 1975. Modeling the primary productivity of the world[J]. The Indian Forester，98（6）：237-263.
Malthus T R. 1798. An Essay on the Principle of Population[M]. London：St Paul's Church-Yard.
Masahiro，Nakadate. 1991.OECD：organization for economic co-operation and development[J]. Japan Journal of Water Pollution Research.
Meadows D H，Goldsmith E，Meadow P.1972. The Limits to Growth[M]. New York：New American Library.
Moll A. 1995. Regionale Differenzierung der Primaerproduktion in der Nordsee：Untersuchungen mit einem drei-dimensionalen Modell[R]. Hamburg：Zentrum fur meeresund Klimaforschung der Universitat Hamburg，1-151.
Odum H T. 1984. Embodied Energy，Foreign Trade，and Welfare of Nations [M]. Integration of Economy & Ecology-An Outlook for the Eighties，Jansson Ed.
Park R F，Burgoss E W.1921. An Introduction to the Science of Sociology[M].Chicago：The University of Chicago Press.
Rees W E . 1990. Sustainable development as capitalism with a green face：A review article[J]. Town Planning Review，61（1）：91-94.
Rees W E.1992. Ecological footprints and appropriated carrying capacity：what urban economics leaves out[J]. Environment and Urbanization，4（2）：121-130.
Schenider D. 1978.The Carrying Capacity Concept as a Planning Tool [M]. Chicago：American Planning Association .
Sleeser M.1990. Enhancement of carrying capacity options ECCO[J]. The Resource Use Institute，10：5.
UNCSD（United Nations Department for Policy Coordination and Sustainable Development）.1986. Indicators of Sustainable Development：Framework and Met[R].

UNESCO，FAO. 1985.Carrying Capacity Assessment with a Pilot Study of Kenya：A Resource Accounting Methodology for Exploring National Options for Sustainable Development[R]. Rome：Food and Agriculture Organization of the United Nations.

Verhulst P F. 1838. Notice sur la loi que la population suit dans son accroissement[J]. Corresp. Math. Phys.，10：113-126. Philadelphia. Gabriela Island，1996.

Vitousek P M，Ehrlich P R，Ehrlich A H，et al.1986. Human appropriation of the products of photosynthesis[J]. BioScience，36（6）：368-373.

Wackernagle M，Rees W.1996.Our Ecological Footprint，Reducing Human Impact on the Earth [M]. Gabriela Island：New Society Publishers.

Wackernagel M，Onisto L，Bello P，et al.1999. National natural capital accounting with the ecological footprint concept[J]. Ecological Economics，29（3）：375-390.

William A A.1949. Studies in African Land Usage in Northern Rhodesia[M].Capetown：Oxford University Press.